합격선언

# 물리

**합격선언**

# 물리

초판 발행      2022년 2월 25일
개정판 발행      2023년 2월 10일

편 저 자 | 공무원시험연구소
발 행 처 | ㈜서원각
등록번호 | 1999-1A-107호
주　　소 | 경기도 고양시 일산서구 덕산로 88-45(가좌동)
대표번호 | 031-923-2051
팩　　스 | 031-923-3815
교재문의 | 카카오톡 플러스 친구[서원각]
영상문의 | 070-4233-2505
홈페이지 | www.goseowon.com

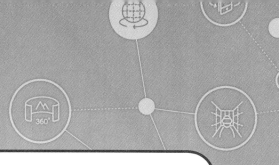

# PREFACE

'정보사회', '제3의 물결'이라는 단어가 낯설지 않은 오늘날, 과학기술의 중요성이 날로 증대되고 있음은 더 이상 말할 것도 없습니다. 이러한 사회적 분위기는 기업뿐만 아니라 정부에서도 나타났습니다.

기술직공무원의 수요가 점점 늘어나고 그들의 활동영역이 확대되면서 기술직에 대한 관심이 높아져 기술직공무원 임용시험은 일반직 못지않게 높은 경쟁률을 보이고 있습니다.

기술직공무원 합격선언 시리즈는 기술직공무원 임용시험에 도전하려는 수험생들에게 도움이 되고자 발행되었습니다.

본서는 방대한 양의 이론 중 필수적으로 알아야 할 핵심이론을 정리하고, 출제가 예상되는 문제만을 엄선하여 수록하였습니다. 또한 최신출제경향을 파악할 수 있도록 최근기출문제를 상세한 해설과 함께 구성하였습니다.

*신념을 가지고 도전하는 사람은 반드시 그 꿈을 이룰 수 있습니다. 서원각이 수험생 여러분의 꿈을 응원합니다.*

# STRUCTURE

## 핵심이론정리

생물 전반에 대해 체계적으로 편장을 구분한 후 해당 단원에서 필수적으로 알아야 할 내용을 정리하여 수록했습니다. 출제가 예상되는 핵심적인 내용만을 학습함으로써 단기간에 학습 효율을 높일 수 있습니다.

## 이론팁

과년도 기출문제를 분석하여 반드시 알아야 할 내용을 한눈에 파악할 수 있도록 Tip으로 정리하였습니다. 문제 출제의 포인트가 될 수 있는 사항이므로 반드시 암기하는 것이 좋습니다.

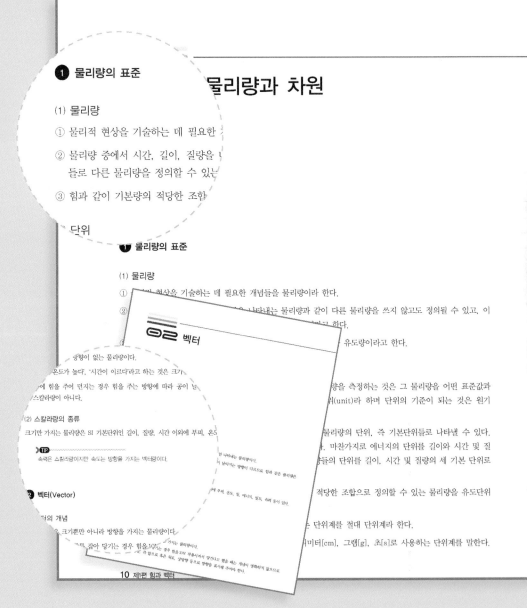

### ❶ 물리량의 표준

### 물리량과 차원

(1) 물리량

① 물리적 현상을 기술하는 데 필요한 것

② 물리량 중에서 시간, 길이, 질량을 들로 다른 물리량을 정의할 수 있는

③ 힘과 같이 기본량의 적당한 조합

단위

### ❶ 물리량의 표준

(1) 물리량

① 현상을 기술하는 데 필요한 개념들을 물리량이라 한다.

② 나타내는 물리량과 같이 다른 물리량을 쓰지 않고도 정의될 수 있고, 이 라 한다.

유도량이라고 한다.

방향이 없는 물리량이다.

온도가 높다. '시간이 이르다'라고 하는 것은 크기

에 힘을 주어 던지는 경우 힘을 주는 방향에 따라 공이 날 스칼라량이 아니다.

(2) 스칼라량의 종류

크기만 가지는 물리량은 SI 기본단위인 길이, 질량, 시간 이외에 부피, 온도

**TIP**
속력은 스칼라량이지만 속도는 방향을 가지는 벡터량이다.

### ❷ 벡터(Vector)

터의 개념

크기뿐만 아니라 방향을 가지는 물리량이다.

잡아 당기는 경우 힘을 10

량을 측정하는 것은 그 물리량을 어떤 표준값과 위(unit)라 하며 단위의 기준이 되는 것은 원기

물리량의 단위, 즉 기본단위들로 나타낼 수 있다. . 마찬가지로 에너지의 단위를 길이와 시간 및 질들의 단위를 길이, 시간 및 질량의 세 기본 단위로

적당한 조합으로 정의할 수 있는 물리량을 유도단위 는 단위계를 절대 단위계라 한다. 미터[cm], 그램[g], 초[s]로 사용하는 단위계를 말한다.

⑥ MKS 단위계 … 우리가 보편적으로 사용하는 단위계로 길이, 시간 및 질량을 기본물리량으로 위를 각각 미터[m], 초[s], 킬로그램[kg]으로 사용하는 단위계를 말한다.

⑦ SI 단위계 … MKS 단위계에 온도와 전류를 나타내는 단위인 캘빈(kelvin)과 암페어(am 기본 단위로 구성되는 단위계로 국제단위계(International System of Units)라고 한다. 회에서 채택하였으며 SI 단위계라 한다.

[SI 기본단위]

| 양 | 명칭 | 기호 | 양 | 명칭 | |
|---|---|---|---|---|---|
| 길이 | 미터 | m | 전류 | 암페어 | |
| 질량 | 킬로그램 | kg | 전류물질의 양 | 몰 | |
| 시간 | 초 | s | 광도 | 칸델라 | cd |
| 온도 | 캘빈 | K | | | |

### ② 단위의 표준관 SI 접두사

**(1) 길이의 표준**

① 표준의 변천 … 역사적으로 길이의 단위로 사용된 것 라 북극에서 남극까지 거리의 천만분의 1을 1m로 사

② 길이의 표준 … 현재 빛이 진공 속에서 1/299,792,458

> **TIP**
> 길이에 대한 변환인자
> ㉠ 1in = 2.54cm
> ㉡ 1mi = 5280ft = 1.609Km
> ㉢ 1ft = 30.48cm
> ㉣ 1yd = 91.44cm

**(2) 질량의 표준**

① 질량의 표준 … 백금 – 이리듐으로 된 1kg 원통모양의 원 $10^{-3}m^3$의 질량과 같다.

② 원자수준에서 질량표준 … 탄소 $^{12}C$의 질량을 원자단위 질량의 1

2021. 6. 5. 해양경찰청 시행
**자동차가 200km를 가는데 처음
달렸다면 전체 평균속력은 몇 km/**

① 20

② 25

③ 28

④ 30

> **TIP** $v = \dfrac{s}{t} = \dfrac{200}{\dfrac{80}{20} + \dfrac{120}{30}} = 25\,km/$

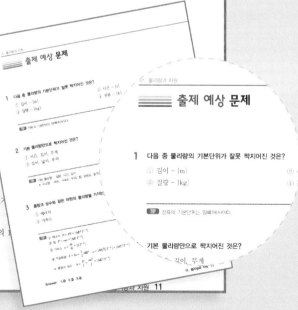

# CONTENTS

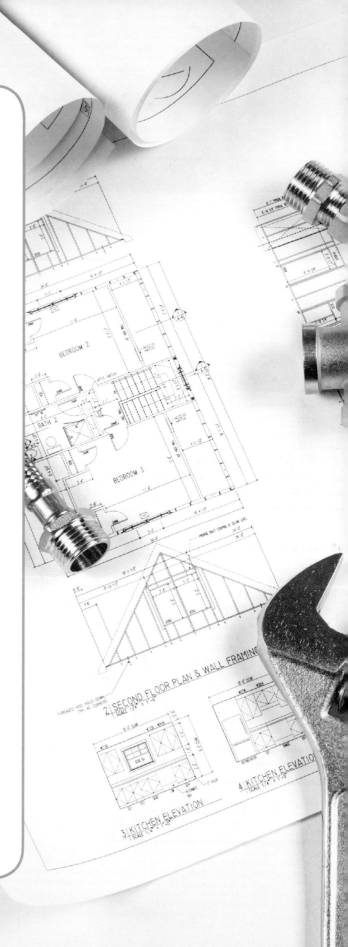

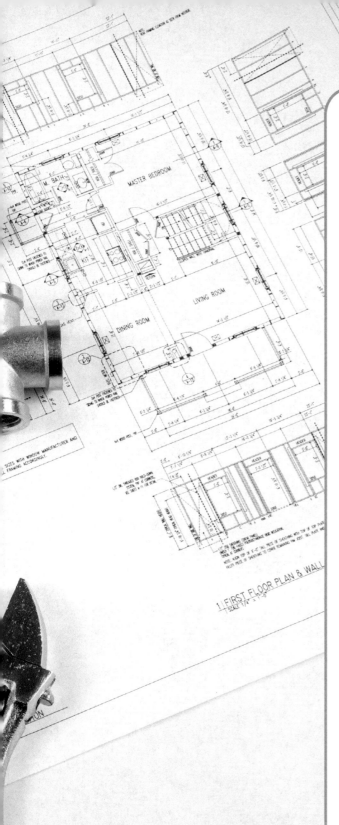

# CONTENTS

# 01 PART

## 힘과 벡터

# 01 물리량과 차원

## 01 기본단위

### ❶ 물리량의 표준

#### (1) 물리량

① 물리적 현상을 기술하는 데 필요한 개념들을 물리량이라 한다.

② 물리량 중에서 시간, 길이, 질량을 나타내는 물리량과 같이 다른 물리량을 쓰지 않고도 정의될 수 있고, 이들로 다른 물리량을 정의할 수 있는 물리량을 기본량이라고 한다.

③ 힘과 같이 기본량의 적당한 조합으로 정의할 수 있는 물리량을 유도량이라고 한다.

#### (2) 단위

① 개념 … 길이, 시간, 질량, 힘, 에너지, 온도 등과 같은 물리량을 측정하는 것은 그 물리량을 어떤 표준값과 비교하는 일이 수반되는 데 이 표준값을 그 물리량의 단위(unit)라 하며 단위의 기준이 되는 것은 원기(standard)라 한다.

② 기본단위 … 모든 물리량의 단위는 기본이 되는 세 개의 물리량의 단위, 즉 기본단위들로 나타낼 수 있다. 예를 들어 속력의 단위는 길이와 시간의 단위로 표현된다. 마찬가지로 에너지의 단위를 길이와 시간 및 질량의 단위로 나타낼 수 있다. 실제로 역학의 모든 물리량들의 단위를 길이, 시간 및 질량의 세 기본 단위로 나타낼 수 있다.

③ 유도단위 … 길이, 시간 및 질량의 세 가지 기본단위의 적당한 조합으로 정의할 수 있는 물리량을 유도단위리 한다.

④ 절대 단위계 … 길이, 질량, 시간을 기본량으로 택하는 단위계를 절대 단위세라 힌다.

⑤ CGS 단위계 … 길이, 질량, 시간의 단위를 각각 센티미터[cm], 그램[g], 초[s]로 사용하는 단위계를 말한다.

⑥ MKS 단위계 … 우리가 보편적으로 사용하는 단위계로 길이, 시간 및 질량을 기본물리량으로 택하고 그 단위를 각각 미터[m], 초[s] 및 킬로그램[kg]으로 사용하는 단위계를 말한다.

⑦ SI 단위계 … MKS 단위계에 온도와 전류를 나타내는 단위인 캘빈(kelvin)과 암페어(ampere)를 합한 5개의 기본 단위로 구성되는 단위계로 국제단위계(International System of Units)라고 한다. 1960년에 도량형총회에서 채택하였으며 SI 단위계라 한다.

[SI 기본단위]

| 양 | 명칭 | 기호 | 양 | 명칭 | 기호 |
|---|---|---|---|---|---|
| 길이 | 미터 | m | 전류 | 암페어 | A |
| 질량 | 킬로그램 | kg | 전류물질의 양 | 몰 | mol |
| 시간 | 초 | s | 광도 | 칸델라 | cd |
| 온도 | 캘빈 | K | | | |

## ❷ 단위의 표준관 SI 접두사

### (1) 길이의 표준

① 표준의 변천 … 역사적으로 길이의 단위로 사용된 것은 백금 – 이리듐 합금으로 된 1m 막대와 자오선을 따라 북극에서 남극까지 거리의 천만분의 1을 1m로 사용했다.

② 길이의 표준 … 현재 빛이 진공 속에서 1/299,792,458초 동안 진행한 거리를 1m라 한다.

> **TIP**
> 길이에 대한 변환인자
> ㉠ 1in = 2.54cm
> ㉡ 1mi = 5280ft = 1.609Km
> ㉢ 1ft = 30.48cm
> ㉣ 1yd = 91.44cm

### (2) 질량의 표준

① 질량의 표준 … 백금 – 이리듐으로 된 1kg 원통모양의 원기를 사용하는데 이것은 4℃에서 순수한 물의 $10^{-3}m^3$의 질량과 같다.

② 원자수준에서 질량표준 … 탄소 $^{12}C$의 질량을 원자단위 질량의 12배로 사용한다.

## (3) 시간의 표준

① **만국표준시** … 지구 자전을 표준으로 정한 것으로 1일(평균태양일)의 $\dfrac{1}{86,400}$ 을 1초로 정했다.

② **국제표준시** … 세슘원자 $^{133}$Cs의 전이주기의 9,192,631,770배를 1초라 한다.

## (4) 온도의 표준

① **표준온도** … 물의 세 가지 상태가 동시에 공존하는 상태에서의 온도의 $\dfrac{1}{273}$ 을 1K로 정했다.

② **절대온도**
　㉠ K(캘빈)은 절대온도(T)의 단위이며, 절대온도 (T) = 273 + 섭씨온도이다.
　㉡ 절대온도의 표기 : 물의 녹는 점은 0℃이지만, 절대온도로는 T = 273 + 0 = 273K이 된다.

## (5) SI 접두사

① 수가 아주 크거나 작을 때 사용하여 나타낸다.

② SI 접두사의 종류

| 배수 | 접두사 | 약자 | 예 |
|---|---|---|---|
| $10^{18}$ | 엑사(exa) | E | |
| $10^{15}$ | 페타(peta) | P | |
| $10^{12}$ | 테라(tera) | T | |
| $10^{9}$ | 기가(giga) | G | $10^9\text{bit} = 1\text{Gbit}$ |
| $10^{6}$ | 메가(mega) | M | $10^6\text{bit} = 1\text{Mbit}$ |
| $10^{3}$ | 킬로(kilo) | k | $1,000\text{g} = 1\text{kg}$ |
| $10^{2}$ | 헥토(hecto) | h | $100\text{a} = 1\text{ha}$ |
| $10^{1}$ | 데카(deca) | da | |
| $10^{-1}$ | 데시(deci) | d | |
| $10^{-2}$ | 센티(centi) | c | $10^{-2}\text{m} = 1\text{cm}$ |
| $10^{-3}$ | 밀리(milli) | m | $10^{-3}\text{g} = 1\text{mg}$ |
| $10^{-6}$ | 마이크로(micro) | $\mu$ | $10^{-6}\text{m} = 1\mu\text{m}$ |
| $10^{-9}$ | 나노(nano) | n | $10^{-9}\text{g} = 1\text{ng}$ |
| $10^{-12}$ | 피코(pico) | p | |
| $10^{-15}$ | 펨토(femto) | f | |
| $10^{-18}$ | 아토(atto) | a | |

# 02 차원

## ① 차원의 개요

### (1) 차원

① 한 물리량이 기본적 물리량(길이, 질량, 시간)을 어떻게 조합하여 얻어지는 가를 나타내기 위하여 차원(dimension)이란 개념을 도입한다.

② 물리량끼리의 덧셈과 뺄셈은 그들의 차원이 같아야만 의미가 있고, 한 등식의 양 변은 차원이 같아야 하며, 어떤 대수식에서 물리량들의 곱셈이나 나눗셈을 할 때 차원도 그 물리량들과 똑같은 방법으로 취급해야 한다.

③ 차원을 검토함으로써 유도된 공식의 옳고 그름을 판단할 수 있고, 기본적인 몇 개의 방정식으로부터 어떤 공식의 기본적인 함수꼴을 얻을 수 있다.

### (2) 기본량의 차원표시

① **길이** … 길이를 차원으로 나타낼 때에는 $[L]$로 나타낸다.

② **질량** … 질량을 차원으로 나타낼 때에는 $[M]$로 나타낸다.

③ **시간** … 시간을 차원으로 나타낼 때에는 $[T]$로 나타낸다.

## ② 물리량의 차원표시

### (1) 운동물리량의 차원표시

① 평균속력($v$)

  ⑦ 물체가 움직인 거리를 경과한 시간으로 나눈 값이다.

$$v = \frac{\text{움직인 거리}(m)}{\text{경과한 시간}(s)} \, (\text{단위} : \text{m/s})$$

  ⓛ 차원표시 : $\dfrac{[L]}{[T]} = [LT^{-1}]$

> **TIP**
>
> 지수법칙 … $\dfrac{1}{a^m} = a^{-m}$ 이므로 $\dfrac{1}{T} = T^{-1}$ 이다. 각속도 $_\omega$의 차원은 $[T^{-1}]$임을 유의한다.

② 가속도

  ⑦ 단위시간에 대한 속도의 변화량을 말한다.

$$\text{가속도}(a) = \frac{\text{속도의 변화량}(m/s)}{\text{경과한 시간}(s)} \, (\text{단위} : \text{m/s}^2)$$

  ⓛ 차원표시 : $\dfrac{[LT^{-1}]}{[T]} = [LT^{-2}]$

> **TIP**
>
> 지수법칙 … $a^m a^n = a^{m+n}$ 이므로 $T^{-1} T^{-1} = T^{-1-1} = T^{-2}$ 이다.

③ 힘

  ⑦ 물체의 운동상태나 모양을 변화시키는 요인을 힘(Force)이라 한다.

$$\text{힘}(F) = \text{질량} \times \text{가속도, 즉 } F = m \times a \, (\text{단위} : \text{kg} \cdot \text{m/s}^2)$$

  ⓛ 차원표시 : $[M][LT^{-2}] = [MLT^{-2}]$

④ 일(Work)

  ⑦ 힘의 방향으로 물체를 이동시켰을 때 일을 했다고 한다.

$$\text{일} = \text{힘} \times \text{이동거리, 즉 } W = F \times S \, (\text{단위} : \text{kg} \cdot \text{m}^2/\text{s}^2)$$

  ⓛ 차원표시 : $[MLT^{-2}][L] = [ML^2 T^{-2}]$

일의 차원은 에너지의 차원과 같다. 즉 위치에너지, 전기에너지, 운동에너지의 차원은

$[ML^2 T^{-2}]$ 이다.

⑤ 전력

   ⊙ 단위시간 동안 사용되는 진기에너지의 양이다.

$$전력 = \frac{전기에너지}{시간}$$

   ⓛ 차원표시 : $[ML^2 T^{-2}]/[T] = [ML^2 T^{-3}]$

⑥ 운동량

   ⊙ 운동량은 질량과 속도의 곱으로 주어진다.

$$p = m \times v$$

   ⓛ 차원표시 : $[M][LT^{-1}] = [MLT^{-1}]$

⑦ 진동수

   ⊙ 진동수는 시간(주기)에 반비례한다.

$$진동수(\nu) = \frac{1}{T}(\text{Hz})$$

   ⓛ 차원표시 : $\frac{1}{[T]} = [T^{-1}]$

## (2) 기타 물리량의 차원표시

① **면적** … 길이의 제곱으로 주어지고, $[L^2]$로 표시된다.

② **체적(부피)** … 길이의 세제곱으로 주어지고, $[L^3]$로 표시된다.

③ **밀도** … 질량을 부피로 나눈 값으로 $\frac{[M]}{[L^3]} = [ML^{-3}]$로 표시된다.

④ **압력** … 단위면적에 작용하는 힘으로, $\frac{[MLT^{-2}]}{[L^2]} = [ML^{-1} T^{-2}]$ 로 표시된다.

# 최근 기출문제 분석

2021. 6. 5. 해양경찰청 시행

**1** 자동차가 200km를 가는데 처음 80km는 20km/h의 속력으로 나머지 120km는 30km/h의 속력으로 달렸다면 전체 평균속력은 몇 km/h인가?

① 20

② 25

③ 28

④ 30

> **TIP** $v = \dfrac{s}{t} = \dfrac{200}{\dfrac{80}{20} + \dfrac{120}{30}} = 25\,\text{km/h}$

2020. 6. 13. 제2회 서울특별시 시행

**2** 한 변의 길이가 10.0cm이고 밀도가 640kg/m³인 정육면체 나무토막이 물에 떠 있다. 나무토막의 맨 위 표면을 수면과 같게 하려면 그 표면 위에 놓여야 할 금속의 질량은? (단, 물의 밀도는 1000kg/m³로 한다)

① 240g

② 320g

③ 360g

④ 480g

> **TIP** 나무토막의 맨 위 표면을 수면과 같게 하기 위해서는 '부력 = 중력'인 중성부력이 작용해야 하므로, '부력 = 나무토막의 무게 + 금속의 무게'가 성립한다.
> 금속의 질량을 $m$, 나무토막의 부피를 $V$, 나무토막의 밀도를 $\rho$라고 할 때,
> $mg + \rho V g = \rho_\text{물} V g$이므로 (∵ 질량 = 밀도 × 부피)이므로
> $m = \left( \rho_\text{물} - \rho \right) V = (1,000 - 640) \times (0.1)^3 = 0.36\,\text{kg}$, 따라서 360g이다.

**Answer** 1.② 2.③

# ▨▨▨ 출제 예상 문제

**1** 다음 중 물리량의 기본단위가 잘못 짝지어진 것은?

① 길이 — [m]　　　　　　　　　② 시간 — [s]

③ 질량 — [kg]　　　　　　　　　④ 전류 — [K]

**TIP** 전류의 기본단위는 암페어(A)이다.

**2** 기본 물리량만으로 짝지어진 것은?

① 시간, 길이, 무게　　　　　　　② 시간, 길이, 질량

③ 길이, 넓이, 부피　　　　　　　④ 길이, 속도, 가속도

**TIP** 기본 물리량 ⋯ 질량, 시간, 길이

※ 유도량 ⋯ 속도, 가속도, 부피, 힘, 모멘트, 충격량, 에너지

**3** 플랑크 상수와 같은 차원의 물리량을 가지는 것은?

① 에너지　　　　　　　　　　　② 힘

③ 가속도　　　　　　　　　　　④ 각운동량

**TIP** ① 에너지 : $E = FS = [ML^2 T^{-2}]$

② 힘 : $F = ma = [MLT^{-2}]$

③ 가속도 : $a = \dfrac{dv}{dt} = [LT^{-2}]$

④ 각운동량 : $L = I\omega = \dfrac{1}{2}MR^2 \cdot \omega = [ML^2][T^{-1}] = [ML^2 T^{-1}]$

※ 플랑크 상수 ⋯ $h = \dfrac{E}{f} = \dfrac{mc^2}{f} = [ML^2 T^{-1}]$

**Answer**　1.④　2.②　3.④

**4** 다음 중 단위의 규칙과 관계있는 것은?

① 모든 물리량은 전부 숫자로 표시할 수 있다.

② 일군의 물리적 양들과 연관있는 방정식은 그 양들을 표시하는 단위와도 관련이 있다.

③ 길이, 시간, 무게은 기본량이다.

④ 방정식에 있는 어떤 양도 질량, 길이, 시간 외의 다른 단위로 측정치를 포함할 수 없다.

**TIP** 단위의 규칙 … 물리적 양들과 연관이 있는 표현은 역시 그 양들의 단위들과도 연관이 있다는 것을 말한다.

**5** 다음 물리량 중 유도량이 아닌 것은?

① 힘                                  ② 속도

③ 밀도                               ④ 온도

**TIP** SI 기본물리량은 길이, 질량, 시간, 온도, 광도, 전류, 물질의 양 7가지가 있다.

**6** mm 눈금까지 표시된 자로 물체의 길이를 측정했을 때 측정값을 가장 옳게 나타낸 것은?

① 23.5cm                          ② 23.45cm

③ 23.453cm                       ④ 23cm

**TIP** 측정값의 계산 … 측정단위가 mm이면 측정값은 측정단위의 $\frac{1}{10}$ 까지, 즉 0.1mm까지 나타내어야 하므로 측정단위는 0.1mm = 0.01cm 단위까지 표시가 되어야 한다.

**7** 다음 중 밀도의 차원을 나타내는 것은?

① $[ML^{-1}]$

② $[ML^{-1}T^{-2}]$

③ $[ML^{-3}]$

④ $[M^{-1}L^3]$

---

**TIP** 밀도 $=\dfrac{질량}{부피}(\mathrm{kg/m^3})$

차원 $=\dfrac{[M]}{[L^3]}=[ML^{-3}]$

**8** 공기 중에서 쇠공의 무게가 1,030g중이고, 물 속에서의 무게가 980g중이었다면 이 쇠공의 부피는?

① $1,030\mathrm{cm}^3$

② $980\mathrm{cm}^3$

③ $50\mathrm{cm}^3$

④ $2,010\mathrm{cm}^3$

---

**TIP** 물 속에서 물체의 무게는 물 속에 잠긴 물체의 부피만큼의 물의 무게만큼 가벼워진다(아르키메데스 원리 또는 부력의 원리). 문제에서 물 속에서 완전히 잠긴 쇠공의 무게는 1,030 − 980 = 50g중만큼 가벼워졌다. 가벼워진 쇠공의 질량 50g에 해당하는 물의 부피는 50cm³이므로 쇠공이 차지하는 부피는 물의 부피와 같은 값인 50cm³이다(∵ 물 1cm³의 무게는 1g중이기 때문이다).

**9** 6개 슬릿을 가진 스트로보스코프가 10초 간에 20회전을 하고 있을 때 측정되는 시간간격은 몇 초인가?

① 1/6초

② 1/2초

③ 1/12초

④ 1/20초

---

**TIP** 스트로보스코프는 회전운동하는 물체나 진동운동하는 물체의 회전수를 측정하는 기구로, 측정되는 시간간격은 $\dfrac{1회전 걸린 시간}{슬릿의 개수}$ 으로 구한다. 문제에서 1회전에 걸린 시간은 0.5초이고, 슬릿개수는 6이므로 시간간격은 $\dfrac{0.5}{6}=$ 1/12(초)을 얻는다.

**Answer** 7.③ 8.③ 9.③

**10** 밀도에 대한 설명 중 옳지 않은 것은?

① 어떤 물질의 단위부피당 질량이다.

② 표준단위는 $kg/m^3$이다.

③ 고체나 액체의 평균밀도는 기체의 평균밀도보다 크다.

④ 물체에 작용하는 중력을 의미한다.

---

**TIP** ④ 물체에 작용하는 중력은 무게이다. 무게는 행성의 중력에 따라 달라지는데 행성의 중력은 행성의 질량에 비례한다. 예를 들면, 지구 질량의 1/81인 달에서의 무게는 지구에서 무게의 1/6밖에 되지 않는다. 왜냐하면, 질량에 비례하는 달에서의 중력은 지구에서의 중력의 1/6밖에 되지 않기 때문이다.

※ 밀도는 단위부피당 질량으로 정의된다. 그러므로 단위는 $kg/m^3$ 혹은 $g/m^3$이다. 밀도가 크다는 것은 같은 부피에 질량 혹은 무게가 크다는 것이므로 일반적으로 무거운 고체와 액체가 가벼운 기체보다 밀도가 크다.

**11** 로켓이 300km까지 올라간 높이를 mi로 바르게 변환한 것은?

① 186mi

② 160mi

③ 286mi

④ 320mi

---

**TIP** $1mi = 1.609km$이므로 비례식을 사용하면 $1mi : 1.609km = Xmi : 300km$이다.
이 식을 1차 방정식으로 고쳐 계산하면
$1.609 \times X = 300$ ∴ $X = 300/1.609 ≒ 186mi$

**12** 토끼의 최대속력이 35mi/h일 때 이 값을 m/s로?

① 35m/s

② 31m/s

③ 22m/s

④ 16m/s

---

**TIP** $1mi = 1.609km = 1,609m$, $1h = 3,600s$(초)이므로
$35mi/h = 35 \times 1,609m/3,600s ≒ 16m/s$

**Answer** 10.④ 11.① 12.④

**13** 수소원자 1개의 질량은 근사적으로 $1.6 \times 10^{-27} \text{kg}$ 이다. 질량 $1\text{kg}$을 얻으려면 수소원자가 몇 개 필요한가?

① $6.25 \times 10^{28}$ 개

② $6.25 \times 10^{27}$ 개

③ $6.25 \times 10^{26}$ 개

④ $1.6 \times 10^{27}$ 개

**TIP** 수소원자의 질량 $m_H = 1.6 \times 10^{-27} \text{kg}$이므로 비례식을 사용하면

$1m_H : 1.6 \times 10^{-27} \text{kg} = Xm_H : 1\text{kg}$이 된다.

이 식을 방정식으로 고쳐 계산하면 $1.6 \times 10^{-27} \times X = 1$

$\therefore X = 1/1.6 \times 10^{-27} = 6.25 \times 10^{26}$ 개

**14** 다음 중 접두사를 사용하여 변환한 단위로 옳지 않은 것은?

① $10^6 \text{bit} - 1\text{megabit}$

② $10^{-6} \text{meter} - 1\text{micrometer}$

③ $10^{12} \text{gram} - 1\text{gigagram}$

④ $10^{-9} \text{meter} - 1\text{nanometer}$

**TIP** $10^{12}$을 나타내는 접두사는 tera이며 기호는 $T$이다. 그러므로 $10^{12}\text{gram}$은 1teragram과 같다.

**Answer** 13.③ 14.③

# 02 벡터

## 01 스칼라와 벡터

### ❶ 스칼라(Scalar)

**(1) 스칼라의 개념**

① 크기만 가지고 방향이 없는 물리량이다.

② '길다', '온도가 높다', '시간이 이르다'라고 하는 것은 크기만 나타내는 물리량이다.

③ 공에 힘을 주어 던지는 경우 힘을 주는 방향에 따라 공이 날아가는 방향이 다르므로 힘과 같은 물리량은 스칼라량이 아니다.

**(2) 스칼라량의 종류**

크기만 가지는 물리량은 SI 기본단위인 길이, 질량, 시간 이외에 부피, 온도, 일, 에너지, 밀도, 속력 등이 있다.

> **▶TIP**
> 속력은 스칼라량이지만 속도는 방향을 가지는 벡터량이다.

### ❷ 벡터(Vector)

**(1) 벡터의 개념**

① 힘과 같은 크기뿐만 아니라 방향을 가지는 물리량이다.

② 어떤 사람이 상자를 잡아 당기는 경우 힘을 10N 작용시켜서 당긴다고 했을 때는 개념이 명확하지 않으므로 힘이 작용하는 방향, 즉 앞으로 혹은 위로, 상방향 등으로 방향을 표시해 주어야 한다.

(2) 벡터량의 종류

① 크기와 방향을 가지는 벡터량에는 힘, 속도, 가속도, 운동량, 전기장, 자기장, 무게 등이 있다.

② **힘의 표시**…힘을 나타내기 위해서는 크기와 힘이 작용하는 작용점 및 방향을 함께 표시하여야 한다.

③ **힘의 단위**…힘의 MKS 단위는 뉴튼이며 약자로 N을 쓴다. 또 다른 힘의 단위는 파운드가 있다.

④ **힘의 효과**…힘이 물체에 작용하면 모양이 변형되기도 하고, 또는 물체의 운동상태를 변화시키기도 한다. 즉, 물체에 힘을 가하면 물체의 운동이 빨라지거나 느려지기도 하며, 정지하기도 한다.

⑤ **힘의 측정**…힘의 크기는 용수철 저울을 사용하여 측정한다.

(3) 힘

물체를 밀거나 당길 때 물체에 힘이 작용한다.


# 02 벡터의 해석


## ❷ 벡터의 덧셈 · 뺄셈 · 곱셈

(1) 벡터의 덧셈

① **벡터의 크기**…벡터를 기호로 표시할 때는 화살표를 긋고 $\vec{a}$ 혹은 고딕체로 $\boldsymbol{a}$와 같이 표시하며, 벡터의 크기만 생각할 때는 $|a|$라 쓰고, 벡터 $a$의 절대값이라 한다.

② **벡터의 덧셈**…두 벡터 $a$와 $b$의 합성벡터를 $c$라 하면 다음의 방법으로 벡터 $c$를 작도한다.

③ **벡터의 덧셈 방법**

　　㉠ **삼각형법**: 한 벡터의 시점에서 다른 벡터의 머리까지 그린다. 벡터 $a$의 머리에서 시작하여 벡터 $b$를 그린 다음, $a$의 시점에서 벡터 $b$의 머리까지 화살표를 그린다.

[삼각형법]

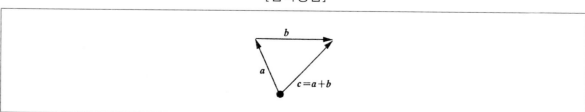

ⓛ **평행사변형법** : 두 벡터의 시점을 일치시킨 뒤 두 벡터를 두 변으로 하는 평행사변형을 그린 다음 두 벡터의 시점에서 평행사변형 대각선 방향으로 그린다. $c = a + b$를 작도할 때 $a$, $b$ 벡터의 시점을 일치시키고 평행사변형을 그려서 대각선 방향으로 그려준다.

[평행사변형법]

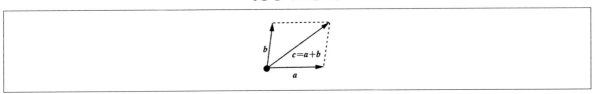

ⓒ **직각해법** : 여러 개 힘을 직각성분으로 분리한 뒤, 각 성분을 합하여 합성하는 방법이다.

• 벡터의 성분 : 힘 $F$가 $x$축과 각 $\theta$만큼 떨어져 있을 때 $F$의 $X$축 성분 $F_x = F\cos\theta$, $F$의 $Y$축 성분 $F_y = F\sin\theta$이다.

[직각해법]

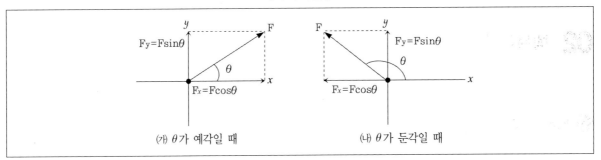

(가) $\theta$가 예각일 때            (나) $\theta$가 둔각일 때

• 직각성분에 의한 합성 : 두 힘 $F_1$, $F_2$가 한 작용점에서 작용할 때 두 힘의 합력을 구하기 위해서 먼저 $F_1$, $F_2$의 작용점을 좌표평면의 원점에 일치시키고, 각 힘의 $X$축, $Y$축 성분을 구한 다음 오른쪽 $X$성분과 위쪽 $Y$성분은 양, 왼쪽 $X$성분과 아래쪽 $Y$성분은 음으로 하여 대수적으로 합성하여 $X$, $Y$축의 단일성분을 구한다. 즉, 단일성분 $F_x = F_{1x} + F_{2x} = \sum F_x$일 때 $F_y = F_{1y} + F_{2y} = \sum F_y$이다.

[직각성분의 합성]

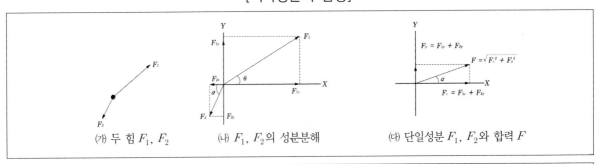

(가) 두 힘 $F_1$, $F_2$      (나) $F_1$, $F_2$의 성분분해      (다) 단일성분 $F_1$, $F_2$와 합력 $F$

$$\text{합력의 크기 } F = \sqrt{F_x^2 + F_y^2}$$

④ 덧셈의 법칙 … 벡터의 덧셈에서는 교환법칙이 성립한다.

[교환법칙]

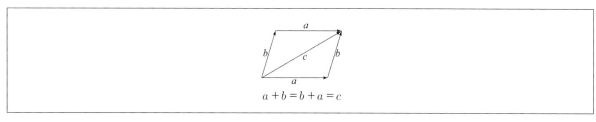

$$a + b = b + a = c$$

## (2) 벡터의 뺄셈

① 벡터 $a$의 음벡터 … 벡터 $a$의 음벡터는 크기는 같으나 방향이 반대이며, $-a$로 나타낸다.

② 음벡터의 덧셈

    ㉠ 두 벡터의 차는 $a - b = a + (-b)$로 나타낼 수 있으며 작도법은 벡터의 덧셈과 동일하다.

    ㉡ 벡터 $a$의 음벡터 $-a$는 다음과 같이 나타낸다.

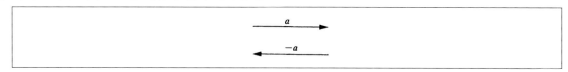

    ㉢ 벡터의 차 $a - b = a + (-b)$로 계산하여 작도한다(평행사변형법을 나타낸다). $a - b$는 벡터 $b$의 머리에서 벡터 $a$의 머리까지 향하는 벡터임을 나타낸다.

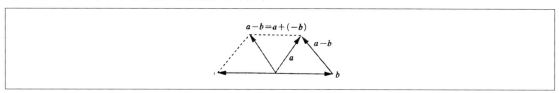

## (3) 벡터의 곱셈

① 벡터의 곱셈 … 곱셈의 결과가 스칼라량이 되는 스칼라곱과 곱셈의 결과가 벡터가 되는 벡터곱으로 분류할 수 있다.

② 벡터와 스칼라와의 곱 … 벡터 $a$에 스칼라 $k$를 곱하면 $ka$가 되는데, 이는 벡터 $a$의 $k$배인 벡터이다.

③ 벡터끼리 곱

    ㉠ 벡터의 스칼라곱 : 두 벡터의 스칼라곱(내적)을 $a \cdot b$로 표시하여 정의하면 다음과 같다.

$$a \cdot b = |a||b|\cos\theta$$

    ㉡ 벡터의 스칼라곱 $a \cdot b$의 결과는 스칼라값이 되고 그 값은 $a \cdot b = ab\cos\theta$이다. $a \cdot b$를 '$a$ dot $b$'라 읽는다.

> **TIP**

벡터의 스칼라곱(내적)의 성질

㉠ 같은 벡터의 내적 $a \cdot b = a^2$

㉡ 벡터 내적이 최대일 때 사이각 $\theta = 0°$이므로 $ab\cos 0° = ab \, (\because \cos 0° = 1)$가 된다.

㉢ 벡터 내적이 최소일 때 사이각 $\theta = 90°$이므로 $ab\cos 90° = 0 \, (\because \cos 90° = 0)$이 된다.

㉣ 단위벡터의 내적은 0 또는 1이다.

$$i \cdot i = j \cdot j = k \cdot k = 1, \ i \cdot j = j \cdot k = k \cdot i = 0$$

㉤ 벡터곱 : 두 벡터 $a$, $b$의 벡터곱은 $a \times b$로 표시하며, 계산결과는 새로운 벡터 $c = a \times b$가 된다. 이 때 벡터 $c$의 크기는 다음과 같다.

$$c = ab\sin\theta c$$

> **TIP**

벡터곱의 성질

㉠ 같은 벡터의 곱은 $a \times b = 0 (\because \sin 0° = 0)$

㉡ 사이각 $\theta = 90°$일 때 벡터곱의 크기는 최대가 된다.

㉢ 단위벡터의 벡터곱

- $i \times j = k, \ j \times k = i, \ k \times i = j$
- $j \times i = -k, \ k \times j = -i, \ i \times k = -j$
- $i \times i = 0, \ j \times j = 0, \ k \times k = 0$

## ❷ 벡터의 성분과 분해

### (1) 벡터의 성분

① 벡터 $a$가 직각좌표계 원점에 있다고 할 때, 벡터 $a$의 머리에서 $X$, $Y$축에 각각 수직선을 내려 얻은 양 $a_x$, $a_y$를 벡터 $a$의 성분이라 한다.

[벡터의 성분]

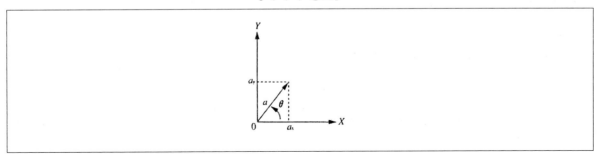

② $X$축에서 각 $\theta$만큼 떨어진 벡터 $a$의 $x$, $y$성분을 나타낸다. 즉 $a = (a_x, a_y)$로 쓸 수 있다. $a_x = |a|\cos\theta$, $a_y = |a|\sin\theta$이다. $|a| = \sqrt{a_x{}^2 + a_y{}^2}$이 성립한다.

### ▶TIP

**특수각의 삼각비**

㉠ 삼각비의 정의: 직각삼각형에서 밑변, 높이, 빗변의 길이를 각각 $a$, $b$, $c$라 하고 밑각을 $\theta$라 하면 $\sin\theta = \dfrac{b}{c}$, $\cos\theta = \dfrac{a}{c}$, $\tan\theta = \dfrac{b}{a}$이다.

㉡ 특수각의 삼각비

| $\sin\theta$ | 삼각비 | $\cos\theta$ | 삼각비 | $\tan\theta$ | 삼각비 |
|---|---|---|---|---|---|
| $\sin 0°$ | 0 | $\cos 0°$ | 1 | $\tan 0°$ | 0 |
| $\sin 30°$ | $\dfrac{1}{2}$ | $\cos 30°$ | $\dfrac{\sqrt{3}}{2}$ | $\tan 30°$ | $\dfrac{\sqrt{3}}{3}$ |
| $\sin 45°$ | $\dfrac{1}{\sqrt{2}}$ | $\cos 45°$ | $\dfrac{1}{\sqrt{2}}$ | $\tan 45°$ | 1 |
| $\sin 60°$ | $\dfrac{\sqrt{3}}{2}$ | $\cos 60°$ | $\dfrac{1}{2}$ | $\tan 60°$ | $\sqrt{3}$ |
| $\sin 90°$ | 1 | $\cos 90°$ | 0 | $\tan 90°$ | $\infty$ |

## (2) 단위벡터(Unit Vector)

### ① 개념

㉠ 벡터 $a = U_a|a|$로 쓸 때 $U_a$를 벡터 $a$방향의 단위벡터라 한다.

㉡ 직각좌표계에서는 $X$, $Y$, $Z$축의 +방향의 단위벡터를 보통 $i$, $j$, $k$로 표시한다.

### ② 단위벡터의 표시

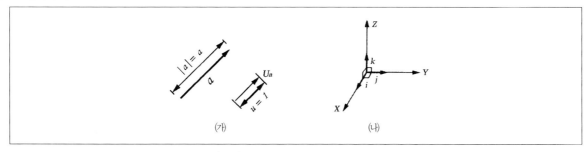

㉠ (가)의 $U_a$는 $a$방향의 단위벡터이고, $|U_a| = U = 1$이다. 벡터 $a = a\,U_a$로 쓸 수 있다.

㉡ (나)에서 $X$, $Y$, $Z$방향의 단위벡터를 $i$, $j$, $k$로 나타내고 이 벡터는 각각 $X$, $Y$, $Z$방향을 나타내며 서로 직각을 이룬다. 따라서 $|i| = |j| = |k| = 1$이다.

(3) 벡터의 분해

① 벡터의 성분표기 … $X$, $Y$, $Z$ 직각좌표계에서 벡터 $a$의 성분이 각각 $a_x$, $a_y$, $a_z$일 때 벡터 $a$는 다음과 같이 나타낼 수 있다.

$$a = i\,a_x + j\,a_y + k\,a_z$$

② 벡터 $a$의 $X$, $Y$, $Z$축 성분벡터로의 분해

   ㉠ $X$축 벡터성분은 $ia_x$, $Y$축 벡터성분은 $ja_y$이고 $Z$축 벡터성분은 $ka_z$이다.

   ㉡ 벡터 $a$의 크기는 $|a| = \sqrt{{a_x}^2 + {a_y}^2 + {a_z}^2}$ 으로 나타낼 수 있다.

③ 벡터 $a$가 양의 $X$축과 $30°$각을 이루고 있을 때 $X$, $Y$축 방향성분

   ㉠ $a_x = a\cos 30° = a \times \dfrac{\sqrt{3}}{2} = \dfrac{\sqrt{3}}{2}a$

   ㉡ $a_y = a\sin 30° = a \times \dfrac{1}{2} = \dfrac{1}{2}a$

[벡터의 분해]

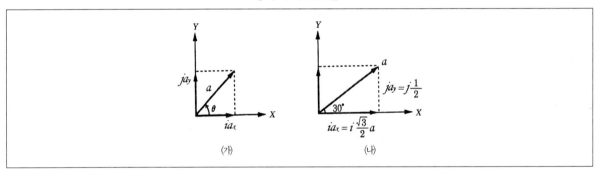

(가)          (나)

# 최근 기출문제 분석

2020. 6. 13. 제2회 서울특별시 시행

**1** $x$축을 따라 움직이는 입자의 위치가 $x = 3.0 + 2.0t - 1.0t^2$으로 주어진다. 여기서 $x$의 단위는 m이고 $t$의 단위는 초이다. $t = 2.0$일 때 속도는?

① $-2.0\,\text{m/s}$

② $0.0\,\text{m/s}$

③ $3.0\,\text{m/s}$

④ $5.0\,\text{m/s}$

**TIP** 속도 $v_t = \dfrac{dx}{dt} = \dfrac{d(3.0 + 2.0t - 1.0t^2)}{dt} = 2.0 - 2.0t$에서 $t = 2.0$이므로

$v_t = 2.0 - 2.0 \times 2.0 = -2^{\text{m}}\!/\!\text{s}$

2018. 4. 14. 해양경찰청 시행

**2** 다음은 카레이서인 영수가 탄 자동차의 운동에 관한 글이다. 아래의 ㉠ ~ ㉢ 중 옳게 사용된 것은 모두 몇 개인가?

> 카레이서인 영수가 400m 트랙을 10바퀴 도는 시합, 즉 ㉠이동거리 4km를 달리는 시합에 참가하였다. 곡선 구간을 달리는 동안 영수는 자동차 계기판을 통해 ㉡등속도로 달리고 있다는 것을 알았으며, 영수가 탄 자동차가 출발선에서 출발하여 최종 도착선을 통과할 때까지 1분 40초의 기록으로 우승 하였다. 출발선에서 출발하여 최종 도착선을 통과할 때까지 자동차의 ㉢평균속도는 40m/s 이었다.

① 없음          ② 1개

③ 2개          ④ 3개

**TIP** 속력은 스칼라량, 속도는 벡터량이다. 트랙은 곡선 위의 한 점에서 출발하여 곡선을 따라 한 방향으로 움직였을 때 처음 출발한 점으로 되돌아오게 되는 폐곡선이므로, ㉡은 등속력, ㉢은 평균속력으로 사용해야 한다.

**Answer** 1.① 2.②

**3** 다음은 직선상에서 운동하는 어떤 물체의 속도와 시간의 관계를 나타난 그래프이다. 이 물체의 질량을 10kg이라고 할 때, 잘못된 설명은? (단, 모든 마찰저항은 무시한다.)

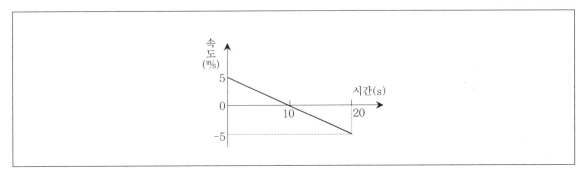

① 변위는 0m이다.

② 이동한 거리는 25m이다.

③ 평균 속력은 2.5m/s 이다.

④ 작용한 가속도는 $-0.5$m/s$^2$이다.

⑤ 이 물체에 작용하는 힘의 크기는 5N이다.

---

**TIP** ② 속도 - 시간 그래프에서 이동거리는 삼각형의 면적으로 구할 수 있다. 최대변위에 이르는 0~10초까지 이동한 거리와 다시 제자리로 돌아오는 10~20초까지 이 물체가 이동한 전체 거리는 50m이다.

① 변위란 운동하는 물체의 시작점에서 끝점까지의 위치 변화량으로, 크기와 방향을 가지는 벡터양이다. 그래프에서 10초를 기준으로 방향은 반대고 크기는 같은 운동을 하였으므로, 변위는 0m이다.

③ 평균속력은 물체가 단위 시간 당 이동한 평균거리이므로, 방향을 포함하지 않는 스칼라양이다.

따라서 $\dfrac{\text{이동거리}}{\Delta t} = \dfrac{50}{20} = 2.5$ m/s이다.

④ 가속도란 난위 시간당 속도의 변화량이므로, $\dfrac{v'-v}{t'-t} = \dfrac{-5-5}{20-0} = \dfrac{-10}{20} = -\dfrac{1}{2}$ m/s이다.

⑤ 힘의 크기 $F = ma$이므로 $\left| 10 \times -\dfrac{1}{2} \right| = 5$N이다.

---

**Answer** 3.②

# 출제 예상 문제

**1** 속도 3m/s로 서쪽으로 가는 사람이 속도 4m/s의 북풍을 느꼈다면, 실제 바람의 속도와 풍향은?

① 4m/s, 북동풍

② 4m/s, 북서풍

③ 5m/s, 북동풍

④ 5m/s, 북서풍

 TIP

$\sqrt{3^2 + 4^2} = 5$이므로 실제의 바람은 5m/s의 북동풍이다.

**2** 어떤 물체가 동쪽으로 10m를 이동한 후 다시 서쪽으로 14m를 이동하였다. 이 물체의 출발점에 대한 변위는?

① 서쪽으로 4m

② 서쪽으로 24m

③ 동쪽으로 4m

④ 동쪽으로 24m

 TIP 변위는 벡터량이므로 $10 - 14 = -4$

∴ 서쪽으로 4m

**Answer** 1.③ 2.①

**3** 두 힘의 합성에 대한 설명으로 옳은 것은?

① 두 힘을 합하면 두 힘 중 큰 힘보다 커진다.

② 두 힘을 합성한 힘은 항상 두 힘 중 작은 힘보다 작다.

③ 두 힘을 합성한 힘의 크기는 두 힘의 절대치 합보다 크지 않고, 두 힘의 절대치 차보다는 작지 않다.

④ 두 힘을 합성한 힘은 항상 두 힘의 차보다는 작다.

**TIP** 두 힘의 합성 … $F = \sqrt{F_1{}^2 + F_2{}^2 + 2F_1 F_2 \cos\theta}$ 이므로, 두 힘의 절대치 합보다 작고 두 힘의 절대치 차보다 크다.

**4** A라는 사람이 동쪽으로 3m를 걸어간 후 다시 북쪽으로 4m를 걸어갔을 때, 이 사람이 움직인 변위는?

① 5m

② 6m

③ 7m

④ 8m

**TIP** 변위는 백터량이므로 $\sqrt{3^2 + 4^2} = 5m$

**5** 두 힘의 평형조건이 아닌 것은?

① 두 힘은 방향이 서로 반대이어야 한다.

② 두 힘은 크기가 서로 같아야 한다.

③ 두 힘은 같은 작용점에 작용하여야 한다.

④ 두 힘은 같은 작용선상에 작용하여야 한다.

**TIP** 두 힘의 평형 … 동일 직선상에서 크기가 같고, 방향이 반대인 두 힘은 서로 평형을 이룬다. 이때 두 힘의 작용점은 같은 작용선 상에서 어떤 점으로 이동시켜도 힘의 효과는 변하지 않는다.

**Answer** 3.③ 4.① 5.③

**6** 다음 중 자연계에 존재하는 기본적인 힘이 아닌 것은?

① 탄성력

② 만유인력

③ 전자기력

④ 강한 상호작용력(강한 핵력)

---

**TIP** 자연계의 기본적인 힘

㉠ 만유인력 : 관성 질량이 힘의 근원이다.

㉡ 전자기력 : 전하가 힘의 근원이며, 정전기력과 자기력을 포함한다.

㉢ 강한 상호작용력 : 양성자와 중성자가 힘의 근원이며, 힘의 안정성에 기여한다.

㉣ 약한 상호작용력 : 소립자가 힘의 근원이며, 원자핵의 $\beta$ 붕괴과정에서 나타난다.

**7** 다음 물리량 중 벡터량이 아닌 것은?

① 힘

② 가속도

③ 속력

④ 충격량

---

**TIP** 속도 $= \dfrac{\text{변위}}{\text{시간}}$ 이며 변위는 벡터량이므로, 속도도 벡터량이다. 그러나 속력 $= \dfrac{\text{이동거리}}{\text{시간}}$ 이고, 이동거리, 시간은 스칼라량이므로 속력은 스칼라량이 된다.

**8** 어떤 사람이 북쪽으로 3km, 서쪽으로 2km, 남쪽으로 5km 가는 데 2시간이 걸렸다면 이 사람의 평균 속도와 속력은 몇 km/h인가?

① $\sqrt{2}$ , 10

② $\sqrt{2}$ , 5

③ $2\sqrt{2}$ , 10

④ $2\sqrt{2}$ , 5

---

**TIP** 평균속력 $= \dfrac{\text{이동거리}}{\text{경과시간}}$, 평균속도 $= \dfrac{\text{변위}}{\text{경과시간}}$ 이다.

2시간 동안 이동거리 $= 3+2+5 = 10\text{km}$ 이므로 평균속력 $= \dfrac{10\text{km}}{2\text{h}} = 5\text{km/h}$ 이며, 2시간 동안 이동한 변위는 $2\sqrt{2}\,\text{km}$ 이므로 평균속도 $= \dfrac{2\sqrt{2}\,\text{km}}{2\text{h}} = \sqrt{2}\,\text{km/h}$

**9** 10N으로 크기가 같은 두 힘 $F_1$과 $F_2$가 120°를 이루며 힘이 작용할 때 합력의 크기는?

① 10N

② $10\sqrt{2}\,N$

③ 20N

④ $10\sqrt{3}\,N$

---

**TIP** 두 벡터의 사이각이 $\theta$일 때 합성벡터$(F)$의 크기$= \sqrt{F_1^{\,2}+F_2^{\,2}+2F_1F_2\cos\theta}$

$F_1=F_2=10$, $\theta=120°$를 대입하고 계산하면

$$F=\sqrt{10^2+10^2+2\cdot10\cdot10\cdot\cos120°}=\sqrt{200+200\left(-\frac{1}{2}\right)}=\sqrt{100}=10N$$

※ $\cos120°=\cos(180°-60°)=-\cos60°=-\frac{1}{2}$

**10** 어떤 벡터의 $X$축 성분이 $-10$이고, $Y$축 성분이 $10\sqrt{3}$ 이다. 이 벡터의 크기와 양의 $X$축과 이루는 각은?

① 10, 60°

② 10, 120°

③ 20, 60°

④ 20, 120°

---

**TIP** $x$, $y$ 성분을 $X-Y$좌표상에 표시하면

벡터의 크기 $=\sqrt{(-10)^2+(10\sqrt{3})^2}=20$

음의 $X$축과 이루는 각이 60°이므로 양의 $X$축과 이루는 각 $=180°-60°=120°$

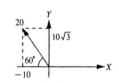

**11** $a=2i-3j+4k$ 의 크기 $|a|$를 바르게 표현한 것은?

① $\sqrt{3}$

② $\sqrt{11}$

③ 3

④ $\sqrt{29}$

---

**TIP** 벡터 $a=ai+bj+ck$일 때 벡터 $a$의 크기는 $|a|=\sqrt{a^2+b^2+c^2}$ 이므로 이 식에 $a=2$, $b=3$, $c=4$를 대입하면 $|a|=\sqrt{29}$ 를 얻는다.

**Answer**  9.①  10.④  11.④

**12** 벡터의 스칼라곱 $\vec{a} \cdot \vec{a}$의 계산결과는?

① 0

② $a^2$

③ $a$

④ $a^2/2$

**TIP** $\vec{a} \cdot \vec{b} = |a||b|\cos\theta$이므로 $\vec{a} \cdot \vec{a} = a \cdot a \cdot \cos 0° = a^2$이다.

　∵ $\cos 0° = 1$

**13** 다음 중 벡터량이 아닌 것은?

① 무게 $150g$

② $10cm/\sec^2$의 가속도

③ $3,000gauss$ 자기장

④ $1,800erg$의 위치에너지

**TIP** 벡터량에는 속도, 가속도, 힘, 운동량, 무게, 전기장, 자기장 등이 있으며, 질량, 속력, 길이, 에너지 등은 스칼라량에 속한다.

**14** $a = 2i + 3j + 4k,\ b = -3i + 4j - 2k$일 때 $a - b$의 크기는?

① $\sqrt{110}$

② $\sqrt{62}$

③ $\sqrt{54}$

④ 8

**TIP** $a - b = (2i + 3j + 4k) - (-3i + 4j - 2k) = (5i - j + 6k)$이므로
$|a - b| = \sqrt{5^2 + (-1)^2 + 6^2} = \sqrt{62}$

**Answer** 12.② 13.④ 14.②

**15** 두 힘 3kg중, 4kg중이 서로 60° 각도로 한 점에서 작용할 때 합력의 크기는 몇 kg중인가?

① 5

② 6

③ 7

④ 8

---

**TIP** 두 벡터 $a$, $b$가 각 $\theta$로 작용할 경우 합성벡터 $f = \sqrt{a^2 + b^2 + 2ab\cos\theta}$

$\theta = 60°$이므로 합성벡터의 크기 $f = \sqrt{3^2 + 4^2 + 2 \times 3 \times 4 \times \cos 60°}$

$\cos 60° = \dfrac{1}{2}$ 이므로 대입하여 정리하면 $f = \sqrt{37} \fallingdotseq \sqrt{36} = 6\text{kg중}$

**16** 다음 두 벡터의 스칼라곱 $a \cdot b = |a||b|\cos\theta$를 이용하여 두 벡터 $a = 3i + 3j - 3k$, $b = 2i + j + 3k$의 사이각의 크기를 구하면 얼마인가?

① 90°

② 60°

③ 45°

④ 30°

---

**TIP** $a \cdot b = |a||b|\cos\theta$이므로 $\cos\theta = \dfrac{a \cdot b}{|a| \cdot |b|}$

$a \cdot b = (3i + 3j - 3k) \cdot (2i + j + 3k) = 6 + 3 - 9 = 0$

$|a| = \sqrt{3^2 + 3^2 + (-3)^2} = 3\sqrt{3}$, $|b| = \sqrt{2^2 + 1^2 + 3^2} = \sqrt{14}$ 이므로

$\cos\theta = \dfrac{0}{(3\sqrt{3} \times \sqrt{14})} = 0$이므로 각 $\theta = 90°$

**Answer** 15.② 16.①

**17** 세 벡터 $a = 3i + 3j - 2k$, $b = -i - 4j + 2k$, $c = 2i + 2j + k$일 때 $a \cdot (b \times c)$를 구하면 얼마인가?

① $-21$

② $21$

③ $-24$

④ $24$

---

**TIP** $b \times c$를 먼저 구하면 $b \times c = (-i - 4j + 2k) \times (2i + 2j + k)$

이 식에서 벡터곱의 성질 $i \times i = j \times j = k \times k = 0$, $i \times j = k$, $j \times k = i$, $k \times i = j$,

$j \times i = -k$, $k \times j = -i$, $i \times k = -j$를 사용하여 전개하면 $b \times c = -8i + 5j + 6k$

$\therefore a \cdot (b \times c) = (3, 3, -2) \cdot (-8, 5, 6) = -24 + 15 - 12 = -21$

**Answer** 17.①

# 03 힘의 평형

## 01 힘

### ❶ 힘의 평형

(1) 힘

① 개념

  ㉠ 물체에 힘을 가하면 정지해 있는 물체는 움직이고, 움직이고 있던 물체는 더 빨라지거나 느려지므로 물체의 속도가 변함에 따라 운동 상태는 변한다.

  ㉡ 힘은 용수철이나 고무공 같은 물체에 작용하여 그 길이나 모양을 변화시키기도 하므로 힘은 물체의 운동 상태나 모양을 변화시키는 원인으로 정의할 수 있다.

② 힘의 3요소

  ㉠ 작용점 : 물체에 힘이 작용하는 점을 말한다.

  ㉡ 작용선 : 작용점을 지나고 힘과 나란한 방향으로 그은 선을 말한다.

  ㉢ 힘의 표시 : 화살표로 표시하며 힘의 크기, 방향, 작용점에 의하여 정해진다.

[힘의 3요소]

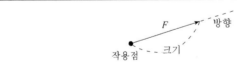

③ 힘의 단위 … 힘의 단위는 N(Newton)으로 나타낸다.

## (2) 강체의 평형

### ① 강체의 평형

㉠ 물체에 힘이 작용하면 그 물체의 운동상태는 변화한다.

㉡ 강체의 운동은 물체 전체가 평행 이동하는 운동, 즉 병진운동과 회전운동으로 구성된다고 볼 수 있으며, 대부분의 경우 물체에 작용하는 하나의 힘은 병진운동과 회전운동을 일으킨다.

㉢ 여러 힘이 동시에 작용하면 그 효과가 상쇄되어 그 결과 병진 및 회전운동에 아무런 변화가 없을 수도 있는데 이 때 물체는 평형상태에 있다고 한다.

㉣ 평형상태에 있는 물체는 정지하여 있거나 일정한 속도로 직선운동을 하거나 또는 전혀 회전하지 않거나 일정한 비율로 회전하는 물체도 평형상태에 있다고 한다.

### ② 두 힘의 평형

㉠ 두 힘의 크기가 같고 방향이 반대이며 동일작용선에 있어야 한다.

[물체의 운동]

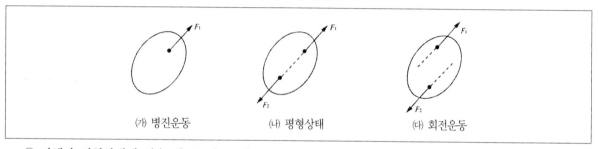

    (가) 병진운동    (나) 평형상태    (다) 회전운동

㉡ 강체가 평형상태에 있을 때 두 힘 $F_1$과 $F_2$는 다음과 같은 식이 성립한다.

$$|F_1| = |F_2|, \quad \overrightarrow{F_1} + \overrightarrow{F_2} = 0$$

㉢ 두 힘 $F_1$, $F_2$는 크기는 같고 방향이 반대이므로 하나의 힘은 다른 힘의 음의 값과 같다.

$$\overrightarrow{F_1} = -\overrightarrow{F_2}$$

㉣ 두 힘 $F_1$, $F_2$의 합력은 다음과 같이 나타낼 수 있다.

$$\text{합력} \ \overrightarrow{F} = \overrightarrow{F_1} + \overrightarrow{F_2} = F_1 - F_1 = 0$$

### ③ 세 힘의 평형

㉠ 물체의 한 점에 세 힘 $F_1$, $F_2$, $F_3$가 작용하여 물체가 평형을 이룰 때에는 합력이 0이 되어 $\overrightarrow{F_1} + \overrightarrow{F_2} + \overrightarrow{F_3} = 0$의 관계가 성립한다.

ⓒ 한 점에 작용하는 세 힘 $\overrightarrow{F_1}$, $\overrightarrow{F_2}$, $\overrightarrow{F_3}$가 평형을 이루기 위한 조건

• 임의 두 힘의 합은 다른 한 힘과 크기가 같고, 방향이 반대이며 같은 작용선상에 있다. 즉, $F_1 + F_2 = R$이고, $F_3 = -R$이면, 세 힘 $F_1$, $F_2$, $F_3$은 평형상태가 된다.

[세 힘의 평형]

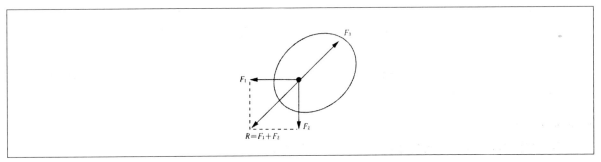

• 세 힘을 차례로 평행 이동하면 폐삼각형이 된다.

▶**TIP**

라미의 법칙(Lami's Law)… 세 힘이 한 작용점(공유점)에서 작용할 때 세 힘의 크기는 다음과 같은 관계가 있다.

$$F_1 : F_2 : F_3 = \sin\theta_1 : \sin\theta_2 : \sin\theta_3 \quad \text{또는} \quad \frac{F_1}{\sin\theta_1} = \frac{F_2}{\sin\theta_2} = \frac{F_3}{\sin\theta_3}$$

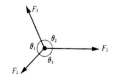

④ **여러 힘의 평형**

㉠ 여러 힘의 합력이 0이라면, 다시 말해서 힘의 합력이 작용하는 중심점이 받는 힘이 0이라면 물체는 운동상태를 바꾸지 않는다.

㉡ 합력이 0일 때 정지해 있는 물체는 계속 정지해 있으며, 운동하고 있는 물체는 등속직선운동을 계속하게 된다.

$$F_1 + F_2 + F_3 + \cdots\cdots + F_n = 0$$

## ❷ 평형의 여러가지 경우

### (1) 줄에 매달린 물체

물체를 지구가 잡아낭기는 힘(무게) $W$와 천장이 줄을 잡아당기는 힘 $F_1'$가 서로 평형을 이루고 있다면 물체의 무게 $W$와 줄이 물체를 당기는 힘 $F$가 평형을 이루고, 줄이 천장을 당기는 힘 $F_1$과 천장이 줄에 달린 물체를 당기는 힘 $F_1'$는 평형을 이루게 된다.

$$W + F = 0, \ F_1 + F_1' = 0$$

[줄에 매달린 물체의 평형]

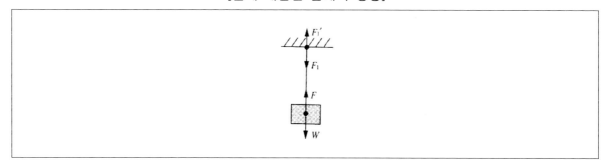

## (2) 빗면상에서 평형상태에 있는 물체

마찰이 없는 빗면에서는 물체의 무게와 물체를 잡아당기는 힘과 수직항력이 평형을 이루어, 빗면상에서 물체 무게 $W$와 물체를 당기는 장력 $T$와 빗면이 물체를 미는 수직항력 $N$이 평형을 이루게 된다.

$$|W| = |T + N|, \ T + W + N = 0$$

[빗면상의 물체의 평형]

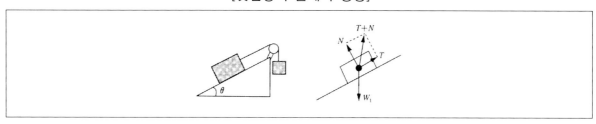
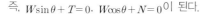

▶**TIP**

물체 무게가 $W$일 때 빗면으로 내려가는 힘은 $W\sin\theta$이며, 물체를 당기는 힘(혹은 마찰력) $T$와 짝힘을 이루고, 물체가 빗면을 누르는 힘 $W\cos\theta$는 빗면이 물체를 미는 수직항력 $N$과 짝힘을 이룬다.

즉, $W\sin\theta + T = 0$, $W\cos\theta + N = 0$이 된다.

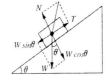

### ⑶ 천장에 연결된 두 줄에 매달린 물체

① 물체가 줄을 당기는 무게와 줄이 물체를 당기는 장력이 평형을 이룬다.

② 100N 무게의 물체가 매달린 경우의 평형

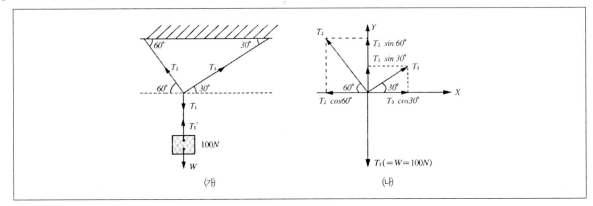

(가)　　　　　　　　　　(나)

㉠ 무게 $W$와 장력 $T_1$은 같고($W = T_1$), 힘의 합은 0이 되어야 하므로 $W - T_1' = 0$,

$T_1 - T_2 - T_3 = 0$이다.

㉡ (나)에서 힘을 $X$, $Y$축 성분으로 분해하면 $X$축 성분의 힘의 합은 0이고, $Y$축 성분의 힘의 합도 0이므로 다음 식이 성립한다.

$T_2\cos 60° - T_3\cos 30° = 0$ ······························ ⓐ

$T_1 - T_2\sin60° - T_3\sin30° = 0$ ······················· ⓑ

위의 두 식 ⓐ, ⓑ에 다음 삼각비의 값을 대입하면

$\cos 60° = \dfrac{1}{2}$, $\cos 30° = \dfrac{\sqrt{3}}{2}$, $\sin60° = \dfrac{\sqrt{3}}{2}$, $\sin30° = \dfrac{1}{2}$

$T - 100\text{N}$

$\dfrac{1}{2}T_2 - \dfrac{\sqrt{3}}{2}T_3 = 0$ ···························· ⓐ'

$100 - \dfrac{\sqrt{3}}{2}T_2 - \dfrac{1}{2}T_3 = 0$ ················ ⓑ'

ⓐ'$\times\sqrt{3}$ + ⓑ'를 해주면 $100 - 2T_3 = 0$이고 $T_3 = 50\text{N}$이며 이 값을 ⓐ' 식에 대입하면 $T_2 = 50\sqrt{3}\,\text{N}$임을 알 수 있다.

## ⑷ 한 줄에 매달린 두 물체의 평형

① 물체의 무게와 마찰력의 합력과 줄의 장력이 평형을 이룬다.

② 20N, 100N의 물체가 매달린 경우의 평형

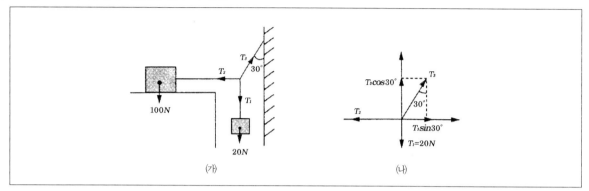

(가)                    (나)

○ (가)는 20N의 물체가 줄에 매달려 있고, 이 물체의 무게와 물체의 마찰력이 줄의 장력과 평형을 이루고 있다.

○ $T_1 + T_2 + T_3 = 0$, 이를 크기로 나타내면 $T_3 - T_1 - T_2 = 0$이 된다.

○ (나)에서 장력 $T_3$의 $X$축 성분과 $T_2$가 평형을 이루고, $T_3$의 $Y$축 성분과 $T_1$이 평형을 이루므로 다음 식이 성립한다.

$T_1 = T_3 \cos 30°$ ················· ⓐ

$T_2 = T_3 \sin 30°$ ················· ⓑ

위 식에서 다음 삼각비를 대입하면

$\cos 30° = \dfrac{\sqrt{3}}{2}$, $\sin 30° = \dfrac{1}{2}$ 이므로

$T_1 = T_3 \times \dfrac{\sqrt{3}}{2}$ ················· ⓐ'

$T_2 = T_2 = T_3 \times \dfrac{1}{2}$ ················· ⓑ'

$T_1 = 20\mathrm{N}$ 이므로, $T_3 = \dfrac{40\sqrt{3}\,\mathrm{N}}{3}$, $T_2 = \dfrac{20\sqrt{3}\,\mathrm{N}}{3}$ 이 된다.

# 02 여러 가지 힘

## ❶ 자연계의 기본적인 힘

### (1) 중력(만유인력)

우주의 모든 물체들 사이에는 질량의 곱에 비례하고 거리의 제곱에 반비례하는 인력이 작용하는데 이 힘을 중력(만유인력)이라 하며 그 크기는 다음과 같다.

$$F = G\frac{m_1 m_2}{R^2} \ (G = 6.67 \times 10^{-11} \text{Nm}^2/\text{kg}^2)$$

### (2) 전자기력

① **개념** … 정지하고 있는 전하들 사이에는 정전기력만이 작용하지만 운동하고 있는 전하들 사이에는 전기력 외에 자기력이 나타난다. 전기력과 자기력을 합쳐 전자기력이라 한다.

② **특징**
　㉠ 전자기력은 중력과 함께 먼 거리까지 그 영향을 미친다.
　㉡ 전자기력은 강한 핵력 다음으로 상대적인 크기가 큰 힘이다.
　㉢ 전자기력은 전자들을 원자에 결합시키는데 기여할 뿐만 아니라 원자나 분자들을 결합시켜 물체를 이루게 하는 데 큰 역할을 한다.
　㉣ 전자기력은 전하량에만 관계있는 전기력과 전하량과 전하의 속도에 비례하는 자기력 두 부분으로 나눌 수 있다.

### (3) 핵력

① **개념** … 원자핵 내의 입자들에는 중력과 전자기력 외에 또 다른 두 종류의 상호작용력, 즉 강한 상호작용력(강한 핵력)과 약한 상호작용력이 나타난다.

② **상호작용력의 종류**
　㉠ **강한 상호작용력(강한 핵력)** : 원자핵 속의 짧은 거리에서만 작용하고 양성자들의 전기적 반발력을 이겨내어 핵자(양성자와 중성자)들을 원자핵 속에 묶어 놓는 힘이다.
　㉡ **약한 상호작용력** : 불안정한 원자핵이 전자나 양전자와 같은 작은 입자를 방출하며 다른 원자핵으로 변하는 과정에서 나타나는 힘이다.

## ❷ 주변의 여러 가지 힘

### (1) 수직항력

책상 위에 놓여 있는 물체는 중력 외에도 책상면이 떠받치는 힘을 받는다. 이렇게 물체가 책상면을 누르는 힘의 반작용으로 항상 접촉면에 수직인 힘을 수직항력이라 한다.

### (2) 마찰력

책상면 위에 있는 물체를 당기면, 힘이 어느 정도 크기에 도달하기 전에는 움직이지 않는다. 이렇게 물체의 접촉면을 따라서 물체의 운동을 방해하는 힘을 마찰력이라 한다.

### (3) 장력

실이나 케이블을 당길 때 작용하는 힘으로 실의 무게를 무시할 수 있다면 장력의 크기는 실의 어느 부분에서나 같다.

## ❸ 탄성력

### (1) 탄성력

① **탄성** … 용수철과 같은 물체에 힘을 가해주면 모양이 변하지만 외력을 없애주면 다시 원래의 모양으로 되돌아가는 성질을 탄성이라 한다.

② **소성** … 외력을 없애 주어도 원래의 모양 또는 크기로 되돌아가지 않고 변형된 채로 남아있는 성질을 소성이라 한다.

③ **변형** … 모든 물체는 외력에 의해 모양이나 크기가 변하는데 이 변하는 정도의 크기를 변형이라 한다.

④ **탄성한계** … 어떤 상태를 넘어서면 외력을 제거해도 원래의 상태로 돌아가지 않는데 이 한계를 탄성한계라고 한다.

⑤ **훅의 법칙** … 탄성한계 내에서 물체에 작용하는 외력과 변형은 비례한다는 법칙으로 다음과 같이 표시한다.

$$F = kx$$

⑥ **탄성력** … 물체가 변형되었을 때 물체 내부에서 원래의 상태로 되돌아가려고 발생하는 힘을 말하며, 탄성력은 외력과 반대 방향으로 작용하고 크기는 같다.

## (2) 용수철의 연결

① **직렬연결** ··· 용수철상수가 $k_1$, $k_2$, ··· 일 때 직렬연결 합성용수철상수를 $k$라고 하면 다음의 관계가 성립한다.

$$\frac{1}{k} = \frac{1}{k_1} + \frac{1}{k_2} + \ldots$$

② **병렬연결** ··· 용수철상수가 $k_1$, $k_2$, ··· 일 때 병렬연결 합성용수철상수를 $k$라고 하면 다음의 관계가 성립한다.

$$k = k_1 + k_2 + \ldots$$

## ❹ 마찰력과 평형

### (1) 마찰력

① 수평인 마루 위에 정지하고 있는 무거운 상자에 수평방향의 힘이 작용하여도 상자는 운동을 일으키지 못할 수가 있는데 그것은 크기가 같고 방향이 반대인 마찰력을 마루가 상자에 가하고 있기 때문이다.

② 물체가 미끄러질 때 물체의 운동을 방해하는 힘을 마찰력이라고 한다.

**[마찰력]**

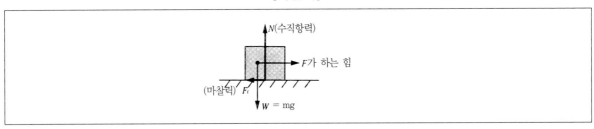

### (2) 정지마찰력

① 물체에 외력이 작용하는데 물체가 움직이지 않는 경우가 있다. 이것은 물체에 외력과 같은 크기의 힘인 정지마찰력이 작용하기 때문이다.

② 정지마찰력은 항상 외력과 크기가 비례하며, 제일 클 때의 값을 최대 정지마찰력이라 한다.

### (3) 마찰력의 크기

마찰력은 물체의 무게가 클수록 다시 말해서 물체의 수직항력($N$)이 클수록 커진다. 비례상수 $\mu$를 마찰계수라 하며, 작용면이 거칠수록 $\mu$도 커지게 된다.

$$F_f = \mu N$$

### (4) 운동마찰력

물체가 외력을 받아 운동할 때 운동하는 방향과 반대 방향으로 저항하는 일정한 힘을 운동마찰력이라 한다.

### (5) 마찰있는 빗면에서 물체의 평형

① 물체의 면에 대한 수직성분과 수직항력은 짝힘을 이루고, 무게의 수평성분과 마찰력도 짝힘을 이룬다.

② 빗면에서의 마찰계수 구하기

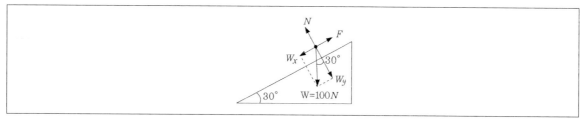

ⓘ 빗면의 경사각이 30°, $W$는 100N이라고 한다.
ⓛ 수직성분의 힘과 수평성분의 힘은 다음과 같다.

무게의 수직성분 힘 $W_y = W\cos 30° = 100\text{N} \times \dfrac{\sqrt{3}}{2} = 50\sqrt{3}\,\text{N}$

수평성분 힘 $W_x = W\sin 30° = 100\text{N} \times \dfrac{1}{2} = 50\text{N}$

ⓒ 마찰계수($\mu$)는 수평성분 마찰력($F$) / 수직성분 힘($W_y$)으로 구할 수 있으므로

$$\frac{F}{(W_y)} = \frac{50}{50\sqrt{3}} = \frac{1}{\sqrt{3}}\text{N}$$ 이 된다.

③ 마찰계수의 관계는 정지마찰계수 > 미끄럼마찰계수 > 회전마찰계수이다.

> **▶TIP**
> 마찰계수 $\mu = \tan\theta$로 구할 수 있다(단, $\theta$는 마찰각이다).

# 03 모멘트의 평형조건

## ❶ 힘의 모멘트

(1) 모멘트

① 강체에 작용하는 힘이 강체에 주는 운동 효과는 힘의 크기 및 방향뿐 아니라 힘의 작용점 또는 작용선에 따라 달라진다.

② 한 고정점 $O$를 통과하는 회전축 주위로 자유롭게 회전할 수 있는 강체에 힘이 작용할 때 일어나는 운동 효과는 힘의 크기뿐 아니라 회전축에서 힘의 작용선까지의 수직거리에 의하여 결정된다.

③ 이러한 회전운동 효과를 나타내는 물리량을 모멘트 혹은 토크라 한다.

[고정점 $O$를 통과하는 회전축에 대한 모멘트]

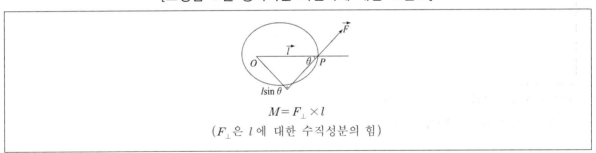

$$M = F_\perp \times l$$
($F_\perp$은 $l$에 대한 수직성분의 힘)

④ 수직거리에 따른 모멘트

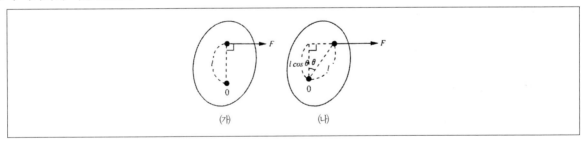

(가)         (나)

   ㉠ (가)는 작용점 0에서 힘의 작용선까지 수직거리가 $l$인 경우 힘의 모멘트 $M = F \times l$임을 나타낸다.

   ㉡ (나)는 작용점과 힘의 작용선까지의 수직거리는 $l\cos\theta$이므로 모멘트 $M = F \times l\cos\theta$임을 나타낸다.

⑤ 힘의 단위는 N(뉴튼)이고, 길이의 단위는 m(미터)이므로 모멘트의 단위는 N·m이다.

## (2) 평형과 모멘트

### ① 물체의 평형조건

　㉠ 제1조건 : $F_1 + F_2 + \cdots + F_n = \sum F = 0$ (힘의 합은 0이다)

　㉡ 제2조건 : $M_1 + M_2 + \cdots + M_n = \sum M = 0$ (모멘트의 합은 0이다)

### ② 천장에 매달린 막대의 평형

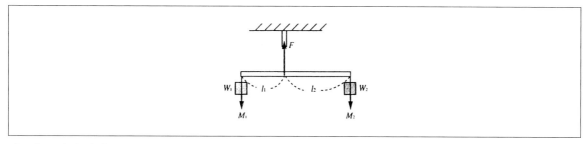

　㉠ 제1조건에 의하여 $F - W_1 - W_2 = 0$ 이므로 $F = W_1 + W_2$ 이다.

　㉡ 제2조건에 의하여 $W_1 l_1 - W_2 l_2 = 0$ 이므로 $W_1 l_1 = W_2 l_2$ 이다.

## (3) 관성 모멘트

### ① 관성 모멘트는 회전 상태를 계속 유지하려고 하는 성질의 크기를 말하는 것으로 관성 모멘트 $I$ 는 다음과 같이 정의된다.

$$I = \sum m_i r_i^{\,2}$$

### ② $m_i$ 는 걸점의 질량, $r_i$ 는 회전축으로부터 걸점까지의 거리이다.

### ③ 여러 물체의 관성 모멘트

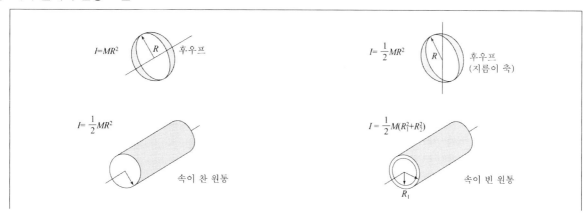

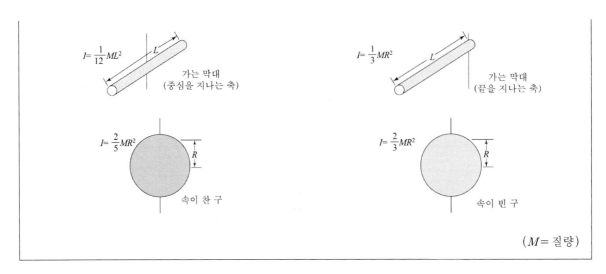

④ 평행축 정리

　㉠ 중심으로부터 거리 $l$만큼 떨어진 곳을 축으로 하여 질량 $M$인 물체가 회전할 때 관성 모멘트는 중심축의 관성 모멘트 $I_0$를 사용하여 나타낸다.

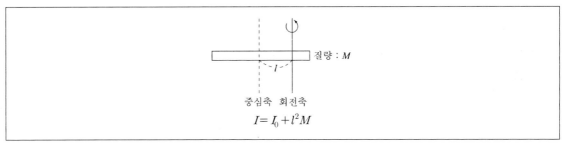

　㉡ 위와 같은 식을 평행축 정리라 한다.

## (4) 짝힘

① 나사, 수도꼭지, 자동차의 핸들 등을 돌릴 때 크기가 같고 방향이 반대인 평행력이 작용한다.

② 두 평행력에 의해 회전 효과가 나타나는데 이 두 힘을 짝힘이라 한다.

③ 짝힘은 크기가 같고 방향은 반대이면서 평행한 두 힘을 말한다.

[짝힘]

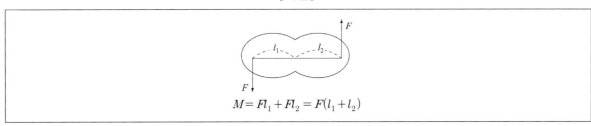

## ❷ 무게중심

### (1) 무게중심의 개념

물체의 각 부분에 작용하는 개개의 중력의 합력이 작용하는 점을 무게중심이라 하며, 모든 중력의 합의 짝힘은 작용점이 무게중심에 있는 단 한 개의 힘이 된다.

### (2) 무게중심의 계산

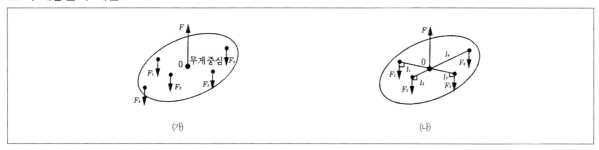

(가)                                        (나)

① (가)는 물체에 작용하는 모든 중력($F_1$, $F_2$, $\cdots$, $F_n$)의 합력의 작용점이 0인 무게중심을 나타낸 것이다.

② 힘 $F$와 모든 중력(무게)의 합이 평형을 이룬다면 그 합은 0이 된다.

$$F+F_1+F_2+\cdots+F_n=0, \quad F-(F_1+F_2+\cdots+F_n)=0$$

③ (나)는 무게중심 0에서 힘 $F$를 가해 평형을 이룬 것이다.

④ 각 부분에 대한 모든 모멘트(토크)의 합은 0이 된다.

$$M_1+M_2+\cdots+M_n=F_1l_1+F_2l_2+\cdots+F_nl_n=0$$

### (3) 원통모양 물체의 무게중심 계산

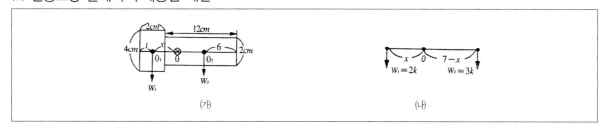

(가)                                        (나)

① (가)는 금속으로 된 균질한 원통모양의 기계부속이다.

② 좌측과 우측부분의 무게중심(0)은 양끝에서 중앙부분에 있으므로 모든 무게의 합은 작용점 $O_1$, $O_2$에서 시작되는 두 개의 힘(무게) $W_1$, $W_2$로 나타낼 수 있다.

③ 무게 $W_1$, $W_2$는 각 부분의 부피에 비례하므로 $\dfrac{W_1}{W_2} = \dfrac{2^2 \times \pi \times 2}{1^2 \times \pi \times 12} = \dfrac{8\pi}{12\pi} = \dfrac{2}{3}$ 이 된다.

④ 원통부피=(반지름)$2 \times \pi \times$높이이므로 $W_1 = 2k(\text{N})$, $W_2 = 3k(\text{N})$으로 나타낼 수 있다.

⑤ (나)의 평형상태에서 모멘트의 합은 0이 되므로

$$W_1 x = W_2 (7-x)$$
$$2kx = 3k(7-x)$$
$$5kx = 21k$$
$$\therefore x = \frac{21}{5} = 4.2\text{cm}$$

그러므로 무게중심은 좌측에서 4.2cm 떨어진 곳에 위치하게 된다.

# 최근 기출문제 분석

2018. 10. 13. 서울특별시 시행

**1** 항구에서 배에 물건을 실을 때, 빗면을 이용하는 경우가 있다. 〈보기 1〉과 같이 경사각이 $\theta$인 빗면을 따라 일정한 힘을 가해 물건을 배로 올리는 경우에 대한 〈보기 2〉의 설명에서 옳은 것을 모두 고른 것은? (단, 마찰 저항은 무시한다.)

〈보기 1〉

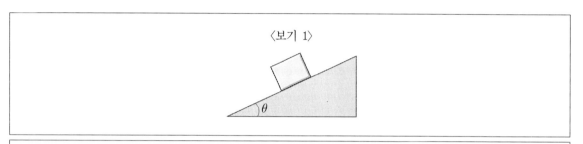

〈보기 2〉

㉠ 물체가 움직이기 시작한 후, 물체를 일정한 속도로 올리기 위해 경사면과 평행하게 작용해야 하는 힘은 $mg\sin\theta$이다.

㉡ 경사면이 물체에 경사면의 수직 위 방향으로 작용하는 힘의 크기는 $mg\cos\theta$이다.

㉢ 적절한 마찰력이 존재하면 물건이 경사면에 정지해 있을 수 있다. 그 경우 마찰계수는 $\mu = \tan\theta$이다.

① ㉠

② ㉡

③ ㉡, ㉢

④ ㉠, ㉡, ㉢

**TIP** ㉠, ㉡, ㉢ 모두 옳은 설명이다.

**Answer** 1.④

2018. 10. 13. 서울특별시 시행

**2** 길이가 1m이고 질량분포가 균일한 막대자의 한쪽 끝에 질량 1kg의 돌멩이가 〈보기〉와 같이 매달려 있다. 지렛대의 지점이 막대자의 1/8m 표기 위치일 때 돌멩이와 막대자가 평형을 이루었다고 한다. 막대자 질량의 값[kg]은?

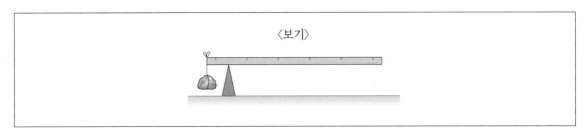

〈보기〉

① $\dfrac{1}{4}$

② $\dfrac{1}{3}$

③ $\dfrac{1}{2}$

④ $\dfrac{2}{3}$

**TIP** 받침점을 회전축으로 하여 돌림힘 평형을 구하면

$1 \times \dfrac{1}{8} = m \times \dfrac{3}{8}$, $m = \dfrac{1}{3} \mathrm{kg}$

2018. 4. 14. 해양경찰청 시행

**3** 물체, 책상면, 지구 사이에 상호 작용하는 힘이 다음과 같다. 작용·반작용의 관계에 있는 힘과 평형을 이루고 있는 힘을 가장 옳게 짝지은 것은?

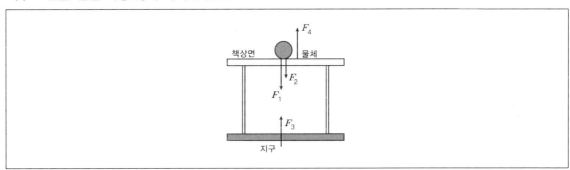

- $F_1$ = 지구가 물체를 당기는 힘(중력)
- $F_2$ = 물체가 책상을 누르는 힘(전압력)
- $F_3$ = 물체가 지구를 당기는 힘
- $F_4$ = 책상면이 물체를 떠받치는 힘(수직항력)

**Answer** 2.② 3.①

|  | 작용과 반작용 | 힘의 평형 |
|---|---|---|
| ① | $F_2 - F_4$ | $F_1 - F_4$ |
| ② | $F_2 - F_4$ | $F_1 - F_2$ |
| ③ | $F_1 - F_2$ | $F_3 - F_4$ |
| ④ | $F_1 - F_2$ | $F_1 - F_4$ |

> **TIP** • 작용과 반작용 : 모든 작용력에 대하여 항상 방향이 반대이고 크기가 같은 반작용 힘이 따름 → $F_1 - F_3$, $F_2 - F_4$
> • 힘의 평형 : 어떤 물체에 두 가지 이상의 힘이 작용할 때에, 그 합력 및 힘의 모멘트가 영이 되어 아무런 힘의 작용이 없는 것과 같이 된 상태 → $F_1 - F_4$

2017. 9. 23. 제2회 지방직(고졸경채) 시행

**4** 그림과 같이 질량 3kg인 물체를 천장에 실로 매달고 수평방향으로 힘 $F$를 가해, 실이 연직방향과 30°의 각이 유지되도록 하였다. 이 때 줄에 걸리는 장력의 크기[N]는? (단, 중력가속도는 10m/s²이다)

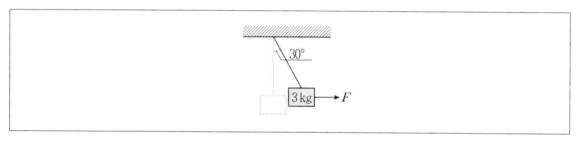

① $15\sqrt{2}$

② $15\sqrt{3}$

③ $20\sqrt{2}$

④ $20\sqrt{3}$

> **TIP**
>
>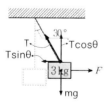
>
> 물체에 작용하는 세 힘이 평형을 이루어야 한다.
>
> 그림과 같이 장력의 수직성분과 중력이 같아야 하므로 $T\cos\theta = mg$, $T = \dfrac{mg}{\cos\theta} = \dfrac{(3)(10)}{\cos 30} = \dfrac{30}{\dfrac{\sqrt{3}}{2}} = 20\sqrt{3}$ N이다.

**Answer**　4.④

**5** 그림과 같이 받침대 A, B에 질량이 5kg, 길이가 4m인 막대를 수평면과 나란하게 올려놓고, O점으로부터 3m인 지점에 질량이 2kg인 물체를 올려놓았을 때 힘의 평형상태가 유지된다. 이때, 받침대 A가 막대에 작용하는 힘의 크기[N]는? (단, 중력가속도는 10m/s²이고, 막대의 밀도는 균일하며 두께와 폭은 무시한다)

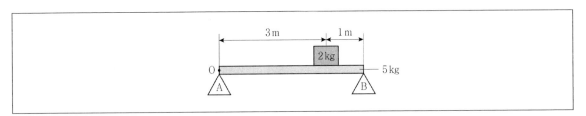

① 30

② 40

③ 45

④ 50

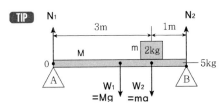

강체의 평형조건을 적용한다. B를 기준점으로 잡고 막대에 작용하는 토우크의 힘이 0임을 이용한다.

$N_1(4) - W_1(2) - W_2(1) = 0$, $N_1(4) - Mg(2) - mg(1) = 0$, $4N_1 - 100 - 20 = 0$ 따라서 $N_1 = 30$N 이다.

**Answer** 5.①

**6** 무게가 550N인 두 개의 동일한 물체가 그림과 같이 도르래를 통해 용수철 저울에 줄로 연결되어 평형을 이루고 있다. 용수철 저울의 눈금[N]은?

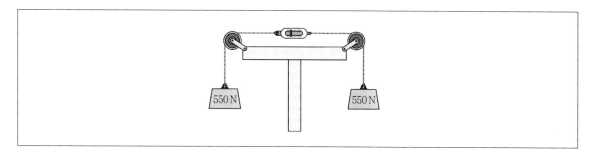

① 0

② 275

③ 550

④ 1,100

> **TIP** 용수철 저울과 두 물체가 '평형' 상태에 있으므로, 각 물체에 평형조건 $\sum \vec{F} = 0$을 이용한다. 물체 A는 평형 상태에 있으므로 무게 550kg·중과 장력 $T_A$는 같아야 한다. 따라서 $T_A = 500\,\mathrm{kg}\cdot$중이다. 같은 이유로 물체 B에 작용하는 장력도 $T_B = 550\,\mathrm{kg}\cdot$중이다. 물체에 매달린 줄에 작용하는 장력 $T_A$, $T_B$가 용수철에도 그대로 작용하므로 용수철 저울 양끝에서 작용하는 힘 역시 그림과 같이 $T_A$, $T_B$이다. 마지막으로 용수철 저울에 작용하는 힘의 합도 0이므로 $T_A = T_B = 550\,\mathrm{kg}\cdot$중이 되며 이 힘이 저울의 눈금 550N으로 나타난다.

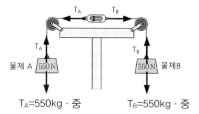

**7** 아래 그림은 길이가 4d이고 무게가 W인 균일한 재질의 막대기 왼쪽 끝에 연직 위 방향으로 크기가 F 인 힘을 작용하여 막대가 수평을 이룬 모습을 나타낸 것이다. 받침점이 막대에 작용하는 힘의 크기가 N일때 N과 W를 F로 나타낸 것으로 옳은 것은?

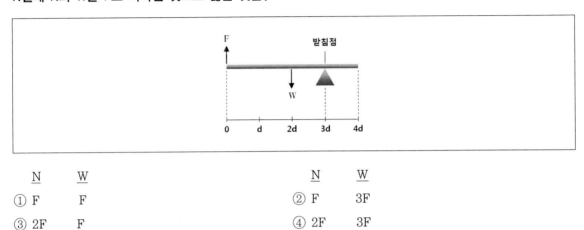

| | N | W | | | N | W |
|---|---|---|---|---|---|---|
| ① | F | F | | ② | F | 3F |
| ③ | 2F | F | | ④ | 2F | 3F |

**TIP** 받침점을 회전축으로 하여 돌림힘 평형을 구하면, $F \times 3d = W \times d$, $W = 3F$ 이다.
따라서 받침점이 막대에 작용하는 힘의 크기 $N = 2F$ 이다.

2015. 1. 24. 국민안전처(해양경찰) 시행

**8** 아래 그림과 같이 행성 A, B가 각각 태양을 한 초점으로하는 타원 궤도를 따라 운동하고 있다. A, B가 각각 한 주기 동안 운동할 때, 이에 대한 설명으로 옳은 것을 〈보기〉에서 모두 고른 것은? (단, 두 궤도는 동일면 상에 있다.)

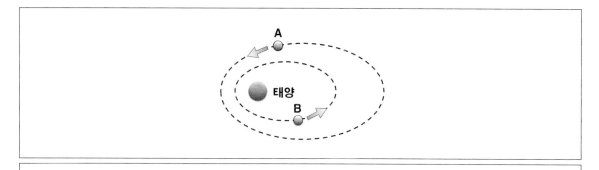

〈보기〉

㉠ A의 속력은 일정하다.

㉡ 공전 주기는 A가 B보다 크다.

㉢ 태양이 B에 작용하는 힘의 크기는 일정하다.

① ㉡

② ㉠, ㉡

③ ㉠, ㉢

④ ㉡, ㉢

**TIP** ㉠ 타원 궤도를 따라 운동하고 있으므로 태양과 가장 가까운 근일점에서 속력이 가장 빠르고 반대로 태양과 가장 먼 원일점에서 속력이 가장 느리다. (X)

㉡ 공전 주기의 제곱은 타원 궤도 긴반지름의 세제곱에 비례하므로($T^2 \propto r^3$) 공전주기는 A가 B보다 크다. (O)

㉢ 만유인력은 거리제곱에 반비례하므로($F = G\dfrac{Mn}{r^2}$) 태양이 B에 작용하는 힘의 크기는 계속 변한다. (X)

**Answer** 8.①

# 출제 예상 문제

**1** 다음과 같이 100kg짜리 드럼통을 빗면을 따라 밀어 올리려 한다. 빗면의 길이가 6m이고, 높이가 3m라면, 이 드럼통을 밀어 올리는 데 필요한 최소한의 힘은?

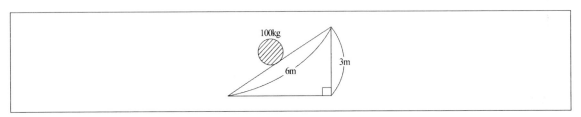

① 25kg중

② 50kg중

③ 100kg중

④ 150kg중

---

**TIP** $F = mg\sin\theta = 100 \times \dfrac{3}{6} = 50\text{kg중}$

**2** 마찰이 있는 빗면에 100N의 물체를 놓고 밑각을 서서히 높이니, 각이 30°일 때 미끄러지기 시작했다면 물체와 빗면과의 마찰력은 몇 N인가?

① 100

② $50\sqrt{3}$

③ $50\sqrt{2}$

④ 50

---

**TIP** 힘을 분해하면 $F_1 = F_f$이고, $F_1 = W\sin 30°$이다.

$W = 100$N을 대입하여 계산하면

마찰력 $F_f = F_1 = 100 \times \dfrac{1}{2} = 50$N

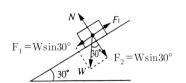

**3** 갑과 을 두 사람이 서로 당기고 있을 때, 갑이 을에 작용하는 힘과 을이 갑에 작용하는 힘이 '크기는 같고 방향이 반대'인 경우는 다음 중 어느 것인가?

> ㉠ 두 사람의 질량이 같을 때
> ㉡ 두 사람의 질량이 다를 때

① ㉠                    ② ㉡
③ ㉠㉡                  ④ 없다.

---

TIP 작용·반작용의 법칙(뉴튼의 제3법칙)… 물체의 질량 및 기타 특성과는 무관하며, 항상 작용과 반작용하는 힘의 크기는 서로 같다.

**4** 길이 2m 막대의 양끝에 막대와 30°각으로 80kg중의 짝힘이 작용한다면 짝힘의 모멘트는 얼마인가?

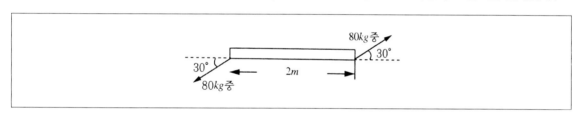

① 40kg중 · m                    ② 40√3 kg중 · m
③ 80kg중 · m                    ④ 120kg중 · m

---

TIP 막대에 수직한 힘＝80kg중×sin30°＝40kg중
중심까지 거리는 각각 1m이므로
모멘트＝2(40kg중×1m)＝80kg중 · m

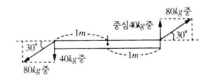

**5** 다음에서 세 힘 $F_1$, $F_2$, $F_3$가 평형을 이루고 있다. 세 힘의 크기의 비는 얼마인가?

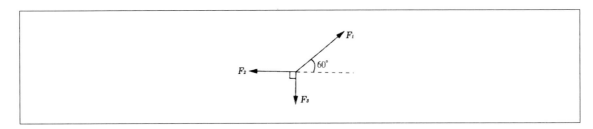

① $\sqrt{3} : 1 : 2$

② $1 : 2 : \sqrt{3}$

③ $2 : 1 : \sqrt{3}$

④ $\sqrt{3} : 2 : 1$

---

**TIP** 라미의 법칙에 의해 $F_1 : F_2 : F_3 = \sin 90° : \sin 150° : \sin 120°$이고 삼각비 변화식 $\sin(90° + \theta) = \cos\theta$을 이용하면

$$\sin 150° = \sin(90° + 60°) = \cos 60° = \frac{1}{2}$$

$$\sin 120° = \sin(90° + 30°) = \cos 30° = \frac{\sqrt{3}}{2}$$

$$\sin 90° = 1$$

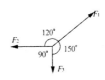

이 값을 대입하여 간단히 하면 $F_1 : F_2 : F_3 = 2 : 1 : \sqrt{3}$임을 알 수 있다.

**6** 다음과 같이 10kg중의 물체를 두 점 $A$, $B$에서 연직선과 $60°$, $30°$각으로 당기고 있을 때 두 점 $A$, $B$에 작용하는 실의 장력 $T_1$, $T_2$는 몇 kg중인가?

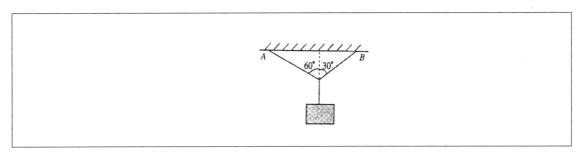

① $5\sqrt{3}$, $5$

② $5$, $5\sqrt{3}$

③ $5\sqrt{3}$, $5\sqrt{3}$

④ $10\sqrt{3}$, $10$

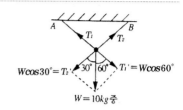

**TIP** 점 $C$에서 평형 방정식을 세우면

$\sum F_x = T_1 \cos 30° = T_2 \cos 60°$

$\sum F_y = T_1 \sin 30° + T_2 \sin 60° = W$

$T_1 = 5\,\text{kg중}, \quad T_2 = 5\sqrt{3}\,\text{kg중}$

---

**7** 자연계의 기본적인 힘이 아닌 것은?

① 약한 상호작용력　　　　　　② 만유인력

③ 전자기력　　　　　　　　　④ 원심력

---

**TIP** 기본적인 힘에는 중력, 전자기력, 약한 상호작용력, 강한 핵력 등이 있다.

---

**8** 1m짜리 막대 양끝을 묶어서 $A$, $B$에 매달고 $A'$에서 25cm 떨어진 곳에 100N의 물체를 매달 때, $A$에 걸리는 장력 $T_1$은 몇 N인가?

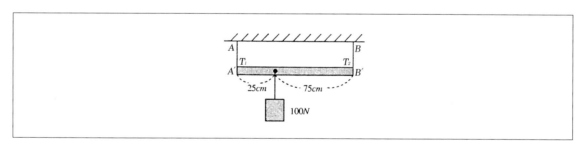

① 100　　　　　　　　　　　② 75

③ 50　　　　　　　　　　　　④ 25

---

**TIP** 물체와 장력이 평형을 이루고 있으므로

제1조건 $T_1 + T_2 = 100\text{N}$ ⋯ ㉠

제2조건 $T_1 \times 25 = T_2 \times 75$ ⋯ ㉡

위 ㉠, ㉡식을 풀면 $T_1 = 75\text{N}$

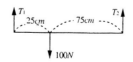

---

**9** 다음과 같이 길이 6cm, 무게 400g중인 막대를 5cm 실로 양끝을 매달았을 때 한 줄에 작용하는 실의 장력은 몇 g중인가?

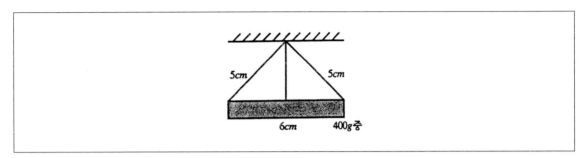

① 400

② 250

③ $250\sqrt{3}$

④ 200

---

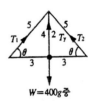

---

**10** 다음 중 물체가 평형상태를 유지할 수 있는 조건으로 옳은 것은? (단, $F =$ 힘, $T =$ 토크이다)

① $\sum \vec{F_i} \neq 0, \sum \vec{T_i} = 0$

② $\sum \vec{F_i} = 0, \sum \vec{T_i} \neq 0$

③ $\sum \vec{F_i} = 0, \sum \vec{T_i} = 0$

④ $\sum \vec{F_i} \neq 0, \sum \vec{T_i} \neq 0$

---

**11** 다음 그림에서 중심 0에 대한 힘 100N의 모멘트는 몇 N·m인가?

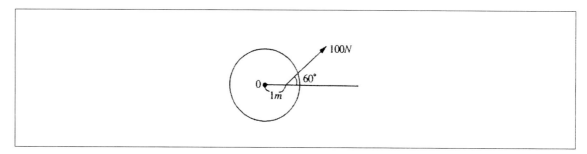

① 100

② $100\sqrt{3}$

③ 50

④ $50\sqrt{3}$

---

**TIP** $M = F \times l \times \cos\theta$

$F$와 수직이 되는 $l$의 값이 되려면 $\cos 30°$가 되어야 하므로

$F = 100\text{N}$, $l = 1\text{m}$, $\cos 30°$을 대입하여 계산하면 $M = 50\sqrt{3}\,\text{N}\cdot\text{m}$

**12** 30° 각도로 기울어진 비탈 위에 있는 20kg중의 물체가 미끄러지지 않게 하기 위한 비탈에 평행한 힘은?

① $10\sqrt{3}\,\text{kg}$중

② $5\text{kg}$중

③ $20\text{kg}$중

④ $10\text{kg}$중

---

**TIP** 물체의 무게 $W$를 빗면방향과 수직방향으로 분해하였을 때, 빗면방향의 힘 $F_1 = W\sin 30°$이므로 물체에 밀어주는 힘 $F$의 크기
는 $F_1$과 같다.

$F = W\sin 30° = 20\text{kg}중 \times \dfrac{1}{2} = 10\text{kg}중$

**13** 스프링 저울을 수평으로 놓고 양끝에 질량이 10kg인 두 물체를 달아 놓았다. 저울 눈금(kg)은?

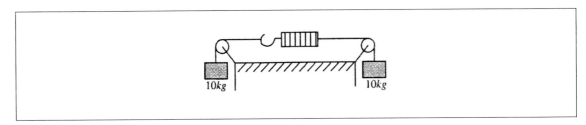

① 0

② 5

③ 10

④ 20

---

**TIP**

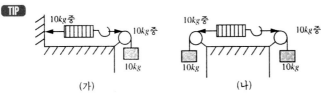

(가)          (나)

(가)에서 용수철 저울 양 끝에 작용하는 힘을 나타낸 것과 (나)에서 저울의 양 끝에 작용하는 힘의 크기는 같으므로, 저울 눈금은 10kg을 나타낸다.

**14** 탄성계수가 각각 2인 두 개의 스프링을 직렬로 연결했을 때 합성탄성계수는 얼마인가?

① 1

② 2

③ 3

④ 4

---

**TIP** 용수철을 직렬연결할 때의 합성탄성계수 $\dfrac{1}{k} = \dfrac{1}{k_1} + \dfrac{1}{k_2}$ 이므로 $\dfrac{1}{2} + \dfrac{1}{2} = 1$

**Answer**    13.③   14.①

**15** 질량 10kg인 물체가 마찰계수 0.1인 수평면에서 미끄러질 때 마찰력의 크기는?

① 2N

② 3N

③ 4N

④ 9.8N

**TIP** $F = \mu m g = 0.1 \times 10 \times 9.8 = 9.8\text{N}$

**16** 다음과 같이 10kg중의 무게를 가진 추가 실에 매어져 수평방향인 $BC$ 방향으로 힘 $F$를 작용시켰더니 면적과 45°각을 이루고 평형화되었다면 수평방향의 힘 $F$는 몇 kg중인가?

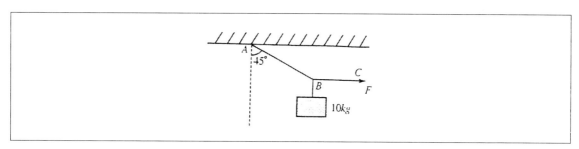

① 2kg중

② 4kg중

③ 6kg중

④ 10kg중

**TIP** 물체무게 $W = 10\text{kg중}$, 장력 $T = T' = 10\sqrt{2}\,\text{kg중}$.

$F' = 10\text{kg중}$이므로

수평방향 힘 $F$의 크기는 $F'$의 크기와 같으므로 $F$의 크기는 10kg중이다.

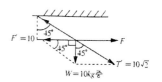

**Answer** 15.④ 16.④

**17** 다음과 같이 기울기가 $\theta$인 비탈 위에 무게가 $W$인 물체가 있다. 이 물체에 작용하는 중력을 비탈에 평행인 힘 $F$와 수평한 힘 $P$로 분해할 때, $F$와 $P$의 크기로 각각 옳은 것은?

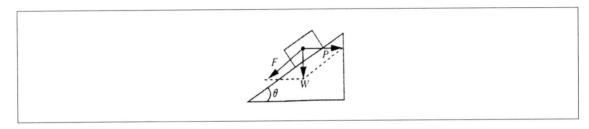

① $\dfrac{W}{\sin\theta}$, $\dfrac{W}{\cos\theta}$

② $\dfrac{W}{\sin\theta}$, $\dfrac{W}{\tan\theta}$

③ $\dfrac{W}{\tan\theta}$, $\dfrac{W}{\sin\theta}$

④ $\dfrac{W}{\tan\theta}$, $\dfrac{W}{\cos\theta}$

**TIP** 비탈면에서는 다음 삼각비가 성립하므로

$\sin\theta = \dfrac{W}{F}$, $\tan\theta = \dfrac{W}{P}$

$\therefore F = \dfrac{W}{\sin\theta}$, $P = \dfrac{W}{\tan\theta}$

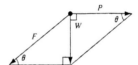

**18** 길이 10cm인 고무줄에 5g의 분동을 걸었더니 15cm가 되었고 어떤 물체를 걸었더니 20cm가 되었다면 이 물체는 몇 g인가?

① 10

② 15

③ 20

④ 25

**TIP** 훅(Hook)의 법칙 … $F = kx$ ($k$ : 탄성계수)

$k = \dfrac{F}{x} = \dfrac{5}{(15-10)} = 1$

$\therefore F = 1 \times (20-10) = 10$

**Answer** 17.② 18.①

**19** 질량이 $M$(g)인 물체를 지구에서 용수철에 달 때의 용수철 길이를 $l_1$, 달에서 용수철에 달 때의 길이를 $l_2$라 하면 $l_1$과 $l_2$의 관계는?

① $l_1 - l_2 > 0$

② $l_1 - l_2 < 0$

③ $l_1 - l_2 \geqq 0$

④ $l_1 - l_2 \leqq 0$

---

**TIP** 달에서의 중력가속도는 지구보다 작으므로 지구에서의 무게가 더 크다.

**20** 수평면 위에 놓은 질량 4kg의 물체에 20N의 수평한 힘을 가하여 직선운동을 시켰더니 가속도가 3m/s²이었다. 이 물체가 수평면으로부터 받은 마찰력은?

① 4N

② 8N

③ 12N

④ 16N

---

**TIP** $f - F = ma$에서 $20 - F = 4 \times 3$이므로
$F = 20 - 12 = 8N$

**21** 60kg중인 물체가 수평한 마루 위에 있다. 마루바닥과의 마찰계수가 0.5일 경우 수평으로 20kg중의 힘을 가할 때 생기는 마찰력은?

① 10kg중

② 15kg중

③ 17.5kg중

④ 20kg중

---

**TIP** 최대 정지마찰력 $F = \mu mg = 0.5 \times 60$kg중 $= 30$kg중
최대 정지마찰력 $(F)$ > 외력 $(f)$일 때 $F = f$ 이므로 $f = 20$kg중이 된다.

**Answer** 19.① 20.② 21.④

# 02 PART

## 힘과 운동

# 01 속도와 가속도

## 01 속도와 가속도

### ❶ 속도

**(1) 평균속도(속도)**

① 속도(Velocity)

    ㉠ 입자(물체)의 위치가 시간에 따라 변하는 비율을 그 입자(물체)의 속도라 한다.

    ㉡ 입자의 위치가 시간의 경과에 따라 빨리 변하면 속도가 크다고 한다.

    ㉢ 속도란 시간의 경과에 따른 위치의 변화하는 정도라 할 수 있다.

② 평균속도

    ㉠ 입자의 위치를 벡터 $r$로 표시할 때 시간 $t_1$에서 위치벡터가 $r_1$인 입자가 시간 $t_2$에서 위치벡터가 $r_2$가 되면 평균속도는 다음과 같이 나타낸다.

$$\text{평균속도 } \overline{V} = \frac{\Delta r}{\Delta t} = \frac{r_2 - r_1}{t_2 - t_1} = \frac{\text{위치 변화량}}{\text{경과한 시간}} \,(\text{단위}:\text{m/s})$$

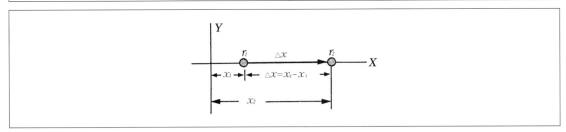

    ㉡ 입자가 $r_1$에서 $x$축을 따라 $r_2$까지 움직일 때 이동거리가 $\Delta x$이고 처음 입자의 위치가 $x_1$임을 나타낸다.

ⓒ 입자가 $r_1$에서 $r_2$까지 이동할 때 경과한 시간이 $\Delta t$이면 평균속력은 다음과 같다.

$$\text{평균속력} \ \overline{V} = \frac{\Delta x}{\Delta t} = \frac{(x_2 - x_1)}{\Delta t}$$

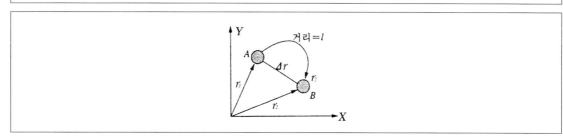

ⓔ 시간 $t_1$에 있는 입자($A$)가 곡선경로를 따라서 시간 $t_2$의 위치($B$)까지 왔을 때의 평균속도 $\overline{V} = \frac{\Delta r}{\Delta t} = \frac{r_2 - r_1}{t_2 - t_1}$ 이다.

ⓜ 속력은 스칼라량이며 속력 $= \frac{\text{이동거리}}{\text{시간}}$ 이므로, 속력 $V = \frac{l(\text{거리})}{t_2 - t_1}$ 이다.

## (2) 순간속도

① 속도가 변화하는 입자의 운동에서 어느 주어진 시각(순간)의 속도를 순간속도라 한다.

② 순간속도는 시간간격($\Delta t$)이 0에 접근할 때 위치변화량을 의미하며, 식으로 나타내면 다음과 같다.

$$\text{순간속도} \ V = \lim_{\Delta t_2 \to t_1} \frac{\Delta r}{\Delta t} = \frac{dS(t)}{dt}$$

▶ **TIP**

거리 $S(t)$가 시간 $t$에 관한 식이라면 임의의 시간 $t$에서 순간속도의 식은 $S(t)$를 미분한 식인 $\frac{dS(t)}{dt}$ 이 된다.

③ 물체가 점 $P$에서 $\Delta t$시간 동안 $q$까지 이동했을 때 점 $p$, $q$를 지나는 직선의 기울기를 $m$이라 하면 $m = \frac{\Delta x}{\Delta t} = \frac{x_2 - x_1}{t_2 - t_1} = \overline{V}(\text{평균변화량})$이므로 기울기(평균변화량)= 평균속도임을 나타낸다.

④ 기울기에 따른 순간속도

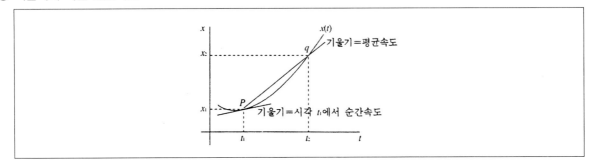

㉠ $t_2$가 $t_1$에 한없이 가까워지면, 즉 $V = \lim_{t_2 \to t_1} \dfrac{\Delta x}{\Delta t} = \dfrac{dx}{dt}$ 이므로 시각 $t_1$에서 순간속도를 얻을 수 있다.

㉡ $p$점에서 접선의 기울기=순간속도임을 알 수 있다.

⑤ 변위에 따른 순간속도

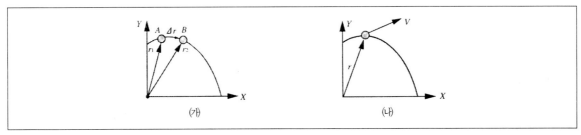

㉠ ㈎는 입자의 위치가 $A$에서 $B$로 변할 때 변위를 나타낸 것이다.

㉡ $A$, $B$ 사이의 거리가 무한히 가까워지면 ㈏와 같이 한 순간에서 속도($V$)가 구해지는데 순간속도 $V$가 접선의 기울기 방향이 된다.


**❷ 가속도(Acceleration)**

**(1) 가속도**

① 개념 ··· 입자가 운동할 때 시간이 경과함에 따라 속도가 커지거나, 작아질 때 혹은 운동방향이 변할 때 입자는 가속도를 가진다고 한다.

② 가속도 공식 ··· 가속도는 입자속도가 시간에 따라 변하는 비율을 말하며, 다음과 같이 나타낸다.

$$\text{가속도}(a) - \frac{\text{속도변화량}}{\text{경과시간}} = \frac{V_2 - V_1}{t_2 - t_1} = \frac{\Delta V}{\Delta t} \,(\text{단위} \cdot \text{m/s}^2)$$

### (2) 순간가속도

입자의 속도가 시간에 따라 변하는 비율(가속도)이 일정하지 않고 시간에 따라 다른 값을 가질 때, 어느 순간시각에 가속도를 순간가속도라 한다.

$$순간가속도(a) = \lim_{\Delta t \to 0} \frac{\Delta V}{\Delta t} = \frac{dv}{dt}$$

> **TIP**
>
> 속도 $V(t)$가 시간에 관한 식일 때 임의의 시간 $t$에서 순간가속도식은 $V(t)$를 시간 $t$에 관하여 미분한 식인 $\frac{dV(t)}{dt}$가 된다.

# 02 가속도운동

## ❶ 등속직선운동

### (1) 등속도운동

시간에 따라 속도가 변하지 않고 일정한 운동을 등속도운동이라 하며, $\Delta V = V_2 - V_1 = 0$이므로 가속도 $a = 0$이 된다.

### (2) 등속직선운동의 변화량

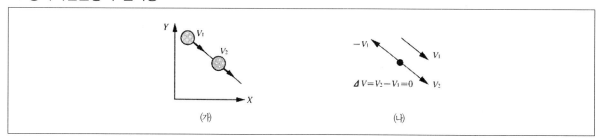

(가)                    (나)

① (가)는 속도가 일정한 등속운동을 나타낸 것으로 가속도가 0인 물체는 등속직선운동을 한다.

② (나)는 등속직선운동에서 속도의 변화량 $\Delta V = V_2 - V_1 = V_2 + (-V_1) = 0$임을 나타낸다.

### (3) 등속직선운동에 따른 시간과 이동거리의 관계

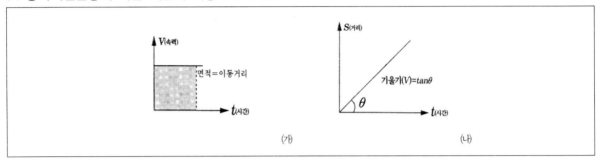

① ㈎는 등속도운동에서 속력과 시간과의 관계그래프를 나타낸 것이다.

② 거리= 속력×시간이므로 그래프에서 어두운 부분의 면적인 가로, 세로측의 값, 즉 시간과 속력을 곱한 값과 같으므로 면적=이동한 거리임을 나타낸다.

③ ㈏는 등속직선운동에 따른 시간과 이동거리와의 관계그래프를 나타낸 것이다.

④ 그래프의 기울기는 시간에 따른 거리의 변화량, 즉 기울기=$\dfrac{거리}{시간}$이므로 기울기가 속력($= \tan\theta : \theta$는 양의 $X$축과 그래프와의 사이각)임을 나타낸다.


## ❷ 속도변화량과 가속도운동

### (1) 가속도가 일정한 운동

가속도가 0이 아닌 일정한 값을 가지는 운동으로는 시간에 속력, 방향만 변하는 운동, 속력과 방향이 모두 변하는 운동이 있다.

### (2) 방향만 변하는 운동

① 속력(빠르기)은 일정하고 속도(빠르기와 방향)의 방향만 변하는 운동으로 원운동이 있다.

② 일정한 속력으로 도는 원운동은 구심가속도가 일정한 운동이다.

③ 등속원운동

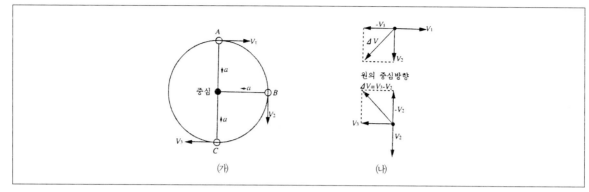

(가) (나)

㉠ (가)는 등속원운동하는 입자위치가 $A$에서 $B$, $C$로 변화를 되는 것을 나타낸다.

㉡ 각 위치에서의 속력은 동일하다.

㉢ $V_1 = V_2 = V_3$이지만 방향이 바뀌므로 속도는 변한다(∵ 속도는 방향이 다르면 크기가 같더라도 서로 다르다).

㉣ (나)는 속도의 변화량이 $\Delta V = V_2 - V_1$임을 나타내고 있다.

㉤ 속도의 방향은 원의 중심을 향하며, 가속도의 방향은 변화하는 속도의 방향과 같으므로 이 때 가속도를 구심가속도라 한다.

### (3) 속력만 변하는 운동(등가속도 직선운동)

① 물체가 일정한 가속도로 직선운동을 할 때, 이 운동을 등가속도 직선운동이라고 한다.

② 등가속도 직선운동은 가속도가 일정하므로 물체의 속도는 일정한 비율로 증가하거나 감소하며 평균가속도 와 순간가속도는 같다.

③ 등가속도운동에서 평균속도는 $\bar{v} = \dfrac{v + v_0}{2}$이다.

④ 시간 $t$초 후의 속도(나중 속도 $v$)

㉠ 처음 속도(초속도)가 $v_0$인 물체가 일정한 가속도 $a$로 직선운동을 하면 $t$초 동안에 물체의 속도는 $at$ 만큼 변한다.

㉡ 시간 $t$초 후의 속도 $v$는 $a = \dfrac{v - v_0}{t}$에서 $v = v_0 + at$이다.

⑤ 시간 $t$초 동안의 변위($s$)

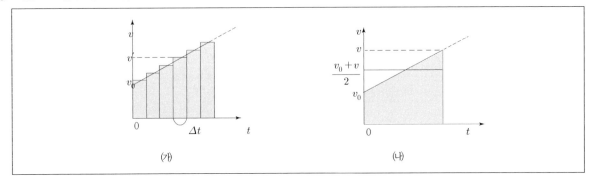

(가)　　　　　　　　　　(나)

㉠ 등가속도 직선운동의 경우($v-t$)그래프는 다음의 (가)와 같은 직선이 된다.

㉡ 시간 $t$동안 속도가 $v_0$에서 $v$로 일정하게 증가할 때 시간 $t$를 매우 짧은 시간간격 $\Delta t$ 만큼씩 구분하여 주면 $\Delta t$동안은 속력이 일정하다고 생각할 수 있다.

㉢ 어떤 시각에서 $\Delta t$동안 속도가 $v'$로 일정하다면 (가)에서 색깔 부분의 직사각형의 넓이에 해당하는 $v'\Delta t$ 는 $\Delta t$동안 물체가 이동한 거리이다.

㉣ 시간 $t$동안 이동한 거리 $s$는 작은 직사각형들의 넓이들을 모두 합한 것이 된다.

㉤ ($v-t$) 그래프의 직선 아래의 넓이, 즉 사다리꼴의 넓이는 시간 $t$동안 물체가 이동한 거리 $s$이므로 다음과 같다.

$$s = \frac{1}{2}(v_0 + v)t = \frac{1}{2}(v_0 + v_0 + at) \cdot t$$

$$\therefore \ s = v_0 t + \frac{1}{2}at^2$$

㉥ 등가속도운동에서 시간 $t$ 동안 속도가 $v_0$에서 $v$로 변할 경우 시간 $t$ 동안 이동한 거리 $s$

$$s = (평균속도 \times 시간) = \frac{(v_0 + v)}{2} \cdot t$$

⑥ 속도 $v$와 이동거리 $s$의 관계

$$2as = v^2 - v_0^2$$

⑦ 등가속도 직선운동 공식에서 시간 $t$만 스칼라량이고, 변위 $s$, 속도 $v$, 가속도 $a$는 벡터량이다. 이 때 초속도 $v_0$의 방향을 (+)로 하여 각각의 부호를 정한다.

⑧ $v$와 $t$로 주어진 문제는 ($v-t$) 그래프를 이용하여 계산할 수 있다.

## [등가속도 운동]

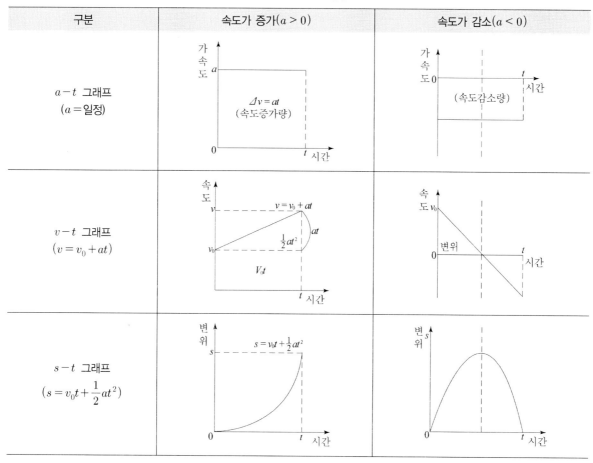

| 구분 | 속도가 증가($a > 0$) | 속도가 감소($a < 0$) |
|---|---|---|
| $a-t$ 그래프 ($a$ = 일정) | | |
| $v-t$ 그래프 ($v = v_0 + at$) | | |
| $s-t$ 그래프 ($s = v_0 t + \dfrac{1}{2}at^2$) | | |

# 최근 기출문제 분석

2021. 10. 16. 제2회 지방직(고졸경채) 시행

**1** 그림은 직선 운동을 하는 어떤 물체의 위치를 시간에 따라 나타낸 것이다. 이에 대한 설명으로 옳지 않은 것은?

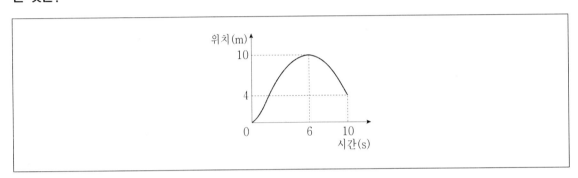

① 6초 때 물체의 순간 속력은 0이다.

② 0~10초 동안 이동한 거리는 16m이다.

③ 0~10초 동안 평균 속력과 평균 속도는 같다.

④ 0~10초 동안 평균 속도의 크기는 0.4m/s이다.

> **TIP** ① 물체의 순간 속력은 그 시점의 변위 그래프에서의 접선의 기울기이므로, 6초 때 그래프 접선의 기울기＝0에서 6초 때 물체의 순간 속력은 0이다.
>
> ② 0~6초 동안 진행 방향으로 10m 이동하였으며, 6~10초 동안 반대 방향으로 6m 이동하였으므로 0~6초 동안 이동한 거리는 10＋6＝16m이다.
>
> ③ 0~10초 동안 이동한 거리는 16m이고, 변위는 4m이므로 평균 속력과 평균 속도는 다르다.
>
> ④ 0~10초 동안 평균 속도의 크기는 $\dfrac{변위}{시간} = \dfrac{4}{10} = 0.4 \text{m/s}$ 이다.

**2** 몸무게가 80kg중인 사람이 탄 엘리베이터가 4m/s의 등속도로 올라가고 있을 때, 엘리베이터의 밑바닥이 받는 힘(N)은? (단, 중력 가속도는 $10m/s^2$이다.)

① 0

② 320

③ 400

④ 800

> **TIP** 엘리베이터는 등속 운동을 하고 있으므로 엘리베이터의 운동에 의해 엘리베이터 밑바닥에 작용하는 힘은 0이며, 따라서 엘리베이터의 밑바닥이 받는 힘은 사람의 몸무게에 의한 중력이다.
> $F = mg = 80 \times 10 = 800N$

**3** 아래 그래프는 어떤 물체의 직선상에서의 운동 상태를 속도-시간 그래프로 나타낸 것이다. 이에 대한 해석으로 가장 옳은 것은?

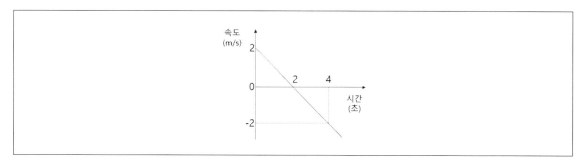

① 물체의 운동 방향이 한 번 바뀌었다.

② 0초 때의 물체의 위치와 2초 때의 물체의 위치가 같다.

③ 시간이 흐를수록 속력이 계속 감소하고 있다.

④ 4초 때의 가속도는 $1m/s^2$이다.

> **TIP** ① 속도가 양수에서 음수로 한 번 바뀌므로, 물체의 운동 방향이 한 번 바뀌었다.
> ② 양의 방향으로 이동한 거리와 음의 방향으로 이동한 거리가 같아지는 시점은 4초이므로 0초 때의 물체의 위치와 4초 때의 물체의 위치가 같다.
> ③ 시간이 흐를수록 속도가 계속 감소하고 있다. 속력의 경우 방향이 없는 스칼라량이므로 0~2초 구간에서는 감소하다가, 2~4초 구간에서 다시 증가하는 양상을 보인다.
> ④ 이 물체의 운동 상태는 속도가 일정하게 감소하는 등가속도 운동이며, 따라서 0~4초 구간의 평균 가속도 = 4초 때의 가속도 = $\dfrac{-2-2}{4} = -1\,\mathrm{m/s^2}$이다.

**Answer** 2.④ 3.①

2020. 10. 17. 제2회 지방직(고졸경채) 시행

**4** 그림은 정지하고 있는 질량 2kg인 물체에 수평 방향으로 10N의 일정한 힘이 작용하는 모습을 나타낸 것이다. 정지에서 2초 후 물체의 운동에너지[J]는? (단, 공기저항, 물체와 지면 사이의 마찰은 무시한다)

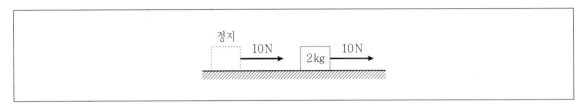

① 20                  ② 40

③ 60                  ④ 100

> **TIP** 물체에 작용하는 힘이 일정하므로, 물체는 등가속도 직선 운동을 한다.
>
> $F = ma$에서 $a = 5\text{m/s}^2$이고, $s = v_0 t + \dfrac{1}{2} at^2 = \dfrac{1}{2} \times 5 \times 4 = 10\text{m}$이다.
>
> 따라서 물체의 운동에너지 $J = N \cdot m = 10 \times 10 = 100\text{J}$이다.

2020. 6. 27. 해양경찰청 시행

**5** 속도 25m/s로 달리는 차가 정지해 있던 차를 스쳐 지나갈 때 정지해 있던 차가 10m/s²의 가속도로 출발하였다면 두 차는 몇 초 후에 만나겠는가?

① 2초                  ② 3초

③ 4초                  ④ 5초

> **TIP** 등속도 운동을 하는 차와 등가속도 운동을 하는 차가 동일한 거리만큼 이동하여 만나는 것이므로,
>
> $25 \times t = \dfrac{1}{2} \times 10 \times t^2$
>
> $t = 5$초이다.

2020. 6. 27. 해양경찰청 시행

**6** 다음 중 72km/h의 속력으로 30초 동안 이동한 물체의 이동 거리는 몇 m인가?

① 100m               ② 200m

③ 400m               ④ 600m

> **TIP** 속력 72km/h를 m/s로 변환하면 $\dfrac{72 \times 1,000}{60 \times 60} = 20\text{m/s}$이므로, 30초 동안 이동한 물체의 이동 거리는 20 × 30 = 600m 이다.

**Answer**   4.④   5.④   6.④

2019. 10. 12. 제2회 지방직(고졸경채) 시행

**7** 그림은 빗면을 따라 운동하는 물체 A가 점 p를 속력 20m/s로 통과하는 순간, q점에서 물체 B를 가만히 놓는 것을 나타낸 것이며, A가 최고점에 도달하는 순간 B와 충돌한다. B를 놓는 순간부터 A, B가 충돌할 때까지 B의 평균속력[m/s]은? (단, A, B의 크기와 모든 마찰은 무시하며, A, B는 동일 직선상에서 운동한다)

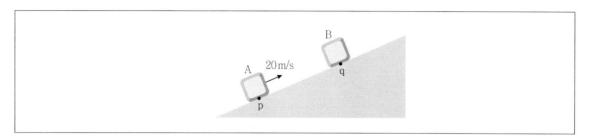

① 5

② 10

③ 15

④ 20

**TIP** 빗면에서 가속도를 $a$라고 하면 A가 최고점에 도달하는 순간은 $20 - at = 0$, $t = \dfrac{20}{a}$ 이다.

이때 B가 A와 충돌하기까지 이동한 거리는 $\dfrac{1}{2}at^2 = \dfrac{1}{2} \times a \times \left(\dfrac{20}{a}\right)^2 = \dfrac{200}{a}$ 이므로

B의 평균속력은 $\dfrac{거리}{시간} = \dfrac{\dfrac{200}{a}}{\dfrac{20}{a}} = 10^{\text{m}}\!/_{\!\text{s}}$ 이다.

2019. 10. 12. 제2회 지방직(고졸경채) 시행

**8** 직선상에서 움직이는 물체의 속도가 시간이 0초일 때 10 m/s이며, 5 m/s² 의 등가속도 운동을 한다. 5초일 때 물체의 속도[m/s]는?

① 25

② 35

③ 45

④ 50

**TIP** $v = v_0 + at$ 이므로, $5^{\text{m}}\!/_{\!\text{s}}$의 가속도로 5초간 등가속도 운동을 했을 때 속도는 $10 + 5 \times 5 = 35^{\text{m}}\!/_{\!\text{s}}$ 이다.

**Answer** 7.② 8.②

2019. 6. 15. 제2회 서울특별시 시행

**9** 그림과 같이 평평한 바닥에서 초기 속력이 2m/s인 물체가 용수철 판에 부딪친다. 용수철은 10cm만큼 압축되었다가 제자리로 돌아오고 이 순간 물체는 용수철 판에서 튕겨 나온다. 용수철이 압축되는 구간의 바닥면은 운동마찰계수가 $\mu_k = 0.5$이고 다른 바닥면은 마찰이 없다. 물체가 용수철 판에서 튕겨 나오는 순간의 속력은? (단, 중력 가속도 $g = 10\text{m/s}^2$로 한다.)

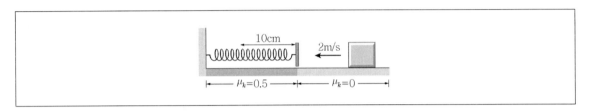

① 4m/s

② 2m/s

③ $\sqrt{2}$ m/s

④ 1m/s

**TIP** 판에 부딪치기 전 물체의 에너지는 $\frac{1}{2}mv^2 = 2m$이고, 마찰력에 의해 감소한 에너지는 $\mu_k mg \times 2s = 5m \times 2(0.1) = m$이다.

따라서 $2m - m = \frac{1}{2}mv^2$이므로, 물체가 용수철 판에서 튕겨 나오는 순간의 속력 $v = \sqrt{2}$ ㎧이다.

2019. 4. 13. 해양경찰청 시행

**10** 높이 300m인 곳에서 물체 A를 자유 낙하시킴과 동시에 그 바로 밑의 지상에서는 물체 B를 50m/s로 연직 상방으로 던져 올렸다. 두 물체는 몇 초 후에 만나겠는가? (단, 중력가속도는 g이고, 공기의 저항은 무시한다.)

① 4초

② 6초

③ 10초

④ 12초

**TIP** 물체 A가 낙하한 거리와 물체 B가 연직 상방으로 운동한 거리의 합은 300m가 된다.

자유낙하운동에서 $h = \frac{1}{2}gt^2$이고 연직상방운동에서 $h = v_0 t - \frac{1}{2}gt^2$이므로

$\frac{1}{2}gt^2 + 50t - \frac{1}{2}gt^2 = 300$, $\therefore t = 6$초이다.

**Answer** 9.③ 10.②

**11** 〈보기〉와 같이 자동차가 반지름이 100m인 원형 궤적을 달린다. 자동차 타이어와 도로면 사이의 마찰력이 구심력으로 작용한다. 도로면은 경사가 없이 수평이고, 도로와 바퀴의 정지마찰계수가 0.9일 때, 미끄러지지 않고 달릴 수 있는 최대 속력의 값[m/s]은? (단, 중력가속도는 10m/s²이다.)

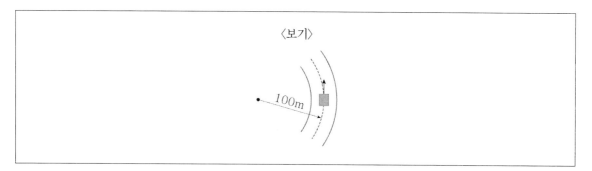

〈보기〉

① 15

② 20

③ 25

④ 30

**TIP** • 구심 방향에 대하여

$$f_s = \frac{mv^2}{r}, \ f_s \le \mu_s n$$

• 연직 방향에 대하여

$$\sum F_y = n - mg = 0$$

$$\frac{mv^2}{r} \le \mu_s mg, \ v^2 \le \mu_s gr$$

따라서 최대 속력

$$v_{\max} = \sqrt{\mu_s gr} = \sqrt{0.9 \times 10 \times 100} = 30 m/s \text{이다.}$$

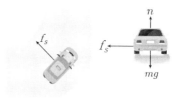

2018. 10. 13. 제2회 지방직(고졸경채) 시행

**12** 그림은 질량이 $M$인 물체 A와 질량이 $m$인 물체 B를 도르래와 실을 사용하여 연결하고, A를 가만히 놓았을 때 A가 연직 아래 방향으로 등가속도 운동하는 것을 나타낸 것이다. A의 가속도의 크기는 $\dfrac{1}{2}g$ 이다. A, B에 작용하는 알짜힘을 각각 $F_A$, $F_B$라 할 때, $F_A : F_B$는? (단, $g$는 중력 가속도이고, 모든 마찰과 공기 저항, 실의 질량은 무시한다)

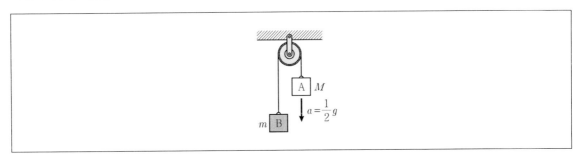

① $1 : 2$            ② $1 : 3$

③ $2 : 1$            ④ $3 : 1$

**TIP** 각 물체에 작용하는 힘은 중력과 장력이다.

• A : $Mg - T = M \times \dfrac{1}{2}g$, $T = \dfrac{Mg}{2}$ (∵ 물체 A가 연직 아래 방향으로 등가속도 운동을 하므로 A에 작용하는 중력은 장력보다 크다.)

• B : $T - mg = m \times \dfrac{1}{2}g$, $T = \dfrac{3mg}{2}$ (∵ 물체 B는 위쪽으로 운동하므로 장력이 중력보다 크다.)

따라서 $\dfrac{Mg}{2} = \dfrac{3mg}{2}$, $M = 3m$이므로 $F_A : F_B = 3 : 1$이다.

**Answer** 12.④

2018. 10. 13. 제2회 지방직(고졸경채) 시행

**13** 그림은 등속 직선 운동하는 자동차 A, B, C를 나타낸 것이다. A는 지면에 대하여 서쪽으로 20m/s, B는 A에 대하여 동쪽으로 30m/s, C는 B에 대하여 동쪽으로 20m/s의 속력으로 운동한다. 지면에 대한 A, B, C의 속력을 각각 $v_A$, $v_B$, $v_C$라고 할 때, 옳지 않은 것은? (단, 처음에 A는 B의 서쪽에, C는 B의 동쪽에 있다)

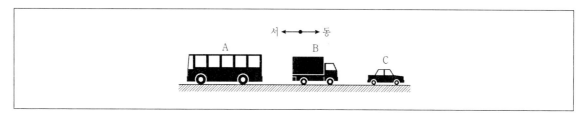

① $v_A > v_B > v_C$ 이다.

② $v_B$는 10m/s이다.

③ $v_C$는 30m/s이다.

④ B와 C 사이의 거리는 점점 멀어진다.

> **TIP** ① A를 기준으로 B, C의 속도를 구해보면 $v_A$는 서쪽으로 20㎧, $v_B$는 동쪽으로 10㎧, $v_C$는 동쪽으로 30㎧이다. 따라서 $v_C > v_A > v_B$가 된다.

2018. 10. 13. 제2회 지방직(고졸경채) 시행

**14** 그림은 직선 운동하는 물체의 속도를 시간에 따라 나타낸 것이다. 이 물체의 운동에 대한 설명으로 옳지 않은 것은?

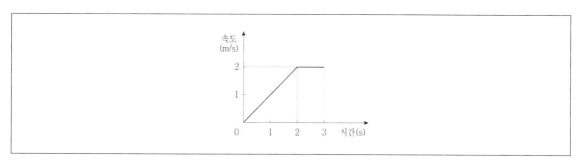

① 0초에서 2초까지 등가속도 운동을 한다.

② 0초에서 2초까지 이동한 거리가 2초에서 3초까지 이동한 거리보다 크다.

③ 0초부터 2초까지 평균속력은 1m/s이다.

④ 1초일 때 가속도의 크기는 1m/s²이다.

> **TIP** ② 속도-시간 그래프에서 이동거리는 면적이다. 따라서 0초에서 2초까지 이동한 거리는 $\frac{1}{2} \times 2 \times 2 = 2m$이고, 2초에서 3초까지 이동한 거리도 $2 \times 1 = 2m$로 동일하다.

**Answer** 13.① 14.②

2018. 4. 14. 해양경찰청 시행

**15** 오른쪽 방향으로 등가속도 운동하던 물체가 5초 뒤에는 왼쪽으로 $40\,m/s$의 속도가 되었다. 이 물체의 평균 가속도는? (단, 물체의 처음 속도는 $10\,m/s$)

① $-4\,m/s^2$                   ② $-6\,m/s^2$

③ $-8\,m/s^2$                   ④ $-10\,m/s^2$

**TIP** 평균 가속도 $\overline{a_x} = \dfrac{\Delta v_x}{\Delta t} = \dfrac{-40-10}{5-0} = -10\,m/s$

2018. 4. 14. 해양경찰청 시행

**16** 다음은 카레이서인 영수가 탄 자동차의 운동에 관한 글이다. 아래의 ㉠~㉢ 중 옳게 사용된 것은 모두 몇 개인가?

> 카레이서인 영수가 $400m$ 트랙을 10바퀴 도는 시합, 즉 ㉠이동거리 $4km$를 달리는 시합에 참가하였다. 곡선 구간을 달리는 동안 영수는 자동차 계기판을 통해 ㉡등속도로 달리고 있다는 것을 알았으며, 영수가 탄 자동차가 출발선에서 출발하여 최종 도착선을 통과할 때까지 1분 40초의 기록으로 우승 하였다. 출발선에서 출발하여 최종 도착선을 통과할 때까지 자동차의 ㉢평균속도는 $40m/s$ 이었다.

① 없음                    ② 1개

③ 2개                      ④ 3개

**TIP** 속력은 스칼라량, 속도는 벡터량이다. 트랙은 곡선 위의 한 점에서 출발하여 곡선을 따라 한 방향으로 움직였을 때 처음 출발한 점으로 되돌아오게 되는 폐곡선이므로, ㉡은 등속력, ㉢은 평균속력으로 사용해야 한다.

**17** 그림은 직선 운동을 하는 어떤 물체의 속도를 시간에 따라 나타낸 것이다. 이 물체의 운동에 대한 설명으로 옳은 것을 〈보기〉에서 모두 고른 것은?

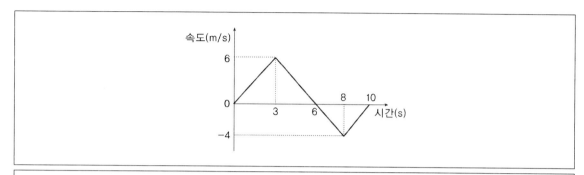

〈보기〉

㉠ 0 ~ 10초 동안 이동한 거리는 10m이다.

㉡ 0 ~ 10초 동안 평균속도의 크기는 1m/s이다.

㉢ 3 ~ 8초 동안의 평균가속도는 -2m/s$^2$이다.

① ㉠

② ㉡

③ ㉠, ㉢

④ ㉡, ㉢

**TIP** ㉠ 속도-시간 그래프에서 이동 거리는 면적이므로 구할 수 있다. 따라서 0~10초 동안 이동한 거리는

$$\frac{1}{2} \times 6 \times 6 + \frac{1}{2} \times 4 \times 4 = 18 + 8 = 26 \text{m이다. (X)}$$

㉡ 0~10초 동안 평균속도의 크기는 $\frac{18-8}{10} = 1\text{m/s}$이다. (O)

㉢ 3~8초 동안의 평균가속도는 $\frac{-4-6}{5} = \frac{-10}{5} = -2\text{m/s}$이다. (O)

**Answer** 17.④

2017. 3. 11. 국민안전처(해양경찰) 시행

**18** 그림은 비행기가 활주로에 착륙한 후부터 정지할 때까지의 속도 – 시간 그래프를 나타낸 것이다. 이 그래프에 대한 설명으로 옳은 것은?

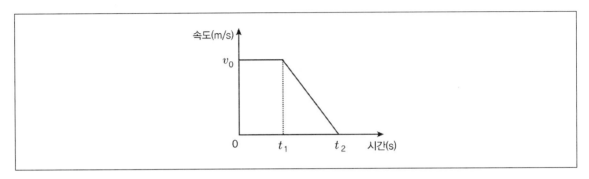

① 시간 $0 \sim t_1$ 동안 비행기에 알짜힘이 작용한다.

② 속도 $v_0$가 2배가 되면 $0 \sim t_1$ 동안 이동한 거리는 4배가 된다.

③ 시간 $0 \sim t_2$ 동안 이동한 총 거리는 $\frac{1}{2} v_0 (t_1 + t_2)$ 이다.

④ 시간 $t_1 \sim t_2$ 동안 가속도의 방향은 운동 방향과 같다.

> **TIP** ① 시간 $0 \sim t_1$ 동안에는 등속운동을 하므로 알짜힘은 0이다.
> ② 속도 $v_0$이 2배가 되면 $0 \sim t_1$ 동안 이동한 거리는 2배가 된다.
> ④ 시간 $t_1 \sim t_2$ 동안 속도가 감소하고 있으므로 가속도의 방향은 운동 방향과 반대이다.

2016. 6. 25. 서울특별시 시행

**19** 무게 30kN의 승강기가 올라가고 있다. 승강기가 일정한 가속도 2.0m/s²으로 올라갈 때 승강기 줄의 장력은? (단, 중력가속도 g=10m/s²이다.)

① 24kN                  ② 28kN

③ 32kN                  ④ 36kN

> **TIP** 승강기에 작용하는 힘은 질량에 의한 중력(아래 방향)과 승강기 줄의 장력(위 방향) 두 가지이다.
> 중력가속도가 10m/s²일 때 무게가 30kN인 승강기의 질량은 $\frac{30 \times 10^3}{10} = 3000 \text{kg}$ 이다.
> 따라서 승강기 줄의 장력 T를 구하면 $(-30 \text{kN}) + \text{T} = \text{ma}$ 이므로,
> $\text{T} = 3000 \times 2 + 30 \text{kN} = 6 \text{kN} + 30 \text{kN} = 36 \text{kN}$ 이다.

**Answer** 18.③ 19.④

**20** 그림과 같이 큰 수조와 작은 수조 사이에 물을 채웠다. 이때 작은 수조의 바닥에 작은 구멍이 생겼다면 구멍을 통해 들어오는 물줄기의 속력은? (단, 중력가속도 g=10m/s²이다.)

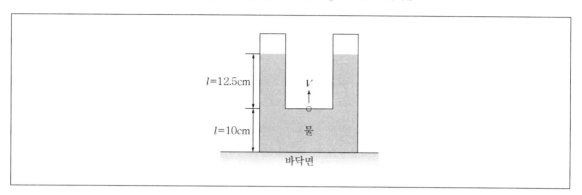

①　$10\sqrt{5}$ m/s

②　$5\sqrt{10}$ m/s

③　$\dfrac{\sqrt{10}}{2}$ m/s

④　$\dfrac{\sqrt{10}}{4}$ m/s

**TIP** 　$v = \sqrt{2gh} = \sqrt{2 \times 10 \times 0.125} = \sqrt{20 \times \dfrac{1}{8}} = \sqrt{\dfrac{10}{4}} = \dfrac{\sqrt{10}}{2}\,m/s$

※ 토리첼리의 정리 … 용기의 횡단면이 구멍에 비해 충분히 크고 액체의 유출에 따른 액면의 강하가 극히 작을 때, 액체의 유출속도 $v$는 $v = \sqrt{2gh}$ ($g$는 중력가속도, $h$는 구멍의 액면으로부터의 깊이)로 주어진다.

**21** 무거운 돌과 가벼운 돌을 지상 높은 곳에서 떨어뜨릴 때, 두 물체의 가속도는 같다. 그 이유로 가장 적절한 것은? (단, 공기저항은 무시한다.)

① 두 물체에 작용하는 힘의 크기가 같기 때문이다.

② 두 물체에 작용하는 힘의 방향이 같기 때문이다.

③ 두 물체가 같은 재질로 이루어졌기 때문이다.

④ 무거운 돌에 작용하는 중력이 큰 만큼 그 질량도 크기 때문이다.

**TIP** 　가속도 $a = \dfrac{F}{m}$ 에서 무거운 돌에 작용하는 중력이 큰 만큼 질량도 크기 때문에 무거운 돌과 가벼운 돌의 가속도는 같다.

**Answer** 20.③ 21.④

2016. 6. 25. 서울특별시 시행

**22** 그림과 같이 공을 수평면과 30°를 이루는 방향으로 초기속도 $2v_0$로 던졌다. 중력가속도를 g라 할 때 이 공의 운동에 대한 설명으로 옳은 것을 〈보기〉에서 모두 고르면? (단, 공기저항은 무시한다.)

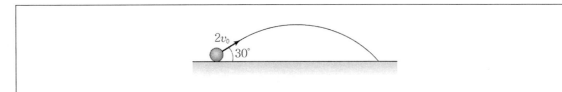

<보기>

ⓐ 지면에 도달할 때까지 걸린 시간은 $\frac{2v_0}{g}$이다.

ⓑ 최고점까지의 높이는 $\frac{v_0^2}{g}$이다.

ⓒ 수평 방향의 도달 거리는 $2\sqrt{3}\frac{v_0^2}{g}$이다.

① ㉠

② ㉡

③ ㉠, ㉢

④ ㉡, ㉢

**TIP** ㉡ $-2gs = 0^2 - v_0^2$이므로 최고점까지의 높이는 $\frac{v_0^2}{2g}$이다.

2015. 10. 17. 제2회 지방직(고졸경채) 시행

**23** 직선도로에서 자동차 A는 동쪽으로 80km/h의 속력으로 달리고 자동차 B는 서쪽으로 100km/h의 속력으로 달리고 있다. A에 대한 B의 속도는?

① 동쪽으로 20km/h

② 서쪽으로 20km/h

③ 동쪽으로 180km/h

④ 서쪽으로 180km/h

**TIP** 상대속도 = (다른 물체의 속도) − (자신의 속도)이므로,
A에 대한 B의 상대속도는 −100 − 80 = −180km/h이고 방향은 서쪽이다.
※ 여기서 B의 속도가 (−)인 이유는 A와 방향이 반대이기 때문이다.

**Answer** 22.③ 23.④

# 출제 예상 문제

**1** 정지해 있던 질량 $m$의 물체가 일정한 힘 $F$를 받아 가속도운동을 하고 있을 때, 처음으로부터 1초, 2초, 3초 때의 이동한 거리의 비는?

① $1:1:1$
② $1:2:3$
③ $1^2:2^2:3^2$
④ $1:3:5$

**TIP** 등가속도운동이므로 $S = v_0 t + \dfrac{1}{2}at^2$이고, $v_0 = 0$, $S = \dfrac{1}{2}at^2$이므로 1초, 2초, 3초일 때 이동한 거리의 비는 $1^2:2^2:3^2$이다.

**2** 다음은 어떤 물체의 $v-t$관계를 나타낸 그래프이다. 설명으로 옳은 것은?

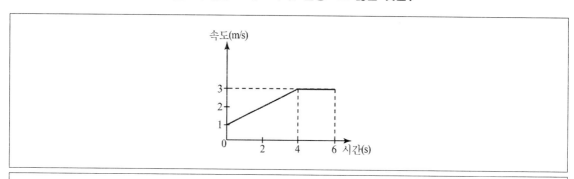

ⓐ 4초 일 때 물체의 속력은 3m/s이다.
ⓑ 6초 동안 물체의 이동거리는 14m이다.
ⓒ 0 ~ 4초 사이에서 물체의 가속도는 $0.75\text{m/s}^2$로 일정하다.

① ⓐ
② ⓑⓒ
③ ⓐⓑ
④ ⓐⓑⓒ

**TIP** ㉠ 4초 때의 속력은 3m/s이다.

㉡ $v-t$ 그래프에서 이동거리는 면적과 같으므로 $(6 \times 3) - \dfrac{1}{2}(4 \times 2) = 18 - 4 = 14\text{m}$

㉢ 가속도$(a) = \dfrac{\Delta v}{t} = \dfrac{2}{4} = 0.5\text{m/s}^2$

**3** 직선을 따라서 운동하는 물체의 이동거리가 시간에 따라 다음 그래프와 같이 변하였다. 이 물체의 운동에 대한 설명으로 옳지 않은 것은?

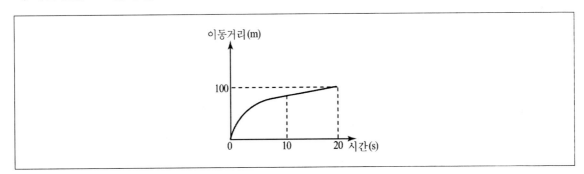

① 0 ~ 10초 사이의 평균속력은 0 ~ 20초 사이의 평균속력보다 크다.

② 0 ~ 20초 사이의 평균속력은 5m/s이다.

③ 0 ~ 20초 사이에 작용하는 힘은 물체의 운동방향과 동일하다.

④ 0 ~ 20초 사이의 속력은 계속 감소한다.

**TIP** ① 물체의 이동거리가 큰 것이 평균속력이 더 크다.

② 평균속력$(v) = \dfrac{s}{t}$ (m/s)

0 ~ 20초 사이의 평균속력 $= \dfrac{100}{20} = 5\text{m/s}$

③ 속력이 감소하므로 힘은 물체의 운동방향과 반대이다.
④ 그래프에서 직선의 기울기는 속력과 같으므로 속력은 점점 감소한다.

**Answer** 3.③

**4** 매끄러운 수평면 위에 정지해 있던 질량 5kg의 물체에 10N의 힘이 4초 동안 작용했을 때 10초 후의 속도는?

① 2m/s

② 4m/s

③ 8m/s

④ 16m/s

---

**TIP** $V-t$ 그래프를 그려보면 다음과 같다.

$t=4$까지의 기울기는 $f=ma$에서

$a=\dfrac{f}{m}=\dfrac{10}{5}=2\text{m/s}^2$

$V=V_0+at$에서 $V=0+2\times4=8$m/s

4초 후에는 힘이 가해지지 않으므로 $t=10$일 때의 속도는 8m/s이다.

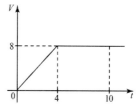

**5** 자동차가 100km를 가는데 처음 40km는 20km/h의 속력으로, 나머지 60km는 30km/h의 속력으로 달렸다면 전체 평균속력(km/h)은?

① 20

② 23

③ 25

④ 30

---

**TIP** 40km를 20km/h로 달렸으므로 시간은 2h, 60km를 30km/h로 달렸으므로 2h이므로 평균속력은 $\dfrac{100\text{km}}{4\text{h}}=25\text{km/h}$

**Answer** 4.③ 5.③

**6** 같은 속도로 지면에 대해 30°각도로 던진 물체 A와 60°각도로 던진 물체 B가 같은 지점에 떨어졌다. 다음 중 옳지 않은 것은?

① A가 B보다 먼저 떨어진다.

② A와 B의 처음 속력은 같다.

③ B가 A보다 더 높이 올라간다.

④ 최고점에서의 속도는 A가 B보다 작다.

---

**TIP** ① 떨어질 때까지 걸린 시간은 최고점 도달시간의 2배이므로

A가 걸린시간은 $V_y = V_0 \sin 30° - gt = 0$에서 $t = \dfrac{V_0 \times \dfrac{1}{2}}{g} = \dfrac{V_0}{2g}$

B가 걸린시간은 $V_x = V_0 \sin 60° - gt = 0$에서 $t = \dfrac{V_0 \times \dfrac{\sqrt{3}}{2}}{g} = \dfrac{\sqrt{3}\,V_0}{2g}$이므로

A:B=1:$\sqrt{3}$이 되어 A가 더 먼저 떨어진다.

② 초기 속도는 $V_0$로 같다.

③ 물체 B의 각도가 더 크므로 더 높이 올라간다.

④ 최고점에서의 $V_y$는 0이므로 $V_x$만 계산하면

A의 속도 $V_x = V_0 \cos 30° = V_0 \times \dfrac{\sqrt{3}}{2} = \dfrac{\sqrt{3}}{2} V_0$

B의 속도 $V_x{}' = V_0 \cos 60° = V_0 \times \dfrac{1}{2} = \dfrac{1}{2} V_0$이므로 A의 속도가 B보다 더 크다.

**Answer** 6.④

**7** 다음은 직선상에서 운동하는 물체의 시간에 따른 속도의 변화를 나타낸 것이다. 이 물체의 운동에 대한 설명으로 옳은 것은?

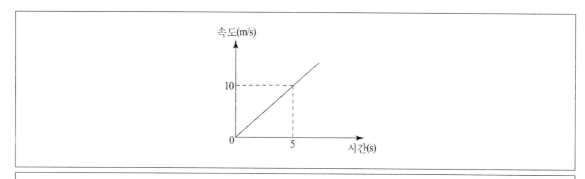

ㄱ 가속도가 일정한 운동이다.
ㄴ 단위시간당 이동거리가 일정한 운동이다.
ㄷ 5초 동안의 평균속도의 크기는 5m/s이다.

① ㄱ

② ㄴ

③ ㄱㄷ

④ ㄴㄷ

> **TIP** ㄴ 등가속도운동이므로 변위 $S = V_0 t + \frac{1}{2} at^2$에서 $S$는 시간의 제곱에 비례한다.

**8** 정지한 물체가 운동을 시작하여 처음 2초 동안은 동쪽으로 8m, 다음 3초 동안은 북쪽으로 6m를 이동하였다. 5초 동안의 평균속력은?

① 7m/s

② 2.8m/s

③ 2m/s

④ 0.4m/s

> **TIP** $v = \frac{\Delta x}{\Delta t} = \frac{14}{5} = 2.8\text{m/s}$

**Answer** 7.③ 8.②

**9** 정지해 있던 물체가 폭발하여 세 조각으로 갈라졌다. 2kg짜리는 $x$축 방향으로 2m/s로 날아갔고, 3kg짜리는 $y$축 방향으로 1m/s로 날아갔다면 나머지 5kg짜리는 얼마의 속도로 날아가는가?

① 1m/s

② 2m/s

③ 3m/s

④ 4m/s

---

**TIP** 5kg의 속도를 $V$로 놓으면 운동량보존법칙에 의하여

$x$축 방향의 속도 $= 5V_x = 2 \times 2$

$y$축 방향의 속도 $= 5V_y = 3 \times 1$

$V_x = \dfrac{4}{5}$, $V_y = \dfrac{3}{5}$ 이다.

$\therefore V = \sqrt{V_x{}^2 + V_y{}^2} = \sqrt{\left(\dfrac{4}{5}\right)^2 + \left(\dfrac{3}{5}\right)^2} = \sqrt{\dfrac{16}{25} + \dfrac{9}{25}} = 1\text{m/s}$

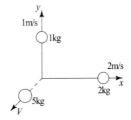

**10** 어느 물체가 동쪽으로 2초 동안 8m간 다음 북쪽으로 3초 동안 6m를 갔다. 5초 동안의 평균속력과 평균속도는 얼마인가?

① 6m/s, 2.8m/s

② 2.8m/s, 2.8m/s

③ 2.8m/s, 2m/s

④ 2m/s, 2m/s

---

**TIP** 평균속력 $= \dfrac{\text{이동거리}}{\text{시간}} = \dfrac{S}{t}$ 이므로 $S = 8 + 6 = 14\text{m}$이고 $t = 5$초를 대입하여 계산하면

평균속력 $= \dfrac{14}{5} = 2.8\text{m/s}$

평균속도 $= \dfrac{\text{변위}}{\text{시간}} = \dfrac{\Delta r}{t}$ 이므로 $\Delta r = 10\text{m}$, $t = 5$초를 대입하면

평균속도 $= \dfrac{10}{5} = 2\text{m/s}$

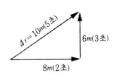

**Answer**   9.①  10.③

**11** 밖이 보이는 투명한 유리로 된 관광 엘리베이터가 10m/s로 위로 올라가고 있다. 창 밖을 보니 제비가 수평방향으로 5m/s로 날아가고 있는 것이 관찰되었다. 이 제비를 건물 외부에서 정지하고 있는 사람이 본 속력은?

① 5m/s

② $5\sqrt{3}$ m/s

③ $5\sqrt{5}$ m/s

④ $5\sqrt{10}$ m/s

**TIP** 엘리베이터에서 제비를 본 속력을 $\overrightarrow{v_{엘제}}$ 라고 하면 $\overrightarrow{v_{엘제}} = \overrightarrow{v_{제}} - \overrightarrow{v_{엘}}$ 이므로 $\overrightarrow{v_{제}} = \overrightarrow{v_{엘제}} + \overrightarrow{v_{엘}}$ 이 된다.

이 두 속력을 벡터 합성하면 $\sqrt{10^2 + 5^2} = 5\sqrt{5}$ m/s

**12** 20m/s의 속도로 달리고 있던 자동차가 일정하게 브레이크를 밟아서 2초만에 정지하였다. 브레이크를 걸어서 정지하는 동안 자동차가 움직인 거리(m)는?

① 1

② 5

③ 10

④ 20

**TIP** $a = \dfrac{0 - 20}{2} = -10\text{m/s}^2$

$s = v_0 t + \dfrac{1}{2} at^2 = 20 \times 2 + \dfrac{1}{2} \times (-10) \times 2^2 = 20\text{m}$

**13** 공중에서 300km/h로 비행하는 비행기 $A$와 같은 고도에서 $A$와 직각방향으로 400km/h로 비행하는 비행기 $B$가 있다. 이 때 비행기 $A$에서 비행기 $B$를 보았을 때 비행기 $B$의 속력은?

① 300km/h

② 400km/h

③ 500km/h

④ 700km/h

**TIP** $\overrightarrow{v_{AB}} = \overrightarrow{v_B} - \overrightarrow{v_A} = \sqrt{(300)^2 + (400)^2} = 500\text{km/h}$

**Answer** 11.③ 12.④ 13.③

**14** 시간 $t$에 대한 위치함수 $S = 2t^2 + 3t + 1(\mathrm{m})$로 주어지는 운동이 있다. 이 물체의 2초에서 4초 사이의 평균속도는 몇 m/s인가?

① 45

② 30

③ 15

④ 5

---

**TIP** 평균속도$= \dfrac{\text{이동거리}}{\text{시간}} = \dfrac{S(4) - S(2)}{4 - 2}$ ········· ㉠

$S = 2t^2 + 3t + 1$에 $t = 4$, 2를 각각 대입하여 계산하면 $S(4) = 45$, $S(2) = 15$ ········· ㉡

㉠에 ㉡을 대입하여 계산하면, 평균속도 $\overline{V} = \dfrac{45 - 15}{4 - 2} = 15\text{m/s}$

**15** 물체가 출발하여 등가속도운동을 했을 때 처음 1초간, 다음 1초간, 또 그 다음 1초간에 움직인 거리를 각각 $s_1$, $s_2$, $s_3$라 하면 $s_1 : s_2 : s_3$의 비는?

① $1 : 2 : 3$

② $1 : 3 : 5$

③ $1^2 : 2^2 : 3^2$

④ $1^2 : 3^2 : 5^2$

---

**TIP** $s = v_0 t + \dfrac{1}{2}at^2$에서 $v_0 = 0$이므로 $s = \dfrac{1}{2}at^2$

(출발~1초)$= \dfrac{1}{2}a \times 1^2$, (출발~2초)$= \dfrac{1}{2}a \times 2^2$, (출발~3초)$= \dfrac{1}{2}a \times 3^2$

$\therefore s_1 : s_2 : s_3 = 1 : (2^2 - 1^2) : (3^2 - 2^2) = 1 : 3 : 5$

**16** 등속원운동하는 물체 $A$의 주기가 2초이다. 이 물체의 5초 동안 평균속도는 얼마인가?

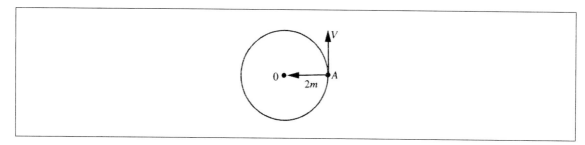

① $2\pi$ m/s

② $0.8$ m/s

③ $0.4\pi$ m/s

④ $2$ m/s

---

**TIP** 물체의 주기가 2초이므로 $A$에서 출발한 물체는

5초 후에 $B$에 있게 되므로 5초 동안 변위는 지름이 4m이다.

평균속도 $\overline{V} = \dfrac{\text{변위}}{\text{시간}} = \dfrac{4\text{m}}{5\text{s}} = 0.8\text{m/s}$

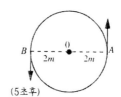

(5초후)

**17** 직선상에서 20m/s로 움직이던 물체가 4초 후에 일정하게 감속되어 정지하였다. 이 물체가 감속하기 시작하여 3초 후의 속도는 몇 m/s인가?

① $20$m/s

② $15$m/s

③ $10$m/s

④ $5$m/s

---

**TIP** 가속도 $a = \dfrac{\text{속도변위량}}{\text{시간}} = \dfrac{V - V_0}{\Delta t}$ 이며

$V = 0$m/s, $V_0 = 20$m/s, $\Delta t = 4$초를 대입하면

$a = -5$m/s$^2$

속도 $V = V_0 + at$ 이므로 3초 후의 속도는 $t = 3s$, $V_0 = 20$m/s, $a = 5$m/s$^2$을 대입하여 계산하면 $V = 20 - 5 \cdot 3 = 5$m/s

**Answer** 16.② 17.④

**18** 시간($t$)에 대한 변위($S$)가 다음 그래프와 같이 주어질 때, 이 물체의 2초에서 4초 동안의 평균속도는?

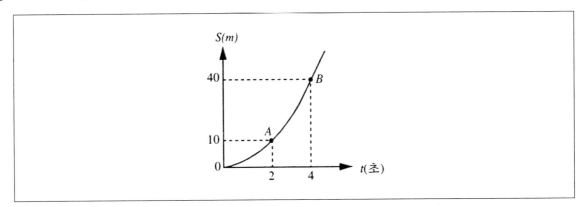

① 10m/s

② 20m/s

③ 5m/s

④ 15m/s

---

**TIP** 평균속도 $\overline{V} = \dfrac{변위}{시간} = \dfrac{S(4) - S(2)}{4 - 2}$ 이므로 그래프에서 $S(4) = 40$, $S(2) = 10$을 대입하여 계산하면 $\overline{V} = 15$m/s를 얻는다.

$\overline{V}$는 두 점을 잇는 직선의 기울기와 같다.

**19** 연료를 일정하게 소모하는 로켓을 쏘았을 경우에 대한 설명으로 옳은 것은?

① 등속으로 운동한다.

② 등가속도로 운동한다.

③ 운동량이 일정하다.

④ 가속도가 증가한다.

---

**TIP** 일정한 연료가 소모되면 힘(추진력)의 크기가 일정하나, 지구에서 멀리 떨어질수록 중력가속도 $g$가 작아지므로 가속도는 점차 증가하게 된다.

**Answer** 18.④  19.④

**20** 다음 직선운동하는 물체의 관계그래프에 대한 설명으로 옳지 않은 것은?

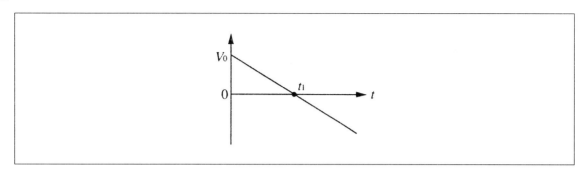

① 가속도가 일정한 운동이다.

② 시각 $t_1$에서는 정지해 있다.

③ 처음 운동방향의 최대변위는 $\frac{1}{2} V_0 t$ 이다.

④ 시각 $t_1$에서 물체는 처음위치에 와 있다.

---

**TIP** 위 그래프의 기울기는 가속도이므로 가속도는 항상 일정하다. 처음 운동방향에서 최대변위는 시간 $t_1$까지 그래프와 $t$축과의 삼각형 면적이므로 그 값은 $\frac{1}{2} V_0 t$ 이다. 시간 $2t_1$이 지난 후에는 이 물체는 원위치에 있게 되어, 시간 $t_1$에서 속도는 0임을 나타낸다.

**21** 시속 60km/h로 달리던 차가 브레이크를 걸어서 10초 후에 정지하였다면 10초 동안 이동한 거리는 몇 m인가?

① 82m

② 240m

③ 167m

④ 60m

---

**TIP** 가속도운동에서 운동거리 $S = V_0 t + \frac{1}{2} a t^2$ 이므로

$V_0 = 16.7$m/s, $t = 10s$, $a = -1.7$m/s$^2$을 대입하여 계산하면 $S = 82$m

**22** 어떤 물체의 시간($t$)과 속력과의 관계그래프이다. 이 물체가 직선운동을 할 때 처음부터 50초 동안 이동한 거리는 몇 m인가?

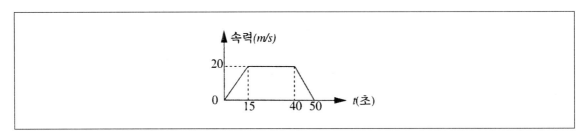

① 1,000

② 750

③ 650

④ 500

---

**TIP** 속력－시간 그래프에서 이동거리는 면적에 해당하므로 위 그래프에서 그래프와 $t$축으로 둘러싸인 면적

$S = \dfrac{1}{2} \times 15 \times 20 + 25 \times 20 + \dfrac{1}{2} \times 10 \times 20 = 750\text{m}$ 이다.

**23** 시속 60km/h로 달리던 차가 브레이크를 걸어서 10초 후에 정지하였다. 이 때 차의 평균가속도는?

① $6\text{m/s}^2$

② $-6\text{m/s}^2$

③ $1.7\text{m/s}^2$

④ $-1.7\text{m/s}^2$

---

**TIP** 평균가속도 $a = \dfrac{V_2 - V_1}{\Delta t}$

$\Delta t = 10s$, $V_2 = 0$, $V_1 = 60\text{km/h} = \dfrac{60 \times 10^3 \text{m}}{3,600\text{s}} \fallingdotseq 16.7\text{m/s}$이므로

$a = \dfrac{0 - 16.7}{10} = -1.67 \fallingdotseq -1.7\text{m/s}^2$

**24** 다음과 같이 주기가 $T$인 물체의 등속원운동에서 물체가 $A$에서 $B$까지 가는 동안의 평균가속도는 얼마인가?

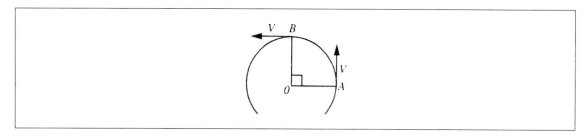

① $\sqrt{2}\,TV$

② $\dfrac{\sqrt{2}}{T}\,V$

③ $\dfrac{4\sqrt{2}}{T}\,V$

④ $\dfrac{V}{T}$

---

**TIP** 평균가속도 $a = \dfrac{속도변화량}{시간} = \dfrac{\Delta V}{\Delta t}$ 이며, $\Delta V = \sqrt{2}\,V$이다.

$A$에서 $B$까지 걸리는 시간 $\Delta t = \dfrac{T}{4}$ 이므로 대입하여 계산하면

$a = \dfrac{\sqrt{2}\,V}{\dfrac{T}{4}} = \dfrac{4\sqrt{2}}{T}\,V$

**25** 열차의 속도가 10초 동안에 10m/s에서 20m/s로 증가하였다면 열차의 평균가속도는 얼마인가? (단, 단위는 m/s$^2$이다)

① 5

② 2

③ 2

④ 1

---

**TIP** 평균가속도 $a = \dfrac{속도변화량}{경과시간} = \dfrac{V_2 - V_1}{\Delta t}$ 이므로

$V_2 = 20$, $V_1 = 10$, $\Delta t = 10$을 대입하면 $a = 1$m/s$^2$

---

**Answer** 24.③ 25.④

**26** 어떤 물체가 동쪽으로 2초 동안 8m간 다음 북쪽으로 3초 동안 9m를 갔을 때 5초 동안 평균가속도의 크기는 얼마인가?

① $6\text{m/s}^2$

② $-3\text{m/s}^2$

③ $1\text{m/s}^2$

④ $-1.7\text{m/s}^2$

---

**TIP** 평균가속도 $a = \dfrac{\Delta V}{\Delta t}$

동쪽으로 이동한 평균속도 $V_1 = \dfrac{8\text{m}}{2\text{s}} = 4\text{m/s}$

북쪽으로 이동한 평균속도 $V_2 = \dfrac{9\text{m}}{3\text{s}} = 3\text{m/s}$

따라서 $\Delta V = \sqrt{V_1^{\,2} + V_2^{\,2} + 2V_1 V_2 \cos 90°} = 5\text{m/s}$

그리고 총 이동시간 $\Delta t = 2\text{s} + 3\text{s} = 5\text{s}$

$\therefore a = \dfrac{\Delta V}{\Delta t} = \dfrac{5\text{m/s}}{5\text{s}} = 1\text{m/s}^2$

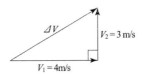

**27** 어느 비행기의 활주거리가 400m이다. 이 비행기가 정지상태에서부터 일정한 가속도로 활주하여 20초 후에 이륙했다면 이 비행기의 이륙속도는 몇 m/s인가?

① 40

② 80

③ 100

④ 120

---

**TIP** 일정가속도운동에서 거리 $S = V_0 \cdot t + \dfrac{1}{2}at^2$ 이고 $V_0 = 0$, $t = 20$, $s = 400\text{m}$ 이므로

대입하여 계산하면 $400 = 0 + \dfrac{1}{2} \cdot a \cdot 20^2$

$a = 2\text{m/s}^2$

속도 $V = V_0 + at$ 에서 $V_0 = 0$, $a = 2$, $t = 20$을 대입하면

$V = 0 + 2 \times 20 = 40\text{m/s}$

**Answer** 26.③ 27.①

# 02 중력에 의한 운동(일정가속도운동)

## 01 자유낙하운동

### ❶ 자유낙하운동

**(1) 자유낙하운동의 개념**

① 지구상의 모든 물체는 지구중심을 향하여 낙하하며, 공기의 저항이 없다면 모든 물체는 크기, 무게, 모양, 종류에 관계없이 같은 가속도로 낙하한다.

② 공기저항을 무시한 낙하운동을 자유낙하운동이라 한다.

③ 물체를 가만히 놓아 떨어뜨릴 때와 같이 초속도 없이$(v_0 = 0)$ 중력에 의해 낙하하는 등가속도 직선운동에 해당한다.

**(2) 자유낙하운동 공식**

① 처음 위치를 원점으로 하여 그 위치에서 연직 아래 방향을 (+)방향으로 하면 $v_0 = 0$, $a = g$인 등가속도 직선운동이 된다.

② 등가속도 직선운동과 자유낙하운동의 공식

  ㉠ 등가속도 직선운동 공식

    • $t$초 후 속도 : $v = v_0 + at$

    • $t$초 후 변위 : $s = v_0 t + \dfrac{1}{2}at^2$

    • 속도와 변위 : $2as = v^2 - v_0^{\;2}$

ⓒ 자유낙하운동 공식($v_0 = 0$, $a = g$를 대입한다)

- $t$초 후 속도($v - t$): $v = gt$

- $t$초 후 변위($s - t$): $s = \dfrac{1}{2}gt^2$

- 속도와 변위($s - v$): $2gs = v^2$

③ $s$만큼 자유낙하하는 데 걸리는 시간($t$)

$$t = \sqrt{\dfrac{2s}{g}}$$

④ $s$만큼 자유낙하하는 순간의 물체의 속도($v$)

$$v = \sqrt{2gs}$$

## ❷ 중력가속도

### (1) 중력가속도의 개념

① 자유낙하운동하는 물체가 받는 가속도를 중력가속도라 한다.

② 지구상에서는 그 값이 $9.8\text{m/s}^2$ 혹은 $980\text{cm/s}^2$이고 지구중심을 향한다.

### (2) 중력가속도의 특성

① 중력가속도는 자유낙하하는 물체에는 +값을 취하지만 연직상방운동을 하는 물체에는 −값을 갖는다.

② 중력가속도는 지구 자전에 의한 원심력의 영향과 지구타원체에 의해 적도 지역이 가장 작고 양극지방으로 갈수록 커진다.

③ 물체에 작용하는 중력 $W = mg$이다.

# 02 연직으로 던진 물체의 운동

## ❶ 연직투하운동

### (1) 개념
물체를 일정한 속력 $v_0$로 아래로 던질 때 이 물체의 운동을 연직투하운동이라고 한다.

### (2) 특성
① 초속도 $v_0 > 0$이고 중력가속도 방향은 $v_0$와 같은 방향이므로 $g > 0$이다.

② 속도 $v_0$ 및 거리 $s$는 등가속도운동 공식에서 $a = g$를 대입하여 계산한다.


## ❷ 연직투상운동

### (1) 개념
① 물체를 일정한 속력 $v_0$로 연직 위로 던질 때 이 물체의 운동을 연직투상운동이라 한다.

② 이 운동은 지구중력에 의해 결국 아래로 떨어지는데 이 낙하운동은 자유낙하운동에 해당한다.

### (2) 특성
① 등가속도 직선운동의 경우 운동 방향이 $180°$ 바뀌는 곳에서 $v = 0$이 된다.

② 초속도 $v_0 > 0$, 중력가속도 $g$의 방향은 초속도 $v_0$와 반대 방향이 되므로 $g < 0$이다.

③ 최고점

    ㉠ 순간속도 : $v = 0$

    ㉡ 시간 : $t = \dfrac{v_0}{g}$

    ㉢ 높이 : $H = \dfrac{v_0{}^2}{2g}$

    ㉣ 출발점까지 되돌아 올 때의 변위 : $s = 0$

[연직투상운동(속도와 시간)]

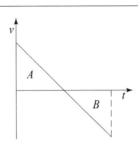

- $A$의 넓이 : 최고점까지의 거리$(=H)$
- $B$의 넓이 : 최고점에서 처음 위치까지의 거리$(=H)$
- $A$와 $B$의 넓이는 같다.

[연직으로 던진 물체의 운동과 등가속도운동의 공식 비교]

| 구분 | 등가속도운동 공식 | 연직투하운동$(a=g)$ | 연직투상운동$(a=-g)$ |
|---|---|---|---|
| $t$초 후 속도 | $v=v_0+at$ | $v=v_0+gt$ | $v=v_0-gt$ |
| $t$초 후 높이 | $s=v_0t+\dfrac{1}{2}at^2$ | $s=v_0t+\dfrac{1}{2}gt^2$ | $s=v_0t-\dfrac{1}{2}gt^2$ |
| 속도와 높이 | $2as=v^2-v_0{}^2$ | $2gs=v^2-v_0{}^2$ | $-2gs=v^2-v_0{}^2$ |

## 03 포물선 운동

### ❶ 비스듬히 던져올린 물체의 운동

(1) 물체에 작용하는 힘과 운동의 해석

① 수평면과 각 $\theta$를 이룬 방향으로 초속도 $v_0$로 던져올린 물체는 공기의 저항을 무시할 때 수평방향으로는 힘을 받지 않고 연직방향으로만 중력을 받는다.

② 운동 공식

| 축방향 | 가속도 | 운동형태 | 초속도 | 힘 |
|---|---|---|---|---|
| $x$축 | $a_x=0$(등속도운동) | $v_{0x}$로 등속직선운동 | $v_{0x}=v_0\cos\theta$ | $F_x=ma_x=0$ |
| $y$축 | $a_y=-g$(등가속도운동) | $v_{0y}$로 연직투상운동 | $v_{0y}=v_0\sin\theta$ | $F_y=mg_y=-mg$ |

## [비스듬히 던져올린 물체의 운동]

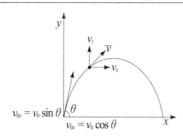

- $v_x = v_0\cos\theta$
- $v_y = v_0\sin\theta$
- 수평방향(등속운동) : $x = v_0\cos\theta \cdot t$
- 연직방향 : $y = v_0\sin\theta \cdot t - \dfrac{1}{2}gt^2$

## (2) 최고점의 높이

① 최고점까지 도달시간 $t_1$은 $v_y = 0$일 때의 시간이므로 $v_y = v_0\sin\theta - gt$에서 구한다.

$$v_y = v_0\sin\theta - gt_1 = 0 \qquad \therefore t_1 = \frac{v_0\sin\theta}{g}$$

② 연직방향의 초속도 $v_{0y} = v_0\sin\theta$, 최고점에서 $v_y = 0$이므로 $(s - v)$식 $-2gy = v_y{}^2 - v_{0y}{}^2$에서 최고점의 높이를 구한다.

$$-2gH = 0 - (v_0\sin\theta)^2 \quad \therefore H = \frac{(v_0\sin\theta)^2}{2g}$$

## (3) 수평도달거리

① **수평도달거리** ··· 비스듬히 던져진 물체가 출발점과 동일 수평면상에 떨어지는 점을 수평도달거리라고 할 때 연직방향의 변위 $y$는 0이다.

② **수평도달거리까지 걸리는 시간**

    ㉠ 포물선을 그리며 같은 수평면에 도달할 때까지의 시간 $t_2$는 연직성분 $v_0\sin\theta$로 연직으로 던져올린 물체가 원점으로 되돌아오는 시간과 같다.

    ㉡ 연직방향의 운동 공식 $y = v_{0y} \cdot t - \dfrac{1}{2}gt^2$에서 $y = 0$인 시간 $t_2$를 구한다.

$$0 = \left(v_{0y} - \frac{1}{2}gt\right) \cdot t\ (t_2 \neq 0) \quad \therefore t_2 = \frac{2v_{0y}}{g} = \frac{2v_0\sin\theta}{g} = 2t_1$$

지면도달시간 $t_2$는 최고점까지 상승시간 $t_1$의 2배이다.

③ **수평도달거리의 계산**

㉠ 수평도달거리 $R$은 $v_{0x} = v_0\cos\theta$로 시간 $t_2$ 동안 등속도운동한 거리에 해당한다.

$$R = v_{0x} \cdot t_2 = v_0\cos\theta \cdot \frac{2v_0\sin\theta}{g} = \frac{v_0{}^2\sin2\theta}{g}$$

㉡ 공기의 저항을 무시하면 수평도달거리 $R$이 최대로 되는 것은 $\sin\theta$의 최대값이 1이 될 때($2\theta = 90°$, $\theta = 45°$의 경우)와 같다.

㉢ $R$의 최대값(최대 수평도달거리) $R_m = \dfrac{v_0{}^2}{g}$ 이다.

**② 수평으로 던진 물체의 운동**

**(1) 물체에 작용하는 힘과 운동의 해석**

① **수평방향** … 초속도 $v_0$로 던진 물체는 속도가 $v_0$로 항상 일정한 등속도운동을 한다.

② **연직방향** … 물체는 가속도가 $g$로 일정한 자유낙하운동을 한다.

**(2) 수평도달거리**

① **이동거리** … 초속도 $v_0$로 수평으로 던져진 물체의 수평·연직방향 이동거리는 다음과 같다.

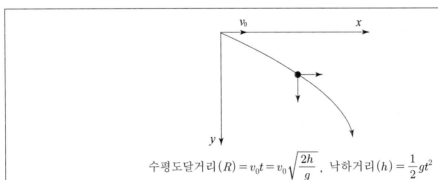

$$\text{수평도달거리}(R) = v_0 t = v_0\sqrt{\frac{2h}{g}}, \quad \text{낙하거리}(h) = \frac{1}{2}gt^2$$

- 수평방향(등속운동) : $v_x = v_0,\ x = v_0 t$
- 연직방향(자유낙하) : $v_y = gt,\ y = \dfrac{1}{2}gt^2$

② $t$초 후의 속도

$$v = \sqrt{v_0{}^2 + (gt)^2}$$

③ 운동시간

$$t = \sqrt{\frac{2h}{g}} \quad (h : 높이)$$

# 최근 기출문제 분석

2020. 6. 27. 해양경찰청 시행

**1** 다음 그림은 $xy$ 평면에서 등가속도 운동하는 질량이 m인 물체의 $x$축 방향 속력 $v_x$와 $y$축 방향 속력 $v_y$를 시간 $t$에 따라 각각 나타낸 것이다. 0초부터 4초까지 물체에 작용하는 알짜힘의 크기는 2N이고, 알짜힘이 물체에 한 일은 W이다.

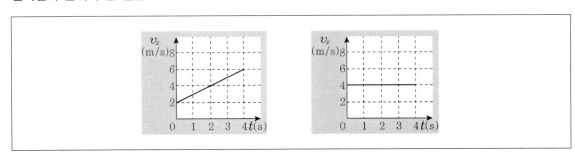

다음 중 W와 m으로 옳은 것은?

|   | $\underline{W}$ | $\underline{m}$ |   | $\underline{W}$ | $\underline{m}$ |
|---|---|---|---|---|---|
| ① | 16J | 1kg | ② | 16J | 2kg |
| ③ | 32J | 2kg | ④ | 32J | 2.5kg |

> **TIP** $x$축 방향으로는 등가속도 운동을, $y$축 방향으로는 등속도 운동을 하고 있다. 따라서 알짜힘은 $x$축 방향으로 작용하고 있다.
>
> $x$축 방향의 가속도 $a = \dfrac{6-2}{4} = 1\text{m/s}^2$이므로, $F = ma$에서 $2\text{N} = m \times 1$, $m = 2\text{kg}$이다.
>
> $x$축 방향의 이동거리 $s = 2 \times 4 + \dfrac{1}{2} \times 4 \times 4 = 16\text{m}$
>
> 따라서 알짜힘이 물체에 한 일 $W = FS = 2 \times 16 = 32\text{J}$

2019. 4. 13. 해양경찰청 시행

**2** 높이 300m인 곳에서 물체 A를 자유 낙하시킴과 동시에 그 바로 밑의 지상에서는 물체 B를 50m/s로 연직 상방으로 던져 올렸다. 두 물체는 몇 초 후에 만나겠는가? (단, 중력가속도는 g이고, 공기의 저항은 무시한다.)

① 4초   ② 6초

③ 10조   ④ 12초

**Answer**   1.③   2.②

2018. 4. 14. 해양경찰청 시행

**3** 그림과 같이 물체 A를 높이가 $4h$인 곳에서 가만히 놓고, 잠시 후에 물체 B를 높이가 $h$인 곳에서 가만히 놓았더니 두 물체가 낙하하여 동시에 바닥에 닿았다. B를 놓는 순간 A의 높이는? (단, 중력 가속도는 일정하고, 물체의 크기와 공기 저항은 무시한다.)

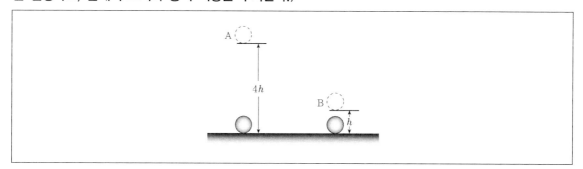

① $h$

② $\dfrac{3}{2}h$

③ $2h$

④ $3h$

**TIP** 자유낙하에서 이동거리 $s = \dfrac{1}{2}gt^2$ 이므로 A와 B가 떨어지는 시간을 구하면

• A : $t_A = \sqrt{\dfrac{2 \times 4h}{g}} = 2\sqrt{\dfrac{2h}{g}}$

• B : $t_B = \sqrt{\dfrac{2h}{g}}$

따라서 물체 A가 혼자만 낙하한 시간은 $2\sqrt{\dfrac{2h}{g}} - \sqrt{\dfrac{2h}{g}} = \sqrt{\dfrac{2h}{g}}$ 이고,

이 시간에 물체 A가 낙하한 거리는 $\dfrac{1}{2} \times g \times \left(\sqrt{\dfrac{2h}{g}}\right)^2 = h$ 이므로

물체 B를 놓는 순간 물체 A의 높이는 $4h - h = 3h$ 이다.

**Answer** 3.④

**4** 그림과 같이 천장에 매달린 고정 도르래에 질량이 각각 $m_1$, $m_2$인 두 개의 벽돌 A, B가 늘어나지 않는 줄에 매달려 있다. 정지해있던 벽돌들을 가만히 놓았을 때 벽돌 B가 아래 방향으로 가속도 a로 내려가게 되었다. 벽돌 A의 질량 $m_1$은? (단, 줄과 도르래의 질량, 모든 마찰은 무시하며, 중력가속도는 $g$이다.)

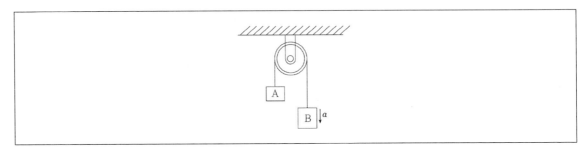

① $\dfrac{g+a}{g-a}m_2$

② $\dfrac{g-a}{g+a}m_2$

③ $\dfrac{g+2a}{g-2a}m_2$

④ $\dfrac{g-2a}{g+2a}m_2$

**TIP** 각 물체에 작용하는 힘은 중력과 장력이다.

- A: $T-m_1g=m_1a$ (∵ 물체 A는 위쪽으로 운동하므로 장력이 중력보다 크다.)
- B: $m_2g-T=m_2a$ (∵ 물체 B가 연직 아래 방향으로 등가속도 운동을 하므로 B에 작용하는 중력은 장력보다 크다.)

따라서 $m_2g-m_1g=m_1a+m_2a$이므로 $(g+a)m_1=(g-a)m_2$, $m_1=\dfrac{g-a}{g+a}m_2$이다.

2016. 10. 1. 제2회 지방직(고졸경채) 시행

**5** 지상에서 5m 떨어진 곳에서 정지한 질량 2kg짜리 공을 자유 낙하시켰다. 바닥과 충돌 직후 공의 속도는 위 방향으로 4m/s였다. 이에 대한 설명으로 옳지 않은 것은? (단, 공기 저항은 무시하고, 중력 가속도는 10m/s$^2$으로 한다)

① 바닥에 닿기 직전 속력은 10m/s이다.

② 바닥이 받은 충격량의 크기는 12N·s이다.

③ 공이 바닥과 충돌 직후 운동량의 크기는 8kg·m/s이다.

④ 공이 바닥에 가한 힘과 바닥이 공에 가한 힘은 작용·반작용 관계이다.

> **TIP** ② 바닥이 받은 충격량의 크기는 운동의 변화량과 같다. 따라서 충돌 후 운동량 $2 \times 4 = 8$에서 충돌 전 운동량 $2 \times -10 = -20$을 뺀 $8-(-20) = 28$N·s이다.
>
> ※ 충돌 전 운동량이 (−)인 것은 방향의 반대이기 때문이다.

2009. 9. 12. 경상북도교육청 시행

**6** 질량이 2kg의 물체를 20㎧의 속도로 연직상방으로 던져 올렸을 때, 이 물체가 올라갈 수 있는 최고의 높이는 몇 m인가? (단, 공기의 저항은 무시하고, 중력가속도는 10㎧이다.)

① 5m

② 10m

③ 15m

④ 20m

⑤ 25m

> **TIP** 연직상방으로 던져진 물체의 최고 높이는 $2gh = v^2 - v_0^2$을 이용하여 구할 수 있다.
>
> 따라서 $2 \times 10 \times h = 20^2 - 0^2$ 이므로, $h = \dfrac{400}{20} = 20$m이다.

**Answer** 5.② 6.④

# 출제 예상 문제

**1** 다음 그림처럼 같은 높이에서 공 $A$는 자유낙하시키고 공 $B$는 수평방향으로 던졌다. 두 공을 동시에 출발시킬 때 지면에 도착하는 시간과 그 때의 속력은? (단, 공기의 저항은 무시한다)

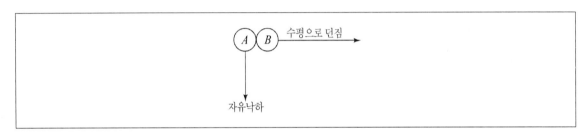

① 도착시간과 속력이 모두 같다.

② 도착시간은 같고, $A$의 속력이 더 크다.

③ 도착시간은 같고, $B$의 속력이 더 크다.

④ $A$가 먼저 도착하고, $A$의 속력이 크다.

**TIP** 수평방향으로 던진 물체는 수평방향으로 등속직선운동, 연직 아래로는 자유낙하운동을 하는 포물선운동을 하게 된다. 포물선운동의 지면도달시간은 자유낙하하는 시간과 같고,

속력 $v = \sqrt{v_x^2 + v_y^2}$ 이므로 자유낙하운동의 속도 $v_y = gt$보다 크다.

**2** 정지하고 있는 1kg의 물체를 1N의 힘으로 10초 동안 일정하게 작용하였다. 이 때 움직인 거리는?

① 5m

② 10m

③ 50m

④ 100m

**TIP** $F = ma$에서 $a = \dfrac{F}{m} = \dfrac{1}{1} = 1$

등가속도운동이고, 초기속도 $V_0 = 0$이므로 $s = V_0 t + \dfrac{1}{2}at^2 = 0 \times 10 + \dfrac{1}{2} \times 10^2 = 50\text{m}$

**Answer** 1.③ 2.③

**3** 물체를 정지상태에서 자유낙하시켜 10초가 경과하였다면 이 물체의 속도는? (단, $g = 9.8\,\mathrm{m/s^2}$이다)

① 9.8m/s

② 49.0m/s

③ 19.6m/s

④ 98.0m/s

**TIP** 자유낙하에서 $v = g \cdot t$ 이므로 $v = 9.8 \times 10 = 98\mathrm{m/s}$

**4** 다음 표는 일정한 시간 간격으로 자유낙하하는 물체가 떨어진 거리를 측정한 것이다. 낙하를 시작한 순간부터 1구간까지의 거리가 2cm일 때 (가), (나)에 알맞은 값은?

| 구간 | 1구간 | 2구간 | 3구간 |
|---|---|---|---|
| 구간거리 | 2cm | (가) | (나) |

① 4cm, 6cm

② 4cm, 8cm

③ 6cm, 8cm

④ 6cm, 10cm

**TIP** $h = \dfrac{1}{2}gt^2$ 이므로 시간 $t$ 일 경우 $h = \dfrac{1}{2}gt^2 = 2\mathrm{cm}$

시간 $2t$ 일 경우 $h = \dfrac{1}{2}g(2t)^2 = 4 \times \dfrac{1}{2}gt^2 = 4 \times 2 = 8\mathrm{cm}$

시간 $3t$ 일 경우 $h = \dfrac{1}{2}g(3t)^2 = 9 \times \dfrac{1}{2}gt^2 = 9 \times 2 = 18\mathrm{cm}$

∴ (가)$= 8 - 2 = 6\mathrm{cm}$, (나)$= 18 - 8 = 10\mathrm{cm}$

**Answer** 3.④ 4.④

**5** 고도를 일정하게 유지하고 있는 비행기에서 폭탄을 떨어뜨리고 있다. 질량이 50kg인 폭탄 $A$는 자유낙하시켰으며, 질량이 100kg인 폭탄 $B$는 $A$를 자유낙하시킨 1초 후에 초속도 19.6m/s로 연직 아래로 발사하였다. 두 폭탄이 지면으로부터 같은 높이에 있을 경우는 $A$를 떨어뜨린 뒤 몇 초 후인가?

① $\sqrt{2}$ 초

② 1.5초

③ 2초

④ $2\sqrt{2}$ 초

 $A$의 낙하거리 $h_A = \dfrac{1}{2} \times 9.8 \times t^2$

$B$의 낙하거리 $h_B = 19.6 \times (t-1) + \dfrac{1}{2} \times 9.8 \times (t-1)^2$

$\therefore h_A = h_B$이므로 $t = 1.5$

**6** 높이 $h$인 곳에서 물체를 자유낙하시켰더니 3초 후에 지면에 떨어졌다. 높이 $2h$인 곳에서 자유낙하시키면 몇 초 후에 지면에 떨어지는가?

① 6초

② 4초

③ $3\sqrt{2}$ 초

④ $3\sqrt{3}$ 초

**TIP** 자유낙하에서 $h$만큼 낙하하는데 걸리는 시간 $t = \sqrt{\dfrac{2h}{g}}$ 이므로

$2h$만큼 낙하하는데 걸리는 시간 $t' = \sqrt{\dfrac{4h}{g}} = \sqrt{2}\,t = 3\sqrt{2}$

**7** 질량 $m$g인 물체를 초속도 $v_0$로 연직 상방으로 던질 때 $t$초 후의 속도는?

① $\dfrac{1}{2}gt^2$

② $v_0$

③ $v_0 - gt$

④ $v_0 + gt$

**TIP** 중력가속도는 힘의 방향이므로 던진 초속도의 방향을 (+)로 하면 $v = v_0 - gt$이다.

**Answer**  5.②  6.③  7.③

**8** 물체를 수평면과 45° 각도로 던질 때의 최대사정거리는?

① 초속도는 제곱근에 비례한다.

② 초속도는 제곱에 비례한다.

③ 초속도에 반비례한다.

④ 초속도에 비례한다.

**TIP** 수평도달거리 $s = \dfrac{v_0{}^2 \sin 2\theta_0}{g}$ 에서 $\sin 2\theta_0 = 1$일 때 $s$의 값은 최대가 된다.

이 때 $2\theta = 90°$이므로 $\theta = 45°$로 던지면 가장 멀리 던질 수 있다.

따라서 최대사정거리 $s_m = \dfrac{v_0{}^2}{g}$ 이므로 $s_m \propto v_0{}^2$

**9** 높이가 50m인 건물 옥상에서 초속도 45m/s로 연직 위로 공을 던졌다. 이 공이 지면에 닿을 때의 속도는? (단, 공기와의 마찰은 무시하고, 중력가속도는 10m/s²으로 한다)

① 25m/s

② −35m/s

③ 45m/s

④ −55m/s

**TIP** 바닥에 닿을 때까지의 시간을 $t$ 라 하면, 낙하거리는 원래 공을 던졌던 건물보다 50m 낮은 곳에 떨어지므로 $s = -50$m 이다.

$-50 = (45 \times t) - (\dfrac{1}{2} \times 10 \times t^2)$이므로 $t = 10$초

∴ 바닥에 닿을 때의 속도 $v = 45 - 10 \times 10 = -55$m/s

**10** 20m 높이에서 물체를 자유낙하시킬 때 지면에 떨어지는 순간의 속도는 몇 m/s인가? (단, 중력가속도는 10m/s²이다)

① 10m/s

② 20m/s

③ $10\sqrt{2}$ m/s

④ $5\sqrt{2}$ m/s

**TIP** $v = \sqrt{2gs} = \sqrt{2 \times 10 \times 20} = \sqrt{400} = 20$m/s

**Answer** 8.② 9.④ 10.②

**11** 어떤 물체를 초속도 $V_0$로 연직 아래로 던졌다. 처음 1초 동안 낙하거리가 20m라면 초속도 $V_0$는 얼마인가? (단, $g = 10\,\text{m/s}^2$이다)

① 20m/s          ② 15m/s

③ 10m/s          ④ 5m/s

**TIP** 자유낙하거리 $S = V_0 t + \frac{1}{2}gt^2$ 이므로 $S = 20\text{m}$, $t = 1\text{s}$, $g = 10\text{m/s}^2$을 대입하여 정리하면 $V_0 = 15\text{m/s}$

**12** 물체를 자유낙하시킬 때 매 초당 낙하하는 거리의 비는?

① $1 : 3 : 5 : 7$          ② $1 : 2 : 3 : 4$

③ $1 : 4 : 9 : 16$          ④ $1 : 4 : 8 : 16$

**TIP** 자유낙하거리 $S = \frac{1}{2}gt^2$ 이므로 $t = 1, 2, 3, 4 \cdots$ 일 때

낙하거리의 비 $S_1 : S_2 : S_3 : S_4 = \frac{1}{2}g_1^{\,2} : \frac{1}{2}g_2^{\,2} : \frac{1}{2}g_3^{\,2} : \frac{1}{2}g_4^{\,2}$ 이므로

$S_1 : S_2 : S_3 : S_4 = 1 : 4 : 9 : 16$

**13** 200m/s 속도로 날아가는 비행기가 490m 상공에서 물체를 떨어뜨리면 이 물체는 몇 초 후 땅에 떨어지는가?

① 2          ② 6

③ 8          ④ 10

**TIP** 낙하거리 $S = V_0 t + \frac{1}{2}gt^2$ 이므로 $V_0 = 0$, $g = 9.8\text{m/s}^2$, $S = 490\text{m}$ 를 대입하여 정리하면

$t^2 = 100$    $\therefore t = \sqrt{100} = 10$초

**Answer**    11.②   12.③   13.④

**14** 높이 10m 건물 옥상에서 초속 19.6m/s로 연직 상방으로 던진 물체의 최고도달높이는 얼마인가? (단, 공기저항은 무시한다)

① 49.2m

② 139.2m

③ 29.6m

④ 19.6m

---

**TIP** 최고점 도달높이 $h = \dfrac{V_0^2}{2g}$ 이므로 $V_0 = 19.6$, $g = 9.8$을 대입하여 계산하면 $h = 19.6\mathrm{m}$

옥상 높이가 10m이므로 물체의 최고높이는 $19.6 + 10 = 29.6\mathrm{m}$

---

**15** 연직 상방으로 던져올려진 물체가 4초 만에 다시 지면에 떨어졌다면 이 물체가 올라간 높이는 얼마인가?

① 39.2m

② 29.2m

③ 19.6m

④ 9.8m

---

**TIP** 최고점 도달시간은 왕복시간의 절반이므로 $t = 2$초

최고점 도달시간 $t = \dfrac{V_0}{g}$ 이므로 $t = 2$, $g = 9.8\mathrm{m/s}^2$을 대입하여 계산하면, 초속도 $V_0 = 19.6\mathrm{m/s}$

최고점 도달높이 $h = \dfrac{V_0^2}{2g}$ 이므로 $V_0 = 19.6$, $g = 9.8$을 대입하여 계산하면, $h = 19.6\mathrm{m}$

---

**16** 초속도 $V$로 던져올린 물체의 최고도달높이가 $h$일 때 $2V_0$로 던져올린 물체의 최고도달높이는 얼마인가?

① 4h

② 3h

③ 2h

④ 1.5h

---

**TIP** 최고도달높이 $h = \dfrac{V_0^2}{2g}$, 초속도가 $2V_0$이므로

최고도달높이 $h' = \dfrac{(2V_0)^2}{2g} = 4\left(\dfrac{V_0^2}{2g}\right) = 4h$

---

**Answer** 14.③ 15.③ 16.①

**17** 초속도 19.6m/s로 수평면과 30° 각을 이루며 던져올린 포물체가 다시 지면에 떨어질 때까지 걸리는 시간은 얼마인가?

① 1s

② 2s

③ 3s

④ 4s

 최고점 도달시간 $t = \dfrac{V_0 \sin\theta}{g}$

$V_0 = 19.6\text{m/s}$, $\theta = 30°$, $g = 9.8\text{m/s}^2$을 대입하여 계산하면 $t = 1\text{s}$

그러므로 포물체가 공중에 떠 있는 시간은 $2t = 2\text{s}$임을 알 수 있다.

**18** 초속도 19.6m/s로 지면과 30° 각을 이루며 던져진 포물체의 수평도달거리는 얼마인가?

① 39.2m

② 19.6m

③ 9.8m

④ $19.6\sqrt{3}\,\text{m}$

 포물체의 수평도달거리 $R = \dfrac{V_0{}^2}{g} \sin2\theta$

$V_0 = 19.6\text{m/s}$, $\theta = 30°$, $g = 9.8\text{m/s}^2$을 대입하여 계산하면 $\sin2\theta = \sin60° = \dfrac{\sqrt{3}}{2}$

$R = 19.6\sqrt{3}\,\text{m}$

**19** 수평면과 각 $\theta$로 던져진 물체가 최대로 멀리 나갈 때는 $\theta$가 얼마일 때인가?

① $\dfrac{\pi}{2}$

② $\dfrac{\pi}{3}$

③ $\dfrac{\pi}{4}$

④ $\dfrac{\pi}{6}$

 수평도달거리 $R = \dfrac{V_0{}^2}{g} \sin2\theta$이므로 $R$이 최대일 때는 $\sin2\theta = 1$이므로 $2\theta = 90°$, $\theta = 45° = \dfrac{\pi}{4}$

**20** 빗방울이 떨어질 때 지표면에 가까워지면서 일정한 속도가 되는 이유로 옳은 것은?

① 빗방울에 작용하는 중력이 같기 때문이다.

② 빗방울에 작용하는 중력을 무시하기 때문이다.

③ 공기에 의한 저항력이 중력과 평형하기 때문이다.

④ 빗방울이 모두 같은 높이에서 떨어지기 때문이다.

---

**TIP** 빗방울의 낙하시 공기저항을 무시하면 속도가 점차 증가하는 등가속도운동을 하나, 실제 빗방울은 낙하속도에 비례하는 공기마찰력 때문에 지표 가까이에서는 등속운동을 한다.

**21** 높이 30m인 건물에서 물체를 수평방향으로 초속도 20m/s로 던졌을 때 2초 후 이 물체의 속력은 몇 m/s인가? (단, $g = 10\,\text{m/s}^2$이다)

① 40

② 30

③ $20\sqrt{2}$

④ 20

---

**TIP** 2초 후 물체의 수평방향속도는 20m/s로 일정하며
연직방향의 속도 $V_y = gt$이므로 2초 후 속도 $V_x = 20\text{m/s}$
그러므로 수평·연직방향의 합성속력
$V' = \sqrt{V_x^2 + V_y^2} = \sqrt{20^2 + 20^2} = 20\sqrt{2}\,\text{m/s}$

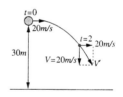

**22** 옥상의 높이를 측정하기 위하여 옥상에서 돌을 자유낙하시켰더니 3초 후에 땅에 떨어졌다. 이 옥상의 높이는 몇 m인가? (단, 공기의 저항은 무시하고 중력가속도는 10m/s²이다)

① 15　　　　　　　　　　　　② 30

③ 45　　　　　　　　　　　　④ 60

---

**TIP** $S = V_0 t + \dfrac{1}{2} g t^2$ 에서 $V_0 = 0$, $g = 10$, $t = 3$을 대입하여 계산하면

$$S = 0 + \dfrac{1}{2} \times 10 \times 3^2 = 45\text{m}$$

**23** 공을 10m/s의 속력으로 위로 던져올렸다. 이 공이 올라가는 최대 높이는 얼마인가? (단, 중력가속도는 10m/s²이다)

① 1m　　　　　　　　　　　　② 3m

③ 5m　　　　　　　　　　　　④ 10m

---

**TIP** 최고점도달높이 $H = \dfrac{V_0^{\,2}}{2g}$

$V = 10\text{m/s}$, $g = 10\text{m/s}^2$을 대입하여 계산하면 $H = 5\text{m}$

**24** 높이 19.6m인 곳에서 자유낙하한 물체가 지면에 충돌하는 속도는 얼마인가?

① 9.8m/s　　　　　　　　　　② 19.6m/s

③ 29.4m/s　　　　　　　　　　④ 39.2m/s

---

**TIP** 가속도 $a$가 일정한 물체는 속력이 $V_0$에서 $V$로 변할 때

이동거리 $S$와의 관계식 $2aS = V_2 - V_0^{\,2}$이므로

$a = g = 9.8\text{m/s}^2$, $S = 19.6\text{m}$, $V_0 = 0$을 대입하여 계산하면

$2 \times 9.8 \times 19.6 = V^2 - 0^2$이므로 $V^2 = 19.6^2$

$V = 19.6\text{m/s}$

**Answer**　22.③　23.③　24.②

# 03 뉴턴의 운동법칙과 원운동

## 01 뉴턴의 운동법칙

### ❶ 운동의 제1법칙(관성의 법칙)

**(1) 개념**

① 마찰이 있는 평면에 물체를 밀면 얼마 후 정지한다.

② 마찰이 없는 평면에 힘을 가하면 물체의 운동은 외부의 힘이 가해지지 않는 한 계속 등속직선운동을 한다.

③ 운동하는 물체를 멈추게 하려면 힘을 가해야 한다. 이처럼 모든 물체는 외부에서 힘이 가해지지 않는 한 정지해 있거나 등속직선운동을 하는 것을 운동의 제1법칙(관성의 법칙)이라 한다.

**(2) 관성**

물체에 가해진 힘이 없을 때 물체는 정지 혹은 등속직선운동을 계속하려는 성질이다.

### ❷ 운동의 제2법칙(가속도의 법칙)

**(1) 개념**

① 힘을 가해서 물체를 이동시키는 경우를 생각할 때, 무거운 물체일수록 힘이 많이 들고, 같은 힘을 가할 때 질량이 작은 물체일수록 빨리 움직인다.

② 운동의 제2법칙은 힘에 대한 정의를 나타내는 법칙으로, 힘은 질량과 가속도의 곱으로 정의된다.

$$F = m \times a$$

(2) 가속도의 공식

$$a = \frac{F}{m}$$

## ❸ 운동의 제3법칙(작용·반작용의 법칙)

(1) 개념

① 배에 타서 손으로 물을 밀면 배는 반대 방향으로 나아가게 되는데 이는 손이 물을 밀 때, 물도 사람을 밀기 때문이다.

② 두 물체 사이에서 한 물체에 힘을 가하면, 그 물체는 다른 물체에 크기는 같고, 방향이 반대인 힘을 가하게 되는데 전자의 경우를 작용, 후자의 경우를 반작용이라 하며 작용·반작용의 법칙이라고 한다.

(2) 작용·반작용의 법칙의 특성

① 작용·반작용은 물체가 정지하고 있거나 운동하고 있는 경우에서도 성립한다.

② 작용과 반작용은 반드시 두 물체 사이에 작용(작용점이 서로 다른 물체에 존재)하므로 한 물체에 작용하는 두 힘(작용점이 한 물체에 2개)의 평형과는 다르다.

③ 작용·반작용은 모든 힘에 대하여 성립하며 항상 한 쌍으로 존재한다.

④ 작용·반작용은 두 물체가 접촉 또는 떨어져 있는 경우에도 성립한다.

⑤ 작용을 $\overrightarrow{F_1}$, 반작용을 $\overrightarrow{F_2}$ 라 하면 $\overrightarrow{F_1} = -\overrightarrow{F_2}$ 이 성립한다.

⑥ 작용과 반작용에 의해 생기는 가속도나 움직인 거리는 질량에 반비례한다.

$$\frac{s_1}{s_2} = \frac{a_1}{a_2} = \frac{m_2}{m_1}$$

## (3) 작용·반작용의 차이

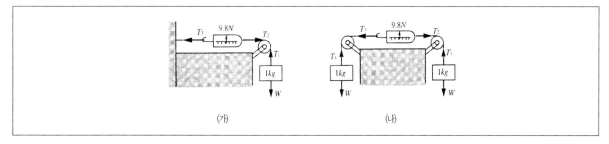

(가)                              (나)

① (가)는 벽에 한 쪽이 매달린 용수철에 1kg의 물체가 매달려 있을 때 작용·반작용을 나타낸 것으로 물체의 무게는 9.8N이다.

② (나)는 양쪽에 1kg의 물체가 매달린 용수철 저울의 작용·반작용을 나타낸 것으로 물체의 무게는 9.8N으로 변함없다.


# 02 원운동

## ❶ 등속원운동

### (1) 개념
일정한 속력으로 원 둘레를 회전하는 운동을 등속원운동이라 한다.

### (2) 속도의 변화
속력의 크기는 같으나 속도의 방향은 계속해서 바뀐다.

### (3) 가속도
① 가속도의 변화
  ㉠ 가속도의 방향은 항상 원의 중심 방향이다.
  ㉡ 속도의 방향은 원의 접선 방향이므로 속도와 가속도는 항상 직각을 이룬다.

② **가속도의 크기** … 가속도의 크기는 속력의 제곱에 비례하고, 반지름에 반비례한다.

$$구심가속도(a) = \frac{V^2}{r}$$

## (4) 구심력

### ① 구심력의 크기

⊙ 뉴턴의 제2법칙에 의하여 $F=ma$이므로 힘 $F$는 다음과 같이 주어지며, 방향은 가속도의 방향과 같은 원의 중심방향이다.

$$F=m \times a = \frac{mV^2}{r}$$

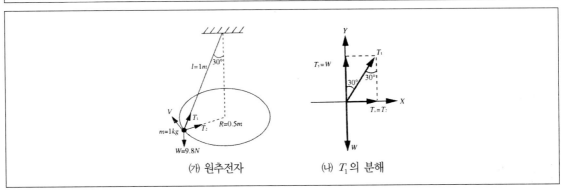

(가) 원추전자       (나) $T_1$의 분해

ⓛ 1m 길이의 줄에 1kg 물체가 매달려 원운동을 하는데, 줄과 연직방향의 각이 30°를 유지하고 있기 때문에 $W=mg$이므로 무게는 9.8N이다.

ⓒ (나)에서 $T\cos 30° = W$이므로 $T_1 = \frac{2}{\sqrt{3}} \times 9.8 = \frac{19.6}{3}\sqrt{3}\,\mathrm{N}$이고, $T_2 = T\sin 30°$이므로 $\frac{9.8}{3}\sqrt{3}\,\mathrm{N}$이 된다.

> **TIP** ⟶⟶⟶⟶⟶⟶⟶⟶⟶⟶⟶⟶⟶⟶⟶⟶⟶⟶⟶⟶⟶⟶⟶⟶
> 구심력($F$)는 반지름 $r$에 반비례하며 속력($V$)의 제곱에 비례한다.

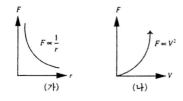

(가)         (나)

### ② 구심력 공식

$$F=m\frac{V^2}{r}=mr\omega^2$$

> **TIP** ⟶⟶⟶⟶⟶⟶⟶⟶⟶⟶⟶⟶⟶⟶⟶⟶⟶⟶⟶⟶⟶⟶⟶⟶
> 선속도 $V$와 각속도 $\omega$의 관계식은 $V=r\omega$가 된다. rad를 radian(라디안)이라 읽으며
> $180° = \pi\mathrm{rad}(≒3.14\mathrm{rad})$와 같으며, $1\mathrm{rad}≒57°$이다.

## (5) 각속도($\omega$)

각속도는 단위시간 동안 회전한 각의 변화량이며, 다음과 같이 나타낸다.

$$\omega = \frac{\text{각 변화량}}{\text{시간}} = \frac{\Delta\theta}{t} \, (\text{rad/s})$$

## ❷ 주기와 진동

### (1) 주기($T$)

주기는 원주의 길이를 선속도로 나눈 값 또는 $360°(=2\pi)$를 각속도로 나눈 값과 같다.

$$T = \frac{2\pi r}{V} \, (\text{초}), \; T = \frac{2\pi}{\omega} \, (\text{초})$$

### (2) 진동수($f$)

① 진동수는 주기의 역수와 같다.

$$F = \frac{1}{T} \, (\text{Hz})$$

② 진동수의 계산

$V$ $\quad$ $\omega = \dfrac{\pi}{2}(rad/s)$

$r = 0.5m$

주기 $T = 4(s)$

진동수 $f = \dfrac{1}{4}(\text{Hz})$

㉠ $r = 0.5\text{m}$인 줄에 질량 $m$인 물체가 매달려 각속도 $w = \dfrac{\pi}{2}$로 운동하고 있다.

㉡ 선속도 $V = r\omega = 0.5 \times \dfrac{\pi}{2} = \dfrac{\pi}{4}\text{m/s}$ 이므로 주기 $T = \dfrac{2\pi}{\omega} = 4\text{s}$ 임을 나타낸다.

㉢ 진동수 $f = \dfrac{1}{T}(\text{Hz})$이므로 $f = \dfrac{1}{4}\text{Hz}$ 이다.

# 최근 기출문제 분석

2020. 6. 13. 제2회 서울특별시 시행

**1** 하나의 위성이 지구 주위로 반지름이 R인 원 궤도를 돌고 있다. 이때 위성의 운동에너지를 $K_1$라 하자. 만약에 위성이 이동하면서 반지름이 $2R$인 새로운 원 궤도로 진입하게 된다면 이때 이 위성의 운동에 너지는?

① $\dfrac{1}{4}K_1$

② $\dfrac{1}{2}K_1$

③ $2K_1$

④ $4K_1$

> **TIP** 위성이 궤도를 돌게 하는 힘인 구심력은 지구와 위성이 서로 당기는 힘인 만유인력과 같다.
>
> 따라서 위성의 질량을 $m$이라 하고, 지구의 질량을 $M$이라고 할 때, $\dfrac{mv^2}{R} = \dfrac{GMm}{R^2}$이 성립하고, 이를 속력에 대해 정
>
> 리하면 $v^2 = \dfrac{GM}{R}$이다.
>
> 따라서 반지름이 $R \rightarrow 2R$로 2배 증가하면 $v^2$은 $\dfrac{1}{2}$ 배가 되고 운동에너지 역시 $\dfrac{1}{2}$ 배가 되어 $\dfrac{1}{2}K_1$이 된다.

2020. 6. 13. 제2회 서울특별시 시행

**2** 우주정거장이 지구 중심으로부터 반지름이 7000km인 원 궤도를 7.0km/s의 등속력 $v$로 돌고 있다. 우주정거장의 질량은 200톤이다. 우주정거장의 가속도는?

① $0.007\mathrm{m/s}^2$

② $\dfrac{1}{7}\mathrm{m/s}^2$

③ $1.0\mathrm{m/s}^2$

④ $7.0\mathrm{m/s}^2$

> **TIP** 우주정거장의 구심력 $\dfrac{mv^2}{r}$은 $F = ma$와 같으므로, $\dfrac{mv^2}{r} = ma$, $a = \dfrac{v^2}{r}$ 이다.
>
> 따라서 우주정거장의 가속도는 $\dfrac{(7.0)^2}{7,000} = 0.007\mathrm{km/s}^2 = 7.0\mathrm{m/s}^2$ 이다.

**Answer** 1.② 2.④

2019. 6. 15. 제2회 서울특별시 시행

**3** 두 개의 물체 A, B가 수평면에서 줄에 매달려 각각 등속 원운동을 하고 있다. 물체 A에 의한 원 궤적 반지름은 물체 B에 의한 원 궤적 반지름의 절반이고, 물체 A가 원을 한 바퀴 도는 데 걸리는 시간은 물체 B가 원을 한 바퀴 도는 데 걸리는 시간의 배이다. 물체 A의 속력을 $v_A$, 물체 B의 속력을 $v_B$라 할 때, $\dfrac{v_B}{v_A}$의 값은?

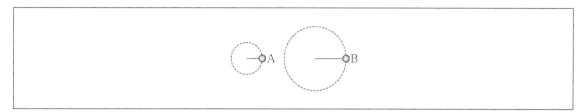

① $\dfrac{1}{2}$

② 2

③ 4

④ 8

> **TIP** 주기 $T = \dfrac{2\pi r}{v}$ 이므로
>
> • 물체 A의 속력 $v_A = \dfrac{2\pi r_A}{T_A}$
>
> • 물체 B의 속력 $v_B = \dfrac{2\pi r_B}{T_B}$
>
> 이때, 물체 A에 의한 원 궤적의 반지름은 물체 B에 의한 원 궤적 반지름의 절반이고, 주기는 2배라고 하였으므로
>
> $r_A = \dfrac{1}{2} r_B$를, 주기는 $T_A = 2T_B$를 대입하면
>
> $$\frac{v_B}{v_A} = \frac{\dfrac{2\pi r_B}{T_B}}{\dfrac{2\pi \dfrac{1}{2} r_B}{2T_B}} = \frac{\dfrac{2\pi r_B}{T_B}}{\dfrac{\pi r_B}{2T_B}} = \frac{4T_B \pi r_B}{T_B \pi r_B} = 4 \text{이다.}$$

**Answer** 3.③

03. 뉴턴의 운동법칙과 원운동 **133**

**4** 힘과 운동의 법칙을 설명하고 있다. 다른 하나는 무엇인가?

① 달리던 사람이 돌부리에 걸려 넘어진다.

② 로켓이 가스를 내뿜으며 올라간다.

③ 버스가 갑자기 출발하면 승객이 뒤로 넘어진다.

④ 마라톤 선수가 결승선에서 계속 달리다가 멈춘다.

**TIP** ①③④는 관성의 법칙, ②는 작용 · 반작용의 법칙이다.

**5** 반지름 $R = 2.0$m, 관성 모멘트 $I = 300$kg · m$^2$인 원판형 회전목마가 10rev/min의 각속력으로 연직방향의 회전축을 중심으로 마찰 없이 회전하고 있다. 회전축을 향하여 25kg의 어린이가 회전목마 위로 살짝 뛰어올라 가장자리에 앉는다. 이때, 회전목마의 각속력의 값[rad/s]은?

① $\dfrac{1}{8}$  ② $\dfrac{1}{4}$

③ $\dfrac{\pi}{4}$  ④ $\dfrac{\pi}{2}$

**TIP** 각운동량 $L = m \cdot I \cdot r^2$ 이므로 어린이가 회전목마 가장자리에 앉아있을 때 어린이의 각운동량은 $mr^2$ 이다.

이때 회전목마의 전체 관성모멘트는 $mr^2 + I_0$ 이고,

각운동량 보존법칙에 따라 회전목마의 나중 각속도 $\omega$에 대하여 $\omega(mr^2 + I_0) = w_0 \times I_0$ 이므로

$$\omega = \frac{\omega_0 I_0}{mr^2 + I_0} = \frac{\frac{2\pi \times 10}{60} \times 300}{25 \times 2^2 + 300} = \frac{\pi}{4}[\text{rad/s}] \ (\because 1\text{rev} = 1\text{바퀴} = 360\text{도} = 2\pi)$$

**6** 일정한 속도 $v$로 움직이는 질량 $m$인 전하 $q$가 균일한 자기장 $B$와 수직한 방향으로 입사하는 경우, 원운동을 하게 된다. 이 원운동의 반지름과 각속도에 대한 설명으로 가장 옳지 않은 것은?

① 각속도는 자기장에 비례한다.

② 각속도는 질량에 반비례한다.

③ 원운동의 반지름은 자기장에 반비례한다.

④ 원운동의 반지름은 전하량의 크기와 무관하다.

**TIP** ④ $F = qvB = \dfrac{mv^2}{r}$ 이므로 원운동의 반지름 $r = \dfrac{mv}{qB}$ 로 전하량의 크기에 반비례한다.

**Answer** 4.② 5.③ 6.④

2018. 10. 13. 서울특별시 시행

**7** 〈보기〉와 같이 자동차가 반지름이 100m인 원형 궤적을 달린다. 자동차 타이어와 도로면 사이의 마찰력이 구심력으로 작용한다. 도로면은 경사가 없이 수평이고, 도로와 바퀴의 정지마찰계수가 0.9일 때, 미끄러지지 않고 달릴 수 있는 최대 속력의 값[m/s]은? (단, 중력가속도는 10m/s²이다.)

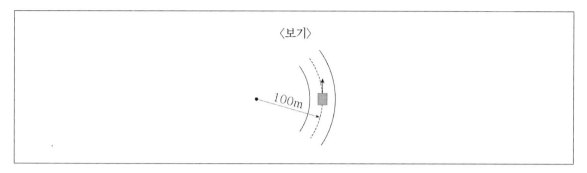

〈보기〉

100m

① 15 ② 20
③ 25 ④ 30

**TIP** • 구심 방향에 대하여

$$f_s = \frac{mv^2}{r}, \ f_s \leq \mu_s n$$

• 연직 방향에 대하여

$$\sum F_y = n - mg = 0$$

$$\frac{mv^2}{r} \leq \mu_s mg, \ v^2 \leq \mu_s gr$$

따라서 최대 속력

$$v_{max} = \sqrt{\mu_s gr} = \sqrt{0.9 \times 10 \times 100} = 30m/s$$ 이다.

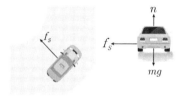

2016. 6. 25. 서울특별시 시행

**8** 등속 원운동하는 물체의 속력을 2배로 증가시키면 구심력의 크기는?

① 2배로 증가한다.

② 4배로 증가한다.

③ 8배로 증가한다.

④ 16배로 증가한다.

**TIP** 구심력 $F = \frac{mv^2}{r}$ 이므로 물체의 속력을 2배로 증가시키면 구심력은 4배로 증가한다.

**Answer** 7.④ 8.②

**9** 그림과 같이 반지름의 비가 1 : 2인 톱니바퀴 A와 B를 체인에 연결하고 손잡이를 돌려 B를 등속 원운동시켰다. 등속 원운동하는 동안, A의 물리량이 B보다 큰 것을 〈보기〉에서 있는 대로 고른 것은? (단, A, B의 축은 고정되어 있고, 체인은 미끄러지지 않는다.)

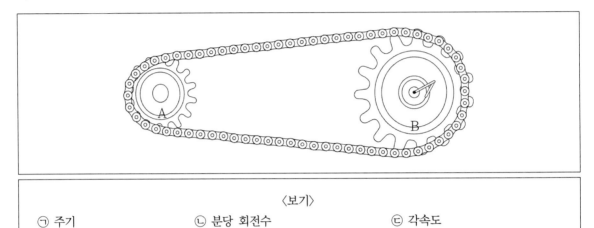

| 〈보기〉 | | |
|---|---|---|
| ㉠ 주기 | ㉡ 분당 회전수 | ㉢ 각속도 |

① ㉠, ㉡                              ② ㉡, ㉢

③ ㉠, ㉢                              ④ ㉠, ㉡, ㉢

**TIP** ㉠ 주기 $T = \dfrac{2\pi r}{v}$ 이므로 반지름의 크기에 비례한다. 따라서 A < B이다.

㉡ 분당 회전수 비는 각속도 비이므로 2 : 1로 A > B이다.

㉢ 선속도와 각속도는 $v = \dfrac{\Delta s}{\Delta t} = \dfrac{r\Delta\theta}{\Delta t} = \omega r$ 의 관계에 있다. 따라서 선속도가 같고 반지름의 비가 1 : 2인 톱니바퀴 A 와 B의 각속도 비는 2 : 1이므로 A > B이다.

**Answer**   9.②

2016. 3. 19. 국민안전처(해양경찰) 시행

**10** 지구 주위를 돌고 있는 인공위성은 지구를 한 초점으로 하는 타원궤도를 따라 원운동을 하는데 그 속력에 대한 설명으로 가장 옳은 것은?

① 원지점에서 가장 크다.

② 근지점에서 가장 크다.

③ 근지점에서 가장 작다.

④ 궤도상 어느 지점에서도 같다.

**TIP** ② 케플러 제이 법칙(면적속도 일정 법칙)에 따르면 행성들이 태양을 초점으로 타원운동을 할 때, 동일한 시간 간격 동안 타원궤도 면에서 초점을 중심으로 행성이 쓸고 간 면적은 언제나 일정하다. 따라서 속력은 근지점에서 가장 크다.

2015. 10. 17. 제2회 지방직(고졸경채) 시행

**11** 그림은 수평면 위에서 질량이 $m$인 물체가 반지름이 $R$인 실에 매달려 $v$의 속력으로 등속 원운동하는 것을 나타낸 것이다. 이때 실에 걸리는 장력의 크기가 $T$라면 반지름이 $2R$, 질량이 $2m$, 속력이 $2v$인 경우 실에 걸리는 장력의 크기는? (단, 물체에 작용하는 힘은 실에 의한 장력뿐이다)

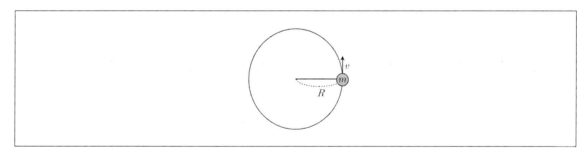

① $T$                    ② $2T$

③ $4T$                   ④ $8T$

**TIP** 조건에서 물체에 작용하는 힘은 실에 의한 장력뿐이라고 하였으므로 $T = \dfrac{mv^2}{R}$ 이 성립한다. 이때, 반지름이 $2R$, 질량이 $2m$, 속력이 $2v$인 경우 실에 걸리는 장력의 크기를 구하면, $\dfrac{2m \times (2v)^2}{2R} = \dfrac{8mv^2}{2R} = \dfrac{4mv^2}{R}$ 이므로, $4T$가 된다.

**Answer**    10.②  11.③

# 출제 예상 문제

**1** 다음과 같이 지구주위를 등속원운동하는 인공위성에 중력과 구심력이 작용할 때 지구중심으로부터 $R$만큼 떨어진 점과 $2R$만큼 떨어진 점에서 등속원운동하는 두 인공위성의 속력의 비는?

$$F = G\frac{Mm}{r^2} = \frac{mv^2}{r}$$

① $1 : 2$  
② $\sqrt{2} : 1$  
③ $2 : 1$  
④ $4 : 1$

**TIP** $G\dfrac{Mm}{r^2} = \dfrac{mv^2}{r}$ 에서 $G\dfrac{m}{r} = v^2$ 이므로 $v \propto \sqrt{\dfrac{1}{r}}$

$r$의 비가 $1 : 2$이므로 $1 : \dfrac{1}{\sqrt{2}}$ 의 비가 되어 $\sqrt{2} : 1$의 속력비가 된다.

**2** 다음과 같이 질량 $m$인 물체를 길이 $L$인 실에 매달아 매초 $n$번씩 돌릴 경우 실에 걸리는 힘은?

① $mL(\pi n)$  
② $mL(\pi n)^2$  
③ $mL(2\pi n)$  
④ $mL(2\pi n)^2$

**TIP** 실에는 구심력이 걸리는데 $F = ma = \dfrac{mv^2}{r} = mrw^2 = \dfrac{4\pi^2 mr}{T^2} \left( w = \dfrac{2\pi}{T} \right)$이므로

질량 $= m$, $r = L$, $T = \dfrac{1}{n}$ 을 대입하면 $\dfrac{4\pi^2 mL}{\left(\dfrac{1}{n}\right)^2} = mL(2\pi n)^2$

**Answer** 1.② 2.④

**3** 마찰이 없는 수평면에 질량이 3kg인 물체가 놓여 있다. 다음과 같이 수평방향으로 18N의 일정한 힘을 계속 가하면 물체는 어떤 운동을 하겠는가?

| | |
|---|---|
| 3kg | 18N → |

① 3m/s의 등속도운동을 한다.

② 6m/s²의 등가속도운동을 한다.

③ 12m/s의 등속도운동을 한다.

④ 18m/s²의 등가속도운동을 한다.

---

**TIP** 질량 3kg인 물체에 18N의 힘이 작용하므로 가속도의 법칙을 적용하면 $F = ma$에서

가속도 $a = \dfrac{F}{m} = \dfrac{18}{3} = 6\text{m/s}^2$

∴ 6m/s²으로 등가속도운동을 한다.

**4** 뉴턴의 운동 제3법칙인 작용과 반작용에 대한 설명으로 옳은 것은?

① 동일 물체에 작용되어야 한다.

② 서로 다른 물체에 작용되어야 한다.

③ 같은 크기일 필요는 없지만, 같은 작용선상에서 작용해야 한다.

④ 크기는 같아야 하며, 같은 작용선상에서 작용할 필요는 없다.

---

**TIP** 뉴턴의 운동 제3법칙(작용·반작용의 법칙)

㉠ 물체가 정지 또는 운동하고 있는 경우에 작용한다.

㉡ 반드시 두 물체 사이에 작용하므로 한 물체에 작용하는 두 힘의 평형과는 다르다.

㉢ 항상 한 쌍으로 존재한다.

㉣ 두 물체가 접촉 혹은 떨어진 경우에도 성립한다.

㉤ 속도나 움직인 거리는 질량에 반비례한다.

**Answer** 3.② 4.②

**5** 마찰이 없는 얼음으로 덮혀있는 연못 가운데 서 있는 사람이 빠져 나올 수 있는 방법은?

① 걸어서 나온다.

② 방법이 없다.

③ 뒹굴어서 나온다.

④ 몸에 있는 물체를 던진다.

> **TIP** 작용 · 반작용의 법칙 … 어떤 물체(A)가 다른 물체(B)에 힘을 가하면, 힘이 가해진 물체(B)가 똑같은 크기의 힘을 반대방향으로 (A)에게 가한다.

**6** 다음 중 서로 작용하는 힘이 상호간 거리의 제곱에 반비례하지 않는 것은?

① 양성자와 중성자

② 태양과 지구

③ 지구와 인공위성

④ 지구와 달

> **TIP** ②④ 태양과 지구, 지구와 달 사이에 작용하는 힘은 $F = G \dfrac{mM}{r^2}$ 이므로 거리의 제곱에 반비례한다.
>
> ③ 인공위성과 지구 사이의 만유인력은 지구반지름을 $R$, 지표면에서 인공위성까지의 높이를 $h$ 라고 하면 $F = \dfrac{Mm}{(R+h)^2}$ 이므로 거리의 제곱에 반비례한다.

**7** 질량이 $M$, $2M$인 두 물체가 반지름 $r$인 원둘레 위를 일정한 속력 $V$로 원운동하고 있다. 두 물체의 가속도의 비는?

① $1 : 1$                 ② $2 : 1$

③ $1 : 2$                 ④ $1 : 4$

> **TIP** 등속원운동에서 구심가속도 $a = \dfrac{V^2}{r}$ 이므로 질량에 관계없다.

**Answer**   5.④   6.①   7.①

**8** 5N의 힘을 물체 $m_1$에 작용시키면 8m/s²의 가속도가 생기고, 물체 $m_2$에 작용시키면 24m/s²의 가속도가 생긴다. 이 두 물체를 하나로 묶었을 때 같은 크기의 힘에 대한 가속도는 얼마인가?

① 4m/s²

② 5m/s²

③ 6m/s²

④ 7m/s²

TIP $F = m_1 a_1 = m_2 a_2$

$\therefore m_1 = \dfrac{5}{a_1} = \dfrac{5}{8}, \ m_2 = \dfrac{5}{a_2} = \dfrac{5}{24}$

$F = (m_1 + m_2)a$

$\therefore a = \dfrac{F}{(m_1 + m_2)} = \dfrac{5}{\dfrac{5}{8} + \dfrac{5}{24}} = 6\text{m/s}^2$

**9** 2kg의 물체가 수평면 위에 있다. 이 물체에 16N의 힘을 수평으로 가하면서 직선운동을 시킬 경우 면으로부터 4N의 마찰력을 받는다면 가속도는 몇 m/s²인가?

① 2

② 4

③ 6

④ 8

TIP $ma = F - R$

$\therefore a = \dfrac{F - R}{m} = \dfrac{16 - 4}{2} = 6\text{m/s}^2$

**10** 질량 1kg의 물체를 들고 가속도로 1m/s²으로 올라가는 엘리베이터 안에서 무게를 측정하면 몇 N이 될까?

① 9.8N

② 10.8N

③ 8.8N

④ 1N

TIP 가속도 $a$는 중력가속도 $g$와 엘리베이터 가속도 1m/s²의 합성값이므로

$a = (9.8 + 1)\text{m/s}^2 = 10.8\text{m/s}^2$

무게 $W = m \times a$에 $m = 1\text{kg}$을 대입하여 계산하면 $W = 1 \times 10.8 = 10.8\text{N}$

**Answer** 8.③ 9.③ 10.②

**11** 관성의 법칙에 의하여 외부에서 힘을 받지 않는 물체는 어떤 운동을 하는가?

① 등속원운동

② 등가속도($a \neq 0$)운동

③ 포물선운동

④ 등속직선운동

TIP 관성 … 물체에 가해진 힘이 없을 경우 물체는 정지 또는 등속직선운동을 계속하려는 성질을 말한다.

**12** 다음 중 뉴턴의 제3법칙을 다른 용어로 바르게 나타낸 것은?

① 작용 · 반작용의 법칙

② 운동량보존의 법칙

③ 관성의 법칙

④ 질량보존의 법칙

TIP 뉴턴의 운동 제3법칙(작용 · 반작용의 법칙) … 두 물체 사이에 한 물체가 다른 물체에 힘을 작용시키면 크기가 같고 방향이 반대인 반작용의 힘을 받는 성질을 말한다.

**13** 다음은 마찰이 없는 수평면에 놓인 두 물체 $A$, $B$에 가한 힘 $F$과 가속도 $a$의 관계를 나타낸 그래프이다. 두 물체 $A$, $B$의 질량비 $m_A : m_B$로 옳은 것은?

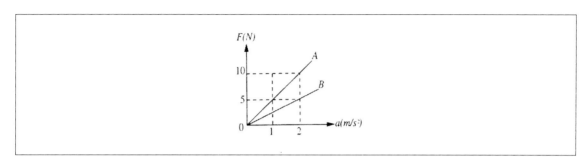

① $1 : 1$                    ② $1 : 2$

③ $2 : 1$                    ④ $3 : 1$

---

**TIP** 관성질량 $m = \dfrac{F}{a}$ 이므로 $m_A = \dfrac{5}{1} = \dfrac{10}{2} = 5\text{kg}$, $m_B = \dfrac{5}{2}\text{kg}$

$m_A : m_B = 2 : 1$

**14** 다음 그림과 같이 2kg인 물체를 10N의 힘으로 끌었더니 가속도가 2m/s²이 되었다. 이 때 면과 물체 사이에 작용하는 마찰력은?

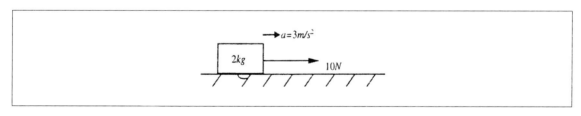

① 0N                    ② 2N

③ 4N                    ④ 6N

---

**TIP** 마찰력이 있을 때 가한 힘 $F = ma + F_f$(마찰력)이므로

$F = 10\text{N}$, $a = 3\text{m/s}^2$, $m = 2\text{kg}$을 대입하여 계산하면 $10 = 2 \cdot 3 + F_f$

$F_f = 4\text{N}$

**Answer**    13.③   14.③

**15** 다음 그림과 같이 3kg인 물체와 2kg인 물체를 도드래를 사용해서 매달았다. 수평면의 마찰력을 무시하면 3kg인 물체의 운동가속도는? (단, 중력가속도 $g = 10\,\text{m/s}^2$이다)

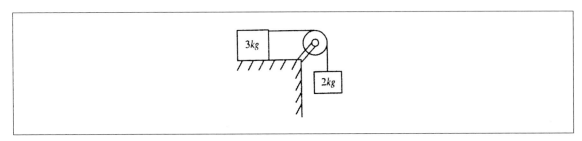

① $10\text{m/s}^2$

② $8\text{m/s}^2$

③ $6\text{m/s}^2$

④ $4\text{m/s}^2$

**TIP** 두 물체의 운동가속도를 $a$라 하면 두 물체에
작용하는 힘은 2kg인 물체에 작용하는 중력과 같으므로
$F = ma = 2 \times 10 = 20\text{N}$
힘=질량×가속도이므로 $F = 20 = (3+2) \times a$
$a = 4\text{m/s}^2$

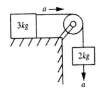

**Answer** 15.④

**16** 다음과 같이 두 물체를 도르래를 사용해서 매달 때, 물체의 운동가속도의 크기는 얼마인가? (단, $g = 10\,\text{m/s}^2$이다)

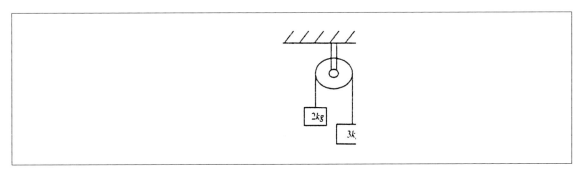

① $0\,\text{m/s}^2$

② $1\,\text{m/s}^2$

③ $2\,\text{m/s}^2$

④ $4.9\,\text{m/s}^2$

---

**TIP** 두 그림을 참고로 하면, 물체의 작용하는 힘

$(F=mg)$은 각각 $2g$, $3g$이며,

이 두 힘의 합력 $F=3g-2g=g$

물체는 오른쪽 아래로 움직이므로 운동가속도를 $a$라 하면

힘=질량×가속도이므로

$F=g=(2+3)a$ 이 식에 $g=10$을 대입하여 계산하면

$a=2\,\text{m/s}^2$

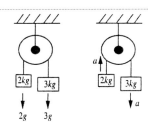

**17** 마찰없는 얼음판 위에 질량 60kg인 어른과 30kg인 어린이가 한 줄을 양 끝에 잡고 서로 당기어 어린이가 30N의 힘을 받았다. 이 때 어른의 운동가속도의 크기는?

① $0.5\,\text{m/s}^2$

② $1\,\text{m/s}^2$

③ $1.5\,\text{m/s}^2$

④ $2\,\text{m/s}^2$

---

**TIP** 운동의 제3법칙에 의해 어른도 어린이와 같은 크기의 힘인 30N을 받으므로 30N = 질량 × 가속도 이 식에 질량=60kg을 대입하여 계산하면 가속도 $a=0.5\,\text{m/s}^2$

**18** 등속원운동에 대한 설명 중 옳지 않은 것은?

① 물체의 속력이 일정하다.

② 물체의 속도가 같다.

③ 가속도(구심가속도)의 크기가 일정하다.

④ 속도와 가속도가 직각을 이룬다.

---

**TIP** 등속원운동에서 속력은 항상 일정하나 속도는 방향이 바뀌므로 일정하지 않다. 구심가속도는 원의 중심을 향하고, 속도는 원의 접선방향이므로 서로 직각을 이룬다.

**19** 다음과 같이 물통에 물이 쏟아지지 않고 계속 원운동을 하기 위해서 속도는 최소 얼마가 되어야 하는가? (단, $g = 10 \text{m/s}^2$이다)

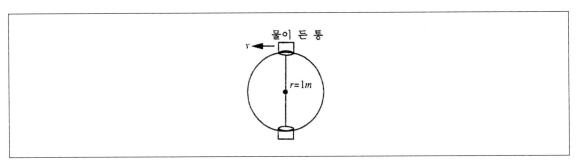

① $0 \text{m/s}^2$

② $10 \text{m/s}^2$

③ $5 \text{m/s}^2$

④ $\sqrt{10} \text{m/s}^2$

---

**TIP** 등속원운동을 계속하기 위해서는 구심가속도 $a \geq g$이므로 $a = \dfrac{V^2}{r}$을 대입하여 정리하면 속도 $V \geq \sqrt{gr}$이다. 이 식에 $g = 10$ m/s², $r = 1$m를 대입하면 $V \geq \sqrt{10}$ m/s, 즉 최고속력이 $\sqrt{10}$ m/s²이어야 한다.

**20** 다음과 같이 질량 1kg인 물체가 길이 $l$인 줄에 매달려 연직방향과 30° 각을 유지하며 돌고 있다. 이 원추진자의 구심가속도는 몇 m/s²인가? (단, $g = 10\,\text{m/s}^2$이다)

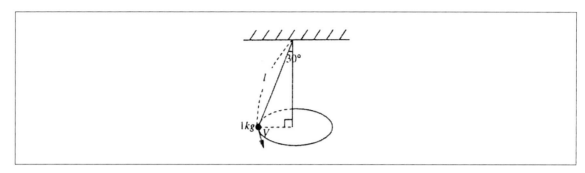

① $10\,\text{m/s}^2$

② $10\sqrt{3}\,\text{m/s}^2$

③ $5\,\text{m/s}^2$

④ $\dfrac{10}{\sqrt{3}}\,\text{m/s}^2$

---

**TIP** 무게($W$)를 성분 분해하면 구심력 $F = w \cdot \tan 30° = 10\text{N} \times \dfrac{1}{\sqrt{3}} = \dfrac{10}{\sqrt{3}}\text{N}$

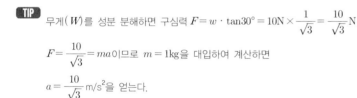

$F = \dfrac{10}{\sqrt{3}} = ma$이므로 $m = 1\text{kg}$을 대입하여 계산하면

$a = \dfrac{10}{\sqrt{3}}\,\text{m/s}^2$을 얻는다.

---

**21** 다음과 같이 실에 질량 200g인 물체를 달고 매분 300번 회전시킬 때 실의 장력은?

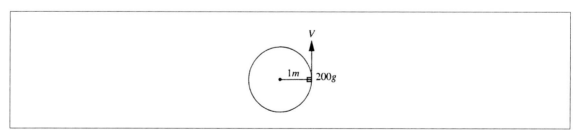

① 5N

② $20\pi^2\text{N}$

③ $360\pi^2\text{N}$

④ 1,800N

**22** 등가속도 직선운동에서 시간에 관계없이 일정한 물리량은 어느 것인가?

① 속도                           ② 운동에너지
③ 변위                           ④ 힘

**23** 30m/s로 달리고 있는 질량 2,000kg인 자동차를 정지시키려고 한다. 이 때 브레이크에 가해지는 힘은? (단, 정지하기까지 걸린 시간은 50초이다)

① 100N                          ② 150N
③ 1,000N                        ④ 1,200N

**Answer** 22.④ 23.④

**24** 정지해 있던 질량 2kg의 물체가 10N의 일정한 크기의 힘을 받으며 수평면 위를 운동할 때 4초 사이에 이동한 거리는? (단, 물체와 면 사이의 마찰력은 4N이다)

① 24m

② 26m

③ 28m

④ 32m

**TIP** 이동거리 $S = V_0 + \dfrac{1}{2}at^2$ 이며 $V_0 = 0$, $t = 4$초, $a = \dfrac{F}{m}$

10N의 힘을 가해서 4N의 마찰력이 작용하므로 물체에 가해지는 힘 $F = 10 - 4 = 6N$

$m = 2$kg을 대입하면, $a = \dfrac{6}{2} = 3\text{m/s}^2$

이 값을 원식에 대입하여 계산하면 이동거리 $S = 0 + \dfrac{1}{2} \times 3 \times 4^2 = 24\text{m}$

**25** 물체에 일정한 크기의 힘이 작용하면 어떤 운동을 하는가?

① 등속도운동

② 등가속도운동

③ 단진동

④ 포물선운동에서 수평방향의 운동

**TIP** 운동의 제2법칙에서 $a = \dfrac{F}{m}$ 이므로 $F$가 일정하면 $a$도 일정하므로 물체는 가속도가 일정한 등가속도운동을 하게 된다.

※ 포물선운동에서 수평방향의 운동은 속도가 일정한 등속도운동이다.

**26** 질량 10kg인 물체가 10m/s$^2$의 가속도를 내게 하는 데 필요한 힘은 몇 N인가?

① 0

② 1

③ 20

④ 100

**TIP** 운동의 제2법칙에 의하여 $F = m \times a$이므로

$m = 10$kg, $a = 10\text{m/s}^2$을 대입하여 계산하면 $F = 100N$

**Answer** 24.① 25.② 26.④

# 04 중력과 위성

## 01 중력

### ❶ 만유인력의 법칙

#### (1) 개념

① 거리 $r$만큼 떨어진 질량 $m_1$, $m_2$인 두 물체 사이의 만유인력은 질량의 곱에 비례하고 거리의 제곱에 반비례한다.

$$F = G \cdot \frac{m_1 m_2}{r^2}$$
$$(G : 만유인력상수 = 6.672 \times 10^{-11} \text{Nm}^2/\text{kg}^2)$$

② $F$는 각 물체가 받는 중력이며, 만유인력은 작용 · 반작용의 쌍을 만든다.

③ 거리 $r$은 물체의 질량중심까지 거리이며, 구에 작용하는 인력은 구의 전 질량이 구의 중심에 있는 경우 작용하는 인력의 크기와 같다.

#### (2) 만유인력상수

① 만유인력상수는 1798년 캐벤디시(Cavendish)가 측정한 값을 사용하는데 그 값은
  $G = 6.672 \times 10^{-11} \text{N} \cdot \text{m}^2/\text{kg}^2 (= \text{m}^3/\text{kg} \cdot \text{s}^3)$이다.

② 만유인력상수의 차원은 $[L^3 M^{-1} T^{-2}]$가 된다.

## (3) 원운동과 만유인력

지구 주위를 도는 인공위성의 속도와 만유인력상수 간에는 다음과 같은 관계식이 성립한다.

$$V^2 = \frac{GM}{r}$$

($G$ : 만유인력상수 $= 6.672 \times 10^{-11} \mathrm{Nm}^2/\mathrm{kg}^2$, $M$ : 지구의 질량, $r$ : 지구와 인공위성 사이의 거리)

> **TIP**
>
> 지구 주위를 도는 인공위성의 구심력과 만유인력(중력)이 같으므로 $m\dfrac{V^2}{r} = G\dfrac{Mm}{r^2}$ ($m$은 인공위성의 질량), 위 식에서 $m$을
>
> 소거하고 간단히 하면 $V^2 = G\dfrac{M}{r}$을 얻는다.
>
> 또 선속도 $V$로 도는 인공위성의 궤도반지름(지구중심까지의 거리)은 $r = \dfrac{GM}{V^2}$ 이다.

## ❷ 중력가속도

### (1) 중력가속도( $g$ )의 크기

① 지구상의 물체(질량)에 작용하는 중력과 물체와 지구와의 만유인력의 크기가 같으므로 다음 식에서 중력가속도 $g$을 얻을 수 있다.

$$F = mg = G\frac{Mm}{r^2} \quad \therefore g = G\frac{M}{r^2}$$

② 지구보다 반지름 $l$ 배, 질량이 $m$ 배인 행성에서의 중력가속도 $g'$ 의 크기는 다음과 같다.

$$g' = G \cdot \frac{mM}{(lr)^2} = \frac{m}{l^2}\left(G\frac{M}{r^2}\right) = \frac{m}{l^2}\,g$$

③ 행성의 중력가속도 $g'$ 는 지구의 중력가속도의 $\dfrac{m}{l^2}$ 배가 된다.

**(2) 지구상에서 중력가속도의 크기 비교**

① 지구가 완전한 구형이 아닐 뿐 아니라 자전하기 때문에 중력가속도는 장소에 따라 그 크기가 다르다.

② 지구 자전의 영향

중력 = 만유인력 − 원심력

㉠ 극지방의 원심력은 0이므로 중력과 원심력은 동일하다.

$$mg = \frac{GMm}{R^2}, \ g = \frac{GM}{R^2}$$

㉡ 적도지방의 원심력의 크기는 $mRw^2$이므로 다음의 식이 성립한다.

$$mg = \frac{GMm}{R^2} - mRw^2, \ g = \frac{GM}{R^2} - Rw^2$$

㉢ 위도 $\phi$인 지점의 원심력 크기는 $mRw^2\cos\phi$이므로 다음의 식이 성립한다.

$$mg = \frac{GMm}{R^2} - mRw^2, \ g = \frac{GM}{R^2} - Rw^2\cos\phi$$

③ 지면에서의 높이와 중력은 지면에서의 중력가속도를 $g$, 높이 $h$에서의 중력가속도를 $g'$라고 하면 다음과 같은 관계가 성립한다.

$$g' = \left(\frac{R}{R+h}\right)^2 g$$

**(3) 질량과 무게**

① **질량** ··· 장소에 따라 변하지 않는 물체의 고유한 양으로 단위는 kg이다.

② 무게

㉠ 무게는 물체에 작용하는 중력의 크기이며, 중력은 물체와 지구 사이의 인력이므로 장소에 따라 크기는 변한다.

㉡ 질량 $m$인 물체에 작용하는 중력가속도를 $g$라 할 때 작용하는 중력 $W = mg$이고 이 힘의 크기를 무게라고 한다.

## 02 위성과 행성의 운동

### ❶ 케플러의 3법칙

(1) **제1법칙(타원궤도의 법칙)**

모든 행성은 태양을 초점으로 하는 타원궤도를 그리면서 운동한다.

(2) **제2법칙(면적속도일정의 법칙)**

① 태양과 행성을 연결하는 직선은 같은 시간 동안 같은 면적을 그리면서 운동한다.

② 케플러 제2법칙은 $S_1 = S_2$임을 나타내므로 태양과 행성을 연결한 거리가 $r_1$과 $r_2$이고, 공전속도가 각각 $V_1$, $V_2$일 때 다음의 관계가 성립한다.

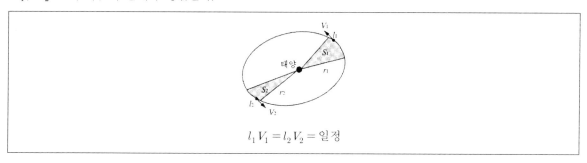

$$l_1 V_1 = l_2 V_2 = 일정$$

(3) **제3법칙(주기의 법칙)**

① 행성의 공전주기($T$)의 제곱은 행성궤도 반지름($r$)의 세제곱에 비례한다.

$$T^2 \propto r^3,\ \ T^2 = kr^3$$

② 두 행성의 궤도 반지름

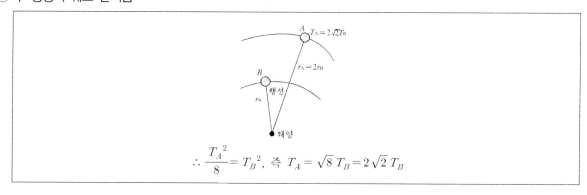

$$\therefore \frac{T_A{}^2}{8} = T_B{}^2,\ 즉\ T_A = \sqrt{8}\ T_B = 2\sqrt{2}\ T_B$$

ⓐ 두 행성의 궤도 반지름이 2배 차이가 나면 주기는 $2\sqrt{2}$ 배 차이가 남을 나타낸다.

ⓑ $r_A = 2r_B$일 때 $T_A$가 $T_B$의 몇 배인지 알아보면 $\dfrac{T_A{}^2}{r_A{}^3} = \dfrac{T_B{}^2}{r_B{}^3}$ 이다.

ⓒ $r_A = 2r_B$을 대입하면 $\dfrac{T_A{}^2}{(2r_B)^3} = \dfrac{T_B{}^2}{r_B{}^3}$ 이 된다.

### ❷ 인공위성

### (1) 인공위성의 운동

① 지구 표면의 $h$만큼 높은 곳에서 도는 인공위성이 원운동을 한다고 하면 구심력을 받고 있는 것이며, 지구와 인공위성 사이의 만유인력이 이 구심력의 역할을 하고 있다.

② 지구 중심으로부터 인공위성까지의 거리가 $r = R + h$인 경우 속도는 다음과 같다.

$$m\frac{v^2}{r} = G\frac{mM}{r^2}$$
$$\therefore v = \sqrt{\frac{GM}{r}} = \sqrt{\frac{gR^2}{r}}$$

### (2) 인공위성과 달의 운동주기

① 인공위성이 지구 표면을 따라서 돈다면 $r = R$이므로 $v = 7.9 \times 10^3 \text{m/s}$ 이고 주기 $T = \dfrac{2\pi r}{v}$ 에서 $T = 1.4$ 시간이다.

② 달의 경우에는 $r = 3.8 \times 10^8$ 이므로 속도 $v = 1.0 \times 10^3 \text{m/s}$, 주기 $t = 27.6$ 일이 나온다.

③ 실제 달의 주기는 26.6일인데, 계산식과 차이가 나는 이유는 달이 원운동을 하는 것이 아니고 타원운동을 하기 때문이다.

# 최근 기출문제 분석

2021. 6. 5. 해양경찰청 시행

**1** 지구보다 반지름이 2배 크고, 질량이 8배 큰 행성에서의 탈출속력은 지구에서의 탈출속력의 몇 배인가?

① $\frac{1}{4}$

② 1배

③ 2배

④ 4배

> **TIP** $G\frac{Mm}{R} = \frac{1}{2}mv_e^2$ 에서 탈출속력 $v_e = \sqrt{\frac{2GM}{R}}$ 이다. 따라서 지구보다 반지름이 2배 크고, 질량이 8배 큰 행성에서의 탈
>
> 출속력은 지구에서의 탈출속력의 $\sqrt{\frac{8}{2}} = 2$배이다.

2020. 6. 27. 해양경찰청 시행

**2** 질량이 50kg인 사람이 엘리베이터를 탔다. 엘리베이터의 중력 가속도가 9.8m/s²이라면, 다음 중 이 사람의 몸무게가 가장 무겁게 측정될 때는?

① 엘리베이터가 0.5m/s²의 가속도로 내려가고 있을 때

② 엘리베이터가 0.5m/s²의 가속도로 올라가고 있을 때

③ 엘리베이터가 등속으로 내려가고 있을 때

④ 엘리베이터가 등속으로 올라가고 있을 때

> **TIP** 엘리베이터가 위 또는 아래로 운동할 때 내부에 있는 사람에게는 가속도의 방향과 반대로 관성력이 작용하게 된다. 관성력은 가속 운동을 하는 경우에만 나타난다.
>
>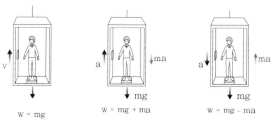
>
> ① 아래쪽 방향으로 가속 운동을 할 때는 관성력(ma) 위쪽 방향, 즉 중력의 반대 방향으로 작용하므로 내부에 있는 사람의 무게 w = mg − ma가 된다. → 무게 감소
>
> ② 위쪽 방향으로 가속 운동을 할 때는 관성력(ma)이 아래쪽 방향, 즉 중력과 같은 방향으로 작용하므로 내부에 있는 사람의 무게 w = mg + ma가 된다. → 무게 증가
>
> ③④ 등속 운동을 할 때 관성력은 0이므로 원래의 무게와 같다. → 무게 동일

**Answer** 1.③ 2.②

2019. 6. 15. 제2회 서울특별시 시행

**3** 지구 주위를 도는 위성의 궤도 운동에 대한 아래 설명 중 가장 옳은 것은? (단, 위성의 궤도 운동은 지구 중심을 중심으로 하는 등속 원운동이라 가정한다.)

① 궤도 운동 주기는 궤도 반지름에 반비례한다.

② 궤도 운동 주기는 위성 질량과 무관하다.

③ 같은 주기로 도는 위성의 각운동량은 위성 질량에 무관하다.

④ 궤도 운동하는 위성의 총 역학적 에너지 값은 양수이다.

> **TIP** ② 궤도 운동 주기 $T = \dfrac{2\pi r}{v}$ 로 위성 질량($m$)과 무관하다.
>
> ① 궤도 운동 주기의 제곱은 $T^2 = \dfrac{4\pi^2 r^2}{v^2} = \dfrac{4\pi^2 r^2}{\dfrac{GM}{r}} = \dfrac{4\pi^2 r^3}{GM}$ 으로, 궤도 반지름의 세제곱에 비례한다. ($\because v^2 = \dfrac{GM}{r}$)
>
> ③ 각운동량 $L$은 물체의 운동량이 $p$일 때 기준점으로부터의 위치 $r$에 의해 $\vec{L} = \vec{r} \times \vec{p}$이다. 이때, $\vec{p} = m\vec{v}$이므로, $\vec{L} = m\vec{r} \times \vec{v}$로 나타낼 수 있다. 따라서 같은 주기로 도는 위성의 각운동량은 위성 질량에 영향을 받는다.
>
> ④ 궤도를 운동하는 위성의 총 역학적 에너지 값 $E = \dfrac{1}{2}mv^2 - \dfrac{GMm}{r} = \dfrac{GMm}{2r} - \dfrac{GMm}{r} = -\dfrac{GMm}{2r}$ 이므로 음수이다.

2019. 4. 13. 해양경찰청 시행

**4** 지구 주위를 돌고 있는 인공위성 안에서 물체를 공중에 놓아도 떨어지지 않고 떠 있는 이유를 옳게 설명한 것은 무엇인가?

① 물체의 무게와 공기의 부력에 의한 크기가 같아 평형 상태이다.

② 인공위성이 지구와 태양의 만유인력의 평형점에 있기 때문이다.

③ 물체의 무게와 원심력의 합력이 같기 때문이다.

④ 인공위성이 중력의 영향에서 탈출했기 때문이다.

> **TIP** 지구 주위를 돌고 있는 인공위성 안에서 물체를 공중에 놓아도 떨어지지 않고 떠 있는 이유는 물체의 무게와 원심력의 합력이 같기 때문이다.

**Answer** 3.② 4.③

2017. 9. 23. 제2회 지방직(고졸경채) 시행

**5** 두 인공위성 A와 B가 궤도반경이 각각 $r_A$, $r_B$인 다른 원궤도를 등속 원운동하고 있다. A와 B의 공전 속력이 각각 $v$, $2v$라고 할 때 궤도 반경의 비 $r_A : r_B$는?

① $1 : 2$                    ② $2 : 1$

③ $1 : 4$                    ④ $4 : 1$

> **TIP** 먼저 각 지구 중심에서 $r$만큼 떨어진 인공위성에 뉴턴의 제2법칙, $\sum \vec{F} = m\vec{a}$을 적용하면 $G\dfrac{Mm}{r^2} = m\dfrac{v^2}{r}$이다. (여기서 M, m은 지구와 인공위성의 질량이다.)
>
> 이로부터 $r = \dfrac{GM}{v^2}$, 즉 거리는 속도의 제곱에 반비례함을 알 수 있다.
>
> 따라서 $r_A = \dfrac{GM}{v^2}$, $r_B = \dfrac{GM}{(2v)^2}$이므로 $r_A : r_B = \dfrac{1}{v^2} : \dfrac{1}{4v^2} = 4 : 1$이다.
>
>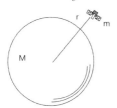

2016. 3. 19. 국민안전처(해양경찰) 시행

**6** 지구 주위를 돌고 있는 인공위성은 지구를 한 초점으로 하는 타원궤도를 따라 원운동을 하는데 그 속력에 대한 설명으로 가장 옳은 것은?

① 원지점에서 가장 크다.

② 근지점에서 가장 크다.

③ 근지점에서 가장 작다.

④ 궤도상 어느 지점에서도 같다.

> **TIP** ② 케플러 제이 법칙(면적속도 일정 법칙)에 따르면 행성들이 태양을 초점으로 타원운동을 할 때, 동일한 시간 간격 동안 타원궤도 면에서 초점을 중심으로 행성이 쓸고 간 면적은 언제나 일정하다. 따라서 속력은 근지점에서 가장 크다.

**Answer**    5.④   6.②

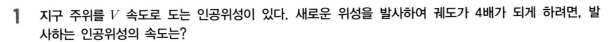 ## 출제 예상 문제

**1** 지구 주위를 $V$ 속도로 도는 인공위성이 있다. 새로운 위성을 발사하여 궤도가 4배가 되게 하려면, 발사하는 인공위성의 속도는?

① $4V$                                        ② $2V$

③ $V$                                         ④ $\dfrac{1}{2}V$

---

**TIP** 인공위성의 속도와 궤도 반지름 관계식 $V^2 = \dfrac{GM}{r}$ 이므로

새로운 인공위성의 속도, 반지름 관계식은 $V'^2 = \dfrac{G}{r'}$

$r' = 4r$을 대입하면 $V'^2 = \dfrac{GM}{4r} = \dfrac{1}{4}V^2$ 이므로 $V' = \dfrac{1}{2}V$

**2** 고도가 지구반지름인 곳에서 도는 인공위성의 속도는? (단, $G$는 중력상수, $M$은 지구질량, $R$은 지구반지름, $m$은 인공위성 질량, $g$는 중력가속도이다)

① $\sqrt{\dfrac{mg^2}{R}}$                        ② $\sqrt{\dfrac{mg^2}{2R}}$

③ $\sqrt{\dfrac{GM}{2R}}$                         ④ $\sqrt{\dfrac{GM}{R}}$

---

**TIP** 궤도 반지름이 $r$인 인공위성의 속도 $V^2 = \dfrac{GM}{r}$, 즉 $V = \sqrt{\dfrac{GM}{r}}$

$r = 2R$이므로 대입하면 $V = \sqrt{\dfrac{GM}{2R}}$

**Answer**  1.④  2.③

**3** 지면에서 중력가속도가 $g$ 일 때 지구반지름 $R$ 만큼 높이 있는 곳에서의 중력가속도는?

① $2g$

② $g$

③ $\dfrac{1}{2}g$

④ $\dfrac{1}{4}g$

---

**TIP** 높이 $h$ 만큼 있는 곳에서 중력가속도 $g' = \left(\dfrac{R}{R+h}\right)^2 g$ 이므로

$h = R$ 을 대입하면

$$g' = \dfrac{R^2}{(R+R)^2}g = \dfrac{R^2}{4R^2}g = \dfrac{1}{4}g$$

---

**4** 인공위성 안에서 물체를 공중에 놓아도 물체가 떨어지지 않고 떠 있는 이유로 옳은 것은?

① 인공위성 안에서는 중력이 작용하지 않기 때문이다.
② 물체의 무게와 공기의 부력이 평형을 이루고 있기 때문이다.
③ 인공위성은 중력의 영향에서 벗어나 있기 때문이다.
④ 물체의 무게와 원심력이 동일하기 때문이다.

---

**TIP** 인공위성 내부가 무중력상태인 이유는 중력이 작용하지 않는 것이 아니라 인공위성의 원심력과 물체의 중력이 동일하기 때문이다.

---

**5** 태양으로부터 거리가 $R$ 인 행성의 공전주기가 $T$ 일 때 거리가 $2R$ 인 행성의 주기는?

① $4T$

② $2T$

③ $2\sqrt{2}\,T$

④ $T$

---

**TIP** 케플러의 제3법칙(주기의 법칙)에 의해 $\dfrac{T^2}{R^3} = \dfrac{T'^2}{R'^3}$ 이므로

$R = 2R$ 을 대입하여 정리하면 $T'^2 = 8T^2$, 즉 $T' = 2\sqrt{2}\,T$

---

**Answer**   3.④   4.④   5.③

**6** 지구보다 반지름이 6배, 질량이 2배인 행성 표면에서의 중력가속도는?

① $\dfrac{1}{36}g$

② $\dfrac{1}{18}g$

③ $\dfrac{1}{3}g$

④ $2g$

**TIP** 행성의 표면에서 중력가속도 $g' = \dfrac{m}{l^2}g$ 이므로

$l = 6$배, $m = 2$배를 대입하여 정리하면 $g' = \dfrac{1}{18}g$

**7** 지구표면 근처를 비행하는 인공위성이 있다. 지구반지름이 $R$, 중력가속도가 $g$일 때 인공위성의 주기는? (단, 마찰은 무시한다)

① $2\pi\sqrt{\dfrac{R}{g}}$

② $\sqrt{Rg}$

③ $\pi R^2 g$

④ $2\pi\sqrt{\dfrac{g}{R}}$

**TIP** 인공위성이 지구주위를 비행할 때 중력$= mg$, 구심력$= mR\omega^2$, $\omega = \dfrac{2\pi}{T}$ 이므로

구심력$= mR\left(\dfrac{2\pi}{T}\right)^2 = mg$ 이므로

이 식을 $T$에 관해 정리하면 주기 $T = 2\pi\sqrt{\dfrac{R}{g}}$

**Answer** 6.② 7.①

**8** 다음 중 지구의 공전운동에너지에 대한 설명으로 옳은 것은?

① 근일점에서 가장 크다.

② 근일점과 원일점에서는 같다.

③ 원일점에서 가장 크다.

④ 어느 위치에서나 항상 같다.

---

**TIP** 케플러의 제2법칙, 즉 면적속도일정의 법칙에 의해서 $S = S'$이므로 속력은 각각 $V' > V$가 된다. 즉, 운동에너지는 속력의 제곱에 비례하므로 근일점에서 그 값이 크다.

**9** 몸무게가 70kg중인 사람이 있다. 지구의 질량은 일정하게 하고, 지구의 반지름이 2배가 될 때 이 사람의 몸무게는?

① 1배

② 2배

③ $\dfrac{1}{4}$ 배

④ $\dfrac{1}{2}$ 배

---

**TIP** 몸무게 $W =$ 질량×중력가속도이고 처음 몸무게 $W = 70g$, 지구반지름이 2배가 될 때 몸무게 $W' = 70g'$라 하면

$g = G \cdot \dfrac{M}{r^2}$이고 $g' = G \cdot \dfrac{M}{r'^2}$이므로 $r' = 2r$을 대입하면

$g' = G \cdot \dfrac{M}{(2r)^2} = \dfrac{1}{4} G \cdot \dfrac{M}{r^2} = \dfrac{1}{4} g$

이 값을 $W' = 70g'$에 대입하면 $W' = 70 \cdot \dfrac{1}{4} g = \dfrac{1}{4} W$

**Answer** 8.① 9.③

**10** 지구의 인공위성은 지구를 한 초점으로 하는 타원궤도를 따라 원운동을 하는데 그 속력에 대한 설명으로 옳은 것은?

① 원지점에서 가장 크다.

② 근지점에서 가장 크다.

③ 근지점에서 가장 작다.

④ 궤도상 어느 지점에서도 같다.

---

**TIP** 케플러의 제2법칙(면적속도일정의 법칙)에 의해 근지점(지구에서 가장 가까운 거리)에서 속력이 가장 크다.

**11** 지구에 비해서 2배의 지름과 8배의 질량을 가진 행성이 있다면, 그 표면에서 중력가속도는 지구표면에서 중력가속도의 몇 배가 되겠는가?

① 0

② 2

③ 3

④ 4

---

**TIP** 지구에서의 중력가속도 $g = G \cdot \dfrac{M}{r^2}$, 행성에서의 중력가속도 $g' = G\dfrac{M'}{r'^2}$ 일 때

$M' = 8M,\ r' = 2r$ 이므로 $g' = G\dfrac{M'}{r'^2}$ 에 대입하면

$g' = G \cdot \dfrac{8M}{(2r)^2} = 2G\dfrac{M}{r^2} = 2g$

**12** 달과 지구상의 거리가 현재 거리의 2배로 멀어진다면 달의 공전주기는 현재의 몇 배로 되겠는가?

① 1배

② $\sqrt{2}$ 배

③ 2배

④ $2\sqrt{2}$ 배

---

**TIP** 케플러 제3법칙(주기의 법칙)에 의해 현재 주기식 $T^2 = kr^3$에서 거리가 2배로 멀어질 때

주기식 $T'^2 = kr'^3$

$r' = 2r$이므로 대입하면 $T'^2 = k(2r)^3 = 8kr^3 = 8T^2$

$T' = \sqrt{8}\,T = 2\sqrt{2}\,T$

**Answer** 12.④

# 03 PART

# 일과 에너지

# 01 일과 에너지

## 01 일

### ❶ 일

(1) 일의 개념

① 일은 물체에 가해진 힘과 그 방향으로 움직인 거리의 곱으로 나타낸다.

일($W$)=힘($F$)×이동거리($S$) (단위 : J)

② 일의 계산

㉠ 질량 $2\text{kg}$인 물체에 힘 $10\text{N}$을 가한 경우

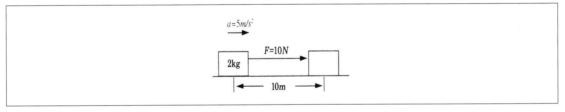

- 이 물체가 $10\text{m}$이동했다면 일($W$)=$F \times S = 10 \times 10 = 100\text{J}$이 된다.
- 수직항력은 면에 수직으로 작용하고 운동 방향과 직각을 이루므로 $\cos 90° = 0$이 되어 수직항력이 한 일은 0이 된다.

ⓛ 지면과 30° 각으로 힘 $F$를 가했을 때 경우

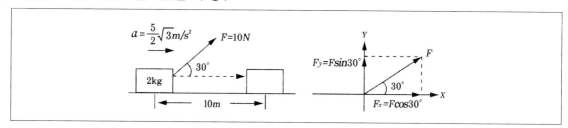

• 수평방향의 힘 성분 $F = F\cos 30°$이므로 $F_x = 10\dfrac{\sqrt{3}}{2} = 5\sqrt{3}$ 이다.

• 가속도 $a = \dfrac{F}{m}$이므로 $a = \dfrac{\sqrt{5}}{2}\sqrt{3}\,\mathrm{m/s^2}$가 된다.

• 물체에 대하여 한 일 $W = F_x \times S = F\cos 30° \times S = 5\sqrt{3} \times 10 = 50\sqrt{3}$ J이다.

• 물체의 이동방향과 가한 힘이 각 $\theta$만큼 이룰 때 일의 양은 다음과 같음을 알 수 있다.

$$W = F\cos\theta \times S$$

## (2) 일의 단위

① J(줄) … 1N($= 10^5$dyne)힘으로 물체를 1m 이동할 때 힘이 한 일의 단위

② erg … 1dyne 힘으로 물체를 1cm 이동할 때 힘이 한 일의 단위

③ kg중·m … 1kg 물체를 연직방향으로 1m 움직일 때 한 일의 단위

▶**TIP**

$1\mathrm{J} = 10^7\mathrm{erg} = 1\mathrm{N} \cdot \mathrm{m}, \ 1\mathrm{kg}중 \cdot \mathrm{m} = 9.8\mathrm{J}$

## ❷ 일의 원리

### (1) 일의 개념

① 우리가 일을 할 때 도구를 사용해서 일을 해도 외부에서 보면 사용한 도구에 한 일의 양과 그 도구가 물체에 행한 일은 같다는 것을 의미한다.

② 일은 이동거리와 힘의 곱으로 나타내며, 도구를 이용하더라도 힘의 이득에 상관없이 일은 항상 같다.

### (2) 특징

① 일반적으로 물체를 들어올릴 때 지레나 도르래 등의 도구를 쓰면 힘을 적게 들일 수 있으나 일의 양은 같다.

② 일의 원리

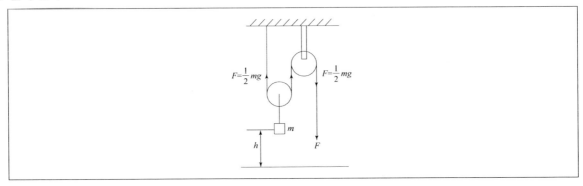

　㉠ 도르래가 물체에 한 일

$$W = F \cdot S = mg \times h = mgh$$

　㉡ 사람이 도르래에 한 일

$$W = F \cdot S = \frac{1}{2} mg \times 2h$$

　㉢ 힘은 반으로 줄지만 일의 양은 같다.

③ 여러 모양의 도르래에서의 힘

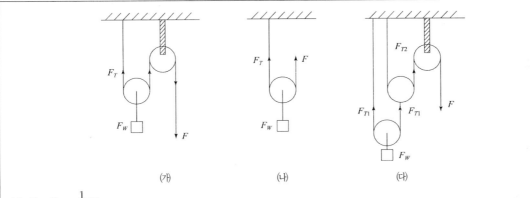

(가) $F = F_T = \frac{1}{2} F_W$

(나) $F_T + F = F_W$에서 $F_T = F$이다(실에서 장력은 어느 곳에서나 같다).

따라서 $F = \frac{1}{2} F_W$

(다) $F_{T_1} = \frac{1}{2} F_W$이고 $F_{T_2} = \frac{1}{2} F_{T_1}$이다.

따라서 $F = F_{T_2} = \frac{1}{4} F_W$

## 02 에너지

### ❶ 일과 에너지

**(1) 일과 에너지**

① 높은 곳에 있는 물체는 떨어지면서 다른 물체에 일을 할 수 있는 능력을 가지고 있다.

② 연료나 전기, 높은 곳에 있는 물체와 같이 일을 할 수 있는 능력을 지니고 있을 때 에너지를 가지고 있다고 한다.

**(2) 에너지**

① 에너지의 개념 ··· 일을 할 수 있는 능력을 말한다.

② 에너지의 단위 ··· 종류에 따라 cal, Wh, eV를 사용하기도 하나 주로 일의 단위는 J을 사용한다.

③ 에너지의 양

　㉠ 한 물체가 가진 에너지의 양은 그 물체가 다른 물체에 할 수 있는 일의 양으로 나타낸다.

　㉡ 물체가 외부로부터 일을 받으면 에너지가 증가하고 반대로 외부에 일을 하면 일을 한 만큼의 에너지가 감소한다.

### ❷ 여러 가지 에너지

**(1) 운동에너지**

① 개념 ··· 운동하는 물체는 정지할 때까지 다른 물체에 일을 할 수 있는 에너지를 지니는 데 이 에너지를 의미한다.

② 운동에너지의 공식

　㉠ 질량 $m\,\mathrm{kg}$인 물체가 $V\,\mathrm{m/s}$ 속력으로 움직이고 있을 때, 물체가 갖는 운동에너지 $E_k$는 다음과 같다.

$$E_k = \frac{1}{2}m\,V^2 = \frac{(m\,V)^2}{2m} = \frac{P^2}{2m}\,(P:운동량)$$

　㉡ 속력 $V$가 증가하면 운동에너지 $E_k$는 $V^2$에 비례하여 증가하는데 낙하운동, 점차 가속되는 물체의 운동 등을 예로 들 수 있다.

[속도에 따른 운동에너지]

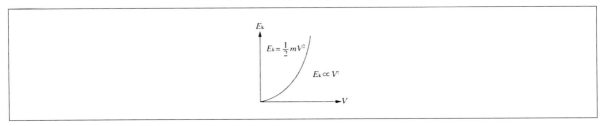

③ 일 – 에너지의 원리

　　㉠ 일 – 에너지 원리 : 물체에 해 준 일의 양 $W$은 운동에너지 변화량과 같다.

$$W = \frac{1}{2}mV^2 - \frac{1}{2}mV_0^{\,2}$$

　　㉡ 운동에너지의 변화량

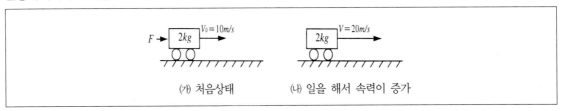

- ㈎의 수레에 힘 $F$을 가해서 일을 한 결과 ㈏와 같이 된다.

- 운동에너지 변화량은 $\frac{1}{2}mV_0^{\,2} - \frac{1}{2}mV_0^{\,2} = 300\text{J}$이므로 해 준 일의 양 $W = 300\text{J}$이 된다.

## (2) 위치에너지

① 개념

　　㉠ 물체의 위치가 달라짐에 의해 가지게 되는 에너지를 말한다.

　　㉡ 질량 $M$kg인 물체가 지면(기준면)에서 높이 $h$ 만큼 떨어져 있을 때 그 물체가 갖는 에너지를 중력 위치에너지(간단히 위치에너지라고도 부른다)라 부르며 관계식은 다음과 같다.

$$E_p = mgh(\text{J})$$

② 위치에너지의 종류

　　㉠ 중력에 의한 위치에너지

　　㉡ 탄성력에 의한 위치에너지

　　㉢ 전기력에 의한 위치에너지

$g$는 중력가속도로 $9.8\text{m/s}^2$이므로 위치에너지는 $E_p = 9.8mh(\text{J})$이다.

③ 물체의 높이와 위치에너지

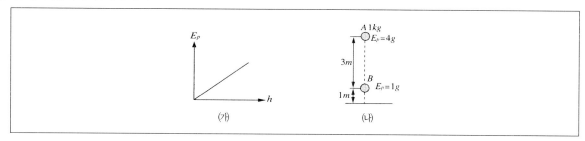

　　㉠ (가)는 위치에너지 $E_p$가 높이 $h$에 정비례함을 나타낸다.

　　㉡ (나)는 $A$에서의 물체 높이가 $B$의 4배이므로 위치에너지도 4배가 됨을 나타낸다.

## (3) 탄성에너지

① 훅(Hook)의 법칙

　　㉠ 탄성계수가 $k$인 탄성체를 $x$만큼 변형시키는 데 필요한 힘은 변형되는 길이 $x$에 비례한다.

　　㉡ 용수철을 늘이는 데 필요한 힘(외력)은 용수철의 복원력(탄성력)과 크기가 같고 방향이 반대이다.

$$F = -kx$$

　　㉢ 힘의 크기에 대한 변형률

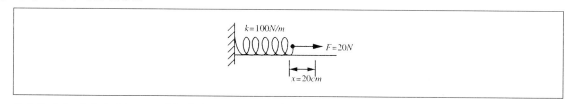

　　• 용수철이 늘어나면 $F < 0$, 압축되면 $F > 0$으로 한다.

　　• $-20\text{N} = 100\text{N/m} \cdot \text{x}$이므로 $x = 0.2\text{m} = 20\text{cm}$ 늘어나게 된다.

② 탄성력에 의한 위치에너지

　　㉠ 탄성계수 $k$인 탄성체가 길이 $x(\text{m})$ 만큼 변형되어 있을 때, 탄성체가 지니는 에너지는 다음과 같다.

$$W = \frac{1}{2}kx^2(\text{J})$$

ⓛ 힘($F = kx$)과 변형된 길이 $x$와의 관계

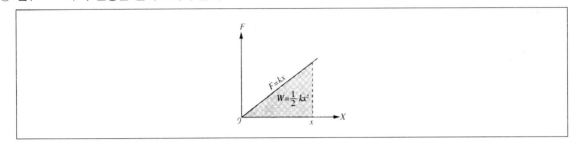

③ 용수철의 연결과 탄성계수

　ⓐ 용수철을 직렬로 연결하면 탄성계수가 작아지고, 병렬로 연결하면 커진다.

　ⓛ 용수철의 연결

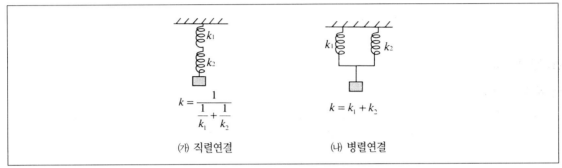

• 직렬연결 : ㈎는 탄성계수가 각각 $k_1$, $k_2$인 용수철을 직렬로 연결한 것으로 합성탄성계수

　$k = \dfrac{1}{\dfrac{1}{k_1} + \dfrac{1}{k_2}}$ 로 작아진다.

• 병렬연결

　– ㈏는 병렬로 연결한 것으로 합성탄성계수 $k = k_1 + k_2$로 커진다.

　– 탄성계수가 클수록 쉽게 수축 또는 팽창이 되지 않는다.

## (4) 일률

① 일률 … 단위시간에 한 일의 양으로 일의 양(J)을 시간(s)으로 나눈 것이다.

$$ 일률\,(P) = \frac{W}{t}\left(\frac{\mathrm{J}}{\mathrm{s}} = \mathrm{W}\right) $$

> **TIP**
> 일률 $P$의 단위는 W(watt)로 나타내며 일의 기호는 $W$(work)로 나타내어 서로 구분할 수 있다.

② W(와트) ⋯ 1초 동안에 1J의 일을 할 수 있는 능력으로, 다음과 같이 변환할 수 있다.

$$1W = 1J/s, \ 1kW = 1,000W, \ 1HP = 746W$$

- 1HP : Horse Power(마력)의 약자로 말 한 마리가 할 수 있는 일률을 나타낸다.
- 1와트(W) = 1J/초(s)
- 1마력(HP) = 746W

③ 일률의 관계식

㉠ 물체가 일정한 힘 $F$를 $t$초 동안 받으며 일정한 속도 $v$로서 힘의 방향으로 $s$만큼 이동하였을 때 힘이 한 일을 $W$, 일률은 $P$로 나타낸다.

㉡ 일률 $P$는 힘 × 속도로 나타낸다.

$$일률(P) = \frac{W}{t} = \frac{F \cdot s}{t} = \frac{F \cdot v \cdot t}{t} = F \cdot v$$

④ 일률의 계산

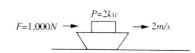

㉠ 배가 힘 $F$(추진력)를 받아서 2m/s로 움직이고 있다.

㉡ 엔진의 일률 $P = Fv = 2,000W = 2kW$ 임을 나타내고 있다.

# 최근 기출문제 분석

2021. 10. 16. 제2회 지방직(고졸경채) 시행

**1** 그림은 용수철에 작용한 힘과 용수철이 늘어난 길이의 관계를 나타낸 것이다. 용수철을 원래 길이보다 3cm 늘어난 A에서 6cm 늘어난 B까지 늘리려면 해야 하는 일[J]은?

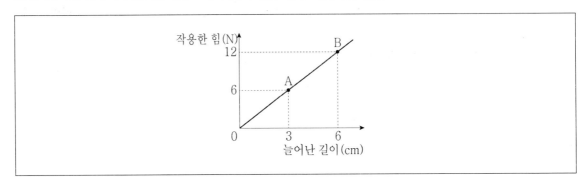

① 0.09

② 0.18

③ 0.27

④ 0.36

> **TIP** A에서 B까지 늘리려면 해야 하는 일의 크기는 문제의 그래프에서 A와 B를 이은 직선과 $x$축으로 이루어진 도형(사다리꼴)의 넓이와 같으므로 다음과 같이 구할 수 있다.
>
> $$W = \frac{6+12}{2} \times 0.03 = 0.27J$$

2021. 6. 5. 해양경찰청 시행

**2** 어떤 물체에 30N의 힘을 주어서 힘의 방향과 60° 방향으로 20m를 이동시켰다. 이 힘이 한 일(J)은?

① 10

② 30

③ 100

④ 300

> **TIP** $W = F\cos\theta \times s = 30\cos 60° \times 20 = 300N$

**Answer** 1.③ 2.④

**3** 아래 그림과 같이 수평면에 정지해 있던 질량이 2kg인 물체에 수평 방향으로 8N의 힘을 2초 동안 작용 하였다. 물체가 수평면을 지나서 경사면을 따라 도달할 수 있는 수평면으로부터의 최대 높이 h(m)는? (단, 수평력이 작용되는 동안 물체는 수평면에 있고, 물체의 크기 및 모든 마찰과 공기 저항은 무시하며, 중력 가속도는 10m/s²이다.)

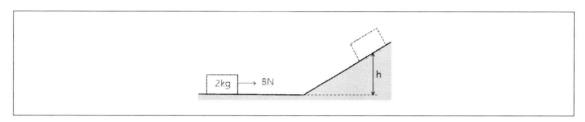

① 64

② 32

③ 6.4

④ 3.2

> **TIP** 물체에 대한 충격량은 그 물체의 운동량의 변화량과 같으므로($m\Delta v = F\Delta t$), $2 \times \Delta v = 8 \times 2$에서 2초 후 물체의 속도는 $0 + 8 = 8$m/s이다. 물체가 운동하면서 물체의 운동 에너지는 퍼텐셜 에너지로 전환되었으므로
>
> $\frac{1}{2}mv^2 = mgh$에서,
>
> $h = \frac{v^2}{2g} = \frac{8^2}{2 \times 10} = 3.2$m임을 구한다.

**Answer** 3.④

**4** 위치 A에서 초기 속력이 0인 상태의 물체가 움직이기 시작하여 위치 B와 C를 지날 때 물체의 속력이 각각 $v_B$, $v_C$라고 하자. $\dfrac{v_B^2}{v_C^2}$의 값은? (단, 마찰은 무시한다.)

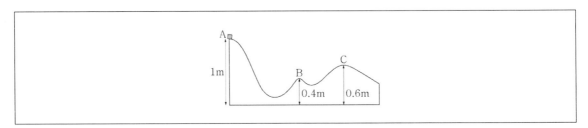

① $\dfrac{3}{2}$

② $\dfrac{9}{4}$

③ $\dfrac{2}{3}$

④ $\dfrac{4}{9}$

**TIP** • 위치 A에서 물체의 위치에너지는 $mgh$이다. (여기서 $h = 1$)

• 위치 B에서 물체의 에너지는 $mg \times 0.4 + \dfrac{1}{2}mv_B{}^2$이다.

• 위치 C에서 물체의 에너지는 $mg \times 0.6 + \dfrac{1}{2}mv_C{}^2$이다.

이 세 가지 값이 모두 동일하므로 $v_B{}^2 = 1.2g$, $v_C{}^2 = 0.8g$이고 따라서 $\dfrac{v_B{}^2}{v_C{}^2} = \dfrac{1.2g}{0.8g} = \dfrac{3}{2}$이다.

**Answer** 4.①

**5** 1몰의 이상기체 계가 〈보기〉와 같이 열역학적 평형상태 A에서 출발하여 열역학적 평형상태 B, C, D를 거쳐 다시 처음 상태 A로 돌아오는 열역학적 순환과정을 반복한다고 한다. 열역학 제1법칙을 적용하여 매 순환 과정으로 계에서 빠져나간 열이 $Q_{out}=1.0\times10^3$J일 때, 매 순환 과정으로 계에 들어온 열 $Q_{in}$ 의 값[J]은? (단, $P_i=1.0\times10^5$Pa, $V_i=1.6\times10^{-2}$m³이고 기체상수는 $R=8.0$Jmol$^{-1}$K$^{-1}$이라 가정한다.)

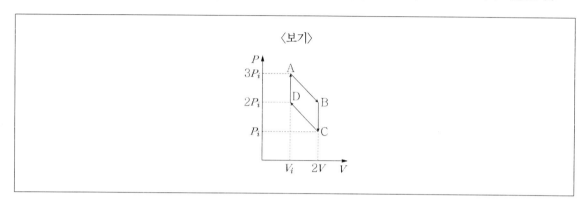

〈보기〉

① $1.2\times10^3$

② $2.6\times10^3$

③ $3.2\times10^3$

④ $4.8\times10^3$

**TIP** $W=PV$이므로 평행사변형 ABCD의 면적과 일의 양은 동일하다.

따라서 $W=10\times10^5\times1.6\times10^{-2}=1.6\times10^3$J

$Q_{\in}=Q_{out}+W=1.0\times10^3+1.6\times10^3=2.6\times10^3$

**6** 〈보기〉와 같이 곡선과 원 형태로 되어 있는 장치에서, 질량 $m$의 구슬이 수직방향 아래로 작용하는 중력에 의해 마찰 없이 미끄러진다. 정지상태의 구슬을 높이 $h = 4R$에서 가만히 놓는다면, 점 A에서 구슬에 작용하는 수직항력은?

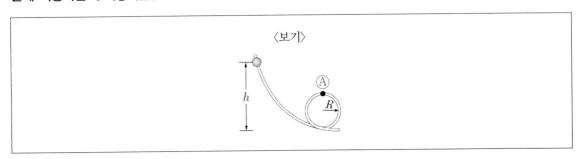

〈보기〉

① $mg$

② $\dfrac{5}{3}mg$

③ $\dfrac{5}{2}mg$

④ $3mg$

> **TIP** $4R$ 높이에 정지상태의 구슬의 위치에너지는 점 A에서 $2R$ 높이의 위치에너지와 그때까지 미끄러져 내려온 운동에너지로 전환된다. → $mg \times 4R = mg \times 2R + \dfrac{1}{2}mv^2,\ v^2 = 4gR$
>
> 점 A에서의 구심력은 중력과 수직항력의 합이므로 $\dfrac{mv^2}{R} = mg + n$이고
>
> 여기서 수직항력을 구하면, $n = \dfrac{mv^2}{R} - mg = \dfrac{m \cdot 4gR}{R} - mg = 4mg - mg = 3mg$이다.

**7** 질량이 $10kg$인 정지한 물체에 힘을 가했을 때 물체의 속도와 시간과의 관계가 그래프와 같았다. 이 힘이 가해지는 5초 동안의 일률의 크기는?

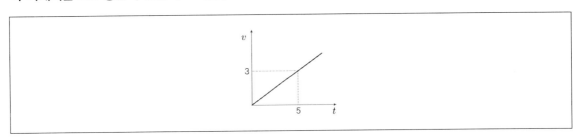

① $6W$

② $9W$

③ $10W$

④ $12W$

**Answer**   6.④  7.②

**TIP** $v-t$ 그래프에서 기울기는 가속도이고 면적은 이동거리이다.

따라서 $a=\dfrac{3}{5}$ ㎨이고, $s=\dfrac{1}{2}\times5\times3=\dfrac{15}{2}m$이므로, 일률 $P=\dfrac{W}{t}=\dfrac{10\times\dfrac{3}{5}\times\dfrac{15}{2}}{5}=\dfrac{45}{5}=9W$이다.

2017. 9. 23. 제2회 지방직(고졸경채) 시행

**8** 무게가 550N인 두 개의 동일한 물체가 그림과 같이 도르래를 통해 용수철 저울에 줄로 연결되어 평형을 이루고 있다. 용수철 저울의 눈금[N]은?

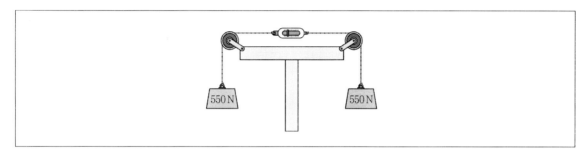

① 0

② 275

③ 550

④ 1,100

**TIP** 용수철 저울과 두 물체가 '평형' 상태에 있으므로, 각 물체에 평형조건 $\sum\vec{F}=0$을 이용한다. 물체 A는 평형 상태에 있으므로 무게 550kg·중과 장력 $T_A$는 같아야 한다. 따라서 $T_A=500\,kg\cdot$중이다. 같은 이유로 물체 B에 작용하는 장력도 $T_B=550\,kg\cdot$중이다. 물체에 매달린 줄에 작용하는 장력 $T_A,\ T_B$가 용수철에도 그대로 작용하므로 용수철 저울 양끝에서 작용하는 힘 역시 그림과 같이 $T_A,\ T_B$이다. 마지막으로 용수철 저울에 작용하는 힘의 합도 0이므로 $T_A=T_B=550\,kg\cdot$중이 되며 이 힘이 저울의 눈금 $550N$으로 나타난다.

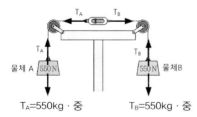

$T_A=550kg\cdot$중        $T_B=550kg\cdot$중

**Answer** 8.③

**9** 그림과 같이 천장에 매달린 고정 도르래에 질량이 각각 $m_1$, $m_2$인 두 개의 벽돌 A, B가 늘어나지 않는 줄에 매달려 있다. 정지해있던 벽돌들을 가만히 놓았을 때 벽돌 B가 아래 방향으로 가속도 a로 내려가게 되었다. 벽돌 A의 질량 $m_1$은? (단, 줄과 도르래의 질량, 모든 마찰은 무시하며, 중력가속도는 $g$이다.)

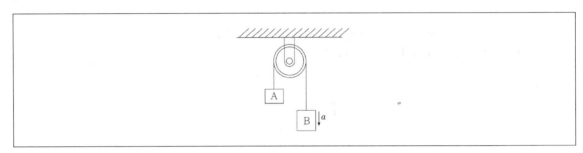

① $\dfrac{g+a}{g-a}m_2$

② $\dfrac{g-a}{g+a}m_2$

③ $\dfrac{g+2a}{g-2a}m_2$

④ $\dfrac{g-2a}{g+2a}m_2$

**TIP** 각 물체에 작용하는 힘은 중력과 장력이다.
- A : $T-m_1 g = m_1 a$ (∵ 물체 A는 위쪽으로 운동하므로 장력이 중력보다 크다.)
- B : $m_2 g - T = m_2 a$ (∵ 물체 B가 연직 아래 방향으로 등가속도 운동을 하므로 B에 작용하는 중력은 장력보다 크다.)

따라서 $m_2 g - m_1 g = m_1 a + m_2 a$이므로 $(g+a)m_1 = (g-a)m_2$, $m_1 = \dfrac{g-a}{g+a}m_2$이다.

**Answer** 9.②

2012. 4. 14. 경상북도교육청 시행

**10** 어떤 사람이 그림과 같이 도르래를 이용하여 바구니를 끌어올리고 있다. 사람을 포함한 바구니의 질량은 120kg이고, 중력 가속도는 10㎨이다. 이 사람이 자신을 포함한 바구니를 끌어올리는 데 필요한 최소의 힘 F는? (단, 줄과 도르래의 마찰이나 질량은 무시한다.)

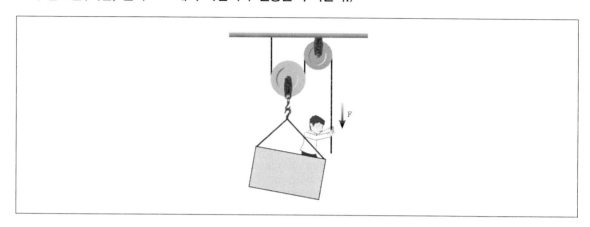

① 300N

② 350N

③ 400N

④ 450N

⑤ 900N

**TIP** 무게$(w) = mg$

사람을 포함한 바구니의 무게 $= 120 \times 10 = 1,200N$

1) 일반적인 경우

$$F_W = F_a + F_b$$

$$F_a = F_b = \frac{1}{2}F_w$$

$$F = F_b = \frac{1}{2}F_w$$

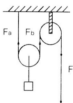

2) 이 문제의 경우

$$F_W = F_a + F_b + F_c$$

$$F_a = F_b = F_c = \frac{1}{3}F_w$$

$$F = F_c = \frac{1}{3}F_w$$

그러므로 $F = \frac{1}{3} \times 1,200N = 400N$

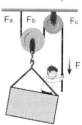

**Answer** 10.③

2015. 1. 24. 국민안전처(해양경찰) 시행

**11** 정지해 있던 질량 m의 물체가 일정한 힘을 받아 가속도 운동을 한다. 처음으로부터 1초, 2초, 3초 때의 운동에너지의 비를 구하면?

① $1:1:1$

② $1:2:3$

③ $1:3:5$

④ $1:4:9$

> **TIP** 일정한 힘을 받아 가속도 운동을 한다는 것으로 볼 때, 등가속도 운동임을 알 수 있다.
>
> $E = \frac{1}{2}mv^2$ 에서 운동에너지는 속도의 제곱에 비례하므로, 등가속도 운동의 속도를 구하면 $v = at$ 이므로 시간에 비례하고 즉, 운동에너지는 시간의 제곱에 비례한다. 따라서 1초, 2초, 3초 때의 운동에너지 비는 1 : 4 : 9이다.

2009. 9. 12. 경상북도교육청 시행

**12** 질량 500kg인 자동차가 수평면 위에서 10㎧의 속력으로 직선운동을 하고 있다. 속력이 20㎧로 빨라질 경우, 운동에너지는 처음보다 몇 배로 증가하는가? (단, 공기의 저항은 무시한다.)

① 2배

② 3배

③ 4배

④ 8배

⑤ 16배

> **TIP** 운동에너지 … 운동하는 물체가 지니는 에너지로, 질량이 m인 물체가 v의 속도로 운동하고 있을 때 그 운동에너지는 $\frac{1}{2}mv^2$ 으로 구할 수 있다. 따라서 속력이 10㎧에서 20㎧로 2배 증가할 경우, 운동에너지는 속도의 제곱인 4배 증가한다.

**Answer** 11.④ 12.③

# 출제 예상 문제

**1** 공기 중의 질소($N_2$)와 산소($O_2$)의 한 분자당 운동에너지의 비와 평균속력의 비는? (단, 두 종류의 기체는 같은 온도에 놓여 있고, 평균분자량은 각각 28과 32이다)

| | 운동에너지의 비 | 평균속력의 비 | | 운동에너지의 비 | 평균속력의 비 |
|---|---|---|---|---|---|
| ① | $7 : 8$ | $8 : 7$ | ② | $\sqrt{7} : \sqrt{2}$ | $1 : 1$ |
| ③ | $1 : 1$ | $\dfrac{1}{\sqrt{7}} : \dfrac{1}{2\sqrt{2}}$ | ④ | $8 : 7$ | $7 : 8$ |

**TIP** 질량이 다른 분자들은 같은 온도에서 평균운동에너지가 같다.

기체분자의 평균속력은 분자량 $M$의 제곱근에 반비례하고, 절대온도 $T$의 제곱근에 비례하므로

$E = \dfrac{1}{2}mv^2 = \dfrac{3}{2}KT$에서 $v = \sqrt{\dfrac{3KT}{m}}$

$v$는 $\sqrt{\dfrac{1}{m}}$ 에 비례하므로 분자량을 대입하면 $\dfrac{1}{\sqrt{28}} : \dfrac{1}{\sqrt{32}} = \dfrac{1}{\sqrt{7}} : \dfrac{1}{\sqrt{8}} = \dfrac{1}{\sqrt{7}} : \dfrac{1}{2\sqrt{2}}$

**2** 질량 60kg인 사람이 질량 40kg의 고무보트를 타고 50N의 힘으로 4m/s의 속도로 노를 저어 갈 때의 일률은?

① 100W

③ 400W

② 200W

④ 750W

**TIP** 일률 $= \dfrac{일}{시간}$, $P = \dfrac{W}{t}$, 일의 양 $W = Fs$, $s = vt$에서

$P = \dfrac{W}{t} = \dfrac{Fs}{t} = \dfrac{Fvt}{t} = Fv$이므로

일률 = 힘 × 속도 = 50N × 4m/s = 200W

**Answer** 1.③ 2.②

**3** 자연상태에서 0.1m를 늘리는 데 5N의 힘이 드는 용수철을 0.2m 늘리는 데 필요한 일(J)은? (단, 용수철은 탄성한계 내에 있다)

① 1

② 2

③ 5

④ 8

---

**TIP** 자연상태에서 $5 = k \times 0.1$이므로 $k = 50$

일 $W = \dfrac{1}{2}kx^2$이므로 $\dfrac{1}{2} \times 50 \times (0.2)^2 = 1$

**4** 다음 중 일률의 단위가 아닌 것은?

① HP

② W

③ N

④ kg중 · m/s

---

**TIP** ③ 힘의 SI단위에 해당한다.

**5** 다음 중 일의 단위로 옳지 않은 것은?

① N · m

② J

③ erg

④ W

---

**TIP** ④ 1J/s로 일률의 단위이다.

※ 일(Work) … 물체에 힘이 작용하고 있는 동안 물체가 힘의 방향으로 거리만큼 움직인 변위를 말한다.

　　⊙ $J = 1N \times 1m$

　　ⓛ $erg = 1dyne \times 1cm$

　　ⓒ 중력 $= kg중 \times 1m$

**6** 어떤 물체에 10N의 힘을 주어 힘의 방향으로 5m 끌고 갔다면 행해진 일의 양은?

① 20J

② 30J

③ 40J

④ 50J

---

**TIP** 일 $W = F \times s$ 이므로

$W = 10\text{N} \times 5\text{m} = 50\text{N} \cdot \text{m} = 50\text{J}$

**7** 펌프로 20ton의 물을 5m 높이로 퍼올리는 데 1,000초가 걸렸다. 에너지의 손실을 무시할 때 펌프의 모터는 몇 W인가?  (단, 중력 가속도 $g = 10\text{m/s}^2$이다)

① 1,000W

② 2,000W

③ 5,000W

④ 10,000W

---

**TIP** 물을 퍼올리는 데 필요한 일 $W = mgh$ 이므로

$W = 20,000 \times 10 \times 5 = 1,000,000\text{J}$

$P = \dfrac{W}{t} = \dfrac{1,000,000}{1,000} = 1,000\text{W}$

**8** 10m/s로 운동하는 질량 10kg의 물체에 힘이 작용하여 속력이 20m/s로 되었다면 힘이 한 일의 양은 몇 J인가?

① 500

② 1,000

③ 1,500

④ 2,000

---

**TIP** $W = E_{k_2} - E_{k_1} = \dfrac{1}{2} \times 10 \times 20^2 - \dfrac{1}{2} \times 10 \times 10^2 = 1,500$

**Answer**　6.④　7.①　8.③

**9** 수평면으로 물체를 10m를 끌어당기는 데 10N의 힘이 지면과 60°각도로 작용하였다면 물체에 대하여 힘이 한 일의 양은?

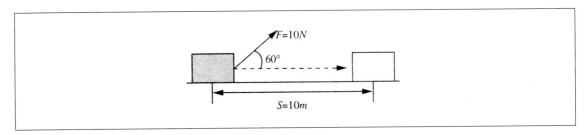

① 50J

② $50\sqrt{3}$ J

③ 100J

④ 600J

**TIP** 일의 정의에 의하여 일 $W = F \times s \times \cos\theta$ 이므로
$F = 10$N, $s = 10$m, $\theta = 60°$를 대입하여 계산하면 $W = 50$J

**10** 700W의 일률로 10시간 동안 하는 일의 양은?

① 7kWh

② 10kWh

③ 70kWh

④ 700kWh

**TIP** 일률 $P = \dfrac{W}{t}$ ($W$ : 일의 양, $t$ : 시간)
$W = P \cdot t = 700 \times 10 = 7$kWh

**11** 일률이란 '작용한 힘 × 물체의 속도'인데 여기서 물체의 속도에 대한 설명으로 옳은 것은?

① 작용한 힘의 방향에 있다.

② 작용한 힘의 방향과 수직이다.

③ 작용한 힘의 방향과 반대이다.

④ 작용한 힘의 방향과 반대도 되고 수직도 된다.

**Answer** 9.① 10.① 11.①

TIP 일률 … 물체가 일정한 힘 $F$를 $t$초 동안 받으며 일정한 속도 $v$로서 힘의 방향으로 $s$만큼 이동할 때 한 일을 $W$, 일률을 $P$라 하면 $s = v \cdot t$ 이므로 $P = \frac{W}{t} = \frac{F \cdot s}{t} = Fv$

**12** 탄성계수가 $k$인 용수철에 1kg 추를 매달았더니 길이가 50cm가 되었다. 이 용수철에 3kg 추를 매달았더니 길이가 60cm가 되었다면 처음 용수철의 길이는 몇 cm인가? (단, 용수철은 탄성한계 내에서 늘어났다)

① 30cm
② 40cm
③ 45cm
④ 50cm

TIP 용수철의 처음 길이를 $x_0$라 하면 용수철의 탄성계수

$K = \frac{F}{x - x_0}$ 로 일정하다.

따라서 $\frac{1\text{kg}}{(50 - x_0)\text{cm}} = \frac{3\text{kg}}{(60 - x_0)\text{cm}}$ $\therefore x_0 = 45\text{cm}$

**13** 다음 중 1kg중과 같은 양이 아닌 것은?

① 9.8N · m
② $9.8 \times 10^5$erg
③ 9.8J
④ 9.8kg · m/$s^2$

TIP $1\text{J} = 1\text{N} \cdot \text{m} = 10^5\text{dyne} \cdot 100\text{cm} = 10^7\text{erg}$

1kg중 $= 9.8\text{J} = 9.8 \times 10^7\text{erg}$

Answer 12.③ 13.②

**14** 어떤 사람이 물체를 수평과 30°각도, 100N의 힘으로 0.5m/s 속력으로 1분 동안 끌 때 이 사람의 일률은 몇 W인가?

① 25W

② $25\sqrt{3}$ W

③ $50\sqrt{3}$ W

④ 350W

---

**TIP** 일률 $P = \dfrac{일(J)}{시간(s)}$ …㉠

일의 양과 시간을 구하면 일의 양 $W = F_x \cdot s$ …㉡

$F_x = F\cos30° = 100N \times \cos30° = 50\sqrt{3}\,N$

$s = vt = 0.5m/s \times 60s = 30m$ 이므로

㉡에 대입하면 $W = 50\sqrt{3}\,N \times 30m = 1,500\sqrt{3}\,N \cdot m = 1,500\sqrt{3}\,J$ …㉢

시간 $t = 1분 = 60s$ 이므로

㉢의 값을 ㉠식에 대입하면 일률 $P = \dfrac{1500\sqrt{3}}{60s} = 25\sqrt{3}$ W

---

**15** 마찰이 없는 수평면상에 탄성계수 100N/m인 용수철에 질량 1kg의 물체를 매달고 0.1m 당겼다 놓으면 물체의 최대속도는?

① 1m/s

② 1.5m/s

③ 2m/s

④ 0.5m/s

---

**TIP** 용수철의 저장에너지 = 최대 운동에너지이므로

$\dfrac{1}{2}kx^2 = \dfrac{1}{2}mV^2$

$k = 100N/m,\ x = 0.1m,\ m = 1kg$을 대입하여 계산하면 $V = 1m/s$

---

**16** 탄성계수 2인 용수철 3개를 다음과 같이 연결하면 합성탄성계수는 얼마인가?

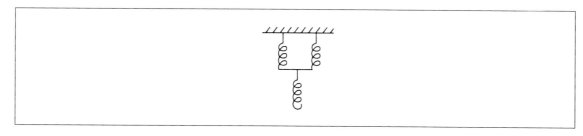

① 1N/m

② $\frac{1}{3}$N/m

③ $\frac{4}{3}$N/m

④ 2N/m

> **TIP** 합성탄성계수 $k = \dfrac{1}{\dfrac{1}{k_1 + k_2} + \dfrac{1}{k_3}}$(N/m)
>
> $k_1 = k_2 = k_3 = 2$를 대입하여 계산하면 $k = \dfrac{4}{3}$N/m

**17** 높이 4.9m에 있는 물체 $A$가 마찰이 없는 곡면을 따라 내려와 질량이 같은 물체 $B$에 부딪쳐서 정지했다. 이 때 물체의 속력은?

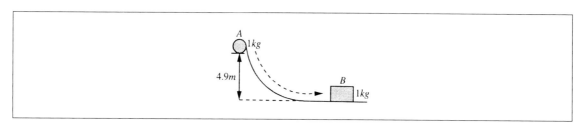

① 1m/s

② 4.9m/s

③ 9.8m/s

④ 19.6m/s

> **TIP** $A$의 위치에너지가 모두 $B$의 운동에너지로 전달되었으므로 $mgh = \dfrac{1}{2} m_2 V^2$. 이 식에
>
> $m_1 = 1$kg, $g = 9.8$m/s$^2$, $h = 4.9$m, $m_2 = 1$kg을 대입하여 계산하면 $V = 9.8$m/s

**Answer**  16.③  17.③

**18** 질량 2kg인 물체가 2m/s로 달리고 있다. 이 물체에 일정한 크기의 힘 $F$를 작용시켜 속력이 4m/s가 되었다면 이 때 물체에 해 준 일의 양은?

① 6J

② 12J

③ 16J

④ 20J

**TIP** 해 준 일의 양 = 운동에너지의 변화량

$W = \dfrac{1}{2}mV_2^{\,2} - \dfrac{1}{2}mV_1^{\,2}$ 이므로

이 식에 $m = 2$kg, $V_1 = 2$m/s, $V_2 = 4$m/s을 대입하여 계산하면 $W = 12$J을 얻는다.

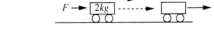

**19** 그림과 같이 도르래를 사용하여 어떤 사람이 10kg 물체를 3m 들어올리는 데 2초가 걸렸다면 이 사람의 일률은?

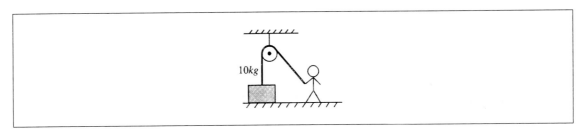

① 6W

② 30W

③ 60W

④ 147W

**TIP** 일률 $P = \dfrac{W(일의 양)}{t(시간)}$ 이며 일의 양=물체가 증가한 위치에너지이므로 $W = mgh$

이 식에 $m = 10$kg, $g = 9.8$m/s$^2$, $h = 3$m 대입하면 $W = 294$J

$t = 2$s를 대입하여 정리하면 $P = 147$W

**20** 물체가 힘을 받아 1m/s의 속력으로 움직인다. 이 때 지면과 물체와의 운동마찰력이 10N이라면 힘의 일률은?

① 1W

② 2.5W

③ 5W

④ 10W

---

**TIP** 일률 $P = \dfrac{W}{t} = F \cdot V$이므로 $F = $ 마찰력 $= 10$N, $V = 1$m/s를 대입하면 $P = 10$W

**21** 정지한 질량 $m$인 물체에 6N의 힘을 계속하여 60J의 일을 했다면 물체가 갖게 되는 운동에너지는 몇 J인가? (단, 물체에 작용하는 마찰력은 4N이다)

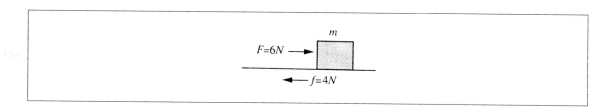

① 20J

② 24J

③ 40J

④ 160J

---

**TIP** 힘이 한 일 $W = $ 물체의 운동에너지 + 마찰력이 한 일이므로 $W = K + FS \cdots \bigcirc$

일의 양 = 힘×이동거리이므로 $W = f \cdot S \cdots \bigcirc$

ⓒ식에 $W = 60$J, $F = 6$N을 대입하면 $S = 10$m

⑤식에 $W = 60$J, $F = 4$N을 대입하여 계산하면 $K = 20$J

**22** 1.5MW의 기차가 총 일률을 발휘하여 6분 동안 기차의 속도를 10m/s에서 25m/s로 가속시킬 때 기차의 질량은 얼마인가? (단, 마찰은 무시한다)

① $2.1 \times 10^6 kg$

② $4.2 \times 10^6 kg$

③ $2.1 \times 10^8 kg$

④ $4.2 \times 10^8 kg$

**TIP** 일률 $P = \dfrac{일의 \ 양(J)}{시간(s)}$ 이므로 $Pt = W \cdots \bigcirc$

기차가 한 일의 양 $W$=운동에너지의 변화량이므로 $W = \dfrac{1}{2}m(V^2 - V_0^2) \cdots \bigcirc$

$\bigcirc$식에 $V = 25m/s$, $V_0 = 10m/s$ 대입하면

$W = 262.5m$, $t = 6분 = 360s$, $P = 1.5MW = 1.5 \times 10^6 W$를 $\bigcirc$식에 대입하면

$1.5 \times 10^6 \times 360 = 262.5m \cdots\cdots \bigcirc$

$\bigcirc$식을 간단히 하여 $m$의 값을 구하면 $m ≒ 2.1 \times 10^6 kg$

**23** 지하 50m에서 매초 10kg 지하수를 끌어 올려서 10m/s의 속도로 방출하는 펌프가 있다. 이 펌프모터의 일률은? (단, 중력가속도는 $10m/s^2$으로 한다)

① 500W

② 1,000W

③ 5,000W

④ 5,500W

**TIP** 일률 $= \dfrac{\Delta 일}{\Delta 시간}$, $\Delta$시간 = 1초이고 일의 변화는 에너지의 변화와 같으므로

$\Delta W = \Delta E = mgh + \dfrac{1}{2}mV^2 = 10 \times 50 \times 10 + \dfrac{1}{2} \times 10 \times 10^2 = 5,000 + 500 = 5,500$

∴ 일률 $= \dfrac{5,500}{1} = 5,500W$

**Answer** 22.① 23.④

**24** $x - y$ 평면 위로 움직이는 0.50kg인 물체의 속도성분이 3초 동안에 $V_x = 3.0$m/s, $V_y = 5.0$m/s에서 $V_x = 0.0$m/s, $V_y = 7.0$m/s로 변한다면 물체에 행한 일은 얼마인가?

① 3.00J

② 3.75J

③ 4.25J

④ 7.50J

---

**TIP** 물체에 한 일의 양은 운동에너지의 변화량과 같으므로

$$W = \frac{1}{2} m (V^2 - V_0^2)$$

$m = 0.5$, $V^2 = 49$, $V_0^2 = 34$를 대입하여 계산하면

$W = 3.75$J을 얻는다.

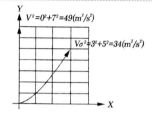

**25** 질량 100kg인 자동차가 10m/s의 속력으로 달리다가 브레이크를 밟아서 5초만에 정지하였다면 지면이 차에 대하여 한 일률은?

① 100W

② 20W

③ 200W

④ 1,000W

---

**TIP** 지면이 한 일의 양 = 차의 운동에너지 감소량이므로 $W = \frac{1}{2} mV^2$

$W = Pt$이므로 $Pt = \frac{1}{2} mV^2$

이 식에 $t = 5$, $m = 100$kg, $V = 10$m/s를 대입하여 계산하면 $P = 1,000$W = 1kW

**26** 다음 중 탄성한계 내에서 늘어난 강체의 길이가 외력에 비례한다는 법칙은?

① 옴의 법칙  
② 훅의 법칙  
③ 뉴턴의 법칙  
④ 렌츠의 법칙

 ① 저항 $R = \dfrac{V}{I}$ 로 정의되는 법칙

④ 자기장의 변화를 방해하는 방향으로 전류가 흐르는 법칙

※ 훅(Hook)의 법칙 … 탄성계수 $k$인 용수철을 길이 $x$만큼 변형하는 데  
필요한 힘 $F = -kx$이며, 탄성한계 내에서 늘어난 강체의 길이는 외력에 비례함을 나타낸다.

**27** 탄성계수가 각각 2인 두 개의 스프링을 직렬로 연결했을 경우 합성탄성계수는 얼마인가?

① 1  
② 2  
③ 3  
④ 4

**TIP** 탄성계수가 $k_1$, $k_2$인 두 개 용수철을 직렬로

연결한 용수철의 탄성계수 $K = \dfrac{1}{\dfrac{1}{k_1} + \dfrac{1}{k_2}}$ 이므로

$k_1 = 2$, $k_2 = 2$를 대입하여 계산하면 $k = 1$

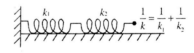

**28** $x$방향으로 물체를 미는 힘이 $F_x = 2x + 1\text{N}$으로 주어질 때 이 힘으로 $x = 0$로부터 $x = 3\text{m}$까지 물체를 밀 때 한 일은?

① 8J  
② 12J  
③ 14J  
④ 20J

**TIP** 오른쪽은 $x = 0$에서 $x = 3$까지 힘과 거리와의 관계그래프이며  
$x = 0$에서 $x = 3$까지 면적이 일에 해당하므로  
일의 양 $W = 12\text{J}$

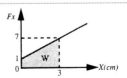

**Answer**  26.② 27.① 28.②

**29** 길이 10cm인 고무줄에 5g의 분동을 걸었더니 15cm가 되었고, $x$ 물체를 걸어보니 20cm가 되었다면 이 $x$ 물체는 몇 g인가?

① 10g

② 15g

③ 20g

④ 30g

---

**TIP** 훅의 법칙에 의해 힘 $F = -kx$

$5g$중 $= -k \cdot 5\text{cm}$ 이므로 $k = -1g$중/cm

$Wg$중 $= -k \cdot x$ 에서 $k = -1g$중/cm, $x = 10\text{cm}$를 대입하여 계산하면 $W = 10g$

---

**30** 진공 중에서 가만히 떨어뜨린 물체의 운동에너지와 시간과의 관계그래프로 옳은 것은?

①
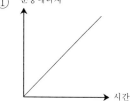

②
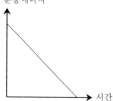

③

④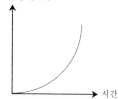

---

**TIP** 운동에너지 $K = \frac{1}{2}mv^2$, 자유낙하운동에서 $V = V_0 + gt$

$V$는 점점 증가하게 되므로 $K \propto V^2$

---

**Answer** 29.① 30.④

# 02 에너지 보존

## 01 에너지 보존의 법칙

### ❶ 에너지 보존의 법칙과 에너지의 전환

**(1) 에너지 보존의 법칙**

① 자연 과학에서 사용되는 기본적인 법칙이다.

② 자연계의 모든 현상은 에너지와 상호 연관성이 있으며, 에너지 전환에 의해 일어난다.

③ 한 장소의 일정 에너지가 소비되면 어떠한 형태로든 소비된 만큼의 에너지가 반드시 다른 장소에서 나타난다.

④ 에너지는 전환되는 것이지 소멸되는 것이 아니다.

**(2) 에너지의 전환**

① 댐에 저장된 물이 가지는 위치에너지는 낙하하면서 운동에너지로 전환되고 이것은 다시 발전기를 돌려 전기에너지로 전환된다.

② 전기에너지는 전동기를 통해 역학적에너지로, 전열기를 통해 열에너지로, 전기분해를 통해 화학에너지로 전환된다.

### ❷ 보존력과 비보존력

**(1) 보존력**

마찰이 없는 수평면에 용수철을 당겨서 놓으면, 용수철은 복원되는데 이와 같은 힘(탄성력)을 보존력이라 한다.

## (2) 비보존력

마찰이 있는 수평면에서 용수철 끝에 물체를 매단 후 약간 당겼다 놓으면 용수철은 마찰력 때문에 원래 상태로 복원되지 않는데 이와 같은 힘(마찰력)을 비보존력이라 한다.

## (3) 보존력의 판별법

① 어떤 위치를 출발하여 임의의 경로를 거쳐 다시 처음의 위치로 되돌아올 때까지 물체에 가해 준 일이 0이면 그 힘은 보존력이고, 그렇지 않으면 비보존력이다.

② 물체가 두 점 사이를 이동할 때 물체에 가해진 힘이 한 일이 운동 경로에 관계없다면 그 힘은 보존력이고, 그렇지 않은 경우의 힘은 비보존력이다.

# 02 운동과 에너지 보존

## ❶ 중력장에서의 역학적에너지 보존

### (1) 역학적에너지의 보존

물체가 지니는 위치에너지($E_p$)와 운동에너지($E_k$)의 합은 항상 보존된다(마찰력은 비보존력이므로 마찰력이 없는 경우이다).

$$mgh + \frac{1}{2}mV^2 = 일정$$

### (2) 자유낙하의 속도

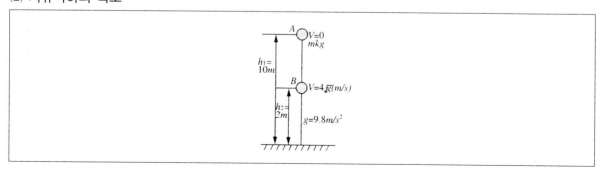

① 10m 높이에서 가만히 있는 질량 $m$의 물체를 자유낙하시켜 2m 높이인 $B$에서 속력이 $V = 4\sqrt{g}$ 임을 나타내고 있다.

② $A$에서의 속력 $V = 0$이므로 운동에너지는 0이고, $B$에서는 높이가 $h_2 = 2$m, 속력을 $V$라 하면 $mgh_1 + 0 = mgh_2 + \dfrac{1}{2}mV^2$이 성립한다.

③ $m$을 소거하고, $h_1 = 10$, $h_2 = 2$를 대입하면 $10g = 2g + \dfrac{1}{2}V^2$이며, 정리하면 $V^2 = 16g$, 즉 $4\sqrt{g}$ (m/s)임을 알 수 있다.

### (3) 단전자의 역학적에너지

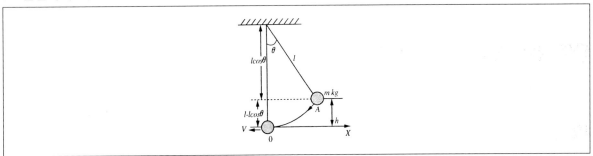

① 진자의 운동을 나타낸 것으로 높이 $h\,[= l - l\cos\theta = l(1-\cos\theta)]$에 있는 물체가 0점에 내려 왔을 때 최대 속력을 $V$라고 한다.

② $A$점에서 $X$축까지의 위치에너지는 $B$점에서 운동에너지와 같으므로 $mgh = \dfrac{1}{2}mV^2$이다.

③ 위 식에서 $m$을 소거하여 정리하면 $V = \sqrt{2gh}$ (m/s)임을 알 수 있다.

### (4) 빗면에서의 역학적에너지

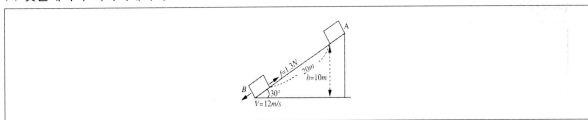

① $A$에 있는 1kg 물체가 마찰이 있는 빗면을 따라 $B$까지 내려온다.

② 마찰력은 비보존력이므로 $A$에서 에너지 양의 일부는 마찰로 소모된다.

③ 소모된 에너지 양은 $A$에서의 위치에너지 양과 $B$에서의 운동에너지 양의 차이만큼이다.

④ 마찰로 소모된 에너지 $= mgh - \dfrac{1}{2} mV^2$ 이므로 $m = 1\text{kg}$, $h = 10$, $g = 9.8$, $V = 12$를 대입하면 $\Delta E = 98 - 72 = 26\text{J}$이 된다.

⑤ 이 에너지 양은 마찰력이 한 일의 양과 같으므로 $f \cdot s = 26\text{J}$, $s = 20\text{m}$ 이므로 마찰력 $f = 1.3\text{N}$ 임을 알 수 있다.

## (5) 빗면에서의 운동

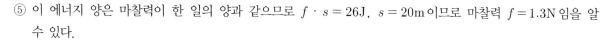

① 회전체가 높이 $h$인 경사면 위에서 굴러 내려올 때 회전체의 중심 속도를 $v$라 하면 위치에너지 = 운동에너지이고, 운동에너지 = 병진 운동에너지 + 회전 운동에너지가 된다.

$$\frac{1}{2} mv^2 + \frac{1}{2} I\omega^2 = mgh$$

② $\omega = \dfrac{v}{r}$를 대입을 한 후 $v$에 대해 풀면 다음과 같으며, 회전체의 속도는 관성모멘트 값이 작을수록 크다.

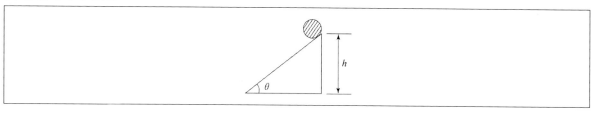

$$v = \sqrt{\frac{2mgh}{m + \dfrac{I}{r^2}}}$$

## ❷ 탄성력에 의한 역학적에너지 보존

### (1) 에너지의 보존

용수철에 물체를 매단 후 당기거나, 압축시켜서 놓으면 용수철은 본래 상태로 돌아가는데, 이런 경우, 항상 탄성에너지와 운동에너지의 합은 일정하다.

$$\frac{1}{2} kx^2 + \frac{1}{2} m V^2 = 일정$$

## (2) 탄성력에 의한 역학적에너지

① 물체의 원래 위치 $A$에서 속력을 $V$라 하면, $A$에서는 운동에너지만 있고, $B$에서는 탄성에너지만 있으므로 다음 식이 성립한다.

$$\frac{1}{2} m V^2 = \frac{1}{2} k x^2$$

② $m = 1\text{kg}$, k $= 100\text{N}/\text{m}$, $x = 0.5\text{m}$이므로 식에 대입하면 $V = 5\text{m/s}$가 된다.

# 최근 기출문제 분석

2021. 10. 16. 제2회 지방직(고졸경채) 시행

**1** 그림은 지면으로부터 20m 높이에서 가만히 떨어뜨린 물체가 자유낙하 도중 물체의 운동 에너지와 지면을 기준으로 하는 중력 퍼텐셜 에너지가 같아지는 순간을 표현한 것이다. 이때 물체의 속력 $v$[m/s]는? (단, 중력 가속도는 10m/s$^2$이고, 공기 저항과 물체의 크기는 무시한다)

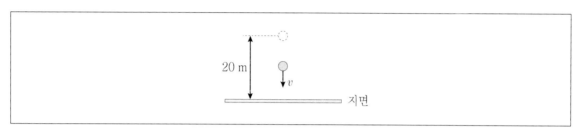

① $5\sqrt{2}$

② 10

③ $10\sqrt{2}$

④ 20

**TIP** 물체가 자유낙하 운동을 할 때 물체의 운동 에너지와 지면으로 기준으로 한 중력 퍼텐셜 에너지의 합을 역학적 에너지라고 하며, 이 역학적 에너지는 보존된다. 즉, 자유낙하 운동을 하며 감소된 중력 퍼텐셜 에너지는 운동 에너지로 전환된다. 문제에서 물체의 운동 에너지와 지면을 기준으로 하는 중력 퍼텐셜 에너지가 같아지는 순간은 전체 높이의 절반으로 떨어졌을 때이며, 지면으로부터 10m 높이일 경우이다. 따라서 다음과 같이 구할 수 있다.

$$m \times 10 \times 10 = \frac{1}{2} \times m \times v^2, \quad v = 10\sqrt{2}\,\text{m/s}$$

**Answer** 1.③

2020. 10. 17. 제2회 지방직(고졸경채) 시행

**2** 그림 (가)는 수평면 일직선상에서 질량 $2m$인 물체 A가 정지해 있는 질량 $m$인 물체 B와 충돌하는 것을 나타낸 것이고, 그림 (나)는 A가 B에 정면으로 충돌한 후 A, B가 같은 방향으로 운동하는 것을 나타낸 것이다. A의 속력이 충돌 직전 $2v$에서 충돌 직후 $v$로 변했다면, 충돌 직후 B의 속력은?

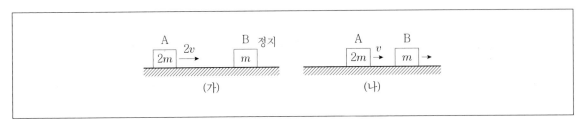

① $0.5v$

② $v$

③ $1.5v$

④ $2v$

> **TIP** 충돌 전후의 운동량은 동일하므로, 충돌 직후 물체 B의 속력을 $v_B$라고 할 때
>
> $2m \times 2v = 2m \times v + m \times v_B$가 성립한다.
>
> 따라서 $v_B = 2v$이다.

2020. 6. 27. 해양경찰청 시행

**3** 다음 중 지면에서 5m 높이에 있던 질량 2kg의 물체가 지면에 도달할 때의 속도는? (단, 중력 가속도는 10m/s$^2$이며 낙하하는 동안 공기의 저항에 의한 열 에너지로의 전환은 없었다.)

① 10m/s

② 20m/s

③ 50m/s

④ 100m/s

> **TIP** 5m 높이에서 질량 2kg인 물체의 위치에너지가 지면에서 운동에너지로 모두 전환되므로, $mgh = \frac{1}{2}mv^2$ 이다.
>
> 따라서 $2 \times 10 \times 5 = \frac{1}{2} \times 2 \times v^2$ 이므로 $v = 10\text{m/s}$ 이다.

**Answer** 2.④ 3.①

2020. 6. 13. 제2회 서울특별시 시행

**4** 스카이다이버가 지상에서 3000m 상공에 떠 있는 헬리콥터에서 점프를 한다. 공기 저항을 무시한다면 2000m 상공에서 스카이다이버의 낙하속도는? (단, 중력가속도는 $g = 9.8m/s^2$로 한다.)

① 300m/s

② 250m/s

③ 200m/s

④ 140m/s

> **TIP** 3,000m 상공에서의 위치에너지 $E_p = mgh = m \times 9.8 \times 3,000 = m \times 29,400$
>
> 2,000m 상공에서의 위치에너지 $E_p = mgh = m \times 9.8 \times 2,000 = m \times 19,600$
>
> 2,000m 상공에서의 운동에너지 $E_k = \frac{1}{2}mv^2$
>
> 이때, 공기 저항을 무시한다면 에너지 보존 법칙에 의해
>
> $m \times 29,400 = (m \times 19,600) + \frac{1}{2}mv^2$이고, 각 항에서 $m$을 소거하고 $v$를 구하면
>
> $v = \sqrt{2 \times (29,400 - 19,600)} = \sqrt{19,600} = 140$m/s이다.
>
> 별해) $v = \sqrt{2gh} = \sqrt{2 \times 9.8 \times (3,000 - 2,000)} = 140$m/s

2018. 10. 13. 서울특별시 시행

**5** 반지름 $R = 2.0$m, 관성 모멘트 $I = 300$kg·m$^2$인 원판형 회전목마가 10rev/min의 각속력으로 연직방향의 회전축을 중심으로 마찰 없이 회전하고 있다. 회전축을 향하여 25kg의 어린이가 회전목마 위로 살짝 뛰어올라 가장자리에 앉는다. 이때, 회전목마의 각속력의 값[rad/s]은?

① $\frac{1}{8}$                      ② $\frac{1}{4}$

③ $\frac{\pi}{4}$                     ④ $\frac{\pi}{2}$

> **TIP** 각운동량 $L = m \cdot I \cdot r^2$이므로 어린이가 회전목마 가장자리에 앉아있을 때 어린이의 각운동량은 $mr^2$이다.
>
> 이때 회전목마의 전체 관성모멘트는 $mr^2 + I_0$이고,
>
> 각운동량 보존법칙에 따라 회전목마의 나중 각속도 $\omega$에 대하여 $\omega(mr^2 + I_0) = w_0 \times I_0$이므로
>
> $\omega = \frac{\omega_0 I_0}{mr^2 + I_0} = \frac{\frac{2\pi \times 10}{60} \times 300}{25 \times 2^2 + 300} = \frac{\pi}{4}$[rad/s] (∵ 1rev =1바퀴 = 360도 = $2\pi$)

**Answer**   4.④   5.③

**6** 그림은 질량 60kg인 스카이다이버가 공기 중에서 낙하할 때 시간에 따른 속도의 변화를 나타낸 것이다. 10초에서 15초 사이에는 일정한 속도로 낙하한다고 할 때, 그 구간에서 감소한 역학적 에너지[kJ]는? (단, 중력 가속도는 10m/s²이다)

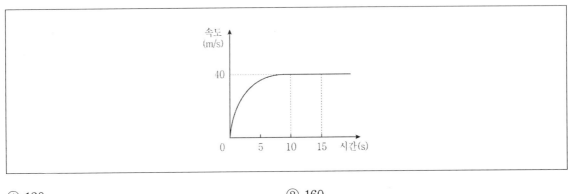

① 120
② 160
③ 200
④ 240

> **TIP** 10초에서 15초 사이에는 속도가 일정하므로 운동에너지도 일정하다. 이때 감소한 역학적 에너지는 중력 위치 에너지이고, 낙하거리는 속도-시간 그래프에서 면적이므로 40×5 = 200m이다. 따라서 $\triangle E = -60 \times 10 \times 200 = 120,000J = 120kJ$이다.

**7** 그림은 영희가 멀리뛰기하는 모습을 순서대로 나타낸 것이다. B는 영희의 질량중심이 가장 높이 올라간 순간이다. 이에 대한 설명으로 옳은 것은? (단, 공기에 의한 저항은 무시한다)

① B에서 영희에게 작용하는 중력은 0이다.
② A에서의 운동 에너지는 B에서의 운동 에너지보다 크다.
③ B에서의 중력 퍼텐셜 에너지는 C에서의 역학적 에너지보다 크다.
④ B에서 C까지 이동하는 동안 중력이 영희에게 한 일은 0이다.

**Answer** 6.① 7.②

**TIP** ① 중력은 항상 작용한다.

③ B에서의 중력 퍼텐셜 에너지는 C에서의 역학적 에너지와 같다.

④ B에서 C까지 이동하는 동안 중력이 영희에게 작용하여 점점 그 높이가 낮아지고 있다. 따라서 중력이 영희에게 한 일은 0이 아니다.

2012. 4. 14. 경상북도교육청 시행

**8** 그림과 같이 용수철 상수가 50N/m이고, 벽에 한쪽 끝이 고정된 용수철에 질량이 0.5kg인 쇠공이 화살표 방향으로 운동하다가 속력이 2㎧ 되는 순간 용수철과 정면 충돌하였다. 역학적 에너지가 보존된다면 용수철이 최대로 압축된 길이는?

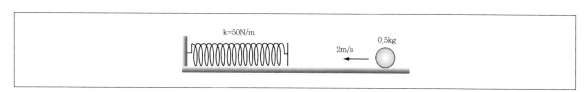

① 20cm

② 25cm

③ 30cm

④ 35cm

⑤ 40cm

**TIP** 역학적 에너지가 보존된다면, 쇠공의 운동에너지 = 용수철의 탄성에너지

$\frac{1}{2}mv^2 = \frac{1}{2}kx^2$, $\frac{1}{2} \times 0.5 \times 2^2 = \frac{1}{2} \times 50 \times x^2$ $x^2 = 0.04$, $x = 0.2m = 20cm$

**Answer** 8.①

# 출제 예상 문제

**1** 10m 높이의 경사면 위에 정지해 있는 질량 1kg의 물체가 경사면을 다 내려왔을 때 속력이 10m/s가 되었다. 물체와 면과의 마찰에 의해서 손실되는 에너지는? (단, 중력가속도는 10m/s²이다)

① 10J

② 25J

③ 50J

④ 100J

---

**TIP** 손실되는 에너지는 처음 에너지와 나중 에너지의 차이를 구하면 되므로

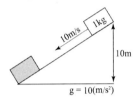

$$E = mgh - \frac{1}{2}mv^2$$
$$= (1 \times 10 \times 10) - \frac{1}{2}(1 \times 10^2)$$
$$= 100 - 50$$
$$= 50J$$

**2** 일직선상을 10m/s로 운동하는 물체 $A$가 정면에 정지하고 있는 같은 질량의 물체 $B$와 충돌하였다. 이 두 물체의 반발계수가 0.8일 때 충돌 후 $B$의 속도는?

① 4m/s

② 5m/s

③ 8m/s

④ 9m/s

---

**TIP** 충돌 후 $A$의 속력을 $V_A$, $B$의 속력을 $V_B$라고 하면 운동량 보존의 법칙에 의해

$10m = mV_A + mV_B$, 반발계수의 공식에 의해 $-\dfrac{V_A - V_B}{10} = 0.8$이므로

이 두 식을 연립하여 풀면 속도는 $V_A = 1$, $V_B = 9$

∴ $A$의 속도는 1m/s이고 $B$의 속도는 9m/s이다.

**Answer** 1.③ 2.④

**3** 탄성계수 $k$인 용수철에 추를 달아 마찰이 없는 수평면 위에서 진동시켰다. 진폭을 $a$라고 할 때 탄성에너지와 추의 운동에너지가 같아지는 위치는 진동의 중심에서 얼마나 되는 점을 지날 때인가?

① $\dfrac{a}{\sqrt{2}}$                     ② $\dfrac{a}{\sqrt{3}}$

③ $\dfrac{a}{2}$                      ④ $\dfrac{a}{3}$

**TIP** $\dfrac{1}{2}kx^2 = \dfrac{1}{2}mv^2 \cdots \bigcirc$

$\dfrac{1}{2}kx^2 + \dfrac{1}{2}mv^2 = \dfrac{1}{2}ka^2 \cdots \bigcirc$

$\bigcirc$, $\bigcirc$에서 $2 \times \dfrac{1}{2}kx^2 = \dfrac{1}{2}ka^2$     $\therefore x = \dfrac{a}{\sqrt{2}}$

**4** 마루 위에서 속력 $v$로 미끄러지던 질량 $m$의 공이 벽과 수직하게 충돌한 후 속력 $v$로 벽과 수직하게 반발하였다면 이에 대한 설명으로 옳지 않은 것은?

① 에너지 보존의 법칙 성립
② 운동량 보존의 법칙 성립
③ 반발계수 $e = 0.5$
④ 운동량의 변화량 $= 2mv$

**TIP** ③ 속력 $v$로 벽과 수직하게 충돌한 후 속력 $v$로 벽과 수직하게 반발하였으므로 반발계수는 1이 된다.

**5** 3m/s의 등속운동을 하는 질량 2kg되는 물체가 10m 이동할 때 에너지의 변화량은?

① 0J                     ② 9J

③ 18J                    ④ 20J

**TIP** 등속운동이므로 속도가 일정하고, 운동에너지도 일정하다.

**Answer**   3.①   4.③   5.①

**6** 자동차 연료의 화학적 에너지가 운동에너지로 전환되어 그 차의 속도가 0에서 매시 32km로 증가되었다. 이 차의 운전자가 다른 차를 추월하려고 속도를 매시 64km로 높였다면 이 때 매시 32km에서 64km의 속도로 올릴 때 필요한 에너지는 0에서 매시 32km로 올릴 때 필요한 에너지의 몇 배인가?

① $\frac{1}{2}$ 배

② 2배

③ 3배

④ 같다.

············································································································································

**TIP** 질량 $m$인 자동차가 속도 $v_1$으로부터 속도 $v_2$로 가속시키는 데 필요한 일은 운동에너지의 증가와 같으므로

$$W = \frac{1}{2}mv_2^2 - \frac{1}{2}mv_1^2 = \frac{1}{2}m(v_2^2 - v_1^2)$$

$$\frac{W_2}{W_1} = \frac{\frac{1}{2}m(64^2 - 32^2)}{\frac{1}{2}m(32^2 - 0)} = \frac{3,072}{1,024} = 3$$

**7** 높이 20m인 옥상에서 30°각도로 0.1kg되는 물체를 초속도 20m/s로 던져 올렸다. 지표로부터 10m 되는 곳에서의 역학적 에너지는 몇 J인가? (단, 중력가속도 $g = 10\,\text{m/s}^2$이다)

① 5J

② 10J

③ 20J

④ 40J

············································································································································

**TIP** 처음의 역학적 에너지는 10m 지점의 역학적 에너지와 동일하므로

$$\frac{1}{2}mv^2 + mgh = \frac{1}{2} \times 0.1 \times 20^2 + 0.1 \times 10 \times 20 = 40\text{J}$$

**8** 어떤 용수철에 400g의 추를 매달았을 때 용수철의 길이가 20cm만큼 늘어나 정지했다면 추가 한 일은? (단, 중력가속도 = 10m/s²이다)

① 0.4J

② 0.8J

③ 1.2J

④ 1.6J

**TIP** 탄성계수 $k = \frac{F}{x} = \frac{mg}{x} = \frac{0.4 \times 10}{0.2} = 20\text{N/m}$ 이므로

추가한 일 $W = \frac{1}{2}kx^2 = \frac{1}{2} \times 20 \times (0.2)^2 = 0.4\text{J}$

**9** 질량 0.06kg의 탄환이 350m/s의 속력으로 나무 토막에 맞고 박혔다면 이 때, 발생하는 열량은 몇 cal인가? (단, 열의 일당량은 4.2J/cal이다)

① 650cal
② 875cal
③ 912cal
④ 1,982cal

**TIP** $1\text{cal} = 4.2\text{J}$

$E_k = \frac{1}{2}mV^2 = \frac{1}{2} \times 0.06 \times 350^2 = 3,675\text{J}$

$\therefore 3,675\text{J} \times \frac{1\text{cal}}{4.2\text{J}} = 875\text{cal}$

**10** 자동차 운전사가 브레이크를 밟는 순간 바퀴의 회전이 완전히 멈춘다고 하고, 바퀴와 지면간의 마찰계수가 0.75라고 가정할 때 시속 36km로 가는 자동차가 정지하려면 정지점으로부터 최소 약 몇 m 앞에서 브레이크를 밟아야 하는가? (단, 중력가속도 $g = 10\text{m/s}^2$이다)

① 7m
② 10m
③ 14m
④ 20m

**TIP** 자동차의 운동에너지가 마찰력이 하는 일로 모두 변할 때 자동차는 정지하므로

$\frac{1}{2}mv^2 = \mu mgs$, $v = 36\text{km/h} = 10\text{m/s}$

$s = \frac{v^2}{2\mu g} = \frac{(10)^2}{2 \times 0.75 \times 10} = 6.7 \fallingdotseq 7\text{m}$

**Answer** 9.② 10.①

**11** 탄성계수가 100N/m인 용수철에 1kg 물체를 매달고, 20cm 당겼다가 놓을 때 물체가 평형점으로부터 10cm 떨어진 지점에서의 속력은? (단, 마찰은 무시한다)

① $\sqrt{3}$ m/s

② 2 m/s

③ 3 m/s

④ 4 m/s

---

**TIP** 에너지 보존의 원리에 의해서 $\frac{1}{2}kx_1{}^2 = \frac{1}{2}kx_2{}^2 + \frac{1}{2}mV^2$

$k = 100\text{N/m}$, $x_1 = 20\text{cm} = 0.2\text{m}$, $x_2 = 10\text{cm} = 0.1\text{m}$를

대입하여 정리하면 $2 = \frac{1}{2} + \frac{1}{2}V^2$

$V^2 = 3$

$\therefore V = \sqrt{3}$ m/s

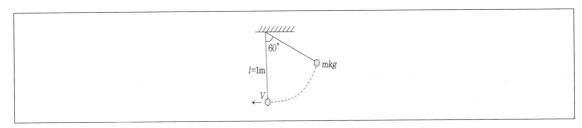

**12** 다음과 같이 길이 1m인 줄에 $m$kg의 진자를 중심에서 60°각도로 운동시킬 때 진자가 중심선에 왔을 때의 속력 $V$은 얼마인가?

① 9.8 m/s

② $\sqrt{9.8}$ m/s

③ 4.9 m/s

④ $\sqrt{4.9}$ m/s

---

**TIP** 진자가 $\theta$만큼 기울어져 있을 경우

최저점에 도달할 때까지의 높이 변화량 $h = l - l\cos\theta = 1(1 - \cos\theta)$

진자의 위치에너지 감소량 = 진자의 운동에너지 증가량이므로 $mgh = \frac{1}{2}mV^2$

이 식에서 $m$을 소거하면 $h = 1(1 - \cos\theta) = 1(1 - \cos 60°) = 1 \cdot \left(1 - \frac{1}{2}\right) = \frac{1}{2}$

$g = 9.8\text{m/s}^2$을 대입하여 계산하면 $V^2 = g$에서 $V = \sqrt{9.8}$ m/s

**Answer**    11.①  12.②

**13** 높이 10m인 곳에서 물체를 자유낙하시킬 때 높이 5m인 지점에서 물체의 자유낙하속도는?

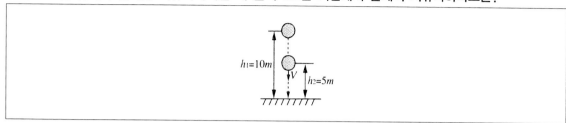

① $\sqrt{2}$ m/s

② $5\sqrt{2}$ m/s

③ $7\sqrt{2}$ m/s

④ 10 m/s

---

**TIP** 에너지 보존에 의하여 $mgh_1 = mgh_2 + \frac{1}{2}mV^2$

$m$을 소거하고, $g = 9.8\text{m/s}^2$, $h_1 = 10\text{m}$, $h_2 = 5\text{m}$를 대입하여 계산하면 $V = 7\sqrt{2}\,\text{m/s}$

**14** 질량이 $m$이고 마찰이 없는 구슬이 다음과 같이 높이가 $h$인 $A$지점에서 $V_0$속도로 출발하여 높이가 $\frac{1}{2}h$인 $B$지점에 왔을 때 속력 $V$은 얼마인가?

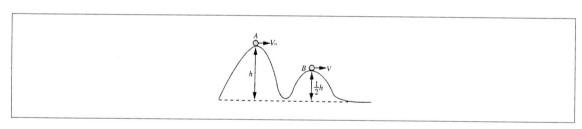

① $\sqrt{gh}$

② $V_0 + \sqrt{gh}$

③ $\sqrt{V_0{}^2 + gh}$

④ $gh$

---

**TIP** $A$점에서 역학에너지=$B$점에서 역학에너지이므로

$$\frac{1}{2}mV_0{}^2 + mgh = \frac{1}{2}mV^2 + mg\left(\frac{1}{2}h\right)$$

위 식에서 $m$을 소거하고 간단히 하면 $V_0{}^2 + gh = V^2$, $V = \sqrt{V_0{}^2 + gh}$

**Answer**   13.③   14.③

**15** 다음과 같이 정지한 $A$ 점에 놓인 $m = 2\text{kg}$ 물체가 미끄러져 $B$점에 내려왔을 때 속력이 $V = 4\text{m/s}$이었다면 빗면을 미끄러져 내려오면서 소모된 에너지는?

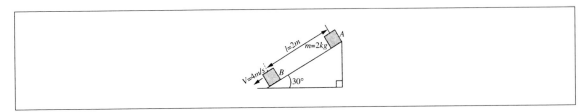

① 3.6J

② 4.9J

③ 5J

④ 9.8J

---

**16** 질량 2kg 물체가 $V = 10\text{m/s}$ 운동하다가 50m 나아간 후 정지했다면, 지면의 마찰계수는? (단, $g = 10$ m/s²이다)

① 0.1

② 0.2

③ 1

④ 10

---

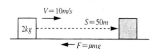

**17** 높이가 10m인 곳에서 물체를 자유낙하시킬 때 물체의 운동에너지가 위치에너지의 3배가 되는 곳의 높이는?

① 2.5m

② 4m

③ 5m

④ 7.5m

---

**TIP** 처음 물체의 위치에너지 = 높이 $h_2$에서 위치에너지 + 운동에너지이므로

$$U = U_1 + K$$

$3U_1 = K$이므로 $U = U_1 + 3U_1 = 4U_1$, $mgh_1 = 4mgh_2$

이 식을 간단히 하면 $h_2 = \dfrac{1}{4}h_1$

$h_1 = 10\text{m}$이므로 $h_2 = 2.5\text{m}$

**18** 길이가 $r$인 막대 끝에 질량이 $m$인 물체를 매달아 단진자를 이룬다면 이 막대를 거꾸로 한 후 놓았을 때 최저점에서의 속력 $V$는? (단, 막대의 무게는 무시한다)

① $\sqrt{gr}$

② $2\sqrt{gr}$

③ $\sqrt{mgr}$

④ $2\sqrt{mgr}$

---

**TIP** 에너지 보존법칙에 의해서 위치에너지 감소량=운동에너지 증가량이므로

$2mgr = \dfrac{1}{2}mV^2$에서 $m$을 소거하고 $V$에 관해 정리하면 $V = 2\sqrt{gr}$

# 03 운동량과 충격량

## 01 운동량

### ❶ 운동량

#### (1) 운동량

운동량 $P$는 질량과 물체의 속도 $V$의 곱으로 정의되는 벡터량이다.

$$P = mV(\text{kg} \cdot \text{m/s})$$

#### (2) 힘의 운동량 표시

힘 $F$는 물체의 운동량의 시간에 대한 변화율이며 다음과 같이 표시한다.

$$F = \frac{mV}{t} = ma(\text{N})$$

#### (3) 운동량의 계산

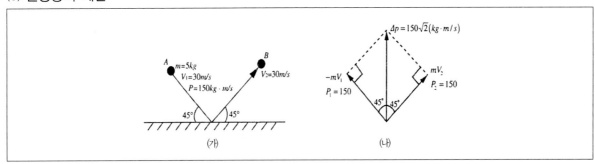

① ㈎는 5kg인 물체가 45° 각도로 판에 부딪쳐 45° 각도의 같은 속도로 튀어나올 때 $A, B$의 운동량 크기는 $P = mV$이므로 $m = 5$kg, $V = 30$m/s를 대입하면 $P = 5 \times 30 = 150$kg · m/s이다.

② ㈏는 운동량의 변화 $\Delta P$가 벡터의 삼각형법에 의하여 $\Delta P = \sqrt{2} P = 150\sqrt{2}$kg · m/s이며, 방향은 오른쪽을 향하는 것을 나타내고 있다.

## ❷ 운동량의 보존

### (1) 운동량 보존의 법칙

① 힘은 운동량의 시간적인 변화율이므로 외부 힘이 물체에 가해지지 않는 한 물체의 운동량은 변하지 않는다.

② 물체계에 작용하는 외력의 합이 0이면, 그 계의 총 운동량은 항상 일정하다. 즉, $P_1 + P_2 + ... + P_n$ =일정 또는 $m_1 V_1 + m_2 V_2 + ... + m_n V_n$ =일정하다.

### (2) 일직선상에서의 충돌과 운동량 보존

① 정지한 $m_2$에 움직이는 $m_1$이 충돌한 경우

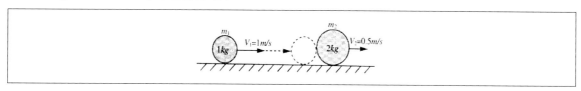

　㉠ 질량 $m_1$, 속도 $V_1 = 1$m/s로 움직이는 물체가 정지한 질량 $m_2$에 부딪쳐서 $m_1$물체는 정지하고 $m_2$물체가 움직인다.

　㉡ 속도 $V_2$는 운동량 보존의 법칙에 의하여 $m_1 V_1 = m_2 V_2$가 되며, 이 식에 값을 대입하면 $V_2 = 0.5$m/s가 된다.

② 두 물체 $m, M$의 충돌에 따른 운동량

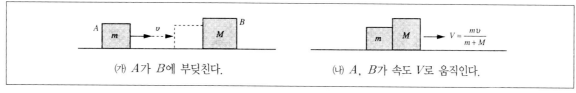

㈎ $A$가 $B$에 부딪친다.　㈏ $A, B$가 속도 $V$로 움직인다.

　㉠ ㈎는 정지한 물체 $B$에 움직이는 물체 $A$가 부딪치려는 모습을 나타내며 ㈏는 두 물체가 같이 붙어서 속도 $V$로 움직이는 것을 나타낸다.

　㉡ 운동량 보존의 법칙에 의하여 $mv = (m + M)V$이 성립되며, 속력 $V = \dfrac{mv}{m + M}$ 로 나타낼 수 있다.

(3) 평면상에서의 충돌과 운동량 보존

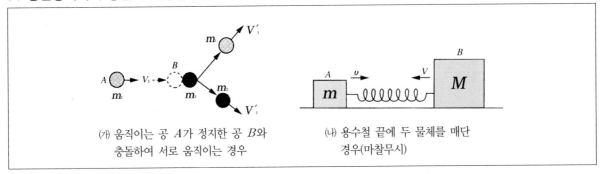

㈎ 움직이는 공 $A$가 정지한 공 $B$와
충돌하여 서로 움직이는 경우

㈏ 용수철 끝에 두 물체를 매단
경우(마찰무시)

① ㈎는 두 개의 공이 평면상에서 충돌하는 경우를 나타낸다.

② 운동량 보존의 법칙에 의하여 처음 $A$공의 운동량은 충돌 후 $A$, $B$공의 운동량의 합과 같다.

$$m_1 V_1 = m_1 V'_1 + m_2 V'_2$$

③ ㈏는 용수철을 늘린 후 놓으면, 양 끝에 매달린 두 물체 $A$, $B$가 각각 속도 $v$, $V$로 움직이고 있음을 나타낸다.

④ 운동량 보존의 법칙에 의하여 $mv + MV = 0$이다.

⑤ $v$와 $V$는 운동방향이 반대이므로 서로 다른 부호를 갖는다.

⑥ 크기만을 나타낼 경우 $mv = mV$로 표시한다.


# 02 충격량

### ① 충돌과 충격량

(1) 충돌의 종류

① 완전 탄성충돌 … 두 물체 사이의 운동에너지가 충돌 전후에 다 같으면 이 충돌을 완전 탄성충돌이라 한다.

② 비탄성충돌 … 일반적으로 두 물체가 충돌하면 운동에너지 일부가 소모되면서 운동에너지가 감소하는 충돌을 말한다.

③ 완전 비탄성충돌 ··· 두 물체가 충돌하여 들러 붙어서 움직이는 경우를 완전 비탄성충돌이라 한다.

[충돌의 종류]

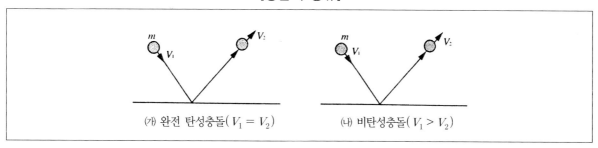

(가) 완전 탄성충돌($V_1 = V_2$)          (나) 비탄성충돌($V_1 > V_2$)

## (2) 충격량

① 두 물체가 충돌하였을 경우 충돌 전후 운동량의 변화량을 충격량이라 하고, 다음과 같이 나타낸다.

$$J = mV - mV_0 = F \cdot t \, (\text{kg} \cdot \text{m/s} = \text{N} \cdot \text{s})$$

**》TIP**

충격량은 운동량의 변화량으로 방향을 가지는 벡터량이다.

② 일직선상의 충돌

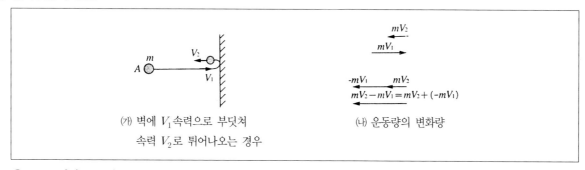

(가) 벽에 $V_1$ 속력으로 부딪쳐          (나) 운동량의 변화량
속력 $V_2$로 튀어나오는 경우

㉠ (가)는 질량 $m$, 속도로 $V_1$으로 벽에 충돌하여 속도 $V_2$로 튀어나온 경우를 나타낸다.

㉡ 충격량 $J$은 운동량 변화와 같으므로 $J = mV_2 - mV_1$이 된다.

$$J = mV_2 + mV_1$$

③ 평면과 비스듬한 충돌

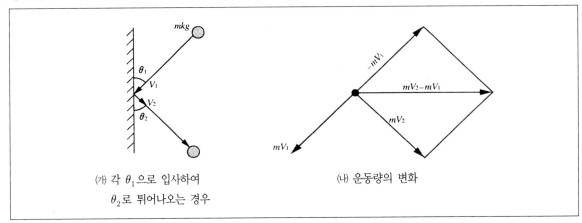

(개) 각 $\theta_1$으로 입사하여
$\theta_2$로 튀어나오는 경우

(내) 운동량의 변화

㉠ (개)는 물체가 각 $\theta_1$, 속력으로 $V_1$으로 입사하여 $\theta_2$, 속력 $V_2$로 튀어나오는 경우를 나타낸 것이다.

㉡ (내)는 운동량의 변화량, 즉 충격량을 벡터로 합성한 것이다.

$$충격량 \quad J = m V_2 - m V_1$$

## ❷ 충돌과 반발계수

### (1) 반발계수

① 반발계수($e$) ··· 충돌 전의 속도(상대속도)에 대한 충돌 후의 속도(상대속도)의 비율을 반발계수라 한다.

$$반발계수(e) = \frac{충돌\ 후의\ 속도(상대속도)}{충돌\ 전의\ 속도(상대속도)}$$

② 반발계수의 범위 ··· 반발계수는 물질의 탄성속도에 따라 다른 보통 0과 1 사이의 값을 갖는다($0 \leq e \leq 1$).

③ 반발계수의 계산

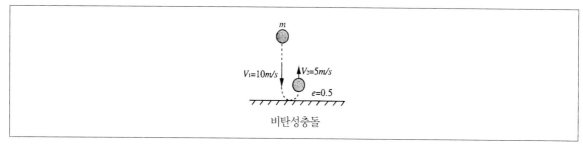

비탄성충돌

　㉠ 질량 $m$인 공이 자유낙하하여 지면에 닿기 직전 속력 10m/s, 튀어나올 때 속력이 5m/s일 때 반발계수
　　$e = 0.5$이다.

　㉡ 반발계수는 충돌 전의 상대속도 및 물체의 질량과는 관계가 없다.

## (2) 충돌과 반발계수

① 완전 탄성충돌 … 충돌 전의 속력 $V_1$과 충돌 후의 속력 $V_2$가 같으므로 반발계수 $e = 1$이다.

② 비탄성충돌 … 충돌 전의 속력 $V_1$보다 충돌 후의 속력 $V_2$가 작아지므로 반발계수 $e$는 0과 1사이에 해당된다.

③ 완전 비탄성충돌 … 충돌 후 반발되는 속력 $V_2 = 0$이므로 $e = \dfrac{V_2}{V_1} = 0$이다.

# 최근 기출문제 분석

2020. 10. 17. 제2회 지방직(고졸경채) 시행

**1** 20m/s의 속력으로 직선 운동하던 질량 200g의 공을 배트로 쳐서 반대 방향으로 30m/s의 속력으로 날려 보냈다. 이 공이 배트로부터 받은 충격량의 크기[N·s]는?

① 2                               ② 4

③ 10                            ④ 12

> **TIP** 충격량 = 운동량의 변화량이므로, $0.2 \times 30 - (0.2 \times -20) = 6 + 4 = 10 \mathrm{N} \cdot \mathrm{s}$ 이다.

2020. 6. 27. 해양경찰청 시행

**2** 마찰을 무시할 수 있는 얼음판 위에서, 질량 40kg인 어린이는 10m/s의 속력으로, 질량 60kg인 어른은 5m/s의 속력으로 마주보며 달려오다가 정면으로 충돌하였다. 충돌 직후 두 사람이 껴안았다면 다음 중 두 사람의 속력(m/s)은?

① 0.5m/s                      ② 1m/s

③ 2m/s                         ④ 4m/s

> **TIP** 물체의 운동량 $p$는 질량 $m$에 속도 $v$를 곱한 물리량으로, 방향은 속도의 방향과 같다. 즉, $\vec{p} = m\vec{v}$가 성립하는데 문제에서 어린이와 어른이 마주보며 달려오다가 충돌하였으므로, 그 방향은 반대가 된다. 운동량 보존의 법칙에 따라 충돌 전후의 운동량은 동일하므로 충돌 직후 껴안고 있는 두 사람의 속도를 구하면
> $$(40 \times 10) - (60 \times 5) = (40 + 60)v$$
> 따라서 $v = 1\mathrm{m/s}$ 이다.

2020. 6. 13. 제2회 서울특별시 시행

**3** 수평면 위에 정지하고 있는 200g의 나무토막을 향해 수평방향으로 10.0g의 총알이 발사되었다. 나무토막이 8.00m 미끄러진 후 정지할 때 나무토막과 수평면 사이의 마찰 계수가 0.400 이라면, 충돌 전 총알의 속력은? (단, 중력가속도는 $g = 10\mathrm{m/s}^2$로 한다.)

① 108m/s                     ② 168m/s

③ 224m/s                    ④ 284m/s

**Answer**    1.③   2.②   3.②

**TIP** 두 물체가 충돌해서 하나가 되어 운동하는 완전비탄성충돌에 해당한다. → 운동량 보존

$0.01 \times v_1 = (0.01 + 0.2)v_2,\ v_1 = 21v_2$

총알이 박힌 나무토막의 운동에너지는 마찰력이 한 일이 된다. → 에너지 보존

$\frac{1}{2}mv_2^2 = \mu mg \times s\ (\because 마찰력\ F = \mu N = \mu mg),\ v_2^2 = 64,\ v_2 = 8\text{m/s}$

따라서 $v_1 = 21 \times 8 = 168\text{m/s}$이다.

2019. 10. 12. 제2회 지방직(고졸경채) 시행

**4** 그림 (가)는 마찰이 없는 수평면 위에서 물체 A가 정지해 있는 물체 B를 향해 일정한 속도 $v_0$으로 운동하는 것을 나타낸 것이다. A, B는 질량이 각각 m이고, 충돌 후 일직선상에서 각각 등속 운동한다. 그림 (나)는 충돌하는 동안 A가 B로부터 받는 힘의 크기를 시간에 따라 나타낸 것이며, 시간 축과 곡선이 만드는 면적은 $\frac{2}{3}mv_0$이다. 이에 대한 설명으로 옳은 것만을 모두 고르면? (단, 물체의 크기는 무시한다)

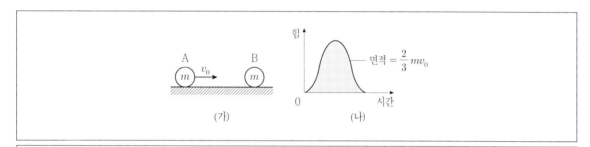

ⓐ 충돌 후 A의 속도는 $-\frac{1}{3}v_0$이다.

ⓑ 충돌 후 B의 속도는 $\frac{2}{3}v_0$이다.

ⓒ 충돌하는 동안 A가 B로부터 받은 충격량의 크기는 B가 A로부터 받은 충격량의 크기보다 크다.

① ㉠

② ㉡

③ ㉠, ㉡

④ ㉠, ㉡, ㉢

**TIP** ㉠ 충돌 전 운동량에서 충격량을 빼면 충돌 후 운동량을 구할 수 있다. 따라서 충돌 후 운동량은 $mv_0 - \frac{2}{3}mv_0 = \frac{1}{3}mv_0$이고, 이때 A의 속도는 $\frac{1}{3}v_0$이다.

㉡㉢ 충돌을 통해 A와 B가 받는 충격량의 크기는 동일하다. 따라서 정지해 있던 물체 B가 받은 충격량은 $\frac{2}{3}mv_0$이고 이때 B의 속도는 $\frac{2}{3}v_0$이다.

**Answer** 4.②

**5** 그림과 같이 마찰이 없는 평면상에서 질량이 같은 두 물체가 각각 수평방향으로 $2v$, 수직방향으로 $v$의 초기속도로 진행하다 충돌하여 하나로 뭉쳐져 계속 진행한다. 충돌 후 두 물체의 총 역학적 에너지는 충돌 전 총 역학적 에너지의 몇 배인가?

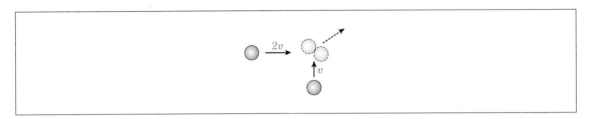

① 0.1배

② 0.5배

③ 1배

④ 2배

> **TIP** 운동량 보존법칙에 따라 충돌 전후 수평, 수직방향의 운동량이 보존된다고 할 때,
>
> 수평방향은 $m2v = 2mv_x$, $v_x = v$이고, 수직방향은 $mv = 2mv_y$, $v_y = \dfrac{v}{2}$이다.
>
> • 충돌 전 두 물체의 총 역학적 에너지 $= \dfrac{1}{2}m(2v)^2 + \dfrac{1}{2}mv^2 = \dfrac{5}{2}mv^2$
>
> • 충돌 후 두 물체의 총 역학적 에너지 $= \dfrac{1}{2} \times 2m \times \left[ v^2 + \left( \dfrac{v}{2} \right)^2 \right] = \dfrac{5}{4}mv^2$

**Answer** 5.②

**6** 그림은 질량이 5kg인 정지한 물체에 작용하는 알짜힘을 시간에 대해 나타낸 것이다. 알짜힘이 작용하는 동안 물체의 운동 방향은 변하지 않는다. 물체의 운동에 대한 설명으로 옳은 것만을 모두 고르면?

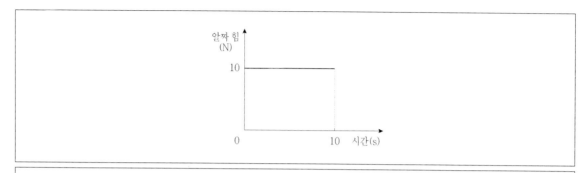

ㄱ 0에서 10초까지 물체가 받은 충격량의 크기는 100N · s이다.

ㄴ 0에서 10초까지 물체의 운동량의 크기는 일정하다.

ㄷ 10초에서 물체의 속력은 20m/s이다.

① ㄴ

② ㄷ

③ ㄱ, ㄴ

④ ㄱ, ㄷ

**TIP** ㄱ 0에서 10초까지 물체가 받은 충격량의 크기는 $10 \times 10 = 100 N \cdot s$이다. (O)

ㄴ 물체는 0에서 10초까지 $100 N \cdot s$의 충격량을 받으므로 운동량의 크기는 증가한다. (X)

ㄷ $p = mv = N \cdot s$이므로 $5 \times v = 100$, 따라서 $v = 20m/s$이다. (O)

**Answer** 6.④

2017. 3. 11. 국민안전처(해양경찰) 시행

**7** 다음은 동일 직선 상에서 운동하는 물체 A, B의 충돌 전후의 위치를 시간에 따라 나타낸 것이다. 이에 대한 설명으로 옳은 것을 〈보기〉에서 모두 고른 것은? (단, A와 B에 외부의 힘은 작용하지 않는다.)

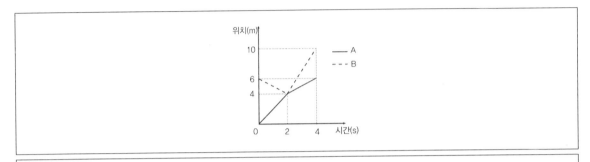

〈보기〉

㉠ 충돌 시 A가 받은 충격량의 크기와 B가 받은 충격량의 크기는 같다.
㉡ A의 질량은 B의 질량의 4배이다.
㉢ A와 B의 운동에너지의 총합은 충돌 전과 후에 동일하다.

① ㉠, ㉡　　　　　　　　　　　　　② ㉠, ㉢

③ ㉡, ㉢　　　　　　　　　　　　　④ ㉠, ㉡, ㉢

**TIP** ㉢ 충돌 전 운동에너지의 총합은 $\frac{1}{2}m_A(2)^2 + \frac{1}{2}m_B(1)^2 = 2m_A + \frac{1}{2}m_B$이고, 충돌 후 운동에너지의 총합은

$\frac{1}{2}m_A(1)^2 + \frac{1}{2}m_B(3)^2 = \frac{1}{2}m_A + \frac{9}{2}m_B$이다. 따라서 A와 B의 운동에너지의 총합은 충돌 전과 후에 다르다.

2016. 10. 1. 제2회 지방직(고졸경채) 시행

**8** 지상에서 5m 떨어진 곳에서 정지한 질량 2kg짜리 공을 자유 낙하시켰다. 바닥과 충돌 직후 공의 속도는 위 방향으로 4m/s였다. 이에 대한 설명으로 옳지 않은 것은? (단, 공기 저항은 무시하고, 중력 가속도는 10m/s²으로 한다)

① 바닥에 닿기 직전 속력은 10m/s이다.
② 바닥이 받은 충격량의 크기는 12N · s이다.
③ 공이 바닥과 충돌 직후 운동량의 크기는 8kg · m/s이다.
④ 공이 바닥에 가한 힘과 바닥이 공에 가한 힘은 작용 · 반작용 관계이다.

**Answer** 7.① 8.②

2012. 4. 14. 경상북도교육청 시행

**9** 그림은 질량과 속력이 같은 단단한 공과 부드러운 공을 벽에 던져 충돌하는 동안 벽이 공에 작용하는 힘을 나타낸 것이다. 충돌 후 두 공이 튕겨 나오는 속력은 같다. 이에 대한 설명으로 옳지 않은 것은?

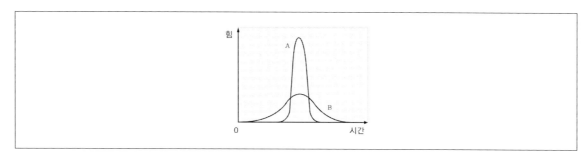

① A, B의 아래 면적은 같다.

② 벽이 두 공에 작용한 충격량은 같다.

③ 벽에 힘이 작용하는 시간은 A가 B보다 짧다.

④ 벽이 단단한 공에 작용하는 힘을 나타낸 그래프는 B이다.

⑤ 자동차 에어백은 B와 같은 원리를 이용한 예로 볼 수 있다.

**TIP** 운동량의 변화 = 충격량

$A, B$ 경우 질량과 속도가 모두 같으므로

$A$ 운동량의 변화 = $B$ 운동량의 변화, 즉 $A$ 충격량 = $B$충격량

충격량 = 힘(충격력) × 시간이므로, 충격량이 같을 때, 시간과 힘은 반비례관계이다.

① 그래프의 면적은 충격량을 의미하므로 $A, B$의 아래 면적은 같다.

② $A$ 운동량의 변화 = $B$ 운동량의 변화이므로 벽이 두 공에 가한 충격량은 같다.

③ 그래프의 $x$구간의 길이가 $A < B$이므로 벽에 힘이 작용하는 시간은 $A$가 $B$보다 짧다.

④ 벽이 단단한 공에 작용하면 벽에 힘이 가하는 시간이 짧아지므로 그래프 $A$에 해당한다.

⑤ 자동차 에어백은 충격이 가해지는 시간을 길게 하여 충격력을 줄이는 원리를 이용한 것이므로 그래프 $B$에 해당한다.

**Answer**  9.④

2009. 9. 12. 경상북도교육청 시행

**10** 다음과 같이 높이가 h₁인 곳에서 자유낙하 한 1kg의 물체가 바닥에 충돌하는 순간의 속도가 5㎧이었고, 충돌 후 3㎧의 속력으로 다시 튀어 올라 높이 h₂까지 올라갔다. 이 때 물체가 바닥에 충돌하면서 받은 충격량의 크기는?

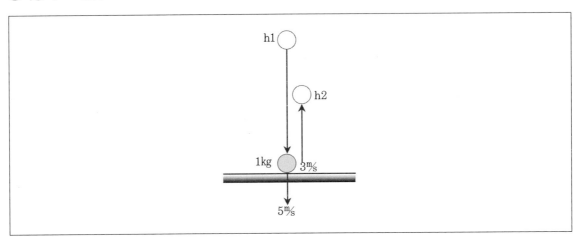

① 2N · s

② 4N · s

③ 6N · s

④ 8N · s

⑤ 10N · s

> **TIP** 충격량 … 두 물체가 충돌하였을 경우 충돌 전후 운동량의 변화량을 충격량이라고 하고
> $J = mV - mV_0 = F \cdot t \,(\mathrm{kg} \cdot \mathrm{\text{㎧}} = N \cdot s)$로 나타낸다.
> ④ $J = mV - mV_0 = \{1 \times (-3)\} - (1 \times 5) = -8$  ∴ $J = 8N \cdot s$

# 출제 예상 문제

**1** 마찰을 무시할 수 있는 얼음판 위에서 질량 40kg인 어린이가 10m/s의 속력으로, 질량 60kg인 어른이 5m/s의 속력으로 마주보며 달려오다가 정면으로 충돌하여 두 사람이 껴안았을 때 두 사람의 속력은?

① 1m/s

② 2m/s

③ 4m/s

④ 8m/s

---

**TIP** 운동량 $P = mv$는 보존되며, 마주보고 달려왔으므로 속도의 부호는 반대가 된다.

$P = 40 \cdot 10 + 60 \cdot (-5) = (40 + 60) \cdot v$

$\therefore v = 1\text{m/s}$

**2** 다음 (가)와 같이 질량 0.5kg인 당구공 A, B를 매끄러운 실험대 위에서 충돌실험을 하였다. 공 A가 10m/s의 일정한 속력으로 직선운동하여 정지해 있는 공 B와 정면 충돌한 후, 공 A는 그 자리에 정지하고 공 B는 A의 처음 운동방향과 같은 방향으로 운동하였다. 이 과정에서 시간에 따라 두 공 사이에 작용한 힘의 변화가 (나)와 같을 때 빗금친 부분의 면적은?

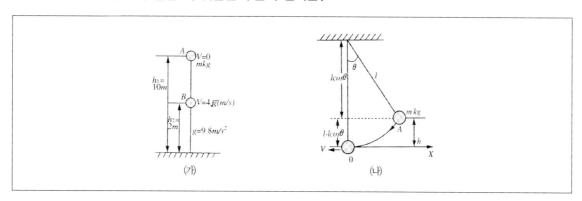

① 5N · s

② 10N · s

③ 15N · s

④ 20N · s

---

**TIP** 그래프의 면적은 충격량을 나타내는 것이므로 $\Delta t$ 동안 $\Delta mv$만큼 변했다면

힘 $F = \dfrac{\Delta(mv)}{\Delta t}$에서 충격량 $F\Delta t = \Delta(mv) = 0.5 \times 10 = 5\text{N} \cdot \text{s}$

**Answer** 1.① 2.①

**3** 다음과 같이 벽면에 대해 30°의 각을 이루며 속력 20m/s로 입사한 질량 0.1kg의 공이 $\dfrac{1}{10}$ 초 만에 같은 속력으로 튀어나왔다. 물체에 작용한 평균 힘의 크기는? (단, 다른 모든 힘의 작용은 무시한다)

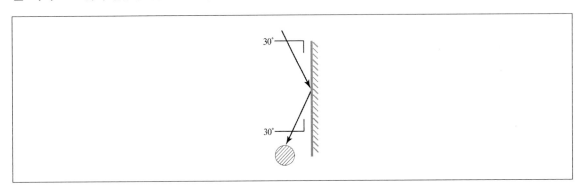

① 10N

② $10\sqrt{3}$ N

③ 20N

④ $20\sqrt{3}$ N

> **TIP** $\Delta p = \sqrt{(mv)^2 + (mv)^2 + 2(mv)(mv)\cos 120°}$
> $= \sqrt{(0.1 \times 20)^2 + (0.1 \times 20)^2 + 2(0.1 \times 20)^2\left(-\dfrac{1}{2}\right)}$
> $= \sqrt{4 + 4 - 4} = 2$
>
> $P = F \cdot t$ 에서 $F = \dfrac{P}{t} = \dfrac{2}{\dfrac{1}{10}} = 20\text{N}$

**4** 다음 ( ) 안에 알맞은 것은?

> 자동차가 사고로 가로수에 충돌하는 경우, 가로수가 파손되는 정도를 지배하는 물리량은 자동차의 ( ) 이다.

① 속도

② 가속도

③ 질량

④ 운동량

> **TIP** 물체에 가해진 충격량은 운동량의 변화량과 같다.

**Answer** 3.③ 4.④

**5** 질량 3.0kg인 물체가 3m/s로 벽에 수직으로 충돌하고 반대방향으로 1m/s로 튀어 나왔다. 이 때 벽에 물체가 준 충격량은 몇 N · s인가?

① 3N · s

② 6N · s

③ 9N · s

④ 12N · s

**TIP** 충격량$= Ft$ 에서 물체에 가해진 충격량은 운동량의 변화량과 같으므로

$Ft = mv - mv_0$

반대 방향이면 $-$부호를 붙이므로

$mv - mv_0 = 3\text{kg} \times (-1\text{m/s}) - 3\text{kg} \times 3\text{m/s} = -12$

$\therefore 12\text{N} \cdot \text{s}$

**6** 높이 80m에서 자유낙하시킨 공이 나무 바닥에 충돌하여 다시 위로 튀어 올라갔다. 공과 마루 바닥의 반발계수가 0.5일 때, 물체가 충돌 직후 마루 바닥에서 튀어 오를 때의 속력은? (단, 중력가속도는 10m/s$^2$으로 계산한다)

① 10m/s

② 20m/s

③ 25m/s

④ 40m/s

**TIP** 공이 바닥에 닿을 때의 속력은 $2gs = v^2 - v_0^2$이므로

$2 \times 10 \times 80 = v^2$

$\therefore v = 40\text{m/s}$

**7** 정지하고 있는 질량 0.5kg의 공이 중력에 의해 자유낙하한다. 10초 동안 낙하하였을 때 운동량의 크기는? (단, 공기의 저항은 무시하고, 중력가속도는 9.8m/s$^2$이다)

① 5kg · m/s$^2$

② 25kg · m/s$^2$

③ 49kg · m/s$^2$

④ 98kg · m/s$^2$

**TIP** 평균속도 $v = \dfrac{v_1 + v_t}{2}$ 에서 자유낙하하므로 $v_1 = 0$, $v_t = gt = 9.8 \times 10 = 98\text{m/s}$

$v = \dfrac{0 + 98}{2} = 49\text{m/s}$

운동량$=$질량 $\times$ 속도$= 0.5 \times 49 = 24.5 \fallingdotseq 25\text{kg} \cdot \text{m/s}^2$

**Answer** 5.④ 6.④ 7.②

**8** 질량 2kg인 물체가 3m/s로 벽에 수직으로 충돌하고 반대 방향으로 2m/s로 튀어나왔다면 이 때 벽이 공에 준 충격량은?

① $4N \cdot sec$

② $6N \cdot sec$

③ $8N \cdot sec$

④ $10N \cdot sec$

---

**TIP** 힘의 시간에 따른 적분값으로 충격량과 운동량의 변화량은 같으므로

$$P = F \cdot t = mv - mv_0$$

$$\therefore P = 2 \times \{2 - (-3)\} = 10N \cdot sec$$

**9** 질량 $m$인 탄환이 $v$의 속도로 운동을 하다가 질량 $M$인 물체에 충돌하여 $V$의 속도로 함께 운동할 때 $V$의 크기는?

① $V = \dfrac{mv}{m + M}$

② $V = \dfrac{m + M}{mv}$

③ $V = \dfrac{mv + M}{m + M}$

④ $V = \dfrac{mv}{m - M}$

---

**TIP** 충돌식$= mv + Mv' = (m + M)V$이므로

$M$은 처음에는 정지$(v' = 0)$ 했다가 충돌 후 함께 이동했으므로 $mv + 0 = (m + M)V$

$$\therefore V = \dfrac{mv}{m + M}$$

**10** 질량 $m$인 공이 속도 $v$로 날아가다가 벽에 충돌한 후 정반대 방향으로 $v$의 속도로 반발하였다면 이 공이 벽에서 받은 충격량은?

① $mv$

② $2mv$

③ $\dfrac{1}{2}mv$

④ $\dfrac{1}{2}mv_2$

---

**TIP** $F \cdot t = mv - (-mv) = 2mv$

**11** 등속도운동을 하고 있는 두 물체가 충돌한다면 이들 전체의 운동량은 어떻게 되겠는가?

① 정면으로 충돌할 때에만 보존된다.

② 완전 탄성충돌을 할 때에만 보존된다.

③ 물체들이 쪼개지면 보존되지 않는다.

④ 외부에서 힘이 작용하지 않는 한 항상 보존된다.

> **TIP** 운동량 보존의 법칙 … 두 개 또는 그 이상의 물체를 한 개의 물체계로 볼 때 계 내에서 서로 힘이 작용하여도 계 밖에서 힘(외력)이 작용하지 않으면 계의 운동량은 일정하게 보존된다.

**12** 두 물체가 충돌했을 경우에 대한 설명으로 옳지 않은 것은?

① 두 물체가 받은 충격량의 값은 같다.

② 충돌 전후의 운동량은 보존된다.

③ 반발되지 않는 경우도 있다.

④ 운동에너지로 반드시 보존된다.

> **TIP** 충돌의 종류
> ㉠ 완전 탄성충돌(탄성충돌, $e=1$) : 충돌 전의 상대 속도와 충돌 후의 상대 속도가 같고 운동량과 운동에너지가 보존된다.
> ㉡ 완전 비탄성충돌($e=0$) : 충돌 후에 두 물체가 한 덩어리로 움직이는 충돌로 운동량만 보존된다.
> ※ 반발계수$(e)=\dfrac{\text{멀어지려는 속도}}{\text{가까워지려는 속도}}$ $(0 \le e \le 1)$

**13** 공을 마루 위 1m 높이에서 자유낙하시켰더니 49cm 높이까지 튀어 올랐다면 공과 마루 사이의 반발계수는?

① 0.25

② 0.7

③ 0.49

④ 0.85

> **TIP** 반발계수 $e=\dfrac{v'}{v}=\dfrac{\sqrt{2gh'}}{\sqrt{2gh}}=\sqrt{\dfrac{h'}{h}}=\sqrt{\dfrac{49}{100}}=\dfrac{7}{10}=0.7$

**Answer** 11.④  12.④  13.②

**14** 마루 위 4.9m 높이에서 자유낙하된 공이 마루에서 반발되는 속력은? (단, 반발계수 $e = 0.5$ 이다)

① 2.45m/sec

② 4.9m/sec

③ 9.8m/sec

④ 19.6m/sec

 **TIP** 반발계수 $= \dfrac{\text{충돌 후의 속도}(v_2)}{\text{충돌 전의 속도}(v_1)}$ 이므로 $0.5 = \dfrac{v_2}{v_1}$, $v_2 = 0.5v_1$

$v_1$은 자유낙하할 때의 속도이므로 $\sqrt{2gh}$ 이므로 $v_1 = \sqrt{2 \times 9.8 \times 4.9} = 9.8$m/sec

$\therefore v_2 = 0.5 \times 9.8 = 4.9$m/sec

**15** 5kg의 물체가 자유낙하할 때 4초 후의 운동량은?

① 20kg · m/sec

② 39.2kg · m/sec

③ 196kg · m/sec

④ 320kg · m/sec

**TIP** $v = gt$ 이므로 $v = 9.8$m/sec$^2 \times 4$sec $= 39.2 m$/sec

$\therefore mv = 5$kg$\times 39.2$m/sec $= 196 kg$ · $m$/sec

**16** 질량 $m$인 공이 벽면에 부딪쳐 60° 각도로 튕겨나갔을 때 운동량의 변화량은? (단, 속도는 불변이다)

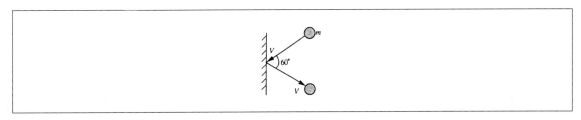

① $mV$

② $2mV$

③ $\sqrt{2}\,mV$

④ $\sqrt{3}\,mV$

**TIP** 운동량의 변화량=충격량이므로 벡터합성을 하면

합성벡터의 크기 $\Delta P = \sqrt{(mV^2) + (mV)^2 + 2 \cdot (mV)(mV)\cos 60°}$

$\quad\quad\quad\quad\quad\quad = \sqrt{3(mV)^2}$

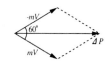

**Answer** 14.② 15.③ 16.④

**17** 다음에서 마찰이 없는 수평면상에 용수철에 연결시킨 질량 $m$, $M$인 두 물체를 놓을 때 두 물체가 가지는 운동에너지의 비를 속도비($K_A : K_B$)로 바르게 표시한 것은?

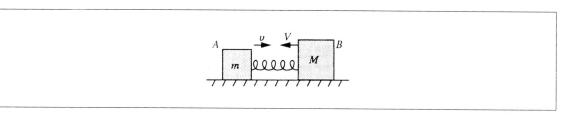

① $v : V$

② $v^2 : V^2$

③ $\sqrt{v} : \sqrt{V}$

④ $V : v$

> **TIP** 두 물체의 운동에너지를 각각 $K_A$, $K_B$라 하면 $K_A = \frac{1}{2}mv^2$, $K_B = \frac{1}{2}MV^2$이므로 $K_A : K_B = \frac{1}{2}mv^2 : \frac{1}{2}MV^2$
>
> 운동량 보존에 의하여 $mv = MV$이므로 대입하여 간단히 하면 $K_A : K_B = \frac{1}{2}MVv : \frac{1}{2}MV^2$
>
> $\frac{1}{mv} = \frac{1}{2}MV$이므로 소거하면 $K_A : K_B = v : V$

**18** 질량 0.14kg인 야구공이 30m/s로 날아올 때 야구배트로 쳐서 반대방향으로 20m/s로 튕겨나갔다. 공이 배트에 맞는 시간이 1/100초일 때 배트가 공에 가한 힘의 크기는?

① 140N

② 280N

③ 420N

④ 700N

> **TIP** 운동량의 변화량 = 충격량이므로 $mV_2 - mV_1 = Ft$
>
> 이 식에 $m = 0.14$kg, $V_1 = 30$m/s, $V_2 = 20$m/s, $t = \frac{1}{100}$s를
>
> 대입하여 계산하면 $F = 700$N

**Answer** 17.① 18.④

**19** 높이 1m인 곳에서 바닥으로 공을 놓았더니 80cm 높이로 반발되었다면 공에 대한 바닥의 반발계수 $e$ 는? (단, 마찰은 무시한다)

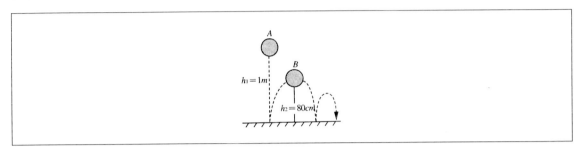

① $\dfrac{1}{\sqrt{2}}$

② $\dfrac{1}{\sqrt{5}}$

③ $\dfrac{\sqrt{5}}{5}$

④ $\dfrac{2\sqrt{5}}{5}$

**TIP** 반발계수 $e = \sqrt{\dfrac{h_2}{h_1}}$ 이므로 $h_1 = 1\text{m} = 100\text{cm}$, $h_2 = 80\text{cm}$를 대입하여 간단히 하면

$$e = \sqrt{\dfrac{80}{100}} = \dfrac{\sqrt{80}}{10} = \dfrac{4\sqrt{5}}{10} = \dfrac{2\sqrt{5}}{5}$$

**20** 객차 3량이 연결된 채 정지해 있다. 객차 2량이 연결된 열차가 속력 $V$로 달려와 정지한 객차 3량을 연결하였다면 연결된 5량의 속력은?

① $\dfrac{1}{5}V$

② $\dfrac{2}{5}V$

③ $\dfrac{1}{3}V$

④ $\dfrac{2}{3}V$

**TIP** 운동량 보존법칙에 의해 $2mV = 5mV'(m : 객차 질량)$이므로

연결된 후 객차속도 $V' = \dfrac{2}{5}V$

**21** 정지한 1kg 질량인 공 $B$에 1kg 질량인 공 $A$가 10m/s로 날아와 부딪쳐서 $A$, $B$가 각각 $45°$, $30°$ 방향으로 움직일 때 충돌 후 속력 $V_A$와 $V_B$를 구하면? (단, 모든 마찰은 무시한다)

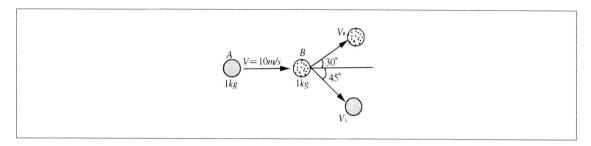

① 5m/s, 5m/s

② $5\sqrt{3}$ m/s, $5\sqrt{3}$ m/s

③ $5\sqrt{2}$ m/s, $5\sqrt{2}$ m/s

④ $5\sqrt{2}$ m/s, $5\sqrt{3}$ m/s

**TIP** 운동량 보존에 의해 충돌 전 운동량 $P$와 충돌 후 운동량 $P'$는 서로 같으므로

$P = P' = 1\text{kg} \times 10\text{m/s} = 10kg \cdot \text{m/s}$

$mV_A = P' \cdot \cos 45° = 5\sqrt{2}\,\text{kg} \cdot \text{m/s}$

$mV_B = P' \cdot \cos 30° = 5\sqrt{3}\,\text{kg} \cdot \text{m/s이므로}$

$m = 1\text{kg}$을 대입하면 $V_A = 5\sqrt{2}$ m/s, $V_B = 5\sqrt{3}$ m/s

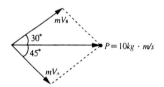

**22** 질량 200g인 물체의 운동에너지가 $10^6$erg일 때 그 물체의 운동량은 몇 g·cm/s인가?

① $2 \times 10^4$

② $4 \times 10^4$

③ $5 \times 10^2$

④ $5 \times 10^4$

**TIP** 운동에너지 $K = \frac{1}{2}mV^2$이고 운동량 $P = mV$이므로

$K = \frac{1}{2}mV^2$에 $K = 10^6$erg, $m = 200$g을 대입하여 계산하면

$V = 100$cm/s

$\therefore P = mV^2 = 200\text{g} \times 100\text{cm/s} = 2 \times 10^4 \text{g} \cdot \text{cm/s}$

**23** 반발계수 e=1 일때, 다음의 두 물체가 충돌하면 A는 몇 m/s의 속도로 움직이는가?

① 약 −2.6

② 약 −3.6

③ 약 −4.6

④ 약 −5.6

---

**TIP** 반발계수 $e = \dfrac{\text{충돌 후 상대속도 크기}}{\text{충돌 전 상대속도 크기}} = \dfrac{V_2' - V_1'}{V_1 - V_2}$

이 문제의 경우 반발계수가 1인 완전탄성 충돌의 경우이기에 분자와 분모가 같아야 한다.

$m_1 = 1kg, m_2 = 2kg, V_1 = 2m/s, V_2 = -3m/s$이고, $V_1 - V_2 = 5m/s$

그러면 충돌 후에도 상대속도는 $5m/s$이어야 하므로

$V_2' - V_1' = 5m/s$이고, $V_2' = 5m/s + V_1'$가 가능하다.

이 식을 운동량 보존식에서 적용을 해보면 $m_1 V_1 + m_2 V_2 = m_1 V_1' + m_2 V_2'$

$= (1kg \times 2m/s) + (2kg \times -3m/s) = (1kg \times V_1') + (2kg \times V_2')$

$= (1kg \times 2m/s) + (2kg \times -3m/s) = (1kg \times V_1') + 2kg(5m/s + V_1')$

$= 2 - 6 = V_1' + 10 + 2V_1'$

$= V_1' = -\dfrac{14}{3}$

$\therefore V_1' = 약 -4.6m/s$

---

**24** 질량 50g의 공이 6.0m/s의 속도로 벽에 부딪힌 후 초기 운동에너지의 50%로 튀어 나온다고 할 때 공이 벽에 준 충격량은 몇 kg · m/s인가?

① $\dfrac{3}{20}(2 + \sqrt{2})$

② 0.5

③ $6 + 3 + \sqrt{2}$

④ $\dfrac{3\sqrt{2}}{20}$

---

**TIP** 다음과 같이 공이 반발하였다면, 공이 벽에 준 충격량은

$J = \Delta P = m V_1 - m V_2 = m V_1 + m V_2$

$V_1 = 6.0$m/s이고, $\dfrac{1}{2} m V_2^2 = \dfrac{1}{2}\left(\dfrac{1}{2} m V_1^2\right)$이므로 $V_2 = 3\sqrt{2}$ m/s

$m = 50$g $= 0.05$kg이므로 위의 두 값을 대입하면 $\Delta P = 0.05(6 + 3\sqrt{2}) = \dfrac{3}{20}(2 + \sqrt{2})$kg · m/s

**Answer** 23.③ 24.①

**25** 마찰없는 수평면에서 질량 2kg 물체가 10m/s로 달려와서 질량 10kg 물체와 함께 붙어서 움직일 때 속력은?

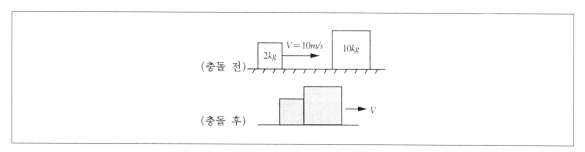

① 0.5m/s

② 1m/s

③ 2m/s

④ $\dfrac{5}{3}$ m/s

---

**TIP** 운동량 보존의 법칙에 의해 $m_1 V_1 + m_2 V_2 = MV$이므로

$m_1 = 2$kg, $m_2 = 10$kg, $V_1 = 10$m/s, $V_2 = 0$m/s, $M = 12$kg을 대입하여 계산하면

$V = \dfrac{5}{3}$ m/s

---

**26** 일렬로 붙어 서 있는 똑같은 3대의 자동차에 2m/s의 속력으로 움직이고 있는 4번째 자동차가 충돌하여 4대의 자동차가 모두 함께 움직이고 있다. 이 때 4대의 자동차가 함께 움직이고 있는 속력은 얼마인가?

① $\dfrac{1}{2}$ m/s

② $\dfrac{2}{3}$ m/s

③ $\dfrac{3}{4}$ m/s

④ 1 m/s

---

**TIP** 질량 $m$인 자동차가 $V = 2$m/s로 달리다가 충돌하여 $4m$인 자동차가 $V_1$ 속도로 움직이는 것을 나타내므로 운동량 보존의 법칙에 의해 (A)에서 운동량과 (B)에서 운동량이 같으므로

$m V = 4 m V_1$

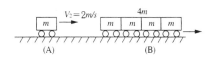

이 식에서 $m$을 소거하고 $V = 2$m/s를 대입하여 계산하면 $V_1 = \dfrac{1}{2}$ m/s

# 04 PART

## 열

# 01 열과 열의 전달현상

## 01 열

### ❶ 온도

**(1) 온도**

물체의 차고 더운 정도를 숫자로 표시한 것으로 온도의 눈금은 두 개의 온도를 선정하여 그 사이를 등분하여 정한다.

**(2) 온도의 눈금**

① **섭씨온도** ··· 물의 어는 점을 0℃, 끓는 점을 100℃로 하여 그 사이를 100 등분한 온도로 ℃로 나타낸다.

② **화씨온도** ··· 물의 어는 점을 30℉, 끓는 점을 212℉로 하여 그 사이를 180 등분한 온도로 ℉로 나타낸다.

> ▶**TIP**〰〰〰〰〰〰〰〰〰〰〰
> 화씨온도와 섭씨온도의 관계식
> $$\frac{F-32}{180} = \frac{C}{100} \quad \therefore F = \frac{180}{100}C + 32 = \frac{9}{5}C + 32$$

③ **절대온도** ··· 물질의 분자운동이 0이 되는 온도를 0K로 하고, 물의 녹는 점을 273K로 한 온도로 K로 나타낸다.

> ▶**TIP**〰〰〰〰〰〰〰〰〰〰〰
> 절대온도와 섭씨온도와 관계식
> $$T = 273 + t\,(\mathrm{K})$$

## ❷ 열

### (1) 열

① **개념** ··· 온도가 높은 곳에서 낮은 곳으로 이동하는 에너지의 형태를 열이라 한다.

② **열에너지의 단위** ··· 에너지와 같은 단위인 J(줄)을 사용한다.

③ **열에너지의 변화** ··· 열에너지는 운동에너지와 같은 역학에너지로 변환될 수 있다.

>  ┈┈┈┈┈┈┈┈┈┈┈┈┈┈┈┈┈
> 증기기관은 수증기의 열에너지를 증기기관의 운동에너지로 바꾼 것이다.

### (2) 열의 일당량

① **줄의 법칙** ··· 열에너지(cal)와 일에너지(J)의 관계를 나타내는 법칙으로 *Joule*의 실험으로 밝혀졌다.

② *Joule*의 실험

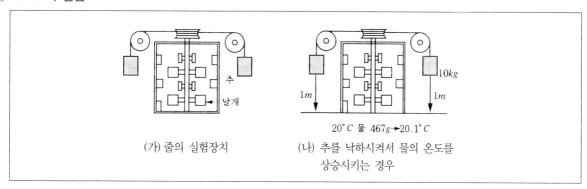

(가) 줄의 실험장치      (나) 추를 낙하시켜서 물의 온도를
상승시키는 경우

ㄱ (가)는 줄이 직접 열의 일 해당량을 측정하기 위하여 실험한 장치이다.

ㄴ 낙하하는 추가 날개를 돌리고 물을 저어서 물의 온도가 올라간다.

ㄷ 실험결과 줄의 열일당량은 J ≒ 4,200J/kcal = 4.2J/cal임을 밝혔다.

ㄹ (나)는 10kg 추 2개를 1m 낙하시켜 전부 열에너지가 되었을 때 물 467g의 온도는 20℃에서 20.1℃로 0.1℃ 상승함을 나타낸다.

ㅁ 추가 낙하하여 손실된 위치에너지는 $E_p = mgh = 20 \times 9.8 \times 1 = 196$J이며, 이를 열에너지로 바꾸면

$$E_p = \frac{F-32}{180} = \frac{C}{100} ≒ 46.7\text{cal}가 된다.$$

ㅂ 물의 상승온도를 구하기 위해 열량관계식을 사용하면 $Q = mCt$가 된다.

ㅅ 46.7cal $= 467 \times 1 \times t$ 이므로 물의 온도는 0.1℃ 상승한다.

## ❸ 열량과 비열

### (1) 열량($Q$)

물 1kg을 14.5℃에서 15.5℃로 높이는데 필요한 열량을 1kcal라 정의하고, 다음과 같이 나타낸다.

$$열량(Q) = mC\Delta t \ (\text{cal 또는 kcal})$$

> **TIP**
> 1cal는 물 1g을 1℃ 높이는 데 필요한 열량이며 1,000cal = 1kcal와 같다.

### (2) 열용량($H$)

물체의 온도를 1K 올리는 데 필요한 열량($Q$)을 말한다.

$$열용량(H) = \frac{Q}{\Delta t}(\text{cal/℃}) = mC$$

### (3) 비열($C$)

① 단위질량의 물체가 가지는 열용량이며, 어떤 물질 1kg을 1℃ 높이는 데 필요한 열량(kcal)을 말한다.

$$비열(C) = \frac{H}{m} = \frac{Q}{m\Delta t}(\text{kcal/kg℃, cal/g℃})$$

> **TIP**
> 물의 비열은 $1\text{cal/g℃}$로 가장 큰 값을 갖는다. 비열이 클수록 열을 가해도 빨리 온도가 상승하지 않으며, 또한 잘 식지도 않는다.

② 비열 $C_1$인 물질 $m_1$g과 비열 $C_2$인 물질 $m_2$g의 합금의 비열은 두 금속물질을 합금해도 열용량($H = mC$)은 변하지 않는다.

③ $m_1 C_1 + m_2 C_2 = (m_1 + m_2)C$이다.

$$합금의 \ 비열(C) = \frac{m_1 C_1 + m_2 C_2}{m_1 + m_2}$$

## ❹ 물질의 상태변화

### (1) 물질의 상태변화

① **개념** … 모든 물질은 온도와 압력에 따라 고체, 액체, 기체상태 중 하나의 상태로 존재한다.

② **상태변화** … 고체인 얼음에 열을 가하면 물이 되고, 물에 열을 가하면 기체인 수증기가 되는 현상을 상태변화라 한다.

③ **잠열** … 온도의 변화없이 물질의 상태만 바꾸는 데 필요한 열량을 말한다.
   ㉠ **융해열** : 1kg의 고체를 같은 온도의 액체로 변화시키는 데 필요한 열량(얼음의 융해열 80kcal/kg)이다.
   ㉡ **기화열** : 1kg의 액체를 같은 온도의 기체로 변화시키는 데 필요한 열량(물의 기화열은 539kcal/kg)이다.

### (2) 상태변화가 없이 온도를 상승시킬 때 필요한 열량

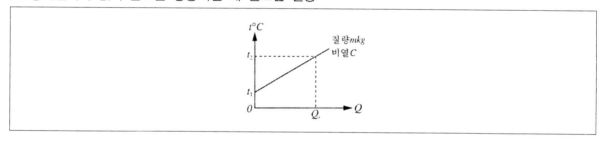

① 열량 $Q = mC\Delta t$ 로 구한다.

② 그래프는 질량이 $m$kg이고, 비열이 $C$인 물체에 $Q_1$ 열량을 가해서 온도를 $t_1$에서 $t_2$로 상승시킨 것을 나타낸 것이다.

③ 가해준 열량 $Q_1$을 식으로 쓰면 다음과 같다.

$$Q_1 = mC\Delta t = mC(t_2 - t_1)\ (\text{kcal})$$

### (3) 상태변화가 필요한 열량

① 온도변화에 따른 열량 뿐만 아니라 상태변화에 쓰이는 열량도 계산해 주어야 한다.

$$\text{상태변화에 필요한 열량} = \text{융해열(혹은 기화열)} \times \text{질량}$$

② -10℃인 얼음 100g을 가열해서 녹여 물로 될 때까지의 상태변화

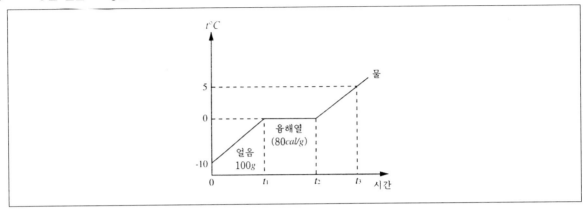

㉠ 0 ~ $t_1$ 열량 $Q = mC\Delta t = 100 \times 1 \times 10 = 1,000$cal

㉡ $t_1$ ~ $t_2$ 열량 $Q =$ 융해열 × 질량 $= 80 \times 100 = 8,000$cal

㉢ $t_2$ ~ $t_3$ 열량 $Q = mC\Delta t = 100 \times 1 \times 5 = 500$cal

㉣ 전체열량 $Q = Q_1 + Q_2 + Q_3 = 9,500$cal $= 9.5$kcal가 된다(얼음의 비열을 1로 가정).

> **TIP** ~~~~~~~~~~~~~~~~~~~~~~~~~~~~~~~~~

융해열은 고체가 액체상태로 변할 때 필요한 열량을 말하며 기화열은 액체가 기체상태로 변할 때 필요한 열량이다. 표준상태에서 얼음의 융해열은 $80$cal/g이며, 물의 기화열은 $539$cal/g이다.


**❺ 열량보존의 법칙**

**(1) 열량보존의 법칙의 개념**

온도가 다른 두 물체가 접촉하여 고온인 물체는 열을 잃고, 저온인 물체는 열을 얻을 때, 잃은 열량과 얻은 열량은 항상 같다는 법칙이다.

**(2) 열적 평형상태에서의 열량 계산**

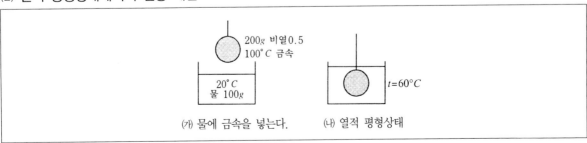

① ㈎와 같이 20℃ 물 100g에 100℃, 비열 0.5인 금속 200g을 넣으면 ㈏와 같이 열적 평형이 이루어질 때의 온도가 60℃임을 나타낸다.

② 열적 평형에서의 온도를 $t$로 놓고 계산을 하면 다음과 같다.

 ㉠ 물이 얻은 열량 $Q = mC\Delta t = 100 \times 1 \times (t - 20)$

 ㉡ 금속이 잃은 열량 $Q = mC\Delta t = 200 \times 0.5 \times (100 - t)$

 ㉢ 위의 두 값을 같다고 하면 $t - 20 = 100 - t$가 되므로 $t = 60℃$임을 알 수 있다.


## ❻ 열팽창

### (1) 선팽창계수

① 고체온도가 상승할 때 늘어난 길이의 비율을 선팽창계수라 한다.

$$선팽창계수 \; \alpha = \frac{\Delta l}{l_0} \cdot \frac{1}{\Delta t} \, (1/℃)$$

$(l_0 : 고체의 길이, \; \Delta l : 늘어난 길이, \; \Delta t : 온도변화량)$

② 선팽창계수가 $\alpha$인 금속의 온도가 $\Delta t$만큼 상승했을 때 길이는 다음과 같다.

$$l = l_0 + \Delta l = l_0 + l_0 \cdot \alpha \cdot \Delta t = l_0 (1 + \alpha \cdot \Delta t)$$

### (2) 체적팽창계수

① 고체온도가 1℃ 상승할 때 증가한 체적 $\Delta V$의 비율을 체적팽창계수라 하고 다음과 같이 나타낸다.

$$체적팽창계수 \; \beta = \frac{\Delta V}{V_0} \cdot \frac{1}{\Delta t} \, (1/℃)$$

② 고체의 체적팽창계수가 $\beta$이고, 온도가 $\Delta t$만큼 상승할 때 체적의 양은 다음과 같다.

$$V = V_0 + \Delta V = V_0 + V_0 \beta \Delta t = V_0 (1 + \beta \Delta t)$$

### (3) 선팽창계수 $\alpha$와 체적팽창계수 $\beta$의 관계

동일한 고체물질에서 $\alpha$, $\beta$의 관계식은 $\beta = 3\alpha$이다.

# 02 열의 전달

## ❶ 전도

### (1) 열전도

열이 고온의 물체에서 저온의 물체로 물질을 통해서 전달되는 현상을 열전도라 한다.

### (2) 열의 양도체

열전도도가 높은 물질로는 주로 금속물질이 이에 해당된다.

### (3) 열의 불량체

열전도도가 낮은 물질로는 기체와 폴리스틸렌, 석면, 나무 등이 있다.

### (4) 전도되는 열량($Q$)

$$Q = k\frac{A(T_1 - T_2)}{l}t$$

[열의 전도]

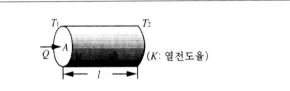

($K$: 열전도율)

## ❷ 대류

### (1) 대류

액체나 기체가 열팽창하여 밀도가 변하면서 물질이 순환하는데, 이처럼 물질이 직접 움직이면서 열이 고온에서 저온으로 전달되는 현상을 대류라 한다.

## (2) 대류현상

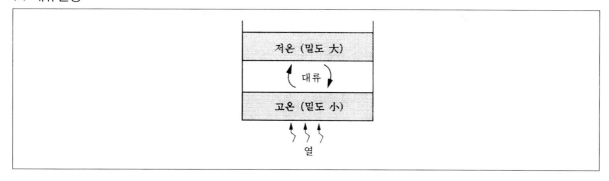

① 아래에 있는 유체가 열을 받아 열팽창을 하여 밀도가 작아지고, 위의 유체가 상대적으로 밀도가 커져서 아래로 순환되는 현상을 나타낸 것이다.

② 물질이 직접 순환하여 열을 전달하는 현상을 대류라 한다.

## ❸ 복사

### (1) 복사열

온도를 가진 물체의 표면에서 연속적으로 방출되는 열에너지를 복사열 또는 복사에너지라 하며, 이것은 전자기파의 일종이다.

### (2) 복사

열에너지가 전자기파의 형태로 중간물질을 거치지 않고 직접 물체에 전달되는 현상으로 공기, 진공 중에 전파된다.

### (3) 스테판 · 볼츠만의 법칙

고온의 물체에서 방출되는 복사에너지는 물체의 온도의 4제곱($T^4$)에 비례한다.

$$E = \sigma\, T^4 (\sigma 는 스테판 - 볼츠만의 상수)$$

> **TIP**
>
> $T$는 절대온도로 관계식은 $T = 273 + t\,℃\,(\mathrm{K})$이다.

## (4) 빈의 법칙

① 복사체에서 방출하는 전자기파 중에서 에너지가 가장 큰 전자기파의 파장은 표면온도에 반비례한다.

$$\lambda T = 일정(12.9 \times 10^{-3} \text{m} \cdot \text{K})$$

② 복사체의 표면온도가 높을수록 복사체에서 방출하는 전자기파의 파장은 짧다.

## (5) 열 복사선의 에너지의 분포

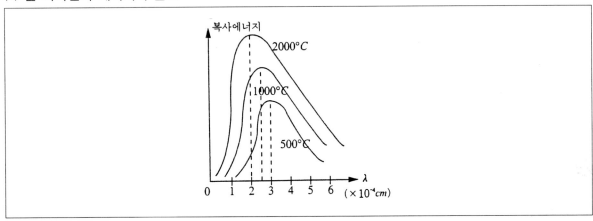

① 높은 온도에서 나오는 복사에너지의 최고값에서 파장의 길이가 온도에 반비례함을 나타낸다.

② 고온에서 방출되는 에너지가 높은 복사파일수록 파장은 짧아진다(그래프에서 제일 볼록한 부분의 파장이 짧아진다).

## (6) 흑체

들어오는 모든 열복사선을 흡수하고 온도가 높을 때는 100% 방출하는 이상적인 물체를 흑체라고 한다.

# 최근 기출문제 분석

2021. 6. 5. 해양경찰청 시행

**1** 70℃ 물 100g과 10℃ 물 50g을 섞으면 몇 ℃가 되겠는가? (단, 외부와의 열 출입은 없다고 가정한다.)

① 45

② 50

③ 55

④ 60

> **TIP** (70℃ 물이 잃은 열량) = (10℃ 물이 얻은 열량) 이므로,
> $c_{물} \times 0.1 \times (70 - T) = c_{물} \times 0.05 \times (T - 10)$ 에서 $T = 50$ ℃임을 구한다.

2020. 10. 17. 제2회 지방직(고졸경채) 시행

**2** 온도와 열에 대한 설명으로 옳지 않은 것은?

① 온도는 물체의 차고 뜨거운 정도를 수량적으로 나타낸 것이다.

② 열기관은 열을 역학적인 일로 바꾸는 장치이다.

③ 열은 자발적으로 저온에서 고온으로 이동할 수 있다.

④ 절대온도에서 1K 차이는 섭씨온도에서 1˚C 차이와 같다.

> **TIP** ③ 열은 자발적으로 고온에서 저온으로 이동할 수 있다.

**Answer** 1.② 2.③

2020. 6. 13. 제2회 서울특별시 시행

**3** 열전도도가 0.080W/(m·℃)인 나무로 지어진 오두막이 있다. 실내 온도가 25℃, 바깥 온도가 5℃인 날 실내 온도가 일정하게 유지되기 위한 난로의 일률은? (단, 오두막은 바닥을 포함한 전면적이 두께가 5.0cm인 동일한 나무로 지어졌고 바깥과 접촉한 표면적의 크기는 50m² 이며 열의 출입은 전체 표면적에서 균일하다.)

① 400W

② 800W

③ 1200W

④ 1600W

> **TIP** 실내의 온도가 일정하게 유지되기 위해서는 천장 및 바닥, 외벽을 통해 손실되는 열량과 같은 열량이 공급되어야 한다.
> 열전도도를 $k$, 바깥과 접촉한 표면적의 크기를 $A$, 전면적의 두께를 $l$, 내부와 외부의 온도차를 $\triangle t$ 라고 할 때,
> 손실열량 $q = k \dfrac{A \triangle t}{l}$ 이므로, $0.080 \times \dfrac{50 \times (25-5)}{0.05} = 0.080 \times 20,000 = 1,600$W 이다.

2019. 6. 15. 제2회 서울특별시 시행

**4** 높이 80m 되는 폭포에서 물이 떨어질 때 중력에 의한 위치 에너지의 감소가 모두 물의 내부 에너지로 변화하였다면 폭포 바닥에 떨어진 물의 온도 변화는? (단, 중력 가속도 $g = 10\text{m/s}^2 = 10\text{N/kg}$, 물의 비열 $c = 4\text{kJ/kg} \cdot \text{K}$로 한다.)

① 20K

② 5K

③ 0.5K

④ 0.2K

> **TIP** 위치 에너지가 모두 내부 에너지로 변하였으므로 $mgh = dU = cm\triangle T$로 볼 수 있다.
> 따라서 $mgh = cm\triangle T$이고 $gh = c\triangle T$이므로 $\triangle T = \dfrac{gh}{c}$ 이다.
> 조건에 따라 대입하면 $\dfrac{10 \times 80}{4,000} = \dfrac{1}{5} = 0.2$K 이다.

**Answer** 3.④ 4.④

**5** 다음 그림은 백열전구에서 방출되는 빛의 스펙트럼을 알아보는 실험이다.

---

[실험 방법]

(가) 그림과 같이 백열전구를 직류 전원 장치에 연결한다.

(나) 직류 전원 장치의 전압을 $V_1$에서 $V_2$로 높이면서 필라멘트의 색과 온도, 전구에서 방출되는 빛의 스펙트럼을 분광기를 통해 관찰한다.

[실험 결과]

| 전압 | 필라멘트의 색 | 필라멘트의 온도 | 전구에서 방출되는 빛의 스펙트럼 |
|------|-------------|----------------|-------------------------------|
| $V_1$ | 빨간색 | $T_1$ | |
| $V_2$ | 노란색 | $T_2$ | $A$ |

---

위 실험 결과에 대한 설명으로 옳은 것을 모두 고른 것은?

---

㉠ $T_2$는 $T_1$보다 높다.

㉡ $A$는 연속 스펙트럼이다.

㉢ 필라멘트 색의 변화는 빈의 변위 법칙으로 설명할 수 있다.

---

① ㉠, ㉢

② ㉡, ㉢

③ ㉠, ㉡, ㉢

④ ㉠, ㉡

**TIP** ㉠ $V_1 < V_2$이므로 $T_2$는 $T_1$보다 높다. (O)

　　㉡ 백열전구에서 방출되는 빛의 스펙트럼인 A는 연속 스펙트럼이다. (O)

　　㉢ 빈의 변위 법칙은 에너지밀도가 최대인 파장과 흑체의 온도가 반비례한다는 법칙이다. (O)

**Answer**　5.③

2019. 4. 13. 해양경찰청 시행

**6** 다음 그림은 같은 양의 물이 들어 있는 두 열량계에 물체 A, B를 각각 넣었을 때 물체와 물의 온도를 시간에 따라 나타낸 것이다. A, B의 질량은 각각 $m$, $2m$이다.

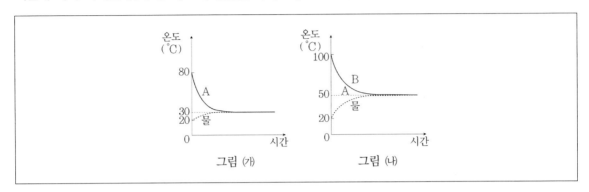

위 그림에서 물체 A, B의 비열을 각각 $C_A$, $C_B$라고 할 때 $C_A : C_B$는? (단, 외부와의 열 출입은 없다고 가정한다.)

① 2 : 3

② 3 : 4

③ 1 : 1

④ 3 : 2

> **TIP** 그림 ㈎에서 물체 A를 물에 넣었을 때 물체의 온도는 80℃ → 30℃, 물의 온도는 20℃ → 30℃에서 평형을 이루었다. 그림 ㈏에서 물체 B를 물에 넣었을 때 물체의 온도는 100℃ → 50, 물의 온도는 20℃ → 50℃에서 평형을 이루었다.
>
> 따라서 $C_A \times m \times 50 = C_{물} \times 10$과 $C_B \times 2m \times 50 = C_{물} \times 30$을 도출할 수 있으므로
>
> $C_A : C_B = 2 : 3$

2019. 4. 13. 해양경찰청 시행

**7** 기체가 단열 팽창하는 경우와 단열 압축하는 경우 기체분자의 평균 운동에너지는 어떻게 변하는가?

| | 단열 팽창 | 단열 압축 |
|---|---|---|
| ① | 감소한다 | 감소한다 |
| ② | 감소한다 | 증가한다 |
| ③ | 증가한다 | 증가한다 |
| ④ | 증가한다 | 감소한다 |

> **TIP** 기체가 단열 팽창하는 경우 온도가 감소하므로 평균 운동에너지는 감소하고, 반대로 단열 압축하는 경우 온도가 증가하므로 평균 운동에너지는 증가한다.

**Answer** 6.① 7.②

2019. 4. 13. 해양경찰청 시행

**8** 열의 이동에 대한 설명으로 옳은 것을 모두 고른 것은?

> ㉠ 금속 막대에서 전도에 의해 이동하는 열량은 금속 막대의 길이에 비례하고 양끝의 온도 차이에 비례한다.
>
> ㉡ 모든 조건이 같고 열전도율만 다른 두 금속 막대에서 열전도율이 클수록 전도에 의해 단위 시간당 이동하는 열의 양이 많다.
>
> ㉢ 지구 중력장을 벗어나면 대류에 의한 열의 이동은 거의 일어나지 않는다.
>
> ㉣ 열은 고온의 물체에서 저온의 물체로 스스로 이동하며 저온의 물체에서 고온의 물체로는 스스로 이동하지 않는다.

① ㉠, ㉢, ㉣　　　　　　　② ㉠, ㉡, ㉢

③ ㉡, ㉢, ㉣　　　　　　　④ ㉠, ㉡, ㉣

**TIP** ㉠ 금속 막대에서 전도에 의해 이동하는 열량은 금속 막대의 길이에 반비례하고 양끝의 온도 차이에 비례한다.

2018. 10. 13. 서울특별시 시행

**9** 카르노 기관이 온도 500K의 고열원에서 열을 흡수하고 300K의 저열원으로 열을 방출한다. 한 번의 순환 과정에서 이 기관이 200J의 일을 한다면 고열원에서 흡수하는 열의 값[J]은?

① 300　　　　　　　　　　② 400

③ 500　　　　　　　　　　④ 600

**TIP** $\dfrac{500-300}{500} = \dfrac{200}{Q_H}$ 이므로 이 기관이 고열원에서 흡수하는 열의 값은 500J이다.

**Answer** 8.③ 9.③

**10** 얼음을 알루미늄 호일로 싸는 것보다 담요로 싸면 잘 녹지 않는다. 〈보기〉 중 이 현상에 대한 옳은 설명을 가장 잘 고른 것은?

〈보기〉

㉠ 감자를 삶을 때 쇠젓가락을 꽂아 놓으면 감자가 더 빨리 익는다.

㉡ 방에 난로를 피우면 난로에서 먼 곳에 있는 공기도 따뜻해진다.

㉢ 추운 날 밖에 놓여 있는 의자에 앉을 때, 철로 만든 의자보다는 나무 의자에 앉을 때 훨씬 덜 차갑게 느낀다.

① ㉠, ㉡

② ㉠, ㉢

③ ㉡, ㉢

④ ㉠, ㉡, ㉢

**TIP** 얼음을 알루미늄 호일로 싸는 것보다 담요로 싸면 잘 녹지 않는 것은 알루미늄 호일의 열전도율이 담요보다 높기 때문이다.

㉠, ㉢은 전도에 현상이고, ㉡은 복사에 의한 현상이다.

**11** 일정량의 기체에 5kcal의 열량을 가하였더니 기체가 팽창하면서 외부에 8,400J의 일을 하였다. 이때 기체의 내부 에너지 증가량은 몇 J인가? (1kcal = 4,200J)

① 0

② 8,400

③ 12,600

④ 29,400

**TIP** $\delta U = \delta Q - \delta W$에서 $\delta Q = 5 \times 4,200 = 21,000J$이고, $\delta W = 8,400J$이므로 $\delta U = 21,000 - 8,400 = 12,600J$이다.

**Answer** 10.② 11.③

2017. 3. 11. 국민안전처(해양경찰) 시행

**12** 0℃에서 저항이 20Ω일 때, 온도를 100℃로 해주면 저항은 얼마가 되는가? (단, 비저항 온도계수 $\alpha = 3.0 \times 10^{-3}$이다.)

① 13Ω

② 26Ω

③ 39Ω

④ 52Ω

> **TIP** 100℃에서 비저항을 $\rho_2$이라 할 때, $\rho_2 = \rho_1[1 + \alpha(t_2 - t_1)]$이므로 (이때 $\alpha$는 비저항 온도계수)
>
> $\rho_2 = \rho_1[1 + 3.0 \times 10^{-3}(100 - 0)] = 1.3\rho_1$ 이다. 따라서 100℃에서 저항은 $20 \times 1.3 = 26\Omega$이 된다.

2015. 10. 17. 제2회 지방직(고졸경채) 시행

**13** 표는 여러 가지 물질의 비열과 질량을 나타낸 것이다. 같은 열량을 가했을 때 온도 변화가 가장 작은 것은?

| 물질 | A | B | C | D |
|---|---|---|---|---|
| 비열(kcal/(kg · ℃)) | 0.2 | 1.0 | 0.3 | 0.25 |
| 질량(kg) | 15 | 2.5 | 5 | 8 |

① A

② B

③ C

④ D

> **TIP** 어떤 물질에 가해준 열의 양이 $Q$이고 가열에 의한 온도변화를 $\triangle T$라고 할 때, 이 물질의 열용량 $C = \dfrac{Q}{\triangle T}$이다. 따라서 물질의 열용량은 온도 변화와 반비례 관계에 있다. 단위 질량에 대한 열용량인 비열을 $c$라고 할 때, 물질의 열용량 $C$은 비열과 질량 $m$의 곱으로 나타낸다($C = cm$). 따라서 각각의 열용량을 구하면 순서대로 3, 2.5, 1.5, 2가 되고, 이때 온도 변화가 가장 작은 것은 열용량이 가장 큰 A이다.

**Answer** 12.② 13.①

# 출제 예상 문제

**1** 질량의 비가 2 : 1인 두 물체 A, B를 외부와 단열된 곳에 접하여 놓았을 경우 온도변화가 다음과 같을 때 이 두 물체 A, B의 비열비는?

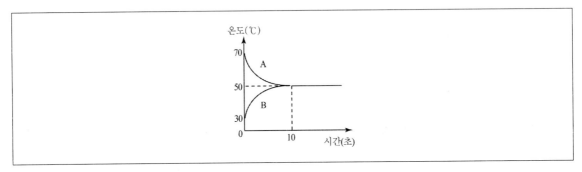

① 1 : 1

② 1 : 2

③ 2 : 1

④ 3 : 2

---

> **TIP** 열량 $Q$=비열 × 질량 × 온도변화이므로 A가 잃은 열량과 B가 얻은 열량이 같아야 한다.
>
> $C_A \cdot 2m \cdot (70-50) = C_B \cdot m \cdot (50-30)$
>
> ∴ $2C_A = C_B$이므로 $C_A : C_B = 1 : 2$

**2** 다음 중 물체의 온도와 관계가 깊은 것은?

① 분자력에 의한 위치에너지

② 분자의 평균운동에너지

③ 분자의 회전에 의한 회전운동에너지

④ 분자의 마찰력에 의한 탄성에너지

---

> **TIP** 기체분자의 평균운동에너지…한 개의 기체분자가 갖는 평균적인 병진운동에너지는 기체의 종류에 관계없이 항상 절대온도에 비례한다.

**3** 유리창의 두께를 2mm에서 3mm로 바꾸어 끼웠을 때 단위시간당 전도되는 열량은 처음의 몇 배가 되는가?

① $\dfrac{2}{3}$ 배

② $\dfrac{3}{2}$ 배

③ $\dfrac{4}{9}$ 배

④ $\dfrac{9}{4}$ 배

**TIP** 전도되는 열 관계식에서 단면적 $A$, 전도체의 길이 $l$, 두 물체 끝의 온도 $T_1$, $T_2$, 시간 $t$이므로

$$Q = kA\dfrac{T_1 - T_2}{l}t \text{ 에서 } Q_1 = kA\dfrac{T_1 - T_2}{2}t, \ Q_2 = kA\dfrac{T_1 - T_2}{3}t$$

$$Q \propto \dfrac{1}{l}, \ Q_1 : Q_2 = \dfrac{1}{2} : \dfrac{1}{3} = 3 : 2$$

$$\therefore \dfrac{Q_2}{Q_1} = \dfrac{2}{3}$$

**4** 온도의 질량이 같은 $A$, $B$, $C$, $D$의 4가지 금속에 같은 열량을 가하면, 어느 금속의 온도가 가장 높아지는가? (단, 각 금속의 비열은 $A > B > C > D$이다)

① $A$

② $B$

③ $C$

④ $D$

**TIP** 열량 … 비열 $C$인 어떤 물질 $mg$의 온도를 $\Delta t$만큼 상승시키는 데 필요한 열량을 말하며,

$Q = mc\Delta t$, $\Delta t = \dfrac{Q}{mc}$ 즉, 비열 $C$가 작을수록 온도가 올라간다.

**5** 물당량이 20kg인 그릇에 60kg의 물을 넣어 30℃가 되었다면 전체를 50℃로 하는 데 몇 kcal가 드는가?

① 600

② 900

③ 1,200

④ 1,600

**TIP** $Q = mc\Delta t$
$Q = (20 + 60) \times 1 \times (50 - 30) = 1,600\text{kcal}$

**Answer** 3.① 4.④ 5.④

**6** 외부와의 열의 출입이 없는 상태에서 40℃의 물 0.3kg과 20℃의 물 0.1kg을 섞었을 경우 열적 평형 상태가 되었을 때 물의 온도는 몇 ℃인가? (단, 물의 비열은 1kcal/kg℃이다)

① 26℃

② 30℃

③ 35℃

④ 39℃

**TIP** $Q = cmt$에서 $1 \times 0.3 \times (40 - t) = 1 \times 0.1 \times (t - 20)$이므로 $t = 35℃$

**7** 절대온도 0도는 어떤 상태의 온도인가?

① 모든 기체가 액체로 되는 온도

② 모든 물체가 비동되는 온도

③ 모든 물질이 기체로 되는 상태

④ 이상 기체의 분자운동이 정지되는 상태

**TIP** 절대온도 0도 ⋯ 분자의 운동에너지가 0으로 되는 상태로 자연계에 존재하지 않는 최저의 온도를 절대 0도라 하며, 절대 0도는 −273℃이다.

**8** 비열이 0.211cal/g℃인 알루미늄 100g과 300g이 있다. 이 두 물체의 물당량의 비는 얼마인가?

① 0.211 : 6.33

② 0.211 : 63.3

③ 1 : 3

④ 21.1 : 0.633

**TIP** 같은 물질에서의 열용량은 질량에 비례하며, 열용량은 물당량과 단위만 다를 뿐 양적으로는 동일하다.

**Answer** 6.③ 7.④ 8.③

**9** 섭씨 20℃를 화씨로 바르게 변환한 것은?

① 32℉                          ② 32K

③ 68℉                          ④ 68K

---

**10** 비열이 0.12cal/g℃인 A 금속 100g과 0.09cal/g℃인 B 금속 200g의 합금의 비열은?

① 0.03                          ② 0.10

③ 0.105                         ④ 0.21

---

**11** -5℃ 얼음 100g을 수증기로 만드는 데 필요한 열량은? (단, 얼음의 융해열은 80cal/g, 기화열은 540cal/g이다)

① 10.5kcal                      ② 62.2kcal

③ 64.5kcal                      ④ 72.5kcal

---

**Answer** 9.③ 10.② 11.④

**12** 열은 다음 중 어느 것의 일종인가?

① 온도

② 에너지

③ 일

④ 힘

---

**13** 선팽창계수 $\alpha = 3.0 \times 10^{-3} (\text{℃}^{-1})$인 금속이 있다. 0℃일 때 1m인 금속막대는 100℃에서 몇 m인가?

① 1.1m

② 1.2m

③ 1.3m

④ 1.4m

---

**14** 같은 종류의 두 물체 $A$, $B$가 있다. $A$의 온도가 127℃이고 $B$의 온도가 227℃일 때 $A$, $B$에서 방출되는 복사에너지의 비는?

① $4 : 5$

② $4^4 : 5^4$

③ $127 : 127$

④ $127^2 : 127^2$

---

**Answer** 12.② 13.③ 14.②

**15** 질량 1kg인 물체가 5m 높이에서 낙하하여 지면과 충돌하였다. 이 때 역학적에너지가 전부 열로 바뀌었다면 발생되는 열량은? (단, $g = 10\text{m/s}^2$, 줄의 열 일당량 $J = 4,000\text{J/kcal}$이다)

① 6.25cal

② 12.5cal

③ 25cal

④ 50cal

> **TIP** 역학적에너지는 열로 전환될 수 있으며, 그 관계는 줄의 열일당량이 대략 $J = 4\text{J/cal} = 4,000\text{J/kcal}$로 주어진다. 문제에서 역학에너지 $E_p = mghJ$이므로 모두 열로 바뀌면 $E_p = \dfrac{mgh}{J}\text{cal}$
>
> 이 식에 $m = 1\text{kg}$, $g = 10\text{m/s}^2$, $h = 5\text{m}$, $J = 4\text{J/cal}$를 대입하여 계산하면 $E_p = 12.5\text{cal}$

**16** 기압($10^5\text{N/m}^2$)의 이상기체에 300J의 에너지를 주었더니 압력은 일정하고, 체적이 $10^{-3}\text{m}^3$만큼 증가하였다. 이 때 이 기체의 내부에너지 증가는 몇 J인가?

① 100

② 200

③ 250

④ 300

> **TIP** 등압팽창시 기체의 내부에너지 증가량 $\Delta U = Q - W$이며, $W = P\Delta V$이므로 $\Delta U = Q - P\Delta V$
>
> 이 식에 $Q = 300\text{J}$, $P = 10^5\text{N/m}^2$, $\Delta V = 10^{-3}\text{m}^3$을 대입하여 계산하면
>
> $\Delta U = 300\text{J} - 10^5\text{N/m}^2 \cdot 10^{-3}\text{m}^3 = 300\text{J} - 100\text{J} = 200\text{J}$

**17** 같은 질량의 0℃ 얼음과 100℃ 물을 섞어서 열평형상태에 도달했을 때 물의 온도는? (단, 얼음의 융해열은 80cal/g, 물의 비열은 1cal/g℃이다)

① 10℃

② 20℃

③ 30℃

④ 40℃

> **TIP** 열평형상태에서 온도를 $t$라 하면, 얼음이 얻는 열량=물이 잃은 열량이므로
>
> $mC(t - 0) + 융해열 \times m = mC(100 - t)$
>
> 이 식에서 $m$을 소거하고 $C = 1\text{cal/g℃}$, 융해열 $= 80\text{cal/g}$을 대입하여 계산하면 $t = 10℃$

**Answer** 15.② 16.② 17.①

**18** 높이 10m인 곳에서 질량 2kg 물체가 빗면으로 미끄러져 내려올 때 마찰에 의한 열이 30cal 발생되었다. 물체가 땅에 떨어질 때 속력은? (단, $g = 10\text{m/s}^2$, $J = 4\text{J/cal}$이다)

① $4\sqrt{5}\,\text{m/s}$

② $16\,\text{m/s}$

③ $80\,\text{m/s}$

④ $120\,\text{m/s}$

---

**TIP** 물체의 위치에너지=마찰에 의한 열에너지+운동에너지이므로 $mgh = 30\text{cal} + \dfrac{1}{2}\text{m}V^2$

이 식에 $m = 2\text{kg}$, $g = 10\text{m/s}^2$, $h = 10\text{m}$, $30\text{cal} = 30\text{cal} \times 4\text{J/cal} = 120\text{J}$을 대입하여 정리하면 $200\text{J} = 120\text{J} + V^2$, $V$에 관해 풀면 $V = 4\sqrt{5}\,\text{m/s}$

**19** 10℃, $1l$ 물이 들어 있는 통에 100℃ 수증기 50g을 넣어서 바깥 열의 출입을 차단시켰다. 통 속의 물의 온도는? (단, 물의 기화열은 540cal/g, 통의 열용량은 무시한다)

① 30℃

② 40℃

③ 50℃

④ 60℃

---

**TIP** 물의 온도는 상승하며 그 때 온도를 $t$라 하면, 물이 얻는 열량 = 수증기가 잃은 열량이므로
$m_1 C(t - 10) = 기화열 \times m_2 + m_2 C(100 - t)$가 된다.

이 식에서 $m_1 = 1,000\text{g}$, $m_2 = 50\text{g}$, $C = 1\text{cal/g}℃$, 기화열 $= 540\text{cal/g}$을 대입하여 계산하면 $t = 40℃$

**20** 구리덩어리에 500cal의 열량을 주었더니 온도가 20℃에서 30℃로 올라갔다. 이 구리의 열용량은?

① 5cal/℃

② 10cal/℃

③ 50cal/℃

④ 500cal/℃

---

**TIP** 열용량 $H = \dfrac{Q}{\Delta t}(\text{cal/℃})$이므로 $Q = 500\text{cal}$, $\Delta t = 30 - 20 = 10℃$를 대입하여 계산하면

$H = 50\text{cal/℃}$

**Answer** 18.① 19.② 20.③

**21** 다음과 같이 줄의 실험을 하였다. 질량 5kg인 추 2개를 4m 아래로 떨어뜨릴 때, 통 속에 있는 질량 500g인 물의 온도는 얼마나 상승할까? (단, $g = 10\text{m/s}$, $J = 4\text{J/cal}$이다)

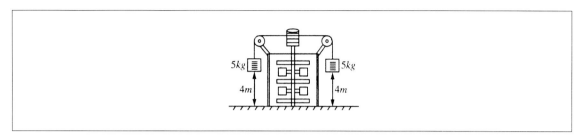

① 0.2℃

② 2℃ $mgh(J) = Q$

③ 4℃

④ 20℃

---

**TIP** 추의 위치에너지 감소량=물이 얻는 열량 $Q$이므로 위치에너지를 열량으로 변환하면 $Q = \dfrac{mgh}{J}(\text{cal})$

이 식에 $m = 2 \times 5 = 10\text{kg}$, $g = 10\text{m/s}^2$, $h = 4\text{m}$, $J = 4\text{J/cal}$를 대입하여 계산하면

$Q = 100\text{cal}$, $Q = Cmt$이므로 $t = \dfrac{100}{500} = 0.2$℃ 이다.

이 양은 500g 물의 온도를 0.2℃ 올린다.

**22** 어떤 기체에 100cal의 열량을 주었을 때, 이 기체가 50J의 일을 하였다면 이 기체의 내부에너지 증가량은? (단, 일의 일당량은 4.2J/cal이다)

① 50J

② 50cal

③ 370J

④ 420J

---

**TIP** 기체 내부에너지 증가량 $\Delta U = Q - W$ ($Q$: 열량, $W$: 일의 양)이므로

$Q = 100\text{cal} = 420\text{J}$, $W = 50\text{J}$을 대입하여 계산하면 $\Delta U = 370\text{J}$

**Answer** 21.① 22.③

**23** 화씨와 섭씨가 같은 눈금을 가지는 온도는?

① 0℃

② 0°F

③ −40℃

④ −32°F

**24** 다음 기체의 압력과 부피와의 관계를 나타내는 그래프에서 $A$부분의 넓이가 의미하는 것은?

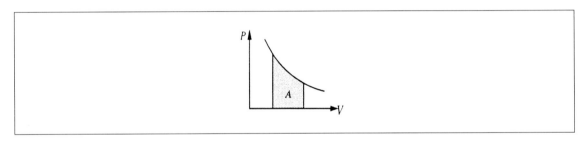

① 힘

② 일

③ 온도

④ 열

**25** 절대온도는 분자의 운동이론으로부터 정한 것으로 절대온도 $T$K와 섭씨온도 $t$℃ 사이에 성립할 수 있는 식은?

① $T = 273 - t$

② $T = \dfrac{t}{273}$

③ $T = \dfrac{273}{t}$

④ $T = t + 273$

---

**TIP** 절대온도($T$) … 분자운동이 0이 되는 온도를 0K로 기준을 정하고, 물이 어는 점을 273 등분한 온도이다. 즉, 섭씨 0℃는 273K 에 해당하므로 $T = t + 273$K의 관계식이 성립한다.

**26** 온도와 질량이 같은 $A$, $B$, $C$, $D$, $E$ 5가지 금속에 같은 열량을 가하면 가장 높은 온도를 가지는 금속은? (단, 각 금속의 비율은 $A > B > C > D > E$이다)

① $E$

② $D$

③ $C$

④ $B$

---

**TIP** $Q = mCt$ 이므로 $t = \dfrac{Q}{mC}$, 즉 $t \propto \dfrac{1}{C}$(온도변화는 비열에 반비례)이므로 비열이 작은 금속의 온도가 가장 높아진다.

**27** 다음 중 물의 비열로 옳은 것은?

① 약 1cal

② 약 1cal/g

③ 약 1cal/℃

④ 약 1cal/g℃

---

**TIP** 열량과 비열의 관계식 $Q = mCt$($Q$:열량, $m$:질량, $t$:온도, $C$:비열)에서 $C = \dfrac{Q}{mt}$ 이므로 $C$의 단위는 kcal/kg℃ 혹은 cal/g℃ 이다.

**Answer** 25.④ 26.① 27.④

# 02 기체분자운동과 열역학 법칙

## 01 기체분자운동

### ❶ 기체분자운동

(1) 분자운동

① **고체의 분자운동** ··· 고체분자는 진동운동만 하며, 열을 받아서 온도가 높아지면 액체상태로 된다(융해).

② **액체의 분자운동** ··· 액체분자는 비교적 자유롭게 운동하는데, 진동운동, 회전운동 그리고 전후로 움직이는 병진운동을 하며 열을 받아 온도가 높아지면 기체상태로 된다(기화).

③ **기체의 분자운동** ··· 기체분자들은 서로 간격이 액체·고체에 비하여 매우 크며, 아주 자유로운 운동(진동·회전·병진운동)을 한다.

[물질의 분자운동]

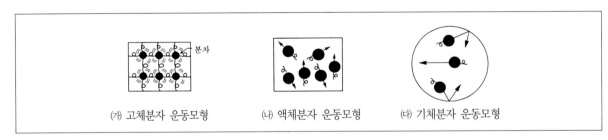

(가) 고체분자 운동모형     (나) 액체분자 운동모형     (다) 기체분자 운동모형

④ **브라운 운동**

㉠ 유체(액체 또는 기체)속에 떠 있는 고체의 미립자는 끊임없이 불규칙적으로 운동하고 있다.

㉡ 브라운 운동은 운동하고 있는 유체분자가 떠 있는 고체입자에 불규칙적으로 충돌하기 때문에 생기는 현상이다.

⑤ **확산** ··· 일정한 공간 속에 다른 종류의 유체들이 접하고 있을 때 혼합되어 결국에는 어떠한 곳에서도 일정한 혼합비를 이루게 되는 현상이다.

## (2) 보일 – 샤를의 법칙

### ① 보일의 법칙(Boyle's Law)

ⓐ 온도가 일정할 때 기체의 압력이 증가하면 부피는 감소하며 압력이 감소하면 부피는 증가한다.

ⓑ 압력과 부피는 항상 반비례한다.

$$PV = P'V' = 일정(P : 기체의 압력, V : 기체의 부피)$$

**▶TIP**

보일의 법칙이란 기체의 온도는 일정하게 유지하면서 부피의 팽창·수축 및 압력과의 관계(반비례)를 나타낸다.

ⓒ 기체의 압력과 부피의 관계

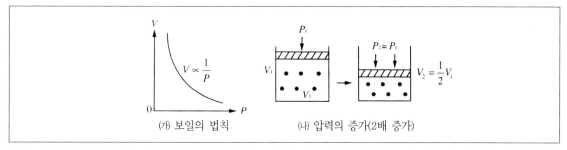

(가) 보일의 법칙　　　　(나) 압력의 증가(2배 증가)

• (가)는 기체의 부피($V$)는 압력($P$)에 반비례함을 보여주는 그래프이다.

• (나)에서 압력이 2배로 증가하면 부피는 $\dfrac{1}{2}$로 된다.

• $P_1 V_1 = P_2 V_2$ = 일정하다는 식에 $P_2 = 2P_1$을 대입하여 정리하면 $V_2 = \dfrac{1}{2} V_1$임을 알 수 있다.

• 기체의 밀도는 2배로 증가했음을 알 수 있다.

### ② 샤를의 법칙(Charle's Law)

ⓐ 기체의 압력을 일정하게 하고 온도를 높여주면 기체의 부피는 증가한다.

ⓑ 기체는 온도(절대온도)에 따른 부피의 비가 항상 일정하다.

$$\frac{V_0}{T_0} = \frac{V}{T} = 일정(V : 기체의 압력, T : 절대온도)$$

ⓒ 부피 팽창률 : 기체의 온도가 1℃ 상승하면 기체의 부피는 0℃일 때 부피의 $\dfrac{1}{273}$만큼 증가한다.

ⓔ 기체의 온도와 부피의 관계

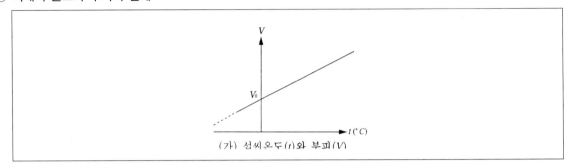

(가) 섭씨온도(*t*)와 부피(*V*)

- (가)는 섭씨온도 *t*에 따른 부피와의 정비례관계를 나타낸다.
- 0℃에서 기체의 부피는 $V_0$로 0이 아님에 유의해야 한다.
- (나)는 절대온도 *T*에 따른 부피와의 정비례관계를 나타낸다.
- *T* = 0K일 때 *t* = −273℃이며 기체분자 운동에너지가 0이 되므로 실제로 절대온도 *T*가 0이 될 수는 없다.

ⓜ 온도의 상승과 부피의 관계

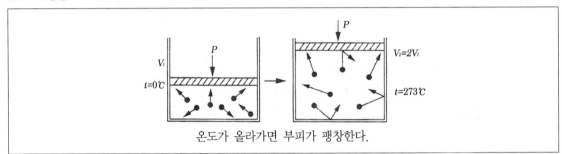

온도가 올라가면 부피가 팽창한다.

- 온도가 *t* = 0에서 *t* = 273으로 상승하면 부피가 2배 증가함을 나타낸다.
- $\dfrac{V_1}{T_1} = \dfrac{V_1}{T_2}$ = 일정하다는 식에 $T_1 = 273 + 0$, $T_2 = 273 + 273$을 대입하여 정리하면 $V_2 = 2V_1$가 된다.
- 부피가 증가하면 밀도가 감소하는 반면, 분자의 운동에너지는 증가함을 나타낸다.

③ 보일 – 샤를의 법칙

ⓖ 개념 : 기체의 부피 *V*는 절대온도 *T*에 비례하고 압력 *P*에 반비례한다.

$$\frac{P_1 V_1}{T_1} = \frac{P_2 V_2}{T_2} = 일정$$

ⓛ 등온 · 정압변화

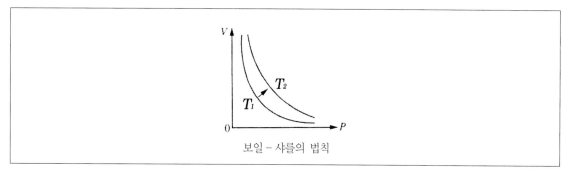

보일 – 샤를의 법칙

- 그래프는 기체의 부피 $V$가 압력 $P$에 반비례하고 절대온도 $T(T_1 < T_2)$에 비례함을 나타낸 것이다.
- 일반적으로 기체의 부피가 커지면 밀도는 작아지고 기체의 온도가 상승하면 기체분자의 운동에너지는 증가한다.


## ❷ 이상기체의 상태방정식

### (1) 아보가드로의 법칙

① **개념** ⋯ 기체의 종류에 관계없이 모든 기체는 같은 온도, 압력에서 같은 부피를 차지하며, 같은 수의 분자를 포함한다.

② **분자량과 원자량** ⋯ 질량수 12인 탄소 원자의 질량을 정확히 12로 하여 측정된 분자 및 원자의 비교적인 질량을 분자량 또는 원자량이라 한다.

③ **아보가드로수** ⋯ 질량수 12의 탄소 12g 속에 포함된 원자수와 같은 수를 아보가드로수($N_0$)라고 한다.

### (2) 이상기체

① **개념** ⋯ 보일 – 샤를의 법칙을 따르는 가상적인 기체를 말한다.

② **특성**
    ㉠ 기체분자의 크기는 없다(부피가 없다).
    ㉡ 기체분자 사이의 인력을 무시할 수 있다.
    ㉢ 기체분자의 충돌은 완전탄성충돌이다.
    ㉣ 냉각 · 압축시켜도 액화나 응고가 일어나지 않는다.
    ㉤ 0K에서도 부피는 0이 된다.
    ㉥ 위와 같은 조건을 가장 잘 만족시키는 기체는 0족 단원자 분자 기체들로서 He, Ne, Ar 등이 있다.

### (3) 기체상수

보일 - 샤를의 법칙에서 1mol의 기체에서는 종류에 관계없이 상수값은 일정하고 다음과 같은 값을 가진다.

$$R = 8.31 (\text{J/K} \cdot \text{mol})$$

### (4) 이상기체의 상태방정식

① **개념** ⋯ 보일 - 샤를의 법칙에서 비례상수를 $nR$로 놓은 식이다.

$$\frac{PV}{T} = 일정 = nR \text{혹은 } PV = nRT$$

> **TIP**
>
> $R$은 기체마다 정해진 상수로 모든 기체는 $R = 8.314 \text{J/mol} \cdot \text{K}$의 값을 갖는다. $n$은 몰(mol)수를 나타내는 것으로, 어떤 물질의 구성분자가 $6.02 \times 10^{23}$개(아보가드로 수)만큼 있을 때 1mol(몰)이라 한다.
>
> 이상기체의 내부에너지 $U = \frac{3}{2} nRT$

② **이상기체의 팽창과 일**

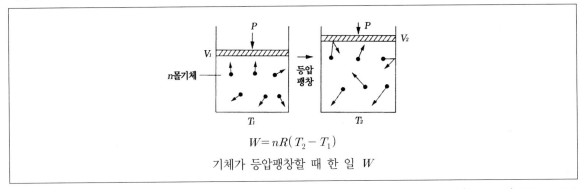

$$W = nR(T_2 - T_1)$$

기체가 등압팽창할 때 한 일 $W$

㉠ 압력 $P$로 일정하면서 온도가 $T_1$에서 $T_2$로 상승했을 때 기체가 한 일의 양 $W = nR(T_2 - T_1)$임을 나타내고 있다.

㉡ 이상기체 상태방정식으로부터 $P_1 V_1 = nRT_1$, $P_2 V_2 = nRT_2$이다.

㉢ 이 식에서 $P_1 = P_2 = P$로 일정하며 증가한 부피 $\Delta V = V_2 - V_1$이다.

㉣ 한 일의 양 $W = P \Delta V$이므로 위의 두 식을 이용하면 $W = P(V_2 - V_1) = nR(T_2 - T_1)$임을 알 수 있다.

### (5) 기체의 부분압

① **부분압** ⋯ 어떤 밀폐된 그릇 속에 공기와 같이 여러 종류의 기체가 혼합되어 있을 때 각 종류의 기체가 각각 단독으로 전체 부피를 차지하는 압력을 부분압이라 한다.

② 돌턴의 부분압 법칙 ··· 그릇에 기체 $A$만 넣었을 때 압력을 $P_A$, 같은 그릇에 기체 $B$만을 넣었을 때 압력을 $P_B$라고 하면 이 그릇에 기체 $A$와 $B$를 동시에 넣었을 때의 압력 $P$는 $P_A$, $P_B$의 압력의 합과 같다.

$$P = P_A + P_B$$

### (6) 온도와 기체분자 운동에너지

① 한 개의 기체분자가 갖는 평균적인 병진운동에너지는 기체의 종류에 관계없이 항상 절대 온도에만 비례한다.

② 분자의 질량 중심 주위에서의 진동 및 회전에 의한 운동에너지는 온도를 정의하는 식에 나타나지 않으므로 이들은 물체의 온도에 기여하지 않는다.

③ 이상기체의 분자운동에너지는 압력이나 부피에는 관계가 없고 온도에만 비례하므로 기체가 열을 받으면 분자의 열운동은 활발해지고, 운동에너지는 증가한다.

④ 물체의 온도가 높다는 것은 물체를 이룬 분자의 운동에너지가 크다는 것을 의미하며 열이 에너지의 한 형태임을 나타낸다.

⑤ 기체분자의 운동에너지 ··· 운동에너지 $E_k$는 절대온도 $T$에 비례한다.

$$E_k = \frac{1}{2}mV^2 = \frac{3}{2}kT$$

($m$ : 기체분자의 질량, $k$ : 볼츠만 상수$= 1.38 \times 10^{-23}$J/K)

⑥ 일정한 그릇 속에 들어있는 기체분자의 충돌에 의한 압력은 분자의 운동속도의 제곱에 비례한다.

⑦ 기체분자의 속도 $V$와 절대온도 $T$와의 관계

㉠ 운동에너지식을 변형하여 $V$에 관해 나타내면 다음과 같다.

$$V = \sqrt{\frac{3kT}{m}}$$

㉡ 기체분자의 운동속력 $V$은 절대온도의 제곱근 $\sqrt{T}$에 비례하고 질량의 제곱근에 반비례한다.
㉢ 온도가 같은 기체의 평균운동에너지는 항상 같으나 평균속도가 다르다.
㉣ 두 기체의 질량을 $m_1$, $m_2$ 속도를 $V_1$, $V_2$라 하면 다음과 같은 관계가 성립한다.

$$\frac{V_2}{V_1} = \frac{\sqrt{m_1}}{\sqrt{m_2}} = \frac{\sqrt{M_1}}{\sqrt{M_2}} \ (M : 분자량)$$

> **TIP** ～～～～～～～～～～～～～～～～～～
> $A$, $B$ 두 기체분자의 질량이 각각 $m$, $2m$일 때 $A$ 기체분자의 속력은 $B$ 기체의 $\sqrt{2}$ 배이다.

# 02 열역학 제1법칙

## ❶ 내부에너지

### (1) 내부에너지의 개념

① 물체계 내의 모든 분자가 갖는 운동에너지와 위치에너지의 합을 내부에너지라고 한다.

② 이상기체에서는 분자가 충돌할 때 서로 힘이 미치지 않기 때문에 위치에너지는 갖지 않고 운동에너지만 갖는다.

### (2) 이상기체의 내부에너지

① 단원자 분자 이상기체의 내부에너지

$$U = \frac{3}{2}nRT$$

② 이원자 분자 이상기체의 내부에너지

$$U = \frac{5}{2}nRT$$

## ❷ 열역학 제1법칙

### (1) 열역학 제1법칙

외부에서 물체에 가한 열량을 $Q$, 물체가 외부에 해준 일의 양을 $W$, 내부에너지 증가량을 $\Delta U$라 하면 $Q$는 다음과 같고 이것을 열역학 제1법칙(에너지 보존 법칙)이라 한다.

$$Q = W + \Delta U$$

## (2) 정적변화

① 부피를 일정하게 유지하면서 이루어지는 변화($a \rightarrow b$)를 정적변화라고 한다.

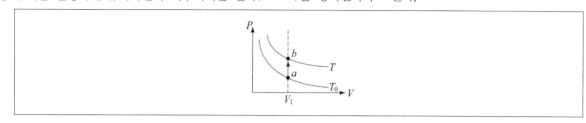

② $Q = W + \Delta U = P \Delta V + \dfrac{3}{2} nR \Delta T$에서 $\Delta V = 0$이므로 기체에 가해준 열량은 모두 내부에너지 증가에 사용되므로 다음과 같이 나타낸다.

$$Q = \Delta U = \frac{3}{2} nR \Delta T$$

## (3) 정압변화

압력을 일정하게 유지하면서 일어나는 변화($c \rightarrow d$)를 정압변화라고 한다.

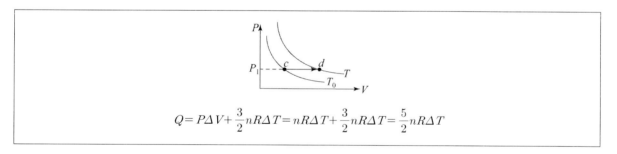

$$Q = P \Delta V + \frac{3}{2} nR \Delta T = nR \Delta T + \frac{3}{2} nR \Delta T = \frac{5}{2} nR \Delta T$$

## (4) 등온변화

① 온도를 일정하게 유지하면서 일어나는 변화과정을 등온변화라고 한다.

② 온도의 변화가 없으므로 내부에너지의 변화량 $\Delta U = 0$이다.

③ $Q = W = P \Delta V$이고 이것을 부피 변화에 대해 적분하면 다음과 같다.

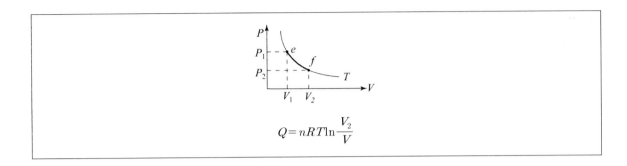

$$Q = nRT \ln \frac{V_2}{V}$$

## (5) 단열변화

① 외부의 열출입이 없으면서 기체의 부피가 변화하는 과정을 단열변화라 한다.

② 단열변화시 내부에너지는 증가한다.

## (6) 기체의 비열

① 정적비열

$$C_v = \frac{3}{2}R$$

② 정압비열

$$C_p = \frac{5}{2}R$$

③ 비열비

$$\gamma = \frac{C_p}{C_v} = \frac{5}{3}$$

[기체의 비열비]

| 기체의 종류 | 정적비열 | 정압비열 | 비열비 |
|---|---|---|---|
| 단원자 분자기체 | $\frac{3}{2}R$ | $\frac{5}{2}R$ | $\gamma = \frac{5}{3} = 1.67$ |
| 이원자 분자기체 | $\frac{5}{2}R$ | $\frac{7}{2}R$ | $\gamma = \frac{7}{5} = 1.4$ |

### (7) 자유팽창

① 단열시켜 밀폐된 용기 가운데를 막고 한 쪽은 기체를 넣고 한 쪽은 진공상태로 만든 후 칸막이를 없애면 기체가 진공으로 팽창하게 되는 현상을 자유팽창이라 한다.

② 자유팽창에서는 단열이므로 $Q=0$이고, 부피변화가 없으므로 $W=0$이다.

③ 내부에너지 $\Delta U=0$이므로 온도변화도 없다.

[자유팽창]

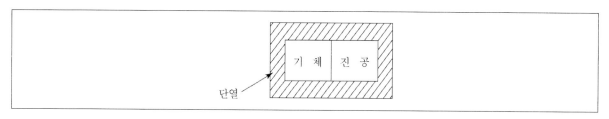

## 03 열효율과 열역학 제2법칙

### ❶ 열기관과 열효율

#### (1) 열기관

① 열기관 ··· 고온과 저온 사이에 에너지가 순환하면서 열에너지를 일로 바꾸는 장치를 말한다.

② 열기관이 한 일($W$) ··· 열기관이 고온의 열원에서 열에너지 $Q_1$을 흡수하여 저온의 열원으로 $Q_2$만큼 열에너지를 내보냈다면 열기관이 한 일 $W$은 다음과 같다.

$$W = Q_1 - Q_2$$

▶ **TIP**

자동차의 열기관은 고온의 열원인 실린더 안에서 연소에너지를 얻고, 기관과 배기구를 통해서 저온의 열원으로 열에너지를 보낸다.

③ 열기관의 구조

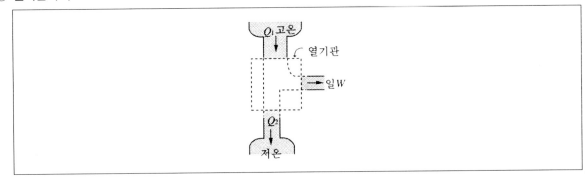

ㄱ 열기관은 고온에서 열에너지 $Q_1$을 받아서 $W$만큼 일을 하고, 저온으로 열에너지 $Q_2$를 내보낸다.

ㄴ 열기관이 한 일 $W = Q_1 - Q_2$가 되고 결코 $W$는 0이 될 수 없다.

ㄷ $W = Q_1 - Q_2 \neq 0$이 되므로 $W = Q_1 - Q_2 > 0$, 즉 $Q_1 > Q_2$가 된다.

(2) **열효율**

① **열기관의 열효율**$(e)$ ⋯ 흡수한 열에너지 $Q_1$에 대한 일한 양 $W$의 비를 열효율이라 하고 다음과 같이 나타낸다.

$$\text{열효율}(e) = \frac{W}{Q_1} = \frac{Q_1 - Q_2}{Q_1}, \ e = \frac{Q_1 - Q_2}{Q_1} \times 100(\%)$$

ㄱ **열효율의 범위** : 열기관에서 $Q_1 - Q_2 > 0$이고, $Q_1 > W$이므로 $e$의 범위는 다음과 같다.

$$0 < e < 10\% < e < 100\%,$$

ㄴ **열효율**$(e)$**과 온도관계** : 열효율 $e$를 열에너지 $Q$ 대신 열원의 절대온도 $T$로 나타내면 다음과 같다.

$$e = \frac{T_2 - T_1}{T_1} \times 100(\%)$$

$(T_1$ : 고온 열원의 절대온도, $T_2$ : 저온 열원의 절대온도$)$

② **실제 열기관의 열효율**

ㄱ 실제 열기관의 열효율은 50% 이내이며, 증기터빈은 20 ~ 40%이고, 가솔린기관은 20 ~ 30%이다.

ⓛ 실제 열기관의 열효율 계산

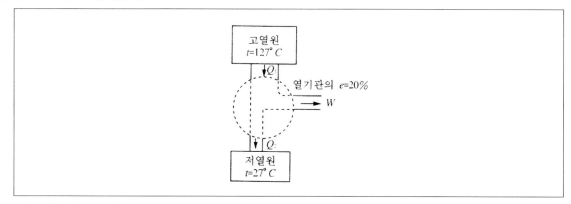

- 고온 열원의 온도가 127℃, 저온 열원 온도가 27℃일 때 열기관의 열효율 $e = 25\%$ 임을 나타내고 있다.
- 열효율 $e = \dfrac{T_1 - T_2}{T_1} \times 100\%$ 이며 $T_1 = 273 + 127 = 400\mathrm{K}$, $T_2 = 273 + 27 = 300\mathrm{K}$ 이므로 대입하여 계산하면 $e = 25\%$ 임을 알 수 있다.

## ❷ 열역학 제2법칙

### (1) 열역학 제2법칙

① 개념
  ⊙ 자연계에서 나타나는 에너지 보존법칙과 다른 자연현상의 비가역적 진행 방향을 결정할 때 그 방향선을 정해주는 것이다.
  ⓛ 어떤 계를 고립시켜 외부의 상호작용을 없앴을 때 그 계의 분자나 원자들은 더욱 더 불규칙한 운동, 무질서 운동을 하게 되는 쪽으로 현상이 일어나며 반대 현상은 나타나지 않는다.

② 열역학 제2법칙의 표현
  ⊙ **열의 비가역성** : 열은 고온에서 저온으로만 흐르고, 반대로 저온에서 고온으로 흐르지 않는다.
  ⓛ **캘빈 – 플랑크 표현** : 일정 온도를 유지하는 열원으로부터 열을 끄집어내어 전부 일로 바꿀 수 없다.
  ⓒ **클라우자우스 표현**(제2종 영구기관) : 고열원에서 받은 열을 전부 일로 바꾸는 기관으로 열역학 제2법칙에 위배되므로 제작이 불가능하다. 즉, 열효율이 100%인 열기관은 만들 수 없다.

  ▶**TIP**

  **제1종 영구기관**… 외부에서 열의 공급없이 계속 일을 할 수 있는 기관으로 열역학 제1법칙에 위배되므로 실제로 제작이 불가능하다.

## (2) 엔트로피

① 엔트로피 ··· 엔트로피는 어떤 열원에 열량 $Q$가 주어지면 증가하고, 열량을 잃어버리면 감소한다.

$$엔트로피 \, (\Delta S) = \frac{\Delta Q}{T}$$

$(\Delta Q :$ 열량의 변화량, $T :$ 열원의 절대온도$)$

② 엔트로피와 열역학 제2법칙
   ㉠ 자연계의 한 평형상태에서 다른 평형상태로 일어나는 과정은 계의 총 엔트로피($\Delta S$)가 증가하는 방향으로 일어난다.
   ㉡ 고온의 물체의 온도가 $T_1$이고 저온의 온도가 $T_2$일 때 고온에서 저온으로 열량 $Q$가 이동한다면 저온 물체의 엔트로피는 $\frac{Q}{T_2}$만큼 증가하고, 고온물체의 엔트로피는 $-\frac{Q}{T_1}$만큼 감소한다.
   ㉢ 전체 엔트로피 변화량

$$\Delta S = -\frac{Q}{T_1} + \frac{Q}{T_2} = Q\left(\frac{1}{T_2} - \frac{1}{T_1}\right)$$

   ㉣ 자연계의 모든 엔트로피는 $\Delta S > 0$이 되므로 항상 증가한다고 볼 수 있다.

> **TIP**
> 엔트로피가 증가하는 방향은 열이 고온에서 저온으로 흐르는 방향과 일치한다.

## (3) 카르노 기관

① **카르노 기관** ··· 열기관의 순환 중 열손실이 전혀 없이 흡수한 열량을 모두 일로 변환할 수 있는 이상적인 기관을 말한다.

② **카르노의 순환** ··· 이상적인 열기관이 가역적으로 작용하는 순환이다.

③ **카르노 기관의 순환과정**
   ㉠ 등온팽창($A \rightarrow B$) : 열량 $Q_1$을 받아서 기체가 등온팽창하면 부피는 $V_1 \rightarrow V_2$로 증가하고 압력은 $P_1 \rightarrow P_2$로 감소한다.
   ㉡ 단열팽창($B \rightarrow C$) ··· 기체가 단열팽창하면 부피는 $V_2 \rightarrow V_3$로 증가하고 압력은 $P_2 \rightarrow P_3$로 감소하며, 온도는 $T_2 \rightarrow T_1$으로 감소한다.
   ㉢ 등온압축($C \rightarrow D$) ··· 부피는 $V_3 \rightarrow V_4$로 감소하고 압력은 $P_3 \rightarrow P_4$로 증가하며, 열량 $Q_2$를 내보낸다.
   ㉣ 단열압축($D \rightarrow A$) ··· 부피는 $V_4 \rightarrow V_1$으로 감소하고, 압력은 $P_4 \rightarrow P_1$으로 증가하며, 온도는 $T_1 \rightarrow T_2$으로 증가한다.

## [카르노의 순환과정]

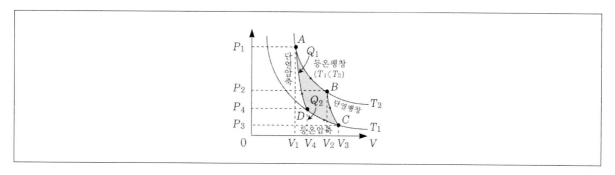

# 최근 기출문제 분석

2021. 10. 16. 제2회 지방직(고졸경채) 시행

**1** 그 $Q$ 림은 고열원으로부터 의 열을 공급받아 외부에 $W$ 만큼 일을 하고 저열원으로 $q$ 의 열을 방출하는 어떤 열기관을 나타낸 것으로 $q = \dfrac{Q}{2}$ 이다. 이에 대한 설명으로 옳은 것은?

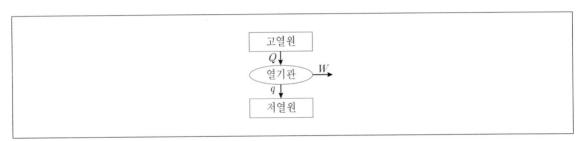

① $q = 2W$ 이다.

② 열기관의 효율은 50%이다.

③ $q$ 를 줄이면 열효율이 떨어진다.

④ $Q = W$ 인 열기관을 만들 수 있다.

> **TIP** ① $W = Q - q = Q - \dfrac{Q}{2} = \dfrac{Q}{2}$ 에서, $q = \dfrac{Q}{2} = W$ 이다.
>
> ② 열기관의 효율 $e = \dfrac{W}{Q} = \dfrac{\dfrac{Q}{2}}{Q} = \dfrac{1}{2} = 50\%$ 이다.
>
> ③ $Q = W + q$ 에서 $q$ 를 줄이면 $W$ 가 증가하므로 열효율은 증가한다.
> ④ 열역학 제2법칙에 따라 $Q = W$ 인 열기관은 존재하지 않는다.

**Answer** 1.②

2021. 10. 16. 제2회 지방직(고졸경채) 시행

**2** 밀폐된 빈 압력밥솥을 가열할 때, 압력밥솥 안에 있는 공기의 압력과 부피의 열역학적 관계를 개략적으로 나타낸 그래프는?

①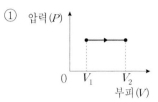

②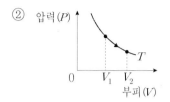

③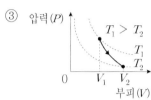

④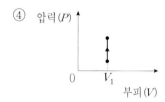

> **TIP** 밀폐된 빈 압력밥솥은 부피는 일정하며, 이를 가열하면 온도가 증가하여 압력이 증가한다. 따라서 등적과정의 그래프인 ④번이 가장 적절히 도시한 그래프라고 할 수 있다.

2021. 6. 5. 해양경찰청 시행

**3** 아래 그림은 일정량의 이상 기체의 상태가 A→B→C→D→A를 따라 변할 때 압력과 부피를 나타낸 것이다.

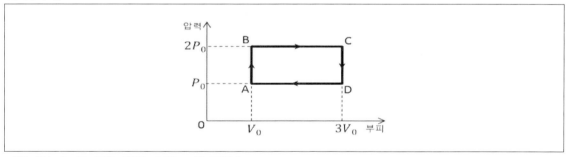

다음 〈보기〉 중 옳은 것을 모두 고른 것은?

---

〈보기〉

㉠ B→C 과정에서 기체가 외부에 한 일은 D→A 과정에서 기체가 외부로부터 받은 일의 2배이다.

㉡ A→B→C 과정에서 기체 분자의 평균 속력은 증가한다.

㉢ C→D→A 과정에서 기체의 내부 에너지는 증가한다.

---

**Answer**   2.④  3.③

① ㉠

② ㉢

③ ㉠, ㉡

④ ㉠, ㉡, ㉢

**TIP** ㉠ B→C 과정에서 기체가 외부에 한 일 $=2P_0 \times 2V_0 = 4P_0V_0$

D→A 과정에서 기체가 외부로부터 받은 일 $=P_0 \times 2V_0 = 2P_0V_0$

따라서 B→C 과정에서 기체가 외부에 한 일은 D→A 과정에서 기체가 외부로부터 받은 일의 2배이다.

㉡ 이상기체 상태방정식 $PV = nRT$로부터 A→B 과정에서는 압력이 2배로 증가하고, B→C 과정에서는 부피가 3배로 증가하므로 절대온도는 A→B→C 과정에서 각각 2배와 3배로 증가한다. 기체 분자의 평균 속력(근평균제곱속력) $v_{rms} = \sqrt{\dfrac{3RT}{M}}$ 이므로 A→B→C 과정에서 기체 분자의 평균 속력은 각각 증가한다.

㉢ ㉡과 동일한 방식으로 추론하면 C→D 과정에서는 압력이 $\dfrac{1}{2}$로 감소하고, D→A 과정에서는 부피가 $\dfrac{1}{3}$로 감소하므로 절대온도는 C→D→A 과정에서 각각 $\dfrac{1}{2}$과 $\dfrac{1}{3}$로 감소한다. 따라서 C→D→A 과정에서는 절대온도가 감소한다. 기체 분자의 평균 운동 에너지 $E_k = \dfrac{3}{2}k_B T (k_B = \dfrac{R}{N_0})$이므로 C→D→A 과정에서 기체의 내부 에너지는 각각 감소한다.

2020. 10. 17. 제2회 지방직(고졸경채) 시행

**4** 탄산음료가 담긴 차가운 병의 뚜껑을 처음으로 열었을 때 뚜껑 주변에 하얀 김이 서리는 현상이 나타난다. 이에 대한 설명으로 옳은 것만을 모두 고르면?

㉠ 기체가 병 밖으로 빠져나오면서 기체는 등온 팽창한다.
㉡ 기체가 병 밖으로 빠져나오면서 부피가 증가하여 기체는 외부에 일을 한다.
㉢ 기체가 병 밖으로 빠져나오면서 기체의 내부 에너지는 감소한다.

① ㉡

② ㉢

③ ㉠, ㉢

④ ㉡, ㉢

**TIP** ㉠ 기체가 병 밖으로 순식간에 빠져나오면서 부피가 증가하므로 단열 팽창한다. 따라서 온도가 감소하여 뚜껑 주변에 수증기가 응결이 된다.

**Answer** 4.④

**5** 질량 m인 비행기가 활주로를 달리고 있다. 날개의 아랫면에서 공기의 속력은 $\nu$이다. 날개의 표면적이 A라면 비행기가 뜨기 위해서 날개 윗면의 공기가 가져야 할 최소 속도는? (단, 베르누이 효과만을 고려하고 공기의 밀도는 $\rho_a$, 중력가속도는 $g$라 한다.)

① $\left(\dfrac{2mg}{\rho_a A} + \nu^2\right)^{1/2}$  ② $\left(\dfrac{3mg}{\rho_a A} + \nu^2\right)^{1/2}$

③ $\left(\dfrac{4mg}{\rho_a A} + \nu\right)^{1/2}$  ④ $\left(\dfrac{5mg}{2\rho_a A} + 3\nu^2\right)^{1/2}$

> **TIP** 베르누이의 원리는 유체의 위치에너지와 운동에너지의 합이 일정하다는 법칙에서 유도하며, '유체의 속력이 증가하면 압력이 감소한다.'라고 표현할 수 있다. 날개 아랫면에서 공기의 압력을 $P$, 속력을 $v$이라고 하고, 날개 윗면에서의 압력을 $P_1$, 속력을 $v_1$이라고 할 때, 베르누이의 원리에 따라서 $P + \dfrac{1}{2}\rho_a v^2 = P_1 + \dfrac{1}{2}\rho_a v_1^2 + \dfrac{mg}{A}$가 성립한다.
>
> 비행기가 뜨기 위한 상승력을 받기 위해서는 날개 아래쪽보다 위쪽의 압력이 더 작아야 하므로, $P - P_1 \geq 0$,
>
> $\dfrac{1}{2}\rho_a\left(v_1^2 - v^2\right) - \dfrac{mg}{A} \geq 0$
>
> 따라서 비행기가 뜨기 위해서 날개 윗면의 공기가 가져야 할 최소 속도 $v_1 \geq \left(\dfrac{2mg}{\rho_a A} + v^2\right)^{1/2}$이다.

**6** 자동차 엔진의 실린더에서 기체가 원래 부피의 $\dfrac{1}{10}$로 압축되었다. 처음 압력과 온도가 1.0기압 $27\,^{\circ}$C이고, 압축 후의 압력이 20.0기압이라면 압축 기체의 온도는? (단, 기체를 이상기체라 한다.)

① $270\,^{\circ}$C  ② $327\,^{\circ}$C

③ $473\,^{\circ}$C  ④ $600\,^{\circ}$C

> **TIP** 이상 기체 상태 방정식 $PV = nRT$에서 $R$과 $n$이 동일하므로,
>
> 압축 전후의 상태는 $\dfrac{P_1 V_1}{T_1} = \dfrac{P_2 V_2}{T_2}$가 성립한다.
>
> 따라서 $\dfrac{1.0 \times V}{273 + 27} = \dfrac{20.0 \times \dfrac{V}{10}}{T_2}$, $T_2 = 600K$이고, $600 - 273 = 327\,^{\circ}$C 이다.

**Answer** 5.① 6.②

2020. 6. 13. 제2회 서울특별시 시행

**7** 어떤 증기기관이 섭씨 500도와 섭씨 270도 사이에서 동작하고 있을 때 이 증기관의 최대 효율 값에 가장 가까운 것은?

① 약 50%

② 약 30%

③ 약 23%

④ 약 10%

> **TIP** 열효율을 최대로 얻을 수 있는 이상적인 열기관은 카르노 기관이다.
>
> 열효율 $\eta = \dfrac{W}{Q_1} = \dfrac{Q_1 - Q_2}{Q_1} = \dfrac{T_h - T_l}{T_h} = 1 - \dfrac{T_l}{T_h}$ 이므로,
>
> $1 - \dfrac{270 + 273.15}{500 + 273.15} = 1 - 0.7$(소수 둘째자리 반올림) $= 0.3$, 약 30%이다.

2019. 10. 12. 제2회 지방직(고졸경채) 시행

**8** 그림 (가)는 압력 $P$, 부피 $V$, 절대 온도 $T$인 일정량의 이상기체가 상자 안에 들어 있는 것을 나타낸 것이다. 기체의 압력을 일정하게 유지하면서 기체에 $5PV$의 열을 가하였더니 그림 (나)와 같이 부피가 증가하였고 온도는 $3T$가 되었다. 이 과정에서 기체의 내부에너지 변화량은? (단, 상자 안의 기체 분자 수는 일정하다)

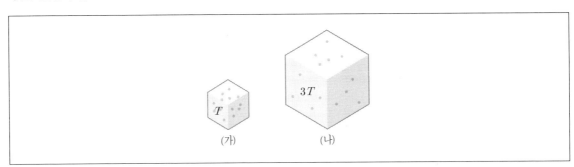

① $PV$

② $2PV$

③ $3PV$

④ $4PV$

> **TIP** 압력을 일정하게 유지하면서 온도가 3배가 되었으므로 부피 역시 3배가 된다.
>
> $\triangle U = Q - W$, $\delta U = \delta Q - \delta W$에서 $\delta Q = 5PV$이고 $\delta W = P(3V - V) = 2PV$이므로
>
> $\delta U = 5PV - 2PV = 3PV$이다.

**Answer** 7.② 8.③

2019. 10. 12. 제2회 지방직(고졸경채) 시행

**9** 그림은 단열된 실린더에 일정량의 이상기체가 들어 있고 추가 놓여 있는 단열된 피스톤이 정지해 있는 모습을 나타낸 것이며, 이상기체의 온도와 외부의 온도는 각각 $T_1$과 $T_2$이다. 추를 제거하였더니 피스톤은 천천히 움직이다가 멈추었고 이상기체의 온도와 외부의 온도는 $T_2$로 같아졌다. 이에 대한 설명으로 옳은 것만을 모두 고르면? (단, 이상기체의 누출은 없고 대기압은 일정하며, 실린더와 피스톤 사이의 마찰은 무시한다)

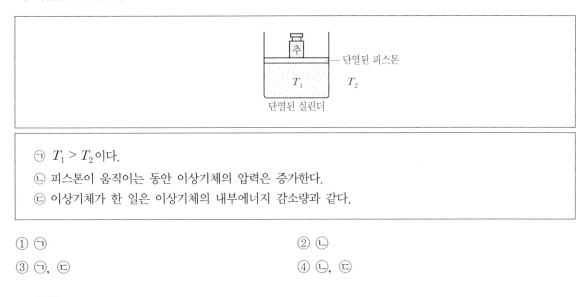

ⓒ $T_1 > T_2$이다.
ⓒ 피스톤이 움직이는 동안 이상기체의 압력은 증가한다.
ⓒ 이상기체가 한 일은 이상기체의 내부에너지 감소량과 같다.

① ㄱ

② ㄴ

③ ㄱ, ㄷ

④ ㄴ, ㄷ

**TIP** ⓒ 피스톤이 움직이는 동안 이상기체의 압력은 감소한다.

2019. 6. 15. 제2회 서울특별시 시행

**10** 1몰의 이상기체가 열역학적 평형 상태 $A_1$에서 열역학적 평형 상태 $A_2$로 변하였다. 각 상태 $A_i$에서의 온도, 압력, 부피는 $T_i$, $P_i$, $V_i$로 표시되며, $T_1 = T_2$, $P_1 > P_2$, $V_1 < V_2$였다. 열역학적 평형 상태 $A_1$에서 $A_2$로의 변화과정에 대한 설명 중 가장 옳은 것은?

① 기체가 외부로 열을 방출한다.

② 기체가 외부에서 열을 흡수한다.

③ 기체의 내부 에너지는 증가한다.

④ 기체의 내부 에너지는 감소한다.

**TIP** 온도는 변함없이 압력은 감소하고 부피는 증가한다.
①② 부피가 증가하므로 기체가 외부에서 열을 흡수한다.
③④ 온도가 변함없으므로 내부 에너지도 변하지 않는다.

**Answer** 9.③ 10.②

2019. 4. 13. 해양경찰청 시행

**11** 기체가 단열 팽창하는 경우와 단열 압축하는 경우 기체분자의 평균 운동에너지는 어떻게 변하는가?

| | 단열 팽창 | 단열 압축 |
|---|---|---|
| ① | 감소한다 | 감소한다 |
| ② | 감소한다 | 증가한다 |
| ③ | 증가한다 | 증가한다 |
| ④ | 증가한다 | 감소한다 |

**TIP** 기체가 단열 팽창하는 경우 온도가 감소하므로 평균 운동에너지는 감소하고, 반대로 단열 압축하는 경우 온도가 증가하므로 평균 운동에너지는 증가한다.

2019. 4. 13. 해양경찰청 시행

**12** 이상 기체 1몰이 있다. 이 이상 기체의 상태가 압력이 3배, 부피가 $\frac{1}{4}$ 배로 변하게 되었다. 최종 상태의 내부에너지는 처음 상태의 몇 배가 되겠는가?

① $\frac{3}{4}$ 배  　　　　　　　　　　② $\frac{4}{3}$ 배

③ $\frac{1}{4}$ 배  　　　　　　　　　　④ $\frac{1}{12}$ 배

**TIP** 온도는 압력과 부피에 비례하므로, 압력이 3배, 부피가 $\frac{1}{4}$ 배로 변한 이상 기체의 온도는 처음 상태의 $\frac{3}{4}$ 배가 된다.

내부에너지 $U = C_V T$ 이므로 내부에너지 역시 처음 상태의 $\frac{3}{4}$ 배가 된다.

2018. 10. 13. 서울특별시 시행

**13** 카르노 기관이 온도 500K의 고열원에서 열을 흡수하고 300K의 저열원으로 열을 방출한다. 한 번의 순환 과정에서 이 기관이 200J의 일을 한다면 고열원에서 흡수하는 열의 값[J]은?

① 300  　　　　　　　　　　② 400

③ 500  　　　　　　　　　　④ 600

**TIP** $\frac{500-300}{500} = \frac{200}{Q_H}$ 이므로 이 기관이 고열원에서 흡수하는 열의 값은 500J이다.

**Answer** 11.② 12.① 13.③

**14** 이상기체 $n$몰의 열역학적 성질에 대한 설명으로 가장 옳지 않은 것은? (단, $R$은 기체상수이고 $T$는 절대온도이다.)

① 단원자 분자 이상기체는 병진운동에 대한 3개의 자유도를 가지므로 내부에너지는 $U = \frac{3}{2}nRT$ 로 표현된다.

② 이상기체의 평균속력은 온도에 정비례하여 증가한다.

③ 이상기체의 내부에너지는 압력과 부피의 곱에 정비례하여 증가한다.

④ 이상기체는 기체분자 사이에 힘이 작용하지 않는 것을 가정한다.

**TIP** ② 이상기체의의 평균속력은 $v = \sqrt{\frac{3RT}{M}}$ 이므로 온도의 제곱에 비례하여 증가한다.

**15** 〈보기〉와 같이 실린더 안에 이상기체가 들어 있다. 피스톤을 사용하여 기체의 부피를 처음의 3배가 되도록 하였고, 기체의 절대온도가 처음의 2배가 되게 하였다. 이때 이상기체 압력의 변화는? (단, 실린더와 피스톤을 통하여 열이 빠져나가지 않는다.)

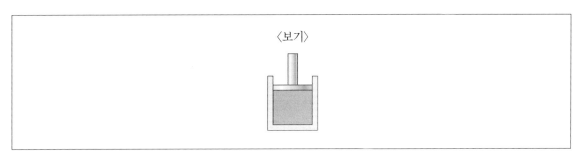

〈보기〉

① 처음의 2/3배                    ② 처음의 3/2배

③ 처음의 4/9배                    ④ 처음의 1/3배

**TIP** $P = \frac{nRT}{V}$ 이므로 부피가 3배, 절대온도가 2배가 되게 하면 압력은 처음의 $\frac{2}{3}$ 배가 된다.

**Answer**   14.②   15.①

**16** 그림은 일정량의 이상 기체 상태가 A→B→C를 따라 변화할 때 부피와 온도의 관계를 나타낸 것이다. 이에 대한 설명으로 옳은 것은?

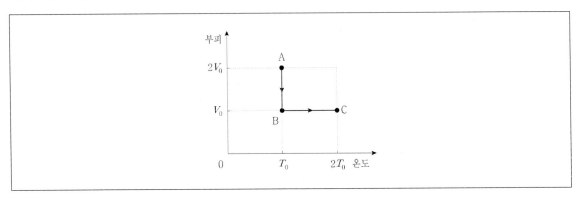

① A→B 과정에서 기체가 한 일은 0이다.

② A→B 과정에서 기체의 압력은 2배가 된다.

③ B→C 과정에서 내부에너지는 일정하다.

④ A→B 과정에서는 열을 흡수하고 B→C 과정에서는 열을 방출한다.

**TIP** ② A→B 과정에서 온도는 그대로인데 부피가 절반으로 감소하였으므로, 기체의 압력은 2배가 된다.
① A→B 과정에서 부피가 감소하였으므로 기체가 한 일은 0이 아니다.
③ B→C 과정에서 부피는 일정하고 온도는 2배로 상승하였으므로 내부에너지는 증가한다.
④ A→B 과정에서서는 열을 방출하고, B→C 과정에서는 열을 흡수한다.

**Answer** 16.②

2018. 10. 13. 제2회 지방직(고졸경채) 시행

**17** 그림은 고열원에서 500kJ의 열을 흡수하여 $W$의 일을 하고 저열원으로 300kJ의 열을 방출하는 열기관을 모식적으로 나타낸 것이다. 이 열기관의 열효율[%]은?

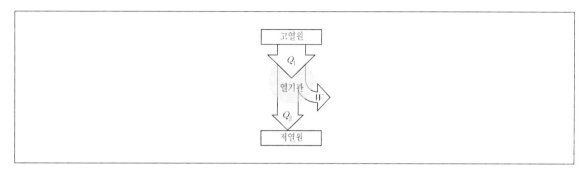

① 20

② 30

③ 40

④ 50

**TIP** 열효율 $\eta = \dfrac{W}{Q}$ 이므로 $\eta = \dfrac{500-300}{500} = \dfrac{2}{5} = 0.4$, 따라서 40%이다.

2018. 4. 14. 해양경찰청 시행

**18** 〈보기〉 중 옳은 설명을 가장 잘 고른 것은?

〈보기〉

㉠ 열역학 제1법칙은 열에너지를 포함한 역학적 에너지가 보존됨을 말한다.

㉡ 열역학 제2법칙은 자연현상의 방향성을 설명한다.

㉢ 효율이 100%인 열기관은 열역학 제2법칙에 위배된다.

㉣ 에너지를 생산하면서 영구히 가동되는 기관은 제2종 영구기관이다.

① ㉠, ㉡

② ㉡, ㉢

③ ㉠, ㉡, ㉢

④ ㉡, ㉢, ㉣

**TIP** ㉣ 에너지를 생산하면서 영구히 가동되는 기관은 제1종 영구기관이다. 제2종 영구기관은 열을 그대로 모두 일로 바꾸는 효율 100%의 열기관을 말한다.

**Answer** 17.③ 18.③

**19** 다음과 같이 온도 300$K$의 이상기체 $n$몰(mol)이 A상태에서 B상태로 변화하였다. 이때 기체의 변화를 설명한 것으로 가장 옳은 것은? (단, 이 기체는 단원자분자 기체이다.)

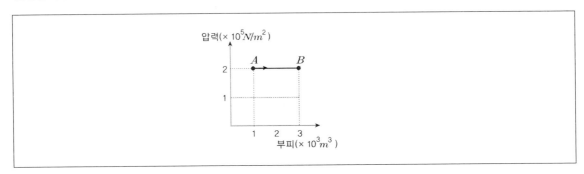

① A→B 과정에서 기체가 흡수한 열은 기체가 한 일보다 크다.

② B 상태의 온도는 600$K$이다.

③ A→B 과정에서 기체가 외부에 한 일은 600$J$이다.

④ B 상태의 압력은 $2 \times 10^5 N/m^2$이다.

> **TIP** ④ 압력을 일정하게 유지하고 온도와 부피를 변화시키는 등압과정이므로, B상태의 압력은 $2 \times 10^5 N/m^2$이다.
> ① 압력은 그대로이고 부피가 3배 증가하였으므로 온도가 3배 증가한다.
>
> $dU = \delta Q - \delta W$에서 $dU = \frac{3}{2}nR\triangle T$, $\delta W = nR\triangle T$이므로 $\delta Q = \frac{5}{2}nR\triangle T$이다.
>
> 따라서 A→B 과정에서 기체가 흡수한 열량은 기체가 한 일보다 크다.
> (※ 해당 보기는 중복정답에 논란이 있었으나 '열'의 크기를 비교하는 것으로 '열량'으로 표현하는 것이 바람직하여 가장 옳은 ④가 정답으로 처리되었다.)
> ② 부피가 3배 증가하였으므로 온도도 3배 증가한 900K이다.
> ③ A→B 과정에서 기체가 외부에 한 일은 면적이므로 $\delta W = 2 \times 10^5 \times 2 \times 10^3 = 4 \times 10^8 \text{J}$이다.

**20** 그림은 일정량의 이상기체 상태를 A→B→C로 변화시키는 동안, 이상기체의 압력과 부피를 나타낸 것이다. 이에 대한 설명으로 옳은 것은?

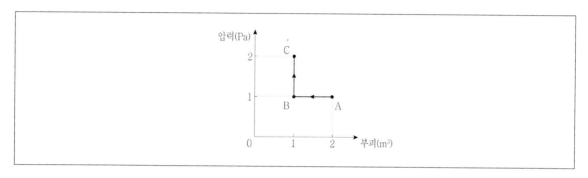

① A→B 과정에서 기체가 외부에 일을 한다.

② 기체의 내부 에너지는 A보다 B에서 더 크다.

③ B→C 과정에서 기체가 외부에 열을 방출한다.

④ 기체의 온도는 B보다 A에서 더 높다.

> **TIP** ① A→B는 부피가 감소하므로 기체는 외부에서 일을 받는다.
>
> ② 내부 에너지 $\Delta E = \frac{3}{2}nR\Delta T$로 온도에 비례한다. A의 온도가 B보다 높으므로 A에서 내부 에너지가 더 크다.
>
> ③ B→C는 등적과정이며 압력과 온도가 증가하는 과정이다. 따라서 기체는 외부에서 열을 흡수한다.

**Answer** 20.④

**21** 그림 (가)는 내부에 열원이 장치된 단열 실린더에 이상 기체를 넣고 P의 위치에 정지되어 있던 피스톤에 힘을 가하여 Q의 위치까지 이동시키는 모습을 나타내고, 그림 (나)는 (가)에서 Q의 위치에 피스톤을 고정시킨 상태로 기체에 열을 가하는 모습을 나타내며, 그림 (다)는 (나)에서 피스톤을 가만히 놓았더니 피스톤이 오른쪽으로 움직이고 있는 모습을 나타낸 것이다. 이에 대한 설명으로 옳은 것은? (단, 피스톤과 실린더 사이의 마찰은 무시한다)

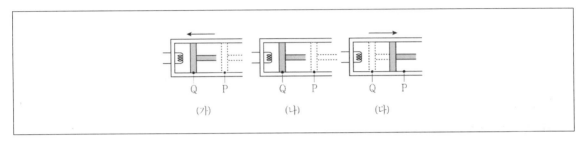

① (가)에서 기체의 온도는 감소한다.

② (나)에서 기체가 흡수한 열량은 기체의 내부 에너지 증가량과 같다.

③ (나)에서 기체 분자가 피스톤 벽에 작용하는 압력은 변하지 않는다.

④ (다)에서 기체는 외부로부터 일을 받는다.

> **TIP** ① (가)에서 기체의 부피가 감소하므로 온도는 증가한다.
> ③ (나)에서 부피는 일정하고 온도가 증가하므로 기체 분자가 피스톤 벽에 작용하는 압력은 증가한다.
> ④ (다)에서 부피가 증가한 것은 기체가 외부에 한 일이다.

2016. 10. 1. 제2회 지방직(고졸경채) 시행

**22** 그림은 온도 $T_1$인 고열원에서 $Q_1$의 열을 흡수하여 $W$의 일을 하고 온도 $T_2$인 저열원으로 $Q_2$의 열을 방출하는 열기관을 나타낸 것이다. 이에 대한 설명으로 옳은 것은?

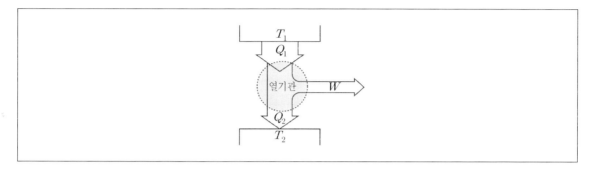

① $Q_1 < Q_2$이다.

② $Q_2 = 0$인 열기관을 만들 수 있다.

③ $\dfrac{Q_1 - Q_2}{Q_1}$가 작을수록 열효율이 좋다.

④ $W = Q_1 - Q_2$이다.

> **TIP** ① $Q_1 > Q_2$이다.
> ② 열효율 100%인 초특급 열기관은 존재할 수 없다.
> ③④ 열효율 $\eta = \dfrac{W}{Q_1} = \dfrac{Q_1 - Q_2}{Q_1}$ 이 클수록 열효율이 좋다.

2016. 6. 25. 서울특별시 시행

**23** 다음 현상 중, 열역학 제2법칙과 밀접한 관련이 있는 현상은?

① 잉크 방울을 물에 떨어뜨리면 결국 고르게 퍼지게 되지만, 고르게 퍼져있던 잉크분자들이 모여서 잉크방울로 뭉치지는 않는다.

② 자전거 바퀴에 공기를 팽팽하게 주입하고 나면 바퀴가 따뜻해진다.

③ 주전자 속의 물을 가열하면 물의 온도가 올라간다.

④ 압축 공기가 들어 있는 스프레이를 사용하고 나면 스프레이 통이 차가워진다.

> **TIP** ① 열역학 제2법칙
> ② 부피가 일정할 때, 압력이 증가하면 온도가 증가
> ③ 열역학 제1법칙
> ④ 부피가 일정할 때, 압력이 감소하면 온도가 감소

**Answer** 22.④ 23.①

2016. 6. 25. 서울특별시 시행

**24** 스프레이 캔에 이상기체가 들어 있다. 캔 내부의 압력은 대기압의 2배(202kPa)이고, 부피는 125cm³이며 온도는 22.0℃이다. 이 캔을 매우 뜨거운 액체 속에 담근 후 캔 내부 기체의 온도가 195℃에 도달할 때, 캔 내부의 압력은? (단, 부피의 변화는 무시한다.)

① 180kPa

② 260kPa

③ 320kPa

④ 480kPa

**TIP** 온도가 $22℃(=22+273=295\mathrm{K})$에서 $195℃(=195+273=468\mathrm{K})$으로 증가하였으므로, 압력 역시 그만큼 증가한다.

따라서 $202\times\dfrac{468}{295}≒320\mathrm{kPa}$

2016. 6. 25. 서울특별시 시행

**25** 고열원의 온도가 327℃, 저열원의 온도가 27℃인 증기기관의 카르노(carnot)효율(이상적인 열효율)은? (단, 소수점 둘째자리에서 반올림한다.)

① 0.1

② 0.5

③ 0.9

④ 1.1

**TIP** 카르노 효율 $\eta=1-\dfrac{T_L}{T_H}=1-\dfrac{27+273}{327+273}=1-\dfrac{300}{600}=\dfrac{1}{2}$

2016. 3. 19. 국민안전처(해양경찰) 시행

**26** 잠수부인 광희가 수면에서의 부피가 100㎥인 고무풍선을 가지고 바닷속으로 들어갔더니 고무풍선의 부피가 50㎥가 되었다. 이때 고무풍선이 받는 압력은 몇 기압인가? (단, 수면의 대기압은 1기압이고 다른 조건은 모두 동일한 것으로 가정한다.)

① 1기압

② 0.5기압

③ 2기압

④ 4기압

**TIP** 기체의 온도가 일정하면 기체의 압력과 부피는 반비례한다는 보일의 법칙에 따라 부피가 절반이 되면 압력은 2배가 된다. 따라서 바닷속의 고무풍선은 수면의 대기압의 2배인 2기압을 받는다.

**Answer** 24.③ 25.② 26.③

2016. 3. 19. 국민안전처(해양경찰) 시행

## 27 그림은 고열원으로부터 5kcal의 열을 흡수하여 외부에 W의 일을 하고 저열원으로 3kcal의 열을 방출하는 열기관을 모식적으로 나타낸 것이다. 이 열기관의 열효율은?

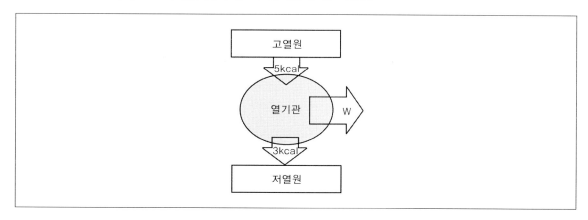

① 10%

② 20%

③ 40%

④ 60%

> **TIP** 열기관이 수행한 일을 $W$, 열기관이 공급받은 열에너지를 $Q$라고 할 때, 열효율 $\eta = \dfrac{W}{Q}$이다.
>
> 따라서 이 열기관의 열효율은 $\dfrac{5-3}{5} = 0.4$이다.

2016. 3. 19. 국민안전처(해양경찰) 시행

## 28 열역학법칙에 대한 다음 설명 중 가장 옳은 것을 고르면?

① 이상기체가 단열 팽창할 때 내부에너지는 증가한다.

② 이상기체가 단열 팽창할 때 이상기체의 온도는 올라간다.

③ 열효율 100%인 초특급 열기관이 존재할 수 있다.

④ 서로 접촉하고 있지 않은 두 물체 A와 B가 각각 물체 C와 열평형상태에 있으면 두 물체 A와 B는 열평형상태에 있다.

> **TIP** ①② 이상기체가 단열 팽창할 때 내부에너지는 감소하고, 이상기체의 온도는 내려간다.
> ③ 열효율 100%인 초특급 열기관은 존재할 수 없다.

**Answer** 27.③ 28.④

# 출제 예상 문제

**1** 한 순환과정 동안에 1,000cal의 열을 받아 2,520J의 일을 한 열기관의 열효율(%)은? (단, 1cal=4.2J 이다)

① 25.2

② 42

③ 60

④ 80

---

**TIP** 열효율 $e = \dfrac{외부에\ 한\ 일}{흡수한\ 열량} \times 100 = \dfrac{2,520}{4.2 \times 1,000} \times 100 = 60\%$

**2** 열은 고온체에서 저온체로 이동하지만, 저온체에서 고온체로 이동하지는 못한다. 이를 가장 잘 설명하는 것은?

① 열역학 제1법칙

② 열역학 제2법칙

③ 열량보존의 법칙

④ 보일 – 샤를의 법칙

---

**TIP** ① 물체가 가진 역학적 에너지가 열이나 일에 의해 물체의 분자들 내부에너지로 이동하더라도 열에너지를 포함하면 에너지가 보존된다.
③ 온도가 다른 물체들 사이에 열이 이동하며, 고온의 물체가 잃어버린 열량은 저온의 물체가 얻은 열량과 같다.
④ 기체의 상태에 관계없이 용기 내의 일정량의 기체 등온정압변화는 일정하다.

**3** 온도가 127℃, 27℃인 두 열원 사이에서 작동하는 카르노 기관의 최대효율은?

① 5%

② 25%

③ 50%

④ 100%

---

**TIP** 이상적인 열기관인 카르노 기관의 효율은 고열 온도 $T_1$(K)과 저열 온도 $T_2$(K)에 의해 나타내므로

효율 $e = \dfrac{T_1 - T_2}{T_1} = 1 - \dfrac{T_2}{T_1} = 1 - \dfrac{(273 + 27)}{(273 + 127)} = 1 - \dfrac{300}{400} = \dfrac{1}{4} = 0.25$

**Answer** 1.③ 2.② 3.②

**4** 20℃의 물 200g과 80℃의 물 400g을 비커에 섞고 일정 간격으로 온도를 측정하였다. 이 때 온도가 더 이상 변하지 않을 경우 온도계의 눈금은? (단, 온도계와 비커가 흡수한 열과 외부로 방출된 열은 없다)

① 0℃

② 30℃

③ 60℃

④ 90℃

---

**TIP** 질량 $m$, 비열 $c$, 온도변화 $\Delta t$, 열량 $Q$일 때, 열량 $Q = cm\Delta t$

20℃ 물이 얻은 열량과 80℃ 물이 잃은 열량은 동일하므로

$0.2 \times (T - 20℃) \times c = 0.4 \times (80℃ - T) \times c$

$0.2T - 4℃ = 32℃ - 0.4T$

$0.6T = 36℃ \quad \therefore T = 60℃$

---

**5** 다음과 같이 온도 300K의 이상기체 $n$몰이 $A$ 상태에서 $B$상태로 변화하였다. 이 때 기체의 변화를 바르게 설명한 것은? (단, 이 기체는 단원자 분자기체이다)

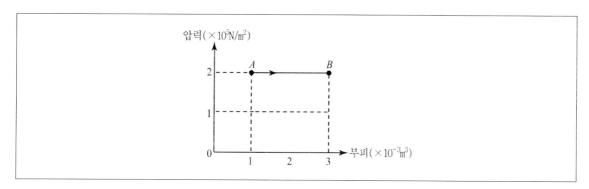

① $B$ 상태의 온도는 600K이다.

② $B$ 상태의 압력은 $2 \times 10^5 \text{N/m}^2$이다.

③ $A \rightarrow B$ 과정에서 기체가 외부에 한 일은 600J이다.

④ $A$ 상태의 압력은 $1 \times 10^5 \text{N/m}^2$이다.

---

**TIP** ① $B$ 온도는 보일–샤를의 법칙에 의해 $\dfrac{P_A V_A}{T_A} = \dfrac{P_B V_B}{T_B}$ 이므로 $\dfrac{2 \times 1}{300} = \dfrac{2 \times 3}{x}$, $x = 900K$

③ $A \rightarrow B$는 정압변화이므로 외부의 한 일 $W = p(v_2 - v_1) = 200,000(0.003 - 0.001) = 400J$

④ 정압변화이므로 $A$와 $B$의 압력은 같다.

---

**6** 더운물과 찬물을 섞으면 미지근한 물이 된다. 그러나 미지근한 물이 저절로 찬물과 더운물로 나누어지지는 않는다. 이 현상을 설명할 수 있는 법칙은?

① 열역학 제1법칙 　　　　　　　　　　② 열역학 제2법칙

③ 열량 보존의 법칙 　　　　　　　　　④ 에너지 보존의 법칙

---

**TIP** 열역학 제2법칙의 표현
　㉠ 열의 비가역성: 열은 고온에서 저온으로만 흐르고, 반대로 저온에서 고온으로 흐르지 않는다.
　㉡ 캘빈 – 플랑크 표현: 일정 온도를 유지하는 열원으로부터 열을 끄집어내어 전부 일로 바꿀 수 없다.
　㉢ 제2종 영구기관: 고열원에서 받은 열을 전부 일로 바꾸는 기관으로 열역학 제2법칙에 위배되므로 제작이 불가능하다. 즉, 열효율이 100%인 열기관은 만들 수 없다.

**7** 어느 기체의 부피가 20℃에서 $2l$이었다. 압력을 일정하게 하고 온도를 120℃로 높이면 부피는 몇 $l$가 되는가?

① $0.268l$ 　　　　　　　　　　　　　② $2.68l$

③ $7.86l$ 　　　　　　　　　　　　　　④ $2.93l$

---

**TIP** 샤를의 법칙에서 $\dfrac{V_0}{T_0} = \dfrac{V}{T}$ 이므로 $\dfrac{2}{273+20} = \dfrac{V}{273+120}$

　$\therefore V = \dfrac{786}{293} = 2.68l$

**8** 27℃, 1기압일 때 부피가 $30l$인 산소 기체가 있다. 이 기체를 가열하여 온도를 227℃까지 올려 주었는데 부피가 변하지 않았다면 이 기체의 압력은?

① 1.2기압 　　　　　　　　　　　　　② 1.33기압

③ 1.5기압 　　　　　　　　　　　　　④ 1.67기압

---

**TIP** $\dfrac{PV}{T} = \dfrac{P'V'}{T}$ 이므로 $\dfrac{1\text{기압} \times 30l}{(27+273)\text{K}} = \dfrac{P \times 30l}{(227+273)\text{K}}$

　$\therefore P ≒ 1.67\text{기압}$

**Answer**　6.② 7.② 8.④

**9** 열역학 제1법칙과 가장 관계가 있는 것은?

① 에너지 보존법칙

② 옴의 법칙

③ 질량에너지

④ 앙페르의 법칙

---

**TIP** 열역학 제1법칙 … 어떤 기관이 한 일의 양 = 받은 열량 − 내보낸 열량으로 주어지는 관계를 설명하는 법칙으로, 에너지는 전환할 수 있으나 소멸·생성되지 않는다는 에너지 보존의 법칙을 나타내고 있다.

**10** $n$몰의 기체가 절대온도 $T$에서 압력과 부피가 $P$, $V$일 때 기체상수 $R$의 값은?

① $\dfrac{nT}{PV}$

② $\dfrac{PV}{nT}$

③ $\dfrac{nPV}{T}$

④ $\dfrac{T}{nPV}$

---

**TIP** $n$mol의 기체에 대한 방정식이 $\dfrac{PV}{T} = nR$이므로 $R$에 대해 정리하면 $R = \dfrac{PV}{nT}$ 이다.

**11** 압력을 일정하게 유지하고, 이상기체 1mol의 온도를 1K 만큼 상승시킬 때, 이 기체가 외부에 대하여 하는 일의 양은? (단, 기체상수는 8.3J/mol·K이다)

① 1J

② 0.5J

③ 4.15J

④ 8.3J

---

**TIP** 기체상태방정식 $P \Delta V = nRT$이므로 기체가 한 일 $W = P \Delta V = nRT$

이 식에 $n = 1$mol, $R = 8.3$J/mol·K, $T = 1$K를 대입하여 계산하면 $W = 8.3$J

**Answer** 9.① 10.② 11.④

**12** 다음 중 열기관과 작동원리가 다른 것은?

① 비행기
② 총
③ 난로
④ 증기터빈

---

TIP ③ 기계적 에너지(전기에너지)를 열에너지로 변환시키는 장치에 해당한다.
※ 열기관 … 열에너지를 기계적 에너지로 변환시켜서 일을 할 수 있는 기관이다.

**13** 이상기체의 온도를 처음 온도의 4배로 올리면 기체분자의 평균속력은 처음의 몇 배가 되는가?

① 2
② 4
③ 8
④ 16

---

TIP 기체분자의 평균속력 $v_0 = \sqrt{\dfrac{3RT}{M}}$ 에서 온도 $T$를 4배로 올리면

$$v = \sqrt{\frac{3R(4T)}{M}} = 2\sqrt{\frac{3RT}{M}}$$ 이므로

$$\therefore v = 2v_0$$

**14** 다음 중 기체분자의 평균운동에너지와 직접적인 관계에 있는 것은?

① 기체의 부피
② 분자수
③ 기체의 압력
④ 기체분자의 질량

---

TIP $\dfrac{1}{2}mv^2 = \dfrac{3}{2}nRT$이므로 기체분자의 평균운동에너지는 기체의 몰수(분자수)와 직접적인 관련이 있다.

**Answer** 12.③ 13.① 14.②

**15** 다음 중 이상기체를 정의하는 것이 아닌 것은?

① 기체분자의 크기가 없다.

② 기체분자 사이의 척력이나 인력이 없다.

③ 기체분자들은 완전탄성충돌을 한다.

④ 기체분자들은 상온에서 활발히 운동한다.

---

**TIP** 이상기체 … 보일-샤를의 법칙이 성립하도록 만든 가상 기체를 말한다.

ⓐ 기체분자의 크기는 없다(부피는 없다).

ⓑ 기체분자력은 없다.

ⓒ 기체분자 사이의 위치 에너지는 없다.

ⓓ 기체분자의 충돌은 완전탄성충돌이다.

ⓔ 냉각·압축시켜도 액화나 응고가 일어나지 않는다.

ⓕ 0K에서도 고체로 되지 않으며, 기체의 부피는 0이 된다.

**16** 2몰의 이상기체가 있다. 전체가 균일하게 10℃ 상승했을 때 내부에너지 증가량은 얼마나 되는가? (단, 기체 상수를 $R$이라 한다)

① $10R$                           ② $20R$

③ $30R$                           ④ $40R$

---

**TIP** 이상기체의 내부에너지 증가량 = 분자운동에너지 증가량이므로

$$\Delta U = \frac{3}{2} nR\Delta T, \ n = 2몰, \ \Delta T = 10℃ 이므로$$

$$\Delta U = \frac{3}{2} \times 2 \times R \times 10 = 30R$$

**17** 분자의 속도가 2배가 되는 것은 절대온도가 몇 배가 될 때인가?

① 온도와 관계없다.        ② 2배

③ 3배        ④ 4배

**TIP** $v = \sqrt{\dfrac{3kT}{m}}$ 에서 분자의 운동속도는 $\sqrt{T}$에 비례하므로 절대온도가 4배일 때 속도는 2배가 된다

**18** 밀폐된 용기 속의 기체가 용기벽에 가하는 압력의 원인은?

① 기체분자에 가해지는 중력

② 기체분자의 벽에 대한 충격력

③ 기체분자의 벽에 대한 부착력

④ 기체분자의 다른 분자에 대한 반발력

**TIP** 용기 속의 분자들이 여러 방향으로 활발히 운동하면서 서로 충돌하거나 벽에 충돌하여 반발될 때에 운동량의 변화만큼 충격량을 준다.

**19** 기체분자의 평균운동에너지에 직접 관계되는 것은?

① 기체의 부피        ② 기체의 온도

③ 기체의 압력        ④ 기체 분자의 질량

**TIP** 한 개의 기체분자가 갖는 평균적인 분자의 질량 중심의 운동에너지는 기체의 종류에 관계없이 항상 절대온도에만 비례한다.

**Answer** 17.④ 18.② 19.②

**20** 부피가 같은 용기에 0℃, 2기압의 산소가스 10$l$ 와 20℃, 1기압의 질소가스 10$l$가 들어있다. 콕을 열어 두 기체가 섞인 후 온도가 5℃가 되었다면 질소의 압력은 몇 기압인가?

```
        0°C           콕           20°C
        2기압                      1기압
        10l                       10l
        O₂가스                     N₂가스
```

① $\dfrac{139}{293}$

② $\dfrac{139}{493}$

③ $\dfrac{139}{393}$

④ $\dfrac{239}{393}$

**TIP** 보일 – 샤를의 법칙에 의하면 $\dfrac{P_1 V_1}{T_1} = \dfrac{P_2 V_2}{T_2}$ 이므로

질소기체의 경우 $\dfrac{1 \times 10}{(273+20)} = \dfrac{P \times 20}{(273+5)}$

이 식을 정리하여 계산하면 $P = \dfrac{139}{293}$ atm

**21** 왕복운동 증기기관의 실린더에 들어오는 증기의 온도가 200℃이고, 나오는 증기의 온도가 100℃일 때 이 기관의 최대 효율은?

① $\dfrac{100}{200} \times 100\%$

② $\dfrac{100}{473} \times 100\%$

③ $\dfrac{100}{273} \times 100\%$

④ $\dfrac{173}{273} \times 100\%$

**TIP** 기관의 최대효율 $\eta = \dfrac{T_1 - T_2}{T_1} \times 100$

$\therefore \eta = \dfrac{(200+273) - (100+273)}{200+273} \times 100 = \dfrac{100}{473} \times 100\%$

**Answer** 20.① 21.②

**22** 다음 중 온도에 대한 설명으로 옳은 것은?

① 공기분자의 질량에 관계한다.

② 공기분자의 평균속도에 관계한다.

③ 공기분자의 밀도에 관계한다.

④ 공기분자의 갯수에 따른다.

---

TIP 기체분자 운동에너지는 분자의 온도(절대온도)에 비례한다.

$\frac{1}{2}mV^2 = \frac{3}{2}kT$ 즉, $V \propto \sqrt{T}$이므로 온도가 높아지면 기체분자의 평균속도가 증가한다.

**23** 일정량의 공기가 들어 있는 튜브에 햇빛을 쬐어 온도를 올려줄 때 튜브가 팽팽해지는 이유는?

① 분자의 회전이 빨라지기 때문이다.

② 분자 내의 전자 상태가 변하기 때문이다.

③ 분자 내의 원자의 온도가 올라갔기 때문이다.

④ 분자의 속도가 빨라졌기 때문이다.

---

TIP 온도가 높아지면 기체 분자의 운동속도가 빨라져 벽과 충돌하여 힘을 미치기 때문이다.

**Answer** 22.② 23.④

**24** 다음과 같이 실린더 속에 2mol의 이상기체가 들어 있다. 이 기체에 압력을 가해 기체의 온도를 5℃ 더 높이려면, 이 기체에 가해 줄 일량은? (단, 기체상수는 RJ/mol · K이다)

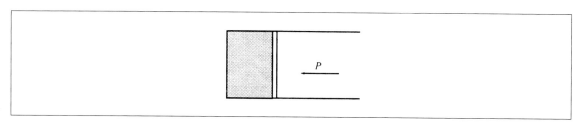

① $5R$

② $10R$

③ $15R$

④ $20R$

---

**TIP** $\Delta U = Q - W$(열역학 제1법칙)에서 단열변화($\Delta Q = 0$)인 경우이므로, $\Delta U = -p \cdot \Delta V$

$\therefore -p \cdot \Delta V = \Delta U = \dfrac{3}{2}nR \cdot \Delta t = \dfrac{3}{2} \times 2 \times R \times 5 = 15R$

---

**25** 일정한 부피의 밀폐된 용기 안에 들어 있는 이상기체에서 분자의 평균운동에너지가 2배로 되면 이 기체의 압력은 몇 배로 되는가?

① $\dfrac{1}{2}$ 배

② 1배

③ 2배

④ 4배

---

**TIP** 보일 – 샤를의 법칙에 의하면 $\dfrac{P_1 V_1}{T_1} = \dfrac{P_2 V_2}{T_2}$, 즉 $P \propto T$이므로

분자의 운동에너지 $E = \dfrac{1}{2}mV^2 = \dfrac{3}{2}kT$

$E \propto T$이므로 $E$가 2배가 되면 $T$가 2배가 되고 따라서 압력 $P$도 2배가 된다.

**26** 200K에서 질소분자의 평균속력이 $V$일 때 400K에서 질소분자의 평균속력은?

① $\dfrac{V}{2}$

② $\dfrac{V}{\sqrt{2}}$

③ $\sqrt{2}\,V$

④ $2\,V$

---

**TIP** 기체분자의 운동에너지 $E = \dfrac{1}{2}mV^2 = \dfrac{3}{2}kT$

$V \propto \sqrt{T}$ 이므로 $T$가 200K에서 400K로 2배가 되면 속력은 $\sqrt{2}$ 배가 된다.

**27** 일정량의 이상기체를 실린더에 넣고 다음 그림과 같이 $A - B - C - D - A$의 차례로 압력과 부피의 변화를 주었다. $C - D$과정은 다음 중 어느 변화인가?

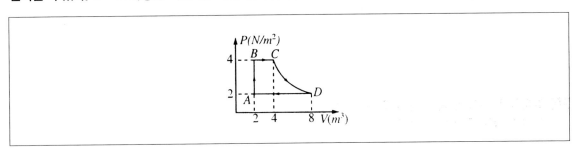

① 정압변화

② 정적변화

③ 등온변화

④ 단열변화

---

**TIP** 카르노 열적순환에 의하여 $C - D$과정은 부피가 팽창하면서 압력이 감소하는 등온팽창을 나타낸다.

**Answer** 26.③  27.③

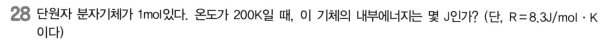

**28** 단원자 분자기체가 1mol있다. 온도가 200K일 때, 이 기체의 내부에너지는 몇 J인가? (단, R＝8.3J/mol·K 이다)

① 100J

② 2,490J

③ 1,660J

④ 830J

> **TIP** 이상기체의 내부에너지 $U = \frac{3}{2}nRT$ 이므로 $n = 1\text{mol}$, $R = 8.3\text{J/mol·K}$, $T = 200\text{K}$를 대입하여 계산하면 $U = 2,490\text{J}$

**29** 이상기체 2mol이 있다. 압력을 일정하게 유지하면서 기체를 1℃ 높이는데 필요한 열량은? (단, R＝8.3J/mol·K이다)

① 41.5J

② 16.6J

③ 24.9J

④ 8.3J

> **TIP** 이상기체의 내부에너지 $U = \frac{3}{2}nRT$, 이 식에 $n = 2\text{mol}$, $R = 8.3\text{J/mol·K}$, $\Delta T = 1\text{K}$를 대입하여 계산하면 $\Delta U = 24.9\text{J}$

**30** 일정한 용기 속에 온도를 일정하게 유지시키면서 기체분자의 수를 3배로 증가시키면 실린더 내의 압력은 몇 배로 증가하는가?

① 1

② $\sqrt{3}$

③ 2

④ 3

> **TIP** (나)는 (가)보다 분자수가 많을 때 벽에 충돌하는 기체분자수가 많음을 나타낸다.
> 기체의 압력은 온도가 일정할 때, 분자의 수에 비례한다.

(가)　　　(나)

**Answer** 28.② 29.③ 30.④

# 05
P
A
R
T

# 진동 · 파동 · 음파

# 01 진동

## 01 단조화 진동(단진동)

### ❶ 단진동의 개요

(1) 진동

① 진동의 개념 … 주기운동에서 입자가 같은 경로로 앞뒤로 반복운동하는 것을 진동이라 한다.

② 진동의 용어

　㉠ 주기($T$) : 1번 왕복운동하는 데 걸리는 시간(초)을 나타낸다.

　㉡ 진동수($f$) : 단위시간 동안 진동하는 횟수(Hz)을 나타낸다.

　㉢ 주기와 진동수와의 관계

$$진동수(f) = \frac{1}{T}(\mathrm{Hz} = 1/\mathrm{s})$$

(2) 단진동

① 단진동의 개념 … 어떤 입자가 직선 위를 주기적으로 왕복운동하는 진동이다.

② 단진동의 진폭

　㉠ 진동자가 질량중심으로부터 최대로 떨어진 곳까지의 거리를 진폭($A$)이라 한다.

ⓛ 진폭의 의미

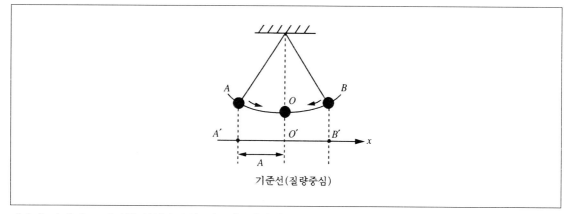

기준선(질량중심)

- 진자가 $A$에서 $B$사이를 왕복운동할 때 $x$축 방향의 변위를 아래에 직선으로 표시한다.
- $x$축 방향으로의 최대 변위 $\overline{A'O'}$ 혹은 $\overline{B'O'}$를 진폭($A$)이라 한다.

③ 단진동의 힘

  ㉠ 단진동하는 입자에 작용하는 힘은 변위($x$)에 비례한다.

  ㉡ 변위에 비례하는 이 힘을 복원력이라 하고 항상 고정점을 향하며, 물체는 단진동을 한다.

$$F = -kx$$

  ㉢ 탄성력에 의한 단진동이 물체에 작용하는 힘

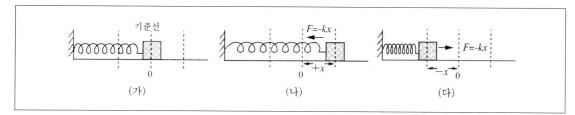

- ㈎는 변위 $x = 0$이므로 단진동을 하지 않음을 보여준다.
- ㈏와 ㈐는 각각 $+x$, $-x$이므로 단진동을 하며, 이 때 작용하는 복원력은 $F = -kx$이다.

④ 단진동의 위치에너지 … 단진동하는 입자의 위치에너지는 변위의 제곱($x^2$)에 비례한다.

$$E = \frac{1}{2}kx^2$$

## ❷ 단진동의 물리량

### (1) 단진동의 변위, 주기, 속도, 가속도

단진동의 변위, 주기, 속도, 가속도는 사인(sine)함수, 코사인(cosine)함수로 나타낼 수 있다.

### (2) 물리량별 개념

① 변위($x$)

$$x = A\sin\omega t$$

> **TIP**
>
> 각속도 $\omega$(오메가)는 단위시간에 변화한 각 변화량이므로 $\omega = \dfrac{\theta}{t}$ 이다. 그러므로 $\theta = \omega t$인 관계식이 만족한다.

② 주기($T$)

$$T = \frac{2\pi}{\omega}$$

> **TIP**
>
> 한 곳에서 출발하여 한 번 왕복하여 같은 지점에 오는 데 걸리는 시간이 주기($T$)이므로 다음 관계식이 만족된다.
>
> $x = A\cos\omega t = A\cos(t + T)$
> 위 식을 전개하면 $A\cos\omega t = A\cos(\omega t + \omega T)$
> 그런데 $\cos(\theta + 2\pi) = \cos\theta$이므로 $\omega T = 2\pi$
> 즉, $T = \dfrac{2\pi}{\omega}$ 이다.

③ 속도($v$)

$$v = A\omega\cos\omega t$$

> **TIP**
>
> 속도($v$)는 변위($x$)의 단위시간당 변화량이므로 $v = \dfrac{\Delta x}{\Delta t}$ 이다. 그런데 $\Delta t$를 아주 작게 하면 시각 $t$에서 순간속도가 되므로
>
> $v(t) = \lim\limits_{\Delta t \to 0} \dfrac{\Delta x}{\Delta t} = \dfrac{dx}{dt}$ 이다. 위 식 $\dfrac{dx}{dt}$ 는 변위($x$)를 시간($t$)에 대하여 미분한 값이므로 $v(t) = \dfrac{dx}{dt} = A\omega\cos\omega t$ 이다.

④ 가속도($a$)

　㉠ 단진자의 가속도는 진동 중심을 향한다.

$$a = -A\omega^2\sin\omega t = -\omega^2 x$$

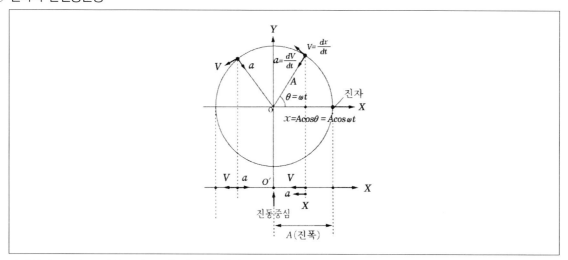

가속도 $a$는 속도 $v$에 대한 시간 $t$의 미분함수이므로 $a = \dfrac{dV}{dt} = -A\omega^2\sin\omega t = -\omega^2 x\,(x = A\sin\omega t)$이다.

ⓒ 진자의 단진동운동

- 반지름이 $A$이고 각속도가 $\omega$인 진자의 단진동운동(원운동)을 나타낸 것이다.
- 각변화량 $\theta = \omega t$이며, 변위 $x = A\cos\omega t$임을 나타내고 있다.
- 속도 $V$는 접선방향이며 가속도 $a$는 원의 중심방향이다.
- 가속도 $a$의 $x$축 성분은 항상 진동중심방향을 향하고 있다.
- I 사분면 진자에서 $\cos\theta = \dfrac{x}{A}$이므로 $x = A\cos\theta = A\cos\omega t$이다.

# 02 단진자와 용수철 진자

## ❶ 단진자운동

### (1) 단진자운동

① 개념 … 줄에 매달린 추를 당겼다 놓을 때 왕복운동하는 진동이다.

② 단진자에 작용하는 힘 … 실의 장력 $T$와 중력 $mg$이다.

(2) 단진자의 주기

① 단진자의 주기($T$) ··· 주기($T$)는 단진자의 줄의 길이의 제곱근($\sqrt{l}$)에 비례한다.

$$T = 2\pi \sqrt{\frac{l}{g}} \,(\text{s})$$

② 단진자운동의 힘과 비례상수

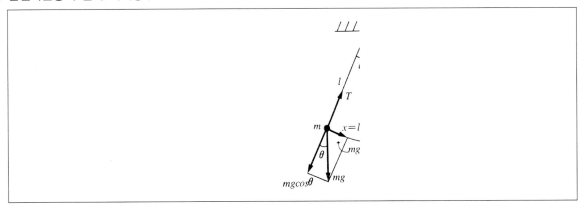

ㄱ 길이 $l$인 줄에 매달려 단진운동을 하는 단진자를 나타낸 것이다.

ㄴ 단진자의 질량이 $m$일 때 복원되려는 힘 $F = -mg\sin\theta$임을 나타내고 있다.

ㄷ $\theta$가 매우 작다면 $\sin\theta \fallingdotseq \theta$이고 $x = l\theta$이므로 $F = -mg\sin\theta \fallingdotseq -mg\theta = -mg\dfrac{x}{l}$가 된다.

ㄹ 단진자운동에서 힘 $F = -kx$이므로 비례상수 $k = \dfrac{mg}{l}$이 된다.

③ 단진자운동의 길이와 주기의 관계

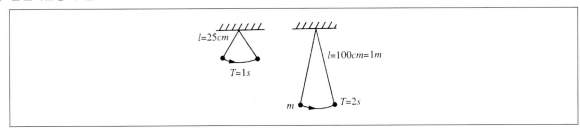

ㄱ 진자 길이가 25cm일 때 주기 $T = l\text{s}$인데 진자 길이를 4배(100cm)로 하면 주기가 2배($T = 2\text{s}$)로 된다.

ㄴ 주기 $T$는 $\sqrt{l}$에 비례하므로 길이 $l$이 4배로 되면 $T$는 $\sqrt{4l} = 2\sqrt{l}$에 비례하게 되어 주기는 2배가 된다.

ㄷ 단진자의 등시성 : 진자의 주기 $T$는 오직 진자의 길이 $l$의 값에서만 영향을 받고 진자의 질량($m$)이나 진폭($x$)의 변화에는 아무런 영향을 받지 않는 성질을 말한다.

## ❷ 용수철 진자

### (1) 용수철 진자

① 개념

　　㉠ 용수철에 추를 매달아 진동시키는 장치를 말한다.

　　㉡ 탄성계수 $k$인 용수철에 질량 $m$인 물체를 달아 당기거나 누른 후 놓으면 진자는 단진동을 한다.

② 물리량

　　㉠ 복원력($F$)

$$F = -kx$$

　　㉡ 주기($T$)

$$T = 2\pi \sqrt{\frac{m}{k}}$$

> **TIP** ～～～～～～～～～～～～～～

　　진자의 주기는 진자의 질량의 제곱근 $\sqrt{m}$ 에 비례하고 탄성력의 제곱근 $\sqrt{k}$ 에 반비례한다.

### (2) 용수철 진자의 단진동

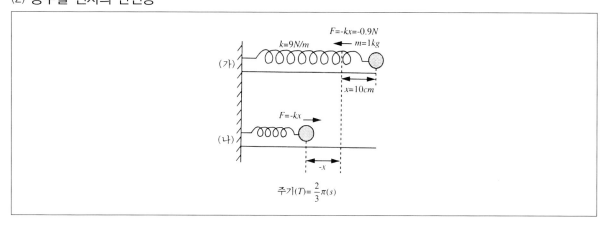

① 진자의 복원력은 진동 중심을 향하고 있다.

② 탄성률 $k = 9\text{N/m}$이고 질량 $m = 1\text{kg}$인 진자를 10cm = 0.1m로 당겨서 진동시키므로
　　복원력 $F = -kx = -0.9\text{N}$이다.

③ 진자의 진동주기 $T = 2\pi \sqrt{\dfrac{m}{k}}$ 이므로 $k$와 $m$값을 대입하여 계산하면 $T = 2\pi \sqrt{\dfrac{1}{9}} = \dfrac{2}{3}\pi(\text{s})$가 된다.

# 최근 기출문제 분석

2021. 6. 5. 해양경찰청 시행

**1** 줄의 길이가 L, 추의 질량이 m인 단진자의 주기는 T이다. 질량만 5m으로 했을 때의 주기를 $T_1$, 길이만 4L로 했을 때의 주기를 $T_2$라고 할 경우 서로의 관계를 나타낸 것으로 가장 옳은 것은?

① $T = T_1 < T_2$

② $T = T_1 > T_2$

③ $T < T_1 = T_2$

④ $T < T_1 < T_2$

**TIP** 단진자의 주기 공식 $T = 2\pi\sqrt{\dfrac{l}{g}}$ 에서 단진자의 주기는 질량과는 무관하며, 길이의 제곱근에 비례한다. $T_1 = T$, $T_2 = 2\pi\sqrt{\dfrac{4l}{g}} = 2T$ 에서 $T = T_1 < T_2$ 이다.

2020. 6. 13. 제2회 서울특별시 시행

**2** 지구에서 초의 주기를 갖는 단진자가 있다고 할 때 중력 가속도가 지구의 $\dfrac{1}{4}$ 인 행성에서 이 단진자의 주기는?

① 6초

② 3.2초

③ 2초

④ 1초

**TIP** 단진자의 주기 $T = 2\pi\sqrt{\dfrac{l}{g}}$ 이므로, 중력가속도가 지구의 $\dfrac{1}{4}$ 인 행성에서 단진자의 주기는 2배가 된다. 따라서 2초이다.

**Answer** 1.① 2.③

**3** 용수철 상수가 $k = 200\,\text{N/m}$인 용수철 끝에 질량 0.125kg인 물체가 매달려 단순 조화 운동을 하고 있는 경우 진동수는? (단, N/m 단위는 뉴턴/미터이다.)

① 40Hz

② $\dfrac{40}{\pi}\,\text{Hz}$

③ 20Hz

④ $\dfrac{20}{\pi}\,\text{Hz}$

 단순 조화 운동의 주기 $T = \dfrac{1}{f} = \dfrac{2\pi}{\omega} = 2\pi\sqrt{\dfrac{m}{k}}$ 이다.

$\omega = \sqrt{\dfrac{k}{m}} = \sqrt{\dfrac{200}{0.125}} = 40\,rad/\sec$이고, $f = \dfrac{\omega}{2\pi} = \dfrac{40}{2\pi} = \dfrac{20}{\pi}\,\text{Hz}$이다.

**4** 추의 진자운동으로 빠르기를 조절하는 추시계가 매일 조금씩 늦게 간다고 한다. 시간을 정확하게 맞추려면 어떻게 해야 하는가?

① 추까지의 길이를 길게 한다.

② 추까지의 길이를 짧게 한다.

③ 추의 질량을 무겁게 한다.

④ 추의 질량을 가볍게 한다.

 단진자의 주기 $T = 2\pi\sqrt{\dfrac{1}{g}}$ 이므로 추시계가 매일 조금씩 늦게 갈 때 시간을 정확하게 맞추려면 추까지의 길이를 짧게 하면 된다.

**Answer** 3.③ 4.②

## 출제 예상 문제

**1** 단진동하는 물체의 가속도에 대한 설명 중 옳은 것은?

① 항상 일정하다.　　　　　　　　② 변위에 비례한다.

③ 변위에 반비례한다.　　　　　　④ 속도가 최대일 때 최대다.

---

**TIP** 단진동의 가속도 … 변위에 비례하고, 변위의 방향과 반대이며, 변위가 클수록 단진동의 가속도는 증가한다.

**2** 길이 10cm인 용수철에 1kg의 추를 달았더니 그 길이가 14cm가 되었다고 한다. 이 추를 단 채 2cm를 더 늘렸다가 갑자기 놓았을 때 이 용수철의 탄성계수는?

① $\dfrac{1}{14}$ kg/cm　　　　　　　② 10kg/cm

③ 0.1N/cm　　　　　　　　　　④ 2.45N/cm

---

**TIP** $x = 14 - 10 = 4$cm이고 $F(= W) = mg = 1 \times 9.8$N이므로

$F = kx$에서 $k = \dfrac{F}{x} = \dfrac{9.8}{4} = 2.45$N/cm

**3** 단진동하고 있는 물체의 변위가 $x = 2\sin\pi\left(t + \dfrac{1}{2}\right)$일 때 이 진동의 진동수는?

① 2Hz　　　　　　　　　　　② 1Hz

③ $\dfrac{1}{2}$ Hz　　　　　　　　　　④ 3Hz

---

**TIP** 단진동의 변위 $x = A\sin(\omega t + \phi)$일 때 진동수 $f = \dfrac{1}{T} = \dfrac{\omega}{2\pi}$이므로

$\omega = \pi$가 되어 진동수 $f = \dfrac{\pi}{2\pi} = \dfrac{1}{2}$Hz

**Answer**　1.② 2.④ 3.③

**4** 길이가 10m인 줄에 매달린 진자의 주기는 얼마인가? (단, $g = 10\text{m/s}^2$이다)

① 10s

② 6s

③ $2\pi\text{s}$

④ $\pi\text{s}$

---

TIP 진자의 주기 $T = 2\pi\sqrt{\dfrac{l}{g}}\,\text{s}$이며 $l = 10\text{m}$, $g = 10\text{m/s}^2$을 대입하여 계산하면 $T = 2\pi\text{s}$

---

**5** 진자의 줄의 길이가 25cm일 때 주기가 1초이다. 그러면 4m 줄에 매달린 진자의 진동수는?

① 3Hz

② $\dfrac{1}{2}\text{Hz}$

③ 4Hz

④ $\dfrac{1}{4}\text{Hz}$

---

TIP 진자의 주기 $T \propto \sqrt{l}$이며 진동수 $f \propto \dfrac{1}{T}$

줄의 길이가 25cm일 때 주기 $T_1 = 1\text{s}$이고, 줄의 길이가 4m일 때 16배가 길어지므로 주기 $T_2 = \sqrt{16}$, $T_1 = 4\text{s}$

그러므로 진동수 $f = \dfrac{1}{T_2} = \dfrac{1}{4}\text{Hz}$

---

**6** 중력가속도가 $\dfrac{1}{2}g$로 상승 중인 엘리베이터 속에 길이 $l$인 단진자가 있다. 중력가속도를 $g$라 할 때 단진자의 주기는?

① $2\pi\sqrt{\dfrac{l}{2}\,g}$

② $2\pi\sqrt{\dfrac{l}{g}}$

③ $2\pi\sqrt{\dfrac{2l}{3g}}$

④ $2\pi\sqrt{\dfrac{l}{3g}}$

**Answer** 4.③ 5.④ 6.③

**7** 다음과 같이 지구의 중심을 통과하는 구멍을 뚫는다고 가정하자. 만일 어떤 물체를 이 구멍으로 떨어뜨리면 이 물체가 받는 힘은 지구 중심으로부터의 거리 $r$에 비례하고, 항상 지구 중심으로 향한다. 이 물체의 운동을 바르게 설명한 것은?

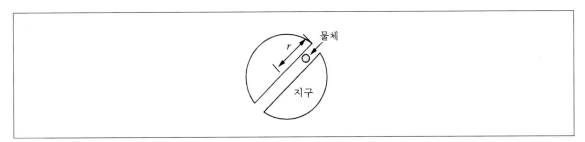

① 일정한 속도로 구멍을 완전히 통과해 나간다.
② 지구의 중심에 이르러 정지한다.
③ 지구의 반대쪽에 도달할 때까지 속도가 증가한다.
④ 지구 중심까지 가는 동안 속도가 증가하고, 중심을 지나면 속도가 감소한다.

**8** $1.0 \times 10^{-5}$s 주기와 최대속력 $1.0 \times 10^3$m/s로 단조화운동을 하는 $1.0 \times 10^{-2}$kg인 물체의 최대변위는 몇 m인가?

① $\dfrac{5.0 \times 10^{-3}}{\pi}$m

② $\dfrac{5.0 \times 10^{-1}}{\pi}$m

③ $\dfrac{\pi}{5.0 \times 10^{-1}}$m

④ $\dfrac{\pi}{5.0 \times 10^{-3}}$m

**TIP** 파동방정식 $x = A\cos(\omega t + \theta)$에서 속도 $V = \dfrac{dx}{dt} = -A\omega\sin(\omega t + \theta) \cdots \unicode{x1F150}$

$\unicode{x1F150}$식에서 속력 $V$가 최대일 때 $\sin(\omega t + \theta) = -1$이므로

$V_{\max} = A\omega = 1.0 \times 10^3$m/s $\cdots \unicode{x24B6}$

이 때 변위 $A$도 최대가 되므로 $\unicode{x24B6}$식에서 $A_{\max} = 1.0 \times \dfrac{10^3}{\omega}$m/s $\cdots \unicode{x24B8}$

$\omega = \dfrac{2\pi}{T} = \dfrac{2\pi}{1.0 \times 10^{-5}\text{s}} = 2\pi \times 10^5 \text{s}^{-1}$ 이므로 $\unicode{x24B8}$식에 대입하면

$A_{\max} = \dfrac{1.0 \times 10^3 \text{m/s}}{2\pi \times 10^5 \text{s}^{-1}} = \dfrac{5.0 \times 10^{-3}}{\pi}$m

**9** 용수철 진자가 있다. 연직면 내에서 용수철의 길이를 반으로 하여 진동시키면 주기는 몇 배로 되는가?

① $\dfrac{1}{2}$

② $\dfrac{1}{\sqrt{2}}$

③ $\sqrt{2}$

④ $2$

**TIP** 용수철 진자의 주기 $T = 2\pi\sqrt{\dfrac{m}{k}}$, 즉 $T \propto \dfrac{1}{\sqrt{k}}$ 이다.

용수철의 길이를 반으로 하면 탄성계수 $k$는 2배가 되므로 주기 $T$는 $\dfrac{1}{\sqrt{2}}$ 배가 된다.

**Answer** 8.① 9.②

**10** 가속도 $a$로 상승중인 엘리베이터 속에서 탄성계수 $k$인 용수철에 질량 $m$인 물체를 매달아 진동시킬 경우 진동주기는?

① $2\pi\sqrt{\dfrac{m}{k}}$                            ② $2\pi\sqrt{\dfrac{m+a}{k}}$

③ $2\pi\sqrt{\dfrac{m}{k-a}}$                   ④ $2\pi\sqrt{\dfrac{m}{ka}}$

**TIP** 용수철 진자의 주기 $T=2\pi\sqrt{\dfrac{m}{k}}$ 이므로 중력가속도의 크기와는 무관하다.

**11** $x=5\sin\left(\dfrac{\pi}{3}+4\pi t\right)$cm로 운동하는 단진자의 진폭과 주기는?

① $5,\ 4\pi$                               ② $5,\ 2\pi$

③ $5,\ 2$                                 ④ $5,\ \dfrac{1}{2}$

**TIP** 단진동의 변위 $x=A\sin(\omega t+\varphi)$일 때 진폭은 $A$, 주기 $T=\dfrac{2\pi}{\omega}$

이 식에서 $A=5$, $\omega=4\pi$를 대입하면 $T=\dfrac{1}{2}$s

**12** 길이 4.9m의 그네가 4번 왕복하는 동안 길이 1.6m의 그네는 몇 번 왕복하는가?

① 2                                      ② 4

③ 7                                        ④ 12

**TIP** 줄의 길이 $l$과 진동수 $f$는 $f\propto\dfrac{1}{\sqrt{l}}$ 이므로 $f_1:f_2=\dfrac{1}{\sqrt{l_1}}:\dfrac{1}{\sqrt{l_2}}$

이 식에서 $f_1=4$, $l_1=4.9$, $l_2=1.6$을 대입하면 $f_2\fallingdotseq7$

**Answer**    10.①   11.④   12.③

**13** 단진동하는 물체의 진폭이 $A$일 때 이 물체의 운동에너지와 위치에너지가 같은 위치는 진폭 $A$의 얼마가 되는 곳인가?

① $\dfrac{1}{2}A$

② $\dfrac{3}{2}A$

③ $\dfrac{\sqrt{2}}{2}A$

④ $\dfrac{\sqrt{2}}{3}A$

**TIP** 단진동하는 물체의 위치에너지 $E_k = \dfrac{1}{2}kA^2$ ($A$는 변위)

위치에너지와 운동에너지가 같아지는 곳($A'$)에서 위치에너지는 최대 위치에너지의 절반이 되므로 $E_k' = \dfrac{1}{2}kA'^2 = \dfrac{1}{2}E_k$

이 식에 $E_k = \dfrac{1}{2}kA^2$을 대입하여 간단히 하면 $A'^2 = \dfrac{1}{2}A^2$

$A' = \dfrac{1}{\sqrt{2}}A = \dfrac{\sqrt{2}}{2}A$

**14** 단진동하고 있는 어떤 물체의 변위가 $x = 3\sin\left(2\pi t + \dfrac{\pi}{4}\right)$cm로 표시되었다면 진동의 주기는?

① 1sec

② 2sec

③ 3sec

④ 4sec

**TIP** 단진동의 변위 $x = A\sin(\omega t + \theta)$ ($A$ : 진폭, $\omega$ : 각속도)이므로

$A\sin(\omega t + \theta) = 3\sin(2\pi t + \dfrac{\pi}{4})$와 비교하면 진폭 $A = 3$, 각속도 $\omega = 2\pi$이며, 주기 $T = \dfrac{2\pi}{\omega}$이므로 대입하면 계산하면 $T = 1$sec

**15** 길이 100m의 단진자가 어떤 지점에서 204s 동안에 100회 완전진동을 할 때 이 지점에서의 중력가속도는 얼마인가? (단, $\pi = 3.1$이다)

① 980m/s$^2$

② 962m/s$^2$

③ 948m/s$^2$

④ 924m/s$^2$

**Answer** 13.③  14.①  15.④

**16** 탄성률 16N/m인 용수철에 질량 1kg의 추를 달고 평형의 위치에서 10cm 늘였다가 놓았을 경우 진동의 주기는?

① $\dfrac{\pi}{2}$  ② $\dfrac{\pi}{4}$

③ $\dfrac{\pi}{5}$  ④ $3\pi$

**17** 단진자의 길이를 4배로 하면 주기는 어떻게 되는가?

① $\dfrac{1}{4}$ 로 감소한다.  ② 4배 증가한다.

③ $\dfrac{1}{2}$ 로 감소한다.  ④ 2배 증가한다.

**18** 단진동이 방정식 $x = 7\sin\left(\dfrac{\pi}{4}t + \dfrac{\pi}{6}\right)$로 주어졌을 때 이 진동의 주기는 얼마인가? (단, 모든 물리량은 MKS 단위로 표시한다)

① 4초

② 6초

③ 8초

④ 28초

---

**TIP** 단진동의 변위 $x = A\sin(\omega t + \theta)$이며, 주기 $T = \dfrac{2\pi}{\omega}$

문제의 식과 비교하면 $A\sin(\omega t + \theta) = 7\sin\left(\dfrac{\pi}{4}t + \dfrac{\pi}{6}\right)$이므로

두 식을 비교하면 $\omega = \dfrac{\pi}{4}$임을 알 수 있고, 이 값을 $T = \dfrac{2\pi}{\omega}$에 대입하여 계산하면

$T = \dfrac{2\pi}{\dfrac{\pi}{4}} = 8\sec$

**19** 길이 49cm의 단진자가 8회 진동하는 동안 길이 16cm인 단진자는 몇 회 진동하는가?

① 4회

② 8회

③ 14회

④ 20회

---

**TIP** 단진자의 주기 $T = 2\pi\sqrt{\dfrac{l}{g}}$ 즉, $T \propto \sqrt{l}$ 이며 진동수 $f = \dfrac{1}{T}$이므로 $f \propto \dfrac{1}{\sqrt{l}}$ 가 된다.

$f_1 : f_2 = \dfrac{1}{\sqrt{l_1}} : \dfrac{1}{\sqrt{l_2}}$ 이므로 $f_1 = 8$, $l_1 = 49$, $l_2 = 16$을 대입하면 $8 : f_2 = \dfrac{1}{\sqrt{49}} : \dfrac{1}{\sqrt{16}}$

따라서 식을 정리하여 계산하면 $\dfrac{f_2}{7} = \dfrac{8}{4}$, 즉 $f_2 = 14$회가 된다.

**Answer**  18.③  19.③

# 02 파동

## 01 파동의 종류와 형태

### ❶ 파동

#### (1) 파동의 개념

① **파동**(역학적 파동) ··· 탄성력이 있는 매질의 한 부분의 진동이 매질을 따라 전파하는 것을 파동(역학적 파동)이라 한다.

② **파동의 역할** ··· 매질의 한 부분에 변위가 생기면, 이 변위에 해당하는 에너지가 인접한 매질로 에너지를 전달해준다.

③ **매질**

 ㉠ 파동을 전달하는 물질을 매질이라 하고 진동이 처음 시작된 곳을 파원이라 한다.

 ㉡ 수면파의 매질은 물, 지진파의 매질은 지구, 용수철에 생기는 파동의 매질은 용수철, 소리의 매질은 공기가 된다.

④ **탄성파** ··· 용수철, 수면 등과 같은 탄성을 지닌 매질을 통해 이동하는 파동을 말한다.

#### (2) 파동의 표시

① **골과 마루** ··· 파동의 가장 높은 부분을 마루, 가장 낮은 부분을 골이라 한다.

② **파장($\lambda$)** ··· 골과 골, 마루와 마루 사이의 길이를 파장($\lambda$)이라 한다.

③ **진폭** ··· 진동의 중심에서 마루나 골까지의 거리이며, 매질의 각 부분 변위의 최대값을 진폭이라 한다.

④ **주기** ··· 하나의 파동이 지나가는 데 걸리는 시간(s)이다.

⑤ **진동수($f$)** ··· 1초 동안 지나가는 파동의 개수(Hz)이다.

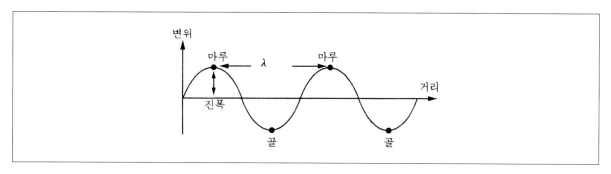

> **TIP**
>
> 주기($T$)와 진동수($f$)의 관계는 서로 역수관계이다.
>
> 즉, $f = \dfrac{1}{T}(\text{Hz})$이다.

⑥ 위상

    ㉠ 같은 시각에 동일한 운동을 하는 점들은 위상이 같다.

    ㉡ 위상이 같은 두 점 사이의 거리를 파장이라 한다.

[파동의 표시]

(3) 파동의 종류

① 역학적 파동

    ㉠ 물질 내의 한 곳이 평형의 위치에서 벗어났을 때 복원력과 관성에 의해 그 곳에 진동이 일어나고, 이 진동이 주위의 다른 물질 부분에 전파되어 나가는 파동을 말한다.

    ㉡ 수면파, 음파, 지구 내부에서 생기는 지진파 등은 역학적 파동이고 전파되기 위해서는 매질을 필요로 한다.

② 전자기적 파동

    ㉠ 전기 진동 등에 의해 발생된 파동으로 라디오파, TV전파, 가시광선, X선 등이 있다.

    ㉡ 전자기적 파동은 우리 몸을 투과할 수 있고 매질을 필요로 하지 않는다.

    ㉢ 모든 전자기파는 진공에서 전파되고 같은 속도를 갖는다.

(4) 파동의 형태

① 파동의 운동 방향과 진행 방향에 따른 분류

    ㉠ 횡파 : 줄을 양쪽으로 잡고 한쪽을 진동시키면 파의 진동 방향과 진행 방향이 직각이 되는데 이러한 파를 횡파라 하며, 빛(광파), 전파, 지진파의 $S$파 등이 있다.

[횡파]

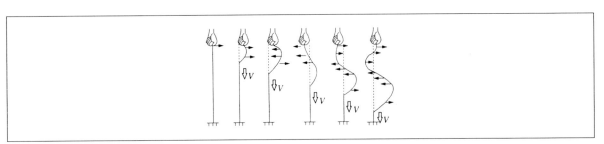

> **TIP**
> 줄을 잡고 좌우로 진동시키면 줄의 파동은 진동 방향(→)과 진행 방향(⇨)이 직각을 이룬다.

ⓛ **종파** : 용수철을 누른 후 놓으면 용수철은 앞뒤로 진동하는데, 이와 같이 파의 진동 방향과 진행 방향이 평행한 파를 종파라 하며, 음파, 지진파의 $P$파 등이 있다.

[종파]

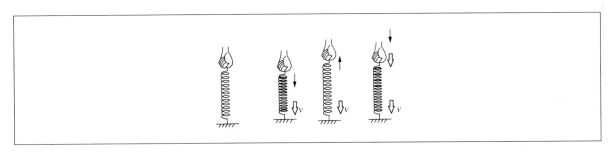

> **TIP**
> 용수철 끝을 잡고 앞뒤로 진동시키면 진동 방향(→)과 진행 방향(⇨)은 평행하게 된다.

② **파동의 진행 방향에 따른 분류**

ⓐ **평면파** : 파동이 한 방향으로만 전파되는 파이다.

ⓑ **구면파** : 파동이 파원으로부터 모든 방향으로 전파되는 파이다.

ⓒ **파면**

• 파동이 전파되어 나갈 때 매질의 위치나 운동 상태가 같은 점들을 위상이 같다고 한다.

• 파동의 마루나 골과 같이 위상이 같은 점들을 연결한 선이나 면을 파면이라 한다.

- 평면파와 구면파의 파면

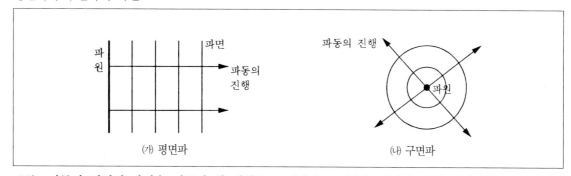

(가) 평면파       (나) 구면파

- (가)는 파동이 직선의 파면을 이루며 한 방향으로 진행하고 있음을 나타내는 파로 해안으로 밀려 오는 파도(물결파)를 들 수 있다.
- (나)는 파동이 원형모양의 파면을 이루며 모든 방향으로 진행하고 있음을 나타내는 파로 물에 돌을 던질 때 생기는 수면파를 예로 들 수 있다.

## (5) 호이겐스의 원리(파동의 전파 원리)

① 파면($AB$)상의 각 점은 그 순간의 파원이 되고 이 파원에 의해 생긴 수많은 구면파에 공통으로 접하는 면이 다음 순간에 새로운 파면($A'B'$)이 되어 파동이 전파된다.

② 파면의 수직한 방향이 파동의 진행 방향이 된다.

[호이겐스 원리]

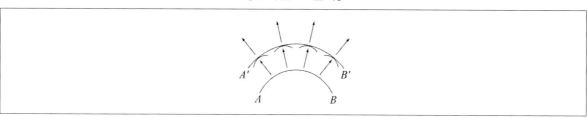

## ② 진행파

### (1) 파동식

① 파동을 나타내는 방정식

$$y = A\sin\omega(t - t_1) = A\sin 2\pi\left(\frac{t}{T} - \frac{x}{\lambda}\right)$$

② 사인파의 진행

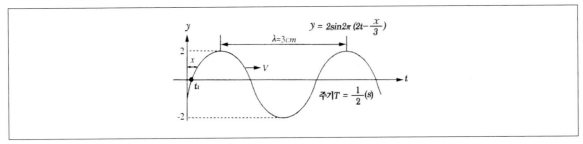

㉠ 시간 $t_1$만큼 먼저 출발한 파동식을 나타낸 것이다.

㉡ 오른쪽으로 진행하는 파동을 나타내는 식이며, 왼쪽으로 진행할 경우에는 $x$ 대신 $-x$를 사용한다.

> **TIP**
>
> **파동식의 유도**
>
> ㉠ 파동의 주기($T$), 각속도($\omega$), 속도($V$), 파장($\lambda$), 진동수($f$)와의 관계식은 다음과 같다.
>
> $$T = \frac{2\pi}{\omega}, \ T = \frac{1}{f}, \ \lambda = VT$$
>
> ㉡ 초기위상이 0이고 진폭이 $A$, 각속도가 $\omega$인 사인파의 식은 다음과 같다.
>
> $y = A\sin\omega t \ \cdots$ ⓐ
>
> ㉢ 그런데 시간 $t_1$만큼 먼저 출발한 파동식은 다음과 같이 쓸 수 있다.
>
> $y = A\sin\omega(t - t_1) \ \cdots$ ⓑ
>
> ㉣ 위 ⓐ의 파동과 ⓑ의 파동과의 간격(거리)을 $x$라 하면 $x =$ 속도 $\times$ 시간 $= Vt_1$, 즉 $t_1 = \dfrac{x}{V}$라 할 수 있다.
>
> ㉤ 위 ⓐ식에 $\omega = \dfrac{2\pi}{T}$를 대입하면,
>
> $$y = A\sin\frac{2\pi}{T}(t - \frac{x}{V}) = A\sin 2\pi\left(\frac{t}{T} - \frac{x}{TV}\right) \cdots \text{ⓒ}$$
>
> ㉥ 그런데 $\lambda = TV$이므로 ⓒ식에 대입하면 다음과 같은 파동식을 얻는다.
>
> $$y = A\sin 2\pi\left(\frac{t}{T} - \frac{x}{\lambda}\right)$$

## (2) 파동에너지($I$)

파동은 진동에 의한 매질의 위치에너지와 운동에너지를 갖는데 이 에너지는 진폭의 제곱($A^2$)과 진동수의 제곱($f^2$)에 비례한다.

$$I = 2\pi^2\rho A^2 f^2 (\rho\text{는 밀도})$$

## (3) 파동의 전파속도($V$)

$$V = \frac{\lambda}{T} = \lambda f$$

# 02 파동의 반사와 굴절

## ❶ 파동의 중첩

### (1) 중첩의 원리

여러 개의 독립적인 파동이 겹칠 때 어느 시간의 파동의 변위는 각 파동의 변위의 합이 된다.

> 합성파 변위 = 각 파동의 변위의 합
> 즉, $y = y_1 + y_2 + \cdots\cdots + y_n$

### (2) 파동의 독립성

① 두 파동이 겹치게 되어 중첩이 되더라도, 각 파동의 운동과 성질은 변하지 않고 독립된 상태로 진행한다.

② 파동의 중첩과 독립성

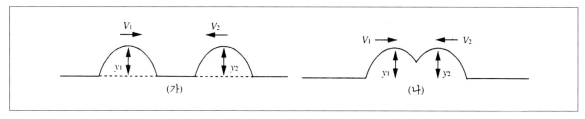

㉠ (가), (나)는 두 파동 $y_1$, $y_2$가 서로 반대방향으로 마주보며 진행하면서 중첩과 독립성을 나타내고 있다.

㉡ 중첩이 일어날 경우 파동의 마루와 마루, 골과 골이 만나면 진폭은 커지며, 마루와 골이 만나면 진폭은 작아진다.

③ 파동의 독립성

㉠ (가)에서는 중첩이 일어나서 진폭(파고)은 $y = y_1 + y_2$가 됨을 나타내고 있다.

㉡ (나)는 두 파동이 각각 독립되어 원래 운동 상태로 진행함을 보여 준다.

㉢ 두 파동은 서로 겹칠 경우에만 파형이 변하고 지나치고 나면 다시 겹치기 전의 원래의 모양을 유지하면서 진행하게 된다.

## ② 파동의 반사

### (1) 반사의 원리

파동이 장애물에 도달하면 반사가 되는데, 입사할 때 각($i$)과 반사할 때 각($r$)은 서로 같다.

### (2) 수면파의 반사

① 수면파의 입사각($i$)과 같은 각 ($i = r$)으로 반사된다.

② 수면파의 반사원리

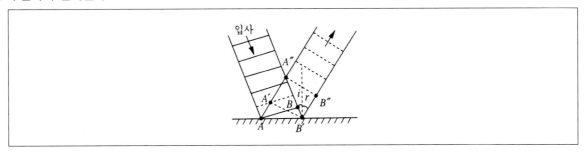

ㄱ 파동각 $i$로 입사할 때 반사파는 각 $r$로 반사되며 $i = r$이 된다.

ㄴ 입사파의 $\overline{AB}$의 진행에 따라 반사파는 $\overline{A'B'}$, $\overline{A''B''}$가 된다.

### (3) 고정파의 반사

① 파동보다 밀도가 큰 매질(밀한 매질)에 반사되어 오는 반사파는 위상이 $180°(\frac{\lambda}{2})$만큼 늦어진다.

② 고정파의 반사원리

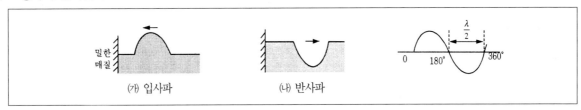

ㄱ (개)는 입사파의 파형을 나타낸 것이다.

ㄴ 밀한 매질에서 반사되는 반사파 (내)는 위상이 $180°$, 즉 반파장($\frac{\lambda}{2}$)만큼 차이가 난다.

### (4) 자유단의 반사

① 파동보다 밀도가 작은 매질(소한 매질)에서 반사되어 오는 반사파는 위상차가 없다.

② 자유단 반사의 원리

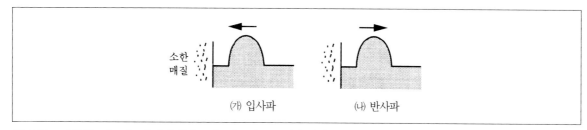

(가) 입사파         (나) 반사파

　㉠ (가)는 파동의 밀도가 반사경계면보다 밀도가 큰 경우이다.

　㉡ (나)는 반사파의 위상이 입사파의 위상과 같음을 나타낸다.


## ❸ 파동의 굴절

### (1) 굴절의 원리

파동이 진행하는 매질의 밀도보다 밀도가 크거나 작은 부분을 만나게 되면, 진행 방향이 꺾이는 현상을 굴절이라 한다.

### (2) 밀한 매질로의 굴절

① 파동이 밀도가 큰 매질로 진행할 때는 밀도가 큰 쪽으로 꺾인다.

② 입사각 $i$보다 굴절각 $r$이 작아진다.

③ 소한 매질에서 밀한 매질로의 굴절

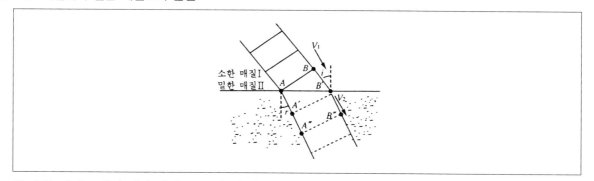

　㉠ 소한 매질 Ⅰ에서 밀한 매질 Ⅱ로 갈 때 파동이 밀한 매질로 진행 방향이 꺾임을 나타낸다.

　㉡ 파동의 진행이 파면 $\overline{AB}$, $\overline{A'B'}$, $\overline{A''B''}$ 로 진행되고 있다.

　㉢ 매질 Ⅰ, Ⅱ에서 파동의 속도는 각각 $V_1$, $V_2$로 $V_1 > V_2$이다.

　㉣ 파동이 밀한 매질로 진행할 때 속도가 작아지기 때문에 입사각 $i$와 굴절각 $r$을 비교해 보면 $i > r$가 된다.

## (3) 소한 매질로의 굴절

① 파동이 밀도가 작은 매질로 진행할 때는 파동은 밀도가 큰 쪽으로 꺾인다.

② 입사각 $i$보다 굴절각 $r$이 커진다.

③ 밀한 매질에서 소한 매질로의 굴절

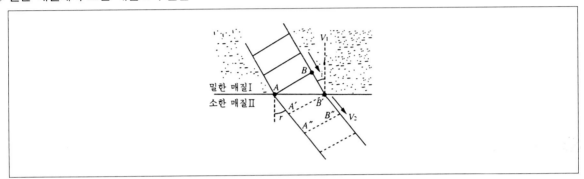

ㄱ 밀한 매질 Ⅰ에서 소한 매질 Ⅱ로 진행할 때 파동의 진행 방향을 나타내고 있다.

ㄴ 파동이 파면 $\overline{AB}$, $\overline{A'B'}$, $\overline{A''B''}$로 진행되고 있다.

ㄷ 매질 Ⅰ, Ⅱ에서 속도는 $V_1 < V_2$이다.

ㄹ 파동이 소한 매질로 진행할 때 속도가 커지기 때문에 입사각 $i$보다 굴절각 $r$이 크다.

## (4) 굴절의 법칙(스넬의 법칙)

파동이 굴절할 때 속도는 달라지나 위상과 진동수는 변하지 않는데, 밀도가 다른 매질로 진행할 때 파동의 속도의 비는 입사각과 굴절각의 사인의 비와 같다.

$$v = \frac{\sin i}{\sin r} = \frac{V_1}{V_2}$$

## (5) 굴절률

파동이 매질이 다른 곳으로 진행할 때 속도의 비 $\left(\dfrac{V_1}{V_2}\right)$를 굴절률이라 한다.

$$\text{굴절률 } n_{12} = \frac{n_2}{n_1} = \frac{V_1}{V_2} = \frac{\lambda_1}{\lambda_2} = \frac{\sin i}{\sin r} \text{ (스넬의 법칙)}$$

▶TIP ~~~~~~~~~~~~~~~~~~~~~~

속도 $v = \dfrac{\lambda}{T}$이므로 대입하면 위의 굴절식을 알 수 있다.

# 최근 기출문제 분석

2021. 10. 16. 제2회 지방직(고졸경채) 시행

**1** 다음은 단색광 A, B, C의 활용 예이다. A, B, C의 진동수를 각각 $f_A$, $f_B$, $f_C$라 할 때, 크기를 비교한 것으로 옳은 것은?

> • A를 측정하여 접촉하지 않고 물체의 온도를 측정한다.
> • B의 투과력을 이용하여 공항 검색대에서 가방 내부를 촬영한다.
> • C의 형광 작용을 통해 위조지폐를 감별한다.

① $f_A > f_B > f_C$    ② $f_B > f_C > f_A$

③ $f_C > f_A > f_B$    ④ $f_C > f_B > f_A$

> **TIP** A는 적외선, B는 X선, C는 자외선에 대한 설명이다. 따라서 이들을 진동수 순으로 크기 비교하면 $f_B > f_C > f_A$이다.

2021. 10. 16. 제2회 지방직(고졸경채) 시행

**2** 그림 (가), (나)는 각각 수평인 실험대 위에 파동 실험용 용수철을 올려놓은 후 용수철의 한쪽 끝을 잡고 각각 앞뒤와 좌우로 흔들면서 파동을 발생시켰을 때 파동의 진행 방향을 나타낸 것이다. 이에 대한 설명으로 옳은 것은?

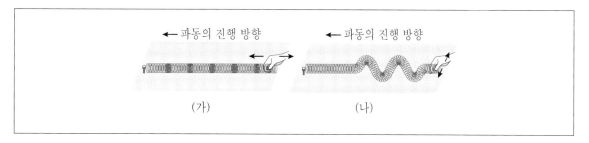

(가)　　　　　　　　(나)

① (가)에서와 같이 진행하는 파동에는 소리(음파)가 있다.

② (가)에서 용수철의 진동수가 감소하면 파장은 짧아진다.

③ (나)에서 용수철의 진동 방향과 파동의 진행 방향은 같다.

④ (나)에서 진동수의 변화 없이 용수철을 좌우로 조금 더 크게 흔들면 파동의 진행 속력은 빨라진다.

**Answer** 1.② 2.①

2021. 10. 16. 제2회 지방직(고졸경채) 시행

**3** 그림은 파원 A, 파원 B에서 줄을 따라 서로 마주 보고 진행하는 두 파동의 순간 모습을 나타낸 것이다.
두 파동의 속력은 모두 1cm/s이고, 점 P는 줄 위의 한 점이다. 이에 대한 설명으로 옳지 않은 것은?
(단, 점선으로 표시된 눈금의 가로세로 길이는 각각 1cm이다)

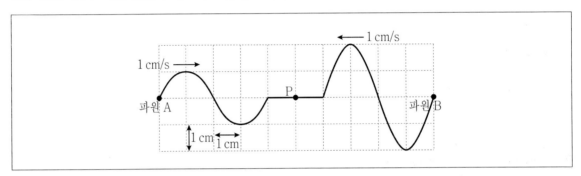

① 파원 A에서 출발한 파동의 파장은 4cm이다.

② 파원 B에서 출발한 파동의 진동수는 0.25Hz이다.

③ 그림의 상황에서 2초가 지난 후 P의 변위는 1cm이다.

④ 두 파동이 중첩될 때 합성파의 변위 최댓값은 진동중심에서 1cm이다.

**TIP** ① 파원A와 파원B에서 출발한 파동의 파장은 모두 4cm이다.

② 파원B에서 출발한 파동의 속력은 1cm/s라고 하였으므로, 파장만큼 진행하는 데에 걸리는 시간은 4초이다. 따라서

이 파동의 진동수는 $\dfrac{1\text{cycle}}{4s} = 0.25\,\text{Hz}$ 이다.

③ 그림의 상황에서 2초가 지난 후 P점에서 두 파동은 중첩되고, 변위의 크기는 2−1＝1cm이다.

④ 두 파동이 중첩될 때 합성파의 변위 최댓값은 진동중심에서 2＋1＝3cm이다.

**Answer** 3.④

**4** 그림은 공기에서 매질 A로 단색광이 동일한 입사각으로 입사한 후 굴절하는 경로를 나타낸 것이고, 표는 상온에서 매질 A에 해당하는 세 가지 물질의 굴절률을 나타내고 있다. 이에 대한 설명으로 옳은 것만을 모두 고르면?

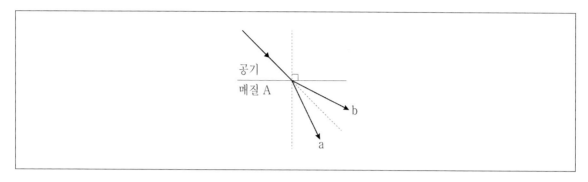

| 물 | 1.33 |
|---|---|
| 유리 | 1.50 |
| 다이아몬드 | 2.42 |

> ㉠ 매질 A가 물이면 단색광의 굴절은 b와 같이 일어난다.
> ㉡ 단색광의 속력은 공기 중에서보다 매질 A에서 더 크다.
> ㉢ 매질 A의 물질 중 공기에 대한 임계각이 가장 큰 물질은 물이다.
> ㉣ 단색광이 공기에서 매질 A로 진행하는 동안 단색광의 진동수는 변하지 않는다.

① ㉠, ㉡                    ② ㉠, ㉣

③ ㉡, ㉢                    ④ ㉢, ㉣

> **TIP** ㉠ 매질 A가 물이면 공기의 굴절률보다 크므로 단색광의 굴절은 a와 같이 일어난다.
> ㉡ 매질 A에 해당하는 세 가지 물질의 굴절률은 모두 공기보다 크므로 단색광의 속력은 공기 중에서보다 매질 A에서 더 작다.
> ㉢ 매질 A의 물질 중 공기에 대한 임계각이 가장 큰 물질은 굴절률이 가장 작은 물이다.
> ㉣ 전자기파(파동)의 진동수는 매질에 관계 없이 일정하므로, 단색광이 공기에서 매질 A로 진행하는 동안 단색광의 진동수는 변하지 않는다.

**Answer** 4.④

2020. 10. 17. 제2회 지방직(고졸경채) 시행

**5** **파동에 대한 설명으로 옳지 않은 것은?**

① 파동이 굴절할 때 파동의 파장은 변하지 않는다.

② 파동이 반사할 때 파동의 속력은 변하지 않는다.

③ 간섭현상은 두 개 이상의 파동이 만날 때 일어난다.

④ 파동이 퍼져 나갈 때 에너지가 전달된다.

> **TIP** ① 파동이 굴절할 때 굴절파의 진동수는 입사파의 진동수와 동일하지만, 파장과 속력은 달라진다.

2020. 10. 17. 제2회 지방직(고졸경채) 시행

**6** 그림은 시간 $t = 0$에서 어떤 파동의 모습을 나타낸 것이다. $t = 0.1$초에서 점 $P$의 변위가 증가하였다면 이에 대한 설명으로 옳은 것은? (단, 파동의 주기는 0.5초이다)

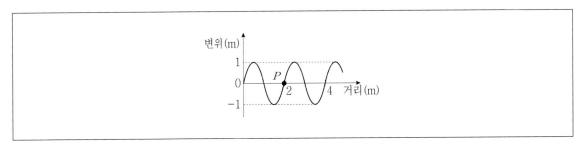

① 파동의 속력은 1m/s이다.

② 파동의 진행 방향은 왼쪽이다.

③ 파동의 파장은 1m이다.

④ 파동의 진폭은 2m이다.

> **TIP** 파동의 변위–거리 그래프에서 파장과 진폭은 각각 다음과 같다.
>
>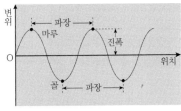
>
> ① 파동의 속력 $v = \dfrac{\lambda}{T} = \dfrac{2}{0.5} = 4\text{m/s}$ 이다.
>
> ③ 파동의 파장은 2m이다.
>
> ④ 파동의 진폭은 1m이다.

**Answer** 5.① 6.②

2020. 6. 13. 제2회 서울특별시 시행

**7** 빛이 공기 중에서 어떤 물질로 입사할 때, 입사각이 $i = 60°$이고 굴절각이 $r = 30°$이다. 이 물질 속에서 빛의 속력은? (단, 진공과 공기 중에서 빛의 속력은 $3 \times 10^8$ m/s이다.)

① $v = \sqrt{3} \times 10^8$ m/s

② $v = 3\sqrt{3} \times 10^8$ m/s

③ $v = 3\sqrt{2} \times 10^8$ m/s

④ $v = \dfrac{3 \times 10^8}{\sqrt{2}}$ m/s

> **TIP** 아래의 그림과 같을 때, 스넬의 법칙에 따라 $\dfrac{\sin\theta_1}{\sin\theta_2} = \dfrac{n_2}{n_1} = \dfrac{v_1}{v_2}$ 가 성립한다.

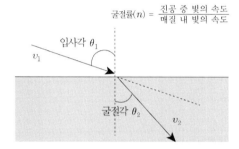

굴절률$(n) = \dfrac{\text{진공 중 빛의 속도}}{\text{매질 내 빛의 속도}}$

입사각 $\theta_1$

$v_1$

굴절각 $\theta_2$    $v_2$

따라서 $\dfrac{\sin 60}{\sin 30} = \dfrac{3 \times 10^8}{v}$ 이고,

$v = \dfrac{\dfrac{1}{2}}{\dfrac{\sqrt{3}}{2}} \times 3 \times 10^8 = \dfrac{3}{\sqrt{3}} \times 10^8 = \sqrt{3} \times 10^8$ m/s

2019. 4. 13. 해양경찰청 시행

**8** 진폭 2cm, 주기 2초인 횡파가 4cm/s의 속력으로 $x$축의 (+) 방향으로 진행하고 있다. 이 파동의 파장은 얼마인가?

① 2cm

② 4cm

③ 6cm

④ 8cm

> **TIP** $\lambda = \dfrac{v}{f}$, $T = \dfrac{1}{f}$ 이므로 $\lambda = vT = 4 \times 2 = 8cm$

**Answer** 7.① 8.④

**9** 그림에서 실선은 어느 파동의 한 순간의 모습을 나타낸 것이다. 0.1초 후에 점선과 같이 이동했다고 할 때, 이 파동의 속력[m/s]은?

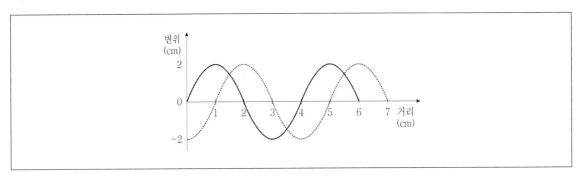

① 0.05

② 0.10

③ 0.15

④ 0.20

**TIP** 그래프상의 파동을 보면 0.1초 동안 주기의 $\frac{1}{4}$ 만큼 이동한 것을 알 수 있다.

따라서 $T = 0.4$ 이고 $v = \frac{\lambda}{T}$ 이므로 이 파동의 속력은 $\frac{0.04}{0.4} = 0.10^{\text{m}}\!\!/_{\!\text{s}}$ 이다.

**Answer**   9.②

**10** ㈎는 한쪽 끝이 벽에 고정된 줄을 따라 $\dfrac{d}{t_0}$ 의 속력으로 $-x$방향으로 진행하는 진폭 $A$인 파동의 모습을 나타낸 것이다. ㈏는 ㈎의 줄에서 정상파가 만들어진 후, $x = 3d$에서 줄의 변위를 $t = 0$인 순간부터 시간에 따라 나타낸 것이다.

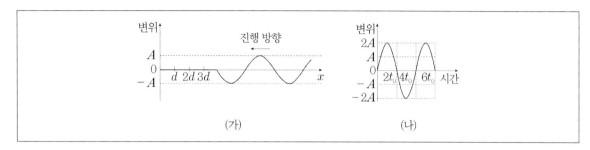

$x = d$와 $x = 2d$에서 줄의 변위를 $t = 0$인 순간부터 시간에 따라 나타낸 것으로 〈보기〉 중 적절한 그래프로 가장 잘 고른 것은?

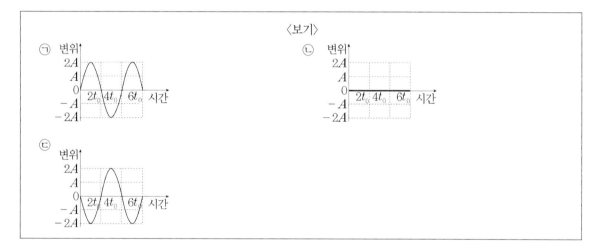

| | $x = d$ | $x = 2d$ | | $x = d$ | $x = 2d$ |
|---|---|---|---|---|---|
| ① | ㉠ | ㉡ | ② | ㉢ | ㉠ |
| ③ | ㉢ | ㉡ | ④ | ㉠ | ㉢ |

**TIP**

㈏ 그래프를 보면 주기 $T = 4t_0$이고 진동수 $f = \dfrac{1}{T} = \dfrac{1}{4t_0}$ 이므로, 파장 $\lambda = \dfrac{v}{f} = \dfrac{\dfrac{d}{t_0}}{\dfrac{1}{4t_0}} = \dfrac{4t_0 d}{t_0} = 4d$이다.

따라서 $x = d$는 $x = 3d$에서 $2d$ 즉, 반파장만큼 이동하므로 배이고 변위는 반대가 된다. → ㉢

$x = 2d$는 마디가 되므로 변위가 0이다. → ㉡

**Answer** 10.③

**11** 다음 그림은 똑같은 두 파동이 속력이 같고 서로 반대 방향으로 진행하다가 중첩되기 시작한 것을 나타낸다. 이때부터 파동의 $\frac{1}{4}$ 주기가 지났을 때 중첩된 파동의 모양으로 옳은 것은?

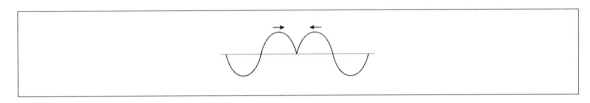

①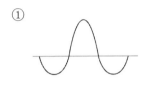

②

③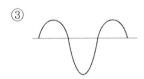

④

**TIP** 파동은 한 주기 T 동안 한 파장 λ를 진행한다. 따라서 1/4 주기, 즉 $\frac{1}{4}T$ 동안 $\frac{1}{4}\lambda$를 이동한다.

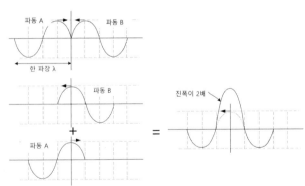

그림과 같이 파동 A가 오른쪽으로 $\frac{1}{4}\lambda$ 만큼, 파동 B가 왼쪽으로 $\frac{1}{4}\lambda$ 진행하면 중첩된 부분의 진폭이 배가 되므로 파동의 모양은 보기 ①과 같아진다.

**Answer** 11.①

2016. 10. 1. 제2회 지방직(고졸경채) 시행

**12** 파동 실험용 줄을 2초에 1회씩 상하로 흔들어 주었다. 그 때 줄에서 발생한 파동이 일정한 속력으로 오른쪽으로 진행할 때, 다음 그림은 어느 순간의 변위를 위치에 따라 나타낸 것이다. 이 파동의 전파 속도[m/s]는?

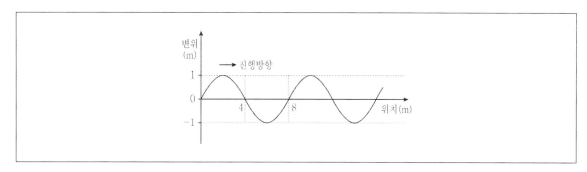

① 2

② 4

③ 8

④ 16

**TIP** 2초에 1회씩 상하로 흔들어 주므로 주기 $T=2$이고 진동수 $f=\dfrac{1}{T}=\dfrac{1}{2}$이다.

이때 전파 속도 $v=f\lambda$이므로 $\dfrac{1}{2}\times8=4m/s$가 된다.

2016. 6. 25. 서울특별시 시행

**13** 그림과 같이 한쪽 끝을 벽에 고정시킨 줄을 진동체로 진동시켜 2Hz의 정상파를 만들었다. 줄을 따라 진행하는 파동의 속력은?

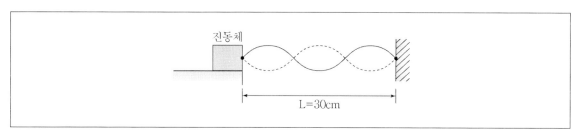

① 0.6m/s

② 0.4m/s

③ 0.2m/s

④ 0.1m/s

**TIP** 파의 속력을 $v$, 파장을 $\lambda$, 주기를 T라고 할 때, 한 주기 동안 한 파장이 진행하므로 파의 속력은 $v=\dfrac{\lambda}{T}=f\lambda$가 된다.

$\lambda=20cm$이므로 $v=2\times0.2=0.4m/s$이다.

**Answer** 12.② 13.②

2016. 3. 19. 국민안전처(해양경찰) 시행

**14** 다음 그림은 주기가 같은 두 파동 A, B의 어느 순간의 모습을 나타낸 것이다. 두 파동은 오른쪽으로 진행한다.

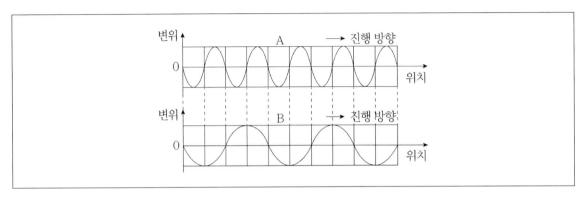

A, B에 대한 설명으로 옳은 것만을 〈보기〉에서 있는 대로 고른 것은?

〈보기〉

㉠ 진동수는 A가 B보다 크다.
㉡ 파장은 A가 B보다 작다.
㉢ 파동이 진행하는 속력은 A가 B보다 작다.

① ㉠, ㉡                         ② ㉡, ㉢
③ ㉠, ㉢                         ④ ㉠, ㉡, ㉢

**TIP** ㉠ 주기가 같으므로 진동수는 A와 B가 같다.

2015. 10. 17. 제2회 지방직(고졸경채) 시행

**15** 파동이 전파될 때 좁은 틈이나 모서리를 지나면서 더 넓은 각도로 퍼지는 현상은?

① 반사                         ② 회절
③ 굴절                         ④ 간섭

**TIP** 문제 지문은 회절에 대한 설명이다.
① 반사 : 파동이 한 매질에서 다른 매질로 전파해나갈 때, 경계면에서 일부 파동이 진행방향을 바꿔 원래의 매질 안으로 되돌아오는 현상
③ 굴절 : 파동이 서로 다른 매질의 경계면을 지나면서 진행방향이 바뀌는 현상
④ 간섭 : 둘 또는 그 이상의 파동이 서로 만났을 때 중첩의 원리에 따라서 서로 더해지면서 나타나는 현상

**Answer** 14.② 15.②

**16** 파동의 회절에 대한 설명으로 옳은 것은?

① 회절은 호이겐스의 원리로 설명할 수 있다.

② 회절은 슬릿의 폭이 넓을수록 잘 일어난다.

③ 회절은 파동의 파장이 짧을수록 잘 일어난다.

④ FM 방송은 AM 방송보다 회절현상이 더 잘 일어난다.

⑤ 빛에 의해 나타난 물체의 그림자는 회절현상을 볼 수 있다.

**TIP** 파동의 회절 … 파동이 진행 도중에 장애물이나 슬릿(좁은 틈)을 만나면 파동의 일부분이 장애물이나 슬릿의 뒤까지 돌아 들어가는 현상

① 호이겐스의 원리란 파가 진행하는 모양을 그림으로 구하는 방법을 나타내는 원리로, 어느 순간의 파면이 주어지면 다음 순간의 파면은 이전에 주어진 파면상의 각 점이 각각 독립한 파원이 되어 발생하는 2차적인 구면파(球面波)에 공통으로 접하는 면(포락면)이 된다는 것이다. 호이겐스의 원리를 바탕으로 빛의 직진성이나 회절, 반사 등을 설명할 수 있다.

②③ 회절의 정도는 슬릿의 폭과 파장에 영향을 받는다. 슬릿의 폭에 비해 파장이 길수록 회절이 더 많이 일어난다.

**Answer** 16.①

# 출제 예상 문제

**1** 진동수가 60Hz인 파원에서 발생한 수면파의 파장이 2cm였을 때, 수면파의 전파속력(m/s)은?

① 1.2

② 30

③ 120

④ 300

> **TIP** $v = \lambda f$ ($v$ : 전파속력, $\lambda$ : 파장, $f$ : 진동수)
> $v = 0.02 \times 60 = 1.2\text{m/s}$

**2** 파동의 반사를 이용하면 물체까지의 거리나 물체의 운동상태를 알 수 있으며, 우리 눈으로 볼 수 없는 물체의 모습을 파악할 수도 있다. 다음 중 이러한 원리를 이용한 기술로 옳지 않은 것은?

① 초음파 검사

② 어군탐지기

③ X선 검사

④ 전자제품의 리모콘

> **TIP** ④ 신호를 적외선(전자기파)에 실어 수신부로 보내는 기술이다.

**3** 수면파가 6m/s의 속력으로 진행하고 있다. 어떤 점에서 수면의 높이가 3초에 한번씩 최대로 된다면 이 수면파의 파장은?

① 6m

② 12m

③ 18m

④ 22m

> **TIP** 수면의 높이가 3초에 한번씩 최대로 된다면 $T = 3\text{s}$, 즉 $f = \dfrac{1}{T} = \dfrac{1}{3}$ 이므로
> $v = \lambda f$ 에서 $v = 6\text{m/s}$, $f = \dfrac{1}{3}$ 을 대입하면 $\lambda = 18\text{m}$

**Answer** 1.① 2.④ 3.③

**4** 다음은 물질 $A$에서 $B$로 빛이 진행하는 경로를 나타낸 것이다. 이에 대한 설명으로 옳지 않은 것은?

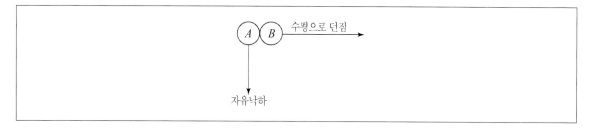

① 굴절률은 $B$가 $A$보다 크다.

② 빛의 속력은 물질 $A$가 물질 $B$보다 빠르다.

③ 빛이 물질을 통과하는 동안 파장은 $A$가 더 길다.

④ 빛이 물질을 통과하는 동안 진동수는 $A$가 더 크다.

---

**TIP** 굴절률 $n_{AB} = \dfrac{\sin i}{\sin r} = \dfrac{v_A}{v_B} = \dfrac{\lambda_A}{\lambda_B} = \dfrac{n_B}{n_A}$ (단, 진동수는 변하지 않는다)이므로

대입하면 $\dfrac{\sin 45°}{\sin 30°} = \dfrac{\dfrac{1}{\sqrt{2}}}{\dfrac{1}{2}} = \dfrac{2}{\sqrt{2}} = \dfrac{n_B}{n_A} = \dfrac{v_A}{v_B} = \dfrac{\lambda_A}{\lambda_B}$

$\therefore \sqrt{2}\, n_B = 2 n_A$

① $n_B = \sqrt{2}\, n_A$  ② $v_A = \sqrt{2}\, v_B$  ③ $\lambda_A = \sqrt{2}\, \lambda_B$  ④ 진동수는 불변

**5** 진동과 주기 운동에 관한 용어의 설명으로 옳지 않은 것은?

① 주기 – 단진동 운동이 한 번 반복되는 데 걸리는 시간

② 진폭 – 진동의 평형위치로부터 진동의 끝까지의 거리

③ 파장 – 진동의 마루와 마루 또는 골과 골 사이의 거리

④ 위상 – 단진동 운동의 위치를 나타내는 거리

---

**TIP** ④ 위상은 단진동 운동의 각도에 해당하는 양을 말한다.

**Answer**  4.④  5.④

**6** 파동이 제 I 매질에서 제 II 매질로 진행할 때 다음 중 변하지 않는 것은?

① 파장

② 진동수

③ 진행방향

④ 전파속력

---

**TIP** 굴절현상이 일어나는 것은 매질에서의 전파속도가 변하기 때문이며 진동수는 변하지 않는다.

**7** 다음과 같이 물결파가 진행하다가 화살표 방향으로 굴절할 때, 매질 I에 대한 매질 II의 굴절률은?

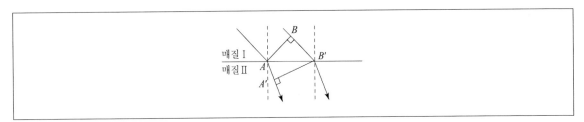

① $\dfrac{A'B'}{AB}$

② $\dfrac{AB}{A'B'}$

③ $\dfrac{AA'}{BB'}$

④ $\dfrac{BB'}{AA'}$

---

**TIP** 입사각을 $i$, 굴절각을 $r$이라고 하면 굴절률 $n = \dfrac{\sin i}{\sin r} = \dfrac{\lambda_1}{\lambda_2} = \dfrac{v_1}{v_2} = \dfrac{BB'}{AA'}$

**8** 다음 중 종파와 횡파가 공통적으로 가지고 있지 않는 성질은?

① 매질 입자의 운동 방향은 파동의 진행 방향과 나란하다.

② 매질 입자의 한 점을 중심으로 진동할 뿐 진행하지 않는다.

③ 두 개 이상의 파동은 서로 간섭한다.

④ 매질의 경계면에서는 반사파가 생긴다.

---

**TIP** ① 횡파는 매질의 운동 방향과 파동의 진행 방향이 직각이고, 종파는 매질의 운동 방향과 파동의 진행 방향이 평행이다.

**Answer** 6.② 7.④ 8.①

**9** 파동 공식 $y = 4\sin\pi(10t - 5x)\text{cm}$ 에서의 속도는?

① 2

② 10

③ $\dfrac{5}{2}$

④ $\dfrac{2}{5}$

**TIP** 파동 공식 $y = 4\sin\pi(10t - 5x)$ 를 변형하면 $y = 4\sin2\pi(5t - \dfrac{5}{2}x)$ 이므로

$$T = \frac{1}{5}, \ \lambda = \frac{2}{5} \quad \therefore v = \frac{\lambda}{T} = \frac{\dfrac{2}{5}}{\dfrac{1}{5}} = 2$$

**10** 호이겐스의 원리를 가장 잘 나타낸 것은?

① 굴절률이 다른 두 투명한 매질 속을 빛이 통과할 때 그 경계면에서 굴절된다.

② 빛이 진행하는 경로는 발광체와 관측자의 사이를 가장 빠른 시간 내에 도달하게 만든다.

③ 빛은 발광체의 운동에 따라 상대적으로 정지한 관측자에게 다른 파장의 빛으로 보인다.

④ 빛이 전파할 때, 어떤 순간의 파면을 형성한 모든 점은 다음 순간에 새로운 파동을 형성한다.

**TIP** 호이겐스(Huygens)원리 … 파면진행에 관한 것으로, 어느 순간에 파면을 이루고 있는 각 점은 그 순간의 파원이 되어 무수한 제 2차의 파동을 만들고, 또 이들이 간섭하여 이루어지는 포락면이 다음 순간의 파면이 되어 전진하는 것을 말한다.

**11** 물 속에서 소리의 속력은 공기 중에서보다 약 4배 빠르다. 진동수 1,000Hz인 소리의 물 속에서의 파장은? (단, 공기 중에서 소리의 속력은 340m/s로 한다)

① 0.68m

② 1.36m

③ 1.68m

④ 2.14m

**TIP** $v = f \cdot \lambda$, $\lambda = \dfrac{v}{f}$ 이므로 물 속에서의 파장 $\lambda = \dfrac{4 \cdot v}{f} = \dfrac{4 \times 340}{1,000} = 1.36\text{m}$

**Answer** 9.① 10.④ 11.②

**12** 파동이 진행할 경우에 대한 설명으로 옳은 것은?

① 매질의 각 부분으로 이동해 나아간다.

② 매질이 진동하여 각 부분의 진동상태가 차례로 이동해 간다.

③ 매질이 진동하여 그 분자가 이동해 간다.

④ 매질이 진동하여 각 부분의 진동상태가 분자와 함께 이동해 간다.

**TIP** 한 부분의 주기적인 진동상태가 시간에 따라 주위의 다른 부분으로 퍼져나가는 현상을 파동 혹은 파라고 한다.

**13** 마루와 마루 사이의 거리가 20m인 파도가 4초마다 방파제에 부딪칠 때 이 파도의 속력은?

① 0.4m/s

② 2.5m/s

③ 5.0m/s

④ 10m/s

**TIP** $v = \dfrac{\lambda}{T} = f \cdot \lambda$ 이므로 $v = \dfrac{20}{4} = 5.0$m/s

**14** 빛의 공기 중에서의 속도를 $v_1$, 매질에서의 속도를 $v_2$라고 할 때, $v_1 > v_2$이면 공기에 대한 이 매질의 굴절률 $n$은?

① $n > 1$

② $n = 0$

③ $n < 1$

④ $n = 1$

**TIP** $n = \dfrac{v_1}{v_2}$ 에서 $v_1 > v_2$ 이므로 $n > 1$

**Answer** 12.② 13.③ 14.①

**15** 파동이 밀한 매질로 굴절할 때 바뀌지 않는 것으로 짝지어진 것은?

① 진동수, 파장

② 파장, 속도

③ 속도, 위상

④ 위상, 진동수

**TIP** 파동이 밀한 매질로 굴절할 때 바뀌지 않는 것은 위상, 진동수이다.

**16** 공기에 대한 물의 굴절률은 $\dfrac{4}{3}$ 이고, 공기에 대한 유리의 굴절률은 $\dfrac{3}{2}$ 이다. 물에 대한 유리의 굴절률은 얼마인가?

① $\dfrac{8}{9}$

② $\dfrac{9}{8}$

③ $\dfrac{3}{4}$

④ $\dfrac{2}{3}$

**TIP**
$$n_{12} = \frac{n_2}{n_1} = \frac{\frac{3}{2}}{\frac{4}{3}} = \frac{9}{8}$$

**17** 물결통에서 평면파가 얕은 부분에서부터 깊은 부분으로 입사각 $30°$, 굴절각 $60°$로 통과하였다. 얕은 부분과 깊은 부분에서의 속력의 비는?

① $1 : 2$

② $1 : \sqrt{2}$

③ $\sqrt{2} : \sqrt{3}$

④ $1 : \sqrt{3}$

**TIP**
$$n_{12} = \frac{\sin i}{\sin r} = \frac{\sin 30°}{\sin 60°} = \frac{1}{\sqrt{3}} = \frac{v_1}{v_2} \ (v_1 : \text{입사광선속도}, \ v_2 : \text{굴절광선속도})$$
$$\therefore v_1 : v_2 = 1 : \sqrt{3}$$

**18** 다음 중 파동에 위상 변화가 생기는 경우로 볼 수 있는 것은?

① 빛이 공기에서 유리로 굴절하여 진행할 때

② 빛이 공기에서 물로 굴절하여 들어갈 때

③ 빛이 공기 중에서 거울면에 반사할 때

④ 빛이 굴절할 때는 항상 위상이 변한다.

---

**TIP** 위상 변화… 파동이 반사될 때 위상 변화가 생긴다(180°의 위상차가 생긴다).

※ 위상 변화의 발생

ⓐ 고정단에서 반사

ⓑ 정밀한 매질에서 반사

**19** 파동의 간섭에서 두 파동의 진폭이 최대로 되는 위상차는?

① $\dfrac{\pi}{2}$ 라디안의 짝수배

② $\dfrac{\pi}{2}$ 라디안의 홀수배

③ $\pi$ 라디안의 짝수배

④ $\pi$ 라디안의 홀수배

---

**TIP** $S = r_1 \sim r_2 = \dfrac{\Delta}{2}(2m)$인 경우 진폭이 최대(보강 간섭)가 된다.

즉, $\dfrac{\Delta}{2}$의 짝수배의 위상차는 $\pi$ 라디안에 해당한다.

**20** 빛이 공기 중에서 진행하다가 물 속으로 굴절이 되었다. 이 때, 굴절률이 $\sqrt{2}$ 라면 물 속에서 빛의 속도는? (단, 공기 중에서 빛의 속도는 $c$이다)

① $c$

② $\sqrt{2}\,c$

③ $\dfrac{c}{\sqrt{2}}$

④ $\dfrac{c}{\sqrt{3}}$

---

**TIP** 굴절률이 $n$일 때 속도 $V = \dfrac{c}{n}$이므로 $n = \sqrt{2}$를 대입하면 $V = \dfrac{c}{\sqrt{2}}$

**Answer** 18.③ 19.③ 20.③

**21** 다음은 어느 횡파의 진행상황을 그린 것이다. $A$가 $B$로 가는데 1/20초 걸렸고 $\overline{AB}= 20\text{cm}$일 때 이 파동의 진행속도는?

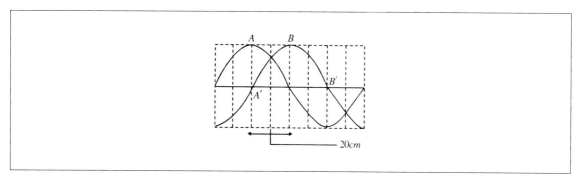

① 2m/sec

② 4m/sec

③ 6m/sec

④ 8m/sec

················································································································

**TIP** $A \rightarrow B$로 갈 때 주기 $T = \dfrac{1}{20} \times 4 = \dfrac{1}{5}$ 초이므로

이 파동의 파장 $\lambda = 80\text{cm}$이므로 진행속도 $V = \dfrac{\lambda}{T} = 400\text{cm/s} = 4\text{m/s}$

**22** 다음 중 파동이 반사할 때 위상이 $\pi\left( = \dfrac{\lambda}{2} \right)$만큼 변하는 경우에 해당되는 것은?

① 자유단반사, 소 → 밀반사

② 자유단반사, 밀 → 소반사

③ 고정단반사, 소 → 밀반사

④ 고정단반사, 밀 → 소반사

················································································································

**TIP** 파동이 고정단에서 반사할 때와 밀한 곳에서 반사할 때 위상이 180°변한다.

**Answer** 21.② 22.③

**23** 어떤 파동이 다음과 같이 굴절할 때 매질 I에 대한 매질 II의 굴절률은?

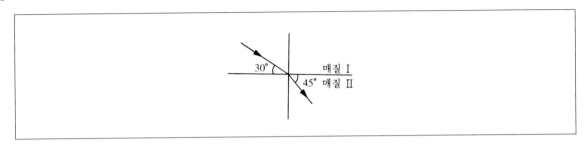

① $\dfrac{1}{\sqrt{2}}$

② $\dfrac{1}{\sqrt{3}}$

③ $\sqrt{2}$

④ $\dfrac{\sqrt{3}}{\sqrt{2}}$

---

**TIP** 다음과 같이 굴절하므로

굴절률 $n = \dfrac{\sin i}{\sin r} = \dfrac{\sin 60°}{\sin 45°} = \dfrac{\sqrt{3}}{\sqrt{2}}$

**24** 수면파가 6m/s의 속도로 진행하고 있다. 어떤 점에서의 수면의 높이가 2초에 한 번씩 최대로 된다면 이 수면파의 파장은?

① $\dfrac{1}{2}$ m

② 2m

③ 6m

④ 12m

---

**TIP** 주기가 2초이므로 $T = 2s$, 파동의 진행속도 $V = \dfrac{\lambda}{T}$이므로 $\lambda = 12m$

**25** 다음과 같은 파동의 진폭 $A$와 파장 $\lambda$은?

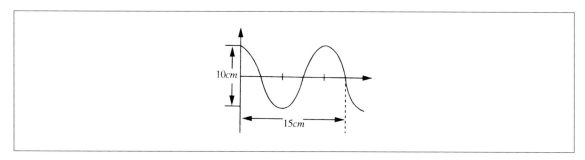

① $A = 10$cm, $\lambda = 15$cm

② $A = 10$cm, $\lambda = 12$cm

③ $A = 5$cm, $\lambda = 15$cm

④ $A = 5$cm, $\lambda = 12$cm

**TIP** 진폭은 중심에서 최대 변위를 말하므로 $A = 5$cm, 파장은 4칸이므로 12cm를 얻는다.

**26** 다음은 진폭이 일정한 진행파의 한 순간의 모양이다. 점 $A$가 가장 큰 변위에서 다시 가장 큰 변위로 될 때까지의 시간을 재어보니 0.2초였다면 이 진행파의 전파속도는 얼마인가?

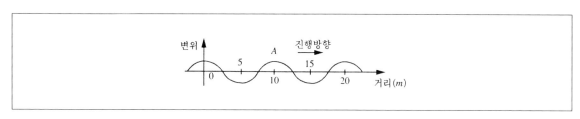

① 2m/s

② 10m/s

③ 20m/s

④ 50m/s

**TIP** 진행속도 $V = \dfrac{\lambda}{T}$이므로 $T = 0.2$s, $\lambda = 10$m를 대입하여 계산하면 $V = 50$m/s

**27** 파장이 200m인 전파의 주파수는 얼마인가? (단, 빛의 속도는 $3 \times 10^8$m/s이다)

① $6.67 \times 10^5$Hz

② $1.5 \times 10^6$Hz

③ $6.67 \times 10^7$Hz

④ $1.5 \times 10^8$Hz

> **TIP** 전파속도 $V = \lambda f$이므로 $V = 3 \times 10^8$m/s, $\lambda = 200$m를 대입하여 계산하면
> 진동수(주파수) $f = 1.5 \times 10^6$Hz

**28** 진폭 3cm, 파장 6cm인 정현파가 90cm/s속도로 전파하는 파동이 있다. 이 파동의 진동수는?

① 3회

② 6회

③ 15회

④ 18회

> **TIP** 파동의 전파속도 $V = \lambda f$이므로 $V = 90$cm/s, $\lambda = 6$cm를 대입하여 계산하면 $f = 15$Hz

**29** 파동방정식 $y = 10\sin\pi(8t - 2x)$로 표시될 때 이 파동의 진동수는 몇 Hz인가?

① 1Hz

② 2Hz

③ 3Hz

④ 4Hz

> **TIP** 파동방정식 $y = A\sin 2\pi\left(\dfrac{t}{T} - \dfrac{x}{\lambda}\right)$로 주어지므로 문제에 주어진 식과 비교하면
> $y = A\sin 2\pi\left(\dfrac{t}{T} - \dfrac{x}{\lambda}\right) = 10\sin 2\pi\left(\dfrac{4t}{1} - \dfrac{x}{1}\right)$이므로
> 진폭 $A = 10$, 주기 $T = \dfrac{1}{4}$, 파장 $\lambda = 1$
> 진동수 $f = \dfrac{1}{T} = 4$Hz

**Answer**  27.②  28.③  29.④

**30** 다음은 어느 순간의 횡파의 모양을 나타낸 것이다. $A$점이 아래로 내려가고 있다면 $B$점의 진동방향과 파동의 진행방향은?

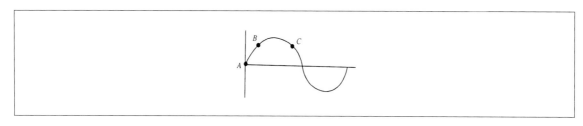

① B는 위로, 파동은 오른쪽

② B는 위로, 파동은 왼쪽

③ B는 아래로, 파동은 왼쪽

④ B는 아래로, 파동은 오른쪽

**TIP** 오른쪽 그림은 $A$가 아래로 움직이면,
$B$는 아래로, $C$는 위로 움직이고 있으며
파동이 오른쪽으로 진행하고 있음을 나타낸다.

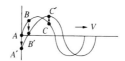

**31** 다음에서 파동이 $A$에서 $B$로 진행하는 데 2초가 걸렸다면 이 파동의 전파속도는?

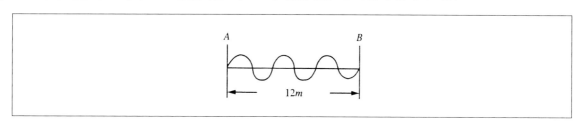

① 6m/s

② 5m/s

③ 4m/s

④ 3m/s

**TIP** 오른쪽 그림은 파장 $\lambda = 4$m임을 나타내고 있다. 전파속도 $V = \lambda f$에 $\lambda = 4$m,
문제에서 $3\lambda$가 지나갈 때 2초 걸렸으므로 1초 동안에 $1.5\lambda$가 지나간다.
진동수 $f = 1.5$Hz를 대입하여 계산하면
$V = 4 \times 1.5 = 6$m/s

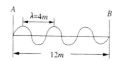

**Answer** 30.④ 31.①

# 03 음파

## 01 음파의 종류와 성질

### ❶ 음파

#### (1) 음파(소리)

음파는 물체의 진동으로 인하여 공기의 밀도가 변화되어 그 결과로 생긴 파동이 공간으로 퍼져나가는 역학적 종파이다.

#### (2) 음파의 종류

① **가청파** … 사람 귀로 들을 수 있는 음파로, 진동수가 약 20 ~ 20,000Hz 사이의 파이다.

② **저음파** … 가청파보다 진동수가 적은 파($f=16$Hz 이하)로 사람이 들을 수 없는 파이다.

③ **초음파** … 가청파보다 진동수가 많은 파($f=20,000$Hz 이상)로 사람이 들을 수 없는 파이다.

#### (3) 가청파와 쾌감

① **주기적인 규칙파** … 악기소리, 목소리 등은 주기적 파형을 가지므로 쾌감을 느끼게 한다.

② **불규칙적인 파** … 금속이나 유리가 마찰할 때 나오는 소리 등은 비주기적 · 불규칙적인 파로서 불쾌감을 느끼게 한다.

## ❷ 음파의 3요소

### (1) 높이
소리의 높이(고저)는 음파의 진동수에 비례한다.

### (2) 맵시
소리의 맵시(음색)는 음파의 파형에 따라 다르다.

### (3) 세기(소리의 세기)

$$I = 2\pi^2 \rho v f^2 A^2 \, (\mathrm{W/m^2})$$

① 소리의 세기는 진동수가 일정할 때 진폭의 제곱에 비례한다.

② 데시벨(dB)

$$L = 10 \times \log \frac{I}{I_0} \, (\mathrm{dB})$$

ㄱ 실용적으로 사용되는 소리의 세기 단위이다.

ㄴ $I_0 = 10^{-12} \mathrm{W/m^2}$ 이며 이것을 0dB라 하고 이 세기의 10배를 10dB, $10^2$배를 20dB, … 과 같이 나타낸다.

## ❸ 음파의 성질

### (1) 음파의 성질
① 음파의 반사
  ㄱ 소리는 벽에 부딪히면 반사된다.
  ㄴ 산에서의 메아리현상으로 반사를 알 수 있다.

② 음파의 굴절
  ㄱ 소리의 속력은 온도가 높아짐에 따라 빨라진다.
  ㄴ 온도는 장소에 따라 변하므로 소리의 진로도 온도에 따라 휘어진다.

③ 음파의 회절
  ㄱ 방문을 꼭 닫으면 방안에 있는 사람의 말소리가 잘 들리지 않으나 방문을 조금 열어 놓으면 소리가 잘 들리는데 이는 소리가 방문의 틈으로 회절하기 때문이다.

ⓛ 음파의 진행 중 장애물을 만나거나 작은 틈을 지날 경우 장애물의 뒷부분까지 전달되는 현상을 회절이라 한다.

④ 음파의 간섭 … 경로차가 $\Delta = \dfrac{\lambda}{2}(2m)$일 때 보강간섭이 되어 소리가 커지고, $\Delta = \dfrac{\lambda}{2}(2m+1)$인 곳에서는 상쇄간섭이 되어 소리가 잘 들리지 않는다.

(2) 음파의 속도

$$V = \sqrt{r \cdot \dfrac{p}{\rho}}$$
($r$ : 기체의 비열비, $p$ : 매질의 압력, $\rho$ : 매질의 밀도)

① 기온과 음파의 속도
   ㉠ 공기온도가 1℃ 상승하면 음속은 0.6m/s만큼 증가한다.
   ㉡ 기온 $t$ ℃일 때 음속 $V = 331 + 0.6t$ m/s 이다.

▶ **TIP**
   제트기의 속도인 마하(mach)1은 음속 340m/s에 해당한다.

② 밀도와 음파의 속도
   ㉠ 밀도 $\rho$가 클수록 음속은 커진다.
   ㉡ 음속은 고체 > 액체 > 기체 순으로 커진다.

③ 습도와 음파의 속도 … 습도가 커지면 음속은 커진다.


# 02 정상파와 도플러 효과

## ❶ 정상파

(1) 파동의 중첩과 간섭
① 파동의 중첩
   ㉠ **파동의 중첩** : 매질 위의 한 점 변위가 각각 $y_1$, $y_2$인 두 개의 파가 겹치면 그 합성된 파의 변위는 $y_1 + y_2$가 된다(중첩의 원리).

ⓛ 파동의 진행과 진폭

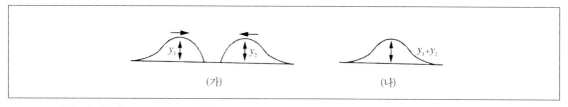

(가)             (나)

- (가)는 두 개의 파가 진폭 $y_1$, $y_2$를 가지고 서로 진행하고 있음을 나타낸다.
- (나)는 두 개의 합성파가 중첩되어 최대 변위(진폭)가 $y_1 + y_2$가 됨을 나타낸다.

② **파동의 간섭**

ⓐ 간섭 : 두 개의 파동이 파장과 진폭이 같을 때 중첩이 되어 파동이 세어지거나 약해지는 현상이다.

ⓛ 보강간섭

- 두 개의 파원 $S_1$, $S_2$에서 임의의 점까지 거리 $r_1$, $r_2$의 거리차(경로차)가 반파장의 짝수배일 때 일어나는 간섭으로 파동이 중첩되어 세어진다.
- 진폭과 보강간섭

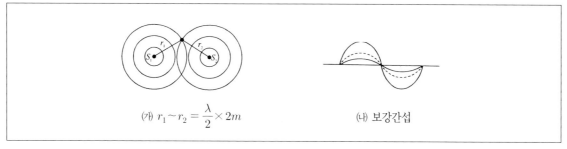

(가) $r_1 \sim r_2 = \dfrac{\lambda}{2} \times 2m$          (나) 보강간섭

− (가)는 보강간섭이 일어나는 경우로 $r_1 \sim r_2 = \dfrac{\lambda}{2} \times 2m$(반파장의 짝수배)임을 나타내고 있다.

− (나)는 두 파가 중첩하여 진폭(변위)이 커지는 보강간섭을 나타내고 있다.

ⓒ 상쇄(소멸)간섭

- 두 파원 $S_1$, $S_2$에서 임의의 점까지 거리 $r_1$, $r_2$의 거리차가 반파장의 홀수배일 때 일어나는 간섭으로 파동은 소멸된다. 일어나는 경우로 $r_1 \sim r_2 = \dfrac{\lambda}{2} \times 2m$(반파장의 짝수배)임을 나타내고 있다.

− (나)는 두 파가 중첩하여 진폭(변위)이 커지는 보강간섭을 나타내고 있다.

ⓒ 상쇄(소멸)간섭

- 두 파원 $S_1$, $S_2$에서 임의의 점까지 거리 $r_1$, $r_2$의 거리차가 반파장의 홀수배일 때 일어나는 간섭으로 파동은 소멸된다.

• 위상과 소멸간섭

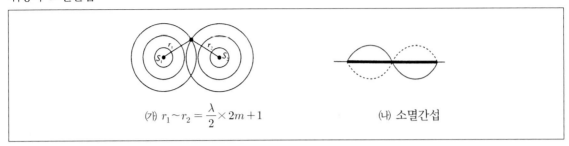

(가) $r_1 \sim r_2 = \dfrac{\lambda}{2} \times 2m+1$          (나) 소멸간섭

- (가)는 두 파원과 임의의 점까지의 거리차 $r_1 \sim r_2 = \dfrac{\lambda}{2} \times (2m+1)$ 로 반파장의 홀수배일 때 소멸간섭이 일어나는 경우를 나타내고 있다.
- (나)는 두 파의 위상이 반파장 차이가 나서 변위가 0이 되어 소멸됨을 나타내고 있다.

## (2) 정상파

① **개념** … 파장, 주기 및 진폭이 동일한 2개의 파동이 서로 반대 방향으로 진행하다가 중첩이 될 경우 파동은 주기적으로 진동하지만 진행하지 않는 것처럼 보이는 파동을 말한다.

② **정상파의 성질**
    ㉠ 파동의 진폭이 $A$이면 정상파의 진폭은 $2A$이다.
    ㉡ 정상파의 마디와 마디(또는 배와 배) 사이는 $\dfrac{\lambda}{2}$, 배와 마디 사이는 $\dfrac{\lambda}{4}$이다.
    ㉢ 정상파의 진동수와 파장은 진행파의 진동수, 파장과 같다.
    ㉣ 정상파에서 파동에너지는 매질의 각 부분에 각기 다른 일정한 양으로 저장되어 진폭이 다르게 진동한다.

## (3) 현의 진동

① **기본 진동과 기본음**
    ㉠ 현의 양단을 고정시키고 현의 중간 지점을 진동시키면 현 전체가 하나의 구간을 이루는 정상파가 생기는데 이러한 진동을 기본 진동이라 한다.
    ㉡ 기본 진동시 발생하는 소리를 기본음이라 한다.

② **현의 진동과 정상파**
    ㉠ **정상파의 생성** : 양쪽이 고정된 현의 어느 점을 퉁기면 현의 진행파와 현의 끝에서 반사되어온 반사파가 서로 간섭하여 정상파를 만든다.

ⓒ 현의 진동

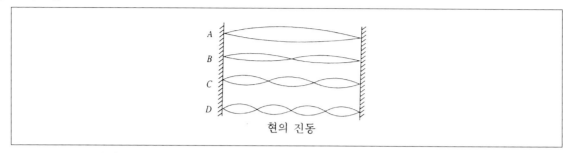

현의 진동

- *A*, *B*, *C*, *D*는 각각 기본 진동, 2배, 3배, 4배 진동을 나타낸다.
- 각 상태에서 배와 마디의 개수를 세어보면 마디가 배보다 1개 더 많음을 알 수 있다.

ⓒ 현의 고유 진동수
- 기본 진동 : 현의 중앙을 퉁기면 반파장의 정상파가 생긴다.
- 2배 진동 : 현의 파동 길이가 $2 \times \dfrac{\lambda}{2}$인 진동이다.
- 3배 진동 : 현의 파동 길이가 $3 \times \dfrac{\lambda}{2}$인 진동이다.
- $n$배 진동 : 현의 파동 길이가 $n \times \dfrac{\lambda}{2}$인 진동이다.

③ 현에서의 횡파속도

$$v = \sqrt{\dfrac{T}{\rho}} \, , \ f_n = \dfrac{n}{2l}\sqrt{\dfrac{T}{\rho}}$$

④ 현의 진동과 소리
- ㉠ 현의 길이가 짧고 선밀도가 작으며(가는 줄), 현을 팽팽히 당길수록 현의 고유 진동수는 크게 되어 높은 소리(고음)가 난다.
- ㉡ 바이올린 같은 현악기는 줄을 당기거나 늦추어 장력 $T$를 조절하여 진동수를 맞추며, 기타의 저음줄은 선밀도 $\rho$를 변화시켜 진동수를 맞춘다.

(4) 관(기주)의 진동

① 관의 진동 … 관 속의 공기를 진동시키면 종파가 발생하여 양 끝에 도달하면 반사파를 만들게 되며, 이 반사파와 입사파가 간섭하여 정상파를 만든다.

② 한쪽이 닫힌 관의 진동

㉠ 기본 진동은 정상파의 길이가 $\dfrac{\lambda}{4}$이며, 3배 진동, 5배 진동, 7배 진동 등은 파의 길이가 $\dfrac{\lambda}{4}(2n-1)$만큼씩 증가한다.

ⓛ 폐관의 진동

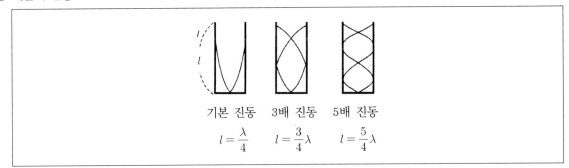

기본 진동    3배 진동    5배 진동

$$l = \frac{\lambda}{4} \qquad l = \frac{3}{4}\lambda \qquad l = \frac{5}{4}\lambda$$

• 한쪽 끝이 막힌 관의 진동을 나타낸다.
• 막힌 쪽은 마디, 열린 쪽은 배가 되는 정상파가 생긴다.
• 기본 진동, 3배 진동, 5배 진동에서 관의 길이와 파장을 나타낸다.

③ 양쪽 끝이 열린 관의 진동

ⓐ 기본 진동은 정상파의 길이가 $\frac{\lambda}{2}$ 이며, 2배, 3배, 4배 진동 등의 파의 길이는 $\frac{\lambda}{2}n$ 만큼씩 증가한다.

ⓛ 개관의 진동

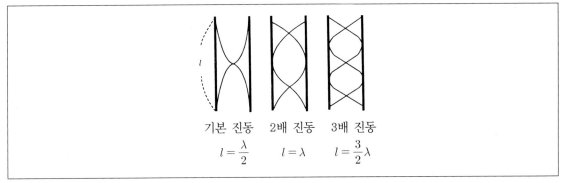

기본 진동    2배 진동    3배 진동

$$l = \frac{\lambda}{2} \qquad l = \lambda \qquad l = \frac{3}{2}\lambda$$

• 양쪽 끝이 모두 열린 개관의 진동을 나타내고 있다.

• 관의 길이 $l$와 파장 $\lambda$의 관계에서 각 경우 파의 길이는 $\frac{\lambda}{2}$ 만큼씩 차이가 난다.

▶TIP

**진동수$(f)$와 파장$(\lambda)$과의 관계**

ⓐ 진동수$(f)$는 파장$(\lambda)$에 반비례한다.

$$f = \frac{V}{\lambda}(v : 음파의 \ 속도)$$

ⓛ $\lambda = TV$이고 $T = \frac{1}{f}$ 이므로 대입하면 $f = \frac{V}{\lambda}$ 를 얻을 수 있다.

• 폐관의 $n$배 진동 : 진동수$(f) = \frac{(2n-1)}{4l}V(\text{Hz})$

• 개관의 $n$배 진동 : 진동수$(f) = \frac{n}{2l}V(\text{Hz})$

④ 기주공명장치

　㉠ 개념 : 한쪽 끝이 열린 유리관에 물을 넣고 수면의 높이를 다르게 해주면서 소리굽쇠를 진동시키면 공명이 일어나 세고, 약한 소리가 반복해서 일어나는 장치이다.

　㉡ 기주공명장치의 공명현상

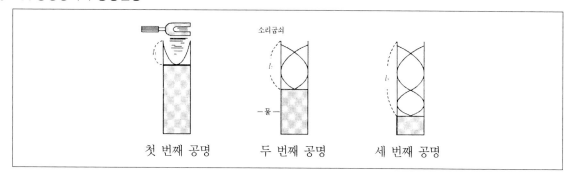

첫 번째 공명　　　　두 번째 공명　　　　세 번째 공명

- 기주공명장치에서 공명(관의 공기 진동수와 소리굽쇠의 진동수가 같아 충격을 주는 현상)하게 되어 세고 약한 소리가 생기는 현상을 나타내고 있다.

- 공명이 첫 번째 일어났을 때 파장 $\lambda$과 관길이 $l$과의 관계식은 $l_1 = \dfrac{\lambda}{4}$이며, 두 번째 공명일 때는 $l_2 = \dfrac{3}{4}\lambda$, 세 번째 공명일 때는 $l_3 = \dfrac{5}{4}\lambda$이다.

$$\text{파장 } \lambda = 2(l_2 - l_1) = 2(l_3 - l_2)c$$

## (5) 맥놀이

① 진폭이 같고 진동수가 약간 다른 음파가 중첩되면 진폭이 주기적으로 커지고 작아지는 현상이 반복되는데 이러한 현상을 맥놀이라 한다.

② 1초 동안의 맥놀이수 $f$는 두 음파의 진동수의 차와 같다.

$$f = f_1 - f_2$$

③ 파동의 중첩과 맥놀이 현상

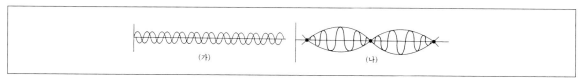

(가)　　　　　　(나)

　㉠ (가)는 진동수가 약간 다른 두 개의 파동이 중첩되고 있음을 나타낸다.

　㉡ (나)는 중첩의 원리에 따라 진폭이 주기적으로 변하고 있음을 나타내며, 이러한 현상은 피아노의 인접한 건반을 동시에 누를 때 발생한다.

## ❷ 도플러 효과

### (1) 도플러 효과의 개념

① 소리를 내고 있는 물체(음원)가 관측자 쪽으로 가까이 올 때는 소리가 세어지고(진동수가 많아짐), 멀어질 때에는 소리가 약해지는(진동수가 적어짐) 현상을 도플러 효과라 한다.

② 도플러 효과는 파동이 발생하는 모든 경우. 즉, 빛, 음파, 전자파 등에 적용이 된다.

### (2) 도플러 효과의 적용

① 음원·관측자 모두 정지해 있을 경우

$$진동수 \ f = \frac{V}{\lambda}(Hz) \ [V : 음속]$$

② 음원이 움직이고, 관측자가 정지해 있을 경우

$$진동수 \ f' = f \cdot \frac{V}{V \pm V'}(Hz)$$

- $V'$ : 음원의 속도
- $(-)$ : 음원이 관측자에 접근할 때
- $(+)$ : 음원이 관측자에서 멀어질 때

음속 $V=340 m/s$    $f=1000Hz$    $f'=1172Hz$    $V'=50m/s$

음원이 접근할 때

- 기차가 1,000Hz 경적을 울리며 $V'=50\text{m/s}$로 달려올 때 진동수 $f'$가 증가하며 소리가 세게 들림을 나타낸다.
- 관측자는 정지해 있고 음원이 접근하므로 음속 $V=340\text{m/s}$, $-V'$를 대입하면

$$f' = f \times \frac{V}{V-V'} = 1,000 \times \frac{340}{340-50} = 1,172Hz \ 이 \ 된다.$$

③ 관측자가 움직이고 음원이 정지해 있을 때

$$진동수 \ f' = f \cdot \frac{V + V_0{}'}{V} (\mathrm{Hz})$$

- $V_0{}'$ : 관측자의 속도
- (+) : 관측자가 음원에 접근할 때
- (−) : 관측자가 음원에서 멀어질 때

④ 관측자 · 음원이 서로 가까이 접근할 경우

$$진동수 \ f' = f \cdot \frac{V + V_0{}'}{V - V'} (\mathrm{Hz})$$

# ≡ 최근 기출문제 분석 ≡

2021. 6. 5. 해양경찰청 시행

**1** 양 끝이 고정되어 있는 40cm의 기타줄을 따라 진행 하는 파동의 속력이 1,500m/s일 때, 이 기타줄에서 나올 수 있는 가장 낮은 소리의 진동수(Hz)는?

① 1,250

② 1,550

③ 1,750

④ 1,875

> **TIP** 가장 낮은 소리의 진동수일 때는 파장이 제일 길 때를 말하므로, $\frac{\lambda}{2} = 40\text{cm}$ 에서 $\lambda = 80\text{cm} = 0.8\text{m}$ 이다. 따라서 그때의 진동수 $f = \dfrac{1,500\,\text{m/s}}{0.8\,\text{m}} = 1,875\,\text{Hz}$ 임을 구한다.

2020. 10. 17. 제2회 지방직(고졸경채) 시행

**2** 그림 (가), (나)는 한쪽 끝이 닫힌 관에서 공기를 진동시켜 만든 정상파의 기본 진동수를 모식적으로 나타낸 것이다. 이에 대한 설명으로 옳지 않은 것은? (단, 관 안의 공기의 상태는 (가)와 (나)가 같으며 $L_1 > L_2$ 이다)

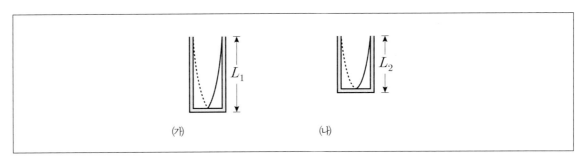

① (가)에서 정상파의 파장은 관의 길이의 4배이다.

② 정상파의 파장은 (가)가 (나)에서보다 더 길다.

③ (가)가 (나)에서보다 더 높은 소리가 난다.

④ 관의 열린 끝 부분에서 정상파의 배가 만들어진다.

> **TIP** ③ 관의 길이가 더 짧은 (나)에서 파장이 짧고 진동수가 크므로, 더 높은 소리가 난다.

**Answer** 1.④ 2.③

**3** 양쪽 끝이 열려 있고 길이가 $L$인 유리관이 진동수 $f = 680\,\text{Hz}$인 오디오 확성기 근처에 있다. 확성기와 공명할 수 있는 관의 최소 길이는? (단, 대기 중 소리 속력은 $340\,\text{m/s}$이다.)

① 약 $0.25\,\text{m}$

② 약 $0.5\,\text{m}$

③ 약 $1.0\,\text{m}$

④ 약 $2.0\,\text{m}$

**TIP** 양 끝이 열린 개관에서는 양 끝이 배가 되는 정상파가 생성된다. 따라서 관의 길이가 $\frac{1}{2}\lambda$이 된다. 이때 유리관의 길이가 $L$이고, 정상파의 파장을 $\lambda_n$, 진동수를 $f_n$이라고 하면,

$$\lambda_n = \frac{2L}{n}, \ f_n = \frac{v}{\lambda_n} = \frac{v}{2L}n \ (n = 1, \ 2, \ 3 \cdots) \text{을 만족한다.}$$

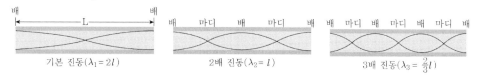

기본 진동($\lambda_1 = 2l$)　　2배 진동($\lambda_2 = l$)　　3배 진동($\lambda_3 = \frac{2}{3}l$)

대기 중 소리의 속력이 $340\,\text{m/s}$일 때, 진동수 $f = 680\,\text{Hz}$인 오디오 확성기 소리의 파장 $\lambda = \frac{v}{f} = \frac{340}{680} = \frac{1}{2}$이므로, 이 소리와 공명할 수 있는 유리관의 최소 길이 $L = \frac{1}{2}\lambda = \frac{1}{2} \times \frac{1}{2} = 0.25\,\text{m}$이다.

**4** 가정용 스피커의 최대 일률은 스피커 1m 앞에서 1kHz의 진동수를 가지는 음파로 측정한다. 어떤 스피커 최대 일률이 60W였다면 음파의 세기는? (단, 스피커는 점원에서 전면으로만 균일하게 반구 형태로 소리를 방출하며, 편의를 위해 $\pi = 3$으로 계산한다.)

① $60\,\text{W/m}^2$

② $30\,\text{W/m}^2$

③ $10\,\text{W/m}^2$

④ $5\,\text{W/m}^2$

**TIP** $I = \frac{P}{A} = \frac{P}{2\pi R^2}$이므로, $\frac{60}{2\pi(1)^2} = 10\,\text{W/m}^2$

※ 파의 세기 $= \dfrac{\text{에너지/시간}}{\text{면적}} = \dfrac{\text{일률}}{\text{면적}}$이므로 소리의 세기는 $\text{W/m}^2$의 단위를 갖는다.

**Answer**　3.①　4.③

2018. 10. 13. 서울특별시 시행

**5** 운전자가 고속도로에서 동쪽을 향해 20m/s의 속력으로 이동한다. 운전자 앞쪽에서 경찰차가 500Hz의 진동수로 사이렌을 울리면서 서쪽을 향해 40m/s의 속력으로 접근하고 있다. 경찰차가 접근하는 동안 운전자가 듣는 사이렌 소리의 진동수의 값[Hz]은? (단, 정지된 공기 중에서 소리의 속력은 340m/s라 한다.)

① 440

② 480

③ 520

④ 600

**TIP** 운전자가 진행하는 방향인 동쪽을 (+)라고 할 때,

$$f = f_0 \times \frac{c + v_운}{c - v_경} = 500 \times \frac{340 + 20}{340 - 40} = 600\text{Hz 이다.}$$

2018. 4. 14. 해양경찰청 시행

**6** A가 $20m$ 떨어진 B를 부를 때, A가 만들어낸 음파의 진동수가 100Hz라면, B가 듣게 되는 음파의 파장과 주기로 가장 옳은 것은? (단, 공기 중의 음속은 $340m/s$ 이다.)

| 파장 | 주기 |
|------|------|
| ① $3.4m$ | $100s$ |
| ② $3.4m$ | $0.01s$ |
| ③ $100m$ | $0.01s$ |
| ④ $0.01m$ | $3.4s$ |

**TIP** • 파장 : $\lambda = \dfrac{v}{f} = \dfrac{340}{100} = 3.4m$

• 주기 : $T = \dfrac{1}{f} = \dfrac{1}{100} = 0.01s$

**Answer** 5.④ 6.②

**7** 그림은 한쪽 끝이 열린 관에 물을 담고 소리굽쇠에서 나는 음파의 공명위치를 찾는 실험을 나타낸 것이다. 물의 높이를 낮추어 갈 때, $n$번째 공명이 일어난 위치를 $x_n$이라고 하자. $x_1$ = L일 때 $x_2$와 $x_3$의 값은?

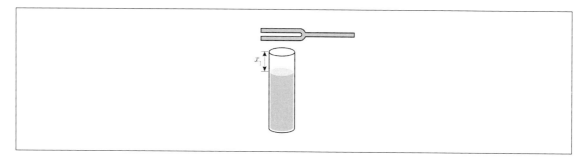

| | $x_2$ | $x_3$ | | | $x_2$ | $x_3$ |
|---|---|---|---|---|---|---|
| ① | 1.5L | 2L | | ② | 2L | 3L |
| ③ | 2L | 4L | | ④ | 3L | 5L |

> **TIP** 그림과 같이 소리굽쇠에서 나는 음파의 첫 번째 공명위치는 1/4 파장에 해당한다.
> 따라서 두 번째 공명위치 $x_2$는 3/4 파장 즉, 3L이고, 세 번째 공명위치 $x_3$는 5/4 파장, 즉 5L이다.

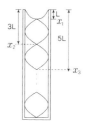

**Answer** 7.④

2017. 3. 11. 국민안전처(해양경찰) 시행

**8** 그림은 자동차에서 발생한 진동수가 f인 경적 소리의 파면을 진행 방향으로 나타낸 것이다. 경적 소리는 벽의 작은 틈을 통해 전파되고 있으며, 자동차로부터 멀어질수록 지면으로부터 위쪽 방향으로 휘어져 진행한다. 이에 대한 설명으로 옳지 않은 것은?

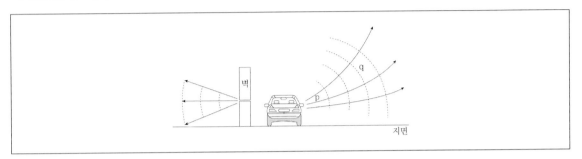

① 벽의 작은 틈에서 소리는 회절한다.

② f가 감소할수록 회절이 더 잘 된다.

③ 지면에서 높아질수록 공기의 온도는 높다.

④ 소리의 속력은 p에서가 q에서보다 빠르다.

> **TIP** ③ 공기는 온도가 상대적으로 낮은 곳일수록 굴절률이 크다. 지면으로부터 위쪽 방향으로 휘어져 진행하고 있으므로 위쪽이 더 굴절률이 크고 공기의 온도는 낮다.

2016. 6. 25. 서울특별시 시행

**9** 몸 속에서 진동수가 $2 \times 10^6$Hz인 초음파의 파장이 0.5mm이었다. 몸 속에서 이 초음파의 속력은?

① 100m/s

② 1000m/s

③ 400m/s

④ 4000m/s

> **TIP** $v = f\lambda = 2 \times 10^6 \times 0.5 \times 10^{-3} = 10^3 = 1000$m/s

**Answer** 8.③ 9.②

2016. 6. 25. 서울특별시 시행

**10** 도플러효과를 고려할 때, 다음 중 가장 높은 주파수로 들리는 소리는? (단, 음원의 주파수는 동일하다.)

① 음원이 속력 $v$로 관측자에 접근, 관측자도 속력 $u$로 음원에 접근

② 음원이 속력 $v$로 관측자에 접근, 관측자는 정지

③ 음원은 정지, 관측자가 속력 $u$로 음원에 접근

④ 음원과 관측자가 서로 멀어짐

> **TIP** 음원의 주파수가 동일할 때, 도플러효과에 따라 가장 높은 주파수로 들리는 경우는 음원과 관측자가 서로 접근하고 있을 때이다.

2015. 10. 17. 제2회 지방직(고졸경채) 시행

**11** 그림 (개는 파이프로 만든 악기에서 만들어지는 정상파를, 그림 (내는 빈 병에서 만들어지는 정상파를 단순화하여 그린 것이다. 이에 대한 설명으로 옳지 않은 것은? (단, (개, (내 관의 길이는 $L$로 같으며, 관 내 공기의 온도는 동일하다)

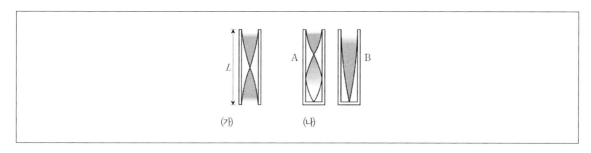

① (개의 파장은 $2L$이다.

② (개에서 $L$을 더 짧게 하면 소리의 높이가 낮아진다.

③ (개는 (내의 B보다 한 옥타브 높은 소리이다.

④ (내에서 A는 B보다 높은 소리이다.

> **TIP** ① 각각의 파장을 구하면 (개는 $2L$, (내-A는 $\frac{4}{3}L$, (내-B는 $4L$이다.
> ② (개에서 $L$을 더 짧게 하면 진동수가 커져 소리의 높이가 높아진다.
> ③ (내-B의 파장이 (개의 2배이므로 진동수는 (개가 (내-B의 2배가 된다. 따라서 (개가 한 옥타브 높은 소리이다.
> ④ (내-A는 (내-B보다 파장이 짧으므로 진동수가 커져 높은 소리이다.

2015. 1. 24. 국민안전처(해양경찰) 시행

**12** 다음은 칠판에 적혀 있는 소음 제거 방법에 대해 철수, 영희, 민수가 대화한 내용이다.

> 소음은 불규칙한 진동수의 소리들이 섞여 있어 불쾌하거나 시끄럽게 느끼는 소리로, 다른 소리를 발생시켜 소음을 줄이거나 없앤다.
> 철수 : 소리의 크기는 ( ㉠ )과(와) 관계가 있어.
> 영희 : 원래의 소리 파형과 ( ㉡ ) 위상의 소리를 발생시키면 소음이 제거돼.
> 민수 : 소음 제거의 원리는 소리의 ( ㉢ ) 현상을 이용한 것이야.

㉠ ~ ㉢에 들어갈 말로 옳은 것은?

| | ㉠ | ㉡ | ㉢ |
|---|---|---|---|
| ① | 진폭 | 반대 | 간섭 |
| ② | 진폭 | 같은 | 회절 |
| ③ | 진동수 | 반대 | 간섭 |
| ④ | 진동수 | 같은 | 회절 |

**TIP** ㉠ 소리는 진동에 의해서 발생하고 소리의 크기는 진동의 크기인 진폭과 관계있다.
㉡㉢ 간섭 현상에는 파동들이 같은 위상으로 중첩되어 진폭이 더 커지는 보강 간섭과, 반대 위상으로 중첩되어 진폭이 작아지는 상쇄(소멸) 간섭이 있다. 소음 제거의 원리는 상쇄 간섭 현상을 이용한 것이다.

2015. 1. 24. 국민안전처(해양경찰) 시행

**13** 물 속에서 소리의 속력은 공기 중에서 보다 약 4배 빠르다. 진동수 500Hz인 소리의 물 속에서의 파장은 얼마인가? (단, 공기 중에서 소리의 속력은 300m/s로 한다.)

① 1.2m
② 2.4m
③ 6.0m
④ 6.7m

**TIP** 공기 중에서 소리의 속력이 $300^m/_s$이므로 물속에서 소리의 속력은 $300 \times 4 = 1,200^m/_s$이다.
$\lambda = \dfrac{v}{f}$ 이므로, $\lambda = \dfrac{1,200}{500} = 2.4m$ 이다.

**Answer** 12.① 13.②

**14** 표는 공기에 대한 물의 굴절률을 빛의 색깔에 따라 나타낸 것이다. 다음 표의 결과로 설명할 수 있는 현상은?

| 색깔 | 빨강 | 노랑 | 초록 | 파랑 | 보라 |
|------|------|------|------|------|------|
| 굴절률 | 1,513 | 1,517 | 1,519 | 1,528 | 1,532 |

① 하늘이 파랗게 보인다.

② 비온 후 무지개가 생긴다.

③ 저녁에 노을이 붉게 보인다.

④ 담 너머에서도 자동차의 소음이 들린다.

⑤ 배가 멀어질 때는 가까이 다가올 때보다 음높이가 더 낮게 들린다.

**TIP** 파동 성질 중 굴절에 해당하는 현상을 찾는다.
  ① 산란
  ② 굴절
  ③ 산란
  ④ 회절
  ⑤ 도플러 효과
  ※ 도플러 효과…파동을 발생시키는 파원과 그 파동을 관측하는 관측자 중 하나 이상이 운동하고 있을 때 발생하는 효과로, 파원과 관측자 사이의 거리가 좁아질 때에는 파동의 주파수가 더 높게, 거리가 멀어질 때에는 파동의 주파수가 더 낮게 관측되는 현상

**Answer** 14.②

## 출제 예상 문제

**1** 정지상태에서 9,520Hz의 소리를 내는 비행기가 관제탑에서 60m/s로 멀어져가고 있을 때 관제탑에서 듣는 소리의 진동수는? (단, 음속은 340m/s이다)

① 7,722Hz

② 7,982Hz

③ 8,092Hz

④ 8,925Hz

**TIP** $f' = f \cdot \dfrac{V}{V \pm V'}$ 에서 음원이 멀어지므로

$$f' = f \cdot \dfrac{V}{V + V'} = 9,520 \times \dfrac{340}{340 + 60} = 8,092 \text{Hz}$$

**2** 음파와 광파의 공통점으로 옳지 않은 것은?

① 반사현상

② 굴절현상

③ 간섭현상

④ 편광현상

**TIP** 음파와 광파의 비교

| 분류 | 반사 | 굴절 | 간섭 | 편광 | 회절 |
|------|------|------|------|------|------|
| 음파 | ○ | ○ | ○ | × | ○ |
| 광파 | ○ | ○ | ○ | ○ | ○ |

**3** 일정한 음원으로부터 나온 음파의 속도가 매질에 따라 다른 이유로 옳은 것은?

① 진폭이 변하기 때문이다.

② 파장이 변하기 때문이다.

③ 진동수가 변하기 때문이다.

④ 매질이 진행하기 때문이다.

**TIP** 파동. 파장. 속도의 관계 ⋯ $v = \dfrac{\lambda}{T} = f\lambda$

※ 매질이 변하여도 진동수는 일정하다.

**Answer** 1.③ 2.④ 3.②

**4** 양 끝이 고정된 100cm의 현에 생길 수 있는 정상파의 파장으로 가능하지 않은 것은?

① $\lambda = 10$cm

② $\lambda = 20$cm

③ $\lambda = 30$cm

④ $\lambda = 40$cm

 현의 진동 … $\lambda_n = \dfrac{2l}{n}$ ($n = 1,\ 2,\ 3,\ 4,\ …\lambda =$ 파장, $l =$ 길이)

**5** 진폭 $A$, 파장 $\lambda$, 주기 $T$가 같은 두 개의 파동이 일직선상을 향해 서로 나갈 때 간섭을 일으킨 파동의 이웃하는 마디와의 거리는 얼마인가?

① $2\lambda$

② $\dfrac{1}{2}\lambda$

③ $\lambda$

④ $\dfrac{3}{2}\lambda$

**TIP** 정상파에서 이웃하는 마디와 마디, 또는 배와 배 사이의 거리는 파장의 $\dfrac{1}{2}$이다.

**6** 기온이 10℃일 때 음파의 속도는?

① 331m/s

② 334m/s

③ 337m/s

④ 325m/s

**TIP** 온도와 음파속력은 비례하며, $V = 331 + 0.6\,T$(m/s)이므로 $T = 10$℃를 대입하여 계산하면
$V = 337$m/s

**Answer** 4.③ 5.② 6.③

**7** 진동수와 진폭이 같은 두 음파가 같은 방향에서 반파장의 차이로 겹칠 때 간섭의 결과로 옳은 것은?

① 소리가 아주 세어진다.

② 소리가 낮아진다.

③ 소리가 아주 약해진다.

④ 소리가 높아진다.

**TIP** 같은 성질의 두 파가 $\frac{1}{2}\lambda$만큼의 위상차로 겹친다면 소멸간섭이 일어난다.

**8** 다음 중 종파에 해당하는 것은?

① 수면파                                    ② 음파

③ 광파                                      ④ 전파

**TIP** 음파는 역학적 종파이며, 지진파의 $P$파가 그 예이다.

**9** 공기 중에서 $A$, $B$ 두 음파의 파장의 비는 $63 : 64$이고, 동시에 울렸을 때 매초 4회의 맥놀이가 일어난 경우 상온에서의 음속을 340m/sec라 할 때 두 음파 중 하나의 진동수로 옳은 것은?

① 63Hz                                     ② 252Hz

③ 126Hz                                    ④ 260Hz

**TIP** 두 소리 $A$, $B$의 진동수를 $f_1$, $f_2$ 파장을 $\lambda_1$, $\lambda_2$라 하면

$$f_1 : f_2 = \frac{v}{\lambda_1} : \frac{v}{\lambda_2} = \lambda_2 : \lambda_1 = 64 : 63 \text{이므로 } f_1 = \frac{64}{63}f_2 \cdots \text{㉠}$$

맥놀이 횟수 4회이므로 $f = f_1 - f_2 = 4 \cdots \text{㉡}$

㉠, ㉡을 계산하면 $f_1 = 256\text{Hz}$, $f_2 = 252\text{Hz}$

**Answer**   7.③  8.②  9.②

**10** 파장이 $\lambda$인 두 음파의 음원에서 거리의 차가 $\Delta r$일 때 음의 세기가 높아지는 조건에 해당하는 것은?

① $\Delta r = \dfrac{\lambda}{4}$

② $\Delta r = \dfrac{1}{2}\lambda$

③ $\Delta r = \dfrac{1}{3}\lambda$

④ $\Delta r = 2\lambda$

---

**TIP** 보강간섭이 일어나기 위해서 거리차 $\Delta r = \dfrac{\lambda}{2}(2m) = \lambda m$, 즉 파장의 정수배일 때 일어난다.

**11** 현악에서 고음을 내는 현상과 관계없는 것은?

① 현의 길이가 짧다.
② 현을 세게 진동시킨다.
③ 현의 굵기가 가늘다.
④ 현의 굵기가 굵다.

---

**TIP** ④ 현이 굵을수록 저음을 낸다.

**12** 진폭 3cm, 파장 6cm인 정현파가 90cm/s의 속도로 전파하는 파동이 있다. 이 파동의 진동수는 얼마인가?

① 3회

② 6회

③ 15회

④ 18회

---

**TIP** $V = \dfrac{\lambda}{T} = \lambda f$ ∴ $f = \dfrac{V}{\lambda} = \dfrac{90}{6} = 15$회

**Answer**   10.④  11.④  12.③

**13** 다음 중 맥놀이 현상이 잘 일어나는 경우에 해당하는 것은?

① 2개의 음파가 합쳐지면 언제나 일어난다.

② 진동수가 같고, 초기 위상이 같은 두 개의 음파가 합쳐지면 일어난다.

③ 진동수가 같고, 진폭이 같은 두 개의 음파가 합쳐지면 일어난다.

④ 진동수가 비슷하고, 진폭이 같은 두 개의 음파가 합쳐지면 일어난다.

> **TIP** 맥놀이 현상은 두 음파의 진동수가 비슷하고, 진폭이 같을 때 발생한다.

**14** 다음과 같이 소리굽쇠를 진동시킨 후 유리관의 수면을 적당하게 조절하여 $l = 20$cm에서 처음 공명이 일어난다면 소리굽쇠의 진동수는 얼마인가? (단, 공기 속의 음속은 340m/s이다)

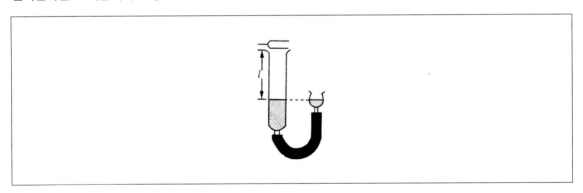

① 405Hz

② 415Hz

③ 425Hz

④ 435Hz

> **TIP** 기주공명에서 초기 공명시 $l = \dfrac{\lambda}{4}$ 이므로 $l = 20$cm를 대입하여 계산하면 $\lambda = 80$cm $= 0.8$m이다. 음속 $V = \lambda f$ 이므로 진동수 $f = \dfrac{V}{\lambda} = \dfrac{340\text{m/s}}{0.8\text{m}} = 425$Hz를 얻는다.

**Answer** 13.④ 14.③

**15** 파장, 진폭, 진동수가 같은 2개의 파동이 서로 반대방향으로 진행하고 있을 경우 이 두 파동이 정상파를 만들 때 마디를 만드는 점으로 옳은 것은?

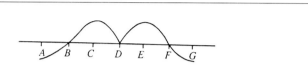

① $B$, $D$, $F$

② $A$, $C$, $E$

③ $A$, $D$, $G$

④ $B$, $E$

**TIP** 정상파를 만들 때, 마디는 움직이지 않는 점이다.

 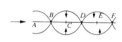

**16** 한쪽 끝이 열린 관에서 음파가 진동을 할 때 관의 길이가 $l$일 경우 발생할 수 없는 관계는? (단, $\lambda$는 파장이다)

① $l = \dfrac{1}{4}\lambda$

② $l = \dfrac{1}{2}\lambda$

③ $l = \dfrac{3}{4}\lambda$

④ $l = \dfrac{5}{4}\lambda$

**TIP** 폐관의 진동에서 $l = \dfrac{\lambda}{4}(2n+1)$이므로 $n = 0$, $1$, $2$, $3$, $4$, …를 대입해 보면

$l = \dfrac{\lambda}{4}$, $\dfrac{3}{4}\lambda$, $\dfrac{5}{4}\lambda$, $\dfrac{7}{4}\lambda$ … 이다.

**Answer** 15.① 16.②

**17** 어느 음원에서 발생된 소리에너지가 공간의 모든 방향으로 손실없이 균등하게 퍼져나간다고 할 경우 이 음원으로부터 거리 $\frac{1}{2}r$만큼 떨어진 관측자의 귀에 도달하는 에너지는 거리 $r$만큼 떨어진 관측자의 귀에 도달하는 에너지의 몇 배인가?

① 2배

② 4배

③ 8배

④ 10배

**TIP** 음파의 전파시 에너지는 거리의 제곱에 반비례하므로 $E \propto \dfrac{1}{r^2}$, $r$이 $\dfrac{1}{2}$ 배이므로 $E = 4$배가 된다.

**18** 파장과 위상이 같은 파동을 발생시키는 두 파원 $S_1$, $S_2$가 다음과 같이 원점과 $y$축상의 +3되는 점에 위치할 때 $x$축상의 +4되는 점에서 보강간섭을 일으킬 수 있는 파동의 파장은?

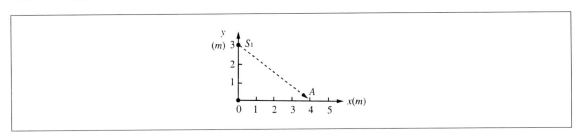

① 1m

② 2m

③ 3m

④ 4m

**TIP** 보강간섭일 때 거리차 $S_1 A \sim S_2 A = \dfrac{\lambda}{2}(2m)$이므로 $\lambda = \dfrac{S_1 A \sim S_2 A}{m} = \dfrac{5-4}{m} = \dfrac{1}{m}$이며,

$m = 1$일 때 $\lambda = 1\mathrm{m}$가 된다.

**Answer** 17.② 18.①

**19** 양끝이 고정된 30cm의 줄에 생기는 정상파의 파장으로 가능한 것은?

① 90cm
② 45cm
③ 20cm
④ 9cm

---

**TIP** 현의 진동에서 $l = \dfrac{\lambda}{2}n(n=1,\ 2,3\ldots)$이므로 $l=30$cm를 대입하면 $\lambda = \dfrac{60}{n}$

$n=3$일 때 $\lambda = 20$cm

**20** 두 개의 진행파로 인해서 생성된 정상파의 마디와 마디 사이의 간격이 0.3m, 주기가 0.02s라고 할 때, 매질 속에서의 진행파의 속력은?

① 60m/s
② 45m/s
③ 30m/s
④ 20m/s

---

**TIP** 마디와 마디 사이(배와 배 사이) 간격이 $\dfrac{\lambda}{2}=0.3$m이고 $\lambda=0.6$m, 주기 $T=0.02$s이므로

전자속도 $V = \dfrac{\lambda}{T} = \dfrac{0.6\text{m}}{0.02\text{s}} = 30$m/s

**21** 길이가 2.0m, 질량이 0.10kg인 밧줄이 500N의 장력을 받을 때 횡파가 갖는 속력은?

① 500m/s
② 250m/s
③ 125m/s
④ 100m/s

---

**TIP** 파의 속력 $V = \sqrt{\dfrac{T}{\rho}}$ 이므로 선밀도 $\rho = \dfrac{0.1\text{kg}}{2.0\text{m}} = 0.05$kg/m, 장력 $T=500$N을 이 식에 대입하여 계산하면

$V = \sqrt{\dfrac{500\text{N}}{0.05\text{kg/m}}} = 100$m/s

**Answer** 19.③ 20.③ 21.④

**22** 진동수를 모르는 소리굽쇠가 384Hz 진동수를 가진 소리굽쇠와 매초 3회의 맥놀이를 일으켰다. 진동수를 모르는 소리굽쇠에 소량의 양초를 발랐더니 맥놀이 진동수가 감소했다면, 이 소리굽쇠의 진동수는 얼마인가?

① 387Hz

② 384Hz

③ 381Hz

④ 알 수 없다.

---

**TIP** 맥놀이 수가 $N$이면 $N = f \sim f_0$

문제에서 $N = 3$, $f_0 = 384$이므로 이 식에 대입하면 $f = 384 \pm 3\text{Hz}$

양초를 바르면 진동수가 감소하고 맥놀이 수도 감소하므로 처음 소리굽쇠는 384Hz보다 높은 진동수를 가지므로 진동수 $f = 384 + 3 = 387\text{Hz}$

---

**23** 물이 일부 채워져 있는 기주공명관 위에 놓여 있는 소리굽쇠가 관의 꼭대기로부터 8cm와 28cm 물이 채워질 때만 강한 공명을 일으킨다면 소리굽쇠의 진동수는 얼마인가? (단, 음파의 속력은 330m/s이다)

① 660Hz

② 330Hz

③ 825Hz

④ 1,650Hz

---

**TIP** 진동수 $f = \dfrac{V}{\lambda}$일 때 문제에서 음파의 속력 $V = 330\text{m/s}$이고

파장 $\lambda = 2l = 2 \times (0.20\text{m}) = 0.40\text{m}$이므로 이 식에 대입하여 계산하면

$f = \dfrac{V}{l} = \dfrac{330\text{m/s}}{0.40\text{m}} = 825\text{Hz}$

---

**24** 0.8g, 22cm 길이의 바이올린 현의 기본 진동수가 920Hz일 때 현 위에서의 파속은 몇 m/s인가?

① 404.8m/s

② 202.4m/s

③ 101.4m/s

④ 607.2m/s

---

**TIP** 파속 $V = f\lambda$이며, 진동수 $f = 920\text{Hz}$이고

$\lambda = 2l = 2 \times 0.22\text{m} = 0.44\text{m}$를 대입하여 계산하면 $V = (920\text{Hz}) \times (0.44\text{m}) = 404.8\text{m/s}$

---

**Answer** 22.① 23.③ 24.①

**25** 다음 중 가장 높은 음을 내는 것은? (단, 줄의 길이는 모두 같다)

① 장력이 $T$이고 선밀도가 $\rho$인 줄

② 장력이 $2T$이고 선밀도가 $\rho$인 줄

③ 장력이 $2T$이고 선밀도가 $\dfrac{\rho}{2}$인 줄

④ 장력이 $T$이고 선밀도가 $\dfrac{\rho}{2}$인 줄

**TIP** 현악기의 줄을 조이면 장력 $T$가 커지고, 선밀도 $\rho$가 작은 줄을 사용하면 고음이 나온다. 즉, 음의 세기는 파의 전파속도 $V = \sqrt{\dfrac{T}{\rho}}$에 비례하므로 전파속도가 가장 큰 경우는 ③이다.

**26** 바이올린의 최저 진동수는 440Hz이다. 현의 길이가 변하지 않는다고 할 경우 이 음보다 바로 한 단계 높은 진동수는?

① 660Hz

② 880Hz

③ 1,100Hz

④ 1,320Hz

**TIP** 현의 진동수는 기본 진동수의 정수배 즉, 배 진동수 $= n \times$ 기본 진동수이므로
다음 진동수는 $n = 2$일 때이므로 $2 \times 440 = 880$Hz

**27** 담 너머에 있는 사람은 안 보여도 그 사람의 말소리는 들린다. 이는 어떤 현상 때문인가?

① 굴절

② 반사

③ 회절

④ 간섭

**TIP** 회절 … 파동이 장애물을 만나도 장애물 뒤쪽까지 진행하는 현상을 말하며, 파장이 길고, 틈이 좁을수록 회절 정도가 커진다.

**Answer** 25.③ 26.② 27.③

**28** 다음 중 음속에 영향을 끼치지 않는 것은?

① 진동수 ② 매질

③ 기온 ④ 습도

**TIP** 공기 중에서의 음속은 진동수와는 무관하고, 온도가 1℃ 올라가면 0.6m/s 만큼씩 속도가 증가되며, 매질에 따라 전파속도는 달라진다.

**29** 길이 1.0m인 도선의 질량이 10g이고, 100N의 장력이 작용할 경우 줄이 두 개의 파복을 가질 때 정상파의 진동수는?

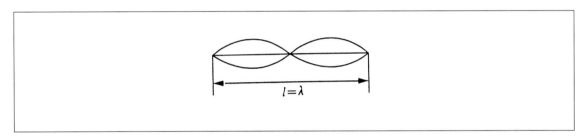

① 100Hz ② 75Hz

③ 50Hz ④ 200Hz

**TIP** 정상파의 진동수 $f = \dfrac{V}{\lambda}$ … ㉠

파의 속도 $V = \sqrt{\dfrac{T}{\rho}}$ … ㉡

문제에서 $T = 100\text{N}$, $\rho = \dfrac{10\text{g}}{1.0\text{m}} = \dfrac{0.01\text{kg}}{1.0\text{m}} = 0.01\text{kg/m}$를 ㉡식에 대입하여 계산하면

$V = \sqrt{\dfrac{100\text{N}}{0.01\text{kg/m}}} = 100\text{m/s}$

파복이 2개일 때는 $\lambda = l = 1.0\text{m}$이므로 ㉠식에 대입하면 $f = \dfrac{100\text{m/s}}{1.0\text{m}} = 100\text{Hz}$를 얻는다.

**30** 진동수가 동일한 두 파동이 완전한 보강간섭을 하려면 두 파동의 위상차는 얼마이어야 하는가?

① 45°

② 180°

③ 360°

④ 90°

TIP 보강간섭을 하려면 위상차가 0이거나 360°이어야 하며, 소멸간섭은 위상차가 180°만큼 차이가 나야 한다.

**31** 각각의 진동수가 180sec⁻¹, 150sec⁻¹인 소리굽쇠를 동시에 울릴 경우 1초간 발생하는 맥놀이 수는?

① 330

② 30

③ 165

④ 15

TIP 두 음파의 진동수가 각각 $f_1$, $f_2$이면
1초간 맥놀이 횟수(진동수) $f = |f_1 - f_2| = |180 - 150| = 30$

**32** 진폭 6cm, 진동수 5Hz, 전파속도가 30m/s인 파동이 있다. 이와 같은 두 파가 겹쳐서 정상파를 만들 경우, 이 정상파의 진폭은?

① 0cm

② 2cm

③ 10cm

④ 36cm

TIP 정상파 … 진폭과 파장이 같은 두 파가 마주 보며 진행할 때, 중첩이 되어 마치 진행하지 않고 정지된 것처럼 보이는 파를 말하며, 보강간섭일 때는 진폭이 2배로 되고, 소멸간섭일 때는 진폭이 0이 된다.

**Answer** 30.③ 31.② 32.①

# 06
P A R T

# 전기와 자기

# 01 전기장

## 01 전하와 쿨롱의 법칙

### ① 정전기

**(1) 마찰전기**

① **마찰전기** … 물체를 마찰시켜 얻어지는 전기를 마찰전기 또는 정전기라 한다.

② **대전체** … 물체가 전기를 띠는 현상을 대전, 전기를 띤 물체를 대전체라고 한다.

③ **대전열**

    ㉠ 대전되는 물체를 실험적 순서로 나열한 것을 대전열이라 한다.

    ㉡ 두 물체를 마찰시키면 전자가 두 물체 사이를 이동하여 한 쪽은 전자가 넘치는 (−)극으로, 다른 쪽은 반대인 (+)극을 형성하는 데 이렇게 물체가 전기를 띤 것을 대전이 되었다고 한다.

    ㉢ 전자를 잘 빼앗길수록 (+)로 대전되기가 쉽다.

    ㉣ 대전열의 순서

> (+) 털가죽 − 상아 − 털헝겊 − 유리 − 명주 − 나무 − 유황 − 셀룰로이드 − 에보나이트 (−)

**(2) 전하**

① **전하** … 대전체가 띠고 있는 전기를 전하라고 하며 그 양을 전하량 또는 전기량이라 한다.

② **전하의 종류**

    ㉠ **양전하**(+전하) : 유리막대와 명주를 마찰했을 때 유리막대에 띠는 전기로 원자핵 속의 양성자가 띠고 있다.

    ㉡ **음전하**(−전하) : 플라스틱과 털을 마찰했을 때 플라스틱에 띠는 전기로 원자속의 전자가 띠고 있다.

## (3) 전기력

① 전하를 띤 두 대전체 사이에 작용하는 힘을 전기력이라 한다.

② 다른 종류의 전하 사이에는 인력, 같은 종류의 전하 사이에는 척력이 작용한다.

③ 인력과 척력

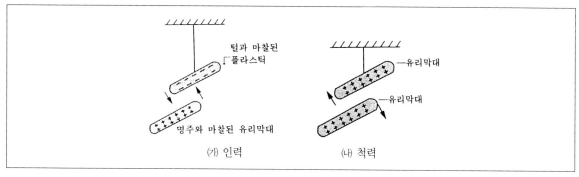

ⓒ ㈎는 서로 다르게 마찰된 플라스틱과 유리막대가 서로 잡아당기고 있음을 나타내며, 이것은 서로 다른 전기 간에는 서로 잡아당기는 힘(인력)이 작용한다는 것을 보여준다.

ⓒ ㈏는 같이 마찰된 유리막대끼리는 서로 밀고 있음을 나타내며, 이것은 같은 전기끼리는 서로 미는 힘(척력)이 작용함을 보여준다.

## (4) 전하량 보존의 법칙

물체가 대전된다는 것은 물체에 전하가 새로 생성되거나 소멸되는 것이 아니고 한 물체에서 다른 물체로 전자가 이동함으로써 생기는 현상으로, 반응 전후에 전하량의 총량을 변하지 않는다.

## ❷ 도체와 부도체(절연체)

### (1) 자유전자

원자핵에 약하게 속박되어 있어 원자 사이를 자유롭게 돌아다닐 수 있는 전자를 말한다.

### (2) 도체

① **개념** ··· 전기를 잘 흐르게 하는 물질로 금속물질이 해당되며, 도체 내에 자유전자가 많아 전하가 자유롭게 이동할 수 있다(금속물질).

② **도체의 특성**

　　㉠ 금속, 탄소막대, 지구, 인체, 산, 염기의 수용액 등은 도체이다.

　　㉡ 도체 내부의 전기장 세기는 0이다.

　　㉢ 도체에 전하를 주면 표면에만 분포하며, 특히 뾰족한 곳에 많이 분포한다.

　　㉣ 도체 표면과 내부는 등전위면을 이룬다.

　　㉤ 전기력은 도체 표면에 수직으로 작용한다.

**(3) 절연체**

전기가 잘 흐르지 않는 물질로 유리, 고무, 플라스틱, 나무 등이 해당되며, 절연체 내에서는 전하의 이동이
자유롭지 못하다.

**(4) 반도체**

전기를 통하는 성질이 도체와 절연체의 중간 정도되는 물질로 실리콘(Si), 게르마늄(Ge) 등이 있다.

 **TIP**

　　도체 내에서 움직이는 전하는 오직 음전하뿐이며, 이 전하를 운반시켜 주는 것을 자유전자라 한다. 금속이 전기가 잘 통하
　　는 것은 금속 내에 자유전자가 많기 때문이다.

**❸ 정전기 유도**

**(1) 정전기 유도**

① 마찰로 대전된 물체를 금속도체 근처에 가까이 하면 대전체의 가까운 쪽에는 다른 전하, 먼 쪽에는 같은
　　전하를 띠는 현상이다.

② **도체와 정전기 유도**

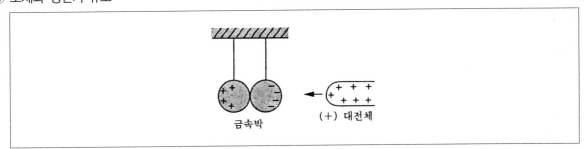

　　㉠ (+)로 대전된 물체를 금속박에 가까이 하면 가까운 금속박에는 다른 전하인 (−)전하, 먼 금속박에는 같
　　　은 전하인 (+)전하를 띠게 된다.

　　㉡ 정전기는 도체 내부에는 분포하지 않으며 겉부분에만 분포한다.

## (2) 검전기

① 정전기 현상을 이용하여 대전체의 전하량, 전하의 종류를 알아보기 위한 도구이다.

② 주로 금속박 검전기를 사용하며 (+)로 대전된 물체를 금속판 근처에 가져오면 금속박의 자유전자가 끌려와 금속판으로 이동하므로 금속박은 (+)로 대전되어 척력의 작용으로 벌어지게 된다.

## (3) 유전분극현상

부도체에는 자유롭게 돌아다니는 자유전자가 없으므로 (+)극으로 대전된 대전체가 다가오면 (−)전하들이 작은 범위 내에서 조금 움직이므로 부도체의 양끝만 약하게 (+), (−)극성이 생기는 현상을 말한다.

## (4) 쿨롱(Coulomb)의 법칙

① 전하간에 작용하는 힘
  - ㉠ 인력 : 다른 전하간에는 서로 잡아당기는 힘이 작용한다.
  - ㉡ 척력 : 같은 전하간에는 서로 미는 힘이 작용한다.

② 쿨롱의 법칙 ⋯ 전하간에 작용하는 전기력(인력과 척력)은 두 전하량의 곱에 비례하고, 전하간 거리의 제곱($r^2$)에 반비례한다.

$$F = k\frac{q_1 q_2}{r^2}(\text{N})$$

$$(k = 상수 = 9 \times 10^9 \text{Nm}^2/\text{C}^2, \ q_1 \cdot q_2 : 전하량, \ r : 전하간 거리)$$

③ 점전하가 받는 힘의 크기와 방향

- ㉠ 3개의 점전하 $q_1$, $q_2$, $q_3$에 상호전기력이 작용하여 $q_1$이 받는 힘의 크기와 방향을 나타내고 있다.

- ㉡ $q_1$, $q_2$간에 작용하는 힘($F_{12}$)은 $F_{12} = k\dfrac{q_1 q_2}{r_{12}^{\ 2}}(\text{N})$이며 $q_1 = 1.0 \times 10^{-16}$, $q_2 = 3.0 \times 10^{-6}$, $k = 9 \times 10^9$, $r_{12} = 0.15$

  를 대입하면 $F_{12} = 1.2\text{N}$이 된다.

ⓒ $F_{13} = k\dfrac{q_1 q_3}{r_{13}{}^2}(\text{N})$으로, 위 식에 $q_3 = 2.0 \times 10^{-6}$, $r_{13} = 0.1$을 대입하면 $F_{13} = 1.8\text{N}$이 된다.

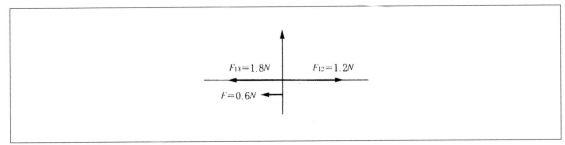

ⓔ 두 힘의 합성력 $F$가 왼쪽($q_3$방향)으로 0.6N임을 나타낸다.

> **TIP**
> 전하량 $q =$ 전류 × 시간으로 정의되며, 전하량 $q$의 단위는 C(쿨롱)으로 나타낸다.

### (5) 전하를 가진 입자

① 기본전하($e$)

   ⓐ 전하는 물과 같이 연속적인 양을 가지지 않고, 어떤 최소 전하의 정수배만 가진다.

   ⓑ 밀리칸은 기름방울실험으로 어떤 최소 전하를 $e$로 표시하고, $e = 1.6 \times 10^{-19}\text{C}$의 전하량을 갖는다는 것을 밝혔다.

$$\text{기본 전하량} = 1.6 \times 10^{-19}\text{C}$$

② 전하를 가진 입자

   ⓐ (+)전하를 가진 입자는 양성자이며, (−)전하는 전자가 가지고 있다.

   ⓑ 전자와 양성자 1개가 가진 전하량은 모두 같다.

> **TIP**
> 양성자는 원자핵을 구성하는 입자이며, 전자는 원자핵을 둘러싸고 있는 입자이다. 전자와 양성자가 가진 전하량은 기본 전하량과 같은 $1.6 \times 10^{-19}\text{C}$이다.

# 02 전기장

## ❶ 전기장

### (1) 장

① **개념** ··· 주어진 영역 내에 어떤 물체를 놓았을 때 힘이 작용하면, 그 영역 내에는 장(Field)이 존재한다고 한다.

② **장의 종류**

　ⓐ **중력장** : 지구 근처에 질량 $m$인 물체를 놓으면 $F = mg$라는 힘이 작용한다.

　ⓑ **자기장** : 자석 근처에 또 다른 자석을 놓으면 $F = k\dfrac{m_1 m_2}{r^2}$인 자기력이 작용한다.

　ⓒ **전기장** : 전하 $q_1$ 근처에 또 다른 전하 $q_2$를 놓으면 $F = k\dfrac{q_1 q_2}{r^2}$라는 전기력이 작용한다.

### (2) 전기장

① **개념** ··· 정전하 $q$를 한 공간 내에 놓을 때 $q$의 전기력이 미치는 공간(영역)을 전기장이라 한다.

② **전기장의 세기와 방향**

　ⓐ 전기장 속에 양전하 $q_0$를 놓았을 때 $q_0$가 받는 힘의 방향을 전기장 방향이라 하며, 세기는 거리의 제곱($r^2$)에 반비례한다.

$$\text{전기장 } E = \frac{F}{q_0} = k\frac{q}{r^2} \, (\text{N/C, V/m})$$

　ⓑ 점전하 주위의 전기장의 세기

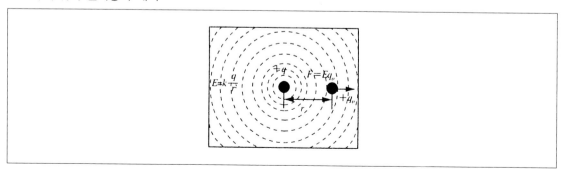

- 점선은 전기장의 세기를 나타내고 있으며, $E = k \dfrac{q}{r^2}$ 에 해당된다.

- 양전하 $+q_0$를 전기장 내에 놓으면 점전하 $+q$ 는 $+q_0$를 $F$방향으로 작용하는 전기장을 형성하며, 이 때 받는 힘 $F = k \dfrac{q_1 q_2}{r^2} = E q_0 (\mathrm{N})$이 된다.

ⓒ 전기장의 세기와 전하와의 거리

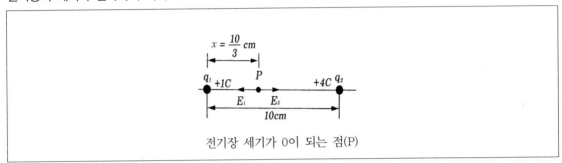

전기장 세기가 0이 되는 점(P)

- $q_1 = +1\mathrm{C}$, $q_2 = +4\mathrm{C}$이 10cm 거리로 놓여 있을 때 전기장의 세기가 0이 되는 $P$점과 $q_1$ 사이의 거리가 $\dfrac{10}{3}$ cm임을 나타낸다.

- $P$까지의 전기장 세기를 각각 $E_1$, $E_2$라 하면 $E_1 = E_2$이므로, $k\dfrac{q_1}{x^2} = k\dfrac{q_2}{(10-x)^2}$ 이 된다.

- $q_1 = 1$, $q_2 = 4$를 대입하여 계산하면 $x = \dfrac{10}{3}$ cm가 된다.

③ 도선에서 거리 $R$ 만큼 떨어진 곳의 전기장

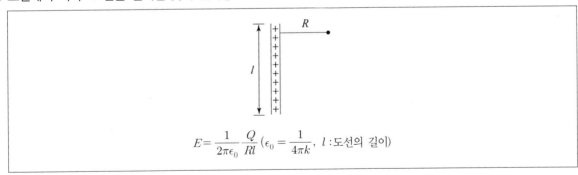

$$E = \dfrac{1}{2\pi\epsilon_0} \dfrac{Q}{Rl} \ (\epsilon_0 = \dfrac{1}{4\pi k}, \ l : \text{도선의 길이})$$

④ 무한 평면에서 거리 $R$ 만큼 떨어진 곳의 전기장

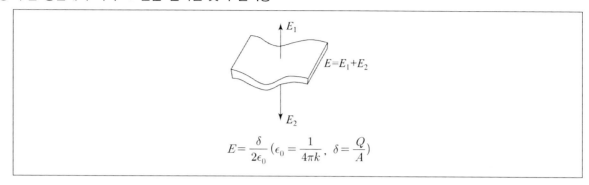

$$E=\frac{\delta}{2\epsilon_0}\left(\epsilon_0=\frac{1}{4\pi k},\ \delta=\frac{Q}{A}\right)$$

## (3) 전기력선

① 개념

   ⊙ 전기장 내에서 (+)전하가 이동하면서 그리는 직선 및 곡선을 말한다.

   ⓛ 전기장의 방향을 화살표로 나타낸 것으로 (+)에서 (−)방향을 향한다.

② 전기력선의 성질

   ⊙ 전기력선의 밀도가 높은 곳이 전기장이 센 곳이다.

   ⓛ 전기력선은 도중에 분리하거나 교차하지 않는다.

   ⓒ 전기력선은 (+)에서 나와 (−)로 향하게 그리며, 서로 교차하거나 중복되지 않게 그린다.

   ⓔ 전기장의 범위는 무한대이므로 전기력선의 끝은 무한대가 된다.

   ⓜ 전기력선의 방향은 전기장의 방향을 표시하므로 전기장($E$)은 벡터량이 된다.

[전기력선의 모양]

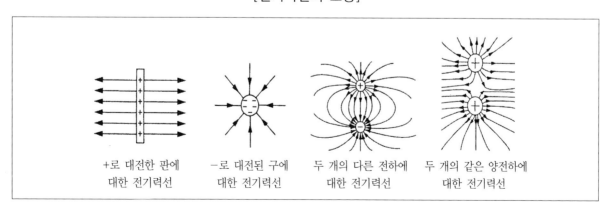

+로 대전한 판에 대한 전기력선     −로 대전된 구에 대한 전기력선     두 개의 다른 전하에 대한 전기력선     두 개의 같은 양전하에 대한 전기력선

## ② 전기장 속에서 전하가 받는 힘

### (1) 전기력($F$)

$$F = E \times q(\text{N})$$

### (2) 전하가 받는 가속도($a$)

$$a = \frac{F}{m} = \frac{Eq}{m}(\text{m/s}^2)$$

> **TIP**
>
> 전기장 $E = 20\text{V/m}$에 있는 전하량 2C인 입자가 받는 힘 ··· $F = Eq = 20\text{V/m} \times 2\text{C} = 40\text{N}$

## ③ 가우스의 법칙과 맥스웰 방정식

### (1) 가우스의 법칙

폐곡면을 지나는 전기력선의 총 수는 그 폐곡면에 포함된 전하량의 $4\pi k$배와 같다.

$$\phi = \oint E \cdot dS = 4\pi k\, Q = \frac{Q}{\epsilon_o}$$

[가우스의 법칙]

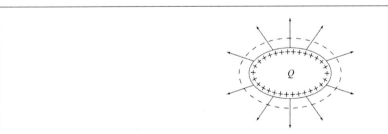

(2) 맥스웰 방정식

① 전기장에 대한 가우스의 법칙

$$\oint E \cdot dS = \frac{Q}{\epsilon_o}$$

② 자기장에 대한 가우스의 법칙

$$\oint B \cdot dS = 0$$

③ 패러데이의 법칙

$$\oint E \cdot dS = -\frac{d\phi_B}{dt}\,[\phi_B(\text{자속}) = \oint B \cdot dA]$$

④ 앙페르 – 맥스웰의 법칙

$$\oint E \cdot dl = \mu_o I + \mu_o \epsilon_o \frac{d\phi_E}{dt}\,[\phi_E(\text{전기자선}) = \oint E \cdot dA]$$

# 최근 기출문제 분석

2021. 10. 16. 제2회 지방직(고졸경채) 시행

**1** 그림은 저마늄(Ge)에 비소(As)가 도핑된 물질의 구조를 나타낸 모형이다. 이에 대한 설명으로 옳지 않은 것은?

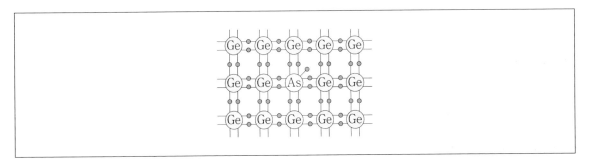

① n형 반도체이다.

② 원자가 전자가 비소는 5개, 저마늄은 4개이다.

③ 전압을 걸어 줄 경우 주된 전하 나르개는 양공이다.

④ 도핑으로 전도띠 바로 아래에 새로운 에너지 준위가 생긴다.

> **TIP** ① 그림을 보면 결합을 하고 남은 과잉 전자가 존재하므로 n형 반도체이다.
> ② 원자가 전자가 비소(As)는 15족 원소이므로 5개, 저마늄(Ge)은 14족 원소이므로 4개이다.
> ③ 전압을 걸어 줄 경우 주된 전하 나르개는 결합을 하고 남은 과잉 전자이다. 양공은 13족 원소인 B, Al, Ga, In 등을 도핑한 반도체의 전하 나르개이다.
> ④ P, As, Sb 등의 15족 원소를 도핑할 경우 전도띠(Conduction band) 바로 아래에 새로운 에너지 준위가 생긴다. B, Al, Ga, In 등의 13족 원소를 도핑할 경우 원자가띠(Valence band) 바로 아래에 새로운 에너지 준위가 생긴다.

**Answer** 1.③

**2** 그림은 마찰이 없는 수평면에서 절연된 용수철의 양 끝에 대전된 두 개의 구가 연결된 것을 나타낸 것이다. ㈎는 대전된 구 A, B에 의해 용수철이 늘어난 상태로 평형을 유지한 것이고, ㈏는 대전된 구 A, C에 의해 용수철이 압축된 상태로 평형을 유지하고 있는 모습을 나타낸 것이다. 용수철의 원래 길이를 기준으로 ㈎에서 용수철이 늘어난 길이는 ㈏에서 용수철이 압축된 길이보다 길다. 이에 대한 설명으로 옳은 것은? (단, 전기력은 A와 B, A와 C 사이에만 작용한다)

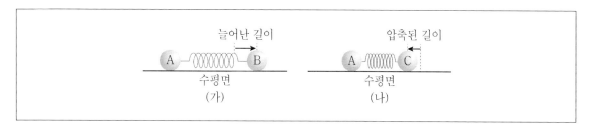

① 전하의 종류는 A와 C가 같다.

② 전하량의 크기는 B가 C보다 크다.

③ ㈎에서 A에 작용한 전기력의 크기는 B에 작용한 전기력의 크기보다 크다.

④ ㈏에서 용수철이 C에 작용한 힘의 크기는 용수철이 A에 작용한 힘의 크기보다 크다.

> **TIP** ① ㈏의 압축된 상태로 평형을 유지하고 있는 경우 작용하는 전기력은 인력이므로 전하의 종류는 A와 C가 다르다.
> ② 탄성력은 용수철의 변형량에 비례하고, 용수철이 늘어난 길이가 압축된 길이보다 길다. 따라서 B에 더 큰 탄성력이 작용하며, 평형을 이루는 전기력 또한 B가 더 크므로 전하량의 크기는 B가 C보다 크다.
> ③ ㈎에서 A에 작용한 전기력의 크기는 B에 작용한 전기력의 크기와 같다.
> ④ ㈏에서 용수철이 C에 작용한 힘의 크기는 용수철이 A에 작용한 힘의 크기와 같다.

**Answer** 2.②

**3** 그림 (개는 동일한 크기의 전하량을 가진 두 점 전하 A, B를 각각 $x=0$, $x=d$인 지점에 고정한 모습을 나타낸 것이다. 이때 B에 작용하는 전기력의 방향은 $+x$방향이다. 그림 (내는 그림 (개에 점 전하 C를 $x=3d$인 지점에 추가하여 고정한 모습을 나타낸 것으로 이때 B에 작용하는 알짜 힘은 0이다. 이에 대한 설명으로 옳은 것은?

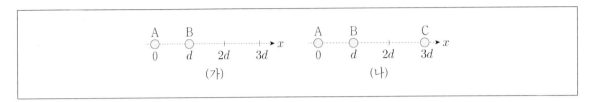

① 전하량은 C가 A의 2배이다.
② A와 B는 서로 다른 종류의 전하이다.
③ A와 C 사이에는 서로 당기는 힘이 작용한다.
④ B가 A에 작용하는 힘의 크기는 C가 A에 작용하는 힘의 크기보다 크다.

**TIP** ① (내에서 B에 작용하는 알짜 힘은 0이므로 A에 의한 전기력($+x$ 방향)과 C에 의한 전기력($-x$ 방향)이 평형을 이루고 있다. 거리의 비 $AB:BC=1:2$에서 전하량의 비 $Q_A:Q_C=1^2:2^2=1:4$이다. 따라서 전하량은 C가 A의 4배이다.

② (개에서 B에 작용하는 전기력의 방향이 $+x$ 방향이므로 서로 밀어내는 척력이 작용함을 알 수 있다. 따라서 A와 B는 서로 같은 종류의 전하이다.

③ (내에서 C에 의해 B에 작용하는 전기력 방향은 $+x$ 방향이므로 서로 밀어내는 척력 방향으로 작용함을 알 수 있다. 따라서 B와 C는 서로 같은 종류의 전하이고, A와 B 또한 같은 종류의 전하이므로 A와 C는 같은 종류의 전하이다. 따라서 A와 C 사이에는 서로 밀어내는 힘이 작용한다.

④ B가 A에 작용하는 힘의 크기는 A가 B에 작용하는 힘의 크기와 같고, C가 B에 작용하는 힘의 크기와 같으므로, B보다 멀리 떨어진 A에 C가 작용하는 힘의 크기는 B가 A에 작용하는 힘의 크기보다 작다. 따라서 B가 A에 작용하는 힘의 크기는 C가 A에 작용하는 힘의 크기보다 크다.

**Answer** 3.④

**4** 아래 그림은 고정되어 있는 두 점전하 A, B 주위의 전기력선을 나타낸 것이다.

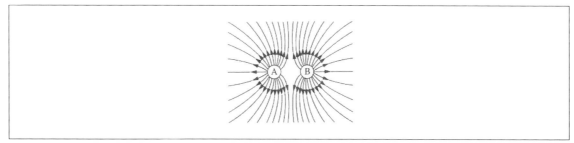

다음 〈보기〉 중 옳은 것을 모두 고른 것은?

〈보기〉

㉠ A는 양(+)전하이다.
㉡ A와 B의 전하량은 다르다.
㉢ A와 B 사이에 전기적 인력이 작용한다.

① ㉠

② ㉡

③ ㉢

④ ㉠, ㉡

**TIP** ㉠ 양전하가 놓여 있을 경우에 전기력선이 뻗어나가고 반대로 음전하가 놓이면 전하 안쪽으로 전기력선이 들어온다.
그림에서 점전하 A로부터 전기력선이 뻗어나가는 양상을 보이므로 A는 양(+)전하이다.
㉡ A와 B에서 전기력선의 밀도는 동일하므로 A와 B의 전하량은 같다.
㉢ A와 B 모두 양(+)전하이므로 A와 B 사이에 전기적 척력이 작용한다.

**Answer** 4.①

**5** Ge 반도체에 In을 소량 첨가하여 만든 불순물 반도체에 그림처럼 화살표 방향으로 전기장을 걸었을 때, 이에 대한 설명으로 옳은 것만을 모두 고르면?

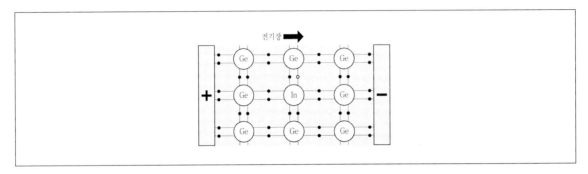

⊙ 불순물 반도체에 생성된 양공은 전도띠에 존재한다.
ⓒ 양공은 오른쪽(−)에서 왼쪽(+)으로 이동한다.
ⓒ 전류의 방향은 양공의 이동 방향과 같다.
② 양공이 전도띠에 있는 전자보다 많으므로 주로 양공에 의해 전류가 흐른다.

① ⊙, ⓒ                ② ⊙, ②

③ ⓒ, ⓒ                ④ ⓒ, ②

> **TIP** 원자가 전자가 4개인 Ge에 원자가 전자가 3개인 In을 도핑한 p형 반도체로, 공유 결합 후 여분의 양공이 생긴다.
> ⊙ 여분의 양공이 갖는 에너지 준위는 원자가띠 바로 위에 위치하여 약간의 에너지만 받아도 원자가띠에 있던 전자들
> 이 양공의 에너지 준위로 올라갈 수 있고, 이때 원자가띠에 많은 양공이 생긴다.
> ⓒⓒ 반도체 내부에서 양공은 실제로 이동하지 않고 자유 전자가 이동하는데, 자유 전자의 이동에 의해 양공이 전자와
> 반대 방향으로 이동하는 것처럼 된다. 따라서 양공은 (+)에서 (−)로 이동하고, 이는 전류의 방향과 같다.
> ② 양공의 수가 전자의 수보다 많으므로 양공이 전하 운반자 역할을 한다.

**Answer** 5.④

**6** 초전도체에 대한 설명으로 가장 옳은 것은?

① 임계 온도보다 낮은 온도에서 전기저항이 0이 된다.

② 임계 온도가 액체 질소의 끓는점인 77K보다 높은 물질은 없다.

③ 임계 온도보다 낮은 온도에서 물질 내부와 외부의 자기장이 균일하다.

④ 임계 온도보다 낮은 온도에서 유전율이 높아 축전기에 많이 쓰인다.

> **TIP** ② 고온 초전도체(HTS)를 사용할 때는 보통 77K의 액체 질소를 사용하지만, 구리 기반 초전도체 중 150K에 해당하는 것도 있다.
> ③ 임계 온도보다 낮은 온도에서 물질 내부의 자기장은 0이 된다.
> ④ 임계 온도보다 낮은 온도에서는 유전율이 0이다.

**7** 그림은 원점에 놓인 대전된 도체구 A에 의해 형성된 전기력선의 일부와 전기장 내에서 대전된 점전하를 P점에 가만히 놓았더니 Q점을 향하여 이동하는 것을 나타낸 것이다. 이에 대한 설명으로 옳은 것은?

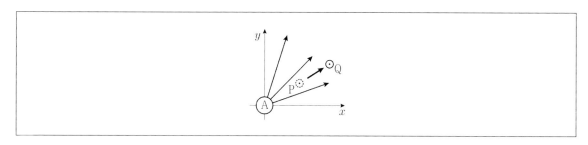

① A는 음(−)전하를 띤다.

② 점전하는 음(−)전하로 대전되어 있다.

③ 전기장의 세기는 P에서가 Q에서보다 작다.

④ P에서 Q로 이동하는 동안 점전하의 속력은 증가한다.

> **TIP** ① A는 양(+)전하를 띤다.
> ② 점전하는 양(+)전하로 대전되어 있다.
> ③ 전기장의 세기는 P에서가 Q에서보다 크다.

**Answer** 6.① 7.④

2019. 6. 15. 제2회 서울특별시 시행

**8** **〈표〉는 여러 반도체와 절연체의 띠틈을 나타낸 것이다. ⓐ와 ⓑ는 각각 반도체와 절연체 중 하나이고, ⓒ와 ⓓ는 각각 다이아몬드와 실리콘 중 하나이다. 〈보기〉에서 옳은 설명을 모두 고른 것은?**

〈표〉

| ⓐ | | ⓑ | |
|---|---|---|---|
| 물질 | 띠틈(eV) | 물질 | 띠틈(eV) |
| 저마늄 | 0.67 | 이산화규소 | 9 |
| ⓒ | 1.14 | ⓓ | 5.33 |

〈보기〉

㉠ ⓐ는 반도체이다.
㉡ ⓒ는 실리콘이다.
㉢ 저마늄의 비저항이 다이아몬드의 비저항보다 크다.

① ㉠
② ㉠, ㉡
③ ㉢
④ ㉡, ㉢

**TIP** ㉢ 저마늄은 반도체이므로 절연체인 다이아몬드보다 비저항이 작다.

**Answer** 8.②

**9** 그림 ㈎와 같이 $q$, $3q$의 전하가 거리 $d$만큼 떨어져 정지해 있을 때 두 전하 사이의 힘의 크기는   이다. 그림 ㈏와 같이 $2q$, $Q$의 전하가 거리 $2d$만큼 떨어져 있을 때 두 전하 사이의 힘의 크기는 $2F$이다. $Q$의 크기는?

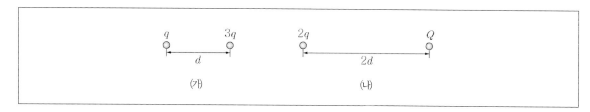

(가)          (나)

① $4q$

② $6q$

③ $8q$

④ $12q$

**TIP** (가) $k\dfrac{3q^2}{d^2} = F$

(나) $k\dfrac{2qQ}{(2d)^2} = k\dfrac{qQ}{2d^2} = 2F$

따라서 $2 \times k\dfrac{3q^2}{d^2} = k\dfrac{qQ}{2d^2}$, $6q^2 = \dfrac{qQ}{2}$ 이므로 $Q = 12q$이다.

※ 쿨롱 법칙 … 두 전하의 전하량을 $q_1$과 $q_2$(C), 두 전하 사이의 거리를 $r$(m)이라고 할 때, 두 전하 사이에 작용하는

전기력 F(N)는 전하량의 곱에 비례하고, 두 전하 사이의 거리의 제곱에 반비례한다. 즉, 전기력 $F = k\dfrac{q_1 q_2}{r^2}$ 이다.

**Answer**   9.④

2018. 10. 13. 제2회 지방직(고졸경채) 시행

**10** 그림과 같이 점전하 $+Q$를 고정하고 거리 $r$인 점에 점전하 A를 두었다. $-9Q$인 점전하를 그림에 표시된 위치에 놓았을 때, 점전하 A가 받는 전기력이 $0$이 되었다. 거리 $x$는? (단, 전기력 외의 다른 힘은 모두 무시한다)

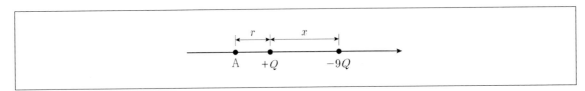

① $\dfrac{1}{2}r$

② $r$

③ $\dfrac{3}{2}r$

④ $2r$

**TIP** 점전하에 의한 전기장의 세기는 전하량에 비례하고 거리의 제곱에 반비례한다.

점전하 A가 받는 전기력이 0이라고 하였으므로,

$$-k\frac{Q_A \cdot Q}{r^2} + k\frac{Q_A \cdot 9Q}{(r+x)^2} = 0$$

$$-\frac{1}{r^2} + \frac{9}{(r+x)^2} = 0$$

$$9r^2 = (r+x)^2$$

$r+x = 3r$, 따라서 $x = 2r$이다.

**11** 그림과 같이 두 점전하 A, B가 원점 O에서 동일한 거리만큼 떨어진 $x$축 상에 놓여 있다. $y$축 상의 한 점 P에서 A, B에 의해 $-y$방향의 전기장이 형성되어 있다고 할 때, 이에 대한 설명으로 옳은 것은?

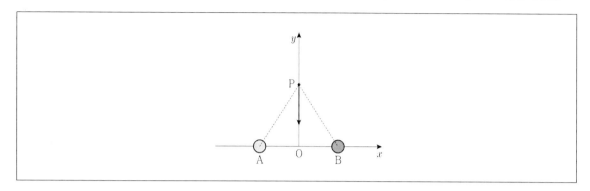

① A의 전하와 B의 전하는 서로 다른 종류이다.

② A의 전하량의 크기와 B의 전하량의 크기는 다르다.

③ P점에 (−)전하를 놓는다면, (−)전하는 $+y$축 방향으로 힘을 받는다.

④ 전기장의 세기는 O에서보다 P에서 더 작다.

**TIP**

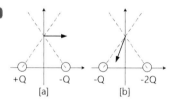

① 틀림 : 전하의 종류가 다르면 전기장은 수평방향이다. (그림 [a]) 전하가 모두 음전하이어야 한다.

② 틀림 : 전하량의 크기가 다르면 수직방향을 벗어난다. (그림 [b])

③ 맞음 : 전기장은 +1C이 받는 전기장이므로 여기에 (−)전하를 갖다 놓으면 전기장과 반대방향 즉, +y방향으로 힘을 받는다.

④ 틀림 : O에서 전기장의 세기는 같으므로 P에서 전기장이 더 크다.

**Answer** 11.③

**12** 그림과 같이 $x$축 상에 거리가 $d$, $2d$, $4d$인 곳에 전하량이 각각 $-1C$, $+2C$, $q$인 전하가 고정되어 있다. 전하 $q$의 크기[C]는? (단, $x = 0$에서 세 전하에 의한 전기장은 0이다)

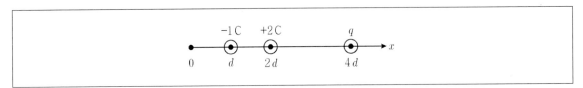

①  $-4$

②  $+1$

③  $+2$

④  $+8$

**TIP**  $x = 0$에서 전기장이 0임을 이용한다.

즉, $q_1$, $q_2$, $q$에 의한 전기장을 $\vec{E_1}$, $\vec{E_2}$, $\vec{E_0}$라고 하면 $x = 0$에서 $\vec{E_1} + \vec{E_2} + \vec{E_0} = 0$다.

이를 전개하면 $k\dfrac{q_1}{d^2}(-\hat{x}) + k\dfrac{q_2}{(2d)^2}(-\hat{x}) + k\dfrac{q}{(4d)^2}(-\hat{x}) = 0$,

$k\dfrac{(-1)}{d^2}(-\hat{x}) + k\dfrac{(+2)}{4d^2}(-\hat{x}) + k\dfrac{q}{16d^2}(-\hat{x}) = 0$이므로 $q = +8C$이다.

(별해) 벡터 연산이 자유롭지 못한 수험생이라면 다음과 같이 답을 찾을 수 있다.

전기장은 거리의 제곱에 반비례하고, 전하량에 비례한다는 점을 기억하면, $q_1$에 의한 전기장이 $q_2$에 의한 전기장보다 강하므로 두 전하량에 의한 전기장은 $+x$방향이다. 그러므로 $x = 0$에서 전기장이 0이 되기 위한 $q$는 일단 양전하이어야 한다.

전하량은 $\left| k\dfrac{q_1}{d^2} + k\dfrac{q_2}{(2d)^2} \right| = k\dfrac{q}{(4d)^2}$을 만족하는 $q$이다.

$\left| k\dfrac{(-1)}{d^2} + k\dfrac{2}{4d^2} \right| = k\dfrac{q}{16d^2}$로부터 $q = +8C$을 얻을 수 있다.

**Answer**  12.④

**13** 그림과 같이 일정한 크기의 전기장 $E$인 공간에 질량이 $m$, 전하량이 $e$인 전하를 정지 상태에서 가만히 놓았더니 오른쪽으로 운동하기 시작하였다. 이 물체가 $t$초 동안 이동한 거리는? (단, 전기력을 제외한 모든 힘은 무시한다)

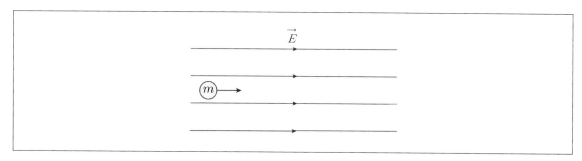

① $\dfrac{eE}{m}t$

② $\dfrac{eE}{2m}t$

③ $\dfrac{eE}{2m}t^2$

④ $\dfrac{1}{2}\sqrt{\dfrac{eE}{m}}t^2$

**TIP** $F=eE=ma$이므로, $a=\dfrac{eE}{m}$이다. 전하는 등가속도 운동을 하므로

$t$초 동안 이동한 거리 $s=v_0t+\dfrac{1}{2}at^2=0+\dfrac{1}{2}\times\dfrac{eE}{m}\times t^2=\dfrac{eE}{2m}t^2$이다.

**14** 그림과 같이 $x$축 상에 고정된 양(+)의 점전하 A와 전하량을 모르는 점전하 B가 있다. p지점에서 전기장의 세기가 0일 때, 이에 대한 설명으로 옳은 것은? (단, $\overline{pA}$, $\overline{Aq}$, $\overline{qB}$, $\overline{Br}$의 길이는 모두 같다)

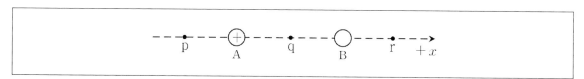

① B는 음(−)전하이다.

② A와 B의 전하량의 크기는 같다.

③ 전기장의 세기는 q지점이 r지점보다 작다.

④ q지점과 r지점에서 전기장의 방향은 같다.

**Answer** 13.③ 14.①

**TIP** ① p지점의 전기장 방향은 양(+)의 점전하 A에 의해 $-x$방향인데, p지점에서 전기장의 세기가 0이라고 하였으므로 점전하 B에 의한 전기장의 방향은 $+x$이어야 하고 따라서 점전하 B는 음(−)의 점전하이다.

② p지점까지의 A, B의 거리 비는 1 : 3이므로 전하량의 크기 비는 1 : 9이다(거리의 제곱에 반비례).

③ q지점에서는 점전하 A와 점전하 B에 의한 전기장의 방향이 같으므로, r지점보다 전기장의 세기는 크다.

④ q지점에서 전기장의 방향은 $+x$방향이고 r지점에서 전기장의 방향은 $-x$방향이므로 전기장의 방향은 서로 다르다.

2015. 1. 24. 국민안전처(해양경찰) 시행

**15** 아래 그림과 같이 x축 상에 두 점전하 A, B가 고정되어 있고, a는 A로부터, b와 c는 B로부터 같은 거리 d에 있다.

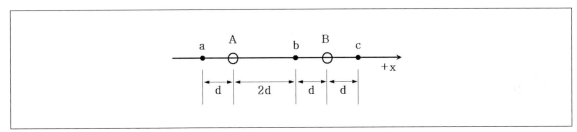

A와 B전하의 종류는 같고 b에서 전기장의 세기는 0이다. 이에 대한 설명으로 옳은 것을 〈보기〉에서 모두 고른 것은?

| 〈보기〉 |
| --- |
| ㉠ 전하량의 크기는 A가 B보다 크다. |
| ㉡ A가 양(+)전하이면 a점에 형성되는 전기장의 방향은 +x방향이다. |
| ㉢ A가 음(−)전하이면 전기장의 세기는 a점이 c점 보다 크다. |

① ㉡                                          ② ㉢

③ ㉠, ㉡                                      ④ ㉠, ㉢

**TIP** ㉠ 점전하에 의한 전기장의 세기는 전하량에 비례하고 거리의 제곱에 반비례하는데, b에서 전기장의 세기가 0이라고 하였으므로 전하량의 크기는 A가 B보다 4배 더 크다.

㉡ A가 양(+)전하이면 a점에 형성되는 전기장의 방향은 $-X$방향이다.

㉢ A가 음(−)전하이면 전기장의 세기는 전하량이 더 큰 A와 가까이 있는 a점이 c점보다 크다.

**Answer** 15.④

2015. 1. 24. 국민안전처(해양경찰) 시행

**16** 아래 그림과 같이 전하량이 $q_1$, $q_2$인 전하가 $x$축 위의 $a$, $2a$의 지점에 놓여 있다.

$x = 0$의 위치에서 전기장의 세기 $E = 0$이 되기 위한 $\dfrac{q_1}{q_2}$는?

①  $-\dfrac{1}{4}$  ②  $-\dfrac{1}{2}$

③  $\dfrac{1}{2}$  ④  $\dfrac{1}{4}$

> **TIP** 전기장의 세기는 전하량에 비례하고 거리의 제곱에 반비례하므로,
>
> $x = 0$의 위치에서 전기장의 세기 $E = k\dfrac{q_1}{a^2} + k\dfrac{q_2}{(2a)^2}$ 이다.
>
> 그런데 이때 $E = 0$이 되기 위한 $\dfrac{q_1}{q_2}$를 구하면 $\dfrac{4kq_1 + kq_2}{4a^2} = 0$이므로 $\dfrac{q_1}{q_2} = -\dfrac{1}{4}$ 이다.

**Answer**  16.①

**17** 평행한 두 금속판을 건전지와 연결하면 금속판 사이에 그림과 같은 균일한 전기장이 형성된다. 금속판의 면적 S, 금속판 사이의 거리 d, 건전지의 개수 N에 따른 전기장 세기를 알아보고자 한다. 금속판 사이의 전기장이 가장 센 경우는? (단, 건전지는 모두 같은 종류이고, 직렬로 연결한다.)

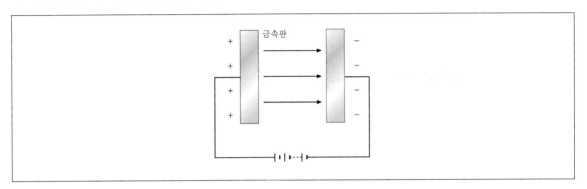

|  | S(cm²) | d(cm) | N(개) |
|---|---|---|---|
| ① | 100 | 1 | 1 |
| ② | 100 | 1 | 2 |
| ③ | 100 | 2 | 1 |
| ④ | 200 | 1 | 1 |
| ⑤ | 200 | 2 | 1 |

**TIP** 전기장의 세기($E$) = $\dfrac{V}{d}$, 가우스 법칙에 따르면 $E = \dfrac{Q}{2\varepsilon S}$ 이므로 단면적은 작을수록, 거리는 짧을수록, 전압과 전하량은 클수록 전기장의 세기가 세다.

**Answer** 17.②

2012. 4. 14. 경상북도교육청 시행

**18** 크기가 같은 두 도체구 A, B에 각각 $-1 \times 10^{-6}C$, $+5 \times 10^{-6}C$의 전하를 대전시켰다. 두 도체구를 접촉시키기 전과 후에 같은 거리만큼 떼어 놓고 전기력의 크기를 비교하였을 때, 접촉 전 전기력의 크기는 접촉 후 전기력 크기의 몇 배인가?

① 0.8배

② 1.0배

③ 1.25배

④ 2.0배

⑤ 2.5배

**TIP** 쿨롱 법칙 ··· 두 전하의 전하량을 $q_1$과 $q_2$(C), 두 전하 사이의 거리를 $r$(m)이라고 할 때, 두 전하 사이에 작용하는 전기력 F(N)는 전하량의 곱에 비례하고, 두 전하 사이의 거리의 제곱에 반비례한다. 즉, 전기력 $F = k\dfrac{q_1 q_2}{r^2}$ 이다.

ⓐ 접촉하기 전

$A$ 전하량 $= -1 \times 10^{-6}C$, $B$전하량 $= +5 \times 10^{-6}C$

$$F_b = k\frac{\left|(-1 \times 10^{-6}) \times (+5 \times 10^{-6})\right|}{r^2} = k\frac{5 \times 10^{-12}}{r^2}$$

ⓑ 접촉시킨 후

$$A \text{ 전하량} = B\text{전하량} = \frac{(-1 \times 10^{-6}) + (+5 \times 10^{-6})}{2} = \frac{+4 \times 10^{-6}}{2} = +2 \times 10^{-6}$$

$$F_a = k\frac{\left|(+2 \times 10^{-6}) \times (+2 \times 10^{-6})\right|}{r^2} = k\frac{4 \times 10^{-12}}{r^2}$$

$$\therefore \ \frac{F_b}{F_a} = \frac{k\dfrac{5 \times 10^{-12}}{r^2}}{k\dfrac{4 \times 10^{-12}}{r^2}} = \frac{5}{4} = 1.25$$

**Answer** 18.③

2009. 9. 12. 경상북도교육청 시행

**19** 점 A에는 +1C, 점 B에는 +4C의 전하가 배치되어 있다. 전기장이 0이 되는 곳은 어느 곳인가? (단, 각 점 사이의 간격은 동일하다.)

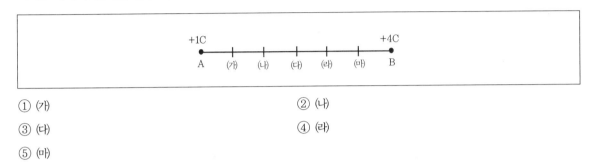

① (가)

② (나)

③ (다)

④ (라)

⑤ (마)

**TIP** 전기장 속에 양전하를 $q_0$를 놓았을 때 $q_0$가 받는 힘의 방향을 전기장 방향이라고 하며, 세기는 거리의 제곱($r^2$)에 반비례한다.

**Answer** 19.②

# 출제 예상 문제

**1** 가정에서 전기기구를 많이 사용할 때 일어나는 현상으로 옳지 않은 것은?

① 옥내 전선에 흐르는 전류의 양이 증가한다.

② 전선의 굵기가 가늘면 과열에 의한 누전이 예상된다.

③ 소비전력이 증가하므로 승압을 하거나 배선공사를 필요로 하게 된다.

④ 가정에서 사용되는 전기기구는 직렬로 연결되어 사용되므로 전압을 강하시킨다.

**TIP** ④ 가정에서의 전기기구는 동일한 전압을 걸어주고, 한 개의 전기기구가 고장나더라도 다른 것을 쓸 수 있도록 하기 위해 병렬로 연결하여 사용한다.

**2** 어느 전기장 내에서 전자가 $6.4 \times 10^{-16}$N의 힘을 받고 있다면 이 전기장의 세기(N/C)는?

① $2 \times 10^3$N/C           ② $4 \times 10^3$N/C

③ $8 \times 10^3$N/C           ④ $12 \times 10^3$N/C

**TIP** 전기장 $E = \dfrac{F}{q}$ 이므로 $F = 6.4 \times 10^{-16}$N, 기본전하량 $q = 1.6 \times 10^{-19}$C을 대입하여 정리하면 전기장의 세기 $E = 4 \times 10^3$N/C

**3** 전기장 내의 한 점에서 다른 점까지 2C의 전하를 옮기는 데 1J의 일이 필요하였다면 두 점 사이의 전위차는?

① 1V           ② 0.5V

③ 0.25V           ④ 2V

**TIP** $W = qV$이므로 $V = \dfrac{W}{q} = \dfrac{1}{2} = 0.5$V

**Answer** 1.④ 2.② 3.②

**4** 전기장에 대한 설명으로 옳지 않은 것은?

① 전기장의 방향은 양전하가 받는 힘의 방향과 같다.

② 전기장의 세기는 전기력선이 밀한 곳에서 약하다.

③ 전기장의 단위는 V/m로 쓸 수 있다.

④ 전기장의 방향은 등전위면에 수직이다.

**TIP** ② 전기력선의 밀도가 높은 곳이 전기장이 센 곳이다.

**5** 전기도체가 부도체보다 전류를 잘 흐르게 하는 이유로 옳은 것은?

① 도체 내에 이온이 많기 때문이다.

② 도체 내에 (−)전하가 많기 때문이다.

③ 도체 내에 자유전하가 많기 때문이다.

④ 도체 내에 (+)전하가 많기 때문이다.

**TIP** 도체 내에서 움직이는 전하는 오직 음전하뿐이며, 이 전하를 운반시켜 주는 것이 자유전자이다. 전기도체 내부에는 자유전자(Free Electron)가 많아서 전류가 잘 흐르게 된다.

**6** 대전된 두 개의 작은 금속구 사이에 작용하는 전기력은 두 개의 금속구가 가지는 전하량의 곱에 비례하고 전하 사이 거리의 제곱에 반비례하는 법칙은?

① 렌츠의 법칙                          ② 키르히호프의 제1법칙

③ 쿨롱의 법칙                          ④ 가우스의 정리

**TIP** 쿨롱(Coulomb)의 법칙 … 전기력 $F = k\dfrac{q_1 q_2}{r^2}(\text{N})$, $k = 9 \times 10^9 (\text{N} \cdot \text{m}^2 / \text{C}^2)$

**Answer**   4.②  5.③  6.③

**7** 대전량이 1C인 두 대전구가 진공 속에서 1m 간격으로 떨어져 있을 때 두 대전구 사이의 전기력은 몇 N인가?

① $3 \times 10^9$

② $9 \times 10^9$

③ $9 \times 10^{11}$

④ $3 \times 10^{11}$

--------

**TIP** $F = k \dfrac{q_1 q_2}{r^2}$ 이며, $k = 9 \times 10^9$, $r = 1$, $q_1 = q_2 = 1$이므로 $F = 9 \times 10^9 \mathrm{N}$

**8** 다음 중 전기장의 세기를 바르게 설명한 것은?

① 단위 시간에 도체 내의 어떤 단면적을 지나간 전하량

② 전기장 내에서 단위 전하가 갖는 위치에너지

③ 전기장 내에 놓여진 단위 양전하에 미치는 힘

④ 도체 내에서 전류의 흐름을 방해하는 저항력

--------

**TIP** 전기장의 세기 … 전기장 내의 한 점에 단위 양전하(+1C)를 놓았을 때 이것에 미치는 힘의 세기를 의미하며, 전기장 $E = \dfrac{F}{q} (\mathrm{N/C})$로 나타낸다.

**9** 0.1cm 떨어진 두 평행한 도체에 100V의 전위차를 걸어주면 판 사이에는 균일한 전장이 작용한다. 두 판 사이에 10C의 전하를 놓으면 이 전하가 받는 힘은 몇 N인가?

① 10

② $10^2$

③ $10^4$

④ $10^6$

--------

**TIP** $F = qE = q \dfrac{V}{d} = 10\mathrm{C} \times \dfrac{100\mathrm{V}}{1.0 \times 10^{-3}\mathrm{m}} = 1.0 \times 10^6 \mathrm{N}$

**Answer** 7.② 8.③ 9.④

**10** 전하량 $Q$인 두 전하가 $r$만큼 떨어져 있을 때 작용하는 전기력이 $F$일 경우 두 전하의 거리를 $2r$만큼 떼어 놓는다면 전기력은?

① $\dfrac{1}{4}F$

② $2F$

③ $4F$

④ $\dfrac{1}{2}F$

> **TIP** 쿨롱의 법칙에 의해 전기력 $F = k\dfrac{q_1 q_2}{r^2}$ 이므로 $F' = k\dfrac{q_1 q_2}{r'^2}$
>
> $r' = 2r$ 을 대입하면 $F' = k\dfrac{q_1 q_2}{(2r)^2} = k\dfrac{q_1 q_2}{4r^2} = \dfrac{1}{4}F$

**11** 금속이 전기의 양도체인 이유는 무엇이 많기 때문인가?

① 질량수

② 양자수

③ 중성자수

④ 자유전자수

> **TIP** 도체와 부도체
> ㉠ **양도체**(도체) : 물체 내에 자유전자가 많이 있어서 전기를 잘 전도시킨다.
> ㉡ **부도체** : 전기가 전달되지 않는 물체를 말한다.

**12** 전하량이 $1.0 \times 10^{-1}$C인 점전하를 전기장이 20N/C인 곳에 놓을 때 점전하가 받는 힘은 몇 N인가?

① 1N

② 2N

③ 3N

④ 4N

> **TIP** 전기력 $F = E \cdot q$이므로 $E = 20$N/C, $q = 1.0 \times 10^{-1}$C을 대입하여 계산하면 $F = 2$N

**Answer** 10.① 11.④ 12.②

**13** 다음 중 거리의 제곱에 반비례하는 힘이 아닌 것은?

① 중력　　　　　　　　　　　② 전기력

③ 자기력　　　　　　　　　　④ 탄성력

---

**TIP** ④ 변형정도($x$ : 변위)에 비례한다.

① $F = G\dfrac{Mn}{r^2}$　② $F = k\dfrac{q_1 q_2}{r^2}$　③ $F = k\dfrac{m_1 m_2}{r^2}$　④ $F = -kx$

**14** 다음 중 전기도체에서 전류가 잘 흐르는 이유에 해당하는 것은?

① 도체 내에 (+)전하가 많기 때문이다.

② 도체 내에 (−)전하가 많기 때문이다.

③ 도체 내에 자유전자가 많기 때문이다.

④ 도체 내에 이온이 많기 때문이다.

---

**TIP** 전기도체 내부에는 자유전자(Free Electron)가 많아서 전류가 잘 흐르게 된다.

**15** 각각 $+1\mu C$, $+5\mu C$으로 대전된 두 작은 금속구 $A$, $B$ 사이의 거리가 30cm일 때, $A$, $B$사이에 작용하는 전기력이 0.5N이었다. $A$, $B$를 잠시 접촉시켰다가 10cm 떼어 놓으면 이들 사이에 작용하는 전기력은 몇 N인가?

① 0.8N　　　　　　　　　　② 1.2N

③ 1.8N　　　　　　　　　　④ 8.1N

---

**TIP** $A$, $B$가 접촉하면 $+6\mu C$의 전하량이 두 극에 나누어지므로 각각 $+3\mu C$의 전하를 갖게 된다.

$+3\mu C = +3 \times 10^{-6} C$이므로 쿨롱의 법칙에 의해 $F = 9 \times 10^9 \times \dfrac{(3 \times 10^{-6})^2}{0.1^2} = 8.1N$

**Answer**　13.④　14.③　15.④

**16** 일정한 세기의 전기장이 있는 공간에 질량이 $M$이고 전기량이 $e$인 양성자를 놓았더니 가속도 $a$를 가지고 운동을 시작했다. 만일 이 위치에 질량이 $4M$이고 전기량이 $2e$인 입자를 놓으면 이것이 받게 되는 가속도는?

① $a$

② $\dfrac{a}{2}$

③ $2a$

④ $4a$

**17** 다음 중 전기장과 전기력선에 대한 설명으로 옳지 않은 것은?

① 전기력선의 방향은 전기장의 방향과 같으며, (+)에서 (−)로 향한다.

② 전기력선은 서로 교차하지 않는다.

③ 점전하에 들어가는 부분의 전기장의 세기가 세다.

④ 점전하에 가까울수록 전기력선의 밀도는 커진다.

**18** 다음 중 전하를 가진 입자로 볼 수 없는 것은?

① 양성자

② 중성자

③ 전자

④ 양전자

**19** 똑같은 금속구 $A$, $B$에 각각 $+8 \times 10^{-6}$C과 $-4 \times 10^{-6}$C의 전기가 주어졌다. $A$, $B$를 접촉시킨 후 진공에서 0.3m 거리로 떼어 놓았을 때 전기력은 몇 N인가?

① 0.04

② 0.4

③ 4

④ 40

**TIP** 금속구 $A$, $B$를 붙이면 전체 전하량은 $(+8 \times 10^{-6}\text{C}) + (-4 \times 10^{-6}\text{C}) = +4 \times 10^{-6}\text{C}$

두 금속구를 떼면 각각의 전하량은 $\dfrac{+4 \times 10^{-6}}{2}\text{C} = +2 \times 10^{-6}\text{C}$

이 때 전기력 $F = k\dfrac{q_1 q_2}{r^2}$ 이므로 이 식에 $k = 9 \times 10^9 \text{N} \cdot \text{m}^2/\text{C}^2$, $q_1 = q_2 = +2 \times 10^{-6}\text{C}$,

$r = 0.3\text{m}$를 대입하여 계산하면 $F = 0.4\text{N}$

**20** 크기가 같은 두 전하 주위에 생긴 전기장을 전기력선으로 표시한 것 중 옳지 않은 것은?

①

②

③

④

**TIP** 전기력선의 방향은 자기장의 방향과 같으며, 방향은 (+)극에서 나와서 (−)극으로 들어간다.

**21** 다음과 같이 전하량이 $+q$, 질량이 $m$인 입자가 중력과 전기력을 받아 평형을 이루어 정지하고 있을 때의 전기장의 세기 $E$는?

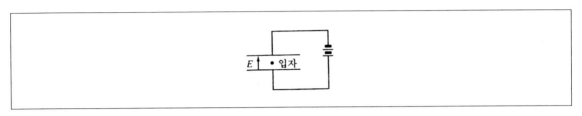

① $\dfrac{mg}{4q}$　　　　　　　　　　　② $\dfrac{mg}{wq}$

③ $\dfrac{2mg}{q}$　　　　　　　　　　　④ $\dfrac{mg}{q}$

---

**TIP** $(-)$극에서 $+q$인 전하를 당기는 전기력은 전하에 작용하는 중력이므로

$$qE = mg, \ E = \frac{mg}{q}$$

**22** 다음과 같이 전하 $Q$를 고정시켜 놓고 거리가 $r$인 점에 전하 $q$를 갖다 놓았다. $4Q$인 전하를 그림에 표시된 위치에 갖다 놓았을 때 $q$가 받는 전기력이 0이 되었다면 거리 $x$는 $r$의 몇 배인가?

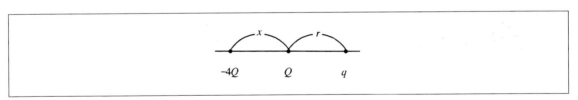

① $\dfrac{1}{2}$　　　　　　　　　　　② 1

③ 2　　　　　　　　　　　④ 4

---

**TIP** 전하에 작용하는 전기력의 크기가 같으므로 $k \cdot \dfrac{q \cdot (4Q)}{(x+r)^2} = k \cdot \dfrac{q \cdot Q}{r^2}$ 에서 $\dfrac{4}{(x+r)^2} = \dfrac{1}{r^2}$

이 식을 간단히 하면 $(x+r)^2 = 4r^2 = (2r)^2$

$\therefore x = r$

**23** 다음과 같은 전하분포에서 전하 $A$와 $B$가 $C$에 작용하는 합력은 전하 $A$가 $B$에 작용하는 힘의 몇 배인가?

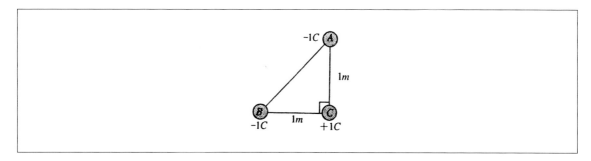

① 2

② $2\sqrt{2}$

③ $2\sqrt{3}$

④ $\dfrac{1}{\sqrt{2}}$

**24** 다음 중 전기장에 대한 설명으로 옳은 것은?

① 전기장의 단위는 N/m로 쓸 수 있다.

② 전기장의 방향은 등전위면에 수평이다.

③ 전기장의 방향은 양전하가 받는 힘의 방향과 같다.

④ 전기장의 세기는 전기력선이 밀한 곳에서 약하다.

**Answer** 23.② 24.③

**25** 다음과 같이 4C과 −1C인 두 점전하가 놓여 있는 직선상의 점 $A$의 전기장의 세기는? (단, 쿨롱의 법칙의 비례상수 $k = 9 \times 10^9 \mathrm{N \cdot m^2/C^2}$이다)

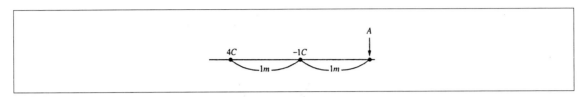

① 0N/C

② $9 \times 19^9$N/C

③ $18 \times 19^9$N/C

④ $27 \times 10^9$N/C

---

**TIP** 전기장의 세기 $E = k\dfrac{q}{r^2}$로 주어지므로 $A$에 작용하는 전기장의 세기

$$E = k \times \frac{4\mathrm{C}}{2^2} + k \times \frac{-1\mathrm{C}}{1^2} = 0\mathrm{N/C}$$

**26** $-2.0 \times 10^{-19}$C으로 대전되어 있는 입자가 균일한 전기장 내에서 전기력 $3.0 \times 10^{-6}$N을 받고 있다. 이 전기장 내에 양성자를 놓을 경우 작용하는 전기력의 세기는? (단, $e = 1.6 \times 10^{-19}$C이다)

① $1.5 \times 10^9$N

② $2.4 \times 10^{15}$N

③ $2.4 \times 10^{-6}$N

④ $4.8 \times 10^{-25}$N

---

**TIP** 전기력 $F = qE$이고, 전기장의 세기 $E = \dfrac{F}{q}$이므로

이 식에 $F = 3.0 \times 10^{-6}$N, $q = -2.0 \times 10^{-19}$C을 대입하여 계산하면 $E = 1.5 \times 10^{13}$N/C

양성자가 받는 전기력의 세기 $F = q'E = (1.6 \times 10^{-19}\mathrm{C}) \times (1.5 \times 10^{13}\mathrm{N/C}) = 2.4 \times 10^{-6}$N

**27** 각각의 전기량이 1C이 되는 두 개의 작은 대전구가 1m만큼 떨어져 놓여 있을 때 작용하는 전기력을 $9 \times 10^9$N이라 하면, 전기량이 2C과 3C이 되는 두 개의 작은 대전구가 2m만큼 떨어져 놓여 있을 때 작용하는 전기력은 몇 N인가?

① $1.35 \times 10^{10}$　　　　　　　　　　　　　② $2.7 \times 10^{10}$

③ $5.4 \times 10^{10}$　　　　　　　　　　　　　④ $8.1 \times 10^{10}$

---

**TIP** 전기력 $F = k\dfrac{q_1 q_2}{r^2}$(N)에서 문제의 첫째 조건에 의해서

$F = 9 \times 10^9$N, $q_1 = q_2 = 1$C, $r = 1$m를 대입하여 계산하면 상수 $k = 9 \times 10^9$N · m$^2$/C$^2$

둘째 조건에 의해 $F = k\dfrac{q_1 q_2}{r^2}$에 $k = 9 \times 10^9$N · m$^2$/C$^2$, $q_1 = 2$C, $q_2 = 3$C, $r = 2$m를 대입하여 계산하면 $F = 1.35 \times 10^{10}$N

---

**28** 진공 속에서 $2.0 \times 10^{-6}$과 $-3.0 \times 10^{-6}$으로 대전된 크기가 같은 두 개의 구 $A$, $B$가 있다. 두 구를 접촉시킨 다음 원상태의 거리만큼 떼어 놓았다면 구 $A$의 전기량은 몇 C인가?

① $1.0 \times 10^{-6}$　　　　　　　　　　　　　② $5.0 \times 10^{-7}$

③ $-1.0 \times 10^{-6}$　　　　　　　　　　　　④ $-5.0 \times 10^{-7}$

---

**TIP** $A$, $B$를 접촉시키면 총전하량은 $(2.0 \times 10^{-6}) + (-3.0 \times 10^{-6}) = -1.0 \times 10^{-6}$C

다시 분리시키면 $A$, $B$가 갖는 전하량은 절반이 되므로 $\dfrac{-1.0 \times 10^{-6}}{2}$C $= -5.0 \times 10^{-7}$C

---

**Answer**　27.①　28.④

# 02 전위와 축전기

## 01 전위

### ❶ 전위

**(1) 전위**

① **개념** … 전기장 내에서 기준점에서부터 어떤 점까지 단위 양전하(+1C)를 옮기는 데 필요한 일의 양을 그 점에서의 전위라고 한다.

② **전위의 특성**

    ㉠ 전위의 단위는 볼트(V)를 사용한다.

    ㉡ (+)대전체 근처로 갈수록 전위가 높고, (−)대전체로 갈수록 전위는 낮다.

    ㉢ (+)대전체 주위의 전위는 (+)로, (−)대전체 주위의 전위는 (−)로 나타낸다.

    ㉣ (+)전하는 전위가 높은 곳에서 전위가 낮은 곳으로 이동한다(전류의 방향).

**(2) 전위차**

① **전위차의 단위** … +1C의 전하를 옮기는 데 1J의 일이 필요한 경우 두 점 사이의 전위차를 1V라 한다.

$$1V = 1J/C$$

② 전위차 $V$인 두 점 사이에서 전하량 $q$인 전하를 옮기는 데 필요한 일

$$W = qV(J)$$

③ **전자볼트**(eV) … 전자나 양성사 등과 같이 작은 전하를 옮기는데 쓰이는 일의 단위를 말한다.

$$1eV = 1.6 \times 1eV = 1.6 \times 10^{-19}C \times 1V = 1.6 \times 10^{-19}J$$

④ 균일한 전기장과 전위차 … 전기장의 세기가 $E$인 균일한 전기장에서 $(+)q$의 전하를 한 점에서 거리 $d$만큼 떨어진 또 다른 점으로 옮기는 데 필요한 일 $W$는 다음과 같다.

$$W = Fd = qEd$$

⑤ 전기장과 전위차의 관계

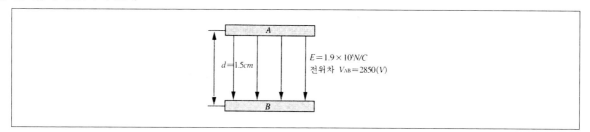

㉠ 두 판 $A$, $B$ 사이의 거리가 $d = 1.5\text{cm}$이고, 전기장의 세기가 $E$일 때 전위차 $V_{AB}$를 나타내고 있다.

㉡ $V_{AB} = E \cdot d$이므로 $E = 1.9 \times 10^5$, $d = 0.015\text{m}$를 대입하면 $V_{AB} = 2,850\text{V}$가 된다.

▶**TIP**

전기력에 놓여 있는 두 전하 $A$, $B$ 중 전위가 높은 곳은 $A$이다(전위란 +전하가 갖는 위치에너지이며, +에 가까울수록 전위는 높다).

## (3) 점전하에 의한 전위

① 점전하 $q$에서 거리 $r$만큼 떨어진 곳의 전위

$$V = k\frac{q}{r}(\text{V})\ [\text{k} = 9.0 \times 10^9 \text{N} \cdot \text{m}^2/\text{C}^2]$$

② 점전하에서의 거리와 전위의 관계

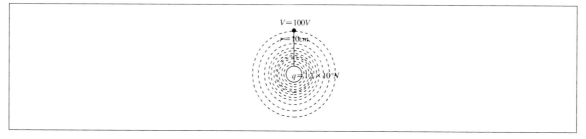

㉠ 점전하 $q$와 $r = 10\text{cm}$ 떨어진 곳의 전위$(V)$는 100V임을 나타내고 있다.

㉡ 전위 $V = k\dfrac{q}{r}(\text{V})$이므로 $k = 9.0 \times 10^9 \text{N} \cdot \text{m}^2/\text{C}^2$, $q = 1.1 \times 10^{-9}\text{C}$, $r = 0.1\text{m}$를 대입하면 $V \fallingdotseq 100\text{V}$가 된다.

③ 4개의 점전하의 중심에서의 전위

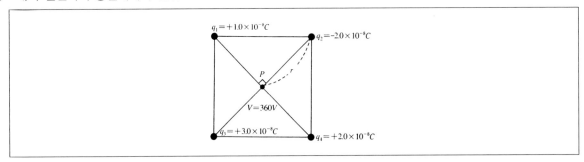

㉠ 4개의 전하가 정사각형으로 배치되어 있을 때, 중심 $P$에서의 전위 $V = 360V$임을 나타내고 있다.

㉡ 전위 $V = k\dfrac{q_1 + q_2 + q_3 + q_4}{r^2}$ 이므로, 이 식에 $k = 9.0 \times 10^9$, $r = 1m$를 대입하여 계산하면 $V = 360V$ 가 된다.


## ② 전기의 위치에너지

### (1) 전기의 위치에너지($U$)

① 두 점전하 $q_1$, $q_2$가 거리 $r$만큼 떨어져 있을 때 각 전하가 지니는 위치에너지 $U$는 두 전하량의 곱에 비례하고, 거리에 반비례한다.

$$U = k\frac{q_1 q_2}{r} \, (\text{J})$$

② 상호 위치에너지

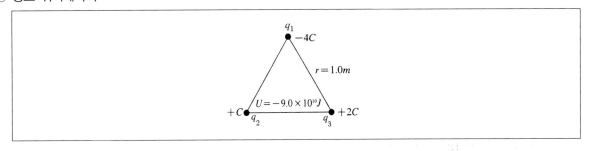

㉠ $q_1$, $q_2$, $q_3$ 세 개의 전하가 정삼각형으로 배치되어 있을 때, 상호 위치에너지 $U = -0.9 \times 10^{10}$J임을 나타내고 있다.

$$위치에너지 \quad U = k\frac{(q_1q_2 + q_2q_3 + q_3q_1)}{r}$$

㉡ 위 식에 전하량 $q_1$, $q_2$, $q_3$를 대입하고 $r = 1.0$m를 대입하여 계산하면 $U = -9.0 \times 10^{10}$J이 된다(부호가 −인 것은 서로 당기고 있음을 의미한다).

## (2) 등전위면

① **개념** … 전위가 같은 점을 연결시켜 이은 선을 등전위선 또는 등전위면이라고 한다.

② **등전위면의 특성**

㉠ 등전위면 위의 모든 점에서는 전위가 같으므로 전위차는 0이다.

㉡ 등전위면을 따라 전하를 이동시킬 때에는 전위차가 0이므로 일의 양도 0이다.

㉢ 전하가 전기장으로부터 받는 힘의 방향은 등전위면에 대하여 수직한 방향이다.

㉣ 등전위면과 전기력선은 항상 직교한다.

㉤ 등전위면이 밀하게 나타난 곳은 전기장의 세기가 강하고, 등전위면이 소하게 나타난 곳은 전기장의 세기가 약하다.

㉥ 도체 표면과 도체의 내부는 등전위면을 이룬다.

# 02 축전기

## ❶ 축전기

### (1) 축전기

(+)전하와 (−)전하로 대전된 두 금속판을 가까운 거리에 두고 마주보게 하면 전하들 사이에 인력이 작용하여 두 금속판 사이에 많은 전하를 축전시킬 수 있는데 이와 같은 방법으로 전하를 모아두는 기구를 축전기라 한다.

### (2) 충전과 방전

① 축전기에 전하를 공급하여 축전시키는 현상을 충전, 그 반대 현상을 방전이라 한다.

② 충전은 두 극판 사이의 전압이 전자의 전압과 동일해 질 때까지 발생한다.

(3) 전기용량($C$)

① 전기용량의 개요

　　㉠ 평행한 축전기의 두 극판 사이의 거리가 일정할 때 저장된 전하량이 크면 클수록 극판 사이의 전기장이 세어지므로 전위차가 커지게 된다.

　　㉡ 축전기에 전하량 $Q$를 저장시켰을 때 전위차가 $V$라면 다음과 같은 관계가 성립한다.

$$Q = CV$$

　　㉢ 비례상수 $C$를 축전기의 전기용량이라고 한다.

② 축전기의 전기용량 … 축전기의 전압을 1V 높이는 데 필요한 전하량을 말한다.

③ 전기용량의 단위

　　㉠ 전기용량의 단위는 패럿(F)으로 표기한다.

　　㉡ 1F은 1V의 전압을 걸었을 때 1C의 전하량이 충전되는 전기용량으로 정의한다.

④ 전기용량의 특성

　　㉠ 전기용량은 축전기 극판의 크기, 모양, 극판 사이의 거리, 극판 사이에 있는 물질의 종류에 따라 그 값이 달라진다.

　　㉡ 전기용량이 큰 축전기일수록 같은 전하를 주었을 때 전압이 높아지기 어렵다.

⑤ 축전기의 용량계산

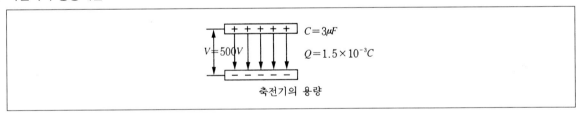

축전기의 용량

　　㉠ 전기용량 $C = 3\mu F\,(=3\times10^{-6}F)$에 $V = 500V$ 전압을 가하면, 전하량 $Q = 1.5\times10^{-3}C$임을 나타내고 있다.

　　㉡ 전하량 $Q = CV$이므로 $C = 3\mu F = 3\times10^{-6}F$, $V = 500V$를 대입하여 계산하면

　　　$Q = 1.5\times10^{-3}C$ (쿨롱)이 된다.

(4) 평행판 축전기의 전기용량

① 평행판 축전기의 전기용량 $C$

$$C = \epsilon\frac{S}{d}$$

② 평행판 축전기의 전기용량을 증가시키는 방법

  ㉠ 판의 넓이($S$)를 크게 하고, 극판 사이의 거리($d$)는 짧게 한다.

  ㉡ 극판 사이에 유전율($\epsilon$)이 큰 물질을 넣는다.

  ㉢ 극판 사이에 두께가 있는 도체판을 평행하게 삽입하면 도체판 두께만큼 거리($d$)가 짧아지는 효과를 가져온다.

▶ **TIP**

유전율 $\epsilon_0$ 는 두 판 사이에 있는 물질의 성질에 따라 값이 달라진다.

## ❷ 축전기의 연결 및 전기에너지

### (1) 축전기의 연결

① **직렬연결** … 축전기를 직렬로 연결하면 합성용량은 작아진다.

$$\text{합성용량 } C = \frac{1}{\dfrac{1}{C_1} + \dfrac{1}{C_2} + \dfrac{1}{C_3} + \cdots \dfrac{1}{C_n}}$$

▶ **TIP**

축전기를 직렬로 연결하면 축전되는 전하량 $Q_1 = Q_2 = Q_3 = Q$로 모두 같다.

즉, $Q = CV = C_1 V_1 = C_2 V_2 = C_3 V_3$ ($C$는 합성전기용량), 또 전체전압 $V = V_1 + V_2 + V_3$이므로 $V = \dfrac{Q}{C}$, $V_1 = \dfrac{Q}{C_1}$, $V_2 = \dfrac{Q}{C_2}$,

$V_3 = \dfrac{Q}{C_3}$를 대입하면, $\dfrac{1}{C} = \dfrac{1}{C_1} + \dfrac{1}{C_2} + \dfrac{1}{C_3}$ 을 얻을 수 있다.

② **병렬연결** … 축전기를 병렬로 연결하면 전체 전기용량 $C$는 각 축전기의 전기용량의 합과 같다(합성용량은 커진다).

$$\text{합성용량 } C = C_1 + C_2 + C_3$$

▶ **TIP**

축전기를 병렬로 연결할 때 $V = V_1 = V_2 = V_3$와 $Q = Q_1 + Q_2 + Q_3$를 만족한다. 위 식에 $Q = CV$, $Q_1 = C_1 V_1 = C_1 V$, $Q_2 = C_2 V$, $Q_3 = C_3 V$를 대입하면 $C = C_1 + C_2 + C_3$를 얻을 수 있다.

(2) 축전기의 전기에너지

① 축전기 전기용량이 $C$이고, 전위차가 $V$로 축전되어 있을 때 전기에너지 $U$

$$U = \frac{1}{2} VQ = \frac{1}{2} CV^2 = \frac{1}{2} \frac{Q^2}{C} (\mathrm{J})$$

> TIP

$Q = CV$, $V = \dfrac{Q}{C}$를 이용하면 위의 관계식을 얻을 수 있다. 축전된 에너지는 전위차의 제곱($V^2$)과 전하량의 제곱($Q^2$)에 비례한다.

② 충전 전하량 $Q$와 축전기의 전위차 $V$의 관계($Q = CV$)

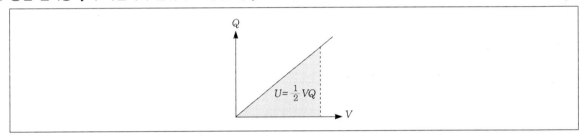

③ 축전기의 에너지 변화량 계산

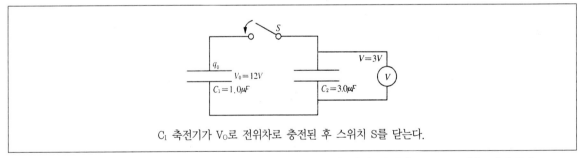

$C_1$ 축전기가 $V_0$로 전위차로 충전된 후 스위치 S를 닫는다.

㉠ 축전기 $C_1$이 전위차 $V_0$로 축전되어 있는데 스위치를 닫으면 전체 전위차 $V = 3\mathrm{V}$ 임을 나타낸다.

㉡ 스위치를 닫으면 처음 전하량 $q_0 = q_1 + q_2$이고, $q_1 = C_1 V_1$, $q_2 = C_2 V_2$이다.

㉢ $V = V_1 = V_2$이고 $q_0 = C_1 V_0$이므로 $C_1 V_0 = C_1 V + C_2 V$ 가 된다.

㉣ $V = \dfrac{C_1}{C_1 + C_2} V_0$이므로 $C_1 = 1.0\mu\mathrm{F}$, $C_2 = 3.0\mu\mathrm{F}$, $V_0 = 12\mathrm{V}$를 대입하여 계산하면 $V = 3\mathrm{V}$ 가 된다.

㉤ 처음 스위치 S를 닫기 전의 전기에너지 $U_0 = \dfrac{1}{2} CV^2$에 의하여 $U_0 = \dfrac{1}{2}(1.0\mu\mathrm{F})(12\mathrm{V})^2 = 72\mu\mathrm{F} \cdot \mathrm{V}^2$이고, 최종에너지 $U = \dfrac{1}{2} C_1 V^2 + \dfrac{1}{2} C_2 V^2 = \dfrac{1}{2}(C_1 + C_2) V^2 = \dfrac{1}{2}(1.0 + 3.0)3^2 \mu\mathrm{F} \cdot \mathrm{V}^2 = 18\mu\mathrm{F} \cdot \mathrm{V}^2$이 되므로 전기에너지는 스위치를 닫은 후 감소하게 된다.

# 최근 기출문제 분석

2021. 6. 5. 해양경찰청 시행

**1** 아래 그림에서 ㈎는 전기 용량이 동일한 축전기 A, B를 전압이 일정한 전원에 직렬로 연결한 것을 나타낸 것이고, ㈏는 ㈎상태에서 축전기 A의 두 극판 사이의 간격은 $\frac{1}{2}$ 배로 감소하고, B의 두 극판 사이의 간격은 2배로 증가한 것을 나타낸 것이다.

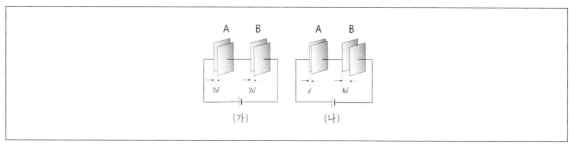

(가)에서 (나)로 변화시킬때, A, B에 대한 설명으로 다음 〈보기〉 중 옳은 것을 모두 고른 것은?

〈보기〉
㉠ A에 저장되는 전하량은 증가한다.
㉡ B에 걸리는 전압이 감소한다.
㉢ B에 저장되는 전기 에너지는 증가한다.

① ㉠                                        ② ㉡
③ ㉢                                        ④ ㉡, ㉢

**TIP** ㉠ ㈎에서 ㈏로 변화시킬 때 전원은 변하지 않았으므로 A에 저장되는 전하량은 일정하다.

㉡ ㈎에서 ㈏로 변화시킬 때 B의 극판 사이의 간격이 2배로 증가하였으므로 전기 용량은 $\frac{1}{2}$ 배로 감소한다. B에 저장되는 전하량은 일정하므로 $Q = CV$의 관계에서 B에 걸리는 전압은 2배로 증가한다.

㉢ 축전기에 저장되는 전기 에너지 $E = \frac{Q^2}{2C}$의 관계에서, 전하량은 일정하고 전기용량은 $\frac{1}{2}$ 배로 감소하므로 B에 저장되는 전기 에너지는 2배로 증가한다.

**Answer**   1.③

2019. 6. 15. 제2회 서울특별시 시행

**2** 축전기와 유도기가 직렬로 연결된 $LC$회로가 있다. 이 회로에 동일한 축전기와 유도기를 각각 추가로 직렬 연결하여 얻어지는 $LC$회로의 각진동수는 원래 $LC$회로 각진동수의 몇 배가 되는가?

① 1배

② $\dfrac{1}{\sqrt{2}}$ 배

③ $\dfrac{1}{2}$ 배

④ $\dfrac{1}{4}$ 배

> **TIP** LC회로의 각진동수는 교류전류 전원의 각진동수와 같다. 전원의 각진동수가 변하지 않았으므로 LC회로의 각진동수도 변하지 않는다.

2019. 6. 15. 제2회 서울특별시 시행

**3** 극판의 면적이 $A$이고 간격이 $d$인 평행판 축전기에 전하 $q$가 대전되어 있을 때, 축전기에 에너지가 저장되며 단위 부피당 에너지 밀도는 $u_1$이다. 극판의 간격을 $2d$로 늘리고 대전된 전하를 $2q$로 만들었을 때의 에너지 밀도를 $u_2$라고 하면, $\dfrac{u_2}{u_1}$의 값은?

① 1

② 2

③ 4

④ 8

> **TIP**
>
> 전기에 저장된 퍼텐셜 에너지 $U = \dfrac{Q^2}{2C} = \dfrac{1}{2}CV^2$, 에너지 밀도 $u = \dfrac{\frac{1}{2}CV^2}{Ad}$
>
> • 전하 $q$가 대전되어 있을 때 축전기에 저장된 퍼텐셜 에너지 $U_1 = \dfrac{q^2}{2C_1} = \dfrac{q^2}{2\epsilon_0 \frac{A}{d}} = \dfrac{q^2 d}{2\epsilon_0 A}$
>
> 이때의 에너지 밀도 $u_1 = \dfrac{U_1}{Ad} = \dfrac{\frac{q^2 d}{2\epsilon_0 A}}{Ad} = \dfrac{q^2}{2\epsilon_0 A^2}$
>
> • 극판 간격이 $2d$, 전하가 $2q$일 때 퍼텐셜 에너지 $U_2 = \dfrac{(2q)^2}{2C_2} = \dfrac{4q^2}{2\epsilon_0 \frac{A}{2d}} = \dfrac{4q^2 d}{\epsilon_0 A}$

**Answer** 2.① 3.③

이때 에너지 밀도 $u_2 = \dfrac{U_2}{A2d} = \dfrac{\dfrac{4q^2 d}{\epsilon_0 A}}{A2d} = \dfrac{2q^2}{\epsilon_0 A^2}$

따라서 $\dfrac{u_2}{u_1} = \dfrac{\dfrac{2q^2}{\epsilon_0 A^2}}{\dfrac{q^2}{2\epsilon_0 A^2}} = 4$이다.

※ 평행판 축전기의 구조

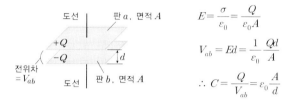

$E = \dfrac{\sigma}{\varepsilon_0} = \dfrac{Q}{\varepsilon_0 A}$

$V_{ab} = Ed = \dfrac{1}{\varepsilon_0}\dfrac{Qd}{A}$

$\therefore C = \dfrac{Q}{V_{ab}} = \varepsilon_0\dfrac{A}{d}$

2018. 4. 14. 해양경찰청 시행

**4** 다음과 같이 저항값이 $R$인 저항, 전기 용량이 $C$인 축전기, 자체 인덕턴스가 각각 $L$, $2L$인 두 코일을 교류전원에 연결하였다. 교류 전원의 진동수는 $\dfrac{1}{2\pi\sqrt{LC}}$이다. 〈보기〉 중 옳은 설명을 가장 잘 고른 것은?

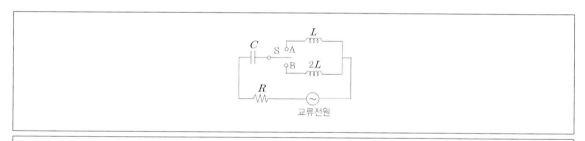

〈보기〉
㉠ S를 A에 연결했을 때 회로의 임피던스는 $R$이다.
㉡ S를 A에 연결했을 때 저항에 걸리는 전압과 축전기에 걸리는 전압은 위상이 같다.
㉢ 전류의 실효값은 S를 B에 연결했을 때가 A에 연결했을 때보다 작다.

① ㉠, ㉡

② ㉠, ㉢

③ ㉡, ㉢

④ ㉠, ㉡, ㉢

**TIP** ㉡ S를 A에 연결했을 때 저항에 걸리는 전압의 위상은 축전기에 걸리는 전압의 위상보다 90˚ 빠르다.

**Answer** 4.②

**5** 그림은 전압이 9V인 전원에 전기 용량이 각각 $C_1$, $C_2$, $C_3$인 축전기 3개를 연결하여 각각의 축전기가 완전히 충전된 회로를 나타낸 것이다. $C_1=4\mu F$, $C_2=2\mu F$, $C_3=3\mu F$ 일 때, 축전기 $C_3$에 저장된 전기 에너지는?

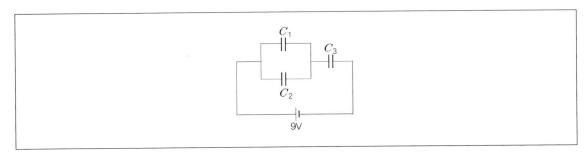

① $54\mu J$

② $60\mu J$

③ $81\mu J$

④ $108\mu J$

**TIP** 축전기에 저장되는 전하량은 축전기에 걸어 준 전압에 비례한다. 즉, $Q=CV$이다.

$C_1$과 $C_2$는 병렬로 연결되어 전압이 같으므로 각각에 축적되는 전하량은 $Q_1=C_1V$, $Q_2=C_2V$이다. 두 개의 병렬 연결을 한 개의 축전지로 생각할 때, 축전된 전하량은 두 개의 축전지에 축전된 전하량의 합이므로 $Q=Q_1+Q_2=(C_1+C_2)V$이고, $C=4+2=6\mu F$이다.

이때, $Q=6V_1=3V_2$이고 $V_1+V_2=9V$이므로 $V_1=3$, $V_2=6$이다.

따라서 축전기 $C_3$에 저장된 전기 에너지 $E=\dfrac{1}{2}\times3\times6^2=54\mu$J이다.

2015. 1. 24. 국민안전처(해양경찰) 시행

**6** 아래 그림 ㈎와 ㈏는 여러 진동수의 교류 입력 신호($V_{입력}$) 중 축전기와 저항을 이용하여 특정 진동수 범위의 신호를 출력($V_{출력}$)할 수 있는 회로를 나타낸 것이다.

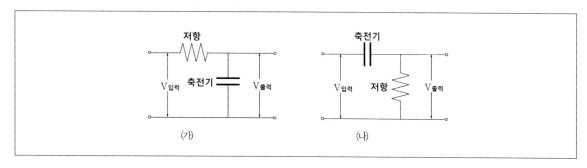

이에 대한 설명으로 옳은 것을 〈보기〉에서 모두 고른 것은?

〈보기〉

㉠ ㈎에서 입력된 교류 신호의 진동수가 클수록 축전기에 걸리는 전압은 증가한다.
㉡ ㈏에서 축전기는 진동수가 큰 전기 신호를 잘 흐르게 하는 특성이 있다.
㉢ ㈏에서 입력된 교류 신호 중 진동수가 작은 신호는 차단하고 진동수가 큰 신호를 출력한다.

① ㉠
② ㉢
③ ㉠, ㉡
④ ㉡, ㉢

**TIP** ㈎ : 주어진 차단 주파수보다 낮은 주파수의 교류는 통과시키고 그보다 높은 주파수의 전류는 저지하는 저주파 통과 필터
㈏ : 주어진 차단 주파수보다 높은 주파수의 교류는 통과시키고 이보다 낮은 주파수의 전류는 감쇠시키는 고주파 통과 필터

㉠ ㈎에서 입력된 교류 신호의 진동수가 증가하면 용량리액턴스 $X_C = \dfrac{1}{2\pi f C}$의 값은 작아지므로 축전기에 걸리는 전압은 감소한다.

**Answer** 6.④

**7** 평행한 두 금속판을 건전지와 연결하면 금속판 사이에 그림과 같은 균일한 전기장이 형성된다. 금속판의 면적 S, 금속판 사이의 거리 d, 건전지의 개수 N에 따른 전기장 세기를 알아보고자 한다. 금속판 사이의 전기장이 가장 센 경우는? (단, 건전지는 모두 같은 종류이고, 직렬로 연결한다.)

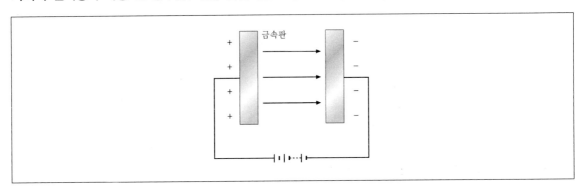

| | S(cm²) | d(cm) | N(개) |
|---|---|---|---|
| ① | 100 | 1 | 1 |
| ② | 100 | 1 | 2 |
| ③ | 100 | 2 | 1 |
| ④ | 200 | 1 | 1 |
| ⑤ | 200 | 2 | 1 |

**TIP** 전기장의 세기$(E) = \dfrac{V}{d}$, 가우스 법칙에 따르면 $E = \dfrac{Q}{2\varepsilon S}$ 이므로 단면적은 작을수록, 거리는 짧을수록, 전압과 전하량은 클수록 전기장의 세기가 세다.

**Answer** 7.②

# 출제 예상 문제

**1** 다음 회로에서 전기용량이 $2\mu F$인 축전기 두 개를 직렬로 6V전원에 연결할 때 축전기 하나에 저장된 전하량은?

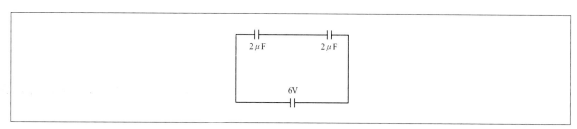

① $3\mu C$

② $6\mu C$

③ $12\mu C$

④ $24\mu C$

**TIP** 전하량 $Q = CV$

$C_1$, $C_2$가 직렬연결이므로 전압 $V$도 $V_1$, $V_2$가 걸린다.

$C = C_1 + C_2$, $V = V_1 + V_2$

축전기 1개의 전하량 $Q = 2\mu F \times 3V = 6\mu C$

**2** 전위차가 10V인 두 점 사이에서 전하를 옮기는 데 300J의 일이 필요하다면 이 전하의 전기량은 몇 C 인가?

① $\frac{1}{3}C$

② $3C$

③ $30C$

④ $300C$

**TIP** $W = qV$이므로 $q = \dfrac{W}{V} = \dfrac{300}{10} = 30C$

**Answer** 1.② 2.③

**3** 다음 중 축전기의 전기용량 단위는?

① C
② F
③ V
④ A

---

**TIP** 축전기의 전기용량 $C$는 가해준 전하량 $Q$를 전압(전위차: $V$)으로 나눈 값으로, 단위는 F(Farad, C/V)를 사용한다.

**4** 전기용량의 단위에서 1F는 매우 큰 전기용량이기 때문에 실용에서는 $1\mu F$를 많이 사용한다. 다음 관계식 중 옳은 것은?

① $1F=10^{-6}\mu F$
② $1F=10^{-3}\mu F$
③ $1F=10^{3}\mu F$
④ $1F=10^{6}\mu F$

---

**TIP** $\mu$(마이크로, Micro)는 $10^{-6}$을 나타내므로 $1F=10^{6}\mu F$이다.

**5** 축전기 용량 $C_1$, $C_2$를 병렬로 연결하였을 때 합성용량 $C$의 값은?

① $C= C_1 \times C_2$
② $C= \dfrac{1}{C_1}+\dfrac{1}{C_2}$

③ $C= C_1 + C_2$
④ $\dfrac{1}{C}= \dfrac{1}{C_1}+\dfrac{1}{C_2}$

---

**TIP** 축전기를 병렬로 연결하면 전체 전기용량 $C$는 각 축전기의 전기용량의 합과 같으므로 합성용량 $C= C_1 + C_2$이다.

**Answer** 3.② 4.④ 5.③

**6** 0.1F의 축전기에 20J의 에너지를 저장하려고 할 때 사용해야 하는 전지의 용량은?

① 10V

② 20V

③ 30V

④ 40V

TIP 정전 에너지 $W = \frac{1}{2}CV^2$ 에서 $20J = \frac{1}{2} \times 0.1 \times V^2$ 이므로 $V^2 = 400$

$\therefore V = 20V$

**7** 간격이 $d$인 축전기의 두 극판 사이를 전하량 $q$인 대전체를 이동시키는 데 $W$의 일이 필요하다면 이 축전기의 두 극판 사이의 전위차 $V$는? (단, 중력은 무시한다)

① $\dfrac{Wq}{d}$

② $Wqd$

③ $\dfrac{W}{qd}$

④ $\dfrac{W}{q}$

TIP 전류가 하는 일 $W = qV$이므로 $V = \dfrac{W}{q}$ 이다.

**8** 다음 중 두 점 사이의 전위차와 동일한 의미를 갖는 것은?

① 두 점 사이에 작용하는 전기적인 힘

② 두 점 사이에 단위전하를 이동시키는 데 필요한 일량

③ 단위시간에 흐르는 전하량

④ 전하량이 단위시간에 하는 일의 양

TIP 전위차… 두 점 사이에서 단위전하를 이동시키는 데 드는 일을 의미한다.

**Answer** 6.② 7.④ 8.②

**9** $2\mu F$의 축전기가 있다. 두 판 사이에 유전율이 처음의 3배인 유전체를 삽입하고 판 사이의 거리를 처음의 2배로 할 경우 전기용량은?

① $3\mu F$

② $6\mu F$

③ $9\mu F$

④ $12\mu F$

---

**TIP** $C \propto \dfrac{\epsilon S}{d}$, $C' \propto \dfrac{3\epsilon S}{2d}$ 이므로 $C' = \dfrac{3}{2}C = \dfrac{3}{2} \times 2 = 3\mu F$

**10** 20C의 전하를 100V에서 200V의 전위점까지 옮기는 데 필요한 일의 양은?

① 5J

② 50J

③ 200J

④ 2,000J

---

**TIP** $W = qV_2 - qV_1 = 20(200 - 100) = 2,000J$

**11** 전기저항 $R_1$과 전기용량 $C$의 곱 $RC$의 단위로 옳은 것은?

① sec

② coul/sec

③ joule · sec/coul

④ joule · $(\text{coul})^2/(\text{sec})^2$

---

**TIP** 저항 $R = \dfrac{V}{I}$ 이므로 $\Omega$ = Volt/ampere, 전기용량 $C = \dfrac{Q}{V} = \dfrac{IT}{V}$ 이므로 Farad = coul/Volt = ampere · sec/volt이고,

$RC = \dfrac{V}{I} \cdot \dfrac{IT}{V} = t$ 이므로 $RC$의 단위는 sec이다.

**12** 상하 두 판 사이의 전위차가 $V$이고, 거리가 $d$인 평형판 축전기가 있다. 이 속에 그림과 같이 전기량인 $-q$C인 입자가 정지하고 있다면 이 입자의 질량은? (단, 중력가속도는 $g$이다)

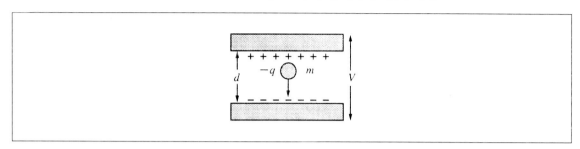

①  $\dfrac{qg}{Vd}$

②  $\dfrac{Vd}{qg}$

③  $\dfrac{dg}{qV}$

④  $\dfrac{Vq}{dg}$

> **TIP**  전하에 작용하는 중력＝전하에 작용하는 전기력이므로 $mg = \dfrac{W}{d} = \dfrac{Vq}{d}$
>
> 질량에 대하여 정리하면 $m = \dfrac{Vq}{dg}$

**13** 전기용량이 $3\mu\mathrm{F}$인 축전기를 6V 전원에 연결하였다면 축전기에 축전되는 전기에너지는?

①  54J

②  $5.4 \times 10^{-5}\mathrm{J}$

③  18J

④  $1.8 \times 10^{-5}\mathrm{J}$

> **TIP**  축전기의 전기에너지 $U = \dfrac{1}{2}CV^2$이므로 $C = 3\mu\mathrm{F} = 3 \times 10^{-6}\mathrm{F}$, $V = 6\mathrm{V}$를 대입하여 계산하면 $U = 5.4 \times 10^{-5}\mathrm{J}$

**Answer**  12.④  13.②

**14** 점전하 $q = 1.0 \times 10^{-10}$C인 점에서 3m 떨어진 곳의 전위는 얼마인가?

① 9V

② 0.9V

③ 1V

④ 0.3V

---

**TIP** $V = k\dfrac{q}{r}$ 이므로 $k = 9.0 \times 10^9 \mathrm{N} \cdot \mathrm{m}^2/\mathrm{C}^2$

$q = 1.0 \times 10^{-10}$C, $r = 3$m를 대입하여 계산하면 $V = 0.3$V

**15** 전기용량 $1\mu\mathrm{F}$인 축전기 3개를 다음과 같이 연결하고 12V의 전원을 주어 $C$점을 접지시켰을 때 $C$점의 전위는 몇 V인가?

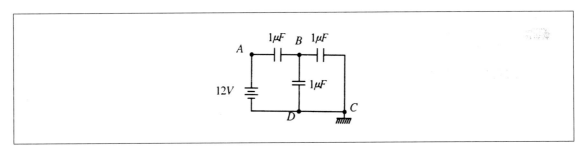

① 0

② 2

③ 4

④ 6

---

**TIP** $C$점이 땅에 접지되어 있으므로 $C$점에서 전위는 0V이다.

**16** 콘덴서에 축전되는 에너지를 구하는 식은?

① $W = \dfrac{1}{2} CV$

② $W = \dfrac{1}{2} CV^2$

③ $W = \dfrac{1}{2} C^2 V^2$

④ $W = \dfrac{1}{2} CV^3$

---

**TIP** 다음 그래프에서 단면적이 축전에너지이므로

$$W = \dfrac{1}{2} QV$$

이 식에 $Q = CV$를 대입하여 정리하면

$$W = \dfrac{1}{2} CV^2$$

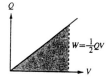

**17** 다음과 같이 두 평행한 극판 $A$와 $B$ 사이에는 균일한 전장이 형성되어 있다. 질량 $m$, 전하량 $+q$인 하전입자가 이 전기장에 수직으로 입사할 때 두 극판 사이에서 진행하는 경로로 옳은 것은?

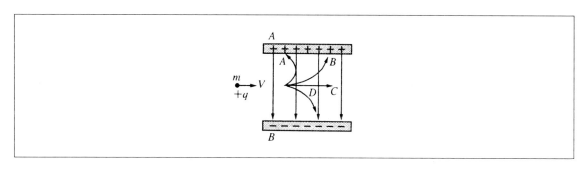

① $A$

② $B$

③ $C$

④ $D$

---

**TIP** (+)전하가 전기장에 수직으로 입사하면, 전기장의 방향으로 원궤도를 그리며 운동하고 $+q$인 전하는 ( − )극판으로 이동한다. $A$와 $B$는 (+)극판 방향, $C$는 직진 방향 $D$는 ( − )극판 방향이다. 따라서 (+)전하는 $D$방향으로 이동한다.

**18** 용량이 각각 $C_1 = 1\mu F$, $C_2 = 2\mu F$, $C_3 = 3\mu F$의 세 축전기를 다음과 같이 연결했을 때 $C_1$, $C_2$, $C_3$에 모이는 전기량의 비는?

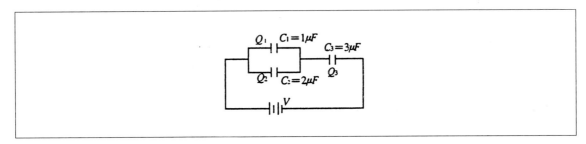

① $2 : 3 : 1$

② $2 : 3 : 5$

③ $3 : 2 : 5$

④ $1 : 2 : 3$

**TIP** 그림에서 $C_1$과 $C_2$의 합성용량 $C = C_1 + C_2 = 3\mu F$이므로
$A$, $B$의 전위와 $B$, $C$의 전위는 같다.
즉, $Q = CV$에서 $Q_1 = C_1 V_1$, $Q_2 = C_2 V_2$, $Q_3 = C_3 V_3$에서
$V_1 = V_2 = V_3$이므로 $Q_1 : Q_2 : Q_3 = C_1 : C_2 : C_3 = 1 : 2 : 3$

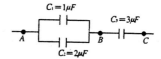

**19** 평행한 축전기의 두 판 사이에 전압을 걸고, 그 두 판 사이에 유리판을 넣으면 어떤 현상이 일어나는가?

① 두 판 사이의 거리가 가까워지므로 충전되는 전기량은 많아진다.

② 두 판 사이의 전압이 낮아지므로 충전되는 전기량이 적어진다.

③ 두 판 사이에 유전율이 큰 물질이 들어가는 경우가 되므로 충전되는 전기량이 많아진다.

④ 두 판 사이에 방해물이 들어가므로 충전되는 전기량이 적어진다.

**TIP** 축전기의 전기용량 $C = \epsilon_0 \dfrac{A}{d}$ 이므로 유전율 $\epsilon_0$가 커지면, 전기용량 $C$도 커진다. 유리판을 넣으면 $\epsilon_0$가 커지므로 전기용량 $C$도 커진다. 이 때 충전되는 전기에너지 $U = \dfrac{1}{2} CV^2$ 이므로 전기에너지 $U \propto C$이다.

**20** 간격이 $d$인 평행판 축전기에 두께 $\frac{d}{3}$의 금속판을 등간격이 되게 놓으면 축전기용량은 넣기 전의 몇 배가 되는가?

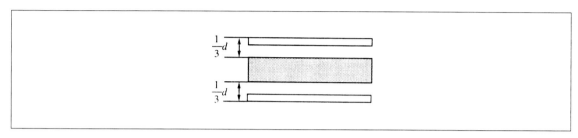

① $\frac{2}{3}$ 배

② $\frac{3}{2}$ 배

③ $\frac{1}{3}$ 배

④ $\frac{1}{2}$ 배

---

**TIP** 전기용량 $C = \epsilon_0 \dfrac{A}{d}$ 에서 $\dfrac{1}{3}d$인 금속을 넣으면 금속판의 간격이 $\dfrac{1}{3}d$ 만큼 줄어든 경우와 같으므로 $d$가 $\dfrac{2}{3}d$로 줄어든다. 즉

$$C' = \epsilon_0 \frac{A}{\frac{2}{3}d} = \frac{3}{2}\epsilon_0\frac{A}{d} = \frac{3}{2}C$$

**21** 전기장의 세기가 $10^4$N/C인 균일한 전기장에 전자가 정지상태로부터 1cm 진행한 뒤에 얻을 수 있는 속도는 몇 m/s인가? (단, $m = 9.1 \times 10^{-31}$kg이다)

① $6.0 \times 10^7$ m/s

② $6.0 \times 10^6$ m/s

③ $1.8 \times 10^{15}$ m/s

④ $1.8 \times 10^6$ m/s

---

**TIP** 1cm 이동하면서 한 일=전자의 운동에너지이므로 $F \cdot d = \dfrac{1}{2}mV^2 \cdots \text{㉠}$

㉠식에 $F = ma$를 대입한 후 간단히 하면 $V = \sqrt{2ad} \cdots \text{㉡}$

$a = \dfrac{F}{m} = \dfrac{eE}{m}$ 이므로 $e = 1.6 \times 10^{-19}$C

$E = 10^4$N/C, $m = 9.1 \times 10^{-31}$kg을 대입하여 계산하면 $a = 1.8 \times 10^{15}$ m/s$^2$

$a = 1.8 \times 10^{15}$ m/s$^2$, $d = 1\text{cm} = 0.01$m를 ㉡에 대입하여 계산하면 $V = 6.0 \times 10^6$ m/s

**Answer** 20.② 21.②

**22** 전기장이 $10^4$N/C인 균일한 전기장 내에 놓인 전자가 받는 전자력의 크기와 전자에 작용하는 중력의 크기의 비($\frac{F}{W}$)는? (단, $e = 1.6 \times 10^{-19}$C, $m_c = 9.1 \times 10^{-31}$kg 이다)

① $1.8 \times 10^{10}$

② $1.8 \times 10^{14}$

③ $1.8 \times 10^{16}$

④ $1.8 \times 10^{8}$

**TIP** 전기력 $F = eE$이고 $W = mg$이므로 $\frac{F}{W} = \frac{eE}{mg}$

이 식에 $e = 1.6 \times 10^{-19}$C, $E = 10^4$N/C, $m = 9.1 \times 10^{-31}$kg, $g = 9.8$을 대입하여 계산하면

$\frac{F}{W} = 1.8 \times 10^{14}$

**23** 전기용량 및 내전압이 각각 $1\mu$F, $2\mu$F, $4\mu$F 에 200V, 300V, 100V인 축전기를 병렬연결 할 경우 전체 내전압은?

① 100V

② 200V

③ 300V

④ 400V

**TIP** 내전압은 견딜 수 있는 최대 전압을 의미하며 병렬연결이므로 전압은 모두 동일하다. 그러므로 최소 전압인 100V가 내전압이 된다.

**24** 다음 단위 중 옳지 않은 것은?

① $1\,\mathrm{farad} = 1\,\mathrm{Volt/coulomb}$

② $1\,\mathrm{Volt} = 1\,\mathrm{joule/coulomb}$

③ $1\,\mathrm{ampere} = 1\,\mathrm{coulomb/sec}$

④ $1\,\mathrm{ohm} = 1\,\mathrm{Volt/ampere}$

**TIP** 축전기의 전기용량 $C = \frac{Q}{V}$ 이므로 단위 $\mathrm{F(farad)} = \mathrm{C(coulomb)/V(Volt)}$ 이다.

**Answer** 22.② 23.① 24.①

**25** 두 점 사이에 5C의 전기량을 옮기는 데 400J의 일이 필요하다면, 이 두 점간의 전위차는?

① 100V

② 80V

③ 45V

④ 40V

---

**TIP** 전위차 $V = \dfrac{W}{q}$ 이므로 $W = 400\text{J}$, $q = 5\text{C}$을 대입하여 계산하면

$$V = \frac{400\text{J}}{5\text{C}} = \frac{80\text{J}}{\text{C}} = 80\text{V}$$

**26** 다음과 같이 균일한 전기장 속의 $A$, $B$, $C$, $D$ 중 전위가 가장 높은 곳은? (단, 화살표방향은 전기력선의 방향이다)

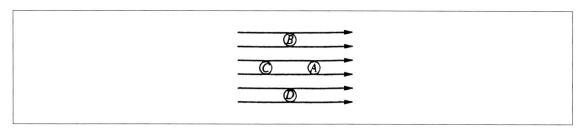

① $A$

② $B$

③ $C$

④ $D$

---

**TIP** $C$가 +극에 가까우므로 전위가 가장 높다.

※ 전위란 전기장 내에 놓여진 +전하가 갖는 위치에너지를 말하며, +극에 가까울수록 전위가 높다.

# O3 전류와 전기저항

## 01 전류

### ① 전류

#### (1) 전류

전위가 다른 두 곳을 도체로 연결하면 전하는 전위가 높은 곳에서 낮은 곳으로 흐르는 데 이와 같은 전하의 흐름을 전류(Current)라고 한다.

> **TIP**
> 전류는 음전하, 즉 전자의 흐름이다. 양전하는 흐르지 못한다.

#### (2) 전류의 흐름과 전위차

① 전위차 $V$가 높을수록 전류는 많이 흐른다.

② 전위차에 대한 전류의 양

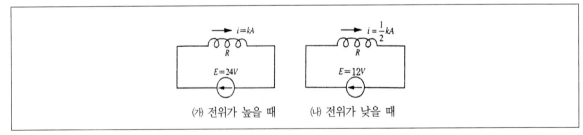

(가) 전위가 높을 때   (나) 전위가 낮을 때

ㄱ 저항 $R$을 기전력(전위)이 각각 24V, 12V인 전원에 연결했을 때 전류가 흐르는 양을 나타낸다.

ㄴ 전위가 높을수록 전류의 양도 증가하므로 전위와 전류의 양은 비례관계에 있다.

## ❷ 전류의 세기

### (1) 개념

① 전류 $I$는 단위시간에 흐르는 전하량 $Q$이다.

② 도선의 단면을 시간 $t$초 동안 $Q$의 전하량이 통과하였으므로 다음과 같이 나타낸다.

$$I = \frac{Q}{t} \ C(\text{A : 암페어} = C/s)$$

> **TIP**
> 전하량 $Q = I \times t$로 주어지며 단위는 $C$(쿨롱)이다.

### (2) 전류와 전자의 개수

1A란 $6.25 \times 10^{18}$개의 전자가 1초 동안 흐르는 양을 말한다.

$$1A = 6.25 \times 10^{18} C/s$$

# 02 전기저항

## ❶ 저항

### (1) 저항

① 저항 ⋯ 전류의 흐름을 방해하는 것을 저항(Resistance)이라 한다.

② 도선의 굵기와 저항
　㉠ 도선의 굵기 $S$와 저항 $R$은 반비례한다.
　㉡ 도선이 굵을수록 전류는 잘 흐른다.

③ 도선의 길이와 저항

$$저항\ R \propto \frac{l}{S},\ 즉\ R = \rho\frac{l}{S}$$

($\rho$ : 비저항, $l$ : 도선의 길이, $S$ : 도선의 굵기)

　㉠ 도선의 길이 $l$와 저항 $R$은 비례한다.

　㉡ 도선의 길이가 짧을수록 전류는 잘 흐른다.

④ 온도와 저항 … 물질의 온도가 높아지면 저항은 커진다.

$$t℃에서\ 저항\ R = R_0(1 + \alpha t)$$

($R_0$ : 0에서의 저항, $\alpha$ : 비저항의 온도계수)

**》TIP** ∼∼∼∼∼∼∼∼∼∼∼∼∼∼∼∼∼∼∼∼∼∼∼∼∼∼∼∼

$\rho$는 물질의 종류에 따라 결정되는 값으로 전기전도도가 큰 은, 구리는 비저항 $\rho$값이 적고, 전기전도도가 작은 탄소, 유리 등은 $\rho$값이 크다.

## (2) 저항과 도선과의 관계

① 도선의 굵기와 길이에 따른 전류의 흐름

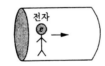
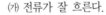

(가) 전류가 잘 흐른다.　　(나) 전류가 흐르기 힘들다.

　㉠ (가)는 굵기가 굵고, 길이가 짧은 도선 속에서 전자의 흐름이 용이하다는 것을 나타낸다.

　㉡ (나)는 도선이 가늘고 길기 때문에 전자의 흐름이 (가)보다 어렵다는 것을 나타낸다.

② 도선의 길이와 단면적에 따른 저항의 크기

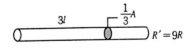

(가) 저항 $R$인 도선　　(나) (가)도선을 3배로 늘린 도선

　㉠ 길이 $l$, 단면적 $A$인 도선을 균일하게 3배로 늘리면 저항($R'$)은 9배가 된다.

　㉡ (나)의 저항 $R = \rho\frac{l}{S}$이므로 도선의 단면적 $S' = \frac{1}{3}S$이고, 길이 $l' = 3l$이므로 저항 $R' = \rho\frac{l'}{S'}$

$= 9 \cdot \rho\frac{l}{S} = 9R$이 된다.

## ❷ 옴의 법칙

### (1) 옴의 법칙(Ohm's Law)

① 개념 ··· 전기전도체에서 저항 $R$은 전압 $V$에 비례하고 전류 $I$에 반비례한다.

$$R = \frac{V}{I}, \ V = IR, \ I = \frac{V}{R}$$

② 저항의 단위 ··· 1V 전위차를 양 도선에 가할 때 1A 전류가 흐르면 도선의 저항을 1Ω (옴)이라 한다.

$$1\,\Omega = \frac{1V}{1A}$$

③ 옴의 법칙에서의 전압($V$), 전류($I$), 저항($R$)의 관계

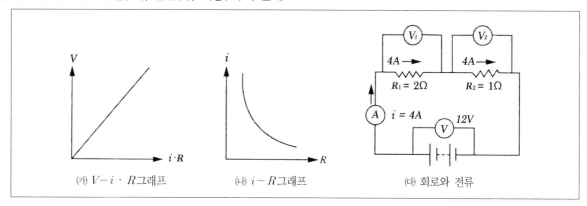

(가) $V - i \cdot R$그래프    (나) $i - R$그래프    (다) 회로와 전류

㉠ (가)는 전압 $V$과 전류 $I$, 전압 $V$와 저항 $R$은 비례관계임을 나타낸다.

㉡ (나)는 전류와 저항이 반비례함을 나타낸다.

㉢ (다)는 전류계 Ⓐ에 흐르는 전류 $I = 4A$ 이므로 저항 $R_1 R_2$에 흐르는 전류도 4A 임을 나타낸다.

### (2) 저항의 연결

① 기전력($E$) ··· 전류를 흐르게 하기 위해 도체의 두 점 사이의 전위차를 일정한 값으로 유지시켜주는 힘을 기전력이라 한다.

② 전지 ··· 전지는 기전력을 발생시키는 장치로 건전지, 수은전지, 축전지 등이 있다.

**▶TIP**

전류에 흐름에 따른 기전력의 세기
㉠ 다음 회로도는 기전력이 12V인 전지를 연결하면 저항
  $R_1$에서 8V, $R_2$에서 4V가 소모됨을 나타낸다.
㉡ $a \sim b$ 사이 전위차 $V = 12\text{V}$, $b \sim d$ 사이 전위차 $V = 4\text{V}$,
  $c \sim d$ 사이 전위차 $V = 0$이므로 기전력이 전류의 흐름에
  따라 점차 소모되고 있음을 나타낸다.

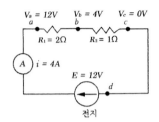

③ 저항의 연결
  ㉠ **저항의 직렬연결** : 저항을 직렬로 연결하면 총저항 $R$은 커진다.

$$R = R_1 + R_2 + \cdots\cdots + R_n$$

  • 전류의 세기 : 전류의 세기는 변하지 않고 일정하다.

$$I = I_1 = I_2 = \cdots\cdots = I_n$$

  • 전압의 세기 : 총 전압 $V$는 각 저항에 걸리는 전압의 합과 같다.

$$V = V_1 + V_2 + \cdots\cdots + V_n$$

  ㉡ **저항의 병렬연결** : 저항을 병렬로 연결하면 총저항 $R$은 작아진다.

$$R = \cfrac{1}{\cfrac{1}{R_1} + \cfrac{1}{R_2} + \cdots\cdots \cfrac{1}{R_n}} , \quad \frac{1}{R} = \frac{1}{R_1} + \frac{1}{R_2} + \cdots\cdots \frac{1}{R_n}$$

  • 전압(전위차) $V$의 세기 : 각 저항에 걸리는 전압의 크기는 같다.

$$V_1 = V_2 = \cdots\cdots = V_n$$

  • 전류 $I$의 세기 : 총전류 $I$는 각 저항에 흐르는 전류의 합과 같다.

$$I = i_1 + i_2 + \cdots\cdots + i_n$$

**▶TIP**

전류($i$)는 저항($R$)에 반비례한다.

④ 전지의 저항(내부저항 $r$) 연결

 ㉠ 전지의 직렬연결

  • 전체 내부저항 : 전지를 줄줄이 일렬로 연결한 형태로, 전지의 전체 내부저항은 각각의 내부저항을 줄줄이 더해주면 된다.

> 전체 내부저항($r$)=내부저항($r_1$)+내부저항($r_2$)+···

  • 전체 기전력 : 직렬연결은 드럼통을 위로 계속 쌓아 올리는 것과 같으므로, 쌓을수록 높이(기전력)가 높아져 전체 기전력은 각 전지의 기전력을 더한 값과 같다.

> 전체 기전력 = 기전력 + 기전력

> **TIP**
>
> **내부저항과 기전력**
> ㉠ 내부저항 : 건전지 속에 있는 저항으로, 내부저항 때문에 전압이 약간 줄어들므로 단자전압은 기전력보다 약간 작아진다.
> ㉡ 기전력 : 전기를 발생시키는 힘으로, 건전지에 써 있는 1.5V 등이 기전력을 말한다. 하지만 건전지 내부에 있는 내부저항 때문에 전압이 약간 줄어든다.
> ㉢ 전압강하 : 내부저항에 의해 전압이 줄어드는 것을 말한다.
> ㉣ 단자전압 : 전압강하로 없어진 만큼의 전압을 빼고 남은 전압을 전기회로에 사용할 때의 전압을 말한다. (단자전압 = 기전력 − 전압강하)

 ㉡ 전지의 병렬연결

  • 전체 내부저항 : 건전지를 병렬로 연결하면 내부저항도 병렬연결이므로 역수를 취해 모두 더하면 된다.

> $$\frac{1}{전체\ 내부저항(r)} = \frac{1}{내부저항(r_1)} + \frac{1}{내부저항(r_2)}$$

  • 전체 기전력

  −전지 한 개의 기전력과 같다.

  −병렬연결은 드럼통을 한 개씩 옆으로 쭉 세우는 것과 같으므로, 수백 개를 세워도 지상에서의 높이(기전력)는 모두 같다.

> 전체 기전력 = 한 개 전지의 기전력

 ㉢ **저항의 혼합연결** : 병렬로 연결된 저항의 총합을 먼저 구한 다음, 전체 저항을 구한다.

### ❸ 폐회로 정리

**(1) 폐회로 정리(키르히호프의 법칙)**

① 개념 ⋯ 하나의 완전한 폐회로에서 일어나는 전위의 변화의 합은 0이다.

② 키르히호프의 법칙

   ㉠ 제1법칙(분기점원리, 전하량 보존의 법칙) : 회로 내에서 한 분기점에 들어오는 전하량의 총합은 분기점에서 나가는 전하량의 총합과 같다.

$$\sum I_i = 0$$

   ㉡ 제2법칙(순환정지, 에너지 보존의 법칙) : 닫힌 회로(폐회로)에서 전기저항에 의한 전압강하 의 총합은 회로 내에서 전지의 기전력의 총합과 같다.

$$\sum V_i = 0$$

③ 폐회로에 흐르는 전위와 전류

   ㉠ 전류의 방향 : 기전력의 합이 큰 방향으로 전류는 흐른다.

   ㉡ 전위의 변화 : 전류 $i$가 저항 $R$을 지날 경우, 전류방향으로 지나면 전위의 변화는 $-iR$이고, 전류 반대방향으로 지나면 전위변화는 $+iR$이다.

   ㉢ 기전력의 변화 : 전류가 흐르는 방향으로 지나면 기전력의 변화는 $+E$이고, 전류의 반대방향으로 지나면 기전력의 변화는 $-E$이다.

   ㉣ 폐회로에서의 전류의 세기측정

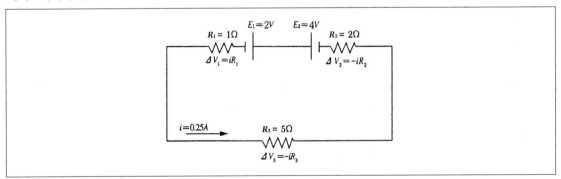

   • 기전력이 각각 2V, 4V인 두 전지를 반대방향으로 연결한 다음, 저항 $R_1$, $R_2$, $R_3$에 연결한 폐회로에서 전류의 방향과 세기를 나타내고 있다.

   • 기전력 $E_2$가 $E_1$보다 크므로, 전류의 방향은 반시계방향이다.

   • 폐회로 정리에 의하여 $E_2 - E_1 - iR_1 - iR_3 - iR_2 = 0$이 된다.

- $E_2 = 4$, $E_1 = 2$, $R_1 = 1$, $R_3 = 5$, $R_2 = 2$를 대입하면   $4 - 2 - i - 5i - 2i = 0$, 즉   $2 - 8i = 0$이므로 $i = 0.25\mathrm{A}$를 얻는다.

## (2) 휘트스톤 브리지(Wheatston's bridge)

① 미지의 저항을 측정하는 데 사용되는 회로이다.

② 휘트스톤 브리지에서 검류계 $G$의 눈금이 0일 때 마주보는 저항의 곱은 같다.

$$R_1 R_x = R_2 R_3$$

③ 휘트스톤 브리지의 계산

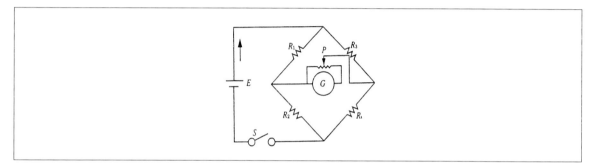

㉠ 회로에서 스위치 $S$를 닫은 후 가변저항기 $P$를 사용해서 검류계의 눈금이 0이 되도록 하면 미지의 저항 $R_x$를 구할 수 있다.

㉡ $R_1 R_x = R_2 R_3$이므로 $R_x = \dfrac{R_2 R_3}{R_1}$가 된다.

## (3) $RC$ 회로(저항, 축전기 회로)

① 저항 $R$과 축전기 $C$가 직렬로 연결된 회로로 시간에 따라 전류의 세기가 변한다.

$$전류\ I = \frac{E}{R} e^{-\frac{t}{RC}}$$

> **TIP**
>
> $RC$를 용량성 시간상수($\tau$)라 한다.

② 시간에 따른 전류 $I$와 전하량 $Q$의 관계

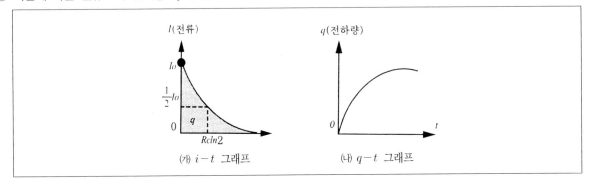

(가) $i-t$ 그래프                    (나) $q-t$ 그래프

㉠ (가)에서 면적은 $q$와 같고, 전류 $I$가 $\frac{1}{2}$로 반감될 때까지의 시간은 $RC\ln2$가 된다.

㉡ 전류가 반감될 때까지의 시간계산

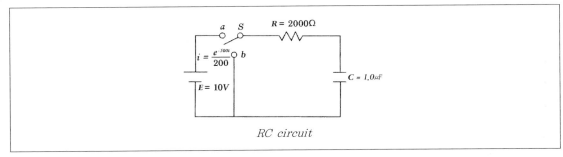

RC circuit

- $RC$ 회로는 $R=200\,\Omega$, $C=0.1\mu$F를 기전력 $E=10$V에 연결하였을 때의 전류 $i$를 나타내고 있다.

- $i=\dfrac{E}{R}e^{-\frac{t}{RC}}$ 에서 $R=2,000$, $E=10$, $C=1.0\mu$F$=10^{-6}$F을 대입하여 계산하면 $i=\dfrac{1}{200}e^{-500t}$A 를 얻는다.

- 전류 $i$가 절반이 될 때까지 시간 $t=RC\ln2=2,000\times10^{-6}\times\ln2=0.002\ln2$가 된다.

③ 축전기에 걸린 전압

$$V_C=V_o\left(1-e^{-\frac{t}{RC}}\right)\,[V_o:\text{전지의 기전력}]$$

④ 저항에 걸린 전압

$$V_R=V_o\,e^{-\frac{t}{RC}}$$

(4) 기전력과 단자전압

① 단자전압

    ㉠ 화학전지는 전류가 흐를 때 전지의 내부저항에 의해 전압강하가 일어난다.

    ㉡ 내부저항에 의한 전압강하가 일어난 전지의 두 극 사이의 전압을 단자전압이라 한다.

$$V = E - Ir$$
$$(E : \text{전지의 기전력}, r : \text{전지의 내부저항})$$

[단자전압]

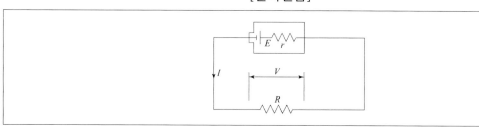

② 회로에 흐르는 전류

$$I = \frac{E}{R+r}$$

③ 전지의 연결

    ㉠ 전지의 직렬연결

$$I = \frac{nE}{R+nr} \, (n : \text{전지의 개수})$$

    ㉡ 전지의 병렬연결

$$I = \frac{E}{R+\dfrac{r}{n}}$$

# 최근 기출문제 분석

2021. 10. 16. 제2회 지방직(고졸경채) 시행

**1** 그림은 p-n 접합 다이오드, 저항, 전지, 스위치로 구성한 회로이다. 이에 대한 설명으로 옳은 것은?

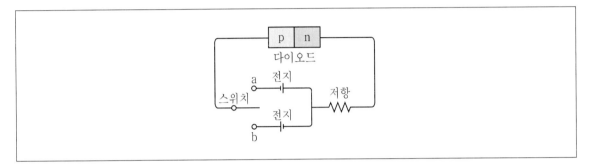

① 스위치를 a에 연결하면 다이오드에 순방향 바이어스가 걸린다.

② 스위치를 a에 연결하면 p형 반도체에서 n형 반도체로 전류가 흐른다.

③ 스위치를 b에 연결하면 양공과 전자가 계속 결합하면서 전류가 흐른다.

④ 스위치를 b에 연결하면 n형 반도체에 있는 전자가 p-n 접합면에서 멀어진다.

> **TIP** ① 스위치를 a에 연결하면 다이오드에 역방향 바이어스가 걸린다.
> ② 스위치를 a에 연결하면 다이오드에 역방향 바이어스가 걸리므로 p형 반도체에서 n형 반도체로 전류가 흐르지 않는다.
> ③ 스위치를 b에 연결하면 다이오드에 순방향 바이어스가 걸리므로 양공과 전자가 계속 결합하면서 전류가 흐른다.
> ④ 스위치를 b에 연결하면 n형 반도체에 있는 전자가 p-n 접합면에서 가까워진다.

**Answer** 1.③

**2** 그림은 다이오드가 연결된 회로에 교류 전원을 연결할 경우 저항에 흐르는 전류의 파형을 나타낸 것이다. 이로부터 알 수 있는 다이오드의 작용은?

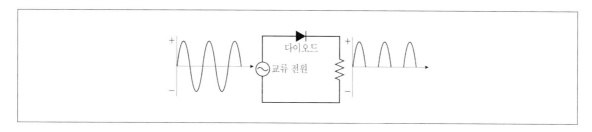

① 정류 작용

② 스위치 작용

③ 증폭 작용

④ 자기 작용

**TIP** 다이오드는 전기가 통하는 물체인 도체와 전기가 통하지 않는 부도체의 중간성질을 가지는 반도체의 결합물로, 전류가 흐를 때 (+)와 (−)가 교대하게 되는데, 다이오드를 거치게 되면 (+)만 통과할 수 있게 되어 정류 작용이 일어나게 된다.

**3** 다음 중 다이오드에 대한 설명으로 가장 옳지 않은 것은?

① 전류가 흐를 때 접합면을 통해 p형 반도체의 전자와 n형 반도체의 양공이 서로 반대 방향으로 이동한다.

② p형 반도체와 n형 반도체를 접합하여 만든 소자이다.

③ 고주파 속의 저주파 성분만을 검출하는 작용을 한다.

④ p형 반도체 쪽에 (+)극, n형 반도체 쪽에 (−)극을 연결해야만 전류가 흐른다.

**TIP** ① 전류가 흐를 때 접합면을 통해 p형 반도체의 양공과 n형 반도체의 전자가 서로 반대 방향으로 이동한다.

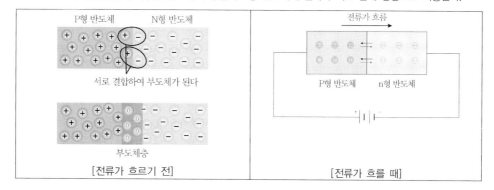

**Answer** 2.① 3.①

2020. 6. 27. 해양경찰청 시행

**4** 다음 그림은 저항 A, B, C, D, E와 전압이 일정한 전원, 스위치로 회로를 구성한 것을 나타낸 것이다. 저항 A~E의 저항값은 각각 $2R$, $2R$, $3R$, $3R$, $12R$이다. 스위치를 a, b에 각각 연결할 때, 총 저항값은 각각 $R_a$, $R_b$이다. 다음 중 $\dfrac{R_a}{R_b}$는?

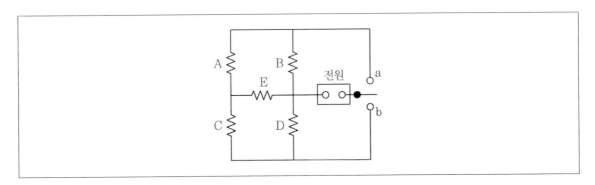

① $\dfrac{1}{2}$

② $\dfrac{2}{3}$

③ $\dfrac{3}{4}$

④ $\dfrac{4}{5}$

**TIP** 저항 A~E의 저항값을 표시하면 다음과 같다.

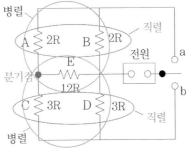

- 스위치 a 연결 : (C, D)와 E는 병렬연결, (C, D, E)와 A는 직렬연결, (A, C, D, E)와 B는 병렬연결

$$R_a = \{(R_C + R_D) \parallel R_E + R_A\} \parallel R_B = (6R \parallel 12R + 2R) \parallel 2R = (4R + 2R) \parallel 2R = \frac{3}{2}R$$

- 스위치 b 연결 : (A, B)와 E는 병렬연결, (A, B, E)와 C는 직렬연결, (A, B, C, E)와 D는 병렬연결

$$R_b = \{(R_A + R_B) \parallel R_E + R_C\} \parallel R_D = (4R \parallel 12R + 3R) \parallel 3R = (3R + 3R) \parallel 3R = 2R$$

따라서 $\dfrac{R_a}{R_b} = \dfrac{\dfrac{3}{2}R}{2R} = \dfrac{3}{4}$

**Answer** 4.③

**5** 단면이 원형인 같은 길이의 도선 A와 도선 B가 있다. 도선 A의 반지름과 비저항이 각각 도선 B의 2배이고 같은 전원이 공급될 때, 도선 A에 전달되는 전력의 크기는 도선 B의 몇 배인가?

① 2

② $\sqrt{2}$

③ 1

④ $\dfrac{1}{\sqrt{2}}$

**TIP** $P = \dfrac{V^2}{R}$ 에서 같은 전원이 공급되므로 도선 A, B의 전압은 동일하고, 따라서 전력의 크기는 $\dfrac{1}{R}$ 에 비례한다. 이때, $R = \rho\dfrac{l}{S}$ 이므로 도선 A와 도선 B의 $R$의 비는 $2\dfrac{1}{2^2} : 1\dfrac{1}{1^2} = \dfrac{1}{2} : 1$ 이고, 따라서 도선 A와 도선 B의 $P$의 비는 $2 : 1$ 이 된다.

**6** 〈보기〉와 같은 회로에서 흐르는 전류 $I$는?

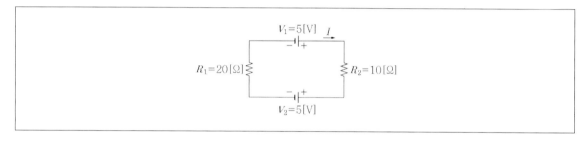

① $-\dfrac{1}{3}A$

② $0A$

③ $\dfrac{1}{3}A$

④ $3A$

**TIP** 키르히호프의 전압법칙(제2법칙)에 따르면 닫힌회로에서 기전력과 저항으로 인해 강하된 전압의 합은 0이다. 즉, 전류가 흐르는 방향으로 볼 때 $V_1 - IR_2 - V_2 - IR_1 = 0$ 이므로
$5 - 10I - 5 - 20I = 0$, $I = 0A$ 이다.

**Answer** 5.① 6.②

2019. 10. 12. 제2회 지방직(고졸경채) 시행

**7** 그림은 $xy$평면에서 Q점에 놓인 가늘고 긴 직선 도선에 일정한 세기의 전류가 흐르는 것을 나타낸 것이고, 표는 $xy$평면에 있는 점 P, R에서 전류에 의한 자기장의 방향과 세기를 나타낸 것이다. 다른 조건은 그대로 두고 직선 도선을 $y$축과 평행하게 P로 옮겼을 때, 이에 대한 설명으로 옳은 것만을 모두 고르면?

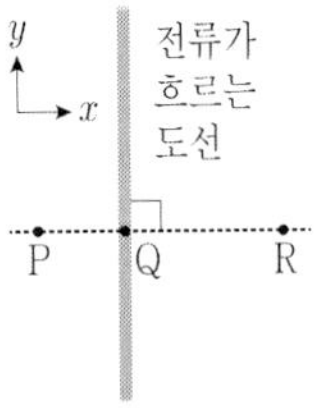

| 위치 \ 자기장 | 방향 | 세기 |
|---|---|---|
| P | ⊙ | $2B_0$ |
| R | ⊗ | $B_0$ |

⊙ : $xy$평면에서 수직으로 나오는 방향

⊗ : $xy$평면에 수직으로 들어가는 방향

ㄱ 도선에 흐르는 전류의 방향은 $+y$방향이다.
ㄴ Q에서 자기장의 방향은 ⊗방향이다.
ㄷ R에서 자기장의 세기는 $\dfrac{1}{3}B_0$이다.

① ㄱ, ㄴ
② ㄱ, ㄷ
③ ㄴ, ㄷ
④ ㄱ, ㄴ, ㄷ

**TIP** ㄷ $\overline{PQ} : \overline{QR} = 1 : 2$이므로 $\overline{PQ} : \overline{PR} = 1 : 3$이다. 따라서 R에서 자기장의 세기는 $\dfrac{2}{3}B_0$이다.

2019. 10. 12. 제2회 지방직(고졸경채) 시행

**8** 그림은 평면 위에 전류가 흐르는 직선 도선과 검류계가 연결된 직사각형 도선이 놓인 것을 나타낸 것이다. 직사각형 도선에 A → ⓖ → B 방향으로 전류가 흐르는 경우만을 모두 고르면?

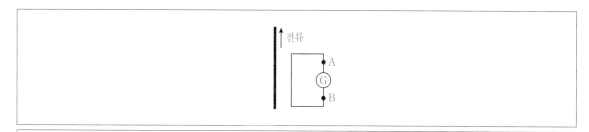

ⓞ 직선 도선에 흐르는 전류 세기가 일정하다.
ⓒ 직선 도선에 흐르는 전류 세기가 점점 감소한다.
ⓒ 직선 도선의 전류 세기가 일정하고 직선 도선과 직사각형 도선 사이의 거리가 점점 멀어진다.

① ⓒ                ② ⓞ, ⓒ

③ ⓒ, ⓒ          ④ ⓞ, ⓒ, ⓒ

**TIP** ⓞ 직선 도선에 흐르는 전류 세기가 일정하면 자속이 변하지 않으므로 전류가 흐르지 않는다.
ⓒⓒ 자속이 감소하므로 렌츠의 법칙에 의해 A → ⓖ → B 방향으로 전류가 흐른다.

**Answer**   8.③

**9** 유도기, 저항, 기전력원, 스위치를 그림과 같이 연결하여 회로를 구성한 후 스위치를 닫아 회로에 전류가 흐르기 시작했다. 스위치를 닫은 후 충분히 오랜 시간이 지나 일정한 크기의 전류가 회로에 흐르게 되었을 때, 유도기에 저장된 에너지는? (단, 인덕턴스(inductance), 저항, 기전력의 크기는 $L$, $R$, $V_0$ 이다.)

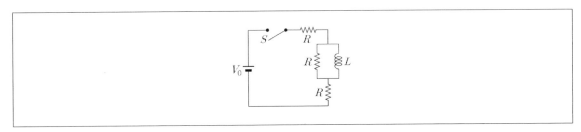

① $\dfrac{LV_0^2}{8R^2}$

② $\dfrac{LV_0^2}{6R^2}$

③ $\dfrac{LV_0^2}{4R^2}$

④ $\dfrac{LV_0^2}{2R^2}$

**TIP** 스위치를 닫은 후 충분히 오랜 시간이 지나 일정한 크기의 전류가 회로에 흐르게 되었을 때에는 유도기와 병렬로 연결된 저항에는 전류가 흐르지 않으므로, $I = \dfrac{V_0}{2R}$ 이다.

따라서 유도기에 저장된 에너지 $U = \dfrac{1}{2}LI^2 = \dfrac{1}{2}L\left(\dfrac{V_0}{2R}\right)^2 = \dfrac{LV_0^2}{8R^2}$ 이다.

**Answer** 9.①

2018. 4. 14. 해양경찰청 시행

**10** 그림은 전압이 9V인 전원에 전기 용량이 각각 $C_1$, $C_2$, $C_3$인 축전기 3개를 연결하여 각각의 축전기가 완전히 충전된 회로를 나타낸 것이다. $C_1=4\mu F$, $C_2=2\mu F$, $C_3=3\mu F$ 일 때, 축전기 $C_3$에 저장된 전기 에너지는?

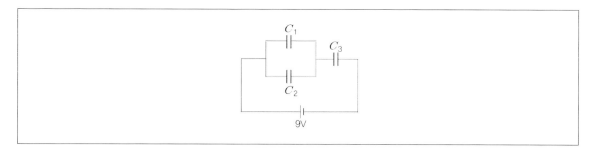

① $54\mu J$

② $60\mu J$

③ $81\mu J$

④ $108\mu J$

**TIP** 축전기에 저장되는 전하량은 축전기에 걸어 준 전압에 비례한다. 즉, $Q=CV$이다.

$C_1$과 $C_2$는 병렬로 연결되어 전압이 같으므로 각각에 축적되는 전하량은 $Q_1=C_1V$, $Q_2=C_2V$이다. 두 개의 병렬연결을 한 개의 축전지로 생각할 때, 축전된 전하량은 두 개의 축전지에 축적된 전하량의 합이므로 $Q=Q_1+Q_2=(C_1+C_2)V$이고, $C=4+2=6\mu F$이다.

이때, $Q=6V_1=3V_2$이고 $V_1+V_2=9V$이므로 $V_1=3$, $V_2=6$이다.

따라서 축전기 $C_3$에 저장된 전기 에너지 $E=\dfrac{1}{2}\times3\times6^2=54\mu J$이다.

**Answer** 10.①

**11** 그림과 같이 일정한 전류 $I$가 흐르는 직선 도선이 있고, 같은 평면에 놓인 원형 도선을 일정한 속도 $v$로 오른쪽으로 당길 때 일어나는 현상으로 옳지 않은 것은?

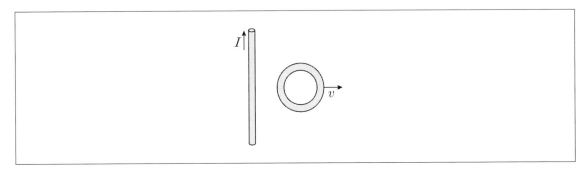

① 원형 도선에 전자기 유도 현상이 발생한다.

② 원형 도선 내부를 통과하는 자기력선속은 감소한다.

③ 원형 도선에 흐르는 유도전류의 방향은 반시계방향이다.

④ 원형 도선 내부를 통과하는 직선도선에 의한 자기장의 방향은 종이면으로 들어가는 방향이다.

> **TIP** 그림과 같이 직선 도선 주위에 자속밀도가 형성되며 그 세기는 직선 도선에서 멀어 질수록 거리에 반비례하며 작아진다. 따라서 원형 도선이 오른쪽으로 움직이면서 원형 도선 내부를 지나는 자기력선속은 감소하며(②) 원형 도선에 전자기 유도 현상이 발생한다(①). 렌츠의 법칙에 의하여 시계방향으로 전류가 유도되어야 한다(따라서 ③번이 틀리다). 원형 도선 쪽에 생기는 자속의 방향은 종이면으로 들어가는 방향이다(④).

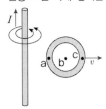

**Answer**  11.③

**12** 그림과 같이 정사각형 도선이 균일한 자기장에 가만히 놓여 있다. 자기장의 방향은 정사각형 도선의 면에 수직으로 들어가는 방향이다.

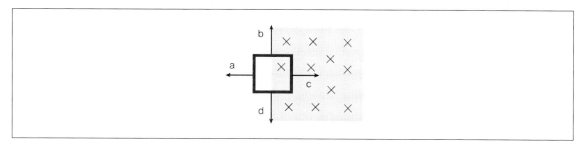

정지해 있던 정사각형 도선을 $v$의 속력으로 움직이는 순간 도선에 생기는 유도 기전력에 대한 설명으로 옳은 것을 〈보기〉에서 모두 고른 것은?

〈보기〉
㉠ a와 c 방향으로 움직일 때 유도 기전력의 세기는 서로 같다.
㉡ a와 c 방향으로 움직일 때 유도 기전력의 방향은 서로 같다.
㉢ b와 d 방향으로 움직일 때 유도 기전력은 생기지 않는다.

① ㉠
② ㉡
③ ㉠, ㉢
④ ㉡, ㉢

**TIP** ㉡ a와 c 방향으로 움직일 때 방향이 반대이므로 유도 기전력의 방향은 서로 반대이다.

**Answer** 12.③

**13** 그림과 같이 종이면에 수직으로 들어가고 세기가 4T인 균일한 자기장에 놓인 ㄷ자형 도선 위에 금속막대가 있다. 이 막대가 1m/s의 일정한 속도로 ㄷ자형 도선에 수직하게 오른쪽으로 계속해서 움직인다. 이때 금속막대에 유도되는 기전력의 크기[V]는? (단, ㄷ자형 도선 사이의 거리는 20cm이다)

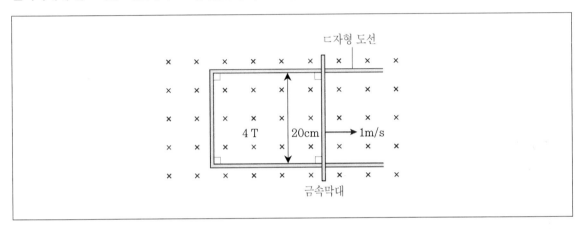

① 0.4

② 0.8

③ 1

④ 1.6

**TIP** 균일한 자기장 $B$ 속에 길이 $l$인 도선 $ab$를 자기장에 수직인 방향으로 속력 $v$로 잡아당길 때 전하량 $e$인 도선 속의 자유 전자도 자기장 $B$ 속을 속력 $v$로 같이 움직이게 된다. 따라서 도선 속의 전자는 자기력 $F = evB$의 힘을 받아 $a \rightarrow b$ 방향으로 이동한다. 전자가 자기력과 같은 크기의 전기력을 받아 이동한다고 생각하면 전기장 $E$는 $eE = evB$에서 $E = vB$가 되고, 따라서 $ab$ 사이의 전위차 $V = Ed$에서 $d = l$이므로 $V = Blv$가 된다.

문제에서 금속막대에 유도되는 기전력의 크기 $V = -4 \times 0.2 \times 1 = -0.8\text{V}$이다.

**Answer** 13.②

2016. 10. 1. 제2회 지방직(고졸경채) 시행

**14** 그림은 저항 값이 각각 1Ω, 3Ω, 6Ω인 3개의 저항이 연결된 회로에 전류계(Ⓐ)와 전지, 스위치(S)를 연결한 회로이다. 스위치를 닫은 후 전류계의 눈금[Ampere]은?

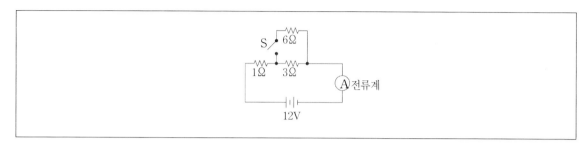

① 1

② 2

③ 3

④ 4

> **TIP** 우선 병렬로 연결된 저항의 등가저항을 구하면 $\dfrac{1}{R_{eq}} = \dfrac{1}{R_1} + \dfrac{1}{R_2} = \dfrac{R_2 + R_1}{R_1 R_2}$ 이므로
>
> $R_{eq} = \dfrac{R_1 R_2}{R_1 + R_2} = \dfrac{6 \times 3}{6 + 3} = \dfrac{18}{9} = 2$ 이다.
>
> 따라서 회로전체의 등가저항은 $1 + 2 = 3ohm$ 이고, 전류계에 흐르는 전류 $I = \dfrac{V}{R} = \dfrac{12}{3} = 4A$ 이다.

2016. 6. 25. 서울특별시 시행

**15** 저항 6.0Ω의 도선을 잡아당겨서 길이를 4배로 늘였다. 도선 물질의 비저항이나 밀도가 변하지 않는다고 가정할 때 늘어난 도선의 저항은?

① 24Ω

② 4.0Ω

③ 54Ω

④ 96Ω

> **TIP** 물체의 저항은 비저항과 물체의 길이에 비례하고, 단면적에 반비례한다. 도선 물질의 비저항을 $\rho$, 길이를 $L$, 단면적을 $A$ 라고 할 때, 저항 $R$의 크기는 $R = \rho \dfrac{L}{A}$ 이다.
>
> 문제에서 도선의 길이를 4배로 늘리면 단면적은 $\dfrac{1}{4}$ 배가 되고, $R = \rho \dfrac{4L}{\dfrac{1}{4}A} = \rho \dfrac{16L}{A}$ 로 16배가 된다. 따라서 늘어난 도선의 저항은 $6 \times 16 = 96\Omega$ 이다.

2016. 6. 25. 서울특별시 시행

**16** 두 개의 평행한 금속판이 거리 d만큼 떨어져 있고, 기전력이 $\varepsilon$인 건전지가 연결되어 있다. 금속판 사이의 거리를 2d로 증가시킬 때 다음 중 옳은 것은?

① 금속판에 대전된 전하량이 반으로 준다.

② 전기용량은 변화없다.

③ 두 금속판 사이의 전위차가 반으로 준다.

④ 금속판 사이의 전기장의 세기는 변화없다.

> **TIP** ② 전기용량은 반으로 준다.
> ③ 두 금속판 사이의 전위차는 일정하다.
> ④ 금속판 사이의 전기장의 세기는 반으로 준다.

2012. 4. 14. 경상북도교육청 시행

**17** 그림은 똑같은 전구 A, B를 가변 저항과 함께 전지에 연결한 직류회로이다. 가변 저항의 접점을 ㈎에서 ㈏로 점점 이동시킬 때 두 전구의 밝기 변화를 옳게 설명한 것은?

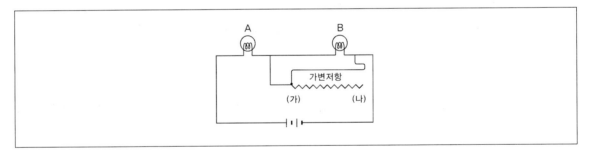

① 전구 A와 B 모두 더 밝아진다.

② 전구 A와 B 모두 더 어두워진다.

③ 전구 A와 B의 밝기는 변하지 않는다.

④ 전구 A는 더 어두워지고, B는 더 밝아진다.

⑤ 전구 A는 더 밝아지고, B는 더 어두워진다.

> **TIP** 가변 저항의 접점을 (가)에서 (나)로 이동시키면 가변 저항의 저항이 증가한다. 가변 저항의 저항이 증가하면 전체 저항은 증가하고 $I = \dfrac{V}{R}$이므로 전체 전류 $I$는 감소하게 된다.
> $I = I_A = I_B + I_c$ 이므로 $A$에 흐르는 전류 $I_A$는 감소하게 되고 가변 저항이 증가하면서 $I_c$에 흐르는 전류가 감소하므로 $I_B$에 흐르는 전류는 상대적으로 증가하게 된다. 그러므로 전구 $A$는 더 어두워지고, 전구 $B$는 더 밝아진다.

**Answer** 16.① 17.④

2012. 4. 14. 경상북도교육청 시행

**18** 그림은 도선 A, B, C에 걸린 전압에 따른 전류를 나타낸 것이다. 이에 대한 설명으로 옳은 것을 〈보기〉에서 모두 고른 것은?

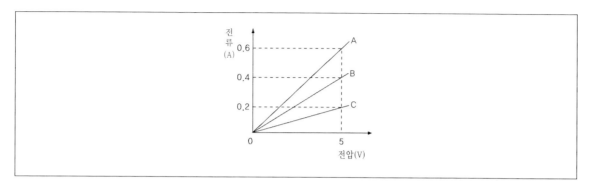

〈보기〉

㉠ 도선 A, B, C의 저항의 비는 6 : 3 : 2이다.

㉡ 전류가 같을 때 C의 전압은 B의 전압의 2배이다.

㉢ 전압이 같을 때 A에 흐르는 전류는 C에 흐르는 전류의 3배이다.

① ㉠  
② ㉡  
③ ㉢  
④ ㉠, ㉡  
⑤ ㉡, ㉢

**TIP** ㉠ 전류-전압 그래프에서 기울기는 $\dfrac{\text{전류}}{\text{전압}}$ 이므로 저항의 역수이다.

그러므로 저항 $= \dfrac{1}{\text{기울기}}$, $A : B : C = \dfrac{1}{3} : \dfrac{1}{2} : \dfrac{1}{1} = 2 : 3 : 6$이다.

㉡ $V = IR$이므로 전류가 같을 때 전압은 저항에 비례한다.

$C$의 저항이 $B$의 저항의 2배이므로 $C$의 전압은 $B$의 전압의 2배이다.

㉢ $I = \dfrac{V}{R}$ 이므로 전압이 같을 때 전류는 저항에 반비례한다.

$A$의 저항이 $C$의 저항의 $\dfrac{1}{3}$ 배이므로 $A$에 흐르는 전류는 $C$에 흐르는 전류의 3배이다.

**Answer** 18.⑤

**19** 단면이 둥근 두 개의 도선 A와 B에 같은 크기의 전압을 각각 걸어주면 도선에 흐르는 전류비($I_A : I_B$)는? (단, 도선 A의 길이는 B의 2배고, 반지름은 B의 $\frac{1}{2}$ 배이다.)

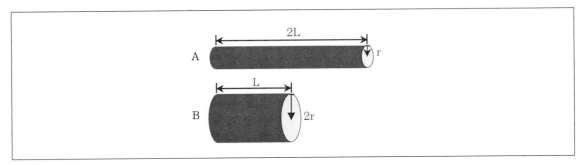

① 1:2

② 1:4

③ 1:8

④ 4:1

⑤ 2:1

**TIP** 도선의 길이와 저항은 비례관계에 있다. 즉 도선의 길이가 짧을수록 전류가 잘 흐른다. 반면 도선의 굵기와 저항은 반비례관계에 있다. 도선이 굵을수록 전류가 잘 흐른다. 원의 면적은 $\pi r^2$ 이므로 반지름이 $\frac{1}{2}$ 배가 되면 단면적은 $\frac{1}{4}$ 배가 된다. 따라서 도선 A와 도선 B에 흐르는 전류비 $I_A : I_B$ = 1:8이다.

**Answer** 19.③

# 출제 예상 문제

**1** 내부저항이 $1\Omega$이고, 기전력이 12V인 전지를 $5\Omega$의 외부저항에 연결했을 때, 이 전지의 단자전압(V)은?

① 1

② 6

③ 10

④ 12

**TIP** 회로에 흐르는 전류 $I = \dfrac{E}{R+r}$ 이므로 $E=12V$, $R=5\Omega$, $r=1\Omega$을 대입하여 정리하면

$I = \dfrac{12}{5+1} = 2A$

그러므로 전지의 단자전압 $V = E - Ir = 12 - 2 \times 1 = 10V$

**2** 다음 회로에서 저항 $R_1 = 2\Omega$, $R_2 = 4\Omega$, $R_3 = 6\Omega$이고, B점과 D점의 전위가 동일하도록 할 때 가변 저항 $R_x$의 값은?

① $3\Omega$

② $6\Omega$

③ $9\Omega$

④ $12\Omega$

**TIP** 휘트스톤 브리지에서 $R_2 R_4 = R_1 R_3$가 되면 D, B의 전위차가 0이 되어 검류계의 바늘은 움직이지 않는다.

$R_2 R_4 = R_1 R_3$에서 $R_2 \times R_x = R_1 \times R_3$이므로 $4R_x = 2 \times 6$ $\therefore R_x = 3\Omega$

**Answer** 1.③ 2.①

**3** 다음과 같이 한 개의 크기가 50Ω인 저항 7개를 연결하였을 때 a와 b 사이의 합성저항은?

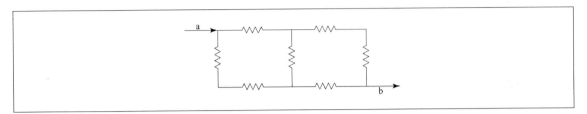

① 10Ω

② 30Ω

③ 50Ω

④ 70Ω

**TIP** 폐회로에 대한 키르히호프의 법칙을 이용하면 다음과 같이 전류가 흐른다.

$-50I_1 - 50I_2 + 50(I - I_1) + 50(I - I_1) = 0 \cdots \text{㉠}$

$-50I_2 - 50(I - I_1 + I_2) + 50(I_1 - I_2) + 50(I_1 - I_2) = 0 \cdots \text{㉡}$

㉠㉡을 연립하면 $I_1 = \frac{3}{5}I$, $I_2 = \frac{1}{5}I$

$V_{ab} = IR_{ab} = V_{ac} + V_{cd} = \frac{3}{5}I \times 50 + \frac{1}{5}I \times 100$

$IR_{ab} = 50I$, $R_{ab} = 50Ω$

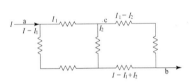

**4** 다음과 같은 전기 회로에서 20Ω에 흐르는 전류는?

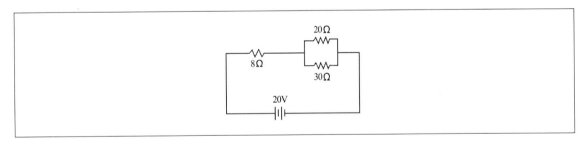

① 0.6A

② 1.2A

③ 1.8A

④ 2.4A

**TIP** 병렬연결된 부분의 저항에 걸리는 전압은 일정하고

합성저항($R$)을 구하면 $\frac{1}{R}=\frac{1}{R_1}+\frac{1}{R_2}$ 이므로 $\frac{1}{20}+\frac{1}{30}=\frac{5}{60}=\frac{1}{12}$ $\therefore R=12\Omega$

전압은 저항과 같으므로 12V

20Ω의 저항에 흐르는 전류 $I=\frac{V}{R}=\frac{12}{20}=0.6\text{A}$

**5** **단면적 $S$인 도선에서 전자들이 평균 $V$의 속력으로 운동할 때 전류의 세기로 옳은 것은? (단, 단위체적당 전자의 수 $=n$, 전자의 전하량 $=e$ 이다)**

① $enV$
② $\frac{enV}{S}$
③ $\frac{en}{VS}$
④ $enVS$

**TIP** 도선 속의 거리 $V$만큼 떨어진 두 단면이 있다고 하면 1초 동안 한 단면을 지나는 자유전자의 수는 두 단면의 부피 $SV$속에 포함되어 있는 자유전자의 수 $nVS$가 된다. 전자의 전하량이 $e$이므로 전류의 세기 $I=enVS$이다.

**6** **지름이 1mm이고 길이가 1m인 금속 $A$로 만든 도선의 저항이 5Ω이고, 지름이 2mm이고 길이가 2mm인 금속 $B$로 만든 도선의 저항이 10Ω일 때 다음 설명 중 옳은 것은?**

① 금속 $A$와 금속 $B$의 비저항은 같다.
② 금속 $A$가 금속 $B$보다 비저항이 2배 크다.
③ 금속 $B$가 금속 $A$보다 비저항이 2배 크다.
④ 금속 $B$가 금속 $A$보다 비저항이 4배 크다.

**TIP** $R=\rho\frac{l}{\pi r^2}$ 에서 $\rho=\frac{R\pi r^2}{l}$ 이다.

$\rho_A : \rho_B=\frac{R\pi r^2}{l} : \frac{2R\pi(2r)^2}{2l}=1:4$

**Answer** 5.④ 6.④

**7** 다음과 같이 저항 $R$과 $2R$인 꼬마전구를 각각 2개씩 연결하여 전기 회로를 만들고, 이 회로에 $V$의 전압을 걸어 주었다. 다음 중 이 실험의 결과와 일치하는 것을 모두 고른 것은?

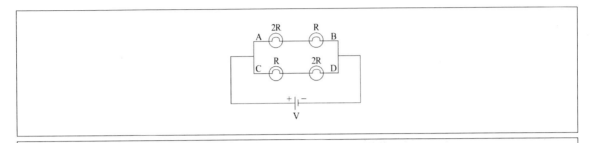

- ㉠ 전구 A, B, C, D에 흐르는 전류의 세기는 모두 같다.
- ㉡ 전구 A와 C의 밝기는 모두 같다.
- ㉢ 전구 A에 걸리는 전압이 전구 B에 걸리는 전압보다 크다.

① ㉠㉡       ② ㉠㉢

③ ㉡㉢       ④ ㉠㉡㉢

 ㉠ $I = \dfrac{V}{R}$에 의해 병렬 회로에서는 전압이 일정하므로 A, B, C, D에 흐르는 전류의 세기는 같다.

  ㉡ $V = IR$에서 $V = 2RI$($2R$일 경우), $V = RI$($R$일 경우)로 $2R$에서의 전압이 더 크므로 밝기가 더 밝다.

  ㉢ $V = 2RI$가 $V = RI$보다 크므로 전압은 $2R$이 더 크다.

---

**8** 10V에서 1A가 흐르는 니크롬선 저항을 2등분하여 병렬연결하면 전체저항은 몇 $\Omega$인가?

① $1\Omega$       ② $2.5\Omega$

③ $5\Omega$       ④ $20\Omega$

---

**TIP** 전체저항

  ㉠ 직렬시 저항: $R = \dfrac{V}{I} = \dfrac{10}{1} = 10\Omega$

   $\therefore R_1 = 5\Omega,\ R_2 = 5\Omega$

  ㉡ 병렬시 저항: $\dfrac{1}{R} = \dfrac{1}{R_1} + \dfrac{1}{R_2} = \dfrac{1}{5} + \dfrac{1}{5} = \dfrac{2}{5}$

   $\therefore R = 2.5\Omega$

**Answer** 7.② 8.②

**9** 기전력 1.5V, 내부저항 0.4Ω인 건전지 4개를 직렬로 연결하고 1.4Ω인 외부저항을 연결하였을 때 흐르는 전류는?

① 3.3A

② 4.3A

③ 2A

④ 0.8A

---

**TIP** 전지의 직렬연결에서 $I = \dfrac{nE}{R+nr}$ 이므로, $I = \dfrac{4 \times 1.5}{1.4 + (4 \times 0.4)} = \dfrac{6}{3} = 2A$

**10** 전기장의 세기에 대한 설명으로 옳은 것은?

① 단위 시간에 도체 내의 어떤 단면적을 지나간 전하량

② 도체판 사이에 단위 전위차를 줄 때 모을 수 있는 전하량

③ 전기장 내에 놓여진 단위 양전하에 미치는 힘

④ 도체 내에서 전류의 흐름을 방해하는 저항력

---

**TIP** 전기장의 세기… 전기장 내의 한 점에 단위 양전하(+1C)를 놓았을 때 이것에 미치는 힘의 세기를 뜻하며, 전기장의 세기 $E = \dfrac{F}{q}$ (N/C)이다.

**11** 전기용량이 2μF인 축전기 극판 사이에 100V의 전압을 걸면 이 축전기에는 몇 C의 전하가 저장되는가?

① $2 \times 10$

② $2 \times 10^4$

③ 2

④ $2 \times 10^{-4}$

---

**TIP** 전기량 $Q = CV$이므로 $Q = 2 \times 10^{-6} \times 100 = 2 \times 10^{-4}$C

**Answer** 9.③ 10.③ 11.④

**12** 0.5A의 전류가 4초간 흐를 경우, 전하의 개수는?

① $6.25 \times 10^{18}$ 개        ② $1.25 \times 10^{19}$ 개

③ $2.5 \times 10^{19}$            ④ $3.125 \times 10^{19}$

**TIP** 전하량 $q = it$이며, 1C은 1초 동안에 $6.25 \times 10^{18}$개의 전하가 흐른 양을 말한다.

$q = it$에서 $i = 0.5A$, $t = 4s$를 대입하면 $q = 2C$을 얻으므로 흐른 전하는 $2 \times 6.25 \times 10^{18}$개

$\therefore 1.25 \times 10^{19}$

**13** 전기장 내에서의 2C의 전하를 두 점 사이로 이동시키는데 200J의 일을 하였다면 두 점 사이의 전위차는 몇 V인가?

① 2V               ② 100V

③ 200V            ④ 400V

**TIP** $W = qV$이므로 $V = \dfrac{W}{q} = \dfrac{200}{2} = 100V$

**14** 다음 회로는 두 개의 저항 $2\Omega$, $4\Omega$을 직렬로 3V 전원에 연결한 회로도를 나타낸다. 이 때 전류계(Ⓐ)와 전압계(Ⓥ)가 가리키는 눈금은 얼마인가? (단, 전지의 내부저항은 무시한다)

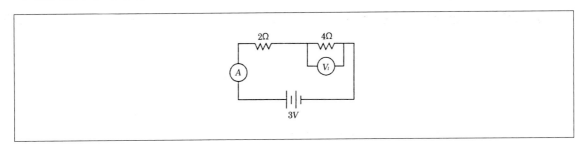

① 0.5A, 1V         ② 0.5A, 2V

③ 1A, 1V            ④ 1A, 2V

**Answer**   12.②   13.②   14.②

TIP $I=\frac{V}{R}$에서 전체저항 $R=2+4=6\Omega$이며 $V=3V$이므로 $I=\frac{3}{6}=0.5A$
전압 $V_1=i_1R_1$이므로 $R_1=4\Omega$, $i_1=I=0.5A$를 대입하여 계산하면 $V_1=2V$

**15** 0℃에서 10Ω인 저항의 온도를 100℃로 해주면 저항은 얼마가 되는가? (단, 비저항 온도계수 $\alpha=3.0\times10^{-3}$이다)

① 100Ω
② 110Ω
③ 30Ω
④ 13Ω

TIP 온도에 따른 저항 $R=R_0(1+\alpha t)$이므로 이 식에 $R_0=10\Omega$, $\alpha=3.0\times10^{-3}$, $t=100℃$를 대입하여 계산하면 $R=13\Omega$

**16** 어떤 저항에 3V를 걸어주니 10mA의 전류가 흘렀다면 이 저항값은?

① 30Ω
② 300Ω
③ 300mΩ
④ 3Ω

TIP 옴의 법칙 $I=\frac{V}{R}$에서 $V=3V$, $I=10mA=0.01A$를 대입하면 $R=\frac{3}{0.01}=300\Omega$

Answer 15.④ 16.②

**17** 다음 그림과 같이 3V, 1V인 전지를 서로 반대로 연결하고, 두 저항 2Ω, 3Ω을 직렬로 연결한 회로에 접속하였을 때 전류가 흐르는 방향과 세기는?

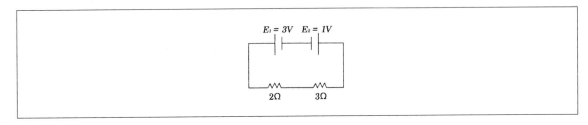

① 시계방향 0.8A

② 반시계방향 0.8A

③ 시계방향 0.4A

④ 반시계방향 0.4A

**TIP** 키르히호프의 폐회로 정리에 의하여 전류는 기전력이 높은 곳에서 낮은 곳으로 흐르므로 반시계방향이며,

$E_1 - ir_1 - ir_2 - E_2 = 0$

$E_2 = 3V$, $r_1 = 2Ω$, $r_2 = 3Ω$, $E_1 = 1V$를 대입하여 계산하면 $i = 0.4A$

**18** 다음 회로는 2Ω인 저항을 혼합 연결하여 6V 전원에 연결한 회로도를 나타낸다. 회로에 흐르는 전체전류는?

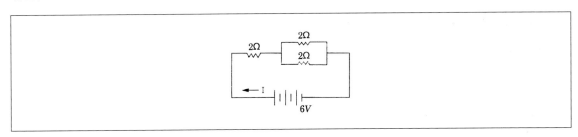

① 2A

② 1A

③ 3A

④ 6A

**TIP** 옴의 법칙으로부터 $I = \dfrac{V}{R}$이며, $V = 6V$, 전체저항 $R = 2 + \dfrac{1}{\dfrac{1}{2} + \dfrac{1}{2}} = 3Ω$이므로 대입하여 계산하면 $I = 2A$

**Answer** 17.④ 18.①

**19** $+Q$의 전기량을 가진 대전체의 2m 거리에 1C의 전기량을 놓았을 때 2.5N의 전기력을 받았다. 거리를 1m로 접근시키면 전기력의 크기는 얼마로 될까?

① 10N

② 5N

③ 2.5N

④ 1N

---

**TIP** **쿨롱의 법칙** … 두 종류의 전하 중 같은 종류의 전하에는 흡인력, 다른 종류의 전하에는 반발력이 작용하는데, 이와 같은 전기력은 2개 전하 $Q_1$, $Q_2$의 곱에 비례하고 양전하의 거리 $r$의 제곱에 반비례한다.

$F = k\dfrac{Q_1 Q_2}{r^2}$ ($k$ : 비례상수)이므로 $2.5 = \dfrac{1}{2^2}k$, $k = 10$ ∴ $F = 10\dfrac{1}{1^2} = 10\text{N}$

**20** 도선의 저항이 $R$인 도선의 길이를 3배로 하면 저항은 몇 배가 되는가?

① $\dfrac{1}{3}$

② $\dfrac{1}{9}$

③ 3

④ 9

---

**TIP** 저항 $R = \rho\dfrac{l}{A}$이므로 3배로 늘린 후의 저항 $R' = \rho\dfrac{l'}{A'}$

$l' = 3l$, $A' = \dfrac{1}{3}A$를 대입하여 정리하면 $R' = 9\rho\dfrac{l}{A} = 9R$

**21** 1.6A의 전류가 10초간 흐른 도선의 한 단면에서 이동하는 전자의 개수는? (단, 전자 1개의 전하량 $e = 1.6 \times 10^{-19}\text{C}$ 이다)

① $10^{19}$

② $10^{20}$

③ $10^{21}$

④ $10^{22}$

---

**TIP** 전하량 $q = it$이므로 $i = 1.6\text{A}$, $t = 10\text{s}$를 대입하면, $q = 16\text{C}$

전자 1개의 전하량 $e = 1.6 \times 10^{-19}\text{C}$이므로 비례식을 쓰면 1개 전자 : $1.6 \times 10^{-19}\text{C}$ = x 개 전자 : 16C

이 식을 정리하여 계산하면 $x = 10^{20}$ 개

**Answer**   19.①  20.④  21.②

**22** 다음과 같이 1Ω, 2Ω, 3Ω의 세 저항이 병렬로 연결된 회로에서 3Ω의 저항에 1A가 흐른다면, 10Ω의 저항에 흐르는 전류의 세기는 몇 A인가?

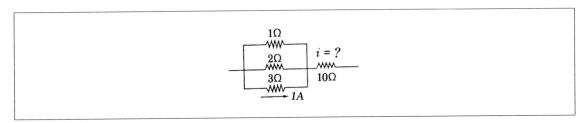

① 1

② 3

③ 5.5

④ 6

---

TIP 전류는 저항에 반비례하므로 $i_1 : i_2 : i_3 = \dfrac{1}{R_1} : \dfrac{1}{R_2} : \dfrac{1}{R_3} = \dfrac{1}{1} : \dfrac{1}{2} : \dfrac{1}{3} = 6 : 3 : 2$

$i_3 = 1A$ 이므로 $i_1 = 3A$, $i_2 = 1.5A$

전체전류 $i = i_1 + i_2 + i_3 = 5.5A$

**23** 다음 회로에서 $R$에 걸리는 전압이 10V일 때 축전기에 충전되는 전기량은?

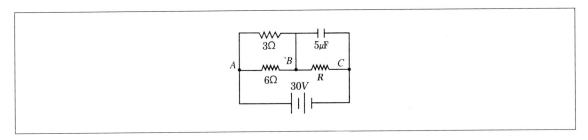

① $2 \times 10^{-5}$C

② $5 \times 10^{-5}$C

③ $4 \times 10^{-4}$C

④ $3 \times 10^{-5}$C

---

TIP $B$, $C$에 걸리는 전압 $V_{BC} = 10$V이므로
축전기에 충전하는 전하량 $Q = CV_{BC}$ 이고,
$C = 5 \times 10^{-6}$F를 대입하여 계산하면
$Q = 5 \times 10^{-5}$C

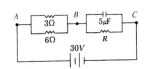

**Answer** 22.③  23.②

**24** 다음과 같은 회로에서 $A$점과 $B$점 사이의 전위차는?

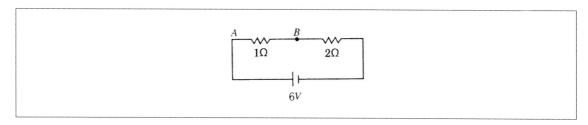

① 1V

② 2V

③ 4V

④ 6V

> **TIP** 전위차 $V_{AB}=ir$이며, $r=1\Omega$이고 전체전류 $i=\dfrac{V}{R}$이므로 $V=6$V, $R=1+2=3\Omega$을 대입하여 간단히 하면 $i=2$A
>
> ∴ $V_{AB}=ir=2$V

**25** 다음과 같이 기전력 18V, 내부저항 $1\Omega$인 전지에 $5\Omega$과 $3\Omega$의 저항을 직렬로 연결하였으며, $b$점은 대지에 접지되어 있다고 할 때 $a$, $b$간의 전위차와 $c$점의 전위를 바르게 표시한 것은? (단, 대지의 전위를 0으로 본다)

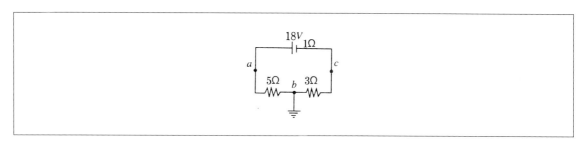

① 10V, 10V

② 10V, −10V

③ 10V, 6V

④ 10V, −6V

> **TIP** 전체전류 $i=\dfrac{V}{R}$에서 전체저항 $R=5+3+1=9\Omega$, $V=18$V이므로 $i=2$A
>
> 전위차 $V_{ab}=ir_1=2\text{A}\times5\Omega=10\,V$,
>
> $V_{bc}=ir_2=2\text{A}\times3\Omega=6\,V$이므로 $c$점에서 전위 $V_c=-6$V 접지점 $b$점에서 전위는 $V_b=0$이다.

**Answer** 24.② 25.④

**26** 다음 회로에서 $A$, $B$간의 전위차는? (단, 전지의 내부저항은 무시한다)

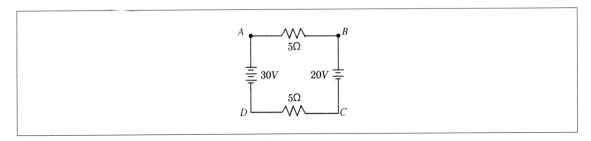

① 5V

② 10V

③ 25V

④ 50V

> **TIP** 폐회로 정리에 의해 전류는 시계방향으로 흐르며 $E_2 - ir_1 - ir_2 - E_1 = 0$
> $E_2 = 30\text{V}$, $r_1 = 5\,\Omega$, $r_2 = 5\,\Omega$, $E_1 = 20\text{V}$를 대입하여 $i$를 구하면 $i = 1\text{A}$
> 전위차 $V_{AB} = ir_1 = 1 \times 5 = 5\text{V}$

**27** 다음 회로에서 $A$, $B$ 사이의 합성저항은?

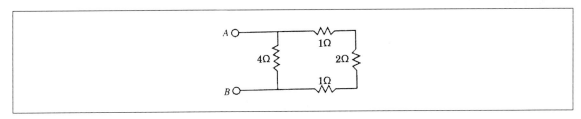

① 0.5$\Omega$

② 1$\Omega$

③ 2$\Omega$

④ 4$\Omega$

> **TIP**
>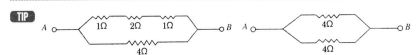
>
> 회로도에서 1$\Omega$, 2$\Omega$, 1$\Omega$이 직렬로 연결되어 있으며
> 이 세 개의 합성저항 $R = 1 + 2 + 1 = 4\,\Omega$이므로 회로도를 간단히 하면 다음과 같다.
>
> 이 두 저항이 병렬로 연결되어 있으므로 합성저항 $R = \dfrac{1}{\dfrac{1}{4} + \dfrac{1}{4}} = 2\,\Omega$

**Answer** 26.① 27.③

**28** 다음과 같은 회로에서 검류계 ⓖ에 전류가 흐르지 않을 경우 저항 $x$는 몇 Ω인가?

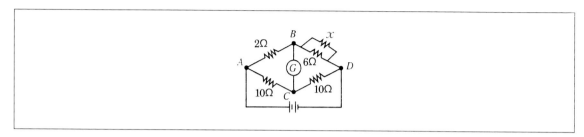

① 2

② 3

③ 4

④ 1

---

**TIP** 검류계 ⓖ에 전류가 흐르지 않는다면 $r_1 r_3 = r_2 r_4$

$r_1 = 2\Omega$, $r_3 = 10\Omega = r_2$를 대입하여 계산하면 $r_4 = 2\Omega$이고, $r_4 = \dfrac{1}{\dfrac{1}{6} + \dfrac{1}{x}} = 2\Omega$

$x = 3\Omega$

**29** 다음 회로에서 기전력 20V, 내부저항 1Ω인 전지에 3Ω, 1Ω의 두 저항선을 연결하고, $B$점을 접지했을 때, $A$점의 전위는 몇 V인가?

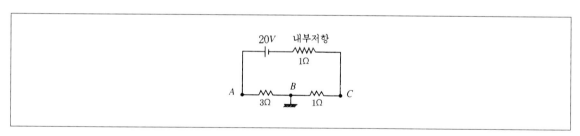

① −6

② −3

③ 6

④ 12

---

**TIP** $B$점에서 접지되었으므로 $V_B = 0$, $A$점에서 전위 $V_A = ir (r = 3\Omega)$

전체 전류 $i = \dfrac{V}{R}$에서 $V = 20\text{V}$, $R = 3 + 1 + 1 = 5\Omega$를 대입하여 계산하면 $i = 4\text{A}$이므로 $V_A = 12\text{V}$

**Answer** 28.② 29.④

**30** 다음 (    )안에 들어갈 말을 순서대로 바르게 나열한 것은?

전류계는 회로에 (    ) 연결하고, 전압계는 (    ) 연결한다.

① 병렬, 직렬    ② 직렬, 병렬
③ 병렬, 병렬    ④ 직렬, 직렬

**TIP** 전류계는 저항 $R$에 직렬로, 전압계는 병렬로 연결하여 사용한다.

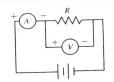

**31** 다음과 같은 회로를 100V의 전원에 연결하면 전류계 Ⓐ는 몇 A를 가리키는가?

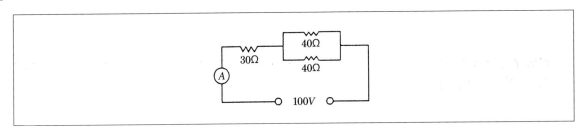

① 0.5    ② 1
③ 1.5    ④ 2

**TIP** 전류계 Ⓐ에 흐르는 전류 $I$는 옴의 법칙에 따라 $I = \dfrac{V}{R}$

40Ω, 2개의 병렬저항을 구하면 $r = \dfrac{1}{\dfrac{1}{40}+\dfrac{1}{40}} = 20\,\Omega$이므로

회로도를 다음과 같이 나타낼 수 있다.
전체저항 $R = 30 + 20 = 50\,\Omega$이며 $V = 100\text{V}$이므로
대입하여 계산하면 $I = 2\text{A}$를 얻는다.

**32** 3Ω, 4Ω의 두 저항을 병렬로 연결할 경우 전체저항의 크기는?

① 3Ω보다 작다.

② 4Ω보다 크다.

③ 4Ω보다 작다

④ 3Ω보다 크다.

 합성저항 $R = \dfrac{1}{\dfrac{1}{3} + \dfrac{1}{4}} = \dfrac{12}{7} = 1.714\,\Omega$이므로

3Ω보다 작게 된다.
임의의 두 저항을 병렬로 연결할 때,
합성저항은 두 저항 중 작은 저항보다 작게 된다.

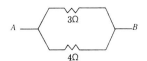

**33** 내부저항이 1Ω인 1.5V용 전지 4개를 직렬로 연결하고, 그 양 끝에 2Ω의 저항선을 연결하여 전류를 통전시켰을 경우 2Ω의 저항에 걸리는 단자저항은? (단, 단위는 V이다)

① 6

② 3

③ 1.5

④ 2

 내부저항 1Ω인 전지 4개를 연결하면 전지 총저항 $r = 4r \times 1 = 4\Omega$

회로의 총저항 $R = 4\Omega + 2\Omega = 6\Omega$

전류 $I = \dfrac{V}{R}$ 이므로 $V = 6\mathrm{V},\ R = 6\Omega$을 대입하면 $I = 1\mathrm{A}$

저항 $R_1$에 걸리는 전위차 $V_1 = I r_1$이므로 $I = 1\mathrm{A},\ r_1 = 2\Omega$을 대입하면 $V = 1 \times 2 = 2\mathrm{V}$

**Answer** 32.① 33.④

**34** 내부저항을 무시할 수 있는 기전력 50V의 전지에 다음과 같이 저항을 연결할 때 60Ω에 흐르는 전류의 세기는?

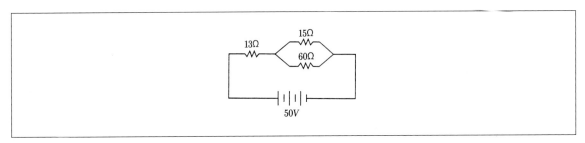

① 0.2A

② 0.4A

③ 0.8A

④ 1.6A

---

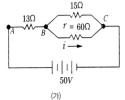

(가) 회로도에서 각 노드를 $A$, $B$, $C$로 표시하였다.

$r = 60\,\Omega$에 흐르는 전류 $I = \dfrac{V_{BC}}{R}$로 구할 수 있다.

$B$, $C$ 사이의 저항 $R_{BC} = \dfrac{1}{\dfrac{1}{60} + \dfrac{1}{15}} = 12\,\Omega$이므로 (나) 회로도로 나타낼 수 있다.

$V_{BC} = I \times R_{BC}$이므로 $I = \dfrac{V}{R}$, 이 식에 $R = 13 + 12 = 25\,\Omega$, $V = 50\text{V}$를 대입하여 계산하면

$I = 2\text{A}$이므로 $V_{BC} = I \times R_{BC} = 2 \times 12 = 24\text{V}$

$I = \dfrac{V_{BC}}{r} = \dfrac{24}{60} = 0.4\text{A}$

**Answer** 34.②

# 04 전류의 열작용

## 01 전기에너지

### ❶ 전기에너지

#### (1) 전기에너지

① 전열기에 전류가 흐르면 저항에 의해 열이 발생한다.

② 전류가 흘러 열에너지를 공급한 것이 되는 데 이 때의 에너지를 전기에너지라고 한다.

③ 전류가 회로에 흐를 경우에는 열로 전환되거나 모터를 돌리는 등의 일을 하게 된다.

#### (2) 전기에너지 공식

① 전기에너지 $W$는 전압 $V$와 전류 $I$와 시간 $t$에 비례한다.

$$W = VIt(\text{J})$$

② 전압($V$)이 일정할 때의 전기에너지

$$W = \frac{V^2}{R}t(\text{J})$$
$$\left(V^2 = 일정, \ E \propto \frac{1}{R}\right)$$

▶ **TIP**

$W = VIt$ 에서 $I = \dfrac{V}{R}$ 로 관계식을 대입하면 $E = \dfrac{V^2}{R}t$ 를 얻는다.

③ 전류($I$)가 일정할 때의 전기에너지

$$E = I^2Rt(\mathrm{J})$$
$$(I^2 = 일정, \ E \propto R)$$

> **TIP**
>
> $E = VIt$에서 $V = IR$ 관계식을 대입하면 $W = I^2Rt$를 얻는다.

### ❷ 줄열

#### (1) 개념

① 도선내 자유전자가 이동하면서 많은 원자들과 충돌하기 때문에 발생하는 열을 말한다.

② 전기에너지가 열에너지로 전환된 것이다.

#### (2) 줄의 법칙(Joule's law)

$$Q = IVt = I^2Rt = \frac{V^2}{R}t(\mathrm{J})$$

#### (3) 전기에너지와 발열량($Q$)의 관계

① 관계식 … 줄의 열의 일당량 4,200J/kcal를 사용하면 다음과 같다.

$$Q = \frac{E}{4,200}(\mathrm{kcal}) = \frac{E}{4.2}(\mathrm{cal}) \fallingdotseq 0.24E(\mathrm{cal})$$

> **TIP**
>
> 줄열의 일당량 $J=$4,200J/kcal 혹은 $J=$4.2J/cal이다.

② 전기에너지에 의한 발열량의 계산

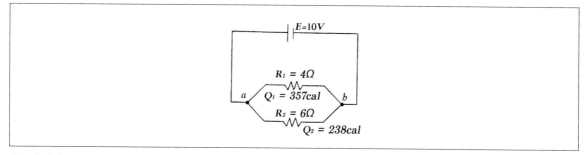

㉠ 기전력 $E = 10\text{V}$ 인 전지에 저항 $R_1 = 4\,\Omega$ , $R_2 = 6\,\Omega$ 을 병렬로 연결한 회로에서 1분 동안 발생하는 열량을 나타낸 것이다.

㉡ 단자 $a$ , $b$ 사이에 걸리는 전압은 모두 $10\text{V}$ 이므로 $V_1 = V_2 = 10\text{V}$ 로 일정하다.

㉢ 발열량 $Q_1 = \dfrac{1}{4.2} \times \dfrac{V_1{}^2}{R_1} t$ , $Q_2 = \dfrac{1}{4.2} \times \dfrac{V_2{}^2}{R_2} t\,(t = 1$분간 흐를 때의 발열량)이며, 이 식에 $V_1 = 10\text{V}$ , $R_1 = 4\,\Omega$ , $R_2 = 6\,\Omega$ , $t = 60\text{s}$ 를 대입하면 $Q_1 = 357\text{cal}$, $Q_2 = 238\text{cal}$ 를 얻는다.

# 02 전력과 전력량

## ❶ 전력($P$)

### (1) 개념

단위시간에 공급되는 전기에너지를 전력이라 한다.

$$\text{전력 } (P) = \frac{E}{t} = \frac{VIt}{t} = VI(\text{W : 와트})$$

(2) 저항의 연결과 발열량

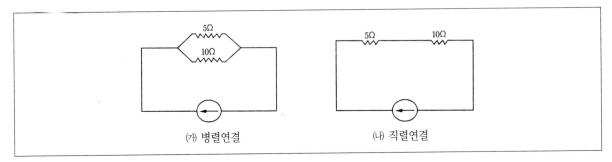

(개) 병렬연결        (내) 직렬연결

① 전압이 일정할 때의 전력(병렬연결) … 저항에 반비례하며, (개에서처럼 $5\Omega$의 저항에서 $10\Omega$보다 2배 많은 열이 발생한다.

$$P = \frac{V^2}{R}\,(\mathrm{W})$$

② 전류가 일정할 때의 전력(직렬연결) … 저항에 비례하며, (내에서처럼 $10\Omega$의 저항에서 $5\Omega$보다 2배 많은 열이 발생한다.

$$P = I^2 R\,(\mathrm{W})$$

❷ 전력량($W$)

(1) 개념

① 일정시간 동안 사용한 전기에너지의 총량을 전력량이라 한다.

② 일정시간($h$시간)동안 사용한 전력량

$$\text{전력량}(W) = P \times t \,(\mathrm{Wh} : \text{와트시})$$

(2) 전력량과 전기에너지의 관계

① 1Wh는 1J의 전기에너지를 3,600초(시간)동안 사용한 전기에너지를 말한다.

$$1\mathrm{Wh} = 3{,}600\mathrm{J}$$

> TIP
$1\mathrm{kWh} = 1{,}000\mathrm{Wh} = 3.6 \times 10^6 \mathrm{J}$과 같다.

② 전력량에 따른 전류의 계산

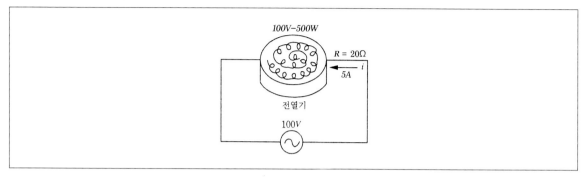

㉠ 다음은 100V − 500W 전열기를 100V 전원에 연결한 회로에서 전열기의 저항 $R$과 그 때 흐르는 전류 $i$ 를 나타낸 것이다.

㉡ 전압 $V$가 일정하므로 $P = \dfrac{V^2}{R}$ 이고, $P = 500\text{W}$, $V = 100\text{V}$ 를 대입하여 계산하면 $R = 20\,\Omega$이 된다.

㉢ 전류 $i$(방향은 임의로 정했음)의 크기는 다음 식 $i = \dfrac{V}{R}$ 에 의하여 $R = 20\,\Omega$, $V = 100\text{V}$ 를 대입하면 $i = 5\text{A}$ 임을 알 수 있다.

# 최근 기출문제 분석

2019. 10. 12. 제2회 지방직(고졸경채) 시행

**1** 그림은 소비전력이 각각 40W인 전구 A와 20W인 형광등 B를 220V인 전원에 연결하여 동시에 사용하는 모습을 나타낸 것이다. 이에 대한 설명으로 옳은 것만을 모두 고르면?

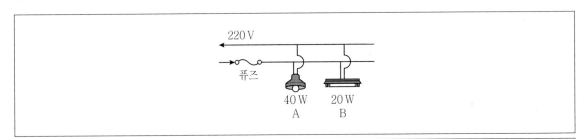

ㄱ A와 B에 흐르는 전류의 세기는 같다.

ㄴ A와 B의 저항의 크기의 비는 1 : 2이다.

ㄷ A와 B를 동시에 5시간 동안 사용하면 전체 소비 전력량은 300Wh이다.

① ㄱ, ㄴ

② ㄱ, ㄷ

③ ㄴ, ㄷ

④ ㄱ, ㄴ, ㄷ

**TIP** ㄱ 소비전력 $P = IV$이므로 A에는 $\frac{40}{220}$, B에는 $\frac{20}{220}$의 전류가 흐른다. 따라서 전류의 세기는 다르다. (X)

ㄴ $R = \frac{V}{I}$이므로 전압은 같고 전류가 2배일 때 저항은 $\frac{1}{2}$배가 된다. 따라서 A와 B의 저항의 크기의 비는 1 : 2이다. (O)

ㄷ A와 B를 동시에 5시간 동안 사용하면 전체 소비전력량은 $(40+20) \times 5 = 300\text{Wh}$이다. (O)

2019. 10. 12. 제2회 지방직(고졸경채) 시행

**2** 저항이 4Ω인 송전선에 20A의 전류가 흐를 때, 송전선에서 열로 손실된 전력[W]은?

① 800

② 1,000

③ 1,600

④ 3,200

**TIP** $P_{손실} = I^2 R$이므로 $20^2 \times 4 = 1,600\text{W}$이다.

**Answer** 1.③ 2.③

2019. 4. 13. 해양경찰청 시행

## 3 열의 이동에 대한 설명으로 옳은 것을 모두 고른 것은?

> ㉠ 금속 막대에서 전도에 의해 이동하는 열량은 금속 막대의 길이에 비례하고 양끝의 온도 차이에 비례한다.
>
> ㉡ 모든 조건이 같고 열전도율만 다른 두 금속 막대에서 열전도율이 클수록 전도에 의해 단위 시간당 이동하는 열의 양이 많다.
>
> ㉢ 지구 중력장을 벗어나면 대류에 의한 열의 이동은 거의 일어나지 않는다.
>
> ㉣ 열은 고온의 물체에서 저온의 물체로 스스로 이동하며 저온의 물체에서 고온의 물체로는 스스로 이동하지 않는다.

① ㉠, ㉢, ㉣　　　　　　　　　　② ㉠, ㉡, ㉢

③ ㉡, ㉢, ㉣　　　　　　　　　　④ ㉠, ㉡, ㉣

**TIP** ㉠ 금속 막대에서 전도에 의해 이동하는 열량은 금속 막대의 길이에 반비례하고 양끝의 온도 차이에 비례한다.

2016. 3. 19. 국민안전처(해양경찰) 시행

## 4 다음 회로와 같이 2Ω, 4Ω, 8Ω인 세 저항을 병렬로 전원에 연결할 때 각 저항에 소모되는 전력량의 비 ($E_1 : E_2 : E_3$)는?

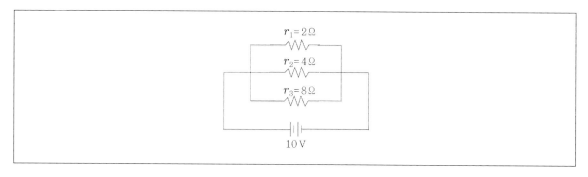

① 4 : 2 : 1　　　　　　　　　　② 16 : 4 : 1

③ 1 : 2 : 4　　　　　　　　　　④ 1 : 4 : 16

**TIP** 소비전력 $P = \dfrac{V^2}{R}$ 에서 전압이 일정하므로 전력량의 비는 저항의 역수의 비로 구한다.

따라서 $E_1 : E_2 : E_3$은 $\dfrac{1}{2} : \dfrac{1}{4} : \dfrac{1}{8}$ = 4 : 2 : 1이다.

**Answer** 3.③ 4.①

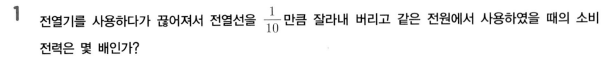

## 출제 예상 문제

**1** 전열기를 사용하다가 끊어져서 전열선을 $\frac{1}{10}$ 만큼 잘라내 버리고 같은 전원에서 사용하였을 때의 소비 전력은 몇 배인가?

① $\frac{1}{10}$ 배

② $\frac{9}{10}$ 배

③ $\frac{10}{9}$ 배

④ 10배

> **TIP** 원래의 저항을 $R_1$ 이라 하면 현재의 저항 $R = R_1 - \frac{1}{10}R_1 = \frac{9}{10}R_1$
>
> $P = \frac{V^2}{R}$ 에서 전력은 저항에 반비례$\left( P \propto \frac{1}{R} \right)$하므로
>
> 소비전력은 $\frac{10}{9}$ 배가 된다.

**2** 100V − 50W 전구와 100V − 100W 전구를 직렬로 연결하여 그 양 끝을 100V의 전원에 연결할 때, 50W의 전구에서 소비되는 전력은 100W의 전구에서 소비되는 전력의 몇 배인가?

① 4배

② 2배

③ $\frac{1}{2}$ 배

④ $\frac{1}{4}$ 배

> **TIP** 소비전력 $P = \frac{V^2}{R}$ 이므로 $R = \frac{V^2}{P}$, 직렬연결시 $I$가 일정하므로 $P \propto R$
>
> 50W 전구의 저항 $R = \frac{100^2}{50} = 200\,\Omega$, 100W 전구의 저항 $R = \frac{100^2}{100} = 100\,\Omega$이므로
>
> $50W : 100W = 200 : 100 = 2 : 1$

**Answer** 1.③ 2.②

**3** 100V용 전구에 1A의 전류가 필라멘트에 흐르고 있다. 이 필라멘트의 저항과 전구의 일률은?

① 100Ω과 100W

② 150Ω과 200W

③ 200Ω과 300W

④ 250Ω과 400W

---

**TIP** 옴의 법칙 $V = IR$에서 $R = \dfrac{V}{I} = \dfrac{100}{1} = 100\,\Omega$

일률 $P = \dfrac{V^2}{R} = \dfrac{100^2}{100} = 100W$

**4** 100V용 100W의 전구를 100V 전원에 연결해서 하루에 3시간씩 30일간 사용하면 전력량은?

① 2kWh

② 6kWh

③ 8kWh

④ 9kWh

---

**TIP** $W = Pt = 100 \times 3 \times 30 = 9\text{kWh}$

**5** 100V − 200W의 전열기를 80V의 전원에 연결하였을 때 이 전열기에서 소비되는 전력은?

① 400W

② 64W

③ 100W

④ 128W

---

**TIP** $P = \dfrac{V^2}{R}$ 이므로 $200 = \dfrac{100^2}{R}$ $\therefore R = 50\,\Omega$

80V 전원에 연결하면 $P = \dfrac{V^2}{R} = \dfrac{80^2}{50} = 128W$

**Answer** 3.① 4.④ 5.④

**6** 전력수송에서 송전전압이 10배로 승압되어 송전선의 열손실이 2W가 된다면 승압하기전 송전선의 손실은 몇 W인가?

① 2

② 20

③ 200

④ 400

---

TIP $P' = \dfrac{P^2}{V^2}R$, $P' \propto \dfrac{1}{V^2}$ 이므로 $\dfrac{1}{10^2}$ 배로 전력손실이 일어난다.

승압전의 송전전압 $= 100 \times 2 = 200$W가 된다.

**7** 같은 굵기의 니크롬선으로 만든 전열기 $A$와 $B$가 있다. 전열기 $A$는 전열기 $B$보다 니크롬선의 길이가 2배 길다고 할 때 전열기 $A$에서 발생하는 열량은 같은 시간에 전열기 $B$가 발생하는 열량의 몇 배가 되는가? (단, 이들은 각각 같은 기전력을 가진 전원에 연결되어 있다)

① 6배

② 5배

③ $\dfrac{1}{4}$ 배

④ $\dfrac{1}{2}$ 배

---

TIP 발열량 $Q = \dfrac{V^2}{R}t$로 $V$가 같을 때 이므로 $Q \propto \dfrac{1}{R}$

$r_A = 2r_B$ 이므로 $Q_A : Q_B = \dfrac{1}{r_A} : \dfrac{1}{r_B} = 1 : 2$

$Q_A$는 $Q_B$의 $\dfrac{1}{2}$ 배

**Answer**　6.③　7.④

**8** 다음 회로와 같이 2Ω, 4Ω, 8Ω인 세 저항을 병렬로 전원에 연결할 때 저항에 소모되는 전력량의 비 $E_1 : E_2 : E_3$로 옳은 것은?

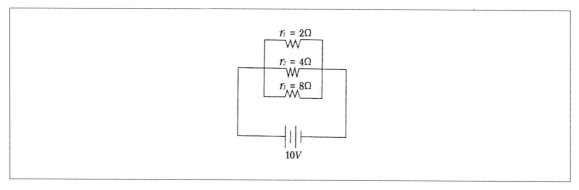

① $4 : 2 : 1$

② $4^2 : 2^2 : 1$

③ $1 : 2 : 4$

④ $1 : 2^2 : 4^2$

---

**TIP** 병렬연결에서 소모되는 전력량 $E = \dfrac{V^2}{R} t$ 즉 $E \propto \dfrac{1}{R}$ 이므로

$$E_1 : E_2 : E_3 = \frac{1}{R_1} : \frac{1}{R_2} : \frac{1}{R_3} = \frac{1}{2} : \frac{1}{4} : \frac{1}{8} = 4 : 2 : 1$$

**9** 100V – 500W의 전열기를 100V에 연결하여 사용할 때 10분간 발생하는 열량으로 물 1$l$의 온도를 몇 ℃나 올릴 수 있는가?

① $36℃$

② $48℃$

③ $60℃$

④ $72℃$

---

**TIP** 발열량 $Q = 2.4i^2 Rt = 0.24 Pt \, (\mathrm{cal})$ 이고, 흡수하는 열량 $Q = mc\Delta t$ 이므로

$$0.24 \times 500 \times 10 \times 60 = 1 \times 10^3 \times \Delta t$$

$$\Delta t = 72℃$$

**Answer**　8.①　9.④

**10** 200V – 800W 전열기를 100V 전원에 연결하여 10시간 동안 사용하였을 경우 발생되는 열량은?

① 1,714cal

② 17,140cal

③ 1,714kcal

④ 171,400kcal

**TIP** 전열기의 저항을 $R$이라 하면, 전력량

$$W = \frac{V^2}{R} \cdot t \,(\mathrm{Wh}) = 3,600 \frac{\mathrm{V}^2}{\mathrm{R}} \cdot \mathrm{t} \,(\mathrm{J}) = \frac{1}{4.2} \cdot 3,600 \frac{\mathrm{V}_2}{\mathrm{R}} \cdot \mathrm{t} \,(\mathrm{cal})$$

200V – 800W의 전열기의 저항 $R = \frac{V_2}{P} = \frac{200^2}{800} = 50\,\Omega$이므로

$V = 100\mathrm{V}$, $t = 10\mathrm{h}$를 $W = \frac{3,600}{4.2} \cdot \frac{V^2}{R} t$에 대입하여 계산하면

$$W = \frac{3,600}{4.2} \cdot \frac{100^2}{50} \cdot 10\mathrm{h} = 1,714\mathrm{kcal}$$

**11** 100V – 500W 의 모터로 10kg의 물체를 1초에 4m씩 끌어올릴 때 이 모터의 효율은? (단, $g = 10\,\mathrm{m/s}^2$ 이다)

① 20%

② 40%

③ 60%

④ 80%

**TIP** 모터의 1초 동안 할 수 있는 일의 양 = 전력량이므로 $W = Pt = 500\mathrm{W} \cdot 1\mathrm{s} = 500\mathrm{J}$

모터가 1초 동안 한 일의 양 $W' = mgh = 10\mathrm{kg} \times 10\mathrm{m/s}^2 \times 4\mathrm{m} = 400\mathrm{J}$

모터의 효율 $e = \frac{W'}{W} = \frac{400}{500} = 0.8 = 80\%$

**12** 다음 회로에서 $R$은 모두 같은 저항값이고, $(A)$에서의 소모전력이 4W라고 할 때 $(B)$에서의 소모전력은?

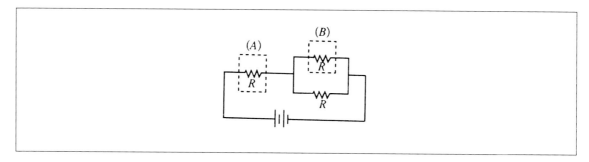

① 1W

② 2W

③ 8W

④ 16W

---

**TIP** 먼저 $B$, $C$의 합성저항을 구해서 $A$의 소모전력과 $B$, $C$의 합성소모전력을 구한다.

$B$, $C$의 합성저항 $R' = \dfrac{1}{\dfrac{1}{R}+\dfrac{1}{R}} = \dfrac{R}{2}$ 이므로 $A$ 소모전력의 $\dfrac{1}{2}$ 배이며

$B$는 $B$, $C$합성소모전력의 $\dfrac{1}{2}$ 배이므로

$A$ 소모전력의 $\dfrac{1}{4}$ 배이다.

그러므로 $B$에서의 소모전력은 1W 이다.

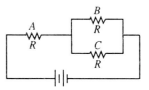

**13** 저항 10Ω과 20Ω인 니크롬선을 물그릇 $A$와 $B$에 넣고 다음과 같이 100V의 전원에 연결하였다. $A$와 $B$에서 발생하는 열량의 비는?

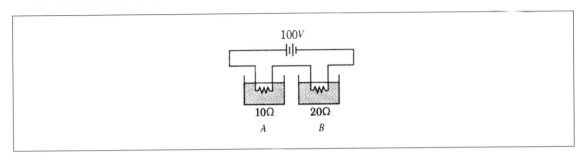

① 1 : 2

② 1 : 4

③ 2 : 1

④ 4 : 1

---

**TIP** 저항의 직렬연결에서 발열량 $Q = I^2 Rt$ ($I$가 같을 때)이므로

$Q_A : Q_B = R_A : R_B = 10 : 20 = 1 : 2$

**14** 다음과 같은 저항과 축전기 회로에서 스위치 $S_1$을 열고 $S_2$를 닫을 경우 20Ω의 저항에서 발생되는 열에너지는?

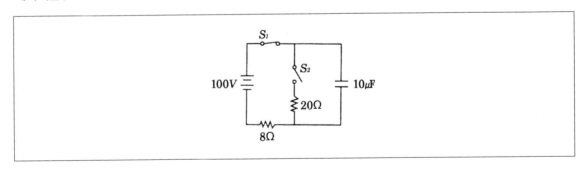

① $2 \times 10^{-5}$J

② $3 \times 10^{-4}$J

③ $4 \times 10^{-3}$J

④ $5 \times 10^{-2}$J

## 15 100V용 100W 전구 $A$와 100V용 60W 전구 $B$를 100V 전원에 연결하여 사용하려고 한다. 다음 설명 중 옳지 않은 것은?

① $A$의 전기저항이 $B$의 전기저항보다 크다.

② $A$와 $B$를 직렬연결시 전류의 세기는 같다.

③ $A$와 $B$를 직렬연결시 $B$가 $A$보다 더 밝다.

④ $A$와 $B$를 병렬연결시 두 전구에 걸리는 전압은 같다.

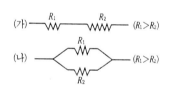
**Answer** 15.①

**16** 100V 전원에 연결된 전열기에 5A의 전류가 흐르고 있을 때 이 전열기가 7분 동안 발생할 수 있는 열량은? (단, $J = 4.2\mathrm{J/cal}$이다)

① 50cal

② 84cal

③ 500cal

④ 50,000cal

---

**TIP** 전기에너지 $E = \dfrac{V^2}{R}t(\mathrm{J})$이므로 발열량 $Q = \dfrac{E}{J}\mathrm{cal}(J = 4.2)$

전열기 저항 $R = \dfrac{V}{i} = \dfrac{100}{5\mathrm{A}} = 20\mathrm{W}$이므로

$E = \dfrac{V^2}{R}t$에 $V = 100\mathrm{V}$, $R = 20\,\Omega$, $t = 7 \times 60 = 420\mathrm{s}$를 대입하여 계산하면 $E = 2.1 \times 10^5 \mathrm{J}$

발열량 $Q = \dfrac{E}{J} = \dfrac{2.1 \times 10^5}{4.2} = 50,000\mathrm{cal}$

---

**17** 100V, 500W의 전열기를 100V 전원에 연결했을 때 흐르는 전류는 몇 A인가?

① 0.2

② 320

③ 2,500

④ 5

---

**TIP** 전류 $i = \dfrac{V}{R}$에서 $V = 100\mathrm{V}$이며, 전열기 저항 $R = \dfrac{V^2}{P}$이므로

$V = 100\mathrm{V}$, $P = 500\mathrm{W}$를 대입하면 $R = \dfrac{(100)^2}{500} = 20\,\Omega$

이 값을 원식에 대입하면 전류 $i = \dfrac{100\mathrm{V}}{20\,\Omega} = 5\mathrm{A}$

---

**Answer** 16.④ 17.④

**18** 100V 용 100W 전구를 80V 전원에 연결할 경우 소모전력은 몇 W인가?

① 16

② 32

③ 48

④ 64

---

**TIP**

소모전력 $P = \dfrac{V^2}{R}$ ( $V$가 일정할 때)이므로 $V = 80V$

전구저항 $R = \dfrac{V_2}{P}$ 에서 $V = 100V$, $P = 100W$를 대입하면 전구의 저항 $R = 100\,\Omega$

이 값을 원식에 대입하여 계산하면 $P = \dfrac{(80V)^2}{100\,\Omega} = 64W$

**19** 100V용 500W 전열기를 120V 전원에 연결하였을 때 소비전력은 몇 W인가?

① 400

② 500

③ 520

④ 720

---

**TIP**

소비전력 $P = \dfrac{V^2}{R}$ 이므로 $V = 120V$

전열기 저항 $R = \dfrac{V^2}{P} = \dfrac{(100V)^2}{500W} = 20\,\Omega$

$V = 120V$, $R = 20\,\Omega$을 대입하면 $P = \dfrac{(120)^2}{20} = 720W$

**Answer** 18.④  19.④

# 05 전류와 자기장

## 01 자기장

### ❶ 자기장

#### (1) 자기장의 개요

① 자기장($B$)

ㄱ **개념** : 자석 또는 전류가 흐르는 도선 주위에 자기력이 미치는 공간을 말한다.

ㄴ **자기장의 세기** : 질량이 $m$인 물체를 자기장 안에 놓았을 때 힘 $F$를 받는다면 자기장의 세기는 다음과 같다.

$$자기장의 \ 세기(H) = \frac{F}{m} (N/Wb = A/m)$$

> **TIP**
> Wb는 '웨버'라 읽으며 자속($\phi$)의 단위이다.

ㄷ **자기장의 방향** : 자기 N극이 받는 힘의 방향을 자기장의 방향으로 정하며, 자기력선의 방향과 일치한다.

> **TIP**
> 전하는 양전하와 음전하로 분리할 수 있지만, 자석은 아무리 쪼개도 N극이나 S극의 단일극으로 나뉘지 않는다.

② **자기력**

ㄱ **개념** : 자성을 띠는 물체간에 작용하는 힘을 말한다.

ㄴ **자기력의 종류**

• **인력** : 다른 극끼리 서로 당기는 힘을 말한다.

• **척력** : 같은 극끼리 서로 미는 힘을 말한다.

ⓒ 자기력의 세기 : 자기량 $m$인 물체가 자기장안에 있을 때 가장 크다.

$$자기력(F) = m \cdot H(\mathrm{N})$$

ⓔ 자기량이 $m_1$, $m_2$인 두 물체가 거리 $r$만큼 떨어져 있을 때의 자기력

$$F = k\frac{m_1 m_2}{r^2}(\mathrm{N}) \left[\mathrm{k} : 6.33 \times 10^4\right]$$

③ 자기력선

   ⓞ 개념 : 나침반의 N극이 가리키는 방향을 연결한 선을 말한다.

   ⓝ 특징

     • 방향 : N극에서 나와 S극으로 들어간다(자기장의 방향).

> **TIP**
>
> **지구 자기장** … 나침반의 N극이 북쪽을 가리키는 것은 지구도 거대한 자기장으로 북쪽이 자석의 S극에 해당되기 때문이다.

     • 도중에 만나거나 갈라지지 않는다.

     • 자기력선의 밀도가 높은 곳이 자기장이 센 곳이다.

[자기장의 방향]

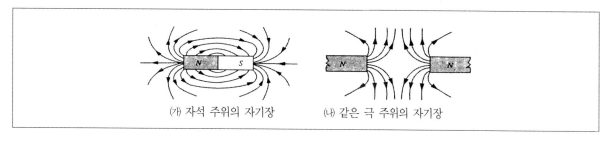

(가) 자석 주위의 자기장　　　(나) 같은 극 주위의 자기장

④ 자속밀도($B$)

   ⓞ 개념 : 단위면적($S$)에 통과하는 자속($\phi$ : 자기력선수)으로 정의한다.

$$자속밀도(B) = \frac{\phi}{S}(\mathrm{Wb/m^2})$$

   ⓝ 전하량 $q_0$인 입자가 자속밀도 $B$ 속으로 속도 $V$로 자기장 $H$와의 사이각 $\theta$로 입사될 때 입자가 받은 힘 $F$

$$F = q_0 VB\sin\theta \;\; 즉, B = \frac{F}{q_0 V\sin\theta}$$

$$(1\mathrm{tesla} = 10^4 \mathrm{gauss})$$

ⓒ 양전하 $+q_0$가 자속밀도 $B$인 자기장안으로 입사될 때 입자가 받는 힘 $F$

$$F = q_0 V \times B$$
$$(\text{양전하 } q_0 > 0, \text{ 음전하 } q_0 < 0)$$

- 스칼라량으로 고쳐쓰면 $F = q_0 VB\sin\theta$이다.
- 힘의 방향은 오른나사가 $V$에서 $B$으로 돌아갈 때 나사의 진행방향과 같다.
- 받는 힘은 $\theta = 90°$일 때 최대이며, $\theta = 0°$ 즉, $B$와 $V$의 방향이 평형이면 $F = 0$이다.

[자기장($H$)에 $q_0$ 입자가 입사될 때(양전하 : $q_0 > 0$, 음전하 : $q_0 < 0$) 받는 힘]

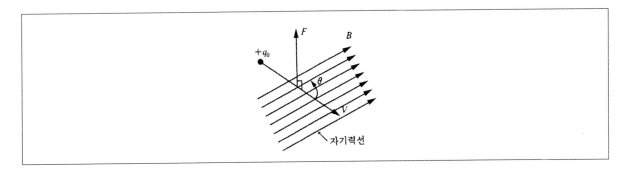

### (2) 자화와 자성체

① **자화** … 외부 자기장에 의해 물질의 양 끝에 자극이 발생하도록 분자 자석이 정렬되는 현상이다.

② **자성체**
  ㉠ 모든 물질은 자기장 내에서 자기모멘트를 나타내므로 자성체라 할 수 있다.
  ㉡ 자성을 지닌 물질, 즉 자기장 내에서 자화하는 물질을 자성체라 한다.

③ **자성체의 종류**
  ㉠ **상자성체** : 외부 자기장에 의해 약하게 자화되는 물질로 백금, 알루미늄 등의 금속이나 공기, 액체 산소 등이 있다.
  ㉡ **반자성체** : 외부 자기장의 반대 방향으로 자기모멘트가 생겨 자기장의 크기를 감소시키는 물질로 수소, 물, 수정, 수은, 납, 구리 등이 있다.
  ㉢ **강자성체** : 외부 자기장의 방향으로 자화되어 자기장의 크기를 크게 하는 물질로 니켈, 코발트, 철 등이 있다.

④ **물질의 자기적 성질**
  ㉠ 물질이 외부 자기장의 영향을 받는 정도에 따라 달라진다.
  ㉡ 물질의 자기장에 대한 자화의 방향이나 세기에 따라 달라진다.

## ❷ 전자기력

### (1) 전류와 자기장

① 자기장 내에 있는 도선이 받는 힘

$$F = Il \times B = IlB\sin\theta(\mathrm{N}), \ F = \frac{1}{10} BIl\sin\theta(\mathrm{dyne})$$

② 자속밀도 $B$ 내에 있는 길이 $l$인 도선이 받는 힘의 방향

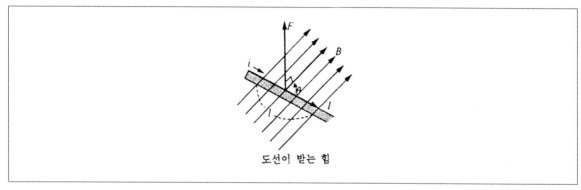

도선이 받는 힘

ㄱ 힘 $F$는 오른나사가 $l$에서 $B$로 돌아갈 때 진행 방향으로 작용한다.

ㄴ 도선과 자속밀도의 사이각 $\theta$가 90°일 때 도선이 받는 힘이 최대이며, $\theta = 0°$일 때는 도선의 받는 힘 $F = 0$이 된다.

### (2) 전하와 자기장

① 로렌츠의 힘 ⋯ 자기장 속에서 운동하는 한 개의 전하가 받는 힘을 의미한다.

$$F = BqV(V : \text{전하의 속도})$$

② 자기장 내에 입사된 입자의 운동

ㄱ 자속밀도 $B$인 자기장 내에 전하 $q_0$를 $B$와 수직으로 입사하면, 입자는 원운동을 하게 된다.

ㄴ 원운동의 반지름 : $r = \dfrac{mV}{q_0 B}$ ($m$ : 입자의 질량, $V$ : 입자의 입사속도)

ㄷ 입자의 각속도 : $W = \dfrac{V}{r} = \dfrac{q_0 B}{m}$

ㄹ 입자의 진동수 : $f = \dfrac{q_0 B}{2\pi m}$ (Hz)

ⓜ 입자의 주기 : $T = \dfrac{2\pi m}{q_0 B}$

③ 자속밀도가 $B$인 자기장에 입사된 전자의 운동

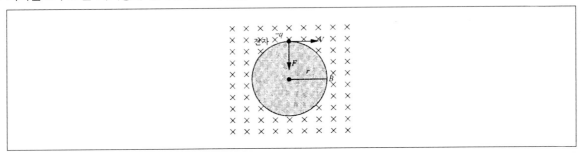

$$F = -qV \times B \text{(전자는 음전하이므로 } q_0 < 0)$$

## (3) 사이클로트론(질량분석기)

① **질량분석기의 원리** ⋯ 전하량이 $q_0$인 입자를 $V$속도로 자기장 내에 입사할 때 그리는 원운동의 반지름 $r$을 구하면 입자의 질량은 다음과 같이 나타낼 수 있다.

$$r = \dfrac{mV}{q_0 B}, \quad \dfrac{m}{q_0} = \dfrac{Br}{V}$$

② **사이클로트론**(Cyclotron)
　　㉠ 개념 : 양성자나 중성자를 높은 에너지로 가속하도록 한 장치이다.
　　㉡ 입자의 속도

$$V = \dfrac{q_0 Br}{m}$$

　　㉢ 입자의 운동에너지

$$K = \dfrac{1}{2}mV^2 = \dfrac{(q_0 Br)^2}{2m}$$

ⓔ 사이클로트론의 원리

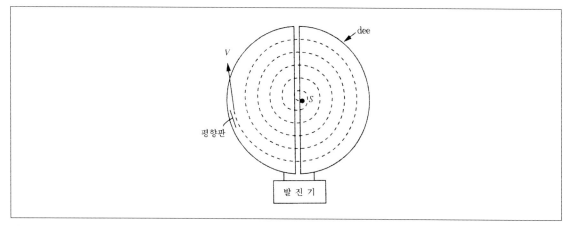

- 입자가 $S$에서 사이클로트론 속으로 들어가 높은 전압을 걸어주면 원운동을 하면서 가속된다.
- 가속된 입자가 편향판에 의해서 자기장 내에 입사하게 된다.
- 입사된 입자는 질량이 클수록 반경이 넓은 원운동을 한다.
- 입자가 자기장에 비스듬히(직각이 아님) 입사되면 입자는 나선운동을 한다.

# 02 도선 주위의 자기장

## ❶ 직선도선 주위의 자기장

(1) 암페어의 법칙

① 직선도선 주위의 자기장은 원형모양을 이룬다.

② 자기장의 방향 … 전류의 방향을 엄지손가락으로 했을 때, 오른손을 감아쥐는 방향이 자기장의 방향이다.

[직선도선 주위의 자기장과 방향]

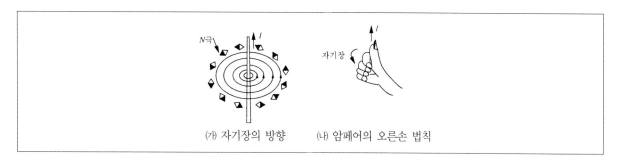

(가) 자기장의 방향     (나) 암페어의 오른손 법칙

## (2) 자속밀도 $B$의 계산

자속밀도 $B$는 전류 $I$에 비례하고, 도선에서 거리 $r$에 반비례한다.

$$B = k\frac{I}{r} (\text{Wb/m}^2) \; [\text{k} = 2\pi \times 10^{-7} \text{N/A}^2]$$

## (3) 두 평행도선 사이에 작용하는 힘

① 두 도선의 전류가 같은 방향으로 흐르면 인력이 작용하고, 전류방향이 반대이면 척력이 작용한다.

### [두 평형도선 사이의 자기장과 힘]

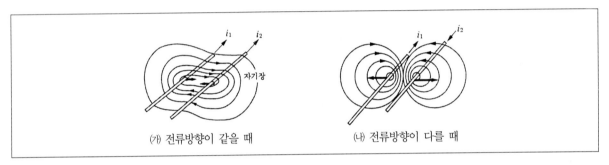

(가) 전류방향이 같을 때      (나) 전류방향이 다를 때

② 두 도선이 $r$만큼 떨어져 있을 때 도선이 받는 힘 $F$

$$F = BI_2 l = k\frac{I_1 I_2}{r} l (\text{N})$$

($I_1$, $I_2$ : 두 도선에 흐르는 전류, $l$ : 도선의 길이)

> **TIP**
>
> 두 도선은 자기장에 대하여 직각이므로 받는 힘 $F = I_1 l \times B$ 즉, $F = I_1 l B \sin 90° = I_1 l B$이다.
>
> 이 식에 $B = k\frac{I_2}{r}$를 대입하면 $F = k\frac{I_1 I_2}{r} l$ 을 얻는다.

## ❷ 원형도선 주위의 자기장

### (1) 원형도선에 의한 자기장

① 전류의 방향을 오른나사가 돌아가는 방향으로 정하면, 자기장의 방향은 나사의 진행방향이다.

② 도선 안에는 오른나사의 진행방향으로 자기장이 흐르나, 도선 근처에는 암페어 법칙에 의해 원형 자기장이 생긴다.

[원형도선 주위의 자기장의 방향]

(2) 원형도선에 의한 자기장의 특징

① 자기장(자속밀도 : $B$)의 세기

$$B = k\frac{I}{r}(\mathrm{Wb/m^2})$$

② **자기장의 방향** … 전류의 방향을 오른손을 쥐는 방향으로 하면 자기장의 방향은 엄지손가락이 가리키는 방향이다.

[솔레노이드 주위에 발생하는 자기장의 방향]

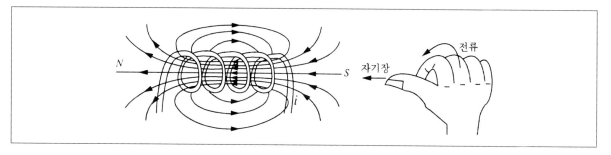

③ 솔레노이드

㉠ 원통에 코일을 여러 번 감은 것을 솔레노이드라 하며, 전류를 흐르게 하면, 자기장은 막대자석과 같은 모양이 된다.

㉡ 솔레노이드 내부의 자기장($B$)

$$B = \mu_o n I(Wb/m^2)\ [\mu_o = 4\pi \times 10^{-7}]$$

# 최근 기출문제 분석

2021. 10. 16. 제2회 지방직(고졸경채) 시행

**1** 그림은 전동기의 구조를 모식적으로 나타낸 것이다. 이에 대한 설명으로 옳은 것만을 모두 고르면?

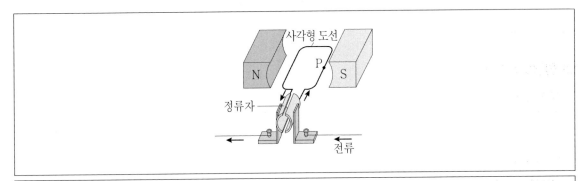

　　ⓘ 전기 에너지를 운동 에너지로 변환한다.
　　ⓛ 전류가 많이 흐를수록 회전 속력이 빨라진다.
　　ⓒ 사각형 도선의 점 P는 위쪽으로 힘을 받는다.

① ⓘ, ⓛ

② ⓘ, ⓒ

③ ⓛ, ⓒ

④ ⓘ, ⓛ, ⓒ

**TIP** ⓘ 전동기는 전기 에너지를 운동 에너지로 변환하는 장치이다.
　　 ⓛ 전류가 많이 흐를수록 도선에 더 큰 자기력이 발생하므로 회전 속력이 빨라진다.
　　 ⓒ 플레밍의 왼손법칙에 의해 점 P는 아래쪽으로 힘을 받는다.

**Answer** 1.①

**2** 그림은 종이 면에서 수직으로 나오는 방향으로 전류 *I*가 흐르는 무한히 긴 직선 도선 A와 전류가 흐르는 무한히 긴 직선 도선 B를 나타낸 것이다. 점 P, Q, R은 두 직선 도선을 잇는 직선상의 점들이고, A와 B 사이의 정중앙 점 Q에서 자기장의 세기가 0이다. 이에 대한 설명으로 옳은 것은?

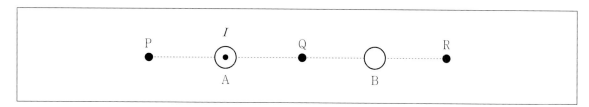

① 직선 도선 B의 전류의 세기는 2*I*이다.

② 점 P에서 자기장의 방향은 아래 방향이다.

③ 점 R에서 자기장의 방향은 아래 방향이다.

④ 직선 도선 B의 전류의 방향은 종이 면에 수직으로 들어가는 방향이다.

**TIP** ① 정중앙 점 Q에서 자기장의 세기가 0이므로 직선 도선 B의 전류의 세기는 A와 같은 I 이다.
② 정중앙 점 Q에서 자기장의 세기가 0이므로 직선 도선 B의 방향은 A와 같이 종이 면으로부터 수직으로 나오는 방향이다. 따라서 점 P에서 도선 A와 B에 의한 자기장의 방향은 모두 아래 방향이므로 점 P에서 자기장의 방향 또한 아래 방향이다.
③ 점 R에서 도선 A와 B에 의한 자기장의 방향은 모두 위 방향이므로 점 R에서 자기장의 방향 또한 위 방향이다.
④ 정중앙 점 Q에서 자기장의 세기가 0이므로 직선 도선 B의 방향은 A와 같은 종이 면으로부터 수직으로 나오는 방향이다.

**Answer** 2.②

**3** 아래 그림은 $xy$평면에 무한히 긴 직선 도선 A, B가 $y$축과 나란하게 고정되어 있는 것을 나타낸 것이다. A, B에는 각각 $+y$방향, $-y$방향으로 세기가 $I_0$인 전류가 흐른다.

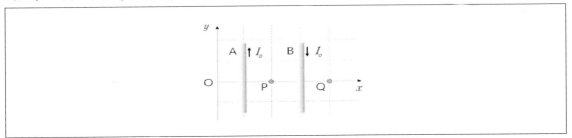

전류에 의한 자기장에 대한 설명으로 다음 〈보기〉 중 옳은 것을 모두 고른 것은? (단, 모눈 간격은 일정하고, 지구 자기장은 무시한다.)

〈보기〉

㉠ P에서 자기장의 방향은 $xy$평면에 수직으로 들어가는 방향이다.

㉡ O와 Q에서 자기장의 방향은 서로 같은 방향이다.

㉢ 자기장의 세기는 P에서가 Q에서보다 크다.

① ㉠

② ㉡

③ ㉠, ㉢

④ ㉠, ㉡, ㉢

> **TIP** ㉠ 암페르의 오른나사 법칙에 따라 P에서 자기장의 방향은 $xy$평면에 수직으로 들어가는 방향이다.
> ㉡ O는 A에 더 가까우므로 자기장의 방향은 $xy$평면에 수직으로 나오는 방향이고, Q는 B에 더 가까우므로 자기장의 방향은 $xy$평면에 수직으로 나오는 방향이다. 따라서 O와 Q에서 자기장의 방향은 서로 같은 방향이다.
> ㉢ P에서 A와 B에 의한 자기장의 방향이 같고 A와 B로부터 모두 같은 거리에 위치하므로 자기장의 세기는 P에서가 Q에서보다 크다.

**Answer** 3.④

2020. 10. 17. 제2회 지방직(고졸경채) 시행

**4** 컴퓨터에서 정보를 저장하고 기록하는 장치인 하드디스크에 대한 설명으로 옳은 것만을 모두 고르면?

> ㉠ 빛을 이용하여 저장된 정보를 읽어 낸다.
> ㉡ 디지털 신호로 정보가 기록된다.
> ㉢ 강자성체의 특성을 이용한 저장 매체이다.

① ㉠, ㉡

② ㉠, ㉢

③ ㉡, ㉢

④ ㉠, ㉡, ㉢

> **TIP** ㉠ 빛을 이용하여 저장된 정보를 읽어 내는 것은 광디스크이다. 하드디스크는 원판형의 자기 디스크로, 자성을 이용하여 플래터(디스크)에 디지털 정보를 쓰고, 저장된 정보를 읽는다.

2020. 6. 27. 해양경찰청 시행

**5** 다음 설명 중 가장 옳지 않은 것은?

① 자기장의 단위는 T(테슬라)이다.

② 직류 전동기는 자기력의 원리를 이용한 것이다.

③ 자기력선은 자석의 N극에서 나와서 S극으로 들어간다.

④ 솔레노이드 내부에서는 중심쪽으로 갈수록 자기장이 세다.

> **TIP** ④ 솔레노이드 내부에는 축과 나란하고 균일한 자기장이 형성된다.
> ※ 솔레노이드에 의한 자기장

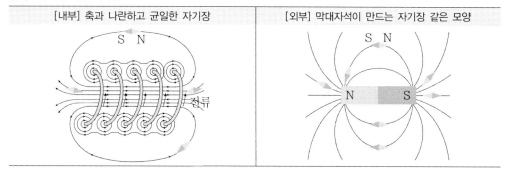

**Answer** 4.③ 5.④

2020. 6. 27. 해양경찰청 시행

**6** 다음 중 전자기력을 이용한 기구가 아닌 것은?

① 전류계

② 전압계

③ 발전기

④ 전동기

> **TIP** ③ 발전기란 역학적 에너지, 즉 운동에너지나 위치에너지를 전기에너지로 변환시켜 주는 기기이다.

2019. 10. 12. 제2회 지방직(고졸경채) 시행

**7** 그림은 $xy$평면에서 Q점에 놓인 가늘고 긴 직선 도선에 일정한 세기의 전류가 흐르는 것을 나타낸 것이고, 표는 $xy$평면에 있는 점 P, R에서 전류에 의한 자기장의 방향과 세기를 나타낸 것이다. 다른 조건은 그대로 두고 직선 도선을 $y$축과 평행하게 P로 옮겼을 때, 이에 대한 설명으로 옳은 것만을 모두 고르면?

| 위치 자기장 | 방향 | 세기 |
|---|---|---|
| P | ⊙ | $2B_0$ |
| R | ⊗ | $B_0$ |

⊙ : $xy$평면에서 수직으로 나오는 방향

⊗ : $xy$평면에 수직으로 들어가는 방향

⊙ 도선에 흐르는 전류의 방향은 $+y$방향이다.

ⓛ Q에서 자기장의 방향은 ⊗방향이다.

ⓒ R에서 자기장의 세기는 $\dfrac{1}{3}B_0$이다.

① ㉠, ㉡

② ㉠, ㉢

③ ㉡, ㉢

④ ㉠, ㉡, ㉢

> **TIP** ㉢ $\overline{PQ} : \overline{QR} = 1 : 2$이므로 $\overline{PQ} : \overline{PR} = 1 : 3$이다. 따라서 R에서 자기장의 세기는 $\dfrac{2}{3}B_0$이다.

**Answer** 6.③ 7.①

2019. 4. 13. 해양경찰청 시행

**8** 평행한 두 직선도선에서 왼쪽 도선은 위쪽으로 전류가 흐르고 오른쪽 도선은 아래쪽으로 흐를 때 두 도선 사이 중앙부에서 자기장의 방향은?

① 위쪽

② 아래쪽

③ 중앙부로 들어가는 방향

④ 중앙부에서 나오는 방향

> **TIP** 앙페르의 법칙에 따라 두 도선 사이 중앙부에서 자기장의 방향은 중앙부로 들어가는 방향이다.
> ※ 앙페르 고리에 대한 경로 적분의 방향은 오른나사 법칙에 따른다.

2018. 10. 13. 서울특별시 시행

**9** 일정한 속도 $v$로 움직이는 질량 $m$인 전하 $q$가 균일한 자기장 $B$와 수직한 방향으로 입사하는 경우, 원운동을 하게 된다. 이 원운동의 반지름과 각속도에 대한 설명으로 가장 옳지 않은 것은?

① 각속도는 자기장에 비례한다.

② 각속도는 질량에 반비례한다.

③ 원운동의 반지름은 자기장에 반비례한다.

④ 원운동의 반지름은 전하량의 크기와 무관하다.

> **TIP** ④ $F = qvB = \dfrac{mv^2}{r}$ 이므로 원운동의 반지름 $r = \dfrac{mv}{qB}$ 로 전하량의 크기에 반비례한다.

**Answer** 8.③ 9.④

**10** 그림은 평행하게 놓인 직선 도선 P에 전류 $I_0$가 흐르고 P로부터 $2r$만큼 떨어진 지점에 도선 Q가 P에 나란하게 놓인 것을 나타낸 것이고, 표는 Q에 흐르는 전류의 크기와 방향, P와 Q 사이의 중심점 O에 형성되는 자기장의 세기를 나타낸 것이다. $B_1$, $B_2$, $B_3$ 대소관계로 옳은 것은? (단, P에 흐르는 전류의 방향을 (+)로 하며, 지구자기장은 무시한다)

| | 도선 Q에 흐르는 전류의 크기 | 도선 Q에 흐르는 전류의 방향 | O점에서 자기장의 세기 |
|---|---|---|---|
| | 0 | | $B_1$ |
| | $2I_0$ | + | $B_2$ |
| | $I_0$ | − | $B_3$ |

① $B_1 = B_2 > B_3$

② $B_2 > B_1 = B_3$

③ $B_3 > B_1 = B_2$

④ $B_3 > B_2 > B_1$

**TIP**

- $B_1 = \dfrac{\mu_0}{2\pi}\dfrac{I_0}{r}$

- $B_2 = \dfrac{\mu_0}{2\pi}\dfrac{I_0}{r} - \dfrac{\mu_0}{2\pi}\dfrac{2I_0}{r} = -\dfrac{\mu_0}{2\pi}\dfrac{I_0}{r}$

- $B_3 = \dfrac{\mu_0}{2\pi}\dfrac{I_0}{r} + \dfrac{\mu_0}{2\pi}\dfrac{I_0}{r} = \dfrac{\mu_0}{2\pi}\dfrac{2I_0}{r}$

따라서 대소관계는 $B_3 > B_1 = B_2$

**Answer** 10.③

**11** 그림은 균일한 외부 자기장 $B$ 영역에 물체를 넣었을 때, 물체 내부의 원자 자석의 배열을 나타낸 것이다. 원자 자석은 $B$와 반대 방향으로 정렬한다. 이에 대한 설명으로 옳은 것은?

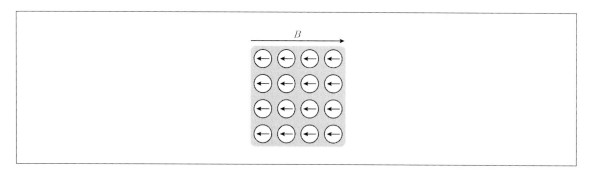

① $B$를 제거해도 원자 자석은 오랫동안 정렬을 유지한다.

② 그림과 같은 성질을 갖는 물질로는 철, 니켈, 코발트가 있다.

③ 원자 자석이 존재하는 이유는 원자 내 전자의 운동 때문이다.

④ $B$가 0일 때, 물체에 자석을 가까이 하면 물체와 자석 사이에는 인력이 작용한다.

> **TIP** 물체 내부의 원자 자석이 외부 자기장 $B$와 반대 방향으로 정렬하므로 이 물체는 반자성체이다.
> ① 반자성체는 외부 자지장을 제거하면 다시 돌아가므로 $B$를 제거하면 원자 자석은 정렬을 유지하지 않는다.
> ② 철, 니켈, 코발트는 상자성체이다. 반자성체로는 납, 수은, 구리, 금, 은 등이 있다.
> ④ $B$가 0일 때, 물체는 자성이 없으므로 물체와 자석을 가까이 해도 인력이 작용하지 않는다.

**Answer** 11.③

**12** 다음은 $xy$ 평면에서 전류가 흐르는 무한히 가늘고 긴 직선 도선 A, B, C를 나타낸 것이다. A, B에는 각각 $-x$, $+y$ 방향으로 세기가 $I_0$인 전류가 흐르고 있다. 점 P, Q는 $xy$ 평면상에 있으며, Q에서 자기장의 세기는 0이다. 〈보기〉 중 옳은 설명을 가장 잘 고른 것은?

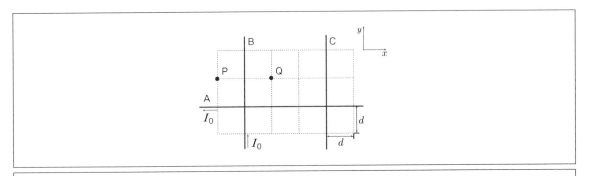

<보기>

㉠ C에 흐르는 전류의 세기는 $I_0$보다 크다.

㉡ C에 흐르는 전류의 방향은 $-y$ 방향이다.

㉢ P에서 자기장의 방향은 $xy$ 평면에 수직으로 들어가는 방향이다.

① ㉠                              ② ㉡

③ ㉠, ㉡                      ④ ㉠, ㉢

**TIP** ㉠ Q에서의 자기장의 세기가 0이므로, Q에서 A, B, C에 의한 자기장의 세기의 합은 0이다.

Q에서 A, B, C 각각에 의한 자기장의 세기는 $k\dfrac{I_0}{d}$, $k\dfrac{I_0}{d}$, $k\dfrac{I_C}{2d}$이고, A, B와 C의 방향은 반대이므로

$k\dfrac{I_0}{d} + k\dfrac{I_0}{d} - k\dfrac{I_C}{2d} = 0$이다. 따라서 $I_C = 4I_0$로 C에 흐르는 전류의 세기는 $I_0$보다 크다. (O)

㉡ C에 흐르는 전류의 방향은 $+y$ 방향이다. (×)

㉢ P에서의 자기장의 방향은 $k\dfrac{I_0}{d} - k\dfrac{I_0}{d} - k\dfrac{4I_0}{4d} = -k\dfrac{I_0}{d}$ 이므로 $xy$ 평면에 수직으로 나오는 방향이다. (×)

**Answer**    12.①

2016. 10. 1. 제2회 지방직(고졸경채) 시행

**13** 그림 ⑺는 전류 $I_0$가 반시계 방향으로 흐르는 원형 도선을 나타낸 것이다. 이때 자기장은 중심에서의 세기가 $B_0$, 방향은 종이면에 수직으로 나온다. 그리고 한 평면상에서 ⑺의 원형 도선의 중심 P로부터 그림 ⑷와 같이 떨어진 곳에 전류 $I$가 흐르는 직선 도선이 놓여 있다. 이때 P에서 자기장의 세기는 $B_0$이고, 자기장의 방향은 ⑺와 반대이다. 이 경우 전류의 세기가 $I$인 직선 도선에 의한 P에서 자기장의 세기는?

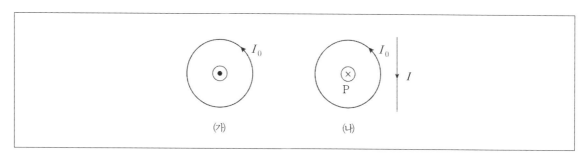

① $\dfrac{B_0}{3}$

② $\dfrac{B_0}{2}$

③ $B_0$

④ $2B_0$

> **TIP** 종이면에 수직으로 나오는 방향을 (+)라고 하면, ⑷에서의 자기장의 세기는 $(-)B_0$이다.
> ⑷에서의 자기장의 세기는 원형 도선에 의한 자기장의 세기 + 직선 도선에 의한 자기장의 세기이므로, 직선 도선에 의한 자기장의 세기를 $B_{직선}$이라고 할 때 $(+)B_0 + B_{직선} = (-)B_0$, 따라서 $B_{직선}$의 자기장의 세기는 $2B_0$이다.

2015. 10. 17. 제2회 지방직(고졸경채) 시행

**14** 직류 전류가 흐르는 도선이 만드는 자기장에 대한 설명으로 옳지 않은 것은?

① 자기장의 세기는 전류의 세기에 비례한다.
② 직선 도선 주위에는 도선을 중심으로 한 동심원 모양의 자기장이 생긴다.
③ 원형 전류 중심에서의 자기장의 세기는 도선이 만드는 원의 반지름에 비례한다.
④ 솔레노이드 내부의 자기장의 세기는 단위 길이 당 도선의 감은 수에 비례한다.

> **TIP** ③ 원형 전류 중심에서 자기장의 세기는 도선이 만드는 원의 반지름에 반비례한다.

**15** 그림은 점선으로 표시된 직사각형 영역의 지면에 수직으로 들어가는 균일한 세기의 자기장이 걸려 있고, 정사각형 모양의 도선 abcd가 일정한 속도로 자기장 영역으로 들어가는 모습을 나타낸 것이다. 도선 abcd에 유도되는 전류에 대한 설명으로 옳은 것만을 모두 고른 것은? (단, 도선 abcd의 저항은 일정하다)

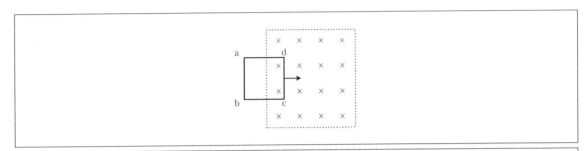

⊙ 도선 abcd가 자기장 영역에 완전히 들어가기 전까지 도선에 유도되는 전류의 방향은 시계 방향이다.

ⓛ 자기장 영역으로 들어가는 속도가 빠를수록 유도 전류의 세기는 강해진다.

ⓒ 도선 abcd가 자기장 영역으로 완전히 들어가면 유도 전류는 증가한다.

① ⊙         ② ⓛ

③ ⊙, ⓛ        ④ ⓛ, ⓒ

**TIP** ⊙ 렌츠의 법칙에 의해 도선 abcd가 자기장 영역에 완전히 들어가기 전까지 도선에 유도되는 전류의 방향은 반시계 방향이다.

  ⓒ 도선 abcd가 자기장 영역으로 완전히 들어가면 유도 전류는 0이 된다.

**Answer** 15.②

2012. 4. 14. 경상북도교육청 시행

**16** 그림 ㈎와 같이 평행한 두 직선 도선 X, Y에 반대 방향으로 전류가 흐르고 있고, 각각의 도선에 흐르는 전류의 세기는 그림 ㈏와 같다. 도선 X와 Y의 중간점 O에서의 시간에 따른 자기장의 세기를 바르게 나타낸 것은?

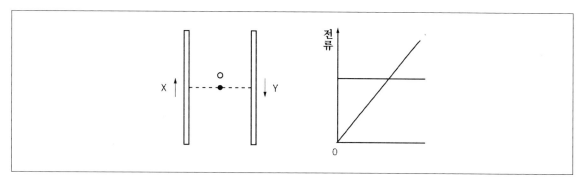

①

②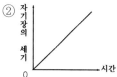

③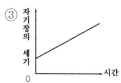

④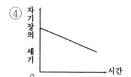

⑤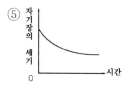

**TIP** 두 도선에 의한 자기장의 방향이 모두 지면 수직 뒤쪽이다. 두 도선에 의한 자기장의 방향이 같으므로 $O$지점에서 자기장의 세기는 두 도선에 의해 생기는 자기장의 세기의 합과 같다. 0초에서 도선 $X$에 일정한 전류가 흐르고 있으므로 이때 자기장의 세기가 0이 아니며 시간이 지남에 따라 도선 $Y$의 전류가 일정하게 증가하므로 자기장의 세기도 일정하게 증가한다.

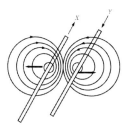

**Answer** 16.③

## 출제 예상 문제

**1** 다음과 같이 지면에 직각으로 들어가는 방향으로 자기장이 형성되어 있을 때 자기장에 직각인 화살표 방향으로 전자가 입사하면 어떤 운동을 하는가?

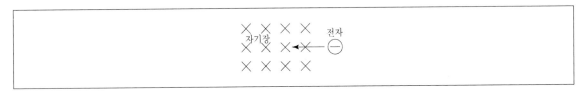

① 그대로 직진한다.　　　　　　　　　　　② 시계방향으로 원운동한다.

③ 반시계방향으로 원운동한다.　　　　　　④ 속력이 빨라지면 직선운동을 계속한다.

> **TIP** 질량 $m$, 전하량 $q$인 전자가 자속밀도 $B$인 자기장 내에 수직으로 입사하면, 로렌츠의 힘 $qvB$를 받아 로렌츠의 힘이 구심력이 되어 대전입자는 시계방향으로 등속원운동을 하게 된다.

**2** 다음 그림과 같이 나란히 놓인 두 직선 도선에 같은 방향으로 $A$ 도선에는 1A, $B$ 도선에는 2A의 전류가 흐른다고 할 때, 자기장이 세기가 0이 되는 곳은?

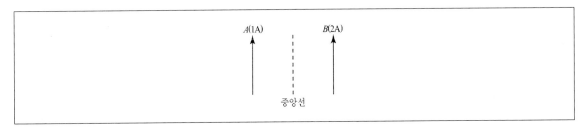

① $B$의 오른쪽　　　　　　　　　　　　　② 중앙선과 $B$ 사이

③ $A$의 왼쪽　　　　　　　　　　　　　　④ $A$와 중앙선 사이

> **TIP** 직선 전류에 의한 자기장의 방향은 전류의 방향으로 오른나사를 돌릴 때 돌아가는 방향이므로
> $B = 2 \times 10^7 \times \dfrac{I}{r}$에서 자기장은 전류에 비례하고 반지름에 반비례한다.
> $B$가 2A로 더 많은 전류가 흐르므로 자기장의 세기는 $A$와 중앙선 사이에서 0이 된다.

**Answer** 1.② 2.④

**3** 균일한 자기장 속에 3m의 직선도선이 2Wb/m² 세기의 자기장의 방향과 수직하게 놓여 있다. 도선에 흐르는 전류가 2A일 때, 도선이 받는 힘은?

① 8N

② 12N

③ 16N

④ 20N

**TIP** $F = ilB\sin\theta = 2 \times 3 \times 2 \times \sin 90° = 12N$

**4** 다음 중 자기력선에 대한 설명으로 옳지 않은 것은?

① S극에서 나와 N극에 수직으로 들어간다.

② 도중에 서로 교차하거나 분리되지 않는다.

③ 자기력선이 밀집한 곳일수록 자기장의 세기는 크다.

④ 자기장 속에서 자침의 N극이 향하는 방향으로 연속적으로 그려놓은 선이다.

**TIP** 자기력선의 성질

㉠ N극에서 나와 S극으로 들어간다.

㉡ 자기력선은 진행 도중 분리되거나 교차하지 않는다.

㉢ 자기력선에 그은 접선방향은 그 점의 자기장의 방향이다.

㉣ 자기력선의 밀도가 높은 곳이 자기장이 센 곳이다.

**5** 균일한 자기장 속에서 두 개의 이온 a, b가 등속원운동을 한다. 이온 a의 궤도반지름이 이온 b의 궤도 반지름의 4배이고, 두 이온의 속력과 대전전하량이 같을 경우 이온 a의 질량은 b의 몇 배인가?

① $\dfrac{1}{4}$ 배

② 1배

③ 2배

④ 4배

**TIP** 자기장 내의 원운동의 반지름 $r = \dfrac{mV}{q_0 B}$

b의 질량 $m = \dfrac{rq_0 B}{V}$ 이고, a의 질량 $m' = \dfrac{r'q_0'B'}{V}$ 라 하면 r′=4r, $q_0'=q_0$, V′=V, B′=B이므로 $m' = \dfrac{4rq_0 B}{V} = 4m$

그러므로 a의 질량은 b의 4배가 된다.

**Answer** 3.② 4.① 5.④

**6** 자기장 생성의 근본이 되는 것으로 옳은 것은?

① 정지해 있는 전하

② 운동하는 전하

③ 가속도 운동하는 질량

④ 등속도 운동하는 질량

**TIP** 자기장을 만드는 근본원인은 전류 즉, 전하의 이동이다.

**7** 10A의 전류가 직선도선을 흐르고 있다. 이 도선에서 10cm 떨어진 곳의 자속밀도는 몇 Wb/m²인가?

① $\dfrac{50}{\pi}$

② $50\pi$

③ $2\pi \times 10^{-5}$

④ $2 \times 10^{-5}$

**TIP** 직선일 때 $k = 2 \times 10^{-7}$이므로 $B = k\dfrac{i}{r} = 2 \times 10^{-7} \times \dfrac{10}{0.1} = 2 \times 10^{-5} \text{Wb/m}^2$

**8** 자속밀도가 $B$인 균일한 자기장에 수직방향으로 $V$의 속도로 입사한 질량 $m$, 전하량 $e$인 전자가 그리는 원 궤도의 반지름은 얼마인가?

① $\dfrac{mV}{eB}$

② $\dfrac{mV}{B}$

③ $\dfrac{m}{eB}$

④ $\dfrac{\pi m}{eB}$

**TIP** $F = B \cdot e \cdot V = \dfrac{mV^2}{r}$ (구심력)이므로 $r = \dfrac{mV}{eB}$

**Answer** 6.② 7.④ 8.①

**9** 직선 전류에 의해서 발생하는 자기장의 방향은?

① 전류의 방향
② 전류의 반대 방향
③ 오른나사의 역회전 방향
④ 오른나사의 회전 방향

**TIP** 암페어(Ampere)의 법칙(오른나사의 법칙) ⋯ 직선 전류에 의한 자기장의 방향은 전류의 방향으로 오른나사를 진행시킬 때 나사가 돌아가는 방향이다.

**10** 균일한 자기장 속에 대전 입자가 수직방향으로 입사하였다. 자기장의 세기(자속밀도)가 20Wb/m$^2$이고 입자의 대전량이 3C, 입자의 속력이 4m/s일 때 이 입자가 받는 힘은?

① 50N                                    ② 200N
③ 240N                                   ④ 300N

**TIP** 전기장의 세기 $F = Bqv = 20 \times 3 \times 4 = 240N$

**11** 다음 중 자기장 내에 있는 전하가 힘을 받는 경우로 옳은 것은?

① 자기장의 방향으로 운동할 경우
② 전하는 정지해 있고 자기장이 변하지 않을 경우
③ 자기장의 반대 방향으로 운동할 경우
④ 자기장과 직각 방향으로 운동할 경우

**TIP** 전류가 흐르는 도선 주위에는 자기장이 생기므로 자기장 속에 놓인 전류는 힘을 받는다. 그러나 전류의 방향과 자기력선의 방향이 평형일 때는 힘을 받지 않는다.

**Answer** 9.④ 10.③ 11.④

**12** 길이 0.5m, 감은 수 250인 솔레노이드가 있다. 여기에 0.3A의 전류를 흐르게 하면 내부의 자기장의 크기는 몇 T인가?

① $1.0 \times 10^{-3}$T

② $4.9 \times 10^{-4}$T

③ $1.9 \times 10^{-4}$T

④ $1.0 \times 10^{-8}$T

---

**TIP** $B = (4\pi \times 10^{-7}) \times \dfrac{NI}{l}$ 이므로 $B = 4\pi \times 10^{-7} \times \dfrac{250 \times 0.3}{0.5} \fallingdotseq 1.9 \times 10^{-4}$T

**13** 자속밀도가 0.1Wb/m²인 자기장 속에 이와 직각으로 놓인 길이 50cm의 도선에 10A의 전류가 흐른다면 이 도선이 받는 힘의 크기와 방향은?

① 자기장의 방향으로 0.5N

② 자기장의 방향으로 5.0N

③ 자기장과 반대 방향으로 5.0N

④ 자기장과 도선에 직각 방향으로 0.5N

---

**TIP** 전류의 방향은 $x$축의 +방향, 자기장의 방향은 $y$축의 +방향이라 하면, 힘의 방향은 $z$축의 +방향이 된다.
이 힘의 크기는 $F = BIl$이므로 $F = BIl = 0.1 \times 10 \times 0.5 = 0.5$N

**14** 균일한 자기장 안에서 양성자가 등속원운동하고 있다. 자기장의 세기가 두 배로 커지면, 원운동의 주기는?

① $\dfrac{1}{2}$배가 된다.

② $\dfrac{1}{4}$배가 된다.

③ 그대로이다.

④ $\sqrt{2}$가 된다.

⑤ 2배가 된다.

---

**TIP** 자기장에서 양성자가 받는 힘 $F = BqV$이고 원운동을 하므로

$F = BqV = m\dfrac{V^2}{r}$ 이므로 $\dfrac{r}{V} = \dfrac{m}{Bq}$, 주기 $T = \dfrac{2\pi r}{V}$ 이므로 $T \propto \dfrac{1}{B}$이다.

따라서 자기장의 세기가 두배로 커지면, 원운동의 주기는 $\dfrac{1}{2}$배가 된다.

**Answer** 12.③ 13.④ 14.①

**15** 평행한 두 개의 도선을 0.1m 떨어뜨려 같은 방향으로 각각 1A, 2A의 전류를 흐르게 할 때 도선 1m가 받는 힘은 몇 N인가?

① $4 \times 10^{-6}$

② $2 \times 10^{6}$

③ $4 \times 10^{6}$

④ $2 \times 10^{-6}$

**TIP** $F = 2 \times 10^{-7} \times \dfrac{I_1 \cdot I_2}{r}$ 이므로 $F = 2 \times 10^{-7} \times \dfrac{2 \times 1}{0.1} = 4 \times 10^{-6} \text{N}$

※ 평행 도체 사이에 작용하는 힘… 일정한 간격을 유지하고 평행을 이루는 2개의 도체에 전류가 흐르면, 한쪽 전류에 의한 자기장 내에 다른 전류가 흐르는 도체가 있으므로 각각의 도체에는 힘이 작용한다.

**16** 자속밀도가 $B$인 자기장과 세기 $E$인 전기장의 방향이 서로 직각인 장 안에서 전하가 전기장과 자기장의 직각 방향으로 등속도운동을 하고 있을 때 전하의 속력은?

① $\sqrt{B \cdot E}$

② $B \cdot E$

③ $\dfrac{B}{E}$

④ $\dfrac{E}{B}$

**TIP** $F = qE$에서 $F = qvB$, $E = vB$이므로 $v = \dfrac{E}{B}$

**17** 세기가 각각 $E$, $B$이고 방향이 서로 수직인 전기장과 자기장 속에서 대전 입자가 속도 $v$로 직진하고 있다. 대전 입자의 속도를 $2v$로 하려면 전기장과 자기장의 세기를 어떻게 변화시키면 되는가?

① 전기장의 세기만 $2E$로 한다.

② 자기장의 세기만 $2B$로 한다.

③ 전기장과 자기장의 세기를 각각 $2E$, $2B$로 한다.

④ 전기장의 세기는 $2E$로, 자기장의 세기는 $\dfrac{1}{2}B$로 한다.

**Answer** 15.① 16.④ 17.①

TIP 대전 입자를 직진하게 하려면 전기장에 의한 힘과 자기장에 의한 힘이 같아야 하므로

$F = eE = Bev,\ v = \frac{E}{B}$

그러므로 $2v$가 되기 위해서는 전기장의 세기를 2배로 해 주어야 한다.

**18 다음 중 전하가 자기장에 의해 힘을 받는 경우에 해당하는 것은?**

① 전하가 자기장과 같은 방향으로 움직일 때

② 전하가 자기장 속에 놓여 있을 때

③ 전하가 자기장과 반대방향으로 움직일 때

④ 전하가 자기장에 비스듬히 움직일 때

TIP 자기장 속에 전하가 받는 힘 $F = Bq_o V\sin\theta$이므로 자기장과 전하의 이동경로 사이각 $\theta \neq 0°$, $V \neq 0$일 때 힘을 받아 운동한다.

**19 다음 중 길이가 $l$인 도선에 전류 $i$가 흐를 때 받는 힘이 최대인 것은?**

① 도선이 자기장과 50°각으로 놓일 때

② 도선이 자기장과 90°각으로 놓일 때

③ 도선이 자기장과 나란히 놓일 때

④ 도선이 자기장과 40°각으로 놓일 때

TIP $F = Bli\sin\theta$이므로 받는 힘 $F$는 $\theta = 90°$일 때 최대가 된다.

Answer 18.④ 19.②

**20** 반지름 1m와 2m인 두 개의 원형 코일이 동일 평면 위에 동심원으로 장치되어 있다. 두 코일에 같은 전류 1A를 같은 방향으로 흐르게 할 때 중심에서의 자기장의 세기는 몇 Wb/m²인가?

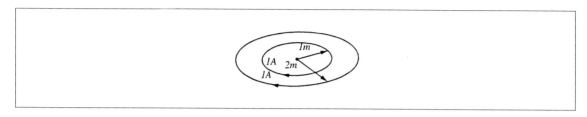

① $2\pi \times 10^{-7}$

② $3\pi \times 10^{-7}$

③ $2\pi \times 10^{-6}$

④ $3\pi \times 10^{-6}$

---

 자기장의 세기 $B = k \cdot \dfrac{i}{r} \text{Wb/m}^2$ 이며, $k = 2\pi \times 10^{-7} \text{N/A}^2$ 이므로

중심에서 자기장의 세기

$$B = B_1 + B_2 = k\frac{1}{1} + k\frac{1}{2} = \frac{3}{2}k = \frac{3}{2} \times 2\pi \times 10^{-7} = 3\pi \times 10^{-7} \text{Wb/m}^2$$

**21** 다음과 같은 두 평행도선에 전류가 흐를 때 자기력에 대한 설명으로 옳은 것은?

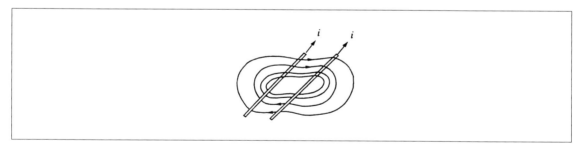

① 전류방향이 같으면 인력이 작용한다.

② 전류방향이 다르면 인력이 작용한다.

③ 전류방향과 관계없이 항상 인력이 작용한다.

④ 전류방향과 관계없이 항상 척력이 작용한다.

---

**TIP** 평행한 두 도선에 전류의 방향이 같을 때 두 도선은 서로 끌어 당기는 인력이 작용하며 반대로 전류가 흐르면 척력이 작용한다.

**Answer** 20.② 21.①

**22** 사이클로트론 안의 자기장이 $B = 2 \times 10^{-2} \text{Wb/m}^2$일 때, 전하량이 $1.6 \times 10^{-19} \text{C}$인 입자를 $3.2 \times 10^6 \text{m/s}$ 속도로 자기장에 수직으로 입사했더니 궤도 반지름이 1.8m가 되었다. 이 입자의 질량은?

① $1.8 \times 10^{-31} \text{kg}$

② $1.8 \times 10^{-27} \text{kg}$

③ $3.2 \times 10^{-31} \text{kg}$

④ $3.1 \times 10^{-27} \text{kg}$

**TIP** 사이클로트론에서 질량 $m = \dfrac{q_0 Br}{V} \text{kg}$이므로 $B = 2 \times 10^{-2} \text{Wb/m}^2$

$q_0 = 1.6 \times 10^{-19} \text{C}$, $r = 1.8 \text{m}$, $V = 3.2 \times 10^6 \text{m/s}$를 대입하여 계산하면

$m = 1.8 \times 10^{-27} \text{kg}$

**23** 다음과 같이 서로 평행한 도선에 같은 크기의 전류가 서로 같은 방향으로 흐를 때 이 도선 둘레에 생기는 자기장의 모양으로 옳은 것은?

①

②
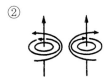

③
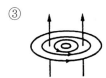

④

**TIP** 암페어의 법칙에 의하여 도선 주위에 전류가 흐르면 자기장이 생긴다. 이 때 방향은 전류방향이 오른손 엄지손가락일 때 자기장은 나머지 손을 쥐는 방향으로 발생하며, 평행한 두 도선에 흐르는 전류의 방향이 같으면 두 도선은 서로 끌어 당긴다(인력).

**24** 전자가 자속밀도 $10^4$T인 자기장 속에 수직으로 $10^7$m/s의 속도로 입사한다. 전자가 자기장에서 받는 힘은 몇 N인가? (단, 전자의 전하량은 $1.6 \times 10^{-19}$C이다)

① 0

② $1.6 \times 10^{-15}$

③ $1.6 \times 10^{-8}$

④ $1.6 \times 10^{-12}$

**TIP** 자기장 속에 운동하는 전하가 받는 힘 $F = q_0 BV\sin\theta(\text{N})$이므로,

$q_0 = 1.6 \times 10^{-19}$C, $B = 10^4$T, $V = 10^7$m/s, $\theta = 90°$를 대입하면 $F = 1.6 \times 10^{-8}$N

**25** 전류가 흐르고 있는 코일 앞에 자석을 놓았을 때 나타나는 자기력선의 방향이 바르게 표시된 것은?

①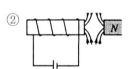

②

③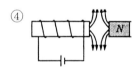

④

**TIP** 암페어 법칙에 의해 도선에 전류가 흐르면, 문제에서 코일의 오른쪽이 $N$극이 되어 자기력선이 나온다(오른손법칙).

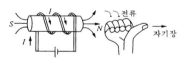

**26** 균일한 자기장에 수직으로 양성자가 입사하였다. 자속밀도가 0.5Wb/m²(또는 자기장의 크기 0.5T), 양성자의 속력이 $3 \times 10^6$m/s일 때 자기장 안에서 양성자가 그리는 원궤도의 반경은? (단, 양성자의 질량 $= 1.6 \times 10^{-27}$kg, 전하 $= 1.6 \times 10^{-19}$C이다)

① $3 \times 10^{-2}$m

② $6 \times 10^{-2}$m

③ 30m

④ 60m

**TIP** 자기장 속에 입자가 운동할 때 원운동의 궤도 반지름 $r = \dfrac{mV}{q_0 B}$(m)이므로

$m = 1.6 \times 10^{-27}$kg, $V = 3 \times 10^6$m/s, $q_0 = 1.6 \times 10^{-19}$C, $B = 0.5$Wb/m²을 대입하여 계산하면 $r = 6 \times 10^{-2}$m

**27** 10cm에 100회 감은 코일이 있다. 이 코일에 10A의 전류가 흐르면 코일 내부에서 발생하는 자기장 $B$는 몇 N/A · m인가?

① $4\pi \times 10^{-7}$

② $4\pi \times 10^{-4}$

③ $4\pi \times 10^{-3}$

④ $4\pi \times 10^2$

**TIP** 솔레노이드에서 자기장 $B = kni(k = 4\pi \times 10^{-7})$이므로

$n = \dfrac{100}{0.1} = 1,000$회, $i = 10$A를 대입하여 계산하면 $B = 4\pi \times 10^{-3}$N/A · m

**Answer** 26.② 27.③

**28** 다음과 같이 자속밀도 $B$인 곳에서 +전하를 띤 전하가 입사할 때 받는 힘의 방향은?

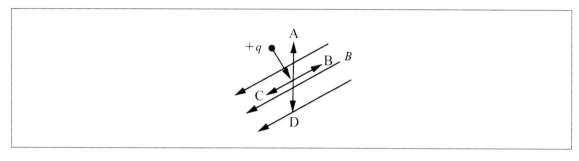

① A

② B

③ C

④ D

---

**TIP** 전하가 받는 힘은 양전하가 움직이는 방향에서 자속밀도가 향하는 방향으로 오른나사가 돌아갈 때 진행하는 방향과 같으므로 다음 그림과 같이 아래를 향한다.

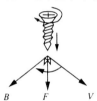

**29** 코일의 감은 횟수가 800회이고, 면적이 20cm²인 코일이 있다. 코일을 통과하는 자속밀도가 0.4초 사이에 4Wb/m²만큼 변화했을 때 코일의 유도기전력의 크기는?

① 8

② 80

③ 20

④ 16

---

**TIP** 유도기전력의 크기 $E = A \cdot N \dfrac{\Delta \phi}{\Delta t}$ (V)이므로 문제에 $N = 800$, $\Delta \phi = 4$, $\Delta t = 0.4$,

$A = 20\text{cm}^2 = \dfrac{20}{(100)^2}\text{m}^2$를 대입하여 계산하면 $E = 16\text{V}$

**Answer** 28.④ 29.④

**30** 다음과 같이 지면을 향하는 균일한 자기장 $B$와 방향이 알려지지 않은 균일한 전기장이 동시에 존재하는 공간이 있다. 이 공간에서 자기장에 수직인 방향으로 등속직선운동하는 양전하를 띤 입자가 있을 때 전기장의 방향은?

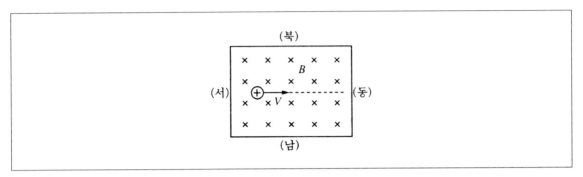

① 동쪽

② 서쪽

③ 남쪽

④ 북쪽

**31** 자기장의 세기가 균일한 곳에서 전자가 일정한 속도로 자기장에 수직으로 입사하여 운동할 때, 이 전자의 운동의 자취는?

① 타원

② 쌍곡선

③ 원

④ 포물선

**Answer** 30.④ 31.③

**32** 정삼각형의 꼭지점 $A$, $B$, $C$를 수직으로 뚫고 지나가는 세 나란한 도선이 있다. $C$는 $A$와 같은 방향으로, $B$는 $A$와 반대방향으로 같은 세기의 전류가 흐를 때 도선 $A$가 받는 힘의 방향은?

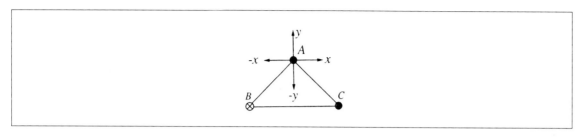

① $x$

② $-x$

③ $y$

④ $-y$

---

TIP 같은 방향일 때는 인력, 다른 방향일 때는 척력이 작용하므로 다음과 같이 합력은 오른쪽 방향이 된다.

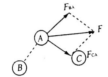

**33** 자기장의 세기가 2Wb/m²인 자기장 속에 이와 직각으로 놓인 길이 50cm인 도선에 20A의 전류가 흐를 때, 이 도선이 받는 힘의 크기는 몇인가?

① 10

② 20

③ 40

④ 50

---

TIP 다음과 같이 놓인 도선이 받는 힘 $F = il \times B = ilB\sin\theta$이므로
$i = 20A$, $l = 0.5m$, $B = 2\text{Wb/m}^2$, $\theta = 90°$을 대입하여
계산하면 $F = 20N$

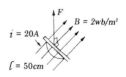

**Answer**  32.①  33.②

**34** 전자가 지면 속에서 브라운관의 0점을 향하여 나오고 있다. 자석의 두 극을 다음과 같이 장치하였을 때 전자의 진행방향은?

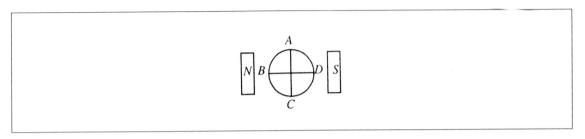

① $A$ 방향　　　　　　　　　② $B$ 방향

③ $C$ 방향　　　　　　　　　④ $D$ 방향

---

**TIP** 전자가 자기장 속을 운동할 때 받는 힘은 오른나사가 $-V$에서 $B$로 돌아갈 때의 진행방향과 같다.

**35** 다음 중 자기장 내에서 전자가 힘을 받는 경우에 해당되는 것은?

① 자기장 내에 정지할 때 받는다.

② 자기장과 나란히 있을 때 받는다.

③ 자기장과 수직으로 운동할 때 받는다.

④ 자기장에서는 언제나 받는다.

---

**TIP** 자기장과 각 $\theta$로 입사한 전자가 받는 힘 $F = -V \times B$

즉, $F = -BV\sin\theta$이므로

$\theta = 0$일 때 힘을 받지 않고

$\theta = 90°$일 때 최대 크기의 힘을 받는다.

∴ 입자가 평행하게 입사하면 힘을 받지 않는다.

**36** 다음 중 자기력선에 대한 설명으로 옳은 것은?

① 자기장 속에서 자침의 S극이 향하는 방향으로 연속적으로 그린 것이다.

② 도중에 서로 분리되거나 교차할 확률이 매우 높다.

③ 자기력선에 그은 접선방향은 그 접점의 자기장의 방향이다.

④ S극에서 나와 N극으로 들어간다.

---

**TIP** **자기력선** ··· 자기력선의 방향은 N → S이며, 도중에 분리 또는 교차하지 않고, 자기력선의 밀도가 높을수록 자기장은 세다.

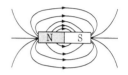

**37** 균일한 자기장 $B$에 수직으로 질량 $m$, 속도 $V$, 전하량 $q$인 입자가 로렌츠의 힘을 받아 원운동을 한다. 자기장의 세기가 2배, 질량이 2배인 입자의 운동주기는 처음의 몇 배인가?

① 1 　　　　　　　　　　　　　② 2

③ $\dfrac{1}{2}$ 　　　　　　　　　　　④ 4

---

**TIP** 자기장 내에 입사된 입자의 주기 $T = \dfrac{1}{f} = \dfrac{2\pi m}{qB}(\text{s})$ 이므로

문제에서 입사된 입자의 주기 $T' = \dfrac{2\pi m'}{qB'}(\text{s})$

$m' = 2m$, $B' = 2B$이므로 대입하여 정리하면 $T' = \dfrac{2\pi m}{qB} = T$

**38** 다음 중 전류가 흐르는 도선 주위에 발생하는 자기장의 방향을 표시하는 법칙은?

① 암페어의 법칙 　　　　　　　② 렌츠의 법칙

③ 패러데이의 법칙 　　　　　　④ 플레밍의 법칙

---

**TIP** 도선 주위에 자기장이 발생하는 것을 발견한 과학자는 암페어(앙페르)이다.

**Answer** 36.③ 37.① 38.①

# 07 PART

# 교류와 전자기파

# 01 전자기 유도

## 01 전자기 유도

### ❶ 전자기 유도

**(1) 전자기 유도**

① 전류가 유도되는 현상을 전자기 유도 현상이라 하고, 이 때 생긴 전기를 일으킨 힘을 유도기전력이라 하며, 이 때 흐르는 전류를 유도전류라고 한다.

② 원형코일에 자석을 넣거나 뺄 경우

　　㉠ 자석을 넣거나 뺄 경우 원형코일에는 잠시 전류가 흐르며, 전류의 방향은 반대가 된다.

　　㉡ 원형코일에 막대자석을 넣거나 뺄 경우

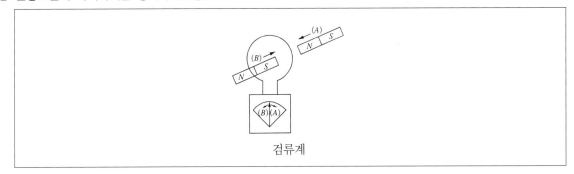

검류계

　• (A)와 (B)의 검류계의 바늘은 반대로 움직이며, 이는 전류의 방향이 반대임을 의미한다.

　• 자기장의 변화는 도선에 전류의 흐름을 발생시킨다.

③ 두 코일 중 한 코일에 전류를 내보낼 경우

　㉠ 전류가 흐르지 않는 다른 코일에 순간적으로 전류가 흐른다.

　㉡ 한쪽 코일에 전류가 흘러 자기장이 발생하면 다른 인접한 코일에는 순간적으로 전류가 흐른다.

[두 코일 중 한 코일에 전류를 흘릴 경우]

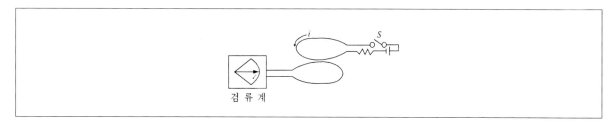

(2) 패러데이의 법칙

① 유도기전력의 크기

　㉠ 자속을 변화시킬 경우 발생하는 유도기전력($E$)의 크기

$$E = \frac{\Delta\phi}{\Delta t} \, (\text{V} : \text{볼트})$$

　㉡ 코일의 감은 횟수가 $N$인 유도기전력($E$)의 크기

$$E = -N\frac{\Delta\phi}{\Delta t} \, (\text{V})$$

② 패러데이의 법칙 … 유도기전력은 자기장의 변화가 클수록 코일의 감은 횟수가 많을수록 커진다.

(3) 렌츠의 법칙

① 유도전류의 방향

　㉠ 유도전류는 외부로부터 자기력선 속의 변화를 방해하는 방향으로 흐른다.

　㉡ 자석을 넣고 뺄 때 : 자석의 운동을 방해하는 방향으로 전류가 흐른다.

　• N극을 넣을 때 : 가까운 곳이 N극이 되도록 전류가 흐른다.

　• N극을 뺄 때 : 가까운 곳이 S극이 되도록 전류가 흐른다.

② N극에 의한 유도전류의 방향

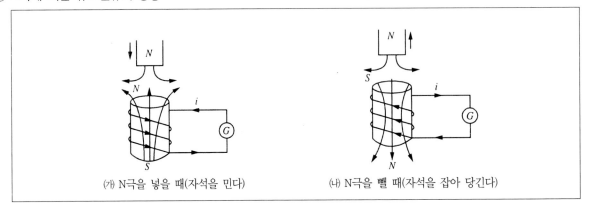

(가) N극을 넣을 때(자석을 민다)   (나) N극을 뺄 때(자석을 잡아 당긴다)

㉠ (가)는 N극을 코일에 가까이 하면 가까운 곳이 N극이 되도록 유도전류가 흐름을 나타낸다.

㉡ (나)는 N극을 뺄 때 가까운 곳이 S극이 되도록 유도전류가 흐름을 나타낸다.

㉢ 유도전류는 자석의 이동속도와 코일의 감은 수에 비례하며, S극일 때는 전류의 방향이 반대가 된다.

③ 두 개의 코일 중 한 코일에 전류를 보낼 경우

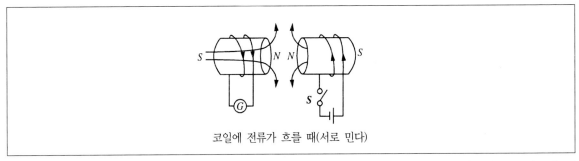

코일에 전류가 흐를 때(서로 민다)

㉠ 스위치 $S$를 닫으면 반대편 코일에서는 인접한 부분에 같은 극이 생기는 방향으로 전류가 흐르며, 이 때 두 코일의 전류의 흐름은 반대가 된다.

㉡ 스위치 $S$를 열면 유도전류는 흐르지 않는다.

㉢ 한 코일에 생기는 자기장의 변화를 방해하려는 방향으로 전류가 흐른다.

## ❷ 유도기전력의 크기

### (1) 유도기전력($E$)

① 자기장 내에서 도선을 운동시키면 유도기전력이 생긴다.

② 자기장($B$)과 도선의 운동방향($V$)이 서로 직각을 이룰 때 유도기전력의 크기

$$E = BlV(B : 자속밀도, \ l : 도선의 길이, \ V : 운동속도)$$

③ 자속밀도($B$)와 속도($V$)가 각 $\theta$만큼 떨어져 있다면 $BV$ 대신에 $BV\sin\theta$를 대입해야 한다.

$$E = BlV\sin\theta$$

### (2) 운동하는 도선의 유도기전력

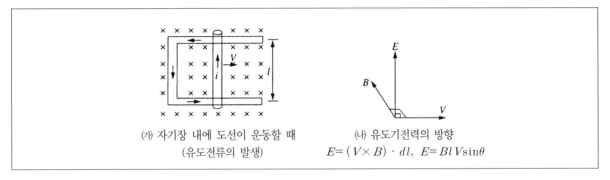

(가) 자기장 내에 도선이 운동할 때
(유도전류의 발생)

(나) 유도기전력의 방향
$E = (V \times B) \cdot dl, \ E = BlV\sin\theta$

① (가)는 지면 안으로 들어가는 자기장 내에 길이가 $l$인 도선을 운동시킬 때 전류의 방향을 나타낸 것이다.

② (나)는 유도되는 기전력의 크기를 나타낸 것으로 유도전류의 방향은 오른나사가 $V$에서 $B$로 돌아갈 때 진행하는 방향과 같다.

# 02 자체유도와 상호유도

## ❶ 자체유도

### (1) 자체유도현상

① 개념…한 코일 내에 전류의 세기가 변하면, 패러데이의 법칙에 의하여 자체유도전력이 나타나는 현상을 말한다.

② 자체유도기전력

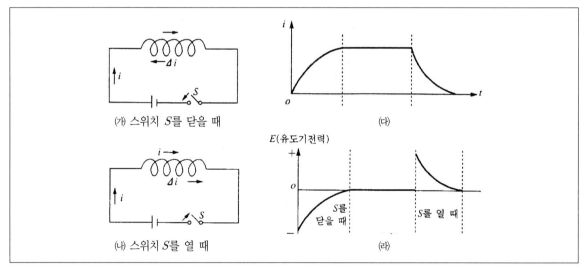

(가) 스위치 $S$를 닫을 때

(나) 스위치 $S$를 열 때

(다)

$E$(유도기전력)

$S$를 닫을 때

$S$를 열 때

(라)

㉠ (가)는 스위치 $S$를 닫으면 전류 $i$가 흐를 때 패러데이 유도법칙에 의해 유도전류($\Delta i$)는 반대방향으로 발생하는 것을 나타낸다.

㉡ (나)는 스위치 $S$를 열 때 유도전류($\Delta i$)는 전류와 같은 방향으로 발생하는 것을 나타낸다.

㉢ (다), (라) 그래프는 스위치 $S$를 닫고, 열 때 전류의 세기와 유도기전력의 방향을 나타내는 것이다.

㉣ 유도기전력($E$)이 음수인 것은 전류와 반대방향임을 의미한다.

### (2) 유도기전력의 크기

① 유도기전력($E$)은 전류의 세기의 시간당 변화율$\left(\dfrac{\Delta i}{\Delta t}\right)$에 비례한다.

$$E = -L\frac{\Delta i}{\Delta t}(\text{V})$$

② $L$은 비례상수를 의미하며, 자체유도계수(인덕턱스)라 한다.

$$L = \frac{-E}{\left(\dfrac{\Delta i}{\Delta t}\right)} [\text{H} : \text{헨리} = \text{V} \cdot \text{S/A}]$$

### (3) $LR$ 회로(코일저항 회로)

① $LR$ 회로

　㉠ 저항 $R$과 인덕턱스 $L$을 직렬로 연결한 회로로 전류를 서서히 증가시킨다.

　㉡ $LR$ 회로에서의 유도전류의 흐름

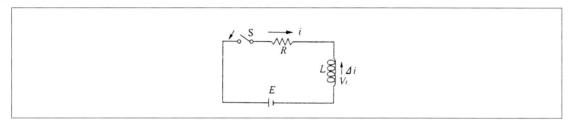

　　• $LR$ 회로에서 스위치 $S$를 닫으면 저항에서 전류 $i$가 흐르고 코일에서는 유도전류 $\Delta i$가 흐른다.

　　• 유도전류 $\Delta i$는 전류 $i$의 흐름을 방해하는 작용을 한다.

　㉢ 유도기전력의 시간에 따른 변화

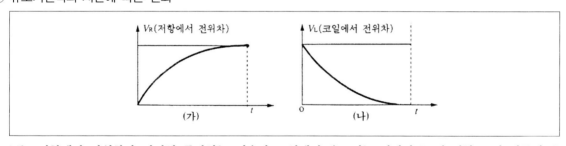

　　• (가)는 저항에서 전위차가 서서히 증가하는 이유가 코일에서 유도되는 기전력 $V_L$이 저항 $R$의 전류의 흐름을 방해하기 때문이라는 것을 나타낸다.

　　• 시간에 따라 기전력의 크기($V_L$)는 $V_R$과 반대로 변하며, 시각 $t$에 도달하면 $V_L = 0$이 되어 정상전류가 회로에 흐르게 된다.

② 전류($i$)의 세기

　㉠ 전류($i$)

$$i = \frac{E}{R}(1 - e^{-\frac{Rt}{L}})[\text{A}]$$

ⓛ 유도성 시간상수($T_L$)

$$T_L = \frac{L}{R}(\text{s})$$

## ❷ 상호유도

### (1) 상호유도현상

① **개념** … 두 개의 코일을 가까이 한 다음 한쪽 코일의 전류의 세기를 변화시킬 때 다른 코일에 유도기전력이 생기는 현상을 말한다.

② 상호유도

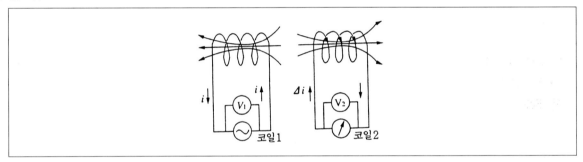

　ⓐ 코일 1에 전류 $i$가 흐를 때 코일 2에서는 패러데이 법칙에 의해 전류 $\Delta i$가 흐르게 된다.

　ⓑ 전류의 방향은 렌츠의 법칙에 의해 자기장의 변화를 방해하려는 방향으로 흐르며, 전류 $i$와 반대방향으로 유도전류가 흐른다.

③ 전류의 방향이 반대일 경우의 상호유도

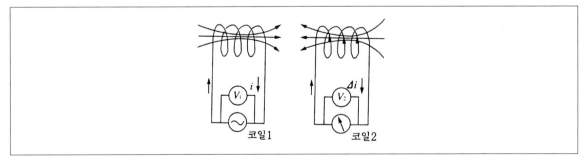

　ⓐ 코일 1에 전류의 흐름이 반대가 되면 유도전류의 방향은 자기장의 변화를 방해하는 방향으로 흐른다.

　ⓑ 유도되는 기전력 $V_2$는 코일의 감은 수에 비례하고, ⌒는 교류전원을 나타낸다.

④ 유도기전력의 크기

$$E=-M\frac{\Delta i}{\Delta t}(\mathrm{V})[\mathrm{M}:\text{상호유도계수}]$$

## (2) 변압기

① 변압기에서 상호유도원리에 의해 유도되는 기전력($V_2$)은 코일 2의 감은 수($N_2$)에 비례한다.

$$\frac{V_2}{V_1}=\frac{N_2}{N_1}=\frac{I_1}{I_2}$$

($N_1$, $N_2$ : 코일 1, 2의 감은 횟수,  $V_1$, $V_2$ : 기전력)

② 변압기의 2차 코일에 유도되는 기전력의 크기

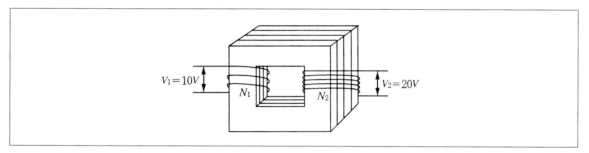

ㄱ 변압기의 1차 코일의 감은 수가 $N_1$이고, 2차 코일의 감은 수  $N_2=2N_1$일 때, 유도기전력 $V_2$는 $V_1$의 2배임을 나타낸다.

ㄴ 유도기전력 관계식 $\frac{V_2}{V_1}=\frac{N_2}{N_1}=\frac{I_1}{I_2}$에서 $V_1=10\mathrm{V}$, $N_2=2N_1$을 대입하면 $V_2=20\mathrm{V}$가 된다.

## (3) 코일에 저장된 자기장 에너지

① 자기장도 전기장과 마찬가지로 저장된 에너지를 갖는다.

② 자체유도계수가 $L$인 코일에 일정한 전류 $I$가 흐른다면 코일 내에 저장된 에너지 $U$는 다음과 같다.

$$U=\frac{1}{2}LI^2(\mathrm{J})$$

# 최근 기출문제 분석

2021. 10. 16. 제2회 지방직(고졸경채) 시행

**1** 그림 (개와 (나)는 검류계 G가 연결된 코일에 막대자석의 N극이 가까워지거나 막대자석의 S극이 멀어지는 모습을 나타낸 것이다. 이에 대한 설명으로 옳은 것은?

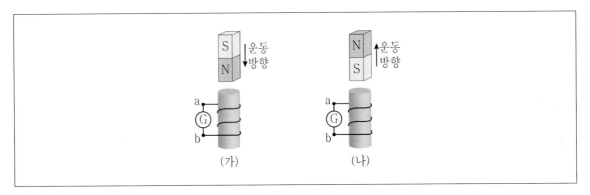

① 막대자석은 반자성체이다.

② 검류계 G에 흐르는 전류의 방향은 (개와 (나)에서 같다.

③ (개에서 막대자석에 의해 코일을 통과하는 자기 선속은 감소한다.

④ 막대자석이 코일에 작용하는 자기력의 방향은 (개와 (나)에서 같다.

> **TIP** ① 막대자석은 강자성체이다.
> ② 검류계 G에 흐르는 전류의 방향은 (개와 (나)에서 같게 나타난다.
> ③ (개에서 막대자석에 의해 코일을 통과하는 자기 선속은 증가한다.
> ④ 막대자석이 코일에 작용하는 자기력은 (개에서 척력, (나)에서 인력이므로 자기력의 방량은 서로 반대 방향(자석의 운동 방향과 반대)이다.

**Answer** 1.②

2021. 10. 16. 제2회 지방직(고졸경채) 시행

**2** 그림과 같이 $+y$ 방향으로 전류가 흐르는 무한히 긴 직선 도선과 원형 도선이 $xy$ 평면에 놓여 있다. 원형 도선에 전류가 유도되는 경우로 옳지 않은 것은?

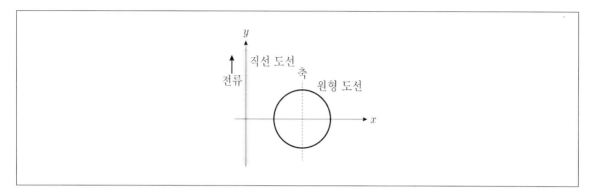

① 그림의 점선을 축으로 원형 도선을 회전시킨다.

② 원형 도선을 직선 도선 쪽으로 가까이 이동시킨다.

③ 원형 도선을 $y$축과 나란한 방향으로 회전 없이 이동시킨다.

④ 직선 도선에 흐르는 전류의 세기를 일정한 비율로 증가시킨다.

> **TIP** 원형 도선에 전류가 유도되기 위해서는 원형 도선을 지나는 자기다발의 변화가 있어야 한다. ③을 제외한 다른 보기는 모두 자기다발의 변화를 수반하나, ③은 자기다발의 변화가 없다.

2021. 6. 5. 해양경찰청 시행

**3** 변압기에서 1차 코일과 2차 코일의 감은 횟수의 비가 5:2일 때 2차 코일에 저항 $10\,\Omega$의 전열기를 연결 하였더니 10A의 전류가 흘렀다. 변압기의 전력 손실이 없다면 1차 코일의 전압은 몇 V인가?

① 150  ② 250

③ 500  ④ 750

> **TIP** 변압기에서 1차 코일과 2차 코일에 감은 수의 비는 각 코일에 유도된 전압의 크기의 비와 같다. 2차 코일에 유도된 전압 $V_2 = 10\text{A} \times 10\text{ohm} = 100\text{V}$이고, $\dfrac{V_1}{100} = \dfrac{5}{2}$에서 1차 코일의 전압 $V_1 = 250\text{V}$이다.

**Answer**  2.③  3.②

2021. 6. 5. 해양경찰청 시행

**4** 길이가 0.6m인 도선을 자기장 0.4T인 공간에서 자기장에 직각으로 5m/s의 속도로 이동시키면 유도되는 기전력(V)은?

① 1.0

② 1.2

③ 1.5

④ 2.0

> **TIP** $V = BLv = 0.4 \times 0.6 \times 5 = 1.2\text{V}$

2021. 6. 5. 해양경찰청 시행

**5** 자체 인덕턴스가 20mH인 코일이 0.02초 동안 5A의 전류를 증가시키면 이 회로에 발생하는 유도 기전력(V)은?

① 2

② 5

③ 10

④ 20

> **TIP** $V = L\dfrac{\Delta I}{\Delta t} = (20 \times 10^{-3}\text{H}) \times \dfrac{5\text{A}}{0.02\text{s}} = 5\text{V}$

**Answer** 4.② 5.②

**6** 그림은 충분히 긴 구리관 속으로 자석이 낙하하는 모습이다. 이에 대한 설명으로 옳은 것만을 모두 고르면? (단, 공기저항, 자석과 구리관 사이의 마찰은 무시한다)

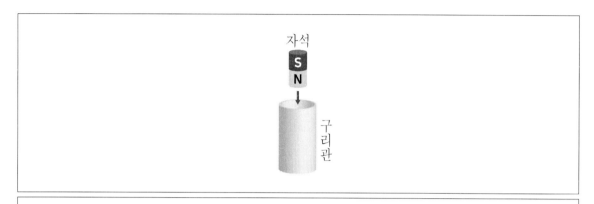

자석

S
N

구리관

ㄱ 자석이 낙하하는 동안 자석의 위치에너지는 감소한다.
ㄴ 자석이 낙하한 거리만큼 자석의 운동에너지는 증가한다.
ㄷ 자석의 역학적 에너지는 보존된다.
ㄹ 감소한 역학적 에너지만큼 전기 에너지로 전환된다.

① ㄱ, ㄴ
② ㄱ, ㄷ
③ ㄱ, ㄹ
④ ㄴ, ㄹ

> **TIP** ㄴ 구리관에서 자석이 낙하하면 자석에 의한 자기장의 변화에 의해 관에 유도기전력이 발생하고, 이 기전력에 의해 구리관에 유도전류가 흐른다. 유도전류는 자기장의 변화를 방해하는 방향으로 흐르므로, 유도전류에 의한 저항력은 자석이 움직이는 방향과 반대방향으로 작용한다.(렌츠의 법칙) 따라서 '증가한 운동에너지 < 감소한 위치에너지'가 된다.
> ㄷ 자석의 역학적 에너지는 감소하고, 감소한 역학적 에너지만큼 전기 에너지로 전환된다.

**Answer** 6.③

**7** 그림 ㈎는 코일 위에서 자석을 연직 방향으로 움직이는 모습을 나타낸 것이고, ㈏는 코일과 자석 사이의 간격을 시간에 따라 나타낸 것이다. 이에 대한 설명으로 옳은 것은?

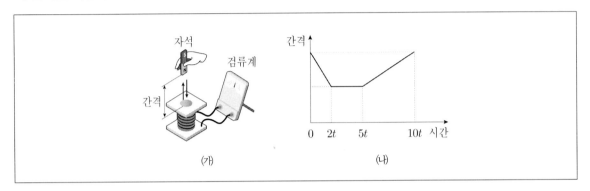

① $4t$일 때 검류계에는 일정한 세기의 전류가 흐른다.

② 검류계에 흐르는 전류의 세기는 $t$일 때가 $8t$일 때보다 크다.

③ $t$일 때 코일이 자석에 작용하는 자기력의 방향은 자석의 운동 방향과 같다.

④ $t$일 때와 $7t$일 때, 검류계에 흐르는 전류의 방향은 서로 같다.

**TIP** ① $2t$에서 $5t$ 사이에 코일과 자석 사이의 간격이 일정하므로 $4t$일 때 전류가 흐르지 않는다.
③ 유도 기전력의 방향은 코일 면을 통과하는 자속의 변화를 방해하는 방향으로 나타난다.
④ $t$일 때와 $7t$일 때, 검류계에 흐르는 전류의 방향은 서로 반대이다.
※ 렌츠의 법칙…유도 기전력의 방향은 코일 면을 통과하는 자속의 변화를 방해하는 방향으로 나타난다.

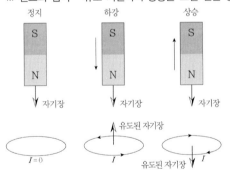

**8** 다음 그림은 무선 충전 패드 위에 스마트폰을 올려놓고 충전하는 것을 나타낸 것이다. 충전 패드의 1차 코일에 전원을 연결하면 스마트폰 내부의 2차 코일에 의해 스마트폰이 충전된다. 다음 중 이에 대한 설명으로 옳은 것만을 〈보기〉에서 모두 고른 것은?

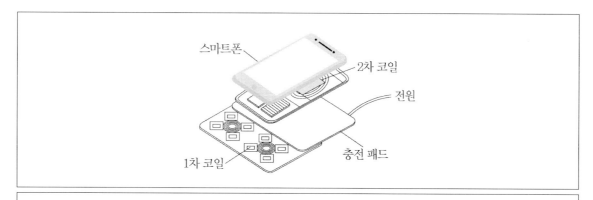

〈보기〉
㉠ 1차 코일에 흐르는 전류에 의한 자기장은 시간에 따라 변한다.
㉡ 2차 코일에는 기전력이 유도된다.
㉢ 충전 패드와 스마트폰 사이의 거리가 멀수록 2차 코일에 흐르는 전류의 세기는 감소한다.

① ㉠

② ㉡

③ ㉡, ㉢

④ ㉠, ㉡, ㉢

**TIP** ㉠㉡ 전원을 연결한 1차 코일에 전류가 흐르면 전자기장이 발생하고, 전자기 유도 현상에 따라 2차 코일에서 유도 전류를 받아들여 배터리를 충전한다. 패러데이의 법칙에 의해 1차 코일에 흐르는 전류에 자기장은 시간에 따라 변한다.
㉢ 충전 패드와 스마트폰 사이의 거리가 멀수록 2차 코일을 관통하는 자기력선속의 수가 감소하므로 2차 코일에 흐르는 전류의 세기는 감소한다.

**Answer** 8.④

2020. 6. 27. 해양경찰청 시행

**9** 코일의 양끝에 검류계를 연결해 놓고 막대자석을 코일에 접근시키거나 멀리 가져가면 검류계의 바늘이 움직인다. 이처럼 코일 내부를 통과하는 자기장을 변화시킬 때 코일에 전류가 흐르는 전자기 유도 현상과 가장 관계가 깊은 물리학자는 다음 중 누구인가?

① 드 브로이

② 키르히호프

③ 맥스웰

④ 패러데이

> **TIP** 패러데이의 전자기 유도 법칙 … 전자기 유도에 의한 유도 기전력(V)의 크기는 회로를 관통하는 자기력선속의 시간적 변화율과 코일의 감은 수에 비례한다. 문제의 지문은 우측과 같은 페러데이의 전자기 유도를 설명하고 있는 것이다.

2019. 10. 12. 제2회 지방직(고졸경채) 시행

**10** 그림은 자기장 영역 Ⅰ, Ⅱ가 있는 $xy$평면에서 금속 고리 A와 ㉠, ㉡, ㉢이 운동하고 있는 어느 순간의 모습을 나타낸 것이다. A와 ㉠은 $+x$방향으로, ㉡은 $-y$방향으로, ㉢은 $-x$방향으로 각각 등속 직선 운동을 한다. 영역 Ⅰ, Ⅱ에서 자기장은 세기가 각각 B, 2B로 균일하며 $xy$평면에 수직으로 들어가는 방향이다. 이 순간 ㉠~㉢에 흐르는 유도전류의 방향이 A에 흐르는 유도전류의 방향과 같은 것만을 모두 고르면? (단, 금속 고리는 회전하지 않는다)

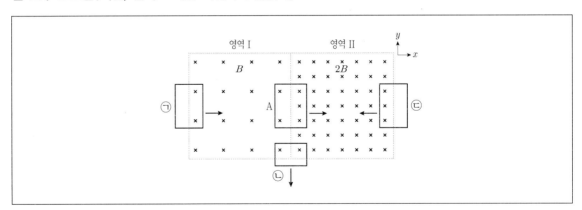

① ㉠

② ㉠, ㉢

③ ㉡, ㉢

④ ㉠, ㉡, ㉢

> **TIP** A의 자속은 증가하므로 유도전류는 자속변화를 방해하는 방향인 반시계 방향이다. (∵ 렌츠의 법칙)
> ㉠, ㉢은 자속이 증가하므로 반시계 방향, ㉡은 자속이 감소하므로 시계 방향으로 유도전류가 흐른다.

**Answer**  9.④  10.②

**11** 다음 그림은 주상 변압기를 통해 공급된 전기 에너지가 집 안의 전등과 헤어드라이어에서 소비되고 있는 모습을 나타낸 것이다. 주상 변압기의 1차 코일과 2차 코일에 걸리는 전압은 각각 $V_1$, $V_2$이다. 헤어드라이어를 켰을 때가 껐을 때보다 큰 물리량만을 모두 고른 것은? (단, 주상 변압기에서 에너지 손실은 무시한다.)

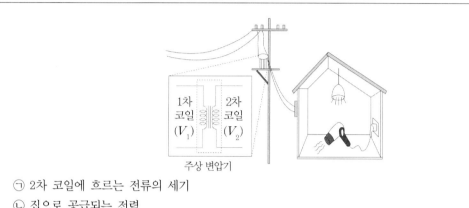

주상 변압기

㉠ 2차 코일에 흐르는 전류의 세기

㉡ 집으로 공급되는 전력

㉢ $\dfrac{V_2}{V_1}$

① ㉠

② ㉡, ㉢

③ ㉠, ㉢

④ ㉠, ㉡

**TIP** ㉢ $\dfrac{N_2}{N_1} = \dfrac{V_2}{V_1}$ 으로 일정하다.

**Answer** 11.④

2018. 10. 13. 서울특별시 시행

**12** 변압기의 1차 코일과 2차 코일의 감은 수가 각각 100번과 400번이다. 1차 코일에 전압 3V인 교류전원을 연결할 때 2차 코일에 발생하는 전압의 값[V]은?

① 3/4

② 3

③ 12

④ 16

 **TIP** $\dfrac{N_2}{N_1} = \dfrac{V_2}{V_1}$, $\dfrac{400}{100} = \dfrac{V_2}{3}$

따라서 2차 코일에 발생하는 전압 $V_2 = 12V$ 이다.

2018. 10. 13. 제2회 지방직(고졸경채) 시행

**13** 그림처럼 솔레노이드 근처에서 막대자석을 움직였을 때, 솔레노이드에 유도되어 저항 R에 흐르는 전류의 방향이 A→R→B가 아닌 것은?

①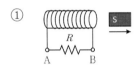

②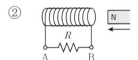

③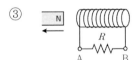

④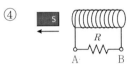

**TIP** ④ 솔레노이드의 왼쪽에 N극, 오른쪽에 S극이 유도되므로 저항 R에 흐르는 전류의 방향은 B→R→A이다.

**Answer** 12.③ 13.④

**14** 그림은 감은 수 $N_1$인 1차 코일에 전압 $V_1$인 교류전원장치를 연결한 이상적인 변압기의 구조를 나타낸 것이다. 2차 코일에는 전압과 감은 수가 각각 $V_2$, $3N_1$일 때, 이에 대한 설명으로 옳지 않은 것은?

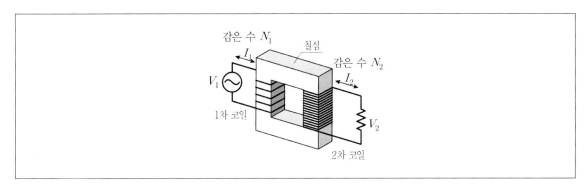

① 패러데이의 전자기 유도 현상을 이용한 것이다.

② 2차 코일에 걸리는 전압 $V_2$는 $V_1$의 3배이다.

③ 코일에 흐르는 교류전류의 세기는 $I_2$가 $I_1$의 3배이다.

④ 1차 코일과 2차 코일에 흐르는 교류전류의 진동수는 같다.

> **TIP** 이상변압기의 권선비, 전압, 전류의 관계 $\dfrac{N_2}{N_1} = \dfrac{V_2}{V_1} = \dfrac{I_1}{I_2}$ 를 이용한다.
>
> ① 맞음 : 이상/실제 변압기 모두 패러데이의 전자기 유도 현상을 이용한다.
>
> ② 맞음 : $V_2 = \dfrac{N_2}{N_1} V_1 = \dfrac{3N_1}{N_1} V_1 = 3V_1$ 이다.
>
> ③ 틀림 : $I_2 = \dfrac{N_1}{N_2} I_1 = \dfrac{N_1}{3N_1} I_1 = \dfrac{1}{3} I_1$ 이므로 1/3배 줄어든다.
>
> ④ 맞음 : 변압기 입출력의 진동수는 변하지 않는다.

**Answer** 14.③

**15** 그림과 같이 세기가 5T로 균일한 자기장 속에 수직으로 놓여있는 ㄷ자형 도선 위를 길이가 20cm인 도선 AB가 10㎧의 일정한 속력으로 당겨지고 있다. 이때 회로에 연결된 저항은 10Ω이다. 회로에 흐르는 전류 및 소비 전력은 각각 얼마인가? (단, 도선의 마찰은 무시한다.)

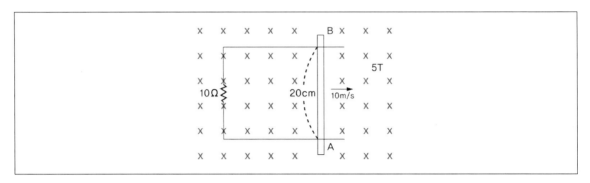

① 1A, 1W

② 1A, 10W

③ 2A, 1W

④ 2A, 5W

**TIP** 유도기전력$(E) = BlV$

$B = 5T, \ l = 20cm = 0.2m, \ V = 10m/s$이므로
$E = 5 \times 0.2 \times 10 = 10V$
$I = \dfrac{V}{R} = \dfrac{10}{10} = 1A$
$P = VI = 10 \times 1 = 10W$
회로에 흐르는 전류는 $1A$, 소비 전력은 $10W$이다.

**Answer** 15.②

**16** 그림은 전압을 변화시키면서 니크롬선과 꼬마전구에 흐르는 전류의 세기를 각각 측정하는 것이고, 그래프는 전압에 따라 니크롬선과 꼬마전구에 흐르는 전류의 세기를 나타낸 것이다. 이 그래프에 대한 옳은 해석만을 〈보기〉에서 모두 고른 것은?

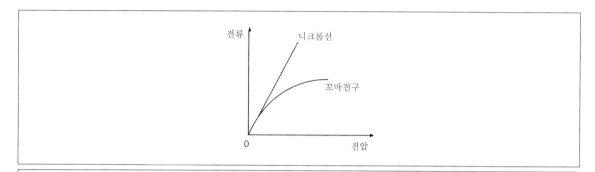

<보기>

ⓐ 니크롬선에 흐르는 전류는 전압에 비례한다.
ⓑ 니크롬선은 전압이 증가해도 저항이 일정하다.
ⓒ 꼬마전구에 걸린 전압이 증가하면 저항은 감소한다.

① ⓐ
② ⓒ
③ ⓐ, ⓑ
④ ⓑ, ⓒ
⑤ ⓐ, ⓑ, ⓒ

**TIP** ⓐ 니크롬선의 저항은 일정하므로 $V = IR$에서 전류와 전압은 비례한다.

ⓑ 전류-전압 그래프에서 저항 $= \dfrac{1}{기울기}$, 전압이 증가해도 기울기는 일정하므로 저항도 일정하다.

ⓒ 꼬마전구에 흐르는 전류는 유도전류에 의한 것이며 꼬마전구의 저항은 항상 일정한 값을 갖는다.

**17** 그림은 유도전류의 방향을 알아보는 과정이다. 이에 대한 〈보기〉의 설명 중 옳은 것을 모두 고른 것은?

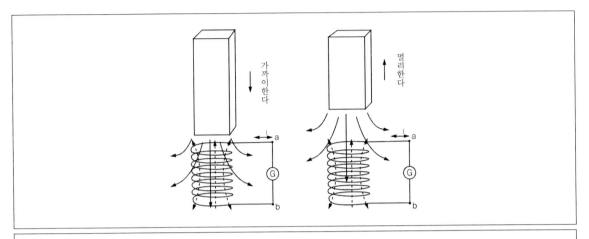

〈보기〉

㉠ N극을 코일에 가까이하면 코일을 통과하는 자속이 증가한다.

㉡ 자속의 증가를 방해하는 방향으로 코일에 유도전류가 흐른다.

㉢ N극을 멀리할 때와 S극을 가까이 할 때 유도전류의 방향은 같다.

① ㉡                                     ② ㉠, ㉡

③ ㉠, ㉢                                  ④ ㉡, ㉢

⑤ ㉠, ㉡, ㉢

**TIP** ㉠ 자기력선은 $N$극으로부터 나오므로 $N$극이 코일에 가까워지면 코일을 통과하는 자속이 증가한다.

㉡ 렌츠의 법칙 : 전자기 유도에 의해 코일에 흐르는 유도전류는 자석의 운동을 방해하는 방향, 또는 자속의 변화를 방해하는 방향으로 흐른다.

㉢
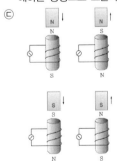

**Answer** 17.③

2012. 4. 14. 경상북도교육청 시행

**18** 그림과 같이 직선 도선과 원형 도선을 배치하고, 긴 직선 도선에 위 방향으로 전류를 흐르게 하였다. 〈보기〉와 같이 변화시켰을 때, 원형 도선에 유도전류가 흐를 수 있는 경우를 모두 고른 것은?

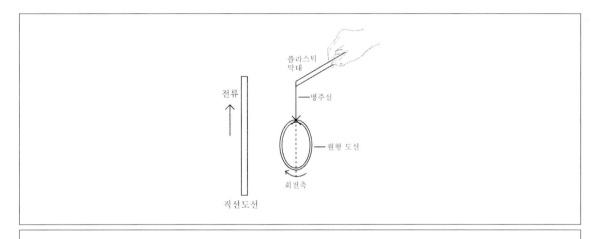

〈보기〉

㉠ 직선 도선에 흐르는 전류의 세기를 증가시킨다.

㉡ 원형 도선을 직선 도선 쪽으로 가까이 이동시킨다.

㉢ 원형 도선을 그림의 점선을 축으로 하여 회전시킨다.

① ㉠　　　　　　　　　　　　　② ㉡

③ ㉠, ㉡　　　　　　　　　　　④ ㉡, ㉢

⑤ ㉠, ㉡, ㉢

**TIP** 자속의 변화가 생기게 되면 유도전류가 흐른다.

㉠ 전류의 세기를 증가시키면 자기장의 세기가 증가하므로 시간에 대한 자속의 변화가 생겨 유도전류가 흐른다.

㉡ 직선도선에 흐르는 전류에 의해 생기는 자기장의 세기는 거리에 반비례한다. 원형 도선을 직선 도선 쪽으로 가까이 이동시키면 자기장의 세기가 증가하므로 유도전류가 흐른다.

㉢ 원형 도선을 점선을 축으로 하여 회전하면 자기장과 원형 도선이 이루는 상대적인 면적이 바뀌게 되어 내부에 들어오는 자기력선의 수가 변하게 되므로 유도전류가 흐른다.

**Answer**　18.⑤

**19** 동일한 규격의 막대자석을 유리관과 구리관 속으로 동시에 자유낙하시켰을 때, 나타나는 현상에 대한 설명으로 틀린 것은?

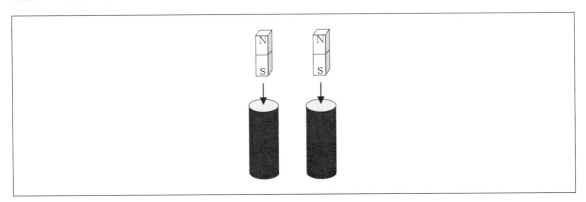

① 렌츠의 법칙과 관련이 있다.

② 자석이 떨어지면 구리관 주위에 유도 전류가 생긴다.

③ 자석이 들어오는 순간 구리관 위쪽 입구에서는 S극이 형성된다.

④ 구리관을 통과한 자석이 유리관을 통과한 자석보다 더 천천히 떨어진다.

⑤ 자성이 더 강한 네오디뮴 자석을 구리관 속으로 자유 낙하시키면 막대자석보다 더 빨리 떨어진다.

> **TIP** ⑤ 자성이 더 강한 네오디뮴 자석을 구리관 속으로 자유 낙하시킬 경우, 막대자석보다 더 큰 유도 전류가 생성되어 더 천천히 떨어진다.

**Answer** 19.⑤

2009. 9. 12. 경상북도교육청 시행

**20** 그림과 같이 1차 코일은 100회, 2차 코일은 50회 감긴 변압기가 있다. 2차 코일에 50Ω의 저항을 연결하니 2A의 전류가 흘렀다. 이때 1차 코일에 흐르는 전압(V1)과 전류(I1)의 세기를 바르게 나타낸 것은? (단, 변압기의 효율은 100%이다.)

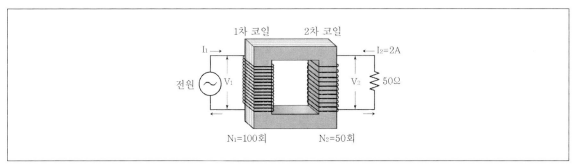

① 100V, 0.5A

② 100V, 1A

③ 200V, 0.5A

④ 200V, 1A

⑤ 200V, 4A

> **TIP** $N_2$가 50인 2차 코일에 50Ω의 저항을 연결하고 2A의 전류를 흘렸을 때, 2차 코일에 흐르는 전압 $V = IR = 2 \times 50 = 100$이다. 유도기전력 관계식 $\dfrac{V_2}{V_1} = \dfrac{N_2}{N_1} = \dfrac{I_1}{I_2}$ 에 따르면 $V_1$은 200, $I_1$은 1이 된다.

**Answer** 20.④

## 출제 예상 문제

**1** 100V의 교류전원에서 10V의 기전력을 얻으려고 한다. 변압기의 1차 코일의 감은 횟수가 1,000회일 때 2차 코일의 감긴 횟수는 얼마인가?

① 100회                    ② 500회

③ 1,000회                  ④ 1,500회

---

**TIP** 1, 2차 코일의 감은 횟수를 각각 $N_1$, $N_2$로 1차 코일에 주어진 기전력을 $V_1$, 2차 코일에 유도되는 기전력을 $V_2$라고 하면 유도되

는 기전력 $V_2$는 2차 코일의 감은 수 $N_2$에 비례하므로 $\dfrac{V_2}{V_1} = \dfrac{N_2}{N_1}$

이 식에 $V_1 = 100V$, $N_1 = 1,000$, $V_2 = 10V$를 대입하면 $N_2 = 100$회

**2** 다음 중 유도기전력이 생기지 않는 경우는?

① 코일 속의 자석이 왕복운동을 할 때

② 도선이 자기력선과 $60°$의 방향으로 운동할 때

③ 도선이 자기력선의 방향으로 운동할 때

④ 도선이 자기력선에 수직으로 운동할 때

---

**TIP** 전자기 유도 … 코일 속에서 자기장이 변화할 때 유도전류가 발생되는 현상으로 코일 감은 수와 유도기전력의 관계는

$\dfrac{N_2}{N_1} = \dfrac{V_2}{V_1} = \dfrac{I_1}{I_2}$로 주어진다.

유도기전력의 크기 $E = BlV\sin\theta(\theta$ : 코일과 자기장 사이각)이므로 코일과 자기장 방향이 나란하면 $\theta = 0°$이므로 $E = 0$임을 알 수 있다.

**Answer** 1.① 2.③

**3** 변압기에서 1차 코일의 전압과 2차 코일의 전압의 비를 바르게 표시한 것은? (단, $N_1$, $N_2$는 1차, 2차 코일 권수, $V_1$, $V_2$는 1차, 2차 전압이다)

① $V_1 N_1 = V_2 N_2$

② $V_1 V_2 = N_2 N_2$

③ $\dfrac{V_1}{V_2} = \dfrac{N_2}{N_1}$

④ $\dfrac{V_1}{V_2} = \dfrac{N_1}{N_2}$

**TIP** 1차 코일에 주어진 전압을 $V_1$, 2차 코일의 유도기전력을 $V_2$라 하면 상호유도에서 유도되는 기전력 $V_2$은 2차 코일의 감은 수 $N_2$에 비례하므로 두 코일의 전압의 비는 $\dfrac{V_1}{V_2} = \dfrac{N_1}{N_2}$이 된다.

**4** 변압기에서 1차 코일과 2차 코일의 감은 수의 비가 2 : 1일 때 2차 코일에 저항 10Ω의 전열기를 연결하였더니 10A의 전류가 흘렀다. 변압기의 전력손실이 없다면 1차 코일의 전압은 몇 V인가?

① 100V

② 200V

③ 300V

④ 400V

**TIP** 2차 코일의 전압은 $V = IR$에서 $V_2 = (10\text{A})(10\,\Omega) = 100\text{V}$이며

상호유도기전력은 코일의 감은 수에 비례하므로 $\dfrac{V_1}{V_2} = \dfrac{N_1}{N_2} = \dfrac{2}{1}$

$\therefore V_1 = 2V_2 = (2)(100\text{V}) = 200\text{V}$

**5** 자체 인덕턴스가 20mH인 코일이 0.1초 동안 3A의 전류를 증가시킨다면 이 회로에 발생하는 유도기전력은 몇 V인가?

① 6

② 0.3

③ 0.6

④ 3

**TIP** $V = L\dfrac{\Delta I}{\Delta L}$ ($L$ : 자체 인덕턱스)이므로 $\therefore V = 0.02 \times \dfrac{3}{0.1} = 0.6\text{V}$

**Answer** 3.④ 4.② 5.③

**6** 길이 0.4m인 도선을 자기장 0.1T인 공간에서 자기장에 직각 방향으로 5m/s의 속도로 이동시킬 때 유도되는 기전력의 크기는?

① 2V

② 1.25V

③ 0.4V

④ 0.2V

**TIP** 유도기전력 $V = Blv = 0.1 \times 0.4 \times 5 = 0.2V$

**7** 변압기의 1차 코일에 200V, 2A, 2차 코일에 100V, 3.8A의 전류가 흐른다면 이 변압기의 효율은 몇 %인가?

① 30%

② 45%

③ 68%

④ 95%

**TIP** $P = Ei$이고, 효율 $e = \dfrac{출력}{입력} \times 100$이므로 $P_1 = 200 \times 2 = 400W$, $P_2 = 100 \times 3.8 = 380W$

효율 $= \dfrac{380W}{400W} = 95\%$

**8** 다음 중 회로에 전자기 유도 현상이 발생하지 않는 것은?

① 정지한 회로 근처에서 자석을 움직일 때

② 회로 주위에 있는 다른 회로에 변하는 전류가 흐를 때

③ 정지한 자석 근처에서 회로를 움직일 때

④ 회로 주위에 있는 다른 회로에 일정한 전류가 흐를 때

**TIP** 전자기 유도 … 코일 속에 자석을 넣었다 빼었다 하여 자기장의 변화를 주면 전류가 흐르는 현상이다.

**Answer** 6.④ 7.④ 8.④

**9** 길이 2m인 도선을 균일한 자기장 4T 속에서 5m/s의 속력으로 자기장의 직각 방향으로 이동시켰을 때 이 도선의 양 끝에 유도되는 기전력의 크기는?

① 20V

② 30V

③ 40V

④ 50V

**TIP** $V = Blv = 4 \times 2 \times 5 = 40V$

**10** 다음과 같이 크기가 10Wb/m²인 균일한 자기장 속에 저항 $R$이 연결된 ㄷ자형 도선을 놓고, 그 위에 길이 0.5m 되는 도선을 자기장에 수직하게 놓은 후 2m/s로 왼쪽으로 등속운동시켰더니 저항 $R$에 2A의 전류가 흘렀다. 저항 $R$의 크기는 몇 Ω인가?

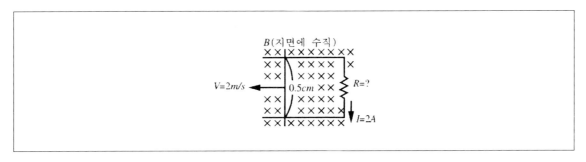

① 2.5

② 5

③ 7.5

④ 10

**TIP** 저항 $R = \dfrac{E}{i}$ 이며 유도기전력 $E = BlV$ 이므로 $B = 10\text{Wb/m}^2$, $l = 0.5\text{m}$, $V = 2\text{m/s}$를 대입하면 $E = 10V$

$i = 2\text{A}$를 저항 구하는 식에 대입하면 $R = 5\Omega$

**11** 다음과 같은 회로에서 스위치 $S$를 닫았다가 열 경우 회로에 흐르는 전류의 모양으로 옳은 것은?

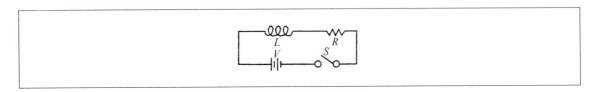

①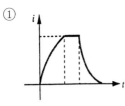

②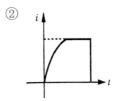

③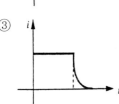

④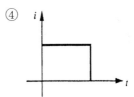

**TIP** $LR$ 회로에서는 전류가 서서히 증가하고 서서히 감소한다.

**12** 코일에 흐르는 전류가 1/20초 사이에 5A의 전류변화가 있을 때 자체유도기전력이 500V였다면 이 코일의 자체유도계수는?

① 0.5H

② 500H

③ 5H

④ 50H

**TIP** 자체유도기전력 $E=-L\dfrac{\Delta i}{\Delta t}$V이므로 자체유도계수 $L=\dfrac{-E}{\dfrac{\Delta i}{\Delta t}}$

이 식에 $E=-500$V, $\Delta i=5$A, $\Delta t=\dfrac{1}{20}$을 대입하여 계산하면 $L=5(\mathrm{V}\cdot\mathrm{s/A}=\mathrm{H})$

**Answer** 11.① 12.③

**13** 상호 인덕턱스가 1.25H인 두 개의 코일이 있다. 스위치를 닫은 후 0.25초 동안 1차 코일에 흐르는 전류가 100A로 되었다면 2차 코일에 생기는 유도기전력은 몇 V인가?

① 0.4

② 4

③ 50

④ 500

---

**TIP** 상호유도기전력 $E = -M\dfrac{\Delta i}{\Delta t}$ V이므로 $M = 1.25$, $\Delta i = 100$, $\Delta t = 0.25$를 대입하여 계산하면

$E = 500\text{V}$

---

**14** 다음과 같이 자석의 N극이 코일로 접근할 때, 코일의 $A$면은 무슨 극이며 코일에 유도전류의 방향은?

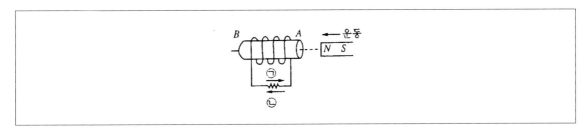

① N극, ㉠방향

② N극, ㉡방향

③ S극, ㉠방향

④ S극, ㉡방향

---

**TIP** 자석의 N극이 가까이 오면, 코일은 N극을 만들어 운동을 방해하려는 방향으로 전류가 흐르므로 오른쪽이 N극이 된다.

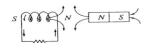

**15** 다음은 상호유도실험을 나타낸 것이다. 1차 코일의 전류가 다음과 같이 변화하는 동안 2차 코일에 유도되는 기전력의 모양은? (단, 2차 유도기전력의 방향은 $a \to R \to b$인 것을 (+)로 한다)

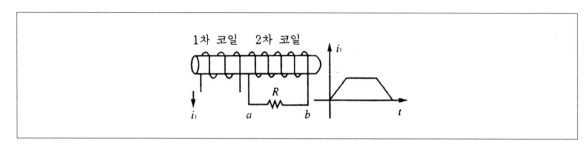

①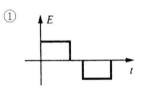

②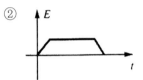

③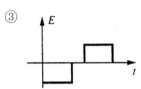

④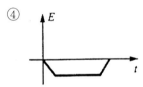

> **TIP** 렌츠의 법칙에 의하여 1차 코일에 전류가 흐르게 되면 2차 코일에는 전류의 흐름을 방해하는 방향인 $a \to b \to R$로 전류가 흐르므로 (−)유도기전력이 발생하고, 1차 코일의 전류의 흐름이 작아질 때에는 반대방향인 $a \to R \to b$로 유도기전력이 발생한다.

**16** 다음과 같은 장치에서 1차 코일의 전류가 0.1초 동안에 2A에서 1A로 변하였다면 이 동안에 2차 코일에서의 평균 유도기전력은 몇 V인가? (단, 상호 인덕턱스는 0.2H이다)

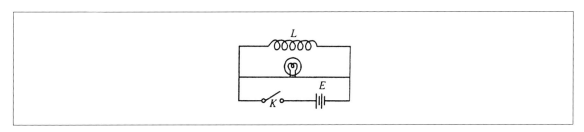

① 1V

② 2V

③ 5V

④ 10V

---

**TIP** 상호유도기전력 $E = -M\dfrac{\Delta i}{\Delta t}$ 이므로

$M = 0.2\text{H}$, $\Delta i = (2\text{A} - 1\text{A}) = 1\text{A}$, $\Delta t = 0.1\text{s}$ 를 대입하여 계산하면 $E = 2\text{V}$

**17** 다음과 같이 많은 횟수로 감긴 코일과 꼬마전구를 전지에 연결한 후 스위치 $K$를 닫았을 때 전구의 밝기에 대한 설명으로 옳은 것은?

① 불이 곧 켜지며, 밝기가 일정하다.

② 닫는 순간은 밝으나 점차 어두워져서 일정한 밝기가 된다.

③ 닫는 순간은 어두우나 점점 밝아져서 일정한 밝기가 된다.

④ 깜박거리면서 켜진다.

---

**TIP** 코일 안의 회로에서 코일을 닫거나 여는 순간 유도기전력이 발생한다.

**Answer** 16.② 17.②

**18** 공항 보안검색대에서 몸 수색시 사용하는 금속 탐지기는 어떤 물리 현상을 이용한 장치인가?

① 홀(Hall) 효과
② 자기장 변화에 의한 전류 유도
③ 전자기파의 간섭
④ 전자기파의 회절

**TIP** 공항 보안 검색대의 금속 탐지기는 자기장 변화에 의한 전류 유도를 이용한 것이다.

**19** 변압기에서 1차 코일과 2차 코일의 감은 수의 비가 5 : 2일 때 2차 코일에 저항 20Ω의 전열기를 연결하였더니 5A의 전류가 흘렀다. 변압기의 전력 손실이 없다면 1차 코일의 전압은 몇 V인가?

① 500V
② 250V
③ 750V
④ 150V

**TIP** $P = IV = I^2 R = 5^2 \times 20 = 500\text{W}$

$\dfrac{V_1}{V_2} = \dfrac{N_1}{N_2} = \dfrac{I_2}{I_1}$ 이므로 $I_1 = \dfrac{N_2}{N_1} I_2 = \dfrac{2}{5} \times 5 = 2\text{A}$

$\therefore V_1 = \dfrac{P}{I_1} = \dfrac{500}{2} = 250\text{V}$

**20** 1차 코일의 감은 수가 200이고, 2차 코일의 감은 수는 800인 변압기가 있다. 이 변압기의 1차 코일에 100V, 20A의 교류를 넣었을 때 2차 코일에서의 전압과 전류의 값은?

① 200V, 5A
② 200V, 10A
③ 400V, 5A
④ 400V, 10A

**TIP** 변압기의 유도기전력 관계식 $\dfrac{N_1}{N_2} = \dfrac{V_1}{V_2} = \dfrac{I_2}{I_1}$ 에서 전압은 $\dfrac{N_1}{N_2} = \dfrac{V_1}{V_2}$ 이므로

$\dfrac{200}{800} = \dfrac{100\text{V}}{V_2}$ 이고 계산하면 $V_2 = 400\text{V}$

전류는 $\dfrac{N_1}{N_2} = \dfrac{I_2}{I_1}$ 이므로 $\dfrac{200}{800} = \dfrac{i_2}{20\text{A}}$ 이고 계산하면 $i_2 = 5\text{A}$

**Answer** 18.② 19.② 20.③

# 02 교류

## 01 교류 회로

### ❶ 교류의 발생

(1) 교류(Alternating Current ; A.C)

전류의 크기와 방향이 주기적으로 변하는 전류를 의미한다.

(2) 교류발전기

① 개념 ⋯ 자기장 내에 있는 단일 코일을 회전시키면 교류전류가 발생하는 발전기이다.

② 기전력

$$V = V_m \sin\omega t \,(V_m\text{은 최대전압})$$

③ 전류

$$I = I_m \sin\omega t \,(I_m\text{은 최대전류})$$

④ 교류발전기의 원리

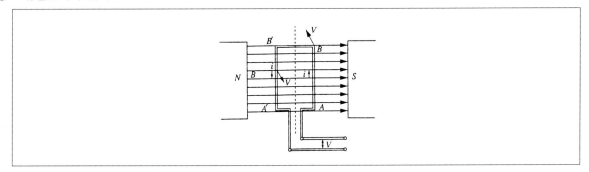

    ㉠ 자속밀도 $B$인 자기장 내에 놓인 도선이 회전하면서 전류 $i$가 발생하는 교류발전기의 원리를 나타내고 있다.

    ㉡ $AB$도선에 전류가 $A \to B$로 흐르고 있다.

    ㉢ 도선이 $180°$ 회전하면 $A$, $B$는 각각 $A'$, $B'$에 해당하는데 이 때 전류는 $B' \to A'$로 흐른다.

    ㉣ 교류는 회전각($\phi$)에 따라서 전류의 흐르는 방향이 변한다.

⑤ 교류발전에서의 $V$와 $I$의 관계

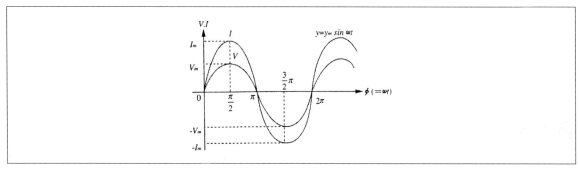

    ㉠ 교류발전에 전압, 전류가 위상($\phi$) 혹은 시간에 따라 크기와 방향이 변하고 있음을 나타내고 있다.

    ㉡ 전압, 전류가 ($-$)값을 가질 때는 방향이 반대임을 나타낸다.

    ㉢ 전압, 전류는 $\phi = \dfrac{\pi}{2} + n\pi$일 때 최대값을 갖는다.

## (3) 실효값

① 교류의 실효값

    ㉠ 교류의 전압, 전류의 절대값을 평균한 값으로 교류전류의 실제전압, 전류를 나타낸다.

    ㉡ 교류의 실효값은 직류와 같은 효과를 나타내는 값으로 실효값을 이용하여 직류에서의 공식에 그대로 적용하여 계산한다.

    ㉢ 교류전압과 교류전류의 최대값은 실효값의 $\sqrt{2}$ 배가 된다.

    ㉣ 교류계측기의 눈금으로 측정되어지고 전기기구에 표시된 값은 보통 실효값을 나타낸다.

② 전압의 실효값

$$V_e = \frac{V_m}{\sqrt{2}}, \; V_m = \sqrt{2} \, V_e$$

③ 전류의 실효값

$$I_e = \frac{I_m}{\sqrt{2}}, \; I_m = \sqrt{2} \, I_e$$

> **TIP** ⟶⟶⟶⟶⟶⟶⟶⟶

110V 교류전류의 실효값 … 110V 교류전류에서 110V는 실효값이고 이 교류전류의 최대값은 실효값의 $\sqrt{2}$ 배이다.
즉, $V_m = \sqrt{2}$, $V_e = \sqrt{2} \times 110\text{V}$ 가 된다.

## ❷ 교류 회로

### (1) 저항($R$)만 연결한 회로

① 저항($R$) 회로의 특성

    ㉠ 전압과 전류의 위상차가 없다.

    ㉡ 실효값은 직류와 동일하다.

    ㉢ 전압이 시간에 따라 변화하므로 매 순간마다 옴의 법칙이 성립한다.

② 전압($V$)

$$V_R = V_m \sin\omega t$$

③ 전류($I$)

$$I_R = I_m \sin\omega t$$

④ 소비전력($P$)

$$P_R = I_e^{\,2} R(\text{W})$$

⑤ 저항($R$) 회로와 $V$, $I$, $t$의 관계

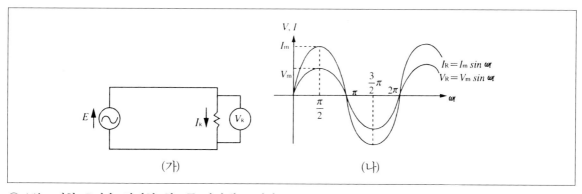

(가)             (나)

    ㉠ (가)는 저항 $R$만을 연결한 회로를 나타내고 있다.

ⓛ 기전력이 $E$이고 저항 $R$에 걸리는 전압이 $V_R$임을 나타내고 있다.

ⓒ (나)는 전압 $V_R$와 전류 $I_R$의 위상 $\omega t$에 따른 변화를 나타낸 그래프이다.

ⓔ 전압과 전류의 위상차가 없으며 $\omega t = \dfrac{\pi}{2} + n\pi$일 때 최대값을 가진다.


## ⑵ 축전기($C$)만 연결한 회로

① 축전기($C$) 회로의 특성

ⓞ 축전기에 교류전압을 걸어주면, 전류의 충전과 방전이 반복되면서 전류가 흐르게 된다.

ⓛ 전류와 전압의 위상은 90° 차이가 난다.

② 전압

$$V_C = V_m \sin\omega t$$

③ 전류

$$I_C = I_m \sin(\omega t + 90°)$$

④ 소비전력

$$P_C = 0$$

⑤ 축전기($C$) 회로와 $V_C$, $I_C$, $\omega t$의 관계

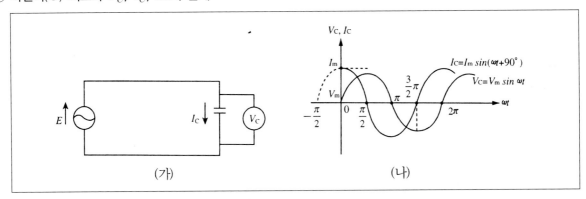

(가)                    (나)

ⓞ (가)는 $C$(축전기)만의 회로를 나타낸 것이다.

ⓛ (나)는 $C$만의 회로에서 $V_C$와 $I_C$의 위상($\omega t$)에 따른 변화를 나타낸 그래프이다.

ⓒ $I_C$가 $V_C$보다 위상이 $\dfrac{\pi}{2}(=90°)$만큼 빠름을 나타내며, $V_C$와 $I_C$는 반비례관계에 있다.

ⓔ $V_C$가 증가하면 $I_C$의 크기는 감소하며, $V_C$의 크기가 최소이면 $I_C$의 크기는 최대인 관계를 나타내고 있다.

⑥ 용량 리액턴스($X_C$)

$$X_C = \frac{1}{\omega C} = \frac{1}{2\pi f C}(\Omega)$$

($\omega$ : 각속도, $f$ : 진동수, $C$ : 전기용량)

▶ TIP
리액턴스는 전기의 흐름을 방해하는 저항을 나타낸다.

## (3) 코일($L$)만 연결한 회로

① 코일($L$) 회로의 특성
  ㉠ 코일 $L$에 교류전류를 가하면 코일에는 자기력선의 변화에 방해하려는 유도기전력이 생겨 전류의 흐름을 방해한다.
  ㉡ 코일 회로에서는 전류 $I_L$의 위상이 전압 $V_L$의 위상보다 $90\degree$ 늦다.
  ㉢ 코일에는 주파수가 많은 교류가 흐를 수 없다.

② 전압

$$V_L = V_m \sin \omega t$$

③ 전류

$$I_L = I_m \sin(\omega t - 90\degree)$$

④ 소비전력

$$P_L = 0$$

⑤ 코일($L$) 회로와 $V_L$, $I_L$, $\omega t$의 관계

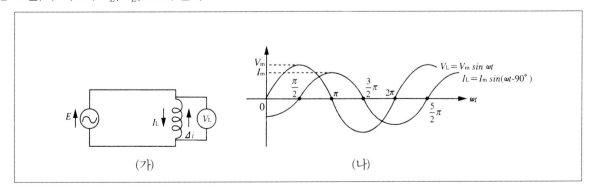

(가)                    (나)

ㄱ (가)는 $L$만의 회로를 나타낸 것이다.

ㄴ 코일 $L$에는 전류 $I_L$의 흐름에 반대되는 유도전류 $\Delta i$가 발생한다.

ㄷ (나)는 $I_L$, $V_L$와 $\omega t$와의 관계그래프를 나타낸 것이다.

ㄹ $I_L$이 $V_L$보다 위상이 $\dfrac{\pi}{2}(=90°)$ 차이가 나는 것을 나타낸다.

⑥ 유도 리액턴스($X_L$)

$$X_L = \omega L = 2\pi f L(\Omega)$$
$$(\omega : 각속도, \ f : 진동수, \ L : 유도계수)$$

▶**TIP**

교류의 진동수가 크면, 코일에서는 $X_L$이 커져서 전류가 잘 안 흐르게 된다.

## (4) $RCL$ 회로

① $RCL$ 회로의 개념 ··· 저항 $R$, 코일 $L$, 축전기 $C$(콘덴서)를 직렬로 연결한 회로를 말한다.

[$RCL$ 회로]

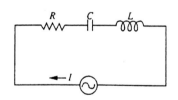

② 전압($V$)

ㄱ 전체전압

$$V_m = \sqrt{V_{Rm}^2 + (V_{Cm} - V_{Lm})^2}$$

ㄴ 전압의 실효값

$$실효값 \ V_e = \frac{V_m}{\sqrt{2}}$$

ⓒ $RCL$ 회로에서의 $V_m$ (최대전압)

- 코일에서 전압 $V_L$은 $i$보다 $90°$ 빠르고 콘덴서 회로에서 전압 $V_C$는 $I$보다 $90°$ 느리며, 저항 회로에서 $V_R$은 $i$와 위상이 같다.
- $V_m$은 두 벡터 $V_R$과 $V_{Cm} - V_{Lm}$의 합성벡터이므로 크기는 피타고라스 정리에 의하여 $V_m = \sqrt{V^2 - (V_{Cm} - V_{Lm})^2}$ 가 된다.

③ 임피던스($Z$) … $RCL$ 회로에서 합성저항의 크기를 임피던스($Z$)라 한다.

$$Z = \sqrt{R^2 + (X_L - X_C)^2} = \sqrt{R^2 + \left(\omega L - \frac{1}{\omega C}\right)^2} \ [\Omega]$$

▶TIP

임피던스 $Z$의 최소값은 $\omega L - \frac{1}{\omega C} = 0$일 때, 즉 $\omega = \frac{1}{\sqrt{LC}}$ 일 때이며, 이 때 주파수 $f$를 그 회로의 공진주파수라 한다. 이

때 $\omega = \frac{1}{2\pi\sqrt{LC}}$ 이다.

④ 전류($I$), 최대전류($I_m$), 실효값($I_e$)

$$I = \frac{V}{Z}, \ I_m = \frac{V_m}{Z}, \ I_e = \frac{I_m}{\sqrt{2}}$$

▶TIP

전류의 최대값 $I_m$은 $Z$(임피던스)가 최소일 때이며 $\omega = \frac{1}{\sqrt{LC}}$ 일 때 $Z = R$로 최소값을 갖게 된다.

⑤ 소비전력($P$)

$$P = I_e^2 R$$

## 02 교류 회로에서의 전력

### 1 교류의 전력($P$)

**(1) 전압과 전류의 위상이 같을 경우**

$$\text{전력 } (P) = V_e I_e = \frac{1}{2} V_m I_m (\text{W})$$

> **TIP**
>
> $V_e = \dfrac{V_m}{\sqrt{2}}$, $I_e = \dfrac{I_m}{\sqrt{2}}$ 을 대입하면 $P = \dfrac{1}{2} V_m I_m$ 를 얻는다.

**(2) 전류의 평균값**

$$I_e = \frac{V_e}{Z} (Z : \text{임피던스})$$

**(3) 전압, 전류가 위상 $\phi$만큼 차이가 날 경우**

① 전력($P$)

$$P = V_e I_e \cos\phi = \frac{1}{2} V_m I_m \cos\phi$$

② **출력률**($\cos\phi$) ⋯ 회로의 출력률(역률)을 의미한다.

$$\cos\phi = \frac{R}{2}$$

> **TIP**
>
> $C$ 혹은 $L$만의 회로에서는 위상각 $\phi = 90°$ 차이가 나므로 $\cos\phi = 0$이 되면 $R$ 회로에서는 $\phi = 0°$이므로 $\cos\phi = 1$이다.

## ❷ 전력수송

### (1) 전력손실과 전압의 관계

① 전압을 $n$배 높이면 송전되면서 소모되는 전력의 손실량은 $\frac{1}{n^2}$ 배가 된다.

② 손실전력을 최소화하려면 송전전압을 높여야 하며 송전선 저항은 줄여야 한다.

③ 소모전력과 전압의 관계

    ㉠ 송전선의 저항이 $R$이고, 처음 전압이 $V_1$, 처음 전류가 $i_1$일 때 소모전력 $P_1 = i_1{}^2 R$이다.

    ㉡ 전압을 처음의 $n$배로 높이면 $V_2 = n V_1$이므로 소모전력 $P_2 = i_2{}^2 R$이 된다.

    ㉢ 수송전력이 같으므로 $P = i_1 V_1 = i_2 V_2$, $P_2 = i_2{}^2 R$에 $i_2 = \dfrac{P}{V_2}$를 대입하면

        소모전력 $P_2 = \left(\dfrac{P}{V_2}\right)^2 R = \dfrac{1}{V_2{}^2} P^2 R(\mathrm{W})$가 된다.

    ㉣ $P^2 R$은 일정한 값이므로 소모전력 $P_2$는 $V_2{}^2$에 반비례한다.

### (2) 전력수송

① 송전전류

$$i = \frac{P}{E}(\mathrm{A})$$

② 송전전력

$$P = Ei\,(E : 송전전압, \ i : 송전전류)$$

③ 손실전력

$$P_e = i^2 R = \left(\frac{P}{E}\right)^2 \times R[\mathrm{W}]$$

④ 송전효율

$$e = \frac{P - P_e}{P} \times 100(\%)$$

# 03 전기진동과 전자기파

## ❶ 전기기동

### (1) $LC$ 회로의 전기진동

① **전기진동** ··· 축전기 $C$를 충전시킨 후 코일 $L$과 연결하여 방전시키면 축전기 $C$와 코일 $L$ 사이에 충전과 방전이 계속되면서 전류의 양이 감소하는 것을 말한다.

② **$LC$ 회로의 전류방향과 진동전류의 크기**

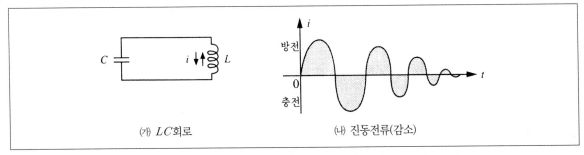

(가) $LC$회로　　　　　　　(나) 진동전류(감소)

　㉠ (가)는 회로에 충전된 전류가 방전될 때와 충전될 때 전류방향이 반대임을 나타낸다.

　㉡ (나)는 전류 $i$가 시간이 따라 충전, 방전을 되풀이하면서 열에너지로 소모되어 감소하는 진동전류를 나타내고 있다.

③ **공명진동수** ··· 자기 리액턴스와 용량 리액턴스가 같을 경우 진동전류가 흐른다.

$$\text{진동수 } f = \frac{1}{2\pi\sqrt{LC}} \left( 2\pi f L = \frac{1}{2\pi f C} \right)$$

### (2) $LC$ 회로의 전기공진

① **전기공진** ··· 고유 진동수가 같은 두 진동 회로를 가까이 했을 때 한쪽에 진동전류가 흐르면 다른 쪽에도 진동전류가 흐르는 현상을 말한다.

② **공진조건**

$$f_1 = f_2, \quad \frac{1}{2\pi\sqrt{L_1 C_1}} = \frac{1}{2\pi\sqrt{L_2 C_2}}, \quad \text{즉 } L_1 C_1 = L_2 C_2$$

③ 두 개의 $LC$ 회로가 공진할 경우 전류의 흐름

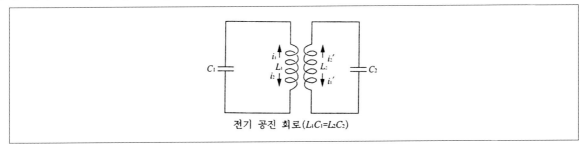

전기 공진 회로($L_1 C_1 = L_2 C_2$)

　㉠ $i_1$이 흐를 때 $i_1'$로 유도전류가 흐르며 $i_2$는 $i_2'$에 해당한다.

　㉡ 공진조건은 $L_1 C_1 = L_2 C_2$이다.


## ② 전자기파

### (1) 전자기파의 발생

① **개념** … 진동전류가 흐르는 도선 주위에 자기장이 형성되면, 자기장은 변화하면서 전기장을 유발하고, 또 전기장이 변화하면서 자기장을 유발하는 과정이 되풀이되면서 공간으로 퍼져 나가는 파를 전자기파라 한다.

② **전자기파의 발생원인**

　㉠ $LC$ 회로에서 전기진동할 때

　㉡ 대전 입자가 가속도 운동할 때

　㉢ 원자에서 궤도 전자가 전이할 때

　㉣ $X$선 : 고속전자가 금속과 충돌할 때

　㉤ $\gamma$선 : 원자핵 붕괴시 방출

③ **전자기파의 진행**

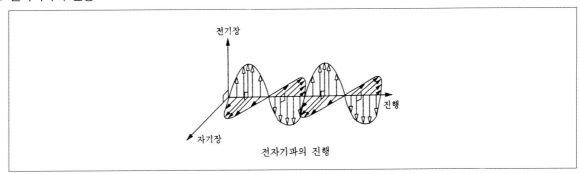

전자기파의 진행

　㉠ 자기장과 전기장의 상호보완적 관계로 인하여 전자기파는 매질이 없는 진공 속에서도 전파된다.

　㉡ 전자기파를 예언한 과학자는 Maxwell이고 실험적으로 증명한 과학자는 Hertz이다.

(2) 전자기파의 성질

① 전기장과 자기장은 서로 수직인 방향으로 나타나고 전자기파는 이들에 수직한 방향으로 진행한다.

② 전자기파의 전파속도는 광속($3 \times 10^8$m/s)과 같다.

③ 전자기파는 횡파이며, 반사, 굴절, 회절, 간섭, 편광현상을 보인다.

④ 전자기파는 직진한다.

⑤ 전자기파는 운동량과 에너지를 가진다.

(3) 빛의 전파기파설

① 전자기파의 속도 $v = \dfrac{1}{\sqrt{\epsilon\mu}}$ ($\epsilon$ : 유전율, $\mu$ : 투자율)이고 진공에서 전자기파의 속도는 $v ≒ 3 \times 10^8$m/s 로 광속 $C$와 같다.

② 빛은 전자기파에 해당한다.

(4) 전자기파의 종류

파장이 긴 순서부터 나열하면 전파, 빛(적외선, 가시광선, 자외선), $X$선, $\gamma$선 등이 있다.

# 최근 기출문제 분석

2020. 10. 17. 제2회 지방직(고졸경채) 시행

**1** 그림은 전자기파를 어떤 물리량의 크기 순서대로 나타낸 것이다. 이에 대한 설명으로 옳은 것은?

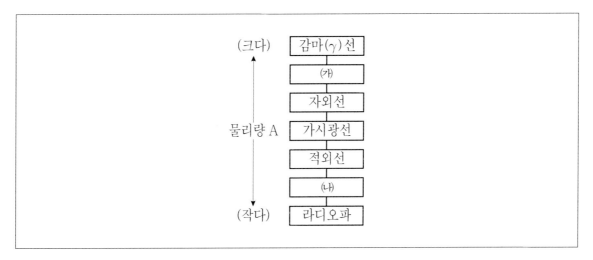

① 물리량 A에는 파장을 넣을 수 있다.

② 적외선보다 자외선의 진동수가 크다.

③ ㈎는 휴대전화 데이터 통신과 전자레인지에 이용된다.

④ ㈏는 사람 몸이나 건물 벽을 투과할 수 있어 의료 진단 분야, 비파괴 검사, 공항 검색대에서 사용된다.

**TIP** 물리량 A는 에너지이고, ㈎는 X선, ㈏는 마이크로파이다.
　② 진동수는 에너지와 비례 관계이므로, 에너지가 큰 자외선의 진동수가 적외선의 진동수보다 크다.
　① 파장은 에너지와 반비례 관계이므로 물리량 A에 넣을 수 없다.
　③④ 설명이 반대로 되었다.
　※ 에너지의 크기 … γ선 > X선 > 자외선 > 가시광선 >적외선 >마이크로파 > 라디오파

**Answer**　1.②

**2** 다음 그림은 p-n 접합 다이오드, 직류 전원, 교류 전원, 스위치, 저항을 이용하여 회로를 구성하고 스위치를 a에 연결하였더니 저항에 화살표 방향으로 전류가 흐르는 것을 나타낸 것이다. X는 p형 반도체와 n형 반도체 중 하나이다.

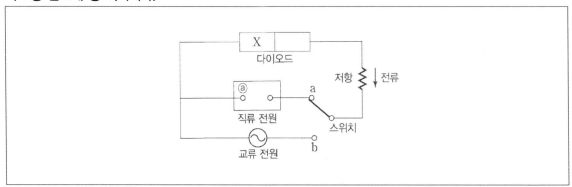

다음 중 이에 대한 설명으로 옳은 것만을 〈보기〉에서 모두 고른 것은?

〈보기〉

ⓞ 직류 전원의 단자 ⓐ는 (+)극이다.

ⓛ X는 p형 반도체이다.

ⓒ 스위치를 b에 연결하면 저항에 흐르는 전류의 방향은 변한다.

① ㄱ, ㄴ            ② ㄱ, ㄷ

③ ㄴ, ㄷ            ④ ㄱ, ㄴ, ㄷ

**TIP** ㄱㄴ 전류가 시계방향으로 흐르고 있으므로 직류 전원의 단자 ⓐ는 (+)극이고 X는 p형 반도체이다.

ㄷ 스위치를 b에 연결해도 p-n 접합 다이오드는 한쪽 방향으로만 전류를 흐르게 하므로 저항에 흐르는 전류의 방향은 변하지 않는다.

**Answer** 2.①

**3** 다음 그림은 도서관에서 학생이 RFID 도서 반납 시스템을 이용하여 여러 권의 책을 한 번에 반납할 때 도서 반납 시스템의 작동 원리를 나타낸 것이다.

다음 중 이에 대한 옳은 설명만을 〈보기〉에서 모두 고른 것은?

〈보기〉
ⓐ 리더는 자외선을 이용하여 태그의 정보를 읽는다.
ⓑ 책에 부착된 태그에는 책을 식별할 수 있는 정보가 담겨 있다.
ⓒ 정보를 주고받을 때 태그와 리더에는 전자기파 공명 현상이 일어난다.

① ㉠

② ㉠, ㉡

③ ㉡, ㉢

④ ㉠, ㉡, ㉢

> **TIP** RFID(Radio Frequency IDentification) … 무선인식이라고도 하며, 반도체 칩이 내장된 태그, 라벨, 카드 등에 저장된 데이터를 무선주파수를 이용하여 비접촉으로 읽어내는 인식시스템
> ㉠ 리더는 RF(Radio Frequency)를 이용하여 태그의 정보를 읽는다.

**4** 그림은 전자기파를 파장에 따라 분류한 것이다. A에 대한 설명으로 옳은 것만을 모두 고르면?

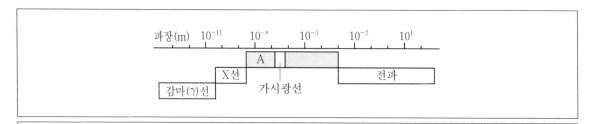

ㄱ 살균이나 소독에 사용한다.
ㄴ 가시광선의 빨강 빛보다 진동수가 작다.
ㄷ 열을 내는 물체에서 주로 발생한다.

① ㄱ

② ㄴ

③ ㄱ, ㄴ

④ ㄴ, ㄷ

**TIP** A는 자외선이다.
ㄴ, ㄷ은 적외선에 대한 설명이다.

**5** 전자기파를 진동수가 작은 것부터 큰 순서대로 바르게 나열한 것은?

① 장파 → 단파 → 적외선 → γ선

② 단파 → 장파 → γ선 → 적외선

③ γ선 → 적외선 → 단파 → 장파

④ 적외선 → γ선 → 장파 → 단파

**TIP** 진동수가 작은 것부터 큰 수서대로 나열하면 장파 < 단파 < 적외선 < γ선이다.

**Answer** 4.① 5.①

2018. 10. 13. 서울특별시 시행

**6** 무선통신에 사용하는 두 전자기파의 주파수가 각각 800MHz와 1.8GHz이고, 공기 중에서 빛의 속도를 $3.0 \times 10^8$m/s라고 할 때, 〈보기〉의 설명 중 옳은 것을 모두 고른 것은?

〈보기〉

㉠ 800MHz 전자기파의 파장이 1.8GHz 전자기파의 파장보다 더 길다.

㉡ 800MHz 전자기파가 1.8GHz 전자기파보다 빨리 전달되어 통신 속도가 빠르다.

㉢ 1.8GHz 전자기파의 파장은 1.67m로, 대략 성인 사람의 신장과 비슷하다.

① ㉠

② ㉠, ㉡

③ ㉡, ㉢

④ ㉠, ㉡, ㉢

**TIP** ㉠㉡ 두 전자기파의 통신 속도는 동일하므로 $v = f\lambda$이므로, 800MHz 전자기파의 파장이 1.8GHz 전자기파의 파장보다 더 길다.

㉢ 1.8GHz 전자기파의 파장은 $\dfrac{3.0 \times 10^8}{1.8 \times 10^9} \fallingdotseq 0.167$m이다.

2018. 4. 14. 해양경찰청 시행

**7** 다음은 전자기파의 특징과 이용분야를 나타낸 것이다. ㉠, ㉡에 해당하는 전자기파의 명칭을 가장 잘 고른 것은?

| 전자기파 | 특징과 이용분야 |
|---|---|
| ㉠ | 원자핵이 붕괴하는 경우에 발생한다. 투과력이 강하며, 암을 치료하는데 이용된다. |
| ㉡ | 열을 내는 물체에서 주로 발생하며, 리모컨 등에 이용된다. |

|   | ㉠ | ㉡ |
|---|---|---|
| ① | $X$선 | 자외선 |
| ② | $\gamma$선 | 적외선 |
| ③ | 자외선 | 가시광선 |
| ④ | 가시광선 | 전파 |

**TIP** ㉠은 $\gamma$선, ㉡은 적외선에 대한 설명이다.

**Answer** 6.① 7.②

**8** 다음은 일상에서 사용되는 전자기파의 예를 설명한 것으로 ㄱ~ㄷ의 특성을 옳게 짝지은 것은?

> ㄱ 휴대전화와 같은 통신기기나 전자레인지에 사용된다.
> ㄴ 물질에 쉽게 흡수되므로 물질을 가열하며, 비접촉 온도계에 사용된다.
> ㄷ 에너지가 높아 생체조직과 유기체를 쉽게 투과하며, 공항에서 가방 속 물건을 검사하는 데 사용된다.

|  | ㄱ | ㄴ | ㄷ |
|---|---|---|---|
| ① | 마이크로파 | 적외선 | $X$선 |
| ② | 마이크로파 | 자외선 | $X$선 |
| ③ | 자외선 | 적외선 | $\gamma$선 |
| ④ | 적외선 | 자외선 | $X$선 |

**TIP** ㄱ 마이크로파, ㄴ 적외선, ㄷ X선에 대한 설명이다.

**9** 전자기파는 진공에서의 파장에 따라 다양한 이름으로 불린다. 다음 중 전자기파가 아닌 것은?

① 알파선

② 형광등 불빛

③ 병원에서 엑스레이 사진을 찍을 때 사용하는 X-선

④ 자외선

**TIP** 알파선은 우라늄 등의 방사성 원소가 다른 핵종으로 변환되면서 방출하는 헬륨 핵입자 ($^4 He$)의 흐름이므로 전자기파가 아니다.

**Answer** 8.① 9.①

2016. 3. 19. 국민안전처(해양경찰) 시행

**10** 그림과 같이 발전소에서 공급전력 $P_0$, 송전 전압 $V_0$으로 송전하고 있을 때, 가정에서 사용할 수 있는 전력은 공급 전력의 90%이다. 발전소에서 공급 전력과 송전선의 저항을 변화시키지 않고, 가정에서 사용할 수 있는 전력을 공급전력의 99%로 하기 위한 송전 전압은?

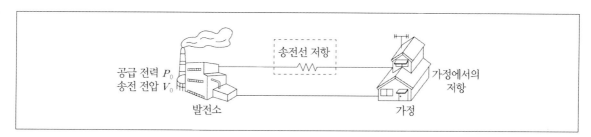

① $\sqrt{10}\,V_0$

② $10\,V_0$

③ $\dfrac{1}{\sqrt{10}}\,V_0$

④ $\dfrac{1}{10}\,V_0$

> **TIP** 송전선에 흐르는 전류를 $I_0$, 송전선의 저항을 $r$, 송전 전력을 $P_0$, 송전 전압을 $V_0$라고 할 때,
>
> 손실전력 $P_{손실} = I_0^2 r = \left(\dfrac{P_0}{V_0}\right)^2 r$이다. 따라서 공급 전력과 송전선의 저항을 변화시키지 않고 10%의 손실전력을 1%로
>
> $\dfrac{1}{10}$배 감소시키기 위해서는 송전 전압이 $\sqrt{10}$배가 되어야 한다.

2016. 3. 19. 국민안전처(해양경찰) 시행

**11** 전자기파의 파장을 짧은 것부터 차례로 바르게 나열한 것은?

① X선 – 감마선 – 라디오파 – 가시광선

② 라이오파 – 가시광선 – X선 – 감마선

③ 감마선 – X선 – 가시광선 – 라디오파

④ 감마선 – 라디오파 – X선 – 가시광선

> **TIP** 파장이 짧은 것부터 차례로 나열하면 감마선 < X선 < 가시광선 < 적외선이다.
> ※ 라디오파의 파장은 FM의 경우 약 3m, AM의 경우 약 300~400m로 길다.

**Answer** 10.① 11.③

2015. 10. 17. 제2회 지방직(고졸경채) 시행

**12** 변전소 A에서 변전소 B로 $P_0$의 전력을 전압 $V_0$으로 송전할 때 송전선에서 소모되는 전력은 $P$였다. 같은 양의 전력을 $3V_0$의 전압으로 송전할 때 송전선에서 소모되는 전력은?

① $P$

② $3P$

③ $\dfrac{1}{3}P$

④ $\dfrac{1}{9}P$

> **TIP** 송전선에 흐르는 전류를 $I_0$, 송전선의 저항을 $r$, 송전 전력을 $P_0$, 송전 전압을 $V_0$라고 할 때,
>
> 손실전력 $P_{손실} = I_0^2 r = \left(\dfrac{P_0}{V_0}\right)^2 r$ 이다.
>
> 따라서 같은 양의 전력을 3배의 전압으로 송전할 때 송전선에서 소모되는 손실전력은 $\dfrac{1}{9}$배가 된다.

2015. 1. 24. 국민안전처(해양경찰) 시행

**13** 다음은 전자기파 A, B, C의 특징을 설명한 것이다.

> A : 투과력이 강해 인체의 골격을 살펴보거나 물질의 특성 분석, 공항 검색대에서 물품 검사를 할 때 이용된다.
>
> B : 강한 열작용을 하여 열선이라고도 불리며 온도계, 리모컨 등에 이용된다.
>
> C : 원자핵이 붕괴하는 경우에 발생하는 전자기파로 암을 치료하는 데 이용되나 많은 양을 오래 쪼이면 해롭다.

A, B, C를 파장이 짧은 것부터 순서대로 나열한 것은?

① A, B, C

② A, C, B

③ B, A, C

④ C, A, B

> **TIP** A는 엑스선, B는 적외선, C는 감마선에 대한 설명이다.
> 파장이 짧은 순서대로 나열하면 C, A, B가 된다.

**Answer** 12.④ 13.④

# 출제 예상 문제

**1** $RLC$ 직렬회로에서 전원의 단자전압이 500V, 저항에 걸린 전압이 500V, 코일에 걸린 전압이 300V 일 때 축전기에 걸린 전압은?

① 300V

② 400V

③ 500V

④ 600V

---

**TIP** $RLC$ 회로의 전압 $V_m = \sqrt{V_{Rm}^{~2} + (V_{Cm} - V_{Lm})^2}$ 이므로

$V_m = 500\text{V},\ V_{Rm} = 500\text{V},\ V_{Cm} = V_{Lm}$ 이므로 $V_{Cm} = 300\text{V}$

**2** 전자기파의 파장을 짧은 것부터 차례로 바르게 나열한 것은?

① X선 $-\gamma$선 $-$ 라디오파 $-$ 가시광선

② 라디오파 $-$ 가시광선 $-$ X선 $-\gamma$선

③ $\gamma$선 $-$ X선 $-$ 가시광선 $-$ 라디오파

④ $\gamma$선 $-$ 라디오파 $-$ X선 $-$ 가시광선

---

**TIP** 전자기파의 파장순서

㉠ **감마선**(10 ~ 0.01nm 이하) : 핵 분열시 나오는 방사선의 일종으로 핵무기, 원자핵 구조연구에 쓰인다.

㉡ **X선**(10 ~ 0.01nm) : 방사선의 일종으로 투과성이 강하여 의료, 탐사 등에 쓰인다.

㉢ **자외선**(약 10 ~ 400nm) : 가시광선의 보라색의 바깥영역으로 형광물질, 살균기에 이용한다.

㉣ **가시광선**(400 ~ 700nm) : 사람이 볼 수 있는 전자기파로 광학기구에 응용된다.

㉤ **적외선**(700nm ~ 1mm) : 가시광선 적색 바깥영역으로 난방, 건조, 종양의 진단, 적외선 감지기로 응용한다.

㉥ **마이크로파**(1mm ~ 1m) : 전자레인지, 전화, 이동통신, 데이터전송, 종양파괴에 응용된다.

㉦ **전파**(1m ~ 10,000m) : TV, 라디오의 전송, 위성통신, 전파망원경에 응용된다.

**Answer** 1.① 2.③

**3** 유도계수 $3\times10^{-3}$H인 코일에 주파수 60Hz인 교류전압을 걸어줄 때 유도 리액턴스는?

① $1.1\Omega$

② $1.8\Omega$

③ $2.2\Omega$

④ $3.3\Omega$

**TIP** 유도 리액턴스 $X_L = 2\pi fL(\Omega)$이므로 $f = 60$Hz, $L = 3\times10^{-3}$H를 대입하여 정리하면

$X_L = 2\pi \times 60 \times 3 \times 10^{-3} = 1.13\,\Omega$

**4** 전자기파의 성질에 대한 설명으로 옳지 않은 것은?

① 전기장과 자기장은 서로 수직인 방향으로 나타나고, 이들에 수직한 방향으로 진행한다.

② 전자기파는 횡파이다.

③ 전자기파의 전파속도는 $\sqrt{\mu\epsilon}$ 이다.

④ 전자기파는 빛과 같이 반사, 굴절, 회절, 간섭을 한다.

**TIP** 전자기파의 성질

㉠ 전기장과 자기장은 서로 수직인 방향으로 나타나고 이들에 수직한 방향으로 진행한다.

㉡ 전자기파는 횡파이다.

㉢ 전자기의 전파속도는 광속과 같다(진공 속에서 $3\times10^8$m/s 가 된다).

㉣ 전기적 파동과 자기적 파동은 단독으로 존재할 수 없고 반드시 동시에 존재하며 그들의 진동면은 서로 수직이다.

㉤ 빛과 같이 반사, 굴절, 간섭을 한다.

㉥ 전자기파는 운동량과 에너지를 갖고 있다.

**Answer** 3.① 4.③

**5** 다음 중 전자기파가 발생하지 않는 경우에 해당하는 것은?

① 전자가 가속도 운동을 할 때

② 회로에 직류가 일정하게 흐를 때

③ $LC$ 회로에서 전기진동이 일어날 때

④ 전기장과 자기장이 시간에 따라 변할 때

---

**TIP** 전자기파의 발생

㉠ 전하가 가속도 운동을 할 때 발생한다.

㉡ $LC$ 회로에서 전기진동이 일어날 때 발생한다.

㉢ 자기장과 전기장이 서로 시간에 따라 변할 때 발생한다.

㉣ 원자핵 붕괴시 방출된다($\gamma$선).

㉤ 고속전자가 금속과 충돌할 때 발생한다($X$선).

**6** 다음 중 가정에서 사용하는 220V 교류전압의 최대전압에 가까운 것은?

① 110V

② 220V

③ 310V

④ 440V

---

**TIP** 교류의 실효값 $V_e = \dfrac{최대값\ V_m}{\sqrt{2}}$ 이므로 $V_m = V_e \times \sqrt{2} = 220 \times \sqrt{2} = 311\text{V}$ 가 된다.

**7** 전파와 광파의 차이점으로 옳은 것은?

① 속도가 다르다.

② 진폭이 다르다.

③ 진동수가 다르다.

④ 전파는 진행 방향과 수직으로 진행하는 횡파이다.

---

**TIP** 전파와 광파의 속도는 같으나 그 진동수는 다르다.

**Answer** 5.② 6.③ 7.③

**8** 100V − 100W의 전구를 100V의 교류전원에 연결하여 사용할 때 전구에 흐르는 전류의 최대값은?

① $\dfrac{1}{\sqrt{2}}$ A

② 1A

③ $\sqrt{2}$ A

④ 2A

**TIP** $P = Vi$에서 $i = \dfrac{P}{V} = \dfrac{100}{100} = 1$A이므로 $i_m = \sqrt{2}\,i = \sqrt{2} \times 1 = \sqrt{2}$ A

**9** 가정에서 사용하는 전압 110V 또는 220V 교류전압이 의미하는 값은 무엇인가?

① 최대값

② 최소값

③ 평균값

④ 실효값

**TIP** 교류의 실효값 … 교류에서는 전압과 전류가 주기적으로 변하므로 그 크기를 평균하는데 순간값을 제곱하여 그것을 평균한 값의 제곱근이다.

**10** 교류 100V인 전선에서 2V의 전압을 얻으려면 변압기의 1차 코일의 감은 수가 2,000회일 때 2차 코일은 몇 회 감으면 되는가?

① 400

② 4,000

③ 1,000

④ 40

**TIP** $\dfrac{V_1}{V_2} = \dfrac{N_1}{N_2} = A\,(N : 권선수)$

$\dfrac{100}{2} = \dfrac{2,000}{x}$

$\therefore x = 40$회

**Answer** 8.③ 9.④ 10.④

**11** 어떤 교류가 $i = \sqrt{2}\,sin120\pi t\,\text{A}$ 로 주어질 때 이 교류의 주파수와 최대값은?

① 120Hz, 1A

② 60Hz, 1A

③ 120Hz, $\sqrt{2}\,\text{A}$

④ 60Hz, $\sqrt{2}\,\text{A}$

**TIP** $i = A\sin\omega t$ 와 비교하면 $\omega = \dfrac{2\pi}{T} = 2\pi f = 120\pi$ 이므로 $f = 60\text{Hz}$ 이다.

또한 전류의 최대값은 $I_m = \sqrt{2}$ 이므로 실효값의 최대값 $I_e = \dfrac{\sqrt{2}}{\sqrt{2}} = 1\text{A}$

**12** $X_C = 1,000\,\Omega$ 인 두 개의 콘덴서가 직렬로 연결되어 있다. 이 때 합성 리액턴스는?

① 500Ω

② 1,000Ω

③ 2,000Ω

④ 2,500Ω

**TIP** 축전기가 직렬로 연결되었을 때 합성 리액턴스 $X' = 1,000 + 1,000 = 2,000\,\Omega$

**13** 다음 전자기파 중 파장이 가장 짧은 것은?

① 중파

② $X$선

③ 적외선

④ 초단파

**TIP** 전자기파 파장의 길이 순서 ⋯ 전파 > 빛(적외선, 가시광선, 자외선) > $X$선 > $\gamma$선

**Answer** 11.② 12.③ 13.②

**14** 유도계수 $2 \times 10^{-2}$H인 코일과 $2\mu$F의 축전기를 연결한 회로에서 진동전류가 흐를 때 진동수는?

① 400Hz

② 2,000Hz

③ $\dfrac{2,000}{\pi}$ Hz

④ $\dfrac{2,500}{\pi}$ Hz

---

**TIP** 전기진동수 $f = \dfrac{1}{2\pi\sqrt{LC}}$ 이므로 $L = 2 \times 10^{-2}$H, $C = 2 \times 10^{-6}$F를 대입하여 계산하면

$$f = \frac{2,500}{\pi}\text{Hz}$$

**15** sin파 교류전압의 실효값이 100V일 때 이 교류의 파형을 바르게 나타낸 것은?

①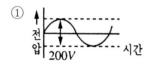

전압 / 시간 / 200V

② 전압 / 시간 / 141V

③ 전압 / 시간 / 100V

④ 전압 / 시간 / 282V

---

**TIP** 실효값 $V_e = 100$V이므로 최대값 $V_m = \sqrt{2}\,V_e = \sqrt{2} \times 100 = 141$V

**Answer** 14.④ 15.②

**16** 다음과 같은 $RLC$ 직렬회로의 전체 소모전력은?

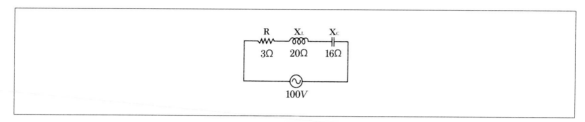

① 1,000W

② 1,200W

③ 2,000W

④ 5,000W

---

**TIP** 소모전력 $P = V_e I_e = \dfrac{V_e^2}{Z}$ 에서 $V_e = 100$V

$Z = \sqrt{R^2 + (X_L - X_C)^2} = \sqrt{3^2 + (20-16)^2} = 5\,\Omega$ 이므로 대입하여 계산하면 $P = 2{,}000$W

**17** 100V – 60Hz의 교류전압을 걸어 주면 0.5A의 전류가 흐르는 축전기의 전기용량은?

① $\dfrac{1}{3\pi} \times 10^{-3}$F

② $\dfrac{1}{6\pi} \times 10^{-3}$F

③ $\dfrac{1}{12\pi} \times 10^{-3}$F

④ $\dfrac{1}{24\pi} \times 10^{-3}$F

---

**TIP** 축전기에서 전류 $I_e = \dfrac{V_C}{X_C}$ 이므로 $I_e = 0.5$A, $V_C = 100$V를 대입하여 풀면 $X_C = 200\,\Omega$

$X_C = \dfrac{1}{2\pi f C}$ 이고 $200 = \dfrac{1}{2\pi f C}$ 이므로 $f = 60$Hz를 대입하여 풀면

$C = \dfrac{1}{24\pi} \times 10^{-3}$F

**18** 자체유도계수(인덕턱스)가 $5 \times 10^{-4}$H인 코일과 전기용량의 $2 \times 10^{-5}$F인 축전기가 직렬로 연결된 회로에서 코일에 의한 유도 리액턴스의 값과 축전기에 의한 용량 리액턴스의 값이 같아지려면 주파수가 몇 Hz인 교류전류가 흘러야 하는가?

① $\dfrac{5}{2\pi}$　　　　　　　　　　　　　② $\dfrac{25}{2\pi}$

③ $\dfrac{10^4}{2\pi}$　　　　　　　　　　　　④ $\dfrac{10^6}{2\pi}$

---

**TIP** 용량 리액턴스와 유도 리액턴스가 같으면 공진이 일어날 조건에 해당되므로 $\omega L = \dfrac{1}{\omega C}$

공진주파수 $f = \dfrac{1}{2\pi \sqrt{LC}}$ 이므로 $L = 5 \times 10^{-4}$H, $C = 2 \times 10^{-5}$F를 대입하여 계산하면

$f = \dfrac{10^4}{2\pi}$

**19** $RLC$ 직렬회로에서 $R$이 400Ω, 축전기의 리액턴스가 100Ω, 코일의 리액턴스가 400Ω일 때 이 회로의 임피던스 값은?

① $300\,\Omega$　　　　　　　　　　　　② $400\sqrt{2}\;\Omega$

③ $200\sqrt{13}\;\Omega$　　　　　　　　　④ $500\,\Omega$

---

**TIP** 임피던스 $Z = \sqrt{R^2 + (X_L - X_C)^2}$ 이므로 $R = 400$, $X_L = 400$, $X_C = 100$을 대입하여 풀면

$Z = \sqrt{400^2 + 300^2} = 500\,\Omega$

**20** 유도계수가 10H인 코일에 60Hz의 교류를 걸어주면 코일의 리액턴스는?

① $200\pi\,\Omega$　　　　　　　　　　　② $300\pi\,\Omega$

③ $600\pi\,\Omega$　　　　　　　　　　　④ $1,200\pi\,\Omega$

---

**TIP** 코일의 유도 리액턴스 $X_L = 2\pi f L\,\Omega$이므로 $f = 60$Hz, $L = 10$H를 대입하면

$X = 2\pi \times 60 \times 10 = 1,200\pi\,\Omega$

**Answer**　18.③　19.④　20.④

**21** 전기저항 $R$과 전기용량 $C$의 곱 $RC$의 단위는?

① Second

② Coulomb/second

③ Jould · second/Coulomb

④ Joule · (second)$^2$/Coulomb

---

**TIP** $RC = R \times \dfrac{q}{V} = R \times \dfrac{it}{iR} = t$

∴ $RC$의 단위는 시간(second)이다.

**22** 다음과 같은 회로에서 $L = \dfrac{1}{20\pi}\text{H}$, $C = \dfrac{1}{240\pi}\text{F}$, $R = 3\,\Omega$이고 전원은 60Hz, 100V의 교류일 때 임피던스 및 회로에 흐르는 전류는?

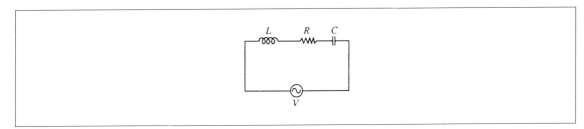

① 5Ω, 20A

② 10Ω, 10A

③ 5Ω, 25A

④ 20Ω, 5A

---

**TIP** 회로의 임피던스 $Z = \sqrt{R^2 + (X_L - X_C)^2}$ 이므로 $X_C = \dfrac{1}{2\pi f C} = \dfrac{240\pi}{2\pi \cdot 60} = 2$, $R = 3$,

$X_L = 2\pi f L = 2\pi \cdot 60 \cdot \dfrac{1}{20\pi} = 6$이므로 대입하여 계산하면 $Z = 5\,\Omega$

∴ 전류 $I = \dfrac{V}{Z} = \dfrac{100\text{V}}{5\,\Omega} = 20\text{A}$

**Answer** 21.① 22.①

**23** 코일의 리액턴스가 80Ω이고 주파수가 500Hz일 때 인덕턴스는?

① 25.1mH

② 25.3mH

③ 25.5mH

④ 25.7mH

**TIP** $X_L = 2\pi f L$

$$L = \frac{X_L}{2\pi f} = \frac{80\Omega}{(2\pi)(500\text{Hz})} = 0.0255\text{H} = 25.5\text{mH}$$

**24** 다음 중 전자기파에 대한 설명으로 옳지 않은 것은?

① 진공 속에서는 광속과 같이 $3 \times 10^8$m/s의 속력을 갖는다.

② 빛처럼 횡파이며 반사, 굴절, 회절, 간섭을 일으킨다.

③ 파장이 길수록 도체표면에서 반사가 잘 되고 회절도 잘 일어난다.

④ 전기장이나 자기장에서는 진로가 휜다.

**TIP** 전자기파는 전기장, 자기장 속에서도 직진한다.

**25** 어느 교류 전원에 서로 직렬로 외부 저항, 코일 및 콘덴서가 연결되어 있다. 저항의 값이 40Ω이고, 코일과 콘덴서의 리액턴스의 값이 각각 $X_L = 90$Ω, $X_C = 60$Ω일 때 이 회로의 임피던스는?

① 50Ω

② 70.7Ω

③ 110Ω

④ 150Ω

**TIP** $Z = \sqrt{40^2 + (90-60)^2} = 50\Omega$

**Answer**   23.③   24.④   25.①

**26** $RLC$ 직렬회로에서 전원의 단자전압이 500V, 저항에 걸린 전압이 500V, 코일에 걸린 전압이 400V 일 때 축전기에 걸린 전압은?

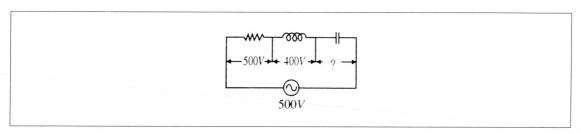

① 100

② 500

③ 알 수 없다.

④ 400

---

**TIP** 임피던스 $Z=\sqrt{R^2+(X_L-X_C)^2}$, 전원의 전압이 모두 저항 $R$에 걸렸으므로 $Z=R$이어야 하므로

$(X_L-X_c)^2=0$, $X_L=X_C$

$X_L=400$이므로 $X_C=400$

**27** 인덕턴스가 0.25H인 코일에 전류가 흐른다. 전류가 2A에서 균일하게 감소하여 0이 되는데 $\frac{1}{16}$초가 걸렸을 때 코일에 유도된 전압($V$)은?

① 2V

② 4V

③ 8V

④ 16V

---

**TIP** 코일에 전류가 변하면 자체유도기전력이 나타나는데(자체유도), 이 때 유도기전력의 크기

$E=-L\dfrac{di}{dt}(\text{V})$이므로 $L=0.25\text{H}$, $di=2\text{A}$, $dt=\dfrac{1}{16}$를 대입하여 계산하면 $E=-8\text{V}$

**28** $LC$ 회로(진동 회로)에서 전기 진동수 $f$를 옳게 나타낸 것은?

① $f = \dfrac{LC}{2\pi}$

② $f = \dfrac{\sqrt{LC}}{2\pi}$

③ $f = 2\pi\sqrt{LC}$

④ $f = \dfrac{1}{2\pi\sqrt{LC}}$

---

**TIP** $\omega = 2\pi f$ 이므로 $f = \dfrac{\omega}{2\pi}$

전기공진은 $\omega L - \dfrac{1}{\omega C} = V$ 일 때 일어나므로 $\omega = \dfrac{1}{\sqrt{LC}}$ 일 때 공진이 일어난다.

$\omega = \dfrac{1}{\sqrt{LC}}$ 을 $f = \dfrac{\omega}{2\pi}$ 에 대입하면 $f = \dfrac{1}{2\pi\sqrt{LC}}$

**29** 콘덴서에 걸어준 교류전압의 주파수가 증가할 경우 이 콘덴서의 리액턴스 변화로 옳은 것은?

① 증가한다.
② 감소한다.
③ 변함없다.
④ 전압이 감소할 때 증가한다.

---

**TIP** 콘덴서만의 회로에서 용량 리액턴스 $X_C = \dfrac{1}{2\pi f C}$ 이므로 주파수 $f$ 가 증가하면 $X_C$는 감소한다.

**Answer** 28.④ 29.②

**30** 교류전압이 100V일 때 500W인 전열기에 흐르는 전류의 최대값은?

① 0.2A

② 5A

③ 250A

④ 7.07A

**TIP** $P = VI$이므로 $500 = 100 \times I$, 즉 $I = 5A$

$I$는 전류의 실효값이므로 최대 전류 $I_m = \sqrt{2}\,I$

이 식에 $\sqrt{2} = 1.414$, $I = 5A$를 대입하여 계산하면 $I_m = 7.07A$

**Answer** 30.④

# 08

PART

## 광학

# 01 기하광학

## 01 빛의 성질과 물체의 상

### ❶ 빛의 성질

(1) 빛의 학설

① **뉴턴의 입자설** … 17세기 중엽에 이르기까지는 빛은 미립자라는 작은 입자가 광원에서 나와서 직진한다고 믿었으나, 밀도가 큰 매질에서는 속도가 느려지는 실험으로 부정되었다.

② **파동설** … 영(Young)은 이중슬릿을 이용한 간섭실험의 결과 회절과 간섭현상을 나타내므로 빛은 파동이라고 주장했다.

③ **맥스웰의 전자기파설** … 빛이 진공 속에서도 전파되므로 빛은 전자기파의 일종이라는 설로 빛의 속도는 전자기파의 속도와 같다고 주장했다.

④ **아인슈타인의 광량자설** … 광전 효과, 콤프턴 효과, $X$선 산란실험을 근거로 빛은 광량자라는 에너지 입자의 흐름이라고 주장했다.

(2) 빛의 성질

① 빛의 이중성
  ㉠ 파동성 : 간섭, 회절, 편광
  ㉡ 입자성 : 광전 효과, 콤프턴 효과, $X$선 산란실험

② 빛의 속도
  ㉠ 진공에서 빛의 속도

$$c = 3 \times 10^8 \text{m/s}$$

▶**TIP**

빛의 속도 $c = \nu \times \lambda$ ($\nu$ : 진동수, $\lambda$ : 파장)

ⓛ 물질 속에서의 광속

$$v = \frac{c}{n}$$

($n$ : 굴절률, $c$ : 진공 속에서의 광속)

▶**TIP**

굴절률이 $n$ 인 물질 속에서의 빛의 파장 ⋯ 파장 $\lambda' = \frac{\lambda}{n}$ ($\lambda$ : 나중 파장, $\lambda$ : 처음 파장, $n$ : 굴절률)

[물질 속에서의 광속]

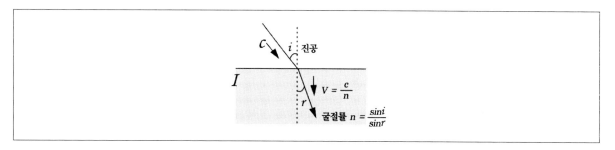

③ **광학적 소 · 밀** ⋯ 광속도가 큰 물질에 대하여 광속도가 작은 물질을 광학적으로 밀하다고 하고, 광속도가 큰 물질을 광학적으로 소하다고 한다.

## ❷ 빛의 반사와 굴절

**(1) 반사**

① **반사의 법칙**

  ㉠ 입사 광선과 반사 광선은 법선의 양쪽에 있고 두 광선은 법선과 동일한 평면 내에 있다.

  ㉡ 입사각과 반사각은 같다.

② **Brewster(부르스터)의 법칙**

  ㉠ 굴절률이 다른 매질로 광선이 입사하였을 때 반사각과 굴절각이 90°를 이루면 반사광은 완전히 편광이 된다.

ⓛ 입사각($\phi$)과 굴절률의 관계식

$$\tan\phi = \frac{n'}{n} \ (n',\ n \text{은 굴절률})$$

[Brewster의 법칙]

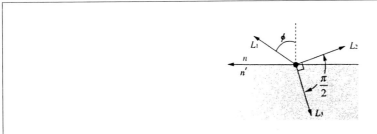

③ 정반사와 난반사

　　ㄱ 정반사 : 매끄러운 거울면에 평행 광선이 입사하면 반사 광선도 평행 광선이 된다. 이 때 물체의 허상이
　　　생긴다.

　　ㄴ 난반사 : 대부분의 물체 표면은 매끄럽지 않다. 따라서 이러한 물체 표면에 빛이 입사하면 빛이 닿은 각
　　　각의 입사점에서 반사의 법칙에 따라 반사하지만 반사된 각각의 광선은 서로 다른 방향으로 나간다. 이
　　　러한 반사를 난반사라 하고 이러한 반사 광선을 산란광이라 한다.

## (2) 전반사(전내부 반사)와 임계각

① 전반사

　　ㄱ 빛이 밀한 매질에서 소한 매질로 입사할 때 입사각이 굴절각보다 큰 경우 나타난다.

　　ㄴ 입사각이 점점 커져 굴절각이 90°가 되어 빛이 경계면에서 100% 반사하는 현상이다.

② 임계각 … 전반사할 때의 입사각($\theta_C$)을 임계각이라 한다.

③ 임계각($\theta_C$)의 관계식

$$\sin\theta_C = \frac{n_2}{n_1} = \frac{1}{n_{21}}$$

($n_1$ : 밀도가 큰 매질의 굴절률, $n_2$ : 밀도가 작은 매질의 굴절률)

④ 전반사의 임계각

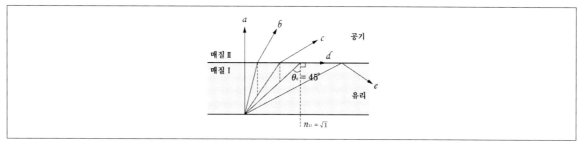

㉠ 입사각이 증가하면서 굴절이 일어나고 있으며, 임계각이 $\theta_C$임을 나타낸다.

㉡ 공기(매질 Ⅱ)에 대한 유리(매질 Ⅰ)의 상대굴절률이 $n_{21} = \sqrt{2}$ 이므로 $\sin\theta_C = \dfrac{1}{n_{21}} = \dfrac{1}{\sqrt{2}}$이 된다.

㉢ $\theta_C = 45°$가 되므로 전반사가 일어나는 경우는 $d$, $e$이다.


## (3) 굴절

① 굴절의 법칙(스넬의 법칙)

㉠ 입사 광선과 굴절 광선은 입사점에서 세운 법선과 같은 평면 위에 있다.

㉡ 입사각과 굴절각의 사인(sine)값의 비는 일정하고, 이 값은 각 매질 속에서의 광속의 비와 같다.

㉢ 물질의 굴절률

$$n_{12} = \frac{n_2}{n_1} = \frac{\sin i}{\sin r} = \frac{V_1}{V_2} = \frac{\lambda_1}{\lambda_2}$$


**▶ TIP**

$n_{12}$을 매질 Ⅰ에 대한 매질 Ⅱ의 굴절률이라 한다.

㉣ 빛의 굴절

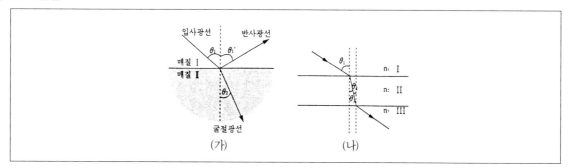

(가)                    (나)

- (가)는 입사각 $\theta_1$과 반사각 $\theta_1{}'$ 및 굴절각 $\theta_2$를 나타내고 있다.
- 빛은 전자기파인 파동이므로 매질 Ⅱ의 밀도가 매질 Ⅰ의 밀도보다 크면 굴절각 $\theta_2$는 입사각 $\theta_1$보다 작아진다.

- (나)는 매질 Ⅰ에서 Ⅱ, Ⅲ으로 진행하는 파의 굴절을 나타낸다.
- 스넬의 법칙은 $n_1 \sin\theta_1 = n_2 \sin\theta_2$이므로 $n_{12} = \dfrac{n_2}{n_1} = \dfrac{\sin\theta_1}{\sin\theta_2}$이 된다.

② 겉보기 깊이

ㄱ 물 속에 있는 물체를 공기 중에서 보면 실제의 깊이보다 얕아 보인다.

ㄴ 실제 깊이를 $h$, 물의 굴절률을 $n$이라 하면 물 속에 있는 물체의 겉보기 깊이 $h'$는 다음과 같다.

$$h' = \frac{h}{n}$$

ㄷ 겉보기 깊이의 정도는 입사각의 크기에 비례한다.


## ❸ 거울

### (1) 평면거울에 의한 상

① 평면거울에 의해 생기는 상은 물체와 대칭의 위치에 생기고 물체와 상은 항상 같은 크기이며 좌, 우가 반대인 정립허상이다.

② 실상과 허상

ㄱ 실상 : 빛이 반사 또는 굴절한 후 빛이 실제로 모여서 생기는 상을 말한다.

ㄴ 허상 : 반사 광선 또는 굴절 광선의 연장선이 모여서 맺는 상을 말한다.

③ 평면거울의 이동과 물체의 상

ㄱ 평면거울을 각 $\theta$만큼 회전시키면 반사 광선은 $2\theta$만큼 변한다.

ㄴ 평면거울을 물체쪽으로 거리 $d$만큼 이동시키면 상은 $2d$만큼 이동한다.

ㄷ 평면거울을 이동시키면 상은 2배 빨리 움직이게 된다.

④ 전신을 볼 수 있는 거울의 크기 … 사람의 키를 $AB$라고 할 때 전신을 볼 수 있는 거울의 크기는 사람의 키의 $\dfrac{1}{2}$이면 된다.

$$MN = \frac{1}{2}AB \,(MN : \text{전신거울의 크기})$$

## (2) 구면거울에 의한 상

### ① 구면거울의 개념

　　㉠ 구면의 일부가 반사면으로 된 거울을 구면거울이라 한다.

　　㉡ 구면거울의 구의 중심을 구심, 거울면의 중심을 거울 중심, 구심과 중심을 지나는 직선을 거울축이라
　　　한다.

### ② 구면거울의 종류

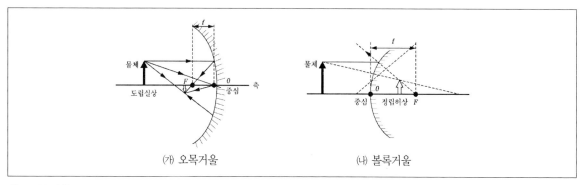

(가) 오목거울　　　　　　　　　(나) 볼록거울

　　㉠ 오목거울

　　• 반사면이 오목하고 반사된 빛을 모으는 역할을 하는 거울로 빛이 거울축에 나란하게 입사하면 반사 광
　　　선은 모두 초점 $F$에 모인다.

　　• 거울의 중심에서 초점까지의 거리를 초점거리라고 한다.

　　㉡ 볼록거울

　　• 반사면이 볼록하고 거울에서 반사된 빛은 퍼져 나간다.

　　• 빛이 거울축에 나란하게 입사되면 반사 광선은 볼록거울 뒤의 한 점 $F$에서 나온 것처럼 진행하는데 이
　　　점을 볼록거울의 허초점이라 한다.

> **TIP**
>
> 실상은 물체와 같은 방향에 상이 있을 때이며, 허상은 반대쪽에 있을 때 상이다. 정립은 바로 서 있는 것이며 도립은 반대로
> 서 있는 것을 말한다. 초점거리는 거울에 평행하게 입사된 광선이 굴절, 반사하여 만나는 지점(초점)과 중심과의 거리이다.

### ③ 구면거울에 의한 상의 작도

　　㉠ 거울축에 평행하게 입사한 광선은 반사 후 초점을 지나거나(오목거울), 또는 허초점에서 나온 것 같이
　　　(볼록거울) 진행한다.

　　㉡ 초점을 지나거나, 향하는 입사 광선은 반사된 후 거울축에 나란하게 진행한다.

　　㉢ 구심을 향하는 입사 광선은 반사 후 온 길을 되돌아 간다.

　　㉣ 거울 중심에 입사한 광선은 반사 후 거울축에 대하여 같은 각을 이루며 반사한다.

④ 오목거울에 의한 상
  ㉠ 물체가 초점 밖에 있을 경우의 도립실상

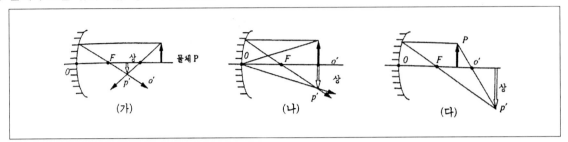

(가)          (나)          (다)

- (가)는 물체 $P$가 $O'$ 밖에 있을 때 상 $P'$는 $P$보다 크기가 작은 도립실상임을 나타낸다.
- (나)는 물체 $P$가 $O'$에 있을 때 상 $P'$는 $P$와 크기가 같은 도립실상임을 나타낸다.
- (다)는 물체 $P$가 $F$와 $O'$ 사이에 있을 때 상 $P'$는 $P$보다 큰 도립실상임을 나타낸다.

  ㉡ 물체가 초점 안에 있을 경우의 정립허상

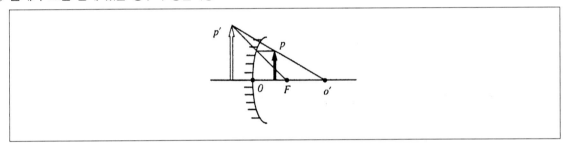

- 물체 $P$가 초점 안에 있을 때 상 $P'$는 거울 뒷면에 맺히게 된다.
- 상의 크기는 $P$보다 크고 정립허상이 맺힘을 나타낸다.

⑤ 볼록거울에 의한 상(정립허상)

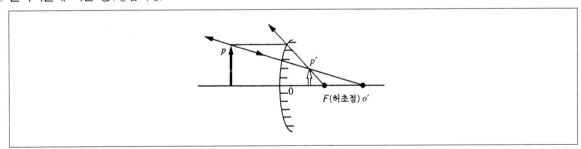

$$\frac{1}{a} - \frac{1}{b} = -\frac{1}{F} \, (a,\ b,\ F > 0)$$

㉠ 초점이 $F$인 오목거울 앞에 물체 $P$를 놓으면 상 $P'$는 거울 뒷면에 정립허상을 형성한다.

㉡ 허상이므로 $b < 0$, 초점도 허초점이므로 $F < 0$이 된다.

㉢ $F$의 값을 $\dfrac{1}{a} + \dfrac{1}{b} = \dfrac{1}{F}$에 대입하여 정리하면 $\dfrac{1}{a} - \dfrac{1}{b} = -\dfrac{1}{F}$이고, 배율 $m = \dfrac{b}{a} = \dfrac{l}{L}$이 된다.

⑥ 구면거울의 공식

㉠ 초점거리($F$)

$$\frac{1}{a} + \frac{1}{b} = \frac{1}{F}$$
($a$ : 거울 중심에서 물체까지의 거리, $b$ : 거울 중심에서 상까지의 거리, $F$ : 초점거리, 허상일 때 $b < 0$)

㉡ 배율($m$)

$$m = \frac{b}{a} = \frac{l}{L} \, (L : \text{물체의 크기}, \, l : \text{상의 크기})$$

㉢ 오목거울의 초점거리와 배율

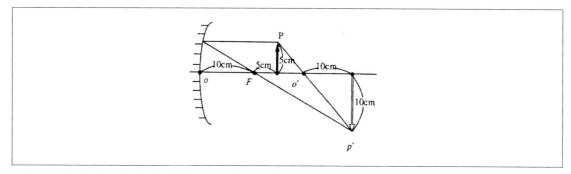

- 크기 5cm인 물체 $P$를 초점거리가 10cm인 오목거울 앞 15cm 위치에 놓으면 상 $P'$는 도립실상을 나타낸다.

- $\frac{1}{a} + \frac{1}{b} = \frac{1}{F}$ 에서 $a = 15$, $F = 10$을 대입하여 계산하면 허상까지의 거리, 배율 $m = \frac{b}{a} = \frac{30}{15} = 2$배임을 알 수 있다.

④ 렌즈

(1) 렌즈의 종류

① 볼록렌즈 … 중앙이 가장자리보다 두꺼운 렌즈를 볼록렌즈라 한다.

② 오목렌즈 … 가장자리가 중앙보다 두꺼운 렌즈를 오목렌즈라 한다.

③ 렌즈의 특성

㉠ 렌즈 속을 지나는 광선은 렌즈의 두꺼운 부분으로 굴절한다.

㉡ 볼록렌즈의 광축에 평행하게 입사한 빛은 굴절한 후 광축상의 한 점(초점)에 모인다.

㉢ 오목렌즈의 광축에 평행하게 입사한 빛은 굴절한 후 광축상의 한 점(허초점)에서 나온 것처럼 분산된다.

(2) 렌즈에 의한 상의 작도

① 렌즈의 축에 평행하게 입사한 빛은 굴절한 후 초점을 지나거나(볼록렌즈), 초섬에서 나온 것처럼 진행한다 (오목렌즈).

② 렌즈의 중심을 지나는 빛은 그대로 직진한다.

③ 렌즈의 초점을 지나는 빛(볼록렌즈) 또는 초점을 향하여 입사한 빛(오목렌즈)은 굴절 후 광축에 평행하게 나간다.

(3) 렌즈에 의한 상

① 오목렌즈

  ㉠ 물체가 초점 밖에 있을 경우 축소된 정립허상이 생긴다.

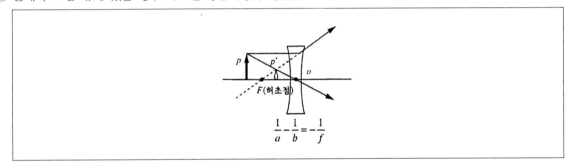

$$\frac{1}{a} - \frac{1}{b} = -\frac{1}{f}$$

  ㉡ 정립허상

  • 렌즈의 경우는 거울과 달리 같은 쪽에 있으면 허상, 반대쪽에 있으면 실상이 된다.

  • $P'$ 상이 허상이므로 $b < 0$, 또 초점도 허초점이므로 $f < 0$이 되어 $\dfrac{1}{a} + \dfrac{1}{b} = \dfrac{1}{f}$에 대입하여 정리하면

  $\dfrac{1}{a} - \dfrac{1}{b} = -\dfrac{1}{f}$ $(a,\ b,\ f > 0)$이 된다.

② 볼록렌즈

  ㉠ 물체가 초점 밖에 있을 경우 도립실상이 생긴다.

  ㉡ 도립실상

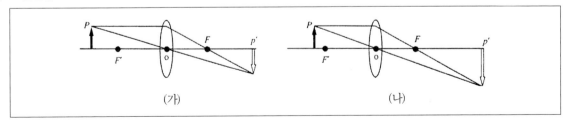

(가)　　　　　　　　(나)

  • (가)는 물체가 초점에서 밖으로 멀리 있을 때이며 (나)는 물체가 초점에 가까이 있을 때를 나타낸다.

  • 물체 $P$가 초점 $F$에 가까워지면 상 $P'$는 멀어지며 커지게 된다.

ⓒ 물체가 초점 안에 있을 경우 정립허상이 생긴다.

ⓔ 정립허상

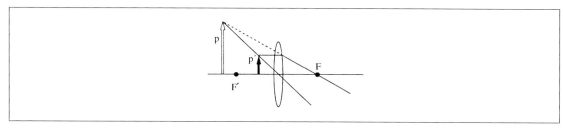

• 물체 $P$가 초점 $F'$ 안에 있을 때 상 $P'$가 정립허상이며, $P$보다 커지게 된다.

• 정립허상은 물체와 같은 위치에 생긴다.

## (4) 렌즈의 공식

① 초점거리($F$)

$$\frac{1}{a} + \frac{1}{b} = \frac{1}{F} \text{ (허상일 때 } b < 0)$$

② 배율($m$)

$$m = \frac{b}{a} = \frac{l}{L} \, (L : \text{물체의 크기}, \ l : \text{상의 크기})$$

③ 배율의 계산

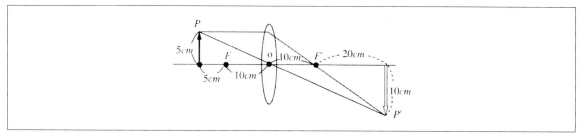

ⓐ 초점거리 $F = 10\text{cm}$인 볼록렌즈에서 $15\text{cm}$ 떨어진 곳에 물체 $P$를 놓았을 때 렌즈 뒤쪽에는 도립실상 $P'$가 생긴다.

ⓑ $\dfrac{1}{a} + \dfrac{1}{b} = \dfrac{1}{F}$ 에서 $a = 15\text{cm}$, $F = 10\text{cm}$ 이므로 대입하여 계산하면 $b = 30\text{cm}$ 가 된다.

ⓒ 배율 $m = \dfrac{b}{a} = 2$(배)이므로 $P'$는 $P$의 2배 크기이다.

## 02 광학기구와 조명도

### ❶ 광학기구

(1) 프리즘

① **프리즘** … 빛이 프리즘을 지날 때 굴절률 차에 의하여 스펙트럼을 만드는 기구이다.

② **빛의 분산**
  ㉠ 태양광선(백색광)을 프리즘에 통과시켜 스크린에 비쳐보면 여러가지 색광으로 나뉘어지는 것을 말한다.
  ㉡ 빛의 파장이 클수록 굴절률이 크다.
  ㉢ 빛의 분산에 의해 생긴 띠를 스펙트럼이라 한다.
  ㉣ 사람이 눈으로 볼 수 있는 빛을 가시광선(파장이 약 $4,000 \sim 7,600 \, \text{Å}$)이라 한다.
  ㉤ 가시광선의 빨강보다 파장이 긴 빛을 적외선이라 하고, 가시광선의 보라보다 파장이 짧은 빛을 자외선이라 한다.

③ **스펙트럼의 종류**
  ㉠ **연속 스펙트럼** : 고온의 고체나 액체에서 나오는 빛이 분산하여 생긴 스펙트럼으로 빨강에서 보라까지의 모든 색이 연속적으로 배열되어 있다.
  ㉡ **선 스펙트럼** : 고온의 기체 원자에서 나오는 빛을 분산시키면 그 기체 원자 고유의 색깔만이 가는 선으로 보이는 스펙트럼으로 원자의 발광 광흡수에 수반되어 나타난다.
  ㉢ **흡수 스펙트럼** : 연속 스펙트럼을 나타내는 빛을 저온 기체 속으로 통과시키면 연속 스펙트럼 사이에 몇 개의 검은 선이 발생하는데 이 검은 선은 그 파장에 해당하는 빛이 저온의 기체 원자에 흡수되어 나타나는 것으로 이러한 스펙트럼을 흡수 스펙트럼이라 한다.

> **TIP**
> 프라운호퍼(Fraunhofer)선 … 태양 빛에 나타나는 검은 선을 의미한다.

④ **전반사 프리즘** … 직각 이등변 삼각형 모양의 프리즘으로 빛의 방향을 $90°$, $180°$로 변환할 수 있다.

[전반사프리즘]

(가) 방향 $90°$ 바뀜　　(나) 방향 $180°$ 바뀜　　(다) 방향 불변

(2) 안경

① **명시거리**($d$) ··· 명시거리는 눈이 피로하지 않고 물체가 똑똑히 보이는 거리로 정상인은 25cm 정도이다.

② **안경의 초점거리**($f$)

$$\frac{1}{25} - \frac{1}{d} = \pm \frac{1}{f}$$
[(+)볼록렌즈, (−)오목렌즈]

③ **도수** ··· 안경의 초점거리를 인치(inch)로 표시한 값이다.

④ **디옵터**

$$D = \frac{1}{f} \,(f \text{ 단위}: \text{m})$$
($D < 0$ 오목렌즈, $D > 0$ 볼록렌즈)

㉠ 초점거리(단위 : m)의 역수이다.

㉡ 도수와 디옵터의 관계는 1inch = 2.5cm일 때 도수 × 디옵터 = 40이다.

(3) **사진기**

① 볼록렌즈로 필름 위에 실상을 맺게 하여 감광시키는 장치를 말한다.

② 볼록렌즈를 이용하면 필름에 물체 $P$의 상 $P'$의 도립실상이 맺힌다.

③ 렌즈의 구면수차, 색수차를 없애기 위해 볼록 · 오목렌즈를 조합하여 사용하나 전체적으로 볼록렌즈 역할을 한다.

④ **구경비와 $F$수**

$$\text{구경비} = \frac{D}{f}, \quad F\text{수} = \frac{f}{D} = \frac{1}{\text{구경비}}$$
($f$ : 초점거리, $D$ : 렌즈의 유효지름)

⑤ **상의 밝기**

$$\text{밝기 } L \propto \frac{t}{F^2}$$

### (4) 현미경

① 대물렌즈에 의해 생긴 실상을 대안렌즈로 확대해서 허상을 보게 만든 장치이다.

② 초점거리 $f_0$가 짧은 대물렌즈로 확대된 상을 대안렌즈 초점 안에 만드는 데 이 때 상은 도립허상이 생긴다.

**[현미경의 원리]**

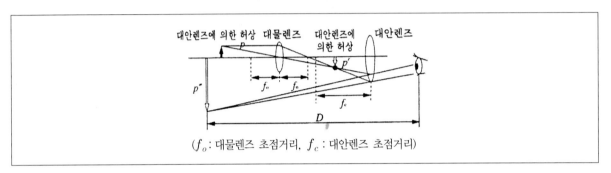

($f_o$ : 대물렌즈 초점거리, $f_c$ : 대안렌즈 초점거리)

③ 현미경의 배율

$$m = m_e \times m_0 = \frac{Dl}{f_e f_0}$$

($D$ : 명시거리, $m_0$ : 대물렌즈 배율, $l$ : 광학통 길이, $m_e$ : 대안렌즈 배율)

### (5) 망원경

① Kepler식(천체용)

  ⊙ **개념** : 대물렌즈에 의해 맺힌 실상 $P'$를 대안렌즈로 허상 $P$를 보는 기구로 현미경의 원리와 비슷하게 대물렌즈에 맺힌 실상을 대안렌즈로 확대하여 명시거리에 맞게 한다.

  ⊙ 케플러식 망원경의 원리

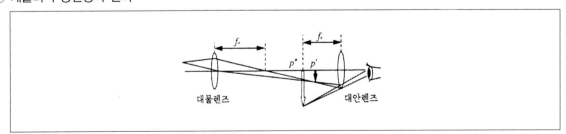

  ⊙ 케플러식 망원경의 배율($m$)

$$m = \frac{f_0}{f_e}$$

② Galilei식(지상용)

　㉠ **개념** : 대안렌즈로 오목렌즈를 사용하여 정립허상을 보는 기구로 대물렌즈에 의해 입사된 빛을 대안렌즈로 허상 $P$를 명시거리에 맺게 한다.

　㉡ 갈릴레이식 망원경의 원리

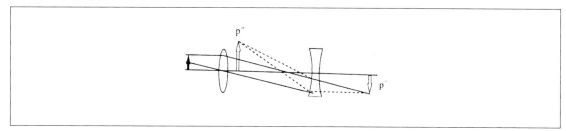

　㉢ 갈릴레이식 망원경의 배율($m$)

$$m = \frac{f_0}{f_e}$$

### ❷ 광도와 조명도

**(1) 광도**

① 광원의 세기를 광도라 한다.

② 단위는 칸델라(cd)를 사용한다.

**(2) 조명도(조도)**

① **개념** ⋯ 단위시간 동안 단위면적에 받는 빛의 양을 말하며, 단위는 lux를 사용한다.

② 1럭스(lux)란 1cd의 광원에서 1m 떨어진 면이 수직으로 빛을 받을 때 면의 밝기를 말한다.

③ **람베르트의 법칙**(Lambert's Law) ⋯ 에너지 보존 법칙에 의해 어떤 면의 조명도 $L'$는 광원의 광도 $L$에 비례하고, 광원으로부터의 거리 $r$의 제곱에 반비례한다.

$$L' = \frac{1}{r^2} cos\theta \cdot L (\text{단위} : \text{lux})$$

$$(L : \text{광원의 세기}, \ L' : \text{면의 조명도})$$

> **TIP**
> $\theta$는 광선에 수직인 면과 광선을 받는 면이 이루는 각이다.

## (3) 기울기와 조명도

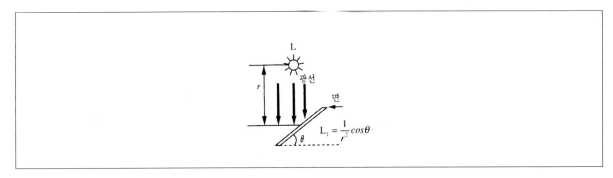

① 밝기가 $L$인 광원의 광선에 면이 $\theta$만큼 기울어져 있을 경우 조명도 $L_1 = \dfrac{1}{r^2}cos\theta \cdot L$이다.

② $\theta$는 광선에 수직인 면과 광선을 받는 면의 사이각을 나타낸다.

③ 조명도는 $\theta = 0°$일 때 최대이고 $\theta = 90°$일 때 최소가 된다.

## (4) 면과 광선사이의 거리와 조명도

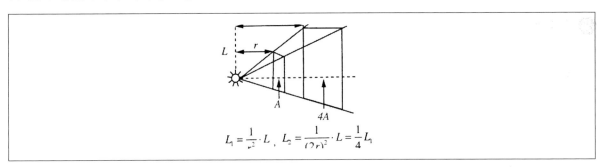

① 면과 광선 사이의 거리가 2배가 되면 빛을 받는 면적은 4배가 된다.

② 거리가 2배가 되면 같은 단위면적당 받는 빛의 세기는 $\dfrac{1}{4}$배가 된다.

# 최근 기출문제 분석

2021. 6. 5. 해양경찰청 시행

**1** 아래 그림과 같이 서로 다른 물질의 경계면에서 빛이 진행되고 있다.

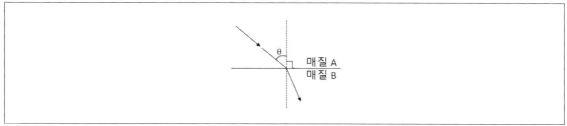

다음 〈보기〉 중 옳은 것을 모두 고른 것은?

〈보기〉

㉠ 매질 A의 굴절률이 B의 굴절률보다 더 작다.

㉡ 입사각 $\theta$를 아무리 크게 하여도 전반사는 일어나지 않는다.

㉢ 매질 B에서 빛의 속력이 A보다 더 빠르다.

① ㉠

② ㉡

③ ㉠, ㉡

④ ㉡, ㉢

> **TIP** ㉠ 그림에서 입사각이 굴절각보다 크므로 매질 A의 굴절률이 B의 굴절률보다 더 작다.
> ㉡ 매질 A의 굴절률이 B의 굴절률보다 작으므로 입사각 $\theta$를 아무리 크게 하여도 전반사는 일어나지 않는다.
> ㉢ 매질 A의 굴절률이 B의 굴절률보다 작으므로 매질 A에서 빛의 속력이 B보다 더 빠르다.

**Answer** 1.③

**2** 그림은 일반적인 광통신 과정을 나타낸 것이다. 이에 대한 설명으로 옳은 것만을 모두 고르면?

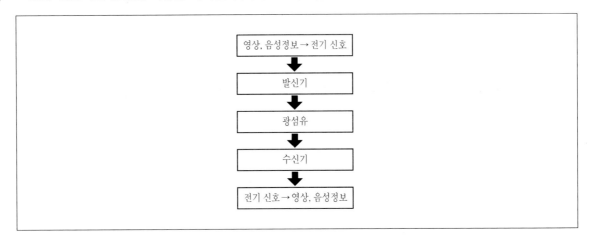

> ㉠ 발신기에서 전기 신호를 빛 신호로 변환한다.
> ㉡ 광섬유에서 코어의 굴절률이 클래딩의 굴절률보다 커서 전반사가 일어난다.
> ㉢ 광통신은 구리 도선을 이용한 전기통신에 비하여 도청이 어렵고 정보의 전송용량이 크다.

① ㉠

② ㉠, ㉡

③ ㉡, ㉢

④ ㉠, ㉡, ㉢

**TIP** ㉠ 발신기는 전기 신호를 빛 신호로 변환하여 광섬유로 전달한다.

㉡ 광섬유에서 코어의 굴절률이 클래딩의 굴절률보다 커서 전반사가 일어난다.

㉢ 구리 도선을 이용한 전기통신은 전기가 흐를 때 자기장이 발생해서 주변에 영향을 미치므로 도청이 쉽다. 반면 광통신은 전반사를 하면서 빛이 진행하므로 도청하기가 어렵고 정보의 전송용량이 크다.

※ 광통신

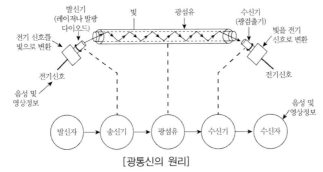

[광통신의 원리]

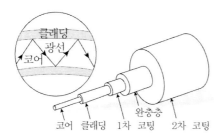

[광섬유]

2019. 10. 12. 제2회 지방직(고졸경채) 시행

**3** 그림은 빛이 광섬유의 코어를 통해서만 진행하는 모습을 나타낸 것이다. 이에 대한 설명으로 옳지 않은 것은?

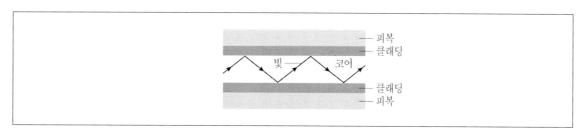

① 코어의 굴절률이 클래딩의 굴절률보다 크다.

② 코어와 클래딩의 경계면에서 전반사가 일어난다.

③ 코어를 진행하는 빛의 속력은 진공에서보다 느리다.

④ 코어와 클래딩의 경계면에서 빛의 입사각은 임계각보다 작다.

**TIP** ④ 코어와 클래딩의 경계면에서 빛의 입사각은 임계각과 같거나 크다.

**Answer** 3.④

**4** 그림은 매질 A에서 같은 경로로 입사하여 매질 B를 지나 거울에서 반사한 빨간색 빛과 파란색 빛의 경로를 나타낸 것이다. B에서 두 빛에 대한 매질의 굴절률은 $n$으로 같다. A와 B의 경계면은 거울 면과 나란하다. 〈보기〉에서 이에 대한 설명으로 옳은 것을 모두 고른 것은?

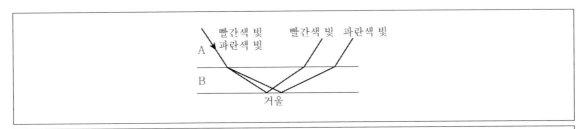

〈보기〉

ⓒ 반사하고 B를 지나 A로 굴절하여 나온 빨간색과 파란색 빛의 경로는 서로 나란하다.

ⓒ 빨간색 빛에 대한 A의 굴절률은 $n$보다 작다.

ⓒ 파란색 빛에 대한 A의 굴절률이 빨간색 빛에 대한 A의 굴절률보다 크다.

① ㉠                                    ② ㉡

③ ㉠, ㉢                              ④ ㉠, ㉡, ㉢

**TIP** ㉡ 빨간색 빛이 A에서 B로 입사할 때 입사각 < 굴절각이므로 빨간색 빛에 대한 A의 굴절률은 $n$보다 크다.

**5** 다음 그림은 어떤 망원경의 빛의 경로를 나타낸 것이다. 이에 대한 설명으로 옳은 것은?

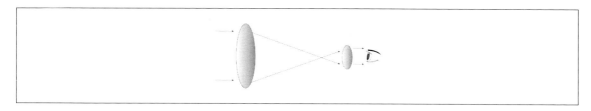

① 대형 망원경의 제작이 어렵고 제작비가 많이 든다.

② 반사 망원경의 원리이다.

③ 오목거울을 사용하여 빛을 모은다.

④ 상이 흔들리는 단점이 있다.

**TIP** 그림은 케플러식 망원경이다.
　② 굴절 망원경의 원리이다.
　③ 갈릴레이식 망원경에 대한 설명이다.
　④ 반사 망원경에 대한 설명이다.
　※ 케플러식 망원경과 갈릴레이식 망원경

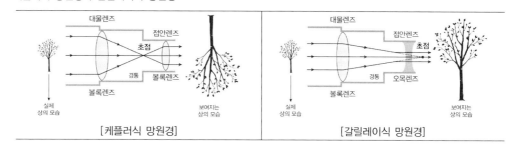

**6** 그림 ㈎는 단색광이 매질 A에서 매질 B로 입사각 $\theta$로 입사할 때 반사하는 일부의 빛과 굴절하는 일부의 빛의 진행 경로를 나타낸 것이다. 그림 ㈏는 같은 단색광이 매질 C에서 매질 B로 입사각 $\theta$로 입사할 때 매질의 경계면에서 모두 반사되는 빛의 진행 경로를 나타낸 것이다. 이에 대한 설명으로 옳은 것은?

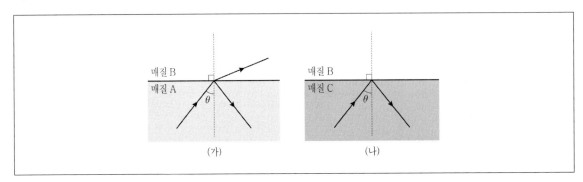

① 단색광의 속력은 A에서보다 C에서 더 크다.

② 매질 A의 굴절률이 가장 크다.

③ ㈏에서 임계각은 $\theta$보다 작다.

④ 매질 A에서 매질 C로 같은 단색광을 입사각 $\theta$로 입사하면 전반사가 일어난다.

**TIP** 매질 A, B, C의 굴절률은 $n_C > n_A > n_B$이다.

③ ㈏에서 입사각이 $\theta$일 때 전반사가 일어나고 있으므로, 임계각은 $\theta$보다 작다.

① 단색광의 속력은 A에서보다 C에서 더 작다. (∵ C가 더 밀한 매질이기 때문에)

② 매질 C의 굴절률이 가장 크다.

④ 전반사란 빛이 굴절률이 큰 물질로부터 굴절률이 작은 물질의 경계면으로 진행할 때, 입사각이 어떤 임계각보다 크면 빛이 모두 반사되는 현상이다. $n_C > n_A$이기 때문에 전반사는 일어나지 않는다.

**Answer** 6.③

**7** (개)는 매질 Ⅰ에서 매질 Ⅱ를 향해 입사각 $\theta_1$으로 입사한 빛이 두 매질의 경계면을 따라 진행하는 모습을 나타낸 것이고, (내)는 매질 Ⅰ에서 매질 Ⅲ를 향해 입사각 $\theta_1$으로 입사한 빛이 굴절각 $\theta_2$로 굴절하여 진행하는 모습을 나타낸 것이다.

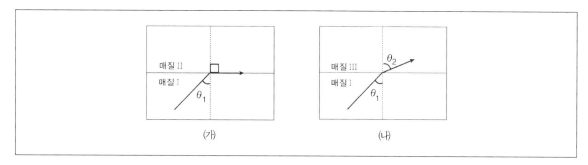

〈보기〉 중 옳은 설명을 가장 잘 고른 것은?

〈보기〉
㉠ 굴절률은 매질 Ⅰ이 매질 Ⅲ보다 작다.
㉡ 굴절률은 매질 Ⅱ가 매질 Ⅲ보다 크다.
㉢ (개)에서 매질 Ⅰ에서 매질 Ⅱ로, 입사각 $\theta_2$로 빛이 입사하면 경계면에서 전반사가 일어난다.

① ㉢

② ㉠, ㉡

③ ㉠, ㉢

④ ㉡, ㉢

**TIP** (개) 굴절률$= \dfrac{\sin입사각}{\sin굴절각} = \dfrac{\sin\theta_1}{\sin 90°} = \dfrac{n_{Ⅱ}}{n_{Ⅰ}} \rightarrow n_{Ⅰ} > n_{Ⅱ}$

(내) 굴절률$= \dfrac{\sin입사각}{\sin굴절각} = \dfrac{\sin\theta_1}{\sin\theta_2} = \dfrac{n_{Ⅲ}}{n_{Ⅰ}} \rightarrow n_{Ⅰ} > n_{Ⅲ}$

이때, (내)÷(개)에서 $\dfrac{\sin\theta_1}{\sin\theta_2} \div \dfrac{\sin\theta_1}{\sin 90°} = \dfrac{\sin\theta_1}{\sin\theta_2} \times \dfrac{1}{\sin\theta_1} = \dfrac{1}{\sin\theta_2} = \dfrac{n_{Ⅲ}}{n_{Ⅱ}} \rightarrow n_{Ⅱ} < n_{Ⅲ}$

**Answer** 7.①

**8** 그림은 빛이 A매질에서 B매질로 비스듬히 입사할 때 경계면에서의 반사와 굴절 현상을 나타낸 것이다. 이에 대한 설명으로 옳은 것만을 모두 고른 것은?

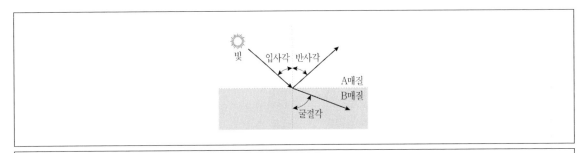

> ㉠ 입사각을 점점 증가시키면 특정각 이상부터 전반사가 일어난다.
> ㉡ 매질의 굴절률은 A가 B보다 크다.
> ㉢ 입사광의 속력은 굴절광의 속력보다 크다.
> ㉣ 입사광과 굴절광의 진동수는 같다.

① ㉠, ㉢

② ㉡, ㉣

③ ㉠, ㉡, ㉣

④ ㉡, ㉢, ㉣

> **TIP** ㉠ 굴절각이 크므로 적당한 입사각에서 굴절각이 90도가 되어 전반사가 일어날 수 있다.
> ㉡ 입사한 빛은 굴절률이 큰 매질 쪽으로 휘어진다. 따라서 A매질이 B매질보다 굴절률이 크다.
> ㉢ 굴절률이 크면 속력이 느려진다. 따라서 입사광의 속력이 굴절광의 속력보다 작다. → 틀림
> ㉣ 입사광, 굴절광의 진동수는 변함이 없다.

**9** 다음 표는 여러 가지 물질의 굴절률을 나타낸 것이다. 빛의 전반사가 일어나는 입사각의 범위가 가장 큰 경우는?

| 물질 | 공기 | 물 | 유리 |
|---|---|---|---|
| 굴절률 | 1.00 | 1.33 | 1.52 |

① 물에서 공기로 진행할 때

② 물에서 유리로 진행할 때

③ 유리에서 공기로 진행할 때

④ 유리에서 물로 진행할 때

**Answer** 8.③ 9.③

2012. 4. 14. 경상북도교육청 시행

**10** 그림과 같이 물통에 깊이 16㎝ 되게 물을 넣고 두께 3㎝인 유리판을 덮었다. 물과 유리의 굴절률은 각각 $\dfrac{4}{3}$, $\dfrac{3}{2}$ 이다. 물통 위에서 수직으로 내려다 본, 유리 윗면에서 바닥까지의 겉보기 깊이는?

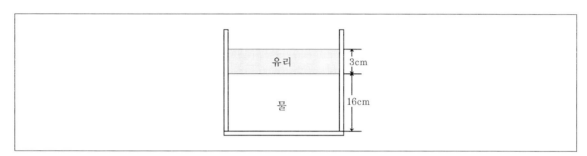

① 3㎝

② 6㎝

③ 12㎝

④ 14㎝

⑤ 15㎝

**TIP** 겉보기 깊이는 빛의 굴절에 의하여 실제 깊이보다 얕게 보이는 현상을 말한다.

겉보기 깊이 = $\dfrac{\text{실제깊이}}{\text{굴절률}}$ 로, 유리 윗면에서 바닥까지의 겉보기 깊이는 유리와 물, 두 층의 겉보기 깊이의 합으로 구할 수 있다.

따라서 유리의 겉보기 깊이 $\dfrac{3}{\frac{3}{2}} = \dfrac{6}{3} = 2$에, 물의 겉보기 깊이 $\dfrac{16}{\frac{4}{3}} = \dfrac{48}{4} = 12$를 더한 14㎝가 된다.

**Answer** 10.④

**11** 그림은 굴절률이 각각 $n_1$, $n_2$, $n_3$인 투명한 세 액체 매질 A, B, C가 놓여 있는 곳에 레이저를 비추었을 때 빛의 진로를 나타낸 것이다. $\theta$가 $\theta_1$보다 클 때 굴절률의 크기를 바르게 나타낸 것은?

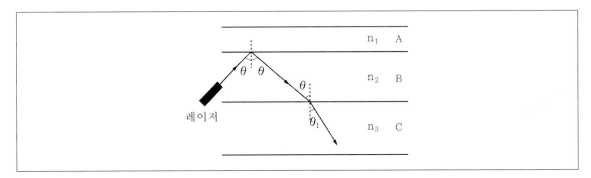

① $n_1 < n_2 < n_3$

② $n_1 > n_2 > n_3$

③ $n_1 < n_3 < n_2$

④ $n_3 < n_1 < n_2$

⑤ $n_1 = n_2 < n_3$

**TIP** ㉠ 빛이 매질 $B$에서 매질 $A$로 진행할 때 전반사가 일어났으므로 매질 $B$의 굴절률이 매질 $A$보다 더 크다. ($n_2 > n_1$)

㉡ 매질 $B$에서 매질 $C$로 진행할 때 굴절각이 입사각보다 작으므로 ($\theta_1 < \theta$), 매질 $C$의 굴절률이 매질 $B$의 굴절보다 더 크다.

$\theta > \theta_1$ 이므로 $\sin\theta > \sin\theta_1$

$\dfrac{n_3}{n_2} = \dfrac{\sin\theta}{\sin\theta_1} > 1$ 즉, $n_3 > n_2$

따라서 굴절률의 크기는 $n_3 > n_2 > n_1$ 이다.

**Answer** 11.①

**12** 표는 공기에 대한 물의 굴절률을 빛의 색깔에 따라 나타낸 것이다. 다음 표의 결과로 설명할 수 있는 현상은?

| 색깔 | 빨강 | 노랑 | 초록 | 파랑 | 보라 |
|------|------|------|------|------|------|
| 굴절률 | 1,513 | 1,517 | 1,519 | 1,528 | 1,532 |

① 하늘이 파랗게 보인다.

② 비온 후 무지개가 생긴다.

③ 저녁에 노을이 붉게 보인다.

④ 담 너머에서도 자동차의 소음이 들린다.

⑤ 배가 멀어질 때는 가까이 다가올 때보다 음높이가 더 낮게 들린다.

**TIP** 파동 성질 중 굴절에 해당하는 현상을 찾는다.
   ① 산란
   ② 굴절
   ③ 산란
   ④ 회절
   ⑤ 도플러 효과

   ※ 도플러 효과…파동을 발생시키는 파원과 그 파동을 관측하는 관측자 중 하나 이상이 운동하고 있을 때 발생하는 효과로, 파원과 관측자 사이의 거리가 좁아질 때에는 파동의 주파수가 더 높게, 거리가 멀어질 때에는 파동의 주파수가 더 낮게 관측되는 현상

**Answer** 12.②

**13** 빛이 공기에서 물로 진행하는 경로를 나타낸 그림이다. 이에 대한 설명으로 옳은 것은?

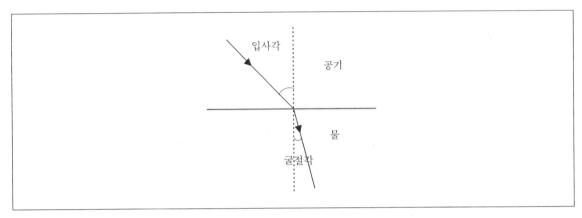

① 굴절각은 입사각보다 크다.

② 빛의 파장은 공기속보다 물속에서 더 길다.

③ 빛의 진동수는 매질에 관계없이 일정하다.

④ 빛의 속도는 공기속보다 물속에서 더 빠르다.

⑤ 빛이 공기에서 물로 진행할 경우 입사각을 적절히 조절하면 전반사가 일어난다.

**TIP** ① 입사각이 굴절각보다 크다.

② 빛의 파장은 물속보다 공기속에서 더 길다.

④ 빛의 속도는 물속보다 공기속에서 더 빠르다.

⑤ 전반사는 빛이 밀한 매질에서 소한 매질로 입사할 때 입사각이 임계각보다 큰 경우에 나타나는 현상이다.

**Answer** 13.③

# 출제 예상 문제

**1** 다음과 같이 서로 다른 물질의 경계면에서 빛이 진행되고 있을 때의 설명으로 옳은 것은?

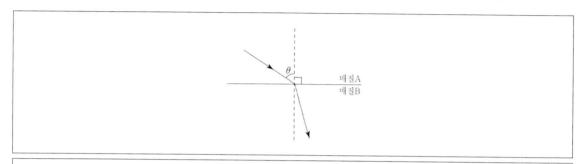

매질A
매질B

ㄱ 빛의 속력은 매질 B보다 매질 A에서 더 빠르다.
ㄴ 매질 B의 굴절률보다 A의 굴절률이 더 크다.
ㄷ 입사각 $\theta$를 아무리 크게 하여도 전반사는 일어나지 않는다.

① ㄱㄴ

② ㄱㄷ

③ ㄴㄷ

④ ㄷ

**TIP** $n_{AB} = \dfrac{\sin i}{\sin r} = \dfrac{V_A}{V_B}$ 에서 $n_{AB} > 1$이므로 $V_A$가 $V_B$보다 빠르다. 전반사는 밀한 매질에서 소한 매질로 진행할 때만 일어난다.

**2** 다음 중 광통신의 원리와 가장 밀접한 관계가 있는 현상은?

① 빛의 분산

② 빛의 회절

③ 빛의 굴절

④ 빛의 전반사

**TIP** 광섬유에 들어온 빛은 전반사가 일어나 밖으로 나가지 않는다.

**Answer** 1.② 2.④

**3** 다음 중 구면거울에 의한 상에 관한 설명으로 옳은 것은?

① 볼록거울에 의한 상은 항상 정립허상이다.

② 볼록거울에 의한 상은 물체가 초점거리 밖에 있을 때는 실상이다.

③ 오목거울에 의한 상은 항상 물체가 실물보다 큰 허상이다.

④ 오목거울에 의한 상은 물체가 초점거리 안에 있을 때는 실상이다.

**TIP** 구면거울에 의한 상
ⓐ 오목거울 : 빛을 모으며 물체가 초점 밖에 있을 때 도립실상이 생기며, 물체가 초점 안에 있을 때 거울 뒤에 확대 정립허상이 맺힌다.
ⓑ 볼록거울 : 빛이 퍼지며 물체 위치에 상관없이 항상 물체보다 작은 정립허상이 생긴다.

**4** 빛이 굴절률 $\frac{3}{2}$인 유리에서 굴절률 $\frac{4}{3}$인 물로 입사하여 굴절할 때 물 속에서 나타나는 빛의 변화에 대한 설명으로 옳은 것은?

① 파장이 길어진다.

② 진폭이 커진다.

③ 진동수가 감소한다.

④ 속력이 감소한다.

**TIP** 유리의 굴절률은 $\frac{3}{2}\left(=\frac{9}{6}\right)$이고 물의 굴절률은 $\frac{4}{3}\left(=\frac{8}{6}\right)$이며, 소한 매질로 입사하므로 속력과 파장이 증가한다.

**5** 초점거리 10cm인 오목거울 앞 15cm 되는 곳에 길이 3cm의 물체를 놓았을 때 어떤 종류의 상이 어느 곳에 생기는가?

① 도립허상, 거울 앞쪽 30cm

② 도립실상, 거울 앞쪽 30cm

③ 정립허상, 거울 뒤쪽 30cm

④ 정립실상, 거울 앞쪽 30cm

**Answer**　3.① 4.① 5.②

**TIP** $\frac{1}{a}+\frac{1}{b}=\frac{1}{f}$

($a$ : 렌즈 중심에서 물체까지의 거리, $b$ : 렌즈 중심에서 상까지의 거리, $f$ : 초점거리)

$\frac{1}{15}+\frac{1}{b}=\frac{1}{10}$, $\frac{1}{b}=\frac{1}{10}-\frac{1}{15}=\frac{3}{30}-\frac{2}{30}=\frac{1}{30}$

$\therefore\ b=30\text{cm}$

물체가 초점 밖에 있을 때 도립실상이 생기므로 상은 도립실상이고, 거울 앞쪽 30cm에 생긴다.

**6** **볼록거울 앞 10cm인 곳에 물체를 놓았더니 $\frac{1}{4}$ 크기의 정립허상이 생겼다. 이 거울의 초점거리는 얼마인가?**

① 2cm
② $\frac{10}{3}$ cm
③ 5cm
④ 25cm

**TIP** 배율 $m=\frac{b}{a}$에서 $\frac{b}{10}=-\frac{1}{4}$(허상이므로 $b<0$)

$\therefore b=-\frac{5}{2}$cm

$\frac{1}{a}+\frac{1}{b}=\frac{1}{f}$에서 $\frac{1}{10}-\frac{2}{5}=\frac{1}{f}$, $f=-\frac{10}{3}$ 볼록거울은 $f<0$이므로 $\frac{10}{3}$cm

**7** **초점거리가 10cm인 볼록렌즈 앞 20cm인 곳에 물체를 놓을 경우 상의 배율은?**

① 1배
② 2배
③ 3배
④ 1.5배

**TIP** 실상이 생기므로 $\frac{1}{a}+\frac{1}{b}=\frac{1}{f}$

이 식에 $a=20\text{cm}$, $f=10\text{cm}$를 대입하여 $b$에 관해 풀면 $b=20\text{cm}$이므로

배율 $m=\frac{b}{a}=\frac{20}{20}=1$배

**Answer** 6.② 7.①

**8** 다음 중 오목거울에 맺히지 않는 상은?

① 축소된 도립실상

② 확대된 도립실상

③ 축소된 정립허상

④ 확대된 정립허상

---

**TIP** 오목거울($a$ : 물체의 위치, $b$ : 상의 위치, $r$ : 거울 중심까지의 거리, $f$ : 초점거리)

㉠ $f < b < r$ : 축소된 도립실상

㉡ $b = r$ : 물체와 크기가 같은 도립실상

㉢ $r < b < \infty$ : 확대된 도립실상

㉣ $b < 0$ : 확대된 정립허상

**9** 다음 중 볼록거울에 보이는 상은?

① 축소 정립허상

② 확대 도립허상

③ 확대 정립허상

④ 실물 도립실상

---

**TIP** 볼록거울은 물체의 위치에 상관없이 항상 축소된 정립허상이 생긴다.

**10** 초점거리가 10cm인 볼록거울 앞 15cm인 곳에 물체를 놓았을 때 생기는 상의 종류와 배율은?

① 확대된 실상 2배

② 확대된 허상 2배

③ 축소된 실상 $\frac{2}{5}$ 배

④ 축소된 허상 $\frac{2}{5}$ 배

---

**TIP** $\dfrac{1}{a} - \dfrac{1}{b} = -\dfrac{1}{f}$ 이므로 $f = 10\text{cm}$, $a = 15\text{cm}$를 대입하여 계산하면 $b = 6\text{cm}$

배율 $m = \dfrac{b}{a} = \dfrac{6}{15} = \dfrac{2}{5}$

**Answer** 8.③ 9.① 10.④

**11** 공기 속에서보다 물 속에서 빛은 어떻게 되는가?

① 파장은 길어지나 진동수는 같다.

② 파장과 진동수는 모두 작아진다.

③ 파장은 짧아지나 진동수는 같다.

④ 파장은 같으나 진동수는 작아진다.

**TIP** 상대굴절률 $n_{12} = \dfrac{\sin i}{\sin r} = \dfrac{V_1}{V_2} = \dfrac{\lambda_1}{\lambda_2}$ 이므로 물 속에서 $r$, $V_2$, $\lambda_2$가 작아진다.

**12** 구면거울 앞 10cm인 지점에 물체를 놓았더니 3배의 허상이 생겼다면 구면거울의 종류와 초점거리로 옳은 것은?

① 볼록거울, 15cm

② 오목거울, 15cm

③ 볼록거울, 7.5cm

④ 오목거울, 7.5cm

**TIP** 볼록거울은 항상 축소된 허상만 생기므로 오목거울에 해당된다.

$\dfrac{1}{a} - \dfrac{1}{b} = \dfrac{1}{f}$ 에 $a = 10$cm, $b = 3a = 30$cm를 대입하여 $f$에 관해 풀면 $f = 15$cm

**13** 명시거리가 50cm인 사람이 써야 할 안경의 디옵터는?

① 1

② 2

③ 4

④ 10

**TIP** $\dfrac{1}{25} - \dfrac{1}{d} = \dfrac{1}{f}$ 에서 $d = 50$을 대입하여 $f$에 관해 풀면 $f = 50$cm $= 0.5$m

디옵터 $D = \dfrac{1}{f} = \dfrac{1}{0.5} = 2$

**Answer** 11.③ 12.② 13.②

**14** 다음은 진공 속에서 어느 매질 속으로 빛이 진행하고 있는 모양이다. 진공 중에서의 광속을 $c$라 하면 이 매질 속에서의 광속은?

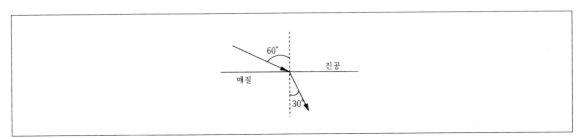

① $\dfrac{1}{2}c$

② $\dfrac{1}{3}c$

③ $\dfrac{1}{\sqrt{2}}c$

④ $\dfrac{1}{\sqrt{3}}c$

**TIP** 굴절률이 $n$이면 속력 $V = \dfrac{c}{n}$

$n = \dfrac{\sin i}{\sin r}$에서 $r = 30°$, $i = 60°$를 대입하여 계산하면 $n = \sqrt{3}$이므로 속력 $V = \dfrac{c}{\sqrt{3}}$

**15** 다음은 볼록렌즈 위의 한 점 $P$에서 $P \rightarrow Q$방향으로 입사된 빛이 렌즈를 지나 $Q \rightarrow R$방향으로 꺾이는 것을 나타낸다. $P$, $R$점은 각각 렌즈로부터 10cm, 15cm 거리일 때 이 렌즈의 초점거리는?

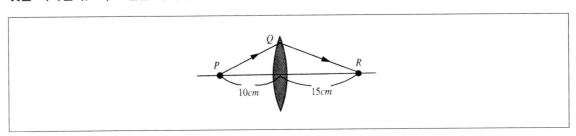

① 6cm

② 10cm

③ 15cm

④ 30cm

**TIP** $\dfrac{1}{a} + \dfrac{1}{b} = \dfrac{1}{f}$에서 $a = 10$cm, $b = 15$cm이므로 대입하여 $f$에 관해 풀면 $f = 6$cm

**Answer** 14.④  15.①

**16** 물체가 오목거울의 구심 $O$ 와 초점 $F$ 사이에 있을 때 생기는 상의 종류는?

① 확대된 실상          ② 축소된 실상

③ 같은 크기의 실상      ④ 확대된 허상

**TIP** 다음과 같이 물체 $P$가 $O$, $f$ 사이에 있으면 확대된 도립실상이 생긴다.

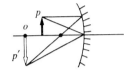

**17** 굴절률이 1.5인 벤젠(benzene)속에서의 빛의 속력은? (단, $c$ : 진공 속에서의 빛의 속력이다)

① $\dfrac{c}{2}$                      ② $\dfrac{2}{3}c$

③ $\dfrac{1}{3}c$                   ④ $c$

**TIP** 굴절률이 $n$일 때 속력 $V = \dfrac{c}{n}$ 이므로 $n = 1.5 = \dfrac{3}{2}$ 을 대입하면 $V = \dfrac{2}{3}c$

**18** 초점거리가 5cm인 볼록렌즈 앞 10cm 되는 지점에 있는 광원의 상은 렌즈로부터 얼마의 거리에 어떤 상이 생기는가?

① 5cm인 곳에 실상       ② 10cm인 곳에 허상

③ 5cm인 곳에 허상       ④ 10cm인 곳에 실상

**TIP** $\dfrac{1}{a} + \dfrac{1}{b} = \dfrac{1}{f}$ 에서 $f = 5\text{cm}$, $a = 10\text{cm}$ 이므로 $\dfrac{1}{10} + \dfrac{1}{b} = \dfrac{1}{5}$, $b = 10\text{cm}$(실상)

**Answer**    16.①   17.②   18.①

**19** 어떤 투과물질에 입사각 45°로 들어간 광선의 굴절각이 30°일 때 이 물질의 굴절률은?

① $\sqrt{3}$

② $\sqrt{2}$

③ $\dfrac{4}{3}$

④ $\dfrac{3}{2}$

---

**TIP** $n = \dfrac{n_2}{n_1} = \dfrac{\sin i}{\sin r}$ 이므로 $i = 45°$, $r = 30°$를 대입하여 계산하면 $n = \dfrac{\sin 45°}{\sin 30°} = \dfrac{\frac{\sqrt{2}}{2}}{\frac{1}{2}} = \sqrt{2}$

**20** 공기 중에서 어느 매질이 표면에 입사각 30°로 단색광을 입사시켰더니 반사광이 완전편광되었다면 이 물질의 굴절률은? (단, 공기의 굴절률은 1.0이다)

① $\dfrac{1}{\sqrt{2}}$

② $\sqrt{2}$

③ $\dfrac{1}{\sqrt{3}}$

④ $\sqrt{3}$

---

**TIP** 편광각 $\phi$로 입사했을 때 반사 광선과 굴절 광선은 서로 수직이며 반사광은 완전편광되는 브루스터의 법칙에 의해 굴절률 $n$인 매질에서 편광각 $\phi$로 굴절률이 $n'$인 매질로 입사했을 때 관계식 $\tan\phi = \dfrac{n'}{n}$이므로 이 식에 $\phi = 30°$, $n = 1$을 대입하여 계산하면 $n' = \tan 30° = \dfrac{1}{\sqrt{3}}$

**21** 굴절률이 $\sqrt{2}$인 매질에서 진공으로 빛을 입사시킬 경우 전반사각은?

① 30°

② 45°

③ 60°

④ 90°

---

**TIP** 전반사각 $\theta$일 때 $\sin\theta = \dfrac{n_2}{n_1}$이므로 $n_1 = \sqrt{2}$, $n_2 = 1$을 대입하면 $\theta = 45°$

**Answer** 19.② 20.③ 21.②

**22** 공기에 대한 굴절률이 $\dfrac{4}{3}$인 물에서 공기 속으로 빛이 입사할 때 임계각을 $\theta$라 하면 $\sin\theta$값은 얼마인가?

① $\dfrac{1}{2}$

② $\dfrac{\sqrt{3}}{2}$

③ $\dfrac{3}{4}$

④ $\dfrac{1}{4}$

**TIP** 임계각이 $\theta_c$이므로 $\sin\theta_c = \dfrac{1}{n_{21}} = \dfrac{1}{\left(\dfrac{4}{3}\right)} = \dfrac{3}{4}$

**23** 다음 중 볼록거울과 관계없는 것은?

① 확대허상

② 실물의 반대편에 생기는 허상

③ 축소허상

④ 바로 선 허상

**TIP** 볼록거울은 항상 축소된 정립허상이 거울 반대편에 생긴다.

**24** 다음 (    )안에 알맞은 것은?

> 스펙트럼은 빛의 (    )에 의해 생긴다.

① 분산

② 산란

③ 간섭

④ 편광

**TIP** 프리즘에 빛을 투과시키면 파장이 짧은 보라색의 굴절률이 가장 커지고 파장이 긴 적색의 굴절률이 가장 작아서 프리즘을 빠져 나올 때에는 색깔별로 부채꼴 모양으로 퍼지는데 이를 스펙트럼이라 하며, 파장에 따라 파동의 속도가 변하는 물질은 분산을 나타낼 수 있다.

**Answer** 22.③  23.①  24.①

**25** 공기 속에서의 빛의 굴절과 비교할 때 물 속에서 빛은 어떻게 되는가?

① 파장은 길어지나 진동수는 같다.

② 파장은 짧아지나 진동수는 같다.

③ 파장과 진동수는 모두 작아진다.

④ 파장은 같으나 진동수는 작아진다.

**TIP** 상대굴절률 $n_{12} = \dfrac{\sin i}{\sin r} = \dfrac{V_1}{V_2} = \dfrac{\lambda_1}{\lambda_2}$ 이므로 물 속에서 $r$, $V_2$, $\lambda_2$가 작아진다.

**26** 두 눈 사이가 8cm이고 얼굴폭이 20cm인 사람이 자기 얼굴 전체를 보기 위한 최소한의 거울폭은?

① 4cm

② 6cm

③ 8cm

④ 10cm

**TIP** 거울폭 $d = 20 - \dfrac{20 + 8}{2} = 6\text{cm}$

**27** 초점거리 20cm인 볼록렌즈 앞 1m되는 곳에서 물체를 렌즈와 멀어지는 방향으로 2cm/sec의 속도로 이동시킬 때 상의 이동속도와 방향은?

① 2cm/sec보다 큰 속도로 렌즈에 접근

② 2cm/sec보다 큰 속도로 렌즈에서 멀어짐

③ 2cm/sec보다 작은 속도로 렌즈에 접근

④ 2cm/sec보다 작은 속도로 렌즈에서 멀어짐

**TIP** 실상이 생기므로 $\dfrac{1}{a} + \dfrac{1}{b} = \dfrac{1}{f}$

이 식에 $a = 100\text{cm}$, $f = 20\text{cm}$를 대입하면 $b = 25\text{cm}$이며, 배율 $m = \dfrac{b}{a} = \dfrac{25}{100} = \dfrac{1}{4}$ 배

즉, 축소도립실상이 생기므로 이동속도는 작아진다.

**Answer** 25.② 26.② 27.③

**28** 반지름이 20cm인 오목거울 앞 30cm되는 지점에 길이 10cm의 물체를 놓았을 때 맺히는 상의 길이는?

① 5cm

② 10cm

③ 20cm

④ 30cm

> **TIP** 반지름이 20cm이므로 $f = 20\text{cm}$, $a = 30\text{cm}$를 $\dfrac{1}{a} + \dfrac{1}{b} = \dfrac{1}{f}$에 대입하여 $b$에 관해 풀면
>
> $b = 60\text{cm}$
>
> 배율 $m = \dfrac{b}{a} = \dfrac{60}{30} = 2$
>
> ∴ 상의 크기 $= 2 \times 10 = 20\text{cm}$

**29** 굴절률 $n$인 매질의 임계각 $i_c$와 $n$과의 관계는?

① $\sin i_c = \dfrac{1}{n}$

② $\sin i_c = n$

③ $\cos i_c = \dfrac{1}{n}$

④ $\cos i_c = n$

> **TIP** 전반사가 일어날 때의 각을 임계각이라 하며, 이 때 관계식 $\sin\phi = \dfrac{1}{n}$ ($\phi$ : 임계각, $n$ : 상대굴절률)

**30** 초점거리 20cm인 볼록렌즈 앞 30cm되는 지점에 크기 2cm의 물체를 놓았을 때 상의 크기는 몇 cm인가?

① 2cm

② 3cm

③ 4cm

④ 5cm

> **TIP** 실상이 생기므로 $\dfrac{1}{a} + \dfrac{1}{b} = \dfrac{1}{f}$, 이 식에 $a = 30\text{cm}$, $f = 20\text{cm}$를 대입하여 $b$에 관해 풀면 $b = 60\text{cm}$이다.
>
> 그러므로 배율 $m = \dfrac{b}{a} = \dfrac{60}{30} = 2$배  ∴ 상의 크기는 $2 \times 2 = 4\text{cm}$

**Answer**  28.③  29.①  30.③

**31** 오목렌즈의 주초점거리에 대한 설명으로 옳은 것은?

① 평행광선이 통과하여 한 곳에 모이는 점

② 평행광선이 통과하면 마치 그 점에서 온 것 같이 보이는 점

③ 렌즈의 공식을 적용함에 있어 초점거리를 (+)로 하는 점

④ 빛이 실제로 모여서 상을 만드는 점

**TIP** 주초점은 렌즈로 통과한 빛이 나아가는 방향을 연장했을 때 중심선과 만나는 점 $F$를 나타낸다.

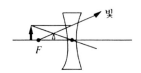

**32** 초점거리 10cm인 볼록렌즈 앞 30cm되는 지점에 물체가 있을 때 생기는 상의 위치는?

① 렌즈 앞 15cm

② 렌즈 뒤 15cm

③ 렌즈 앞 20cm

④ 렌즈 뒤 20cm

**TIP** 실상이 생기므로 $\dfrac{1}{a} + \dfrac{1}{b} = \dfrac{1}{f}$

이 식에 $a = 30\text{cm}$, $f = 10\text{cm}$를 대입하면 $b = 15\text{cm}$

즉, 렌즈 뒤 15cm지점에서 도립실상이 생긴다.

**33** 초점거리 20cm인 오목거울 앞 40cm되는 광축상의 한 점에 어떤 물체를 놓았을 때 상의 위치는?

① 거울 뒤 2cm

② 거울 앞 2cm

③ 거울 뒤 40cm

④ 거울 앞 40cm

**TIP** $\dfrac{1}{a} + \dfrac{1}{b} = \dfrac{1}{f}$ 에서 $a = 40\text{cm}$, $f = 20\text{cm}$를 대입하여 계산하면 $b = 40\text{cm}$로 거울 앞에서 도립실상이 생긴다.

**Answer** 31.② 32.② 33.④

**34** 렌즈 앞 80cm되는 곳에 물체를 놓으니 7배의 실상이 나타났다면 이 렌즈의 초점거리는?

① 50cm

② 60cm

③ 70cm

④ 80cm

> **TIP** $\dfrac{1}{a}+\dfrac{1}{b}=\dfrac{1}{f}$ 이고, 이 식에 $a=80\text{cm}$, 배율 $m=\dfrac{b}{a}=7$배이므로 $b=560\text{cm}$를 대입하여 $f$에 관해 풀면 $f=70\text{cm}$

**35** 명시거리 40cm인 사람이 써야 할 안경의 초점거리는 대략 몇 cm인가?

① 40cm

② 50cm

③ 60cm

④ 70cm

> **TIP** $\dfrac{1}{25}-\dfrac{1}{d}=\dfrac{1}{f}$ 에서 $d=40$을 대입하여 $f$에 관해 풀면 $f=\dfrac{200}{3}≒70$을 얻는다.

**36** 초점거리 15cm인 오목렌즈의 전방 10cm인 곳에 어떤 물체가 있다. 이 물체의 렌즈에서 상까지의 거리는?

① 5cm

② 6cm

③ 10cm

④ 15cm

> **TIP** 축소된 상이 보이므로 $\dfrac{1}{a}+\dfrac{1}{b}=-\dfrac{1}{f}$ ($f$ : 허초점)
>
> 이 식에 $f=15\text{cm}$, $a=10\text{cm}$를 대입하여 $b$에 관해 풀면 $b=6\text{cm}$

**Answer** 34.③ 35.④ 36.②

# 02 파동광학

## 01 간섭과 회절

### ❶ 간섭

**(1) 파동의 간섭**

① **개념** ··· 동일한 두 파동이 중첩되어 더욱 강해지거나 약해지는 현상을 파동의 간섭이라 한다.

② **보강간섭(진폭은 2배)** ··· 동일한 위상을 가진 파동이 중첩되어 마루와 마루가 만나는 수면은 밝은 보강간섭, 골과 골이 만나는 수면은 어두운 보강간섭을 한다.

③ **상쇄간섭(진폭은 0)** ··· 반대 위상을 가진 파동이 중첩되어 마루와 골이 만나는 수면은 진동없이 일정한 밝기를 유지한다.

**(2) 영의 실험(이중슬릿에 의한 빛의 간섭)**

① **개념** ··· 빛에 의해 간섭을 일으킬 수 있다는 사실을 가장 먼저 증명한 실험으로 빛의 간섭현상을 설명하며, 이 실험으로 빛의 파동성을 입증하였을 뿐만 아니라 빛의 파장도 측정하였다.

[영의 간섭실험]

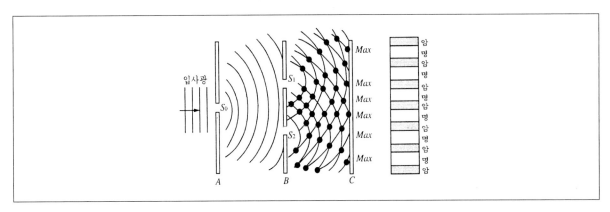

② 광로차와 간섭조건

㉠ 광로차 : 슬릿 $S_1$, $S_2$에서 스크린 위의 점 $P$까지 경로차가 $\lambda$인 정수배이면 보강간섭을 하여 밝아지고 $\dfrac{\lambda}{2}$의 홀수배이면 어두워진다.

$$\text{광로차 } \Delta_S = S_1P \sim S_2P = \overline{S_2P} = d\sin\theta$$

[영의 실험에서 광로차와 간섭조건]

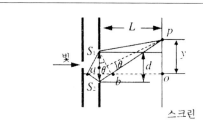

㉡ 간섭조건

• 보강간섭

$$d\sin\theta = \frac{\lambda}{2}(2m) \, [\text{밝다}\,(m = 0, \ 1, \ 2 \ldots)]$$

• 상쇄간섭

$$d\sin\theta = \frac{\lambda}{2}(2m+1) \ [\text{어둡다}]$$
$$(d = S_1, S_2\text{거리}, \ \theta = \angle bS_1S_2 = \angle PaO)$$

• 중심각 $\theta$가 작을 경우 $\left(\sin\theta = \dfrac{y}{L}\right)$

$$\frac{dy}{L} = \frac{\lambda}{2}(2m), \ y = \frac{L\lambda m}{d}$$

③ 무늬 간격과 파장의 관계

㉠ 파장이 길수록 무늬 간격이 넓어진다.
㉡ 슬릿과 스크린 사이 간격이 길수록 무늬 간격이 넓어진다.
㉢ 슬릿 사이 간격이 클수록 무늬 간격이 좁아진다.

▶ TIP

슬릿과 스크린 사이의 거리를 $L$, 그리고 간섭무늬 사이의 거리를 $\Delta x$라 하면 $\sin\theta \fallingdotseq \dfrac{\Delta x}{L}$로 놓을 수 있다.

### (3) 얇은 막에 의한 간섭

① **개념** … 빛이 비누거품이나 물 위에 떠 있는 얇은 기름막으로부터 반사될 때 흔히 보이는 무지개 색깔의 무늬는 얇은 막(비누막, 기름막)에서 반사된 광선과 막의 반대편에서 반사된 광선이 간섭하여 명암을 나타내는 것이다.

② **얇은 막에서의 빛의 간섭**

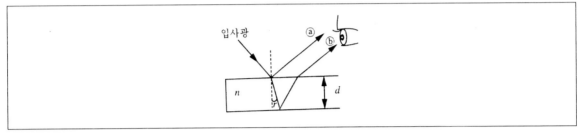

ㄱ 입사광이 막의 표면에서 반사된 빛 ⓐ와 굴절된 후 반사된 빛 ⓑ가 $\frac{\lambda}{2}$만큼 위상차가 생겨 명암의 무늬를 만든다.

ㄴ ⓐ와 ⓑ의 경로차 $\Delta S = 2nd\cos r$이다.

③ **얇은 막에 의한 간섭조건**

ㄱ 굴절률이 $n_{공기} < n < n_{물}$인 경우

• 보강간섭

$$2nd\cos r = \frac{\lambda}{2}(2m)\,[밝다]$$

• 상쇄간섭

$$2nd\cos r = \frac{\lambda}{2}(2m+1)\,[어둡다]$$

ㄴ 굴절률이 $n_{공기} < n,\ n > n_{물}$인 경우

• 보강간섭

$$2nd\cos r = \frac{\lambda}{2}(2m+1)\,[밝다]$$

• 상쇄간섭

$$2nd\cos r = \frac{\lambda}{2}(2m)\,[어둡다]$$

### (4) 뉴튼의 링

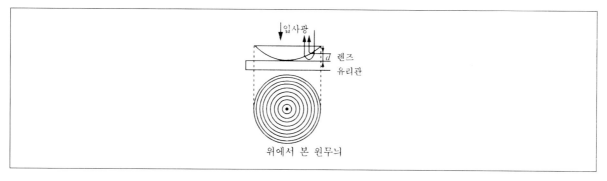

① **개념**… 유리판 위에 곡률반경이 큰 볼록렌즈를 놓고 빛을 비추면 렌즈와 렌즈를 통과한 빛이 유리판에서 반사하여 서로 간섭을 일으켜 동심원의 원무늬를 나타내는 것을 말한다.

② 간섭조건

　　㉠ **보강간섭**

$$2d = \frac{\lambda}{2}(2m+1) \ \ [밝다]$$

　　㉡ **상쇄간섭**

$$2d = \frac{\lambda}{2}(2m) \ \ [어둡다]$$


## ❷ 회절

### (1) 파동의 회절

① **개념**… 파동이 진행 도중 장애물을 만나거나 좁은 틈을 지날 때 장애물의 뒷부분에까지 전달되는 현상을 파동의 회절이라 한다.

② 회절의 성질

　　㉠ 파장이 길수록 회절이 잘 되고 파장이 짧을수록 직진성이 강하다.
　　㉡ 슬릿의 간격이 좁을수록 회절이 잘 된다.

## (2) 빛의 밝기

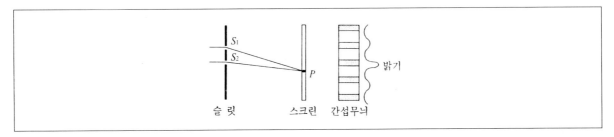

① 빛을 단일슬릿(틈 $S_1$, $S_2$)에 비추면 스크린상에 간섭무늬가 나타나는 회절에 의해 간섭현상이 나타난다.

② 빛의 밝기는 주기적으로 변하며 중심부분이 가장 밝다.

# 02 빛의 여러 가지 성질

## ❶ 편광과 복굴절

### (1) 편광

① 빛을 편광판에 비추면 한 방향으로 진동하는 빛을 내보내게 되는데, 이 때 나오는 빛을 편광이라 한다.

② 편광은 빛의 진동 방향과 진행 방향이 직각이어야 일어날 수 있으므로 빛의 횡파성을 입증하는 증거가 된다.

### ③ 결정축의 방향과 편광의 관계

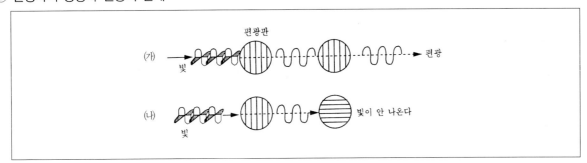

㉠ 빛(전자기파)은 편광판을 통하면 한 방향으로 진동하는 편광이 된다.

㉡ (가)는 편광이 나오나 (나)와 같이 결정축이 서로 직각이 되도록 편광판을 설치하면 빛이 투과되지 않는다.

④ 말루스의 법칙

㉠ 편광판 1개를 통과한 빛의 세기($I_1$)

$$I_1 = \frac{1}{2} I_o$$

㉡ 두 편광판 사이에서 두 번째 편광판을 통과한 빛의 세기($I_2$)

$$I_2 = I_1 \cos^2\theta = \frac{1}{2} I_o \cos^2\theta \, (\theta : \text{두 편광판의 사이각})$$

**TIP**

광선이 다른 매질로 입사할 때 반사각과 굴절각이 $90°$를 이루면 이 때 반사광은 편광(완전편광)이 된다.

## (2) 복굴절

① 방해석은 비등방성 결정구조를 하고 있으며 광선을 투과시키면 광선은 결정을 횡단하는 데에서 두 개의 광선(정상광선, 이상광선)으로 나누어지는 데 이러한 결정으로 물체를 보면 물체는 두 겹으로 보이게 된다.

② 매질 내에서 광선이 두 개로 나누어지는 현상을 복굴절 혹은 이중굴절이라 한다.

③ 육면체 모양의 방해석에 ㉮라는 글자를 투과시켜 보면 글자가 두 겹으로 보이는데 이것은 방해석의 결정축과 광축이 어긋나 있기 때문에 발생한다.

④ 복굴절하는 결정 속에서 굴절률과 빛의 속도는 방향에 따라 달라진다.

[복굴절]

방해석

## ❷ 분산과 산란

### (1) 분산

① 개념

  ㉠ 태양으로부터 오는 자연광은 파장에 따라 속도가 다른 모든 파장의 빛을 가지고 있다.

  ㉡ 빛은 매질 속에서 파장에 따라 속도가 다르므로 굴절률도 달라지는 데 이러한 성질을 이용하여 자연광을 프리즘에 통과시키면 여러가지 색깔의 빛으로 나누어지는 현상을 빛의 분산이라 한다.

**[빛의 분산]**

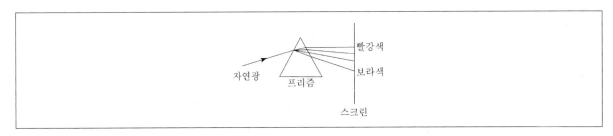

② 분산의 성질

  ㉠ 빛의 파장이 짧을수록 굴절률이 크다.

  ㉡ 무지개는 빛의 분산과 굴절에 의해 나타난다.

### (2) 산란

① 개념 … 파동은 진행 중에 그 파동의 크기와 비슷하거나 작은 알갱이를 만나면 그 알갱이를 중심으로 사방으로 퍼져 나가는 데 이러한 현상을 산란이라 한다.

② 산란의 성질

  ㉠ 공기 분자에 의한 빛의 산란의 세기는 파장의 4승에 반비례한다.

  ㉡ 하늘이 푸르게 보이는 것은 파장이 짧은 파란색 빛이 붉은색 빛보다 산란이 잘 일어나기 때문이다.

  ㉢ 노을이 붉은 것은 햇빛이 공기층을 지나오면서 파란색 빛은 산란하고 파장이 긴 붉은색 빛만 통과하기 때문이다.

  ㉣ 빛은 산란에 의해서도 편광이 된다.

  ㉤ 눈, 설탕, 구름 등이 흰색으로 보이는 것은 모든 파장의 빛을 동일하게 산란시키기 때문이다.

# 최근 기출문제 분석

2020. 6. 27. 해양경찰청 시행

**1** 다음 중 파동의 회절에 대한 설명으로 가장 옳은 것은?

① 회절은 호이겐스의 원리로 설명할 수 있다.

② 회절은 슬릿의 폭이 넓을수록 잘 일어난다.

③ 회절은 파동의 파장이 짧을수록 잘 일어난다.

④ 빛에 의해 나타난 물체의 그림자는 회절현상으로 볼 수 있다.

> **TIP** ② 회절은 슬릿의 폭이 좁을수록 잘 일어난다.
> ③ 회절은 파동의 파장이 길수록 잘 일어난다.
> ④ 빛에 의해 나타난 물체의 그림자는 직진현상으로 볼 수 있다.
> ※ 호이겐스의 원리 … 파동의 전파를 설명하는 원리로, 파면 위의 모든 점들은 새로운 점파원이 되고 이 점파원에서 만들어진 파들의 파면에 공통 접선이 새로운 파면이 된다.

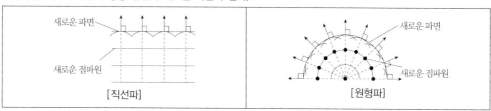

2020. 6. 27. 해양경찰청 시행

**2** 다음 〈보기〉는 여러 가지 빛의 현상을 나타낸 것이다. 빛의 파동성으로만 설명이 가능한 것은?

| 〈보기〉 | |
| --- | --- |
| ㉠ 빛의 간섭 현상 | ㉡ 빛의 직진 현상 |
| ㉢ 빛의 회절 현상 | ㉣ 빛의 광전 효과 |

① ㉠, ㉡

② ㉠, ㉢

③ ㉡, ㉣

④ ㉢, ㉣

> **TIP** ㉡ 빛의 직진 현상 → 빛의 직진성
> ㉣ 빛의 광전 효과 → 빛의 입자성

**Answer** 1.① 2.②

**3** 〈보기〉와 같은 이중슬릿 실험에서 단색광의 파장은 $\lambda = 600\,mm$, 슬릿 간 간격은 $d = 0.30\,mm$, 슬릿에서 스크린까지의 거리가 $L = 5.0\,m$일 때 스크린의 중앙 점 $O$에서 두 번째 어두운 무늬의 중심 위치 $y$값은?

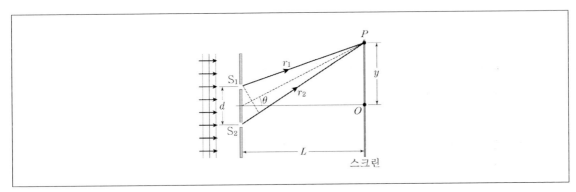

① $0.50 \times 10^{-2}\,m$

② $1.0 \times 10^{-2}\,m$

③ $1.5 \times 10^{-2}\,m$

④ $2.0 \times 10^{-2}\,m$

**TIP**

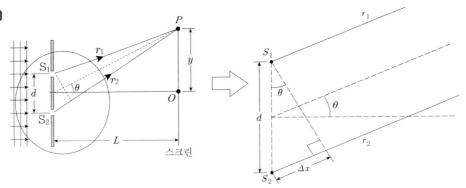

경로차 $\triangle x = r_2 - r_1 = d\sin\theta$ (∵ 스크린까지의 거리가 슬릿의 간격보다 훨씬 크기 때문에 $r_1$과 $r_2$는 거의 평행하다고 볼 수 있다.)

$\theta$가 작을 경우 $\sin\theta \approx \tan\theta = \dfrac{y}{L}$이므로, 점 $O$에서 두 번째 어두운 무늬의 경로차 $\dfrac{3}{2}\lambda = d\dfrac{y}{L}$

$$y = \frac{3}{2} \times \frac{\lambda L}{d} = \frac{3}{2} \times \frac{5.0 \times 600 \times 10^{-9}}{0.30 \times 10^{-3}} = 1.5 \times 10^{-2}\,m$$

**Answer** 3.③

2019. 6. 15. 제2회 서울특별시 시행

**4** 겹실틈[double-slit] 간섭 실험에서 실틈 사이의 거리가 $d_0$, 간섭 실험에 사용된 빛의 파장이 $\lambda_0$일 때 밝은 간섭 무늬 사이의 거리는 일정하고 그 값은 $y_0$이다. 실틈 사이의 거리를 $2d_0$, 빛의 파장을 $2\lambda_0$로 바꿨을 때 밝은 간섭 무늬 사이의 거리가 일정한 경우 그 거리의 값은?

① $\dfrac{y_0}{2}$

② $y_0$

③ $2y_0$

④ $3y_0$

**TIP** $y_0 = \dfrac{L\lambda_0}{d_0} = \dfrac{L2\lambda_0}{2d_0}$, 따라서 실틈의 거리와 빛의 파장을 바꿔도 간섭 무늬 사이 거리는 $y_0$이다.

※ 영의 실험에서 간섭 무늬 간격

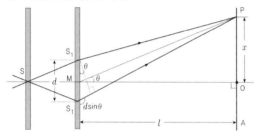

슬릿 간격을 $d$, 슬릿과 스크린 사이의 거리를 $l$, 빛의 파장을 $\lambda$라고 하면, 간섭 무늬 간격 $\triangle x = \dfrac{\lambda l}{d}$ 이다.

**Answer** 4.②

2016. 10. 1. 제2회 지방직(고졸경채) 시행

**5** 그림은 레이저가 광섬유를 통해 진행하는 모습을 나타낸 것이다. 이에 대한 설명으로 옳지 않은 것은?

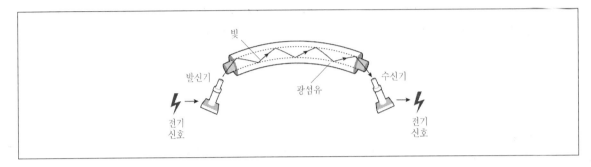

① 광통신은 전기 통신보다 많은 양의 정보를 동시에 전달할 수 있다.

② 광통신은 도선을 이용한 유선 통신에 비해 전송 거리가 매우 짧다.

③ 광통신은 빛 신호로 정보를 전달하기 때문에 외부 전파에 의한 간섭이나 혼선이 도선을 이용한 유선 통신에 비해 적다.

④ 발신기에서는 전기 신호가 빛 신호로 변환되고, 수신기에서는 빛 신호가 전기 신호로 변환된다.

**TIP** ② 광통신은 빛의 전반사를 이용하기 때문에 도선을 이용한 유선 통신에 비해 전송 거리가 매우 길다.

2016. 6. 25. 서울특별시 시행

**6** 빛의 입자성을 보여주는 현상을 〈보기〉에서 모두 고르면?

| 〈보기〉 |
| --- |
| ㉠ 광전효과(Photoelectric effect) |
| ㉡ 이중슬릿실험(Double slit experiment) |
| ㉢ 콤프턴효과(Compton effect) |

① ㉠

② ㉢

③ ㉠, ㉢

④ ㉠, ㉡, ㉢

**TIP** ㉡ 이중슬릿과 레이저를 이용한 빛의 간섭 실험은 이중슬릿을 지난 빛은 두 점파원에 의한 물결파의 간섭과 같이 보강간섭과 상쇄간섭을 일으킨다. 이것을 스크린에 비출 때 밝고 어두운 무늬가 나타나게 되며 이를 통해 빛의 파동성을 설명할 수 있다.

**Answer** 5.② 6.③

**7** 그림과 같이 공기에서 비누막에 빛을 입사시켰더니 빛의 일부는 비누막의 윗면에서 반사되고 일부는 굴절해서 들어간 후 비누막의 아랫면에서 반사되어 다시 공기로 나왔다.

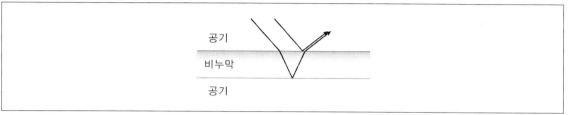

이에 대한 설명으로 옳은 것만을 〈보기〉에서 있는 대로 고른 것은?

〈보기〉

㉠ 공기에서 비누막으로 들어간 빛은 공기 중에 비해 파장이 짧아지고 속력이 느려진다.
㉡ 비누막의 윗면에서 반사된 빛은 비누막으로 들어간 빛과 진동수가 같다.
㉢ 비누막의 윗면과 아랫면에서 반사된 빛은 서로 간섭을 일으켜서 비누막 위에 알록달록한 무늬를 만든다.

① ㉠, ㉡      ② ㉡, ㉢

③ ㉠, ㉢      ④ ㉠, ㉡, ㉢

**TIP** ㉠, ㉡, ㉢ 모두 옳은 설명이다.

**Answer**   7.④

**8** 다음 보기는 빛의 산란 성질을 나타낸 것이다. 옳은 것을 모두 고른 것은?

<보기>

㉠ 공기 분자에 의한 빛의 산란의 세기는 파장의 4승에 반비례한다.

㉡ 하늘이 푸르게 보이는 것은 파장이 짧은 파란색 빛이 붉은색 빛보다 산란이 잘 일어나기 때문이다.

㉢ 빛은 산란에 의해서도 편광이 된다.

㉣ 눈, 설탕, 구름 등이 흰색으로 보이는 것은 모든 파장의 빛을 동일하게 산란시키기 때문이다.

① ㉠, ㉡, ㉢, ㉣
② ㉠, ㉡, ㉣
③ ㉠, ㉡
④ ㉡, ㉢

**TIP** ㉠ 공기분자의 직경이 태양복사의 파장에 비하여 1/10보다 작아서 레일리 산란이 발생하고 산란강도는 파장의 4승에 반비례한다.

㉡ 파장이 짧은 청색광이 가장 많이 산란되고 파장이 가장 긴 적색광이 가장 적게 산란된다.

㉢ 태양에서 방출되는 원래의 빛은 거의 편광되지 않지만, 대기의 공기 분자가 태양빛을 산란시켜 이 산란된 빛이 그것을 쳐다보는 방향에 따라 편광을 달리 가진다. 즉, 빛은 산란에 의해서도 편광이 된다.

㉣ 미(Mie) 산란은 빛을 산란하는 입자의 크기와 입사하는 빛의 파장이 비슷할 경우 일어나는 산란을 말한다.

**Answer**   8.①

**9** 그림은 전구에서 나오는 빛을 두 개의 편광판을 통해 보는 모습을 나타낸 것이다. 편광판 B는 편광판 A를 90° 회전시킨 것이고 편광판 C는 편광판 A를 45° 회전시킨 것이다. 이에 대한 설명으로 옳은 것만을 모두 고른 것은?

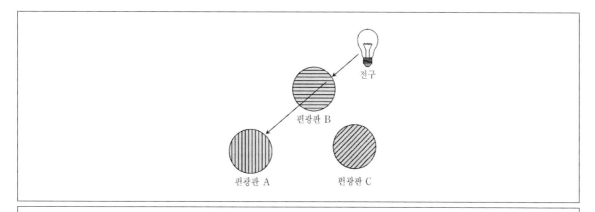

ㄱ 편광판 A와 B를 겹쳐서 보면 전구가 보이지 않는다.
ㄴ 편광판 C로만 전구를 보면 전구가 실제보다 어두워 보인다.
ㄷ 편광판 A와 B 사이에 편광판 C를 넣으면 전구를 볼 수 있다.

① ㄱ, ㄴ
② ㄱ, ㄷ
③ ㄴ, ㄷ
④ ㄱ, ㄴ, ㄷ

**TIP** ㄱ, ㄴ, ㄷ 모두 옳은 설명이다.

**Answer** 9.④

# 출제 예상 문제

**1** 질량 $m$, 속력 $v$인 입자의 물질파 파장은 $\lambda$이다. 질량이 $2m$, 속력이 $2v$인 입자의 물질파 파장은?

① $\dfrac{1}{4}\lambda$

② $\dfrac{1}{2}\lambda$

③ $1\lambda$

④ $2\lambda$

> **TIP** 질량 $m$, 물질입자속도 $v$, 파동의 파장 $\lambda$일 때 $\lambda = \dfrac{h}{mv}$ ($h$는 플랑크상수)이고, $m = 2m$, $v = 2v$이므로
>
> $\lambda = \dfrac{h}{4mv} = \dfrac{1}{4}$ 배

**2** 영의 실험에서 이중슬릿 사이의 간격이 0.3mm, 이중슬릿에서 스크린까지의 거리가 2m일 때 스크린에 나타나는 중앙의 밝은 무늬에서 다음 무늬까지의 거리가 4mm이었다면 이 빛의 파장은?

① $3 \times 10^{-6}$m

② $6 \times 10^{-6}$m

③ $3 \times 10^{-7}$m

④ $6 \times 10^{-7}$m

> **TIP** 보강간섭으로 $d\sin\theta = \dfrac{\lambda}{2}(2m)$이며,
>
> 이 식에 $d = 0.3$mm, $\sin\theta = \dfrac{4\text{mm}}{2\text{m}} = \dfrac{4}{2,000} = 0.2 \times 10^{-2}$, $m = 1$을 대입하여 계산하면
>
> $\lambda = 0.3 \times 0.2 \times 10^{-2} = 0.6 \times 10^{-3}\text{mm} = 0.6 \times 10^{-6}\text{m} = 6 \times 10^{-7}\text{m}$

**3** 음파와 광파에서 공통적으로 나타나는 성질이 아닌 현상은?

① 편광

② 간섭

③ 회절

④ 직진

> **TIP** 음파는 종파이나 편광은 횡파(전자기파)의 성질이다. 빛은 횡파이므로 음파와 구별된다.

**Answer** 1.① 2.④ 3.①

**4** 영의 이중슬릿에 의한 간섭실험에서 사용하는 빛의 파장을 2배로 하면, 이웃하는 두 밝은 무늬 사이의 간격은 몇 배로 되는가?

① 1배

② 2배

③ 4배

④ 8배

> **TIP** 간격 $x = \dfrac{\lambda \cdot l}{d}$ [$\lambda$ : 파장, $l$ : 이중슬릿에서 스크린 사이의 거리, $d$ : 이중슬릿($s_1$, $s_2$) 사이의 간격]이므로 파장이 길수록 폭은 넓어진다.
>
> 즉, $\Delta r \propto \lambda$ 이다.

**5** 이중슬릿에 의한 빛의 간섭실험을 하기 위한 장치이다. 단색광 레이저($S_2$)를 이중슬릿($S_{1 \sim 3}$)에 비춰줄 때 스크린 위에 밝고 어두운 간섭무늬가 나타나는 것을 확인하였다. 이 실험을 설명한 것으로 옳지 않은 것은? (단, $O$는 중앙점이며, $P$는 첫 번째 밝은 무늬를 나타낸다)

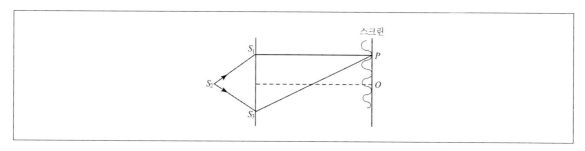

① 이중슬릿 $S_{1 \sim 3}$로부터 점 $P$까지의 거리의 차이는 단색광 레이저의 파장과 같다.

② 단색광의 파장을 짧은 것으로 바꾸면 첫 번째 밝은 무늬점 $P$는 $O$에서 멀어진다.

③ 이중슬릿의 간격이 좁아지면 스크린 위의 첫 번째 밝은 무늬점 $P$는 $O$에서 멀어진다.

④ 스크린을 슬릿으로부터 더 멀리 가져가면 첫 번째 무늬점 $P$는 $O$에서 멀어진다.

> **TIP** $S_1$과 $S_3$ 사이의 간격$=d$, 이중슬릿에서 스크린 사이의 거리$=l$, 스크린상 $O$점에서 $P$점까지의 거리$=x$라 놓으면, $S_1$과 $S_3$의 광로차 $\Delta = \overline{S_1 P} \sim \overline{S_3 P} = d\dfrac{x}{l} = \dfrac{\lambda}{2}(2m)$이고, $x$로 놓으면 $x = \dfrac{l\lambda m}{d}$(단, $m = 0, 1, 2 \cdots$)이 된다.
>
> ※ 실험결과
>
> ㉠ 파장($\lambda$)이 길어질수록 $O$점과 $P$점사이의 거리($x$)는 멀어진다.
>
> ㉡ 간격($d$)이 좁아질수록 $O$점과 $P$점사이의 거리($x$)는 멀어진다.
>
> ㉢ 거리($l$)가 길어질수록 $O$점과 $P$점사이의 거리($x$)는 멀어진다.
>
> ㉣ $\overline{S_1 P} \sim \overline{S_3 P} = \lambda m$이므로 단색광 레이저 파장과 같다.

**Answer** 4.② 5.②

**6** 다음은 영(Young)이 행한 이중슬릿 간섭실험의 개략도이다. 이 실험에 관한 설명 중 옳지 않은 것은?

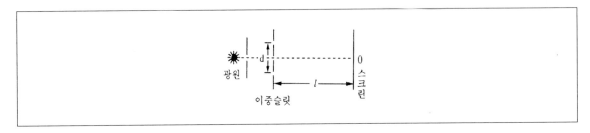

① 스크린의 0점은 밝은 부분이다.

② 간섭무늬는 0점을 중심으로 하여 상하대칭으로 나타난다.

③ 슬릿간격 $d$를 좁게 하면 간섭무늬의 간격이 넓어진다.

④ 슬릿과 스크린과의 거리 $l$을 길게 하면 간섭무늬의 간격이 좁아진다.

TIP  슬릿 사이의 간격 $d$와 간섭무늬 사이의 간격은 서로 반비례하며 스크린까지 거리 $l$이 커지면 간섭무늬 사이의 간격은 넓어진다.

**7** 다음 중 물 위에 뜬 얇은 기름막에 알록달록한 무늬가 생기는 현상과 관계깊은 것은?

① 분산                                    ② 간섭

③ 편광                                    ④ 회절

TIP  경로차에 의한 간섭현상에 해당한다.

**8** 진공 중에서 파장이 $0.6\mu$m인 빛을 굴절률 1.5인 얇은 막에 수직으로 입사시킬 때 빛의 반사를 최소로 하려면 막의 최소두께는 얼마이어야 하는가?

① $0.2\mu$m                               ② $0.4\mu$m

③ $0.6\mu$m                               ④ $0.8\mu$m

TIP  상쇄간섭이므로 $2nd\cos r = \dfrac{\lambda}{2}(2m)$ $[m = 1, 2, ...]$이므로

$m = 1$, $n = 1.5$, $r = 0$, $\lambda = 0.6\mu$m를 대입하여 $d$를 구하면 $d = 0.2\mu$m

**Answer**  6.④  7.②  8.①

**9** 다음은 단일슬릿 실험을 나타낸다. 실험에 사용한 파장이 $6,000\,\text{Å}$일 때 $r_1 - r_2$는 얼마인가?

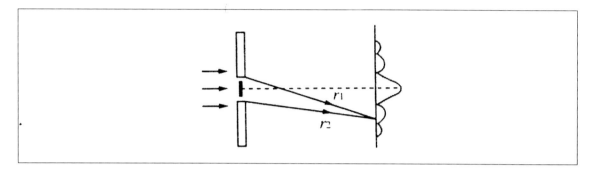

① $1,200\,\text{Å}$

② $3,000\,\text{Å}$

③ $6,000\,\text{Å}$

④ $9,000\,\text{Å}$

---

**TIP** 두 번째로 어두운 곳에 해당하므로 경로차 $r_1 - r_2 = \dfrac{\lambda}{2}(2m+1)$이다.

이 식에 $m=1$을 대입하여 계산하면 $r_1 - r_2 = \dfrac{3}{2}\lambda = 9,000\,\text{Å}$을 얻는다.

**10** 다음 중 빛의 입자성으로 설명할 수 없는 사항은?

① 광전 효과

② 반사

③ 회절

④ 콤프턴 효과

---

**TIP** 회절은 빛이 파동임을 나타내며, 이러한 성질에는 간섭·편광 등이 있다.

**11** 굴절률 $n <$ 유리의 굴절률인 투명한 막을 유리로 만든 안경에 도포할 경우 막에 수직입사한 파장 $\lambda$인 빛의 반사광의 세기를 가장 작게 하려면 막의 최소두께는?

① $\dfrac{\lambda}{4}$

② $\dfrac{\lambda}{4n}$

③ $\dfrac{\lambda}{n}$

④ $\dfrac{\lambda}{2n}$

**TIP** 상쇄간섭이 되면 반사광이 적어지므로 경로차는 $2nd\cos r = \dfrac{\lambda}{2}(2m)$가 된다.

이 식에 $r=0$, $m=1$을 대입하면 $d = \dfrac{\lambda}{2n}$를 얻는다.

**12** 굴절률이 1.5인 얇은 기름막이 공기 중에 놓여 있다. 5,400 Å의 파장을 가지는 단색광을 기름막에 수직하게 입사시켰을 때 수직 위에서 밝게 보일 기름막의 최소두께는?

① 800 Å

② 900 Å

③ 1,000 Å

④ 1,500 Å

**TIP** 보강간섭이므로 $2nd\cos r = \dfrac{\lambda}{2}(2m+1)$ $[m = 0, 1, ...]$

이 식에 $m=0$, $r=0$을 대입하여 풀면 $d = \dfrac{\lambda}{4n}$, $n = 1.5$, $\lambda = 5,400$ Å이므로 대입하여 계산하면 $d = 900$ Å

**13** 다음 중 편광현상과 관계가 없는 것은?

① 은으로 도금한 거울에 반사된 빛

② 유리로 만든 렌즈를 통과한 빛

③ 전기석을 통과한 빛

④ 복굴절에서 정상 굴절된 빛

**TIP** 빛의 반사는 위상이 바뀌므로 편광현상이 일어나나 빛이 렌즈로 굴절할 때에는 위상이 바뀌지 않는다.

**Answer** 11.④ 12.② 13.②

**14** 빛이 회절격자에 입사하여 중심선에서 가장 멀리 떨어져 나가는 색은?

① 빨간색　　　　　　　　　　　② 노란색
③ 보라색　　　　　　　　　　　④ 녹색

---

**TIP** 중심선에서 멀리 떨어지는 색은 파랑, 보라색이므로 보라색의 굴절이 가장 많이 일어난다.

**15** 다음 중 빛의 성질로 볼 수 없는 것은?

① 전자파　　　　　　　　　　　② 횡파
③ 종파　　　　　　　　　　　　④ 편광

---

**TIP** 빛은 횡파인 전자기파에 해당한다.

**16** 빛을 일종의 파동이라고 보는 호이겐스의 파동설에 대한 대표적인 현상으로 볼 수 없는 것은?

① 간섭　　　　　　　　　　　　② 굴절 및 반사
③ 회절　　　　　　　　　　　　④ 편광

---

**TIP** 빛의 파동성으로는 간섭, 회절, 편광, 복굴절 등이 있다.

**17** 다음 중 파동이 진행할 경우 회절현상이 가장 잘 나타나는 조건에 해당하는 것은?

① 진폭에 비해 틈이 작을 때
② 진폭에 비해 틈이 클 때
③ 파장에 비해 틈이 작을 때
④ 파장에 비해 틈이 클 때

---

**TIP** 회절현상은 파의 파장에 비해서 틈이 작을 때 강하게 일어난다.

**Answer** 14.③ 15.③ 16.② 17.③

**18** 한 광원에서 두 개의 슬릿을 통하여 나온 빛이 서로 상쇄되어 어두워졌다면 경로차는 파장의 몇 배인가?

① 0

② $\dfrac{1}{2}$

③ 1

④ 2

**TIP** 상쇄간섭이므로 $d\sin\theta = \dfrac{\lambda}{2}(2m+1)\ [m=0,\ 1,\ 2,\ ...]$

경로차는 $\dfrac{\lambda}{2}$ 의 홀수배이다.

**19** 파동은 장애물의 뒤쪽에도 에너지를 전달할 수 있는 회절성이 있다. 그런데 회절의 정도는 장애물 사이의 간격 $d$와 파장 $\lambda$ 사이의 관계에 따라 달라진다. 다음 중 회절이 가장 크게 일어날 수 있는 경우로 옳은 것은?

① $\dfrac{\lambda}{d}=1$

② $\dfrac{\lambda}{d}=2$

③ $\dfrac{\lambda}{d}=3$

④ $\dfrac{\lambda}{d}=4$

**TIP** 파장에 비해 슬릿의 틈이 좁을수록 회절이 잘 일어난다.

**20** 다음 중 광통신의 원리에 해당하는 것은?

① 빛의 난반사

② 빛의 간섭

③ 빛의 복굴절

④ 빛의 전반사

**TIP** 광섬유에 들어온 빛은 전반사가 일어나 밖으로 나가지 않는다.

**Answer** 18.② 19.④ 20.④

**21** 다음 중 빛의 산란현상과 관계가 없는 것은?

① 저녁에 노을이 붉게 보인다.

② 하늘이 파랗게 보인다.

③ 무지개가 7가지 색으로 보인다.

④ 눈, 설탕, 구름이 하얗게 보인다.

**TIP** ③ 빛의 굴절과 분산에 의한 현상이다.

**22** 파장이 $0.75\mu m$인 빛이 진공 중에서 굴절률이 1.5인 얇은 막에 수직으로 입사할 경우 빛의 반사가 최소가 되는 막의 최소 두께는?

① $0.25\mu m$  ② $0.50\mu m$

③ $0.75\mu m$  ④ $1.00\mu m$

**TIP** 위상차는 $\dfrac{\lambda}{2}$ 이므로 $2nd=(2m)\left(\dfrac{\lambda}{2}\right)$일 때 반사가 최소가 되어 어두운 무늬가 발생한다.

$m=1$일 때 최소 두께가 되므로 $d=\dfrac{\lambda}{2n}=\dfrac{0.75}{2\times1.5}=\dfrac{1}{4}=0.25\mu m$

**23** 방해석 위에 편광판을 올려 놓고 방해석 밑에 있는 글씨를 볼 때 편광판을 회전시키면 복굴절에 의해 생긴 2개의 글씨가 진하게 보이기도 하며 없어져 보이기도 한다. 편광판을 몇 도 회전시킬 때마다 이런 현상이 교차되어 나타나는가?

① $30°$  ② $45°$

③ $60°$  ④ $90°$

**TIP** 복굴절에서 나온 빛의 진동 방향은 서로 직각을 이루기 때문에 $90°$ 회전시마다 명·암이 엇갈리게 나타나게 된다.

**Answer** 21.③ 22.① 23.④

# 09
P A R T

## 양자물리학

# 01 상대성이론과 양자론

## 01 상대성이론

### ❶ 상대성이론

#### (1) 빛과 상대성이론

① 아인슈타인의 가설 ··· 역학과 전자기학의 모순을 제기한 가설은 다음의 두 가지이다.

　ⓐ 특수상대성원리 : 모든 물리법칙은 어느 관성계(등속도운동을 하는 좌표계)에서나 같다.

　ⓑ 광속불변의 원리 : 광속은 광원이나 관측자의 상대운동에 관계없이 모든 관성계에서 항상 일정한 값을 갖는다.

　ⓒ 관측자에 따른 상대속도

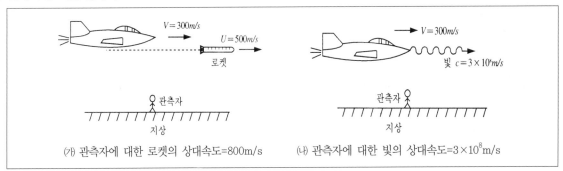

(가) 관측자에 대한 로켓의 상대속도＝800m/s　　(나) 관측자에 대한 빛의 상대속도＝$3 \times 10^8$m/s

* (가)는 초속 300m/s로 날아가는 비행기에서 500m/s로 발사된 로켓이 지상에서 상대속도＝$V + U$＝ 800m/s임을 나타낸다.

* (나)는 초속 300m/s로 날아가는 비행기에서 빛이 발사되었을 때, 지상에서 빛에 대한 상대속도＝빛의 속도($c$)임을 나타내며, 빛의 속도는 모든 관성계에서 항상 일정하고 그 값은 $3 \times 10^8$m/s 가 된다.

② 동시성

　ㄱ 서로 다른 상대세계에 있는 관측자는 동시에 일어난 사건도 순차적으로 일어난 것처럼 보인다.

　ㄴ 관측자 상황에 따른 관찰

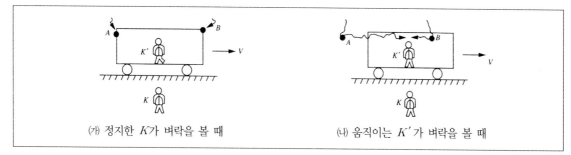

㈎ 정지한 $K$가 벼락을 볼 때　　　　　㈏ 움직이는 $K'$가 벼락을 볼 때

- ㈎는 $V$속도로 움직이는 기차 $A$, $B$에 벼락이 동시에 떨어졌을 때, 정지한 $K$가 사건이 동시에 일어났다고 생각함을 나타낸다.

- ㈏는 움직이는 기차 내에 있는 관측자 $K'$가 $A$, $B$에 벼락이 떨어졌을 때 $B$에 먼저 벼락이 떨어졌다고 생각함을 나타낸다.

- 빛이 오는데 걸리는 거리가 $\overline{AK'}$ 보다 $\overline{BK'}$ 가 짧기 때문에 $B$에 떨어진 벼락이 먼저 보이게 되기 때문이다.

## (2) 특수상대성이론

① **시간 팽창** … 정지한 사람의 시계 시간 $T_o$(고유시간)보다 $V$ 속도로 움직이는 사람의 시계가 간 시간 $T$가 더 길다.

$$T = \frac{T_o}{\sqrt{1 - \left(\dfrac{V}{c}\right)^2}}$$

- $V$ : 관성계의 속도
- $c$ : 빛의 속도

▶ **TIP**

　하루 동안의 시간이 움직이는 관성계에서는 24시간 이상이 된다.

② **길이 수축** … 상대속도 $V$로 움직이는 관측자가 잰 물체의 길이 $L$은 정지했을 때 물체를 잰 길이 $L_o$(고유길이)보다 작게 보인다.

$$L = L_o \sqrt{1 - \left(\frac{V}{c}\right)^2}$$

③ **질량 증가** ⋯ 정지했을 때 물체의 질량 $m_0$보다 상대속도 $V$로 움직이는 물체의 질량 $m$이 더 커진다.

$$m = \frac{m_0}{\sqrt{1 - \left(\dfrac{V}{c}\right)^2}}$$

**)TIP** ∿∿∿∿∿∿∿∿∿∿∿∿∿∿∿∿∿∿∿

물체의 속도 $V$가 광속에 가깝게 되면 물체의 질량 $m$은 무한대로 커진다.

## ❷ 상대론적 운동 방정식

### (1) 상대론적 운동량

정지질량이 $m_0$인 물체가 속도 $V$로 운동할 때 상대론적 운동량 $P$는 다음과 같다.

$$P = \frac{m_0 V}{\sqrt{1 - \left(\dfrac{V}{c}\right)^2}}$$

### (2) 상대론적 에너지

① **정지에너지** ⋯ 정지질량 $m_0$인 물체가 속도 $V$로 운동할 때 갖는 에너지를 말한다.

$$E_0 = m_0 c^2$$

② **상대론적 운동에너지**

$$E_K = mc^2 - m_0 c^2$$

③ **상대론적 에너지**

$$E = E_K + E_0 = mc^2$$

# 02 양자론

## ❶ 양자론의 기원

### (1) 고전 물리학의 문제점

① 고전 물리학에서는 고온의 물체가 방출하는 에너지의 분포가 연속적이라고 생각했지만 실제로는 아니다.

② 레일리−진스의 공식은 파장이 긴 영역에서는 잘 맞지만 파장이 짧은 영역에서 전혀 맞지 않는다.

### (2) 플랑크(Planck)의 양자가설

① **플랑크의 주장**… 고전 물리학에서의 에너지 연속성을 거부하고 다음와 같은 불연속적인 에너지를 갖는다고 주장했다.

$$E = nh\nu = nh\frac{c}{\lambda}$$

- $n = 1, 2, 3, \dots$
- $\nu$ : 진동수
- $h$ : 플랑크상수$= 6.626 \times 10^{-34} \text{J} \cdot \text{s}$
- $c$ : 전자기파 속도(광속)
- $\lambda$ : 파장

② **에너지 양자**… 에너지는 $h\nu$의 정수배($h\nu$, $2h\nu$, $3h\nu$, $\cdots$)이므로 $h\nu$를 에너지 양자라하고 에너지는 양자화되었다고 말한다.

## ❷ 광전효과

### (1) 광전 효과

① **개념**… 금속에 파장이 짧은 빛(자외선, $X$선, $\gamma$선)을 비추면 전자가 튀어나오는 현상을 말한다.

② **광전자**… 광전 효과가 일어날 때 나오는 전자를 말한다.

### (2) 광전자의 운동에너지

① **일함수** … 전자가 금속 표면에서 외부로 튀어나오는 데 필요한 에너지를 말한다.

② **광전자의 운동에너지**

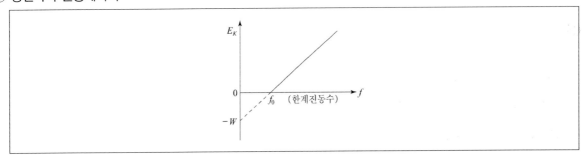

$$E_K = hf - W$$

$$(W = hf_o, \ f_o : \text{한계 진동수})$$

㉠ 금속에서 광전자가 튀어나오게 하려면 금속의 종류에 따라 정해지는 특정 진동수 $f_0$ 이상의 빛을 비추어야 하며, 이 때 $f_0$를 한계 진동수라고 한다.

㉡ 빛의 진동수가 한계 진동수 $f_0$ 이하라면 빛의 세기가 아무리 커도 광전자가 튀어나오지 않는다.

㉢ 빛의 진동수가 한계 진동수 $f_0$ 이상이라면 빛의 세기가 아무리 약해도 광전자가 튀어나온다.

㉣ 한계 진동수 $f_0$ 이상의 빛에서는 빛의 세기가 클수록 튀어나오는 광전자의 수가 많아지므로 광전류가 커진다.

㉤ 한계 진동수 $f_0$ 이상의 빛에서 진동수가 크면 광전자의 운동에너지가 커지므로 광전압이 커진다.

### (3) 광전 효과의 결과

빛의 파동론을 부정하며 빛의 입자성을 나타낸다.

> **TIP**
> 빛은 입자성과 파동성 양면을 다 지니고 있으나, 광전 효과는 빛이 입자성을 지니고 있음을 보여준다.

## ❸ 콤프턴 효과

### (1) 콤프턴 효과

① **개념** … $X$선을 산란체에 비추면 산란된 $X$선의 파장이 입사된 $X$선의 파장보다 길어지는 현상을 말한다.

② 콤프턴 효과의 결과

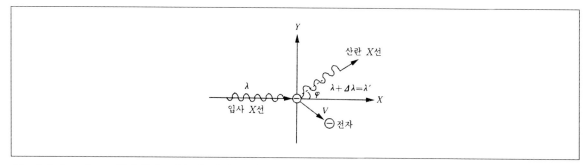

ㄱ 파장이 $\lambda$인 $X$선(광선)을 비추면 전자 ⊖와 충돌이 되어 각 $\varphi$로 산란되는 $X$선의 파장이 $\Delta\lambda$만큼 길어지는 콤프턴 효과를 나타낸다.

ㄴ 콤프턴 효과는 강체가 충돌하여 운동량이 보존되는 경우와 같고, 빛이 강체와 같은 입자의 성질을 지니고 있음을 나타낸다.

(2) 빛의 이중성

콤프턴 효과는 빛이 파동성을 지니고 있고(파장이 $\lambda \rightarrow \lambda'$로 변화), 또한 광자라는 입자로 되어 있음을 보여준다(운동량 보존).

(3) 운동량 보존과 에너지 보존

① 운동량과 에너지의 보존 … 입사 $X$선의 운동량($\frac{h}{\lambda}$)과 산란 후 $X$선 운동량($\frac{h}{\lambda'}$), 전자의 운동량($V$)과 에너지는 보존된다.

② 운동량 보존

ㄱ $x$방향

$$\frac{h}{\lambda} = \frac{h}{\lambda'}cos\varphi + mv\cos\theta$$

ㄴ $y$방향

$$0 = \frac{h}{\lambda'}sin\varphi - mv\sin\theta$$

③ 에너지 보존

$$\frac{hc}{\lambda} = \frac{hc}{\lambda'} + \frac{1}{2}mv^2$$

④ **충돌 전후의 파장차이** … 운동량 보존식과 에너지 보존식을 이용하여 충돌 전후 파장의 차이 $\Delta\lambda$는 다음과 같이 구할 수 있다.

$$\Delta\lambda = \lambda' - \lambda = \frac{h}{mc}(1 - \cos\varphi) \left[ \frac{h}{mc} : \text{콤프턴파장} \right]$$

# 03 물질의 이중성

## ❶ $X$선

### (1) $X$선의 발생

독일의 뢴트겐이 음극선 실험 중 텅스텐 같은 금속을 (+)극으로 하여 고속의 전자를 충돌시킬 때 투과력이 강한 짧은 파장의 광선이 방출되는 것을 발견하였는 데 이 짧은 파장의 광선을 $X$선이라 한다.

### (2) $X$선의 성질 및 이용

① 자기장이나 전기장에서 $X$선의 진로는 변하지 않는다.

② 반사, 굴절, 회절, 간섭을 일으키며 편광현상이 있다.

③ 기체 분자를 이온화시키는 전리작용이 있다.

④ 투과력이 강하여 인체 내부 사진촬영이 가능하다.

⑤ 투과력이 강하고 형광작용 및 사진건판을 감광시키는 작용을 한다.

⑥ 결정체에 투과시켜 회절무늬를 이용하여 원자구조를 알 수 있다.

### (3) $X$선과 결정구조

① **라우에 점무늬** … $X$선이 결정체를 투과할 때 $X$선이 회절, 간섭하여 만든 명암의 점무늬를 라우에 점무늬라 하고, 결정체 구조 연구에 이용한다.

② **브래그의 식** … $X$선이 결정 내에서 보강간섭을 할 조건은 다음과 같다.

$$2d\sin\theta = m\lambda$$
$$(m = 1, \ 2, \ 3, \ ..., \ d : \text{격자의 간격}, \ 90° - \theta : \text{입사각})$$

## ❷ 드브로이(De Broglie) 파장과 전자의 파동성

### (1) 드브로이 파장

① **물질의 이중성** ··· 드브로이 파동은 입자의 성질을 가지고 있는 반면 입자는 파동의 성질을 가지고 있다.

② **물질파(드브로이파)** ··· 운동하고 있는 물질은 에너지를 운동량으로 나눈 만큼의 파장($\lambda$)을 지니는 파동성을 갖는다.

$$\lambda = \frac{h}{p} = \frac{h}{mV}$$

### (2) 전자의 파동성 실험

① **전자의 파동성** ··· 결정체에 전자를 비추었을 때 회절현상이 나타나는 것으로 파동성을 알 수 있다.

② **파동성 실험**

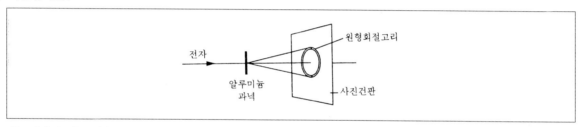

ㄱ 전자의 파동성을 증명하는 회절현상을 나타내는 것으로 사진건판에 생긴 원형고리는 전자의 회절에 의해 생긴 원형무늬이다.

ㄴ Davission과 Germer에 의해 이 실험이 검증되었고 전자가 입자성과 파동성을 지님을 입증하였다.

## ❸ 불확정성 원리

### (1) Heisenberg의 불확정성 원리

원자와 같은 미시세계에서 일어나는 현상으로는 시각 $t$에서 위치와 속도를 둘 다 정확히 측정할 수 없다는 것이다.

### (2) 불확실 정도

입자의 위치를 빛을 사용하여 측정할 때 빛의 파장보다 더 정확하게 위치를 조절할 수 없는데, 이 때 위치의 불확실 정도를 알 수 있는 식은 다음과 같다.

$$\Delta x \, \Delta p_x \fallingdotseq h$$

# 최근 기출문제 분석

2021. 10. 16. 제2회 지방직(고졸경채) 시행

**1** 표는 등속 운동을 하는 입자 A, B의 운동량, 속력, 물질파 파장을 나타낸 것이다. 이에 대한 설명으로 옳은 것은?

| 입자 | 운동량 | 속력 | 물질파 파장 |
|------|--------|------|-------------|
| A | $p$ | $v$ | ㉠ |
| B | $2p$ | $3v$ | $\lambda$ |

① ㉠은 $3\lambda$이다.

② 플랑크 상수는 $3\lambda p$이다.

③ 입자의 질량은 B가 A의 2배이다.

④ A와 B의 운동 에너지 비는 $1:6$이다.

> **TIP** ① 입자 B의 물질파 파장 $\lambda = \dfrac{h}{2p}$에서 입자 A의 물질파 파장 $\lambda = \dfrac{h}{p} = 2\lambda$이다.
>
> ② 입자 B의 물질파 파장 $\lambda = \dfrac{h}{2p}$에서 플랑크 상수는 $h = 2\lambda p$이다.
>
> ③ 운동량 공식 $p = mv$에서 B 입자의 질량 $m_B = \dfrac{2p}{3v}$, A입자의 질량 $m_A = \dfrac{p}{v}$를 구할 수 있고, 따라서 B가 A의 $\dfrac{2}{3}$ 배이다.
>
> ④ A와 B의 입자 질량의 비는 3:2, 속력의 비는 1:3이므로 운동 에너지의 비는 $3 \times 1^2 : 2 \times 3^2 = 1 : 6$이다.

**Answer** 1.④

**2** 그림과 같이 정지해 있는 A에 대해 B가 탑승한 우주선이 $0.9c$의 속력으로 움직이고 있다. B가 탑승한 우주선 바닥에서 출발한 빛이 거울에 반사되어 되돌아올 때까지, A와 B가 측정한 빛의 이동 거리는 각각 $L_A$, $L_B$이고, 이동 시간은 각각 $t_A$, $t_B$이다. 이에 대한 설명으로 옳은 것만을 모두 고르면? (단, $c$는 빛의 속력이다)

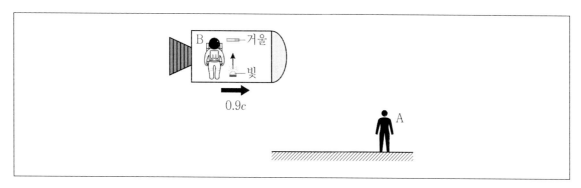

ⓐ $L_A > L_B$　　　　　　ⓑ $t_A > t_B$　　　　　　ⓒ $\dfrac{L_A}{t_A} > \dfrac{L_B}{t_B}$

① ㉠, ㉡　　　　　　　　　　　　　② ㉠, ㉢

③ ㉡, ㉢　　　　　　　　　　　　　④ ㉠, ㉡, ㉢

**TIP** ㉠ A가 측정할 때의 빛은 B가 측정할 때의 빛보다 더 긴 거리를 이동하므로 $L_A > L_B$이다.

㉡ $L_A > L_B$이고, 시간, 속력, 거리 간의 관계에서 $t_A = \dfrac{L_A}{c}$, $t_B = \dfrac{L_B}{c}$이므로 $t_A > t_B$이다.

㉢ $t_A = \dfrac{L_A}{c}$, $t_B = \dfrac{L_B}{c}$이므로 $\dfrac{L_A}{t_A} = \dfrac{L_B}{t_B} = c$이다.

**Answer** 2.①

**3** 그림은 같은 금속판에 진동수가 다른 단색광 A와 B를 각각 비추었을 때 광전자가 방출되는 것을 나타낸 것이고, 표는 단색광 A와 B를 금속판에 각각 비추었을 때 1초 동안 방출되는 광전자의 수와 광전자의 물질파 파장을 나타낸 것이다. 이에 대한 설명으로 옳은 것만을 모두 고르면? (단, 단색광 A와 B의 빛의 세기를 각각 $I_A$, $I_B$라 하고, 진동수를 $f_A$, $f_B$라 한다)

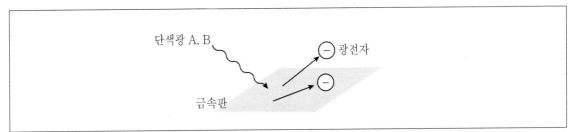

| 단색광 | 1초 동안 방출되는 광전자의 수 | 광전자의 물질파 파장 |
|--------|------------------------------|---------------------|
| A | N | $4\lambda$ |
| B | 2N | $\lambda$ |

> ㉠ $f_A > f_B$
> ㉡ $I_A < I_B$
> ㉢ 금속판의 문턱 진동수를 $f_0$라 하면 $f_0 < f_B$이다.

① ㉠, ㉡                          ② ㉠, ㉢

③ ㉡, ㉢                          ④ ㉠, ㉡, ㉢

**TIP** ㉠ 단색광 A와 B에서 광전자의 물질파 파장 $\lambda_A > \lambda_B$이므로 진동수 $f_A < f_B$이다.
㉡ 단색광 A와 B에서 1초 동안 방출되는 광전자의 수 $N_A > N_B$이므로 $I_A < I_B$이다.
㉢ 단색광 B를 비추었을 때 광전자가 방출되었으므로 $f_B$는 금속판의 문턱 진동수 $f_0$보다 크다($f_0 < f_B$).

**Answer** 3.③

2021. 6. 5. 해양경찰청 시행

**4** 어떤 이상 기체의 절대 온도를 T라고 할 때, 이 기체 분자의 드브로이 파장과 절대 온도와의 관계로 가장 옳은 것은?

① $\sqrt{T}$에 반비례

② $\sqrt{T}$에 비례

③ $T$에 반비례

④ $T$에 비례

> **TIP** $\lambda = \dfrac{h}{mv}$, $v = \sqrt{\dfrac{3RT}{M}}$ 의 관계에서, 드브로이 파장 $\lambda$는 $\sqrt{T}$에 반비례한다.

2020. 10. 17. 제2회 지방직(고졸경채) 시행

**5** 표는 입자 A와 B의 질량과 속력을 나타낸 것이다. 이 물체가 등속운동할 때 이에 대한 설명으로 옳은 것만을 모두 고르면?

| 입자 | 질량 | 속력 |
|------|------|------|
| A | $m$ | $2v$ |
| B | $2m$ | $v$ |

> ㉠ 운동에너지는 A가 B의 2배이다.
> ㉡ 운동량은 A가 B의 2배이다.
> ㉢ 물질파의 파장은 A와 B가 같다.

① ㉡

② ㉢

③ ㉠, ㉢

④ ㉠, ㉡, ㉢

> **TIP** ㉠ [O] 운동에너지 $E_k = \dfrac{1}{2}mv^2$으로, A의 운동에너지는 $2mv^2$, B의 운동에너지는 $mv^2$이다.
>
> ㉡ [X] 운동량 $p = mv$이다. 따라서 A와 B의 운동량은 $2mv$로 동일하다.
>
> ㉢ [O] $\lambda = \dfrac{h}{p}$ 에서 운동량 $p$가 동일하므로 파장은 A와 B가 같다.

**Answer** 4.① 5.③

**6** 그림은 B가 탄 우주선이 A에 대하여 $+x$방향으로 $0.8c$로 등속도 운동하고 있는 것을 나타낸 것이다. A에 대하여 정지한 막대 P, Q는 각각 $x$축, $y$축상에 놓여 있고, A가 측정한 P, Q의 길이는 모두 $L$이다. 이에 대한 설명으로 옳지 않은 것은? (단, $c$는 빛의 속력이다)

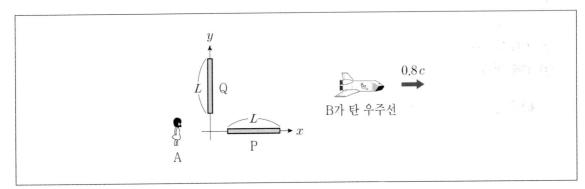

① B가 측정할 때, A의 시간은 빠르게 간다.

② B가 측정할 때, Q의 길이는 $L$이다.

③ B가 측정할 때, P의 길이가 Q의 길이보다 짧다.

④ B가 볼 때, A는 $-x$방향으로 $0.8c$의 속력으로 움직인다.

> **TIP** ① 아인슈타인의 특수상대성이론에 따르면, 우주선 내에 있는 B의 입장에서 우주선 밖에 있는 물체의 길이는 짧아지고(길이 수축), 우주선 밖에 있는 시간은 천천히 흐른다(시간 팽창). 따라서 B가 측정할 때, A의 시간은 느리게 간다.

**Answer**   6.①

**7** 그림은 어떤 원자의 에너지 준위를 나타낸 것이다. 전자가 $n = 4$인 상태에서 $n = 2$인 상태로 전이할 때 일어나는 현상으로 옳은 것은?

$$n = 4 \underline{\hspace{2cm}} E_4 = -3.4 \text{ eV}$$
$$n = 3 \underline{\hspace{2cm}} E_3 = -6.0 \text{ eV}$$
$$n = 2 \underline{\hspace{2cm}} E_2 = -13.6 \text{ eV}$$
$$n = 1 \underline{\hspace{2cm}} E_1 = -54.4 \text{ eV}$$

① 7.6 eV의 에너지 흡수

② 7.6 eV의 에너지 방출

③ 10.2 eV의 에너지 흡수

④ 10.2 eV의 에너지 방출

**TIP** 전자가 높은 에너지 준위로 가기 위해서는 에너지의 흡수가 필요하고, 낮은 에너지 준위로 내려갈 때에는 에너지를 방출한다.
따라서 −3.4eV − (−13.6eV) = −3.4eV + 13.6eV = 10.2eV의 에너지를 방출한다.

**Answer**  7.④

2020. 6. 27. 해양경찰청 시행

**8** 빛을 금속에 쬐어서 전자가 방출될 때, 다음 중 에너지가 가장 큰 것은?

① 적외선

② γ선

③ 자외선

④ X선

> **TIP** 빛을 금속에 쬐어서 전자가 방출될 때, 에너지가 가장 큰 것은(= 진동수가 가장 큰 것) γ선이다.
> ※ 에너지의 크기 ··· γ선 > X선 > 자외선 > 가시광선 > 적외선 > 마이크로파 > 라디오파

2019. 10. 12. 제2회 지방직(고졸경채) 시행

**9** 그림은 수소 원자가 방출하는 선스펙트럼 계열의 일부를 나타낸 것이다. 이에 대한 설명으로 옳지 않은 것은?

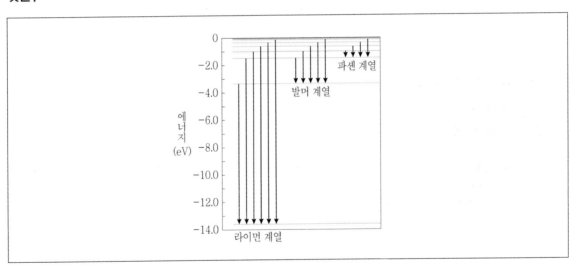

① 수소 원자에 있는 전자의 에너지 준위는 불연속적이다.

② 전자기파의 진동수는 라이먼 계열이 발머 계열보다 크다.

③ 광자 1개의 에너지는 라이먼 계열이 파셴 계열보다 크다.

④ 파셴 계열의 전자기파는 인체의 골격 사진을 찍는 데 이용된다.

> **TIP** ④ 인체의 골격 사진을 찍는 데 이용되는 것은 X선이다.

**Answer** 8.② 9.④

**10** 그림과 같이 철수에 대하여 광속에 가까운 속력으로 등속도 운동하는 우주선에 영희가 타고 있다. 영희가 측정할 때 광원 O에서 나온 빛이 검출기 A, B에 동시에 도달했다. 이에 대한 설명으로 옳은 것만을 모두 고르면?

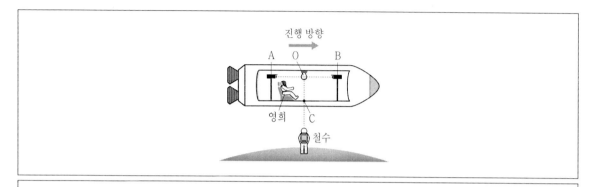

ㄱ 철수가 측정할 때 O에서 나온 빛은 A와 B에 동시에 도달한다.

ㄴ 우주선의 길이는 철수가 측정한 값이 영희가 측정한 값보다 크다.

ㄷ 빛이 O에서 C까지 진행하는 데 걸린 시간은 철수가 측정한 값이 영희가 측정한 값보다 크다.

① ㄱ

② ㄷ

③ ㄱ, ㄴ

④ ㄴ, ㄷ

> **TIP** 아인슈타인이 발표한 특수 상대성 이론에 대한 문제이다. 정지한 관찰자 A의 입장에서는 우주선의 길이가 짧아지고(길이 수축), 우주선 안의 시계는 천천히 흐른다(시간 팽창).
> ㄱ 철수가 측정할 때 O에서 나온 빛은 A에 먼저 도달한다.
> ㄴ 우주선의 길이는 철수가 측정한 값이 영희가 측정한 값보다 작다.

**Answer** 10.②

**11** 그림은 행성 A에서 행성 B를 향해 일정한 속도로 움직이는 우주선을 나타낸 것이다. 우주선은 광속에 가까운 속도로 운동하고 있으며, 철수는 우주선내에 있고, 영희와 행성 A, B는 우주선 밖에 정지해 있다. 영희가 측정한 A와 B 사이의 거리와 우주선의 $x$방향의 길이는 각각 $L$과 $l$이다. 이에 대한 설명으로 옳은 것만을 모두 고르면? (단, 행성 A와 우주선, 행성 B는 동일 선상에 있으며, 우주선은 $+x$방향으로 운동한다)

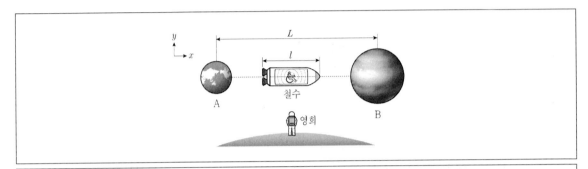

> ㉠ 철수가 측정한 A와 B 사이의 거리는 $L$보다 짧다.
> ㉡ 철수가 측정한 우주선의 $x$축 방향의 길이는 $l$보다 짧다.
> ㉢ 영희가 관찰한 철수의 시간은 영희 자신의 시간보다 느리게 간다.

① ㉠, ㉡          ② ㉠, ㉢
③ ㉡, ㉢          ④ ㉠, ㉡, ㉢

> **TIP** 아인슈타인의 특수상대성이론에 따라 생각해 보면, 다음과 같다.
> • 정지한 관찰자 영희의 입장에서는 우주선의 길이가 짧아지고(길이 수축), 우주선 안의 시간은 천천히 흐른다(시간 팽창).
> • 우주선내에 있는 철수의 입장에서는 우주선 밖에 있는 물체의 길이가 짧아지고(길이 수축), 우주선 밖의 시간은 천천히 흐른다(시간 팽창).
> ㉡ 철수가 측정한 우주선의 $x$축 방향의 길이는 $l$이고, 영희가 측정한 우주선의 $x$축 방향의 길이는 $l$보다 짧다.

**12** 특수상대성 이론에 따라, 질량이 $10g$인 정지한 물체가 모두 에너지로 전환된다면, 발생된 에너지는?

① $10^9 J$          ② $3 \times 10^9 J$
③ $9 \times 10^{14} J$          ④ $9 \times 10^{16} J$

> **TIP** $E = mc^2 = 1 \times 10^{-2} \times (3 \times 10^8)^2 = 9 \times 10^{14} J$
> ※ 광속 $c$는 대략 3억㎧로 정의된다.

**Answer** 11.② 12.③

2016. 10. 1. 제2회 지방직(고졸경채) 시행

**13** 관찰자 A 기준으로 광속의 0.8배로 등속 직선 운동하는 우주선이 있다. 우주선 안의 시계로 60초가 지났다면, 관찰자 A의 시간은 몇 초가 지난 것으로 관측되겠는가?

① 36

② 72

③ 100

④ 200

> **TIP** 1905년에 아인슈타인이 발표한 특수 상대성 이론에 의한 시간 팽창 현상이다.
>
> 정지한 관찰자 A의 입장에서는 우주선의 길이가 짧아지고(길이 수축), 우주선 안의 시계는 천천히 흐른다(시간 팽창).
>
> 속도 $v$로 운동하는 물체의 시간을 측정할 때, 측정 시간 $t$와 고유 시간 $t_{고유}$ 사이에는
>
> $t = \gamma t_{고유} = \dfrac{t_{고유}}{\sqrt{1 - \left(\dfrac{v}{c}\right)^2}}$ 관계가 성립한다. (여기서 $\gamma = \dfrac{1}{\sqrt{1 - \left(\dfrac{v}{c}\right)^2}}$ 로렌츠 인자)
>
> 따라서 문제에서 관찰자 A의 시간 $t = \dfrac{60}{\sqrt{1 - \left(\dfrac{0.8c}{c}\right)^2}} = \dfrac{60}{0.6} = 100$초이다.

2015. 10. 17. 제2회 지방직(고졸경채) 시행

**14** 그림 (가)는 밀도가 $\rho$인 액체에 질량이 1kg이고 부피가 $V$인 물체 A가 절반만 잠겨 정지해 있는 것을, 그림 (나)는 밀도가 $2\rho$인 액체에 부피가 $V$인 물체 B가 $\dfrac{3}{4}V$만큼 잠겨 정지해 있는 것을 나타낸 것이다. 물체 B의 질량은?

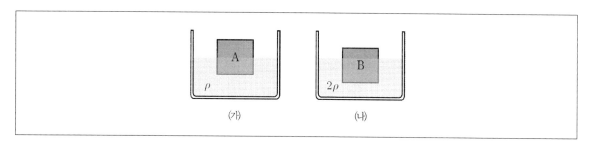

① 1.5kg

② 3kg

③ 4.5kg

④ 6kg

> **TIP** (가) $1 \times g = \rho \dfrac{V}{2} g$
>
> (나) $m_B \times g = 2\rho \times \dfrac{3V}{4} g = p \dfrac{3V}{2} g$
>
> 따라서 $m_B = 3kg$이다.

**Answer** 13.③ 14.②

**15** 다음은 콤프턴 효과를 일부 설명한 것이다. ㉠ ~ ㉢에 들어갈 것으로 옳은 것은?

> 1923년 콤프턴(Compton, A.H)은 파라핀에 ( ㉠ )선을 쬐면 그 일부가 ( ㉡ )되고, ( ㉡ )된 ( ㉠ )선의 파장이 입사한 ( ㉠ )선의 파장보다 ( ㉢ )는 것을 발견하였다.

|   | ㉠ | ㉡ | ㉢ |
|---|---|---|---|
| ① | X | 반사 | 길다 |
| ② | X | 산란 | 길다 |
| ③ | 감마 | 반사 | 짧다 |
| ④ | 감마 | 산란 | 짧다 |

**TIP** 1923년 콤프턴(Compton, A.H)은 파라핀에 X선을 쬐면 그 일부가 산란되고, 산란된 X선의 파장이 입사한 X선의 파장보다 길다는 것을 발견하였다. 이를 콤프턴 효과라고 한다.

# 출제 예상 문제

**1** 전자의 질량이 $m$, 전하량이 $e$, 전자를 가속시키는 전압이 $V$일 때 전자의 물질파의 파장으로 옳은 것은? (단, $h$는 플랑크상수이다)

① $\dfrac{h}{meV}$

② $\dfrac{h}{\sqrt{meV}}$

③ $\dfrac{h}{2meV}$

④ $\dfrac{h}{\sqrt{2meV}}$

**TIP** 전자의 물질파를 전자파라고 한다.

전자를 전압 $v$로 가속시켜 속력이 $V$로 되었다면 $\dfrac{1}{2}mv^2 = eV$, $mv = \sqrt{2meV}$가 된다.

이것을 물질파 파장 $\lambda = \dfrac{h}{mv}$에 대입하여 정리하면 $\lambda = \dfrac{h}{\sqrt{2meV}}$가 된다.

**2** 다음 중 빛의 입자성을 보여주는 현상과 가장 관계가 깊은 것은?

① 산란 효과

② 편광 효과

③ 간섭 효과

④ 광전 효과

**TIP** ① 파동은 진행할 때 파동의 파장 정도의 크기, 장애물 접촉시 장애물을 중심으로 사방으로 퍼져 나간다.
② 편광판을 통과한 빛은 특정 방향으로만 진동하는 빛이 된다.
③ 동일한 두 파동이 중첩되어 더욱 강해지거나 약해지는 현상을 말한다.
④ 금속 표면에 파장이 짧은 빛인 자외선, $X$선, $\gamma$선을 비추면 표면에서 전자가 튀어나오는 현상을 말한다.

**Answer** 1.④ 2.④

**3** 어떤 금속은 빛을 비추어주면 광전자를 방출하는 데 이 때 광전자 한 개의 운동에너지를 크게하는 방법으로 가장 옳은 것은?

① 진동수가 큰 빛을 금속면에 쬔다.
② 파장이 긴 빛을 금속면에 쬔다.
③ 세기가 강한 빛을 금속면에 쬔다.
④ 빛을 일함수가 큰 금속면에 쬔다.

**TIP** 광전자 1개의 에너지를 크게 하려면 진동수가 큰 빛을 금속면에 쬐고, 방출되는 광전자의 개수를 많게 하려면 세기가 강한 빛을 쬔다.

**4** 진동수가 $f$, 파장이 $\lambda$인 빛을 금속 표면에 비추었을 때 방출되는 광전자의 최대 운동에너지를 $E$라고 할 때, 일함수가 다른 금속 A와 금속 B에 대한 $E$와 $f$와의 관계를 옳게 나타낸 그래프는?

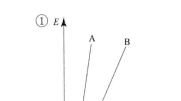

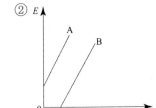

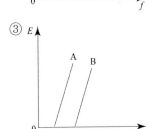

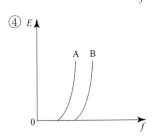

**TIP** 최대 운동에너지 $= \dfrac{1}{2}mv^2 = hf - W = h(f - f_0)$ [$f_0 =$ 한계 진동수]

일함수 $W = hf_0 = \dfrac{hc}{\lambda_0}$ ($\lambda_0$는 한계파장)

$E - f$ 그래프 직선의 기울기 $h$, $y$ 축 절편이 $W$이므로 기울기가 플랑크상수로 일정한 기울기를 가지는 ③이 답이 된다.

**Answer** 3.① 4.③

**5** 원소의 선 스펙트럼은 원자핵과 전자 사이의 에너지에 관한 정보를 준다. 다음은 어떤 원자의 에너지 준위를 나타낸 것이다. A, B, C, D의 궤도 전이 중 전자가 방출하는 빛의 파장이 가장 짧은 것은?

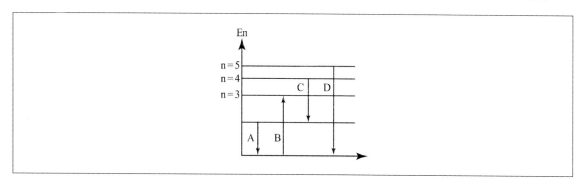

① A

② B

③ C

④ D

TIP 아인슈타인의 광양자설에 의해 $E = hf = \dfrac{hc}{\lambda}$ 에서 에너지가 클수록 파장이 짧다.

**6** 파장이 $3.0 \times 10^{-7}$m인 빛의 광자가 갖는 운동량은? (단, $h = 6.6 \times 10^{-34}$J · s 이다)

① $2.0 \times 10^{-27}$kg · m/s

② $2.2 \times 10^{-27}$kg · m/s

③ $2.4 \times 10^{-27}$kg · m/s

④ $2.6 \times 10^{-27}$kg · m/s

TIP 광자의 운동량 $P = \dfrac{E}{c} = \dfrac{hf}{c} = \dfrac{h}{\lambda}$ 이므로

$$P = \frac{6.6 \times 10^{-34}}{3.0 \times 10^{-7}} = 2.2 \times 10^{-27} \text{kg · m/s}$$

**Answer** 5.④ 6.②

**7** 질량 $m$인 전자의 드브로이 파장을 $\lambda$라 할 때 전자의 운동에너지는? (단, $h$는 플랑크상수이다)

① $\dfrac{h^2}{m\lambda^2}$

② $\dfrac{h^2}{2m\lambda^2}$

③ $\dfrac{m\lambda^2}{2}$

④ $\dfrac{hm}{\lambda}$

**TIP** 전자의 운동 에너지 $E_k = \dfrac{1}{2}mv^2 = eV \rightarrow mv = \sqrt{2meV}$

**8** 다음 중 콤프턴 효과에 대한 설명으로 옳지 않은 것은?

① 빛의 이중성을 보여준다.

② 에너지 보존법칙이 성립된다.

③ 파동설로 설명된다.

④ 운동량 보존법칙이 성립된다.

**TIP** 콤프턴 효과 … 전자는 $X$선을 쬐어 주면 운동에너지를 갖게 되고, 충돌 후 $X$선의 파장은 길어지고 진동수는 작아진다.

**9** 다음 중 질량 $m_0$인 입자가 빛의 0.6배 속도로 운동할 때 질량은 얼마가 되겠는가?

① $1.1m_0$

② $1.25m_0$

③ $10m_0$

④ $12.5m_0$

**TIP** 질량 증가량 $m = \dfrac{m_0}{\sqrt{1-\left(\dfrac{V}{c}\right)^2}}$ 이므로 이 식에 $V = 0.6c$를 대입하여 정리하면 $m = 1.25m_0$를 얻는다.

**Answer** 7.② 8.③ 9.②

**10** 질량 10g이 모두 에너지로 변한다면 발생되는 에너지는 몇 J인가?

① $10^9$J

② $3 \times 10^9$J

③ $9 \times 10^{14}$J

④ $9 \times 10^{16}$J

> **TIP** 질량 – 에너지 등가변환 관계식에서 $E = mc^2$이므로
> 이 식에 $m = 10\text{g} = 0.01\text{kg}$, $c = 3 \times 10^8 \text{m/s}$를 대입하여 계산하면 $E = 9 \times 10^{14}$J을 얻는다.

**11** 다음 중 물질의 입자성과 파동성을 나타내는 현상은?

① 편광

② 광전 효과

③ 콤프턴 효과

④ 전자의 회절실험

> **TIP** 콤프턴 효과는 입사 광선의 파장이 길어지므로 파동성을 입증하며, 운동량이 보존되어야 하므로 입자성도 설명된다.

**12** 질량 $10^{-30}$kg입자가 0.1m/s 속도로 운동하고 있을 때 이 입자의 물질파(드브로이파)의 파장은 얼마인가? (단, 플랑크상수의 값은 $h = 6.6 \times 10^{-34}$J · s 이다)

① $6.6 \times 10^{-2}$m

② $6.6 \times 10^{-3}$m

③ $6.6 \times 10^{-4}$m

④ $6.6 \times 10^{-5}$m

> **TIP** 드브로이 파장 $\lambda = \dfrac{h}{p} = \dfrac{h}{mV}$이므로 이 식에 $h = 6.6 \times 10^{-34}$J · s, $m = 10^{-30}$kg,
> $V = 0.1$m/s를 대입하면 $\lambda = 6.6 \times 10^{-3}$m가 된다.

**Answer**   10.③  11.③  12.②

**13** 다음 음극선 발생장치에서 $C_1P_1$의 길이가 $C_2P_2$의 2배일 때 $C_1$과 $C_2$에서 방출된 전자가 각각 $P_1$과 $P_2$에 도달할 때 속도의 비 $V_1$, $V_2$는 얼마인가?

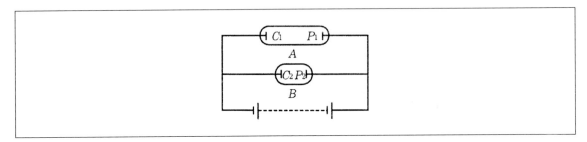

① $1:1$  
② $1:2$  
③ $2:1$  
④ $4:1$

---

**TIP** 전자의 최대 운동에너지 $K_{max} = eV_0$($e$ : 전하량, $V_0$ : 정지전압)이므로 $V_0$가 같으면 운동에너지가 같다. 즉, $V_0$가 일정하면 전자의 속도는 일정하다.

**14** 입자의 운동량이 3배가 되면 드브로이 파장은 몇 배가 되는가?

① $\dfrac{1}{3}$ 배  
② $\dfrac{1}{6}$ 배  
③ $\dfrac{1}{9}$ 배  
④ 3배

---

**TIP** 모든 물질은 입자의 성질과 파동의 성질을 갖고 있다.

이 때 물체의 운동량이 $P$이면 드브로이 파장은 $\lambda = \dfrac{h}{p} = \dfrac{h}{mV}$ ($h$ : 플랑크상수)

즉, $\lambda \propto \dfrac{1}{P}$이므로 $P$가 3배가 되면 $\lambda$는 $\dfrac{1}{3}$배가 된다.

**Answer** 13.① 14.①

**15** 다음 중 금속표면에 빛을 쪼이면 그 표면에서 전자가 튀어나오는 현상으로 옳은 것은?

① 빛의 간섭현상

② 광전 효과

③ 도플러 효과

④ 아인슈타인의 상대성효과

**TIP** 광전 효과…빛을 쪼이면 전자가 튀어나오는 광전 효과의 실험으로 빛의 입자성(입자의 성질을 지닌다)이 증명되었다. 이 때 방출되는 전자의 운동에너지는 빛의 세기에는 무관하고, 빛의 진동수에만 비례한다.

**16** 광전 효과 실험에서 어떤 금속표면에 단일파장의 빛을 $1W/m^2$의 세기로 일정시간 쬐어주었으나 금속표면으로부터 광전자가 방출되지 않았다. 다음 중 이 금속표면으로부터 광전자가 방출되기 위해서 증가시켜 주어야 하는 것은?

① 빛의 세기

② 빛의 파장

③ 빛의 진동수

④ 빛을 쬐어주는 시간

**TIP** 광전 효과 실험에서 전자의 운동에너지는 빛의 세기에는 무관하고 빛의 진동수에 비례한다.

**17** 다음 중 빛의 에너지는 빛의 어떤 것에 비례하는가?

① 진동수

② 속도

③ 진폭

④ (속도)$^2$

**TIP** 아인슈타인의 질량−에너지 등가식 $E=mc^2$에서 물체의 에너지는 $c^2$(빛의 속도의 제곱)에 비례한다.

**Answer** 15.② 16.③ 17.④

**18** 파장 6,000Å인 가시광선 광자 하나의 에너지는? (단, 플랑크상수는 $6.6 \times 10^{-34} \text{J} \cdot \text{s}$이다)

① $6.6 \times 10^{-12} \text{J}$

② $1.1 \times 10^{-21} \text{J}$

③ $2.0 \times 10^{-19} \text{J}$

④ $3.3 \times 10^{-21} \text{J}$

---

**TIP** 광량자에너지 $E = h\nu = h\dfrac{c}{\lambda}$ 이므로 $h = 6.6 \times 10^{-34} \text{J} \cdot \text{s}$, $c = 3 \times 10^8 \text{m/s}$, $\lambda = 6,000\text{Å} = 6,000 \times 10^{-8}\text{m}$를 대입하여 계산하면 $E = 3.3 \times 10^{-21}\text{J}$을 얻는다($1\text{Å} = 10^{-8}\text{m}$).

**19** 다음 중 광전 효과에게 비춰준 빛과 튀어나오는 광전자의 운동에너지에 관한 설명으로 옳은 것은?

① 비춰준 빛의 파장에 관계없이 광전자는 방출된다.

② 빛을 세게 하면 광전자의 운동에너지는 증가한다.

③ 빛의 파장이 짧을수록 광전자의 운동에너지는 증가한다.

④ 빛의 진동수가 작을수록 광전자의 운동에너지는 증가한다.

---

**TIP** 광전 효과에 의해서 튀어나온 전자의 최대 운동에너지 $K_{\max} \propto f$(진동수)이다. 또 $f \propto \dfrac{1}{\lambda}$ 이므로 $K_{\max} \propto \dfrac{1}{\lambda}$, 즉 파장($\lambda$)에 반비례한다. 따라서 전자의 운동에너지는 진동수에 비례하고 파장에 반비례한다.

**20** 어떤 금속의 일함수는 2eV이다. 파장이 300nm인 빛으로 이 금속의 표면을 비출 때 정지 퍼텐셜은? (단, 플랑크 상수 $h = 6.4 \times 10^{-34} \text{J} \cdot \text{s}$ 이고 $1\text{eV} = 1.6 \times 10^{-19}\text{J}$이다)

① 1eV

② 2eV

③ 3eV

④ 4eV

---

**TIP** $E_K = hf - W = h \times \dfrac{C}{\lambda} - W = 6.4 \times 10^{-34} \times \dfrac{3 \times 10^8}{300 \times 10^{-9}} - 2 \times 1.6 \times 10^{-19}$

$= 3.2 \times 10^{-19} = 2\text{eV}$

**Answer** 18.④ 19.③ 20.②

**21** 파장 $10^{-21}$m인 $\gamma$선으로 2J의 에너지를 얻으려면, 약 몇 개의 광량자를 방출해야 하는가? (단, $h=6.6\times10^{-34}$J · s 이다)

① $10^2$개

② $10^3$개

③ $5\times10^3$개

④ $10^4$개

**TIP** $n$개 양자의 에너지 $E=nh\dfrac{c}{\lambda}$ 이므로 $n=\dfrac{E\lambda}{hc}$ 이다.

이 식에 $E=2$J, $h=6.6\times10^{-34}$J · s, $\lambda=10^{-21}$m, $c=3\times10^8$m/s를 대입하여 계산하면

$n\fallingdotseq10^4$개를 얻는다.

**22** 다음 입자 중에서 정지질량을 갖지 않는 것은?

① 전자

② 양성자

③ 광자

④ 반전자

**TIP** 빛은 광속으로 운동하고 질량증가가 없으므로 정지질량이 없다.

**23** 파장이 8,000 Å인 빛의 에너지는 파장이 4,000 Å인 빛의 에너지의 몇 배가 되는가?

① $\dfrac{1}{2}$배

② 2배

③ 4배

④ 서로 같다.

**TIP** 광량자에너지는 파장($\lambda$)에 반비례하므로 파장이 8,000 Å인 빛의 파장은 4,000 Å의 2배가 되므로 $E$는 $\dfrac{1}{2}$배가 된다.

**Answer** 21.④ 22.③ 23.①

**24** 다음 중 두 방송국 A와 B에서 960kHz, 840kHz의 주파수로 각각 방송하고 있을 때 A의 파장과 B의 파장의 비로 옳은 것은?

① 7 : 8

② 8 : 7

③ 8 : 9

④ 64 : 47

---

**TIP** 속도 $V = \lambda f$이므로 파장($\lambda$)과 진동수($f$)는 반비례한다($V$는 일정). 즉, $K_{max} \propto \dfrac{1}{\lambda}$이므로 이 식에 960kHz, 840kHz를 대입하여 간단히 하면 $\lambda_1 : \lambda_2 = 7 : 8$을 얻는다.

**25** 다음 중 광량자설에 의할 경우 광량자 하나의 에너지는?

① 감속된 전자 × (빛의 속도)$^2$

② 전자의 질량 × 일함수

③ 물질파의 파장 × 입자의 질량

④ 플랑크상수 × 진동수

---

**TIP** 광량자에너지는 $E = h \times \nu$로 주어진다($h$ : 플랑크상수, $\nu$ : 진동수).

**26** 어떤 기체의 절대온도가 $T$일 때, 그 기체 분자의 드브로이 파장은 절대온도와 어떠한 관계가 있는가?

① $\sqrt{T}$에 비례

② $\sqrt{T}$에 반비례

③ $T$에 비례

④ $T$에 반비례

---

**TIP** 드브로이 파장 $\lambda = \dfrac{h}{mv}$($h$ : 플랑크 상수)이며, 기체분자 운동에너지 $E_k = \dfrac{3}{2}kT = \dfrac{1}{2}mv^2$이므로 $T \propto V^2$, $V \propto \sqrt{T}$이다.

드브로이 파장 $\lambda \propto \dfrac{1}{\sqrt{T}}$이므로, $\lambda$는 $\sqrt{T}$에 반비례한다.

**Answer** 24.① 25.④ 26.②

**27** 출력 13.2W이고 진동수 $2.0 \times 10^{15}$Hz인 빛을 내는 레이저 광원이 있을 때 이 빛의 광량자 1개의 에너지는 얼마인가? (단, $h = 6.6 \times 10^{-34}$J·s 이다)

① $1.32 \times 10^{-18}$J

② $1.32 \times 10^{-20}$J

③ $1.32 \times 10^{-34}$J

④ $6.6 \times 10^{-34}$J

---

**TIP** 광자(광량자)의 에너지 $E = h\nu$이므로 이 식에 $h = 6.6 \times 10^{-34}$J·s, $\nu = 2.0 \times 10^{15}$Hz를 대입하여 계산하면 $E = 1.32 \times 10^{-18}$J을 얻는다.

**28** 다음 중 빛의 입자성을 입증하는 것으로만 짝지어진 것은?

| |
|---|
| ㉠ 광전 효과            ㉡ 콤프턴 효과 |
| ㉢ 밀리칸의 기름방울실험     ㉣ 프랑크 – 헤르츠의 실험 |
| ㉤ 핵융합 반응 |

① ㉠

② ㉠㉡

③ ㉠㉡㉢

④ ㉠㉡㉢㉣

---

**TIP** **콤프턴 효과** … $X$선을 입자에 비추면 산란된 선의 파장이 길어지며, 운동량이 보존되어야 하므로 빛은 파동성, 입자성을 모두 지닌다는 것을 입증한다.

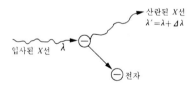

# 02 원자와 물질의 구조

## 01 전자와 원자핵의 발견

### ❶ 원자의 구조

**(1) 전자의 발견**

① **진공방전** ···유리관 양 끝의 (+)와 (−)전극에 높은 전압을 걸어주고 진공펌프로 유리관 속의 압력을 낮추어 주었을 때 일어나는 방전현상을 말한다.

② **음극선**

    ㉠ 개념 : 압력이 $10^{-3}$mmHg 정도 되면 빛이 없어지고 음극의 반대쪽관에 엷은 연두색 형광빛이 나타나는 데 음극에서 무엇인가가 나와 유리벽에 부딪혀 형광을 내게 하는 것을 말한다.

    ㉡ 성질

      • 음극선은 직진한다.

      • 물체에 부딪히면 압력을 미친다(음극선 경로에 바람개비를 두면 돌아감).

      • 형광 또는 인광작용을 한다.

      • 사진건판을 감광시킨다.

      • 음극선 경로에 전기장이나 자기장을 걸어주면 진로가 휜다.

      • 음극선이 백금과 같은 금속박에 부딪히면 $X$선을 발생한다.

③ **전자** ··· 음극선은 (−)전하를 띤 입자의 흐름으로 톰슨은 이 입자를 전자라고 명명했다.

④ **전자의 비전하 측정**

    ㉠ 비전하 : 보통 대전입자의 전하량 $q_1$와 질량 $m$의 비를 말한다.

ⓒ 비전하의 측정

• 초속도 없이 전기장에서 가속시킬 때 (+)극판을 통과하는 전자의 속도

$$v = \sqrt{\frac{2eV}{m}}$$

• 균일한 자기장 $B$에 이 전자가 수직 입사되면 구성력 = 로렌츠 힘의 관계가 성립한다. 여기서 속도 $v$는 다음과 같다.

$$v = \frac{eBR}{m}$$

• 전자의 비전하

$$\frac{e}{m} = \frac{2V}{R^2 B^2}$$

• 전자의 비전하 값

$$\frac{e}{m} = 1.76 \times 10^{11} \text{C/kg}$$

[전자의 비전하]

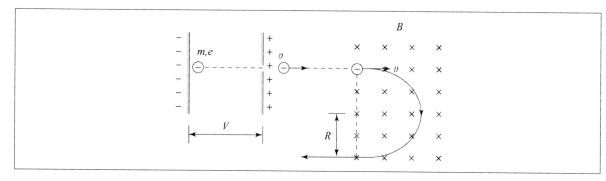

⑤ 밀리컨의 기름방울실험(기본 전하량 측정)

$$q = \frac{mg}{E}$$

㉠ 전기장 $E$를 띤 두 극판 사이에 기름방울을 뿌린 후 $X$선을 쬐어주어 기름방울을 이온화시켜서 전하를 띠게 만든다.

㉡ 아래 방향으로 전기장을 걸면 (−)로 대전된 기름방울이 위로는 전기력, 아래로는 중력을 받게 된다.

㉢ 전기장 세기를 변화시켜 중력과 평형을 이루도록 만들면 공기 중에서 기름방울이 정지한다.

## (2) 원자핵의 발견

① Rutherford(러더포드)의 $\alpha$선 산란실험 … $\alpha$선(헬륨입자)을 금속판에 투과시키면 대부분 $\alpha$선은 그대로 통과 하나 그 중 몇 개는 90°이상 각도로 완전히 산란된다.

② 러더포드와 톰슨의 $\alpha$선 산란실험

[$\alpha$선 산란실험]

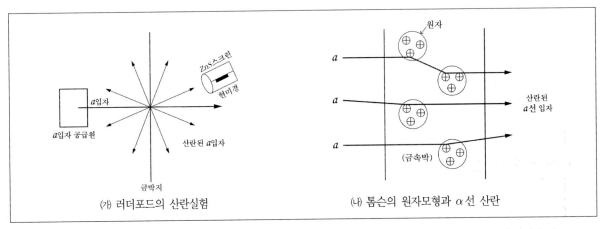

(가) 러더포드의 산란실험                (나) 톰슨의 원자모형과 $\alpha$선 산란

ⓐ 러더포드의 산란실험
- (가)는 $\alpha$입자(헬륨 : He)를 금속박에 투과시키면 극히 일부는 산란하여 $ZnS$스크린에 포착되는 것을 나타 낸다.
- 이 실험을 통해 러더포드는 원자 대부분의 질량이 원자중심(원자핵)에 모여 있다고 주장하였고, 현대 원 자모델의 기초를 형성하였다.

ⓑ 톰슨의 산란실험
- (나)는 톰슨의 원자모형(양성자가 원자 안에 골고루 퍼져있는 모형)으로 $\alpha$선 산란실험한 모델을 나타낸 것이다.
- 모형으로는 산란된 $\alpha$선의 산란각이 작게 나타난다.

(3) 원자모형

① 톰슨과 러더포드의 원자모형

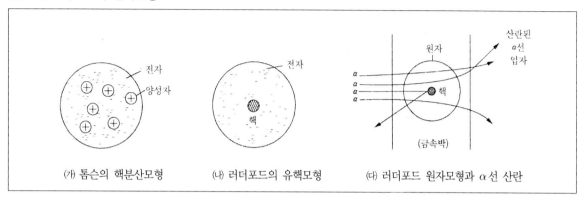

(가) 톰슨의 핵분산모형      (나) 러더포드의 유핵모형      (다) 러더포드 원자모형과 $\alpha$선 산란

㉠ 톰슨의 단자모형 : 양성자가 원자 내에 골고루 퍼져 있다.

㉡ 러더포드의 유핵모형 : 원자 중심에 질량이 아주 큰 핵이 있다.

㉢ 러더포드의 원자모형(양성자가 원자핵에 모여 있는 모형)과 $\alpha$선 산란실험

•이 모형에서 $\alpha$선 중 극히 일부는 큰 각으로 산란이 되고 나머지 대부분은 아주 작은 각으로 그대로 통과하게 된다.

•작은 각으로 산란된 $\alpha$입자($He^{2+}$)는 핵과 주위의 반발력이 작용하기 때문에 원자핵 주위는 전자가 돌고 있다고 생각하였다.

② Rutherford(러더포드)의 원자모델

㉠ 원자모델 : 원자의 양전하는 원자 중심의 작은 부분(원자핵)에 집중되어 있다.

㉡ 러더포드 원자모형의 난점 : 양성자가 원자핵에 모여 있고 전자가 원자핵 주위로 돌고 있는 모형은 기체 방전에서 나오는 선 스펙트럼 현상을 설명할 수 없고 러더포드 모형으로는 원자가 빛을 방출함에 따라 전자궤도가 점점 줄어드는 연속 스펙트럼이 나와야 한다.

③ Bohr(보어)의 원자모형

㉠ 원자 내의 전자는 불연속적인 특정궤도만 돌고 있고 원자가 빛을 흡수 또는 방출할 때 전자가 궤도를 옮길 때만큼의 에너지를 흡수 또는 방출한다.

ⓛ 보어의 원자모형

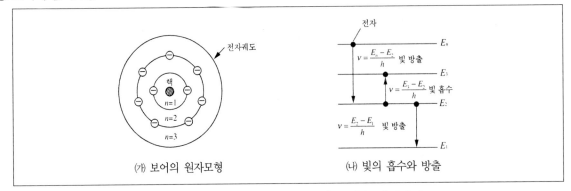

(개) 보어의 원자모형                    (내) 빛의 흡수와 방출

- (개)는 원자핵 주위에 전자가 일정한 궤도를 따라 운동하고 있는 것을 나타낸다.
- 전자는 궤도 안에서만 돌고 있고 궤도와 궤도 사이에서는 전자가 없음을 나타낸다.
- 전자가 같은 궤도에서 돌고 있을 때는 전자기파를 방출하지 않고 아래 궤도로 전자가 이동할 때에만 그 에너지 차이 만큼의 전자기파를 낸다.

ⓒ 빛의 흡수와 방출
- (내)는 원자 내 전자가 빛을 방출할 때 에너지준위($E$)가 낮은 궤도로 이동하고 빛을 흡수할 때는 에너지 준위가 높은 곳으로 이동하는 것을 나타낸다.
- 흡수 또는 방출되는 빛의 진동수

$$\nu = \frac{En - Em}{h}$$

($\nu$ : 진동수, $E$ : 에너지준위, $h$ : 플랑크상수)

## ❷ 수소원자

(1) 수소원자의 복사선의 파장($\lambda$)

① 수소원자의 불꽃실험에서 방출되는 빛의 파장

$$\frac{1}{\lambda} = R\left(\frac{1}{m^2} - \frac{1}{n^2}\right)$$

($\lambda$ : 파장, $n$, $m$ : 양자수 = 1, 2, 3, 4, ⋯, $R$ : 리드베리 상수 = $1.097 \times 10^7 \text{m}^{-1}$ )

② 여러 계열의 빛의 파장

    ㉠ 라이만 계열(자외선 부분)

$$\frac{1}{\lambda} = R\left(\frac{1}{1^2} - \frac{1}{n^2}\right) \ [m=1, \ n=2, \ 3, \ 4 \ \dots 일 \ 때]$$

    ㉡ 발머 계열(가시광선 부분)

$$\frac{1}{\lambda} = R\left(\frac{1}{2^2} - \frac{1}{n^2}\right) \ [m=2, \ n=3, \ 4, \ 5 \ \dots 일 \ 때]$$

    ㉢ 파센 계열(적외선 부분)

$$\frac{1}{\lambda} = R\left(\frac{1}{3^2} - \frac{1}{n^2}\right) \ [m=3, \ n=4, \ 5, \ 6 \ \dots 일 \ 때]$$

    ㉣ 브라켓 계열(적외선 부분)

$$\frac{1}{\lambda} = R\left(\frac{1}{4^2} - \frac{1}{n^2}\right) \ [m=4, \ n=5, \ 6, \ 7 \ \dots 일 \ 때]$$

    ㉤ 푼트 계열(적외선 부분)

$$\frac{1}{\lambda} = R\left(\frac{1}{5^2} - \frac{1}{n^2}\right) \ [m=5, \ n=6, \ 7, \ 8 \ \dots 일 \ 때]$$

(2) 수소원자의 에너지준위상태

① 수소원자가 빛을 방출할 때 전자가 이동하는 에너지준위상태

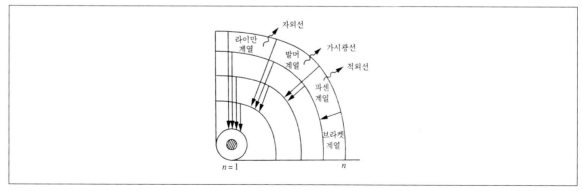

    ㉠ $n=1$인 궤도로 전자가 이동하여 나오는 스펙트럼의 계열을 라이만 계열이라 한다.

    ㉡ $n=2$인 궤도로 이동하면 발머 계열, $n=3$인 궤도로 이동하면 파센 계열이라 한다.

    ㉢ 이동하는 궤도가 작을수록 파장이 긴(에너지가 낮은) 복사선을 방출한다.

② 라이만 계열에서 가장 긴 파장은 $\frac{1}{\lambda} = R\left(\frac{1}{1^2} - \frac{1}{n^2}\right)$로, $n = 2$일 때 $\lambda$가 최대가 되므로 대입하여 계산하면 $\lambda = \frac{4}{3R}$가 된다.

# 02 원자간의 결합

### ❶ 이론결합

#### (1) 이온결합
전자를 주고 받음으로써 이온들이 생겨 결합하는 것을 말한다.

#### (2) 이온결합 물질의 종류
NaCl(소금), KCl, MgO 등

#### (3) 이온결정
① 개념 … 이온결합 물질은 분자형태가 아닌 이온결정으로 존재한다.
② Na이온과 Cl이온이 입방구조로 결합한 이온결정구조

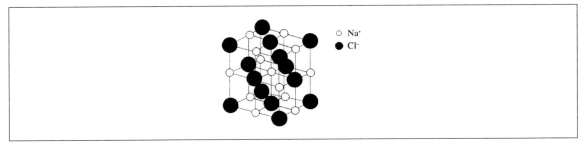

⊙ Na$^+$와 Cl$^-$는 각각 주위에 6개의 Cl$^-$와 Na$^+$ 이온을 가지고 있다.
ⓛ 이온화에너지가 작은 Na원자와 전자친화도가 높은 Cl원자가 결합하면 Na원자의 전자 1개가 Cl원자로 이동하여 Na$^+$, Cl$^-$가 형성된다.
ⓒ Na이온과 Cl이온은 정전기적 인력에 의해 Na$^+$Cl$^-$를 나타내는 이온성 물질을 형성한다.

③ 이온결정의 성질

  ㉠ 상온에서 단단하고 비휘발성 고체로 부서지기 쉽다.

  ㉡ 극성용매에 잘 녹는다.

  ㉢ 전기전도성이 있다.

## ❷ 공유결합

### (1) 공유결합

원자들이 전자를 공유해서 생기는 결합을 말한다.

### (2) 공유결합 물질의 종류

$H_2$(수소), $O_2$(산소), $NH_3$(암모니아) 등

### (3) 공유결정

① **개념** … 공유결합한 물질이 이루는 결정을 말한다.

② **공유결합과 공유결합 결정**

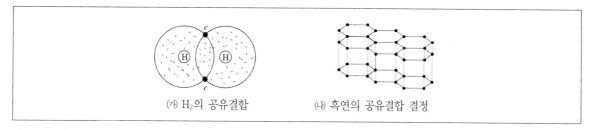

(가) $H_2$의 공유결합    (나) 흑연의 공유결합 결정

  ㉠ (가)는 수소($H_2$)의 공유결합을 나타내고 있다.

  ㉡ 두 개의 수소원자는 전자 2개를 서로 공유하고 있다.

  ㉢ 공유결합력은 강해서 잘 분리가 되지 않는다.

  ㉣ (나)는 탄소원자의 공유결합을 한 평면 6각형 결정구조를 나타낸 것이다.

  ㉤ 탄소원자는 평면끼리는 약한 결합을 하므로 평면에 평행한 방향으로는 잘 쪼개어진다.

③ **공유결정의 성질**

  ㉠ 공유결합에 의한 그물구조를 형성하므로 녹는점이 높다.

  ㉡ 경도가 크다.

# 최근 기출문제 분석

2021. 6. 5. 해양경찰청 시행

**1** 다음 중 러더퍼드의 원자 모형에 대한 설명으로 가장 옳지 않은 것은?

① 원자중심에는 양전기를 띤 원자핵이 있다.

② 원자핵이 원자 질량의 대부분을 차지한다.

③ 원자핵의 크기는 $10^{-10}m$ 정도이고, 그 둘레를 전자가 돌고 있다.

④ 전자는 에너지 준위가 다른 궤도로 전이할 때 그 차에 해당하는 에너지를 방출 또는 흡수한다.

**TIP** ④는 보어의 원자 모형에 대한 설명으로 러더퍼드의 원자 모형으로는 설명이 불가능하다.

2021. 6. 5. 해양경찰청 시행

**2** 아래 그림은 보어의 수소 원자 모형을 나타낸 것으로 n은 양자수이다.

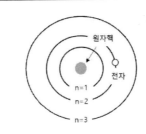

다음 〈보기〉 중 옳은 것을 모두 고른 것은?

〈보기〉

㉠ 전자가 n=1인 궤도에 있을 때 전자의 에너지가 가장 크다.
㉡ 원자핵과 전자 사이에는 쿨롱 법칙을 따르는 힘이 작용한다.
㉢ 전자가 n=3에서 n=2인 궤도로 전이할 때, 원자가 에너지를 방출한다.

① ㉠

② ㉠, ㉡

③ ㉡, ㉢

④ ㉠, ㉡, ㉢

**TIP** ㉠ 전자가 n=1(주양자 수 최소)인 궤도에 있을 때 전자의 에너지가 가장 작다.
㉡ 원자핵과 전자 사이에는 쿨롱 법칙을 따르는 힘인 정전기적 인력이 작용한다.
㉢ 전자가 주양자 수가 큰 궤도에서 작은 궤도로 전이할 때 즉, 에너지 준위가 높은 전자껍질에서 낮은 전자껍질로 전이할 때 에너지를 방출한다. 따라서 전자가 n=3에서 n=2인 궤도로 전이할 때, 원자가 에너지를 방출한다.

2020. 10. 17. 제2회 지방직(고졸경채) 시행

**3** 그림은 순수한 반도체 결정의 에너지띠 구조를 나타낸 것이다. 이에 대한 설명으로 옳지 않은 것은?

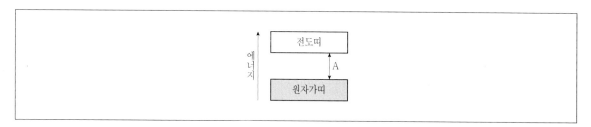

① A의 영역에는 전자가 존재할 수 없다.

② 원자가띠에 채워진 전자의 에너지는 모두 동일하다.

③ 절대온도 0K일 때, 전도띠에는 전자가 존재하지 않는다.

④ 이 물질은 온도가 올라갈수록 전기 전도도가 증가한다.

**TIP** A는 띠틈이다.
② 원자에 속박되어 있는 전자는 에너지띠의 가장 낮은 에너지 준위부터 채워나가는데, 전자가 채워진 에너지띠 중 에너지가 가장 큰 띠가 원자가띠이다. 에너지띠는 크기가 거의 비슷한 에너지 준위들이 모여 띠처럼 보이는 것이므로, 원자가띠에는 여러 개의 에너지 준위를 포함한다. 즉, 원자가띠에 채워진 전자의 에너지가 모두 동일한 것은 아니다.

**Answer** 3.②

**4** 그림 (가), (나), (다)는 수소 원자의 양자수에 따른 전자구름의 형태를 모식적으로 나타낸 것이다. 표는 (가), (나), (다) 상태에서의 주 양자수 n, 궤도 양자수 l을 각각 나타낸 것이다.

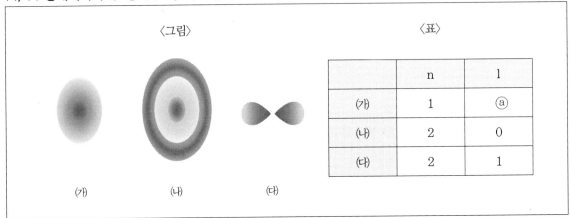

다음 중 이에 대한 설명으로 옳은 것만을 〈보기〉에서 모두 고른 것은?

---

〈보기〉

㉠ 위 표의 ⓐ는 0이다.

㉡ 전자의 에너지 준위는 (나)가 (다)보다 낮다.

㉢ (다)의 상태에서 전자가 가질 수 있는 자기 양자수의 개수는 모두 3개이다.

---

① ㉠, ㉡

② ㉠, ㉢

③ ㉡, ㉢

④ ㉠, ㉡, ㉢

**TIP** 전자구름의 형태는 주 양자수 $n$, 궤도 양자수(부 양자수) $l$, 자기 양자수 $m$의 조합에 따라 달라진다.
  ㉠ (가)에서 주 양자수 $n$이 1일 때 가능한 궤도 양자수 $l$은 0이므로, 표의 ⓐ는 0이다.
  ㉡ (나)와 (다)는 주 양자수 $n$이 2로 동일하므로, 전자의 에너지 준위도 동일하다.
  ㉢ 자기 양자수는 전자구름의 분포 방향을 결정한다. (다)에서 $l$이 1이므로, (다)의 상태에서 전자가 가질 수 있는 자기 양자수의 개수는 −1, 0, 1의 3개이다.

**Answer** 4.②

**5** 〈보기 1〉은 어떤 기체를 방전관에 넣고 전압을 걸어 방전시켰을 때 나온 빛을 분광기로 관찰한 결과이다. A와 B 중 하나는 노란색 빛을, 다른 하나는 초록색 빛을 나타낼 때, 이에 대한 설명으로 옳은 것을 〈보기 2〉에서 모두 고른 것은?

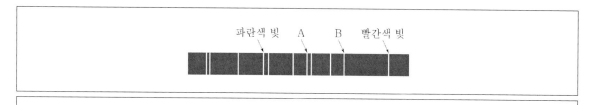

〈보기 2〉

ㄱ A가 노란색 빛이다.
ㄴ 진동수는 A가 B보다 크다.
ㄷ 광자 하나의 에너지는 A가 B보다 크다.

① ㄱ

② ㄴ

③ ㄱ, ㄷ

④ ㄴ, ㄷ

> **TIP** ㄱ A는 초록색 빛이다. B가 노란색 빛이다.
> ㄴ 진동수는 파장이 짧은 A가 B보다 크다.
> ㄷ 에너지는 진동수에 비례하므로, 진동수가 큰 A가 B보다 크다.
> ※ 제시된 스펙트럼은 수은(Hg)을 방전관 속에 넣었을 때 분광기로 관찰한 스펙트럼이다.

**Answer** 5.④

**6** 그림은 수소 원자가 방출하는 선스펙트럼 계열의 일부를 나타낸 것이다. 이에 대한 설명으로 옳지 않은 것은?

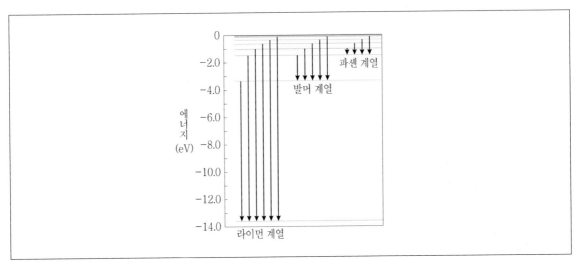

① 수소 원자에 있는 전자의 에너지 준위는 불연속적이다.

② 전자기파의 진동수는 라이먼 계열이 발머 계열보다 크다.

③ 광자 1개의 에너지는 라이먼 계열이 파셴 계열보다 크다.

④ 파셴 계열의 전자기파는 인체의 골격 사진을 찍는 데 이용된다.

**TIP** ④ 인체의 골격 사진을 찍는 데 이용되는 것은 X선이다.

**Answer** 6.④

**7** 그림은 보어의 원자모형에서 에너지준위 $E_1$, $E_2$, $E_3$와 전자가 전이하는 과정 $a$, $b$를 나타낸 것이다. 이에 대한 설명으로 옳은 것만을 모두 고르면?

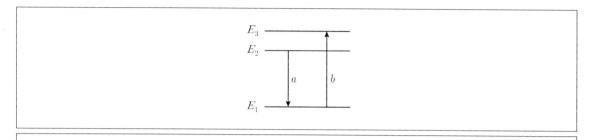

　　㉠ 에너지 준위는 불연속적이다.

　　㉡ 과정 $a$에서 빛이 방출된다.

　　㉢ 출입하는 빛에너지는 과정 $a$에서가 과정 $b$에서보다 크다.

① ㉠　　　　　　　　　　　　　　② ㉡

③ ㉠, ㉡　　　　　　　　　　　　④ ㉡, ㉢

**TIP** ㉢ 출입하는 빛에너지는 과정 a에서가 과정 b에서보다 작다.

**8** 그림은 수소 원자의 전자 전이를 나타낸 것이다. 전자 전이 a ~ e에 대해 〈보기〉 중 옳은 설명을 가장 잘 고른 것은? (단, 수소 원자의 에너지 준위는 $E_n = -\dfrac{1,312}{n^2} = KJ/mol$ 이다.)

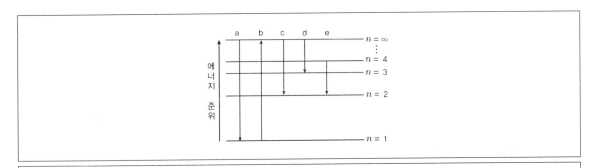

〈보기〉

㉠ 파장이 가장 짧은 빛을 방출하는 것은 a이다.

㉡ d에 의해 방출되는 빛은 적외선 영역에 해당한다.

㉢ b에 해당하는 에너지는 수소 원자의 이온화 에너지와 같다.

① ㉠, ㉡

② ㉠, ㉢

③ ㉡, ㉢

④ ㉠, ㉡, ㉢

**TIP** 수소 원자의 선스펙트럼과 전자 전이

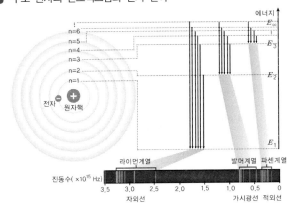

**Answer** 8.④

**9** 보어의 수소원자 모형에서 양자수 $n$에 따른 전자의 에너지 $E_n$은 바닥상태의 에너지가 $-E_0$일 때 $E_n = -\dfrac{E_0}{n^2}$ 이다. 전자가 $n=2$인 상태로 전이하면서 방출하는 빛의 진동수들 중에서 제일 큰 것을 제일 작은 것으로 나눈 값은?

① $\dfrac{3}{2}$　　　　　　　　　　　　　② $\dfrac{9}{5}$

③ $2$　　　　　　　　　　　　　　④ $\dfrac{11}{4}$

**TIP** $E = hf$와 같이 빛에너지와 진동수는 비례하며 에너지상태는 $E_n = -\dfrac{13.6}{n^2}eV$이다.

$n = \infty$에서 $n=2$인 상태로 전이할 때 가장 큰 에너지 $\Delta E_{\infty \to 2}$가 방출되고,

$n = 3$에서 $n=2$로 전이할 때 가장 작은 에너지 $\Delta E_{3 \to 2}$가 방출된다.

$$\Delta E_{\infty \to 2} = hf_1 = \left(-\frac{E_0}{\infty}\right) - \left(-\frac{E_0}{4}\right) = \frac{E_0}{4}$$

$$\Delta E_{3 \to 2} = hf_2 = \left(-\frac{E_0}{9}\right) - \left(-\frac{E_0}{4}\right) = \frac{5E_0}{36}$$

따라서 $\dfrac{f_1}{f_2} = \dfrac{E_0/4}{5E_0/36} = \dfrac{9}{5}$ 이다.

**Answer** 9.②

2017. 3. 11. 국민안전처(해양경찰) 시행

**10** 그림은 보어의 수소 원자 모형을 나타낸 것이다. 이에 대해 옳게 말한 사람을 모두 고른 것은?

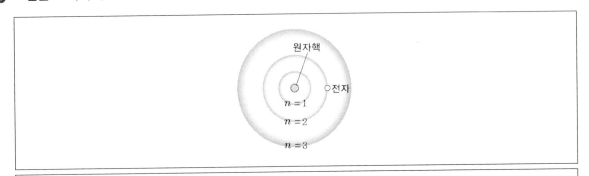

철수 : 원자핵과 전자 사이에는 쿨롱의 법칙을 따르는 힘이 작용해.

영희 : 전자가 n=1인 궤도에 있을 때 전자의 에너지가 가장 커.

민수 : 전자가 n=3에서 n=2인 궤도로 전이할 때 원자가 빛을 흡수해.

① 철수

② 민수

③ 철수, 영희

④ 영희, 민수

> **TIP** 영희 : 전자가 $n=1$인 궤도에 있을 때 전자의 에너지는 가장 작다.
>
> 민수 : 전자가 $n=3$에서 $n=2$인 궤도로 전이할 때 원자는 빛을 방출한다. (∵ 잃어버린 에너지가 빛의 형태로 방출되므로)

2017. 3. 11. 국민안전처(해양경찰) 시행

**11** 다음은 광전 효과에 대해 설명한 글의 일부이다. (개)~(대)에 들어갈 내용으로 옳은 것은?

금속에 특정 진동수 이상의 진동수를 가진 빛을 쪼이면 금속으로부터 [ (개) ]가 튀어나오는 현상을 광전 효과라고 한다. 아인슈타인은 "빛은 [ (내) ]에 비례하는 에너지를 갖는 [ (대) ]라고 하는 입자들의 흐름이다."라는 광양자설로 광전 효과를 설명하였다. 광양자설에 의하면 금속으로부터 튀어나온 [ (개) ]의 운동 에너지는 [ (내) ](이)가 큰 빛을 쪼일 때 더 커진다.

**Answer** 10.① 11.④

|     | ㈎    | ㈏    | ㈐   |
| --- | ----- | ----- | ---- |
| ①   | 중성자 | 파장   | 광자  |
| ②   | 전자   | 세기   | 쿼크  |
| ③   | 양성자 | 세기   | 쿼크  |
| ④   | 전자   | 진동수 | 광자  |

> **TIP** 금속에 특정 진동수 이상의 진동수를 가진 빛을 쪼이면 금속으로부터 ㈎전자가 튀어나오는 현상을 광전 효과라고 한다. 아인슈타인은 "빛은 ㈏진동수에 비례하는 에너지를 갖는 ㈐광자라고 하는 입자들의 흐름이다."라는 광양자설로 광전 효과를 설명하였다. 광양자설에 의하면 금속으로부터 튀어나온 ㈎전자의 운동 에너지는 ㈏진동수(이)가 큰 빛을 쪼일 때 더 커진다.

2017. 3. 11. 국민안전처(해양경찰) 시행

**12** 다음은 나트륨 이온($Na^+$)을 표시한 것이다. 이에 대한 설명으로 옳은 것을 〈보기〉에서 모두 고른 것은?

$$^{23}_{11}Na^+$$

〈보기〉

㉠ 중성자수는 12개이다.

㉡ 전자수는 10개이다.

㉢ 이온 반지름이 원자 반지름보다 작다.

① ㉠, ㉡

② ㉡, ㉢

③ ㉠, ㉢

④ ㉠, ㉡, ㉢

> **TIP** ㉠, ㉡, ㉢ 모두 옳은 설명이다.

**Answer** 12.④

**13** 그림은 양자수 $n$에 따른 수소 원자의 에너지 준위의 일부와 전자의 전이 과정을 나타낸 것이고, A, B, C는 전이 과정에서 방출하는 빛이다. 이에 대한 설명으로 옳은 것은?

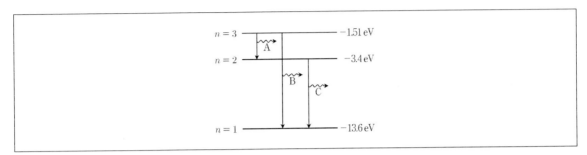

① A의 진동수는 B의 진동수보다 크다.

② $-3.4\,\text{eV}$와 $-13.6\,\text{eV}$ 사이에 에너지 준위가 존재한다.

③ 금속판에 C를 비출 때 광전 효과가 발생하지 않았다면 같은 금속판에 A를 비추면 광전 효과가 발생한다.

④ 문턱 진동수가 $f_0$인 금속판에 B를 비출 때 광전 효과가 발생한다면 B의 진동수는 $f_0$보다 크다.

> **TIP** ① $E_3 - E_2 = hf_A$이고 $E_3 - E_1 = hf_B$이므로 진동수는 A < B이다.
>
> ② 에너지 준위는 불연속적이므로 $E_2$와 $E_1$ 사이에는 에너지 준위가 존재하지 않는다.
>
> ③ 금속판에 C를 비출 때 광전 효과가 발생하지 않았다면 같은 금속판에 A를 비춰도 광전 효과가 발생하지 않는다($\because$
> $f_A < f_C$).

## 출제 예상 문제

**1** 다음 중 러더포드의 원자모형으로 설명할 수 없는 것은?

① 원자핵은 (+)전기를 띠고 있다.

② 원자 내부의 대부분은 비어 있다.

③ 원자핵은 원자질량의 대부분을 차지한다.

④ 전자는 원자핵 주위의 특정한 궤도만을 돌 수 있다.

**TIP** ④ 러더포드 이후의 현대적 개념의 원자모형에 대한 설명이다.

**2** 다음과 같은 에너지준위를 갖는 어떤 원자로부터 파장이 $6.6 \times 10^{-7}$m인 빛이 방출되었을 때, 전자가 전이한 궤도로 옳은 것은? (단, 플랑크상수=$6.6 \times 10^{-34}$J · s, 빛의 속도=$3 \times 10^8$m/s이다)

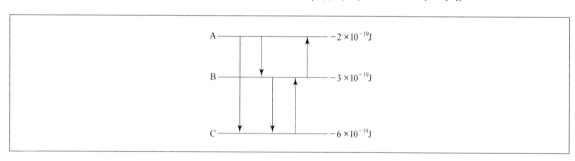

① B→A

② B→C

③ C→A

④ C→B

**TIP** $E = \dfrac{hc}{\lambda} = \dfrac{6.6 \times 10^{-34} \times 3 \times 10^8}{6.6 \times 10^{-7}} = 3 \times 10^{-19}$J($h$ : 플랑크상수, $c$ : 광속, $\lambda$ : 파장)

전자가 빛을 방출할 때는 에너지준위가 낮은 궤도로 이동하므로 B → C로 이동한다.

**Answer** 1.④ 2.②

**3** 다음 중 원자핵의 존재를 밝혀준 실험에 해당하는 것은?

① 광전 효과 실험

② 콤프턴 효과 실험

③ 프랑크 – 헤르츠의 실험

④ 러더포드의 산란실험

**TIP** ① 전자가 있는지 확인하는 실험이다.
② 빛의 입자성을 확인한 실험이다.
③ 원자 내에 에너지준위가 불연속적으로 존재함을 입증한 실험이다.

**4** 음극선의 성질에 대한 설명으로 옳지 않은 것은?

① 운동량과 운동에너지를 가진다.

② 투과력이 $\gamma$선보다 크다.

③ 전기장과 자기장에 의해 진로가 바뀐다.

④ 진행속도가 광속보다 느리다.

**TIP** ② $\gamma$선은 전리작용은 약하나 투과력은 크다.
※ 음극선…방전관 내의 진공도가 크룩스관 정도의 압력일 때 유리관 벽이 빛나는데, 이것은 음극에서 나온 어떤 흐름이 관벽에 부딪혀서 형광을 내기 때문이다. 이 흐름을 음극선이라하며, 이것은 고속 전자의 흐름이다.

**5** 보어(Bohr)의 원자모형에서 수소원자핵 주위를 도는 전자가 정상상태를 이룰 수 있는 조건은? (단, $\lambda$: 전자의 물질파 파장, $R$: 원궤도의 반경, $n$: 양자수이다)

① $2\pi R = n\lambda$　　　　　　　　② $2\pi n = R\lambda$

③ $\pi R = n\lambda$　　　　　　　　④ $R = n\lambda$

**TIP** 원 궤도가 물질파의 정수배가 되어야 하므로 $2\pi R = n\lambda$

**Answer** 3.④ 4.② 5.①

**6** 원자의 에너지상태가 연속적이 아니고 불연속적인 값을 취하는 것을 알 수 있는 조사 방법은?

① $\alpha$ 선의 산란

② $\beta$ 선의 스펙트럼

③ 원자핵 반응

④ 선 스펙트럼

**TIP** 수소를 넣은 Geissler관을 방전시켜서 고온의 수소 기체가 원자상태에서 내는 빛을 분광기로 분석해 보면, 모든 색깔(즉, 모든 파장)의 빛이 나오는 것이 아니고, 특정한 위치에 불연속인 휘선 스펙트럼을 이룬다.

**7** 진공 방전시 발생하는 음극선은 다음 중 어느 입자들의 흐름인가?

① 핵

② 전자

③ 양성자

④ 중성자

**TIP** 음극선의 본질 … 음극선은 음극면에서 무수히 방사되는 질량이 있고, ( − )전하를 띤 입자가 전기장으로부터 작용하는 힘에 의해 감속되어, 양극으로 향하여 고속도로 나아간다. 그 입자는 후에 전자로 밝혀졌다.

**8** 수소원자모형에서 $n = 2$인 궤도에 있는 전자를 궤도에서 이탈시키는 데 필요한 최소한의 에너지는?
(단, 에너지준위 $E_n = -\dfrac{13.6}{n^2} \mathrm{eV}$ 이다)

① 1.51eV

② 3.40eV

③ 10.2eV

④ 13.6eV

**TIP** 전자의 에너지 식에 의해서 $E_n = -\dfrac{13.6}{n^2} = \dfrac{-13.6}{4} = -3.40\mathrm{eV}$

$\therefore E_2 = 3.40\mathrm{eV}$

**Answer** 6.④ 7.② 8.②

**9** 다음 중 플랑크 – 헤르츠의 실험으로 확인할 수 있는 사실로 옳은 것은?

① 원자의 크기
② 에너지준위의 불연속
③ 원자핵의 크기
④ 원자의 구성물질

**TIP** 플랑크 – 헤르츠 실험은 에너지준위의 불연속성을 알아낸 실험이다.

**10** 원자들의 전자가 갖는 에너지준위가 연속이 아니고 불연속임을 확인할 수 있는 것은?

① 원자의 스펙트럼이 불연속이다.
② $\alpha$선의 산란실험
③ 콤프턴 효과
④ 모든 원소의 성질이 같지 않다.

**TIP** 헤르츠는 수은 증기관에 전압을 가하여 일정한 간격의 전압마다 스펙트럼이 급격히 감소되는 것을 알게 되었다.

**11** 수소원자들의 전자가 양자수 1에서부터 4까지의 정상상태에 있다. 이들 수소원자에서 빛이 방출될 때 보어의 이론에 의한 광량자에너지가 다른 빛의 종류는?

① 3종류
② 4종류
③ 5종류
④ 6종류

**TIP** 양자수가 1~4의 정상상태인 수소의 에너지방출은 6가지이며 또한 6가지의 빛이 나온다.
$E_4 - E_1, \ E_3 - E_1, \ E_2 - E_1, \ E_4 - E_2, \ E_4 - E_3, \ E_3 - E_2$

**Answer** 9.② 10.① 11.④

**12** 다음 중 보어의 원자모형에 대한 설명으로 옳지 않은 것은?

① 양자수가 클수록 원자의 에너지준위는 높다.

② 전자가 선택된 궤도를 회전할 때에는 가속되는 전자도 전자기파를 방출하지 않는다.

③ 보어의 원자모형 이론에 의하면 원자는 연속 스펙트럼을 방출한다.

④ 전자는 높은 에너지궤도에서 낮은 에너지궤도로 전이할 때 전자기파를 방출한다.

**TIP** 전자는 어떤 특정한 반경의 궤도에서만 안정하게 돌 수 있다. 정상상태에 있는 전자가 에너지를 흡수하면 에너지가 큰 궤도로 이동하며, 에너지가 낮은 상태로 전자가 이동할 때에는 에너지를 방출한다.

**13** 다음 중 보어의 원자모형에서 빛이 라이만 계열로 떨어질 때 나오는 긴 파장은?

① $R$

② $\dfrac{3}{4}R$

③ $\dfrac{4}{3R}$

④ $\dfrac{1}{R}$

**TIP** 라이만 계열에서 방출되는 빛의 파장 $\lambda$는 $\dfrac{1}{\lambda} = R\left(\dfrac{1}{1^2} - \dfrac{1}{n^2}\right)$ $[n = 2, 3, 4, \ldots]$로 주어지므로 $n = 2$일 때 가장 긴 파장이 나온다.

이 식에 $n = 2$를 대입하여 $\lambda$에 관해 정리하면 $\lambda = \dfrac{4}{3R}$를 얻는다.

**14** $X$선을 이용한 라우에 반점의 용도로 옳은 것은?

① 결정체 연구

② 빛의 파동성 실험

③ 유핵 확인

④ 입자성 실험

**TIP** 결정체에 선을 비추면 결정체 안에 있는 결정이 회절격자의 구실을 하여 선이 회절하면서 형광판에 명암무늬를 만드는데, 이 반점을 라우에 반점이라 하고 결정체를 연구할 때 많이 쓰인다.

**Answer**  12.③  13.③  14.①

**15** 기저상태에 있는 전자를 원자로부터 분해시키는 데 필요한 에너지는?

① 1.9eV

② 1.5eV

③ 12.1eV

④ 13.6eV

**TIP** 전자 1개를 원자로부터 분해하여 원자를 이온화시키는데 필요한 에너지는 13.6eV이다.


**16** 다음 물질 중 결합방식이 다른 하나는?

① HCl

② NaCl

③ MgO

④ $CO_2$

**TIP** ④ 공유결합 물질에 해당한다.


**17** 다음 중 전자의 전하량을 알아낸 실험은?

① 톰슨의 음극선실험
② 밀리컨의 기름방울(유적)실험
③ 러더포드의 산란실험
④ 데이비슨과 거머의 전자회절실험

**TIP** 전자의 기본 전하량 $e = 1.6 \times 10^{-19}$C이며, 이 값은 밀리컨의 유적실험으로 밝혀졌다.


**18** 다음 중 러더포드의 $\alpha$선 산란실험을 통하여 알아낸 것은?

① 에너지준위

② 결합모형

③ 유핵모형

④ 발광모형

**TIP** $\alpha$선을 금속박에 투과시키면 극히 일부가 큰 각으로 산란하게 되는 실험을 통하여 원자핵의 존재를 입증하였다.


**Answer** 15.④ 16.④ 17.② 18.③

**19** 다음은 수소원자의 에너지준위를 나타낸 것이다. 수소원자가 방출할 수 없는 광자의 에너지는?

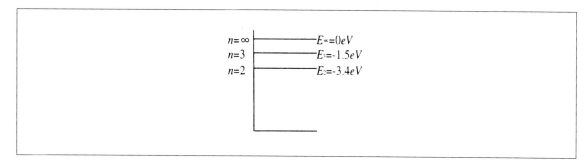

① 1.9eV

② 4.9eV

③ 10.2eV

④ 12.1eV

---

**TIP** 수소원자의 에너지준위에 따른 광자의 에너지 방출

ⓐ 수소원자 주위의 전자가 $n=1$의 바닥상태에서 원자와 분리되어 이온화되는 에너지는 $13.6$eV

ⓑ $n=2$에서 $n=1$로 떨어질 때는 $-3.4-(-13.6)=10.2$eV

ⓒ $n=3$에서 $n=2$일 때는 $-1.5-(-3.4)=1.9$eV

ⓓ $n=3 \rightarrow n=1$로 떨어질 때는 $-1.5-(-13.6)=12.1$eV

**20** 수소가 빛을 방출한 경우에 대한 설명으로 옳은 것은?

① 전자의 원운동의 속도가 느려진다.

② 핵 속의 양성자가 튀어나온다.

③ 바깥궤도에서 안쪽궤도로 전자가 이동한다.

④ 수소핵이 붕괴된다.

---

**TIP** 수소원자가 낮은 궤도로 천이하면 빛을 방출하고 높은 궤도로 천이하면 빛을 흡수한다.

**21** 수소원자 내의 전자가 높은 에너지준위 $E_n$에서 낮은 에너지준위 $E_m$으로 떨어질 때 방출되는 빛의 에너지 $E_n - E_m$을 전자볼트 eV단위로 표시하는 식은? (단, $n, m = 1, 2, 3...; n > m$ 이다)

① $13.6\left(\dfrac{1}{m} + \dfrac{1}{n}\right)$

② $13.6\left(\dfrac{1}{m} - \dfrac{1}{n}\right)$

③ $13.6\left(\dfrac{1}{m^2} - \dfrac{1}{n^2}\right)$

④ $13.6\left(\dfrac{1}{m^2} + \dfrac{1}{n^2}\right)$

**TIP** 수소원자에서 바닥상태에 있는 전자를 떼어내어 이온화시키는데 필요한 에너지는 13.6eV이다.

**22** 수소 스펙트럼 중 발머 계열에서 가장 긴 파장을 바르게 나타낸 것은? (단, $R$은 리드베르그 상수이다)

① $\dfrac{1}{R}$

② $\dfrac{R}{4}$

③ $\dfrac{36}{5R}$

④ $\dfrac{5R}{36}$

**TIP** 전자의 궤도천이에 따라 방출되는 에너지의 파장이 $\lambda$일 때 $\dfrac{1}{\lambda} = R\left(\dfrac{1}{m^2} - \dfrac{1}{n^2}\right)\begin{pmatrix} m = 2, \ 3, \ 4, \ ... \\ n = 3, \ 4, \ 5, \ ... \end{pmatrix}$이며

발머 계열에서 $m = 2$, $n = 3$일 때 파장이 최대가 되므로 $\dfrac{1}{\lambda} = R\left(\dfrac{1}{2^2} - \dfrac{1}{3^2}\right) = \dfrac{5R}{36}$

$\lambda = \dfrac{36}{5R}$

**23** 다음 중 보어의 원자모형과 관계가 없는 것은?

① 원자 안의 전자는 정상상태에서만 운동한다.

② 전자가 한 에너지준위로부터 다른 준위로 옮길 때 전자기파를 방출하거나 흡수한다.

③ 전자가 특정한 궤도 위를 돌고 있을 때는 빛을 흡수하거나 방출하지 않는다.

④ 원자핵은 양성자와 중성자로 되어 있다.

**Answer** 21.③  22.③  23.④

**24** 양자조건에 의하면 정상상태의 전자궤도에서 궤도의 원둘레는 다음 중 어느 것의 정수배가 되는가?

① 전자의 질량                        ② 전자의 속력
③ 전자의 운동량                      ④ 전자의 파장

**TIP** 전자의 궤도는 전자파장의 정수배만 가능하다.

**25** 다음 중 질량이 가장 큰 것은?

① 양자                              ② 전자
③ 중성자                            ④ 중간자

**TIP** 질량은 중성자 > 양성자 > 전자 순이다.

**26** 다음 중 전자의 상태를 나타내는 양자수가 아닌 것은?

① 스핀양자수                        ② 광양자수
③ 궤도양자수                        ④ 주양자수

**TIP** 전자의 양자수 … 스핀양자수, 자기양자수, 주양자수, 궤도양자수 등

**Answer** 24.④ 25.③ 26.②

# 03 방사능과 핵에너지

## 01 원자핵과 방사능

### ❶ 원자핵

**(1) 원자핵의 구성**

① **양성자($_1^1H$)** ··· 원소의 원자핵을 구성하는 기본입자 중 하나로 원자핵 속의 (+)전하를 띠고 있는 양성자수를 원자번호라 부른다.

② **중성자($_0^1n$)** ··· 원자핵을 구성하는 기본 입자로 원자핵 속에 있고 전기를 띠고 있지 않는 중성이며, 양성자보다 약간 무겁다.

③ **질량수** ··· 양성자와 중성자수를 합해서 질량수라 한다.

**(2) 원자핵의 표기**

$$\text{질량수} \leftarrow\quad\text{양성자수(원자번호)} \leftarrow\quad {}_2^4He$$

**(3) 동위원소**

원자번호는 같으나 질량수가 다른 원소를 동위원소라 한다.

> **TIP**
>
> $_2^4H$, $_1^2H$, $_1^3H$ → 수소, 2중 수소, 3중 수소를 나타내며 각각 중성자 수가 0, 1, 2개 있음을 의미한다. 이 외에 동위원소는 $_2^3H$, $_2^4H$, $_5^{10}B$, $_5^{11}B$, $_5^{12}B$, $_8^{16}O$, $_8^{17}O$, $_8^{18}O$ 등이 있다.

## ❷ 방사능

### (1) 방사능의 종류

① $\alpha$선 … He 원자의 핵 $_2^4$He 의 흐름(핵이 붕괴될 때 나온다)으로 전리작용은 세나 투과력이 약하다.

② $\beta$선 … 고속 전자의 흐름(핵이 붕괴될 때 나온다)으로 $\alpha$선보다 투과력이 세다.

③ $\gamma$선 … 전기장 및 자기장의 영향을 받지 않는 전자기파로 $X$선과 유사하며 높은 에너지를 가진 빛(광자 ; 전자가 낮은 궤도로 떨어질 때 나온다)으로서 광전 효과를 나타낸다.

[방사선의 성질]

| 종류 | 본질 | 전하량 | 질량 | 투과력 | 전리작용 |
|------|------|--------|------|--------|----------|
| $\alpha$선 | 헬륨의 원자핵($_2^4$He) | $+2e$ | $4m_p$ | 약 | 강 |
| $\beta$선 | 핵 속에서 방출된 전자 | $-e$ | $\dfrac{m_p}{1,840}$ | 중간 | 중간 |
| $\gamma$선 | 파장의 짧은 전자기파 | 0 | 0 | 강 | 약 |

### (2) 방사성 원소의 붕괴

① $\alpha$ 붕괴

　　㉠ 원자핵에서 $\alpha$입자가 방출되고 다른 원자핵으로 변하는 것을 말한다.

　　㉡ 원자핵에서 $\alpha$입자 ($_2^4$He)가 방출되면 원자번호는 2가 줄고 질량수는 4가 감소한다.

$$_{88}^{226}\text{Ra} \xrightarrow{\uparrow \alpha \text{선}} {}_{86}^{222}\text{Rn} \xrightarrow{\uparrow \alpha \text{선}} {}_{84}^{218}\text{Po}$$

② $\beta$ 붕괴

　　㉠ 원자핵에서 $\beta$ 입자를 방출하고 다른 원자핵으로 변하는 것을 말한다.

　　㉡ 원자핵에서 전자 $_{-1}^{0}$e 가 방출되면 원자번호는 1이 증가하고 질량수는 변하지 않는다.

$$_{6}^{14}\text{C} \xrightarrow{\uparrow \beta \text{선}} {}_{7}^{14}\text{N}$$

③ $\gamma$ 붕괴

　　㉠ 원자핵이 순식간에 바닥상태로 전이될 경우 그 에너지 차이만큼 전자기파로 방출되는 것을 말한다.

© 전자가 높은 궤도(들뜬상태)에서 낮은 궤도(기저상태)로 떨어질 때 방출되는 빛으로 원자번호, 질량수의 변화가 없다.

$$_{8}^{16}\text{O} \xrightarrow{\uparrow \gamma \, 붕괴} {}_{8}^{16}\text{O}$$

### (3) 반감기

① 개념 … 방사성 원소의 양이 $\dfrac{1}{2}$ 이 될 때까지 걸리는 시간을 말한다.

② 반감기의 표시

$$N = N_0 \left(\dfrac{1}{2}\right)^{\frac{t}{T}}$$

($N$ : 나중 원자수, $N_0$ : 처음 원자수, $T$ : 반감기, $t$ : 경과시간)

③ 방사성 원소의 반감기

　㉠ **토륨**

$$_{}^{232}\text{Th} \xrightarrow{\alpha \, 붕괴} \text{T} = 1.4 \times 10^{19} 년$$

　㉡ **우라늄**

$$_{}^{238}\text{U} \xrightarrow{\alpha \, 붕괴} \text{T} = 4.5 \times 10^{9} 년$$

　㉢ **탄소**

$$_{}^{14}\text{C} \xrightarrow{\beta \, 붕괴} \text{T} = 5730 년$$

④ **방사성 붕괴의 특성**
　㉠ 방사성 붕괴시 방사선에 의한 에너지가 방출되어 온도가 상승한다.
　㉡ 방사성 원소의 반감기와 동위원소를 측정하여 고고학적 연대 측정이 가능하다.
　㉢ 원소에서 방출되는 방사선의 세기는 시간이 지남에 따라 약해진다.
　㉣ 방사성 붕괴는 반감기가 짧을수록 붕괴속도가 빠르고 방사능도 강하다.
　㉤ 방사성 붕괴는 핵 내부에서 일어나므로 온도, 압력, 전기장, 자기장, 화학적 변화 등은 붕괴속도에 영향을 못 미친다.
　㉥ 방사성 붕괴에서는 운동량 보존의 법칙이 성립한다.

(4) 방사선의 검출장치

① 윌슨의 안개상자(전리작용 이용) … 방사선의 비적을 관측하여 방사선의 성질을 알아내는 장치이다.

② 가이거 – 뮐러 계수관 … 방사선의 세기에 따라 전류의 세기가 변하므로 전류를 중독하여 $\beta$선, $\gamma$선을 방출시켜 방사선의 세기를 측정하는 장치이다.

# 02 원자핵 에너지

## ❶ 핵반응

(1) 핵반응($\alpha$ 입자의 반응)

① 개념 … 두 개의 핵이 충돌하여 다른 원자핵으로 변환하는 현상을 말한다.

② 핵반응식

$$^{14}_{7}N + ^{4}_{2}He(\alpha \text{ 입자}) \rightarrow ^{17}_{8}O + ^{1}_{1}H$$

③ 핵반응식의 특성

    ㉠ 좌우 양변의 질량수는 보존된다.

    ㉡ 좌우 양변의 양성자수는 보존된다.

    ㉢ 질량수는 보존되나 질량은 질량결손에 의해 보존되지 않는다.

    ㉣ 충돌 전·후 운동량과 모든 에너지는 보존된다.

(2) 핵분열

① 우라늄의 핵분열

    ㉠ 우라늄 핵에 중성자를 충돌시키면 핵이 분열되면서 다른 원자로 변한다.

$$^{235}_{92}U + ^{1}_{0}n(\text{중성자}) \rightarrow ^{139}_{56}Ba + ^{95}_{36}Kr + 2^{1}_{0}n$$

    • 질량수의 보존 : $235 + 1 = 139 + 95 + 2$

    • 양성자수의 보존 : $92 + 0 = 56 + 36 + 0$

    ㉡ 느린 열 중성자를 흡수하면 불안정해지고 질량수가 다른 두 원자핵으로 분열하여 2 ~ 3개의 중성자를 방출시킨다.

② 연쇄반응

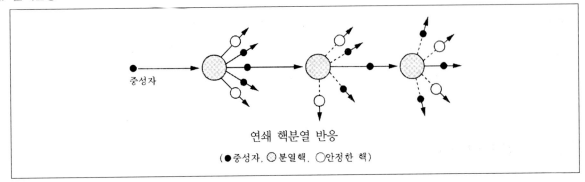

연쇄 핵분열 반응

(●중성자, ◐분열핵, ○안정한 핵)

    ㉠ 개념 : 핵분열시 나오는 다른 원자핵을 연쇄적으로 분열시키는 것을 말한다.

    ㉡ 연쇄반응의 응용 : 원자폭탄, 원자로의 핵분열

### (3) 핵융합(열핵반응)

① **핵융합** … 질량수가 매우 작은 원자핵끼리 고온에서 고속으로 충돌할 때 $_2^4\text{He}$ 의 원자핵을 형성하는 반응이다.

② **중수소의 핵융합** … 2개의 중수소를 충돌시키면 핵융합이 되면서 높은 에너지를 방출한다.

$$_1^2\text{H} + _1^2\text{H} \rightarrow _0^1\text{n} + _2^3\text{He} + E(\text{에너지})$$

③ **핵융합의 응용** … 수소폭탄

④ **핵융합의 조건**

    ㉠ 거대한 크기의 운동에너지를 유지해야 한다.

    ㉡ $10^6 \sim 10^7 \text{K}$ 의 고온을 유지해야 한다.

## ❷ 원자핵 에너지

### (1) 질량결손과 핵에너지

① **질량결손**

    ㉠ 개념 : 핵이 분열되면서 다른 핵이 되면 질량이 약간 감소하게 되는데, 이를 질량결손이라 한다.

    ㉡ 질량결손의 표시

$$\text{질량결손} = \{(\text{양성자의 질량}) \times Z + (\text{중성자의 질량}) \times (A - Z)\} - (\text{원자핵의 질량})$$
$$[Z : \text{원자번호}, \ A : \text{질량수}]$$

② 핵에너지

　㉠ 질량 결손에 의해 질량이 $\Delta m$만큼 줄어들면 에너지는 아인슈타인의 질량 – 에너지 등가법칙에 의해 다음과 같이 발생한다.

$$\text{핵에너지} \quad E = \Delta m \times c^2 \,(c : \text{빛의 속도})$$

　㉡ 특수상대성이론
　　• 등속도운동하는 모든 좌표계에서 측정된 빛의 속력은 항상 같다.
　　• 질량과 에너지는 별개의 존재가 아니라 서로 변환될 수 있는 양으로 질량과 에너지는 동등하다.

## (2) 핵력

① 핵력 … 원자핵을 구성하고 있는 핵자 사이에 작용하는 힘을 말한다.

② 강한 상호작용 … 원자핵 속의 강입자인 양성자, 중성자를 묶어주는 힘으로 중간자라는 강입자가 역할을 한다.

③ 약한 상호작용 … 원자핵이 방사능 붕괴를 일으키는 힘이다.

④ 전자기력 … 원자핵(+전하)과 전자(-전하)간에 끌어당기는 힘으로 원자의 형태를 유지한다.

> **TIP**
> 입자와 반입자 … 입자와 반입자는 같은 질량과 스핀을 지니고 있으나 다만 반대부호의 전하를 가지고 있다. 예를 들어 음전자는 (-)전하를 가지고 있고 양전자는 (+)전하를 가지고 있으면서도 음전자와 질량이 같다. 양성자와 반입자는 음성자이며 (-)전하를 가지고 있다. 이처럼 입자와 질량이 같으면서 전기부호가 다른 입자(양전자, 음성자)등을 반입자라 한다.

⑤ 자연계의 4대 힘 … 강력(강한 상호작용), 약력(약한 상호작용), 전자기력, 만유인력

⑥ 핵력의 성질
　㉠ $10^{-15}$m 의 매우 짧은 거리에서만 작용한다.
　㉡ 고속의 중성자가 원자핵에 접근하여 $10^{-5}$m 거리에 들어오면 원자핵에 포획된다.
　㉢ 양성자, 중성자에 관계없이 균일하게 작용한다.

## (3) 쌍소멸과 쌍생성

① 쌍소멸 … 양전자와 전자가 충돌하면 2개의 광자가 나오면서 두 입자는 동시에 소멸하는 현상을 말한다.

$$e^- + e^+ \rightarrow 2r$$

② 쌍생성 … 광자는 강한 전기자속을 지날 때 사라지면서 동시에 전자와 양전자를 생성하는 현상을 말한다.

$$r \rightarrow e^- + e^+$$

# ≡ 최근 기출문제 분석 ≡

2020. 10. 17. 제2회 지방직(고졸경채) 시행

**1** 다음은 중수소 원자핵($_1^2$H)이 삼중수소 원자핵($_1^3$H)과 반응하여 헬륨 원자핵($_2^4$He)과 중성자($_0^1$n)가 생성되면서 에너지가 방출되는 과정을 나타낸 것이다. 이에 대한 설명으로 옳지 않은 것은?

$$_1^2\text{H} + _1^3\text{H} \rightarrow _2^4\text{He} + _0^1\text{n} + 17.6\,\text{MeV}$$

① 핵융합 반응이다.

② 핵반응 전후 질량의 합은 같다.

③ 핵반응 전후 질량수의 합은 같다.

④ 핵반응 전후 전하량의 합은 같다.

> **TIP** ② 핵반응에서 반응 후 질량의 합은 반응 전보다 줄어들게 되는데 이를 질량 결손이라고 한다. 핵반응에서 방출되는 에너지는 이러한 질량 결손에 의하며, 질량 결손의 양을 $\triangle m$이라고 할 때, 질량·에너지 동등성에 따라 방출되는 에너지 $E = \triangle mc^2$이다.

**Answer** 1.②

2020. 6. 27. 해양경찰청 시행

**2** 다음 그림은 원자핵 속의 중성자가 양성자로 바뀌면서 입자 A와 중성미자를 방출하는 모습을 모식적으로 나타낸 것이다. 다음 중 이에 대한 옳은 설명만을 〈보기〉에서 모두 고른 것은?

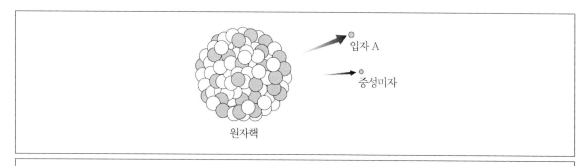

원자핵

입자 A

중성미자

〈보기〉
㉠ A는 전자이다.
㉡ 양성자는 위 쿼크 1개, 아래 쿼크 2개로 이루어져 있다.
㉢ 약한 상호 작용의 매개 입자는 중성미자이다.

① ㉠

② ㉠, ㉡

③ ㉡, ㉢

④ ㉠, ㉢

**TIP** 그림은 약한 상호 작용에 의해 원자핵 속의 중성자($n$)가 양성자($p^+$)로 변환되면서 전자($e^-$)와 전자 반중성미자($\overline{\nu_e}$)를 방출하는 베타마이너스붕괴이다. 반대로, 양성자($p^+$)가 에너지를 흡수하여 중성자($n$)를 만들면서 양전자($e^+$)와 전자 중성미자($\nu_e$)를 방출하는 베타플러스붕괴가 있다.
㉠ A는 전자이다.
㉡ 양성자(uud)는 위 쿼크 2개 + 아래 쿼크 1개로 이루어져 있고, 중성자(udd)는 위 쿼크 1개 + 아래 쿼크 2개로 이루어져 있다.
㉢ 약한 상호 작용(약력)의 매개 입자는 W 보손과 Z 보손이다.

2020. 6. 27. 해양경찰청 시행

**3** 반감기가 1,600년인 라듐 12g이 있다. 다음 중 4,800년 후의 라듐의 질량은?

① 6g

② 4.5g

③ 3g

④ 1.5g

**TIP** 반감기가 1,600년이므로, 4,800년 후는 3번의 반감기가 지난 것이다. 따라서 12 → 6 → 3 → 1.5로, 1.5g이 남는다.

별해) $12 \times \left(\dfrac{1}{2}\right)^3 = \dfrac{3}{2} = 1.5$

**Answer** 2.① 3.④

2020. 6. 13. 제2회 서울특별시 시행

**4** 두 원자가 서로의 동위원소일 경우에 대한 설명으로 가장 옳은 것은?

① 두 원자의 원자번호와 원자질량수가 같다.

② 두 원자의 원자번호와 원자질량수가 다르다.

③ 두 원자의 원자번호는 같지만, 원자질량수는 다르다.

④ 두 원자의 원자번호는 다르지만, 원자질량수는 같다.

> **TIP** 동위원소란 양성자 수는 같지만 중성자 수가 달라서 원자번호가 같지만 질량수는 다르다.

2019. 10. 12. 제2회 지방직(고졸경채) 시행

**5** 다음은 원자핵의 변환에서 방사선 방출을 나타낸 것이다. 이에 대한 설명으로 옳은 것만을 모두 고르면?

$$^{24}_{11}\text{Na} \rightarrow {}^{24}_{12}\text{Mg} + (\text{A})$$

$$^{226}_{88}\text{Ra} \rightarrow {}^{222}_{86}\text{Rn} + (\text{B})$$

⊙ A는 전기장의 방향으로 힘을 받는다.
ⓒ A는 렙톤에 속한다.
ⓒ B는 헬륨 원자핵이다.

① ⓒ                       ② ⊙, ⓒ

③ ⊙, ⓒ                 ④ ⓒ, ⓒ

> **TIP** A는 전자를 방출하는 베타붕괴이고 B는 헬륨의 원자핵($^4_2\text{He}^{2+}$), 즉 알파 입자를 방출하는 알파붕괴이다.
> ⊙ A는 전자이므로 전기장의 반대 방향으로 힘을 받는다.

**Answer** 4.③ 5.④

2018. 10. 13. 제2회 지방직(고졸경채) 시행

**6** 핵반응에 대한 설명으로 옳은 것은?

① 우라늄 235($^{235}_{92}$U)가 중성자를 흡수한 후 가벼운 원자핵으로 분열한다.

② 수소 핵융합이 일어나면 질량이 증가한다.

③ 핵반응 전후에 질량이 보존된다.

④ 제어봉으로 연쇄 반응이 빠르게 일어나도록 조절한다.

> **TIP** ② 수소 핵융합이 일어나면 질량결손에 의해 에너지를 방출하므로 질량이 감소한다.
> ③ 핵반응 전후에 질량은 보존되지 않는다.
> ④ 제어봉으로 연쇄 반응이 느리게 일어나도록 조절한다.

2017. 9. 23. 제2회 지방직(고졸경채) 시행

**7** 다음은 핵융합 과정의 일부를 나타낸 반응식이다. 이에 대한 설명으로 옳지 않은 것은?

$$^2_1\text{H} + ^3_1\text{H} \rightarrow\ ^4_2\text{He} + (\ ⊙\ ) + 17.6\text{MeV}$$

① ⊙은 중성자이다.

② 에너지를 흡수하는 반응이다.

③ 반응 전과 후에 질량수가 변하지 않는다.

④ 반응 과정에서 질량결손이 일어난다.

> **TIP** 핵융합 반응식에서 반응 전후 원자번호 합과 질량수가 모두 같아야 한다. 따라서 빠진 원소는 $^1_0 n$, 즉 중성자가 된다.
> 반응식에서 반응 이후 $+17.6MeV$가 방출되므로 이는 에너지를 방출하는 반응이다. 따라서 ②는 틀리다.

**Answer** 6.① 7.②

2017. 3. 11. 국민안전처(해양경찰) 시행

**8** 다음 표의 A와 B는 동위원소 관계이고, B와 C는 질량수가 같을 때, ⑺와 ⑷의 합은?

| 중성 원자 | A | B | C |
|---|---|---|---|
| 양성자 수 | 18 | ⑺ | 19 |
| 중성자 수 | 20 | 22 | ⑷ |

① 39

② 40

③ 41

④ 42

**TIP** 동위원소는 같은 수의 양성자를 가지므로 ⑺는 18이다. B와 C의 질량수가 같다고 하였으므로 18 + 22 = 19 + ⑷이므로 ⑷는 21이다. 따라서 ⑺ + ⑷ = 18 + 21 = 39가 된다.

2017. 3. 11. 국민안전처(해양경찰) 시행

**9** 다음 A, B는 수소(H)의 핵융합과 우라늄(U)의 핵분열 과정을 나타낸 핵 반응식이다.

$$A : {}^1_1H + {}^2_1H \rightarrow (\text{㉠}) + r + 약 \ 5.5MeV$$
$$B : {}^{235}_{92}U + (\text{㉡}) \rightarrow {}^{236}_{92}U \rightarrow {}^{92}_{36}Kr + {}^{141}_{56}Ba + 3\,{}^1_0n + 약 \ 200MeV$$

㉠의 중성자 수와 ㉡에 해당하는 입자로 옳은 것은?

| | ㉠의 중성자 수 | ㉡ |
|---|---|---|
| ① | 0 | ${}^1_1H$ |
| ② | 1 | ${}^1_0n$ |
| ③ | 2 | ${}^1_0n$ |
| ④ | 1 | ${}^0_{-1}e$ |

**TIP** ㉠ ${}^3_2He$, ㉡ ${}^1_0n$이다. 따라서 ㉠의 중성자 수는 3 - 2 = 1개이고, ㉡에 해당하는 입자는 ${}^1_0n$ 중성자이다.

**Answer** 8.① 9.②

2016. 10. 1. 제2회 지방직(고졸경채) 시행

**10** 그림은 원자핵을 구성하는 핵자를 나타낸 것이다. 이에 대한 설명으로 옳지 않은 것은? (단, u는 위쿼크, d는 아래 쿼크이다)

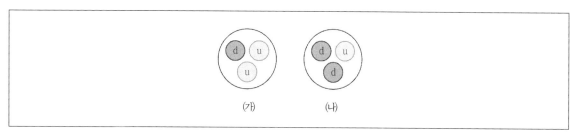

(가)          (나)

① (가)는 양성자이다.

② (나)는 중성자이다.

③ 쿼크들 사이에 강력이 작용한다.

④ u쿼크의 전하량은 d쿼크의 전하량과 크기가 같다.

> **TIP** ④ u쿼크의 전하량은 $+\frac{2}{3}e$이고, d쿼크의 전하량은 $-\frac{1}{3}e$이다.

2016. 3. 19. 국민안전처(해양경찰) 시행

**11** 방사성 붕괴의 성질 및 특징을 열거한 것이다. 다음 중 가장 거리가 먼 것은?

① 반감기가 짧을수록 붕괴속도는 빠르고 방사능은 약하다.

② 방출되는 방사선의 세기는 시간이 지날수록 약해진다.

③ 운동량 보존의 법칙이 성립한다.

④ 에너지 방출에 의해 온도는 상승한다.

> **TIP** ① 반감기가 짧을수록 붕괴속도는 빠르고 방사능은 강해진다.

**Answer** 10.④ 11.①

2016. 3. 19. 국민안전처(해양경찰) 시행

**12** 다음은 철수가 유적지에서 출토된 식물 씨앗의 연대를 추정하는 과정이다. (ㄱ)에 들어갈 숫자로 가장 적절한 것은?

---

(가) 살아 있는 식물 씨앗의 $^{14}C$의 양과 $^{12}C$의 양의 비는 일정하게 유지되며, 과거에도 그 비는 현재와 같다고 본다.

(나) 식물 씨앗의 $^{12}C$의 양은 변하지 않고, $^{14}C$의 양은 방사성 붕괴에 의해서만 변한다고 본다.

(다) 살아 있는 식물 씨앗에게서는 $\dfrac{^{14}C의\ 양}{^{12}C의\ 양}$이 a이고, 출토된 식물 씨앗에게서는 $\dfrac{^{14}C의\ 양}{^{12}C의\ 양}$이 $\dfrac{1}{4}$a이다.

(라) $^{14}C$의 반감기가 약 5,700년이므로 출토된 식물 씨앗은 약 (ㄱ)년 전의 것으로 추정할 수 있다.

---

① 2,850

② 5,700

③ 11,400

④ 22,800

> **TIP** (다)에서 출토된 식물 씨앗에게서는 $\dfrac{1}{4}a$의 양이 나왔으므로, 반감기를 두 번 지났다.
>
> 따라서 (라)의 ㄱ에 들어갈 숫자는 $5,700 \times 2 = 11,400$이다.

2015. 10. 17. 제2회 지방직(고졸경채) 시행

**13** 원자핵을 구성하는 입자들로만 묶인 것은?

① 양성자, 중성자

② 양성자, 전자

③ 중성자, 전자

④ 양성자, 중성자, 전자

> **TIP** 원자핵을 구성하는 입자는 양성자와 중성자이다.
>
> ※ 원자의 구조
>
>

2015. 1. 24. 국민안전처(해양경찰) 시행

**14** 원자력 발전은 핵물질이 분열하면서 줄어든 질량이 에너지로 변환되면서 그 에너지로 전기를 만드는 발전이다. 만일 핵분열 과정에서 핵물질의 질량이 4g 줄어들었고, 핵분열 과정에서 발생한 모든 에너지는 전기 에너지로 전환된다면 한 달 동안 몇 가구가 사용할 수 있는 전기에너지를 만들겠는가? (단, 빛의 속도 $c = 3 \times 10^8$m/s이고, 가구에서 한 달 동안 사용하는 전기 에너지는 약 500kWh = $500 \times 3.6$MJ = $18 \times 10^8$J이다.)

① 10만 가구

② 20만 가구

③ 1억 가구

④ 2억 가구

> **TIP** 핵분열 과정에서 발생한 모든 에너지가 전기 에너지로 전환된다고 하였으므로, 4g의 핵물질이 분열하는 과정에서 얻을 수 있는 전기 에너지는 $E = mc^2$에 따라 $4 \times 10^{-3} \times (3 \times 10^8)^2 = 36 \times 10^{13}$J이다.
>
> 가구에서 한 달 동안 사용하는 전기 에너지가 $18 \times 10^8$J이므로 $\dfrac{36 \times 10^{13}}{18 \times 10^8} = 2 \times 10^5 = 20$만 가구가 사용할 수 있는 전기 에너지를 만들 수 있다.

**Answer** 14.②

# 출제 예상 문제

**1** 우라늄은 스스로 방사능 붕괴를 일으켜 납으로 변해가는데, 반감기가 45억년인 우라늄 238에 대한 설명으로 바르게 짝지어진 것은?

> ㉠ 우라늄 238 10g은 45억년 뒤에 5g만 남게 된다.
> ㉡ 우라늄의 온도를 낮춘다면 반감기는 증가할 것이다.
> ㉢ 2g의 우라늄 238이 1g이 되는데 걸리는 시간과 0.2g의 우라늄 238이 0.1g이 되는데 걸리는 시간은 같다.

① ㉠㉡　　　　　　　　　　　　　② ㉠㉢
③ ㉠㉡㉢　　　　　　　　　　　　④ ㉡㉢

**TIP** 방사성 원소의 반감기는 처음의 양이 반으로 되는데 걸리는 시간을 말하며 온도나 압력의 변화에 관계없이 일정한 속도로 붕괴한다.

**2** 암 치료에 이용되는 방사선 동위원소 $^{131}_{53}\mathrm{Ir}$(이리듐)은 다음과 같이 핵 붕괴를 하여 $^{A}_{Z}\mathrm{Xe}$(크세논)이 된다. 이 핵반응에서 $\mathrm{Xe}$의 양성자수로 옳은 것은?

$$^{131}_{53}\mathrm{Ir} \longrightarrow {}^{A}_{Z}\mathrm{Xe} + {}^{0}_{-1}e$$

① 50　　　　　　　　　　　　　　② 52
③ 54　　　　　　　　　　　　　　④ 56

**TIP** 방출입자가 $_{-1}^{0}e$이므로 $\beta$붕괴가 나타나며 양성자수가 $+1$이 되므로
$$^{131}_{53}\mathrm{Ir} \rightarrow {}^{131}_{54}\mathrm{Xe} + {}_{-1}^{0}e\left({}_{Z}^{A}\mathrm{Xe} + e^{-} = {}_{Z-(-1)}^{A}\mathrm{X_e} + {}_{-1}^{0}e\right)$$

**Answer** 1.② 2.③

**3** 라듐($^{226}$Ra)의 질량이 100g일 때 이 라듐이 25g이 되려면 몇 년이 지나야 하는가? (단, $^{226}$Ra의 반감기는 1,600년이다)

① 1,600년

② 2,000년

③ 2,600년

④ 3,200년

**TIP** $N = N_o \left(\frac{1}{2}\right)^{\frac{t}{T}}$ 에서 $25 = 100 \times \left(\frac{1}{2}\right)^{\frac{t}{T}}$ 이므로 $\frac{t}{T} = 2$

$\frac{t}{T} = 2$에서 $t = 2T = 2 \times 1,600 = 3,200$년

**4** 원자핵의 에너지 상태가 불안정하면 원자핵으로부터 입자 또는 에너지를 방출하면서 방사능 물질을 내는 것을 방사성 붕괴라고 한다. X 원소가 $\alpha$ 붕괴를 1회하여 Y 원소로 되는 과정을 다음의 원자핵 반응식으로 표시할 때 (가)와 (나)에 들어갈 것으로 옳은 것은? (단, $\alpha$ 입자는 헬륨의 핵으로서 $^4_2$He로 표시한다)

$$_Z^A X \longrightarrow {}^{(나)}_{(가)} Y$$

|   | (가) | (나) |   |   | (가) | (나) |
|---|------|------|---|---|------|------|
| ① | $Z$ | $A$ |   | ② | $Z$ | $A-4$ |
| ③ | $Z-2$ | $A$ |   | ④ | $Z-2$ | $A-4$ |

**TIP** $\alpha$ 붕괴 … 원자핵에서 $\alpha$ 입자($^4_2$He)가 방출되면 원자번호는 2가 줄고, 질량수는 4가 감소한다.

**5** 질량 – 에너지의 등가성 원리에 따른 질량 $m$인 물체의 에너지 $E$, 광속도 $C$의 관계로 옳은 것은?

① $E = m^2 C^2$

② $E = m C^2$

③ $E = m C$

④ $E = \dfrac{C}{m}$

**TIP** 질량과 에너지 등가의 원리에 의하여 에너지($E$)=질량($m$)×속도($C$)$^2$로 나타낼 수 있는데 질량이 작더라도 빛의 속도가 빠르면 매우 큰 에너지를 가질 수 있다(원자탄 원리).

**Answer** 3.④ 4.④ 5.②

**6** $^{226}_{88}R$의 원자가 $\alpha$ 붕괴하면 Rn의 원자가 될 때 Rn의 질량수와 원자번호로 옳은 것은?

① 질량수 226, 원자번호 88

② 질량수 222, 원자번호 86

③ 질량수 224, 원자번호 86

④ 질량수 226, 원자번호 87

**TIP** $\alpha$ 붕괴 … $\alpha$선($^4_2$He)을 방출하므로 원자번호는 2, 질량수는 4씩 감소한다.

**7** $^{40}_{19}K$의 양성자수 $Z$와 중성자수 $N$으로 옳은 것은?

① $Z=19$, $N=40$　　　　　　　② $Z=19$, $N=21$

③ $Z=40$, $N=19$　　　　　　　④ $Z=21$, $N=19$

**TIP** $^A_Z X$ [$Z$: 원자번호(양성자수), $N$: 중성자수, $A$: 질량수]이므로
$A = Z + N$에서 $N = A - Z = 40 - 19 = 21$이므로 $Z = 19$, $N = 21$

**8** 다음 중 에너지를 얻는 원리가 같은 것끼리 바르게 짝지어진 것은?

① 태양과 원자폭탄

② 원자로와 수소폭탄

③ 태양과 수소폭탄

④ 원자폭탄과 수소폭탄

**TIP** 태양과 수소폭탄 … 핵융합반응
　※ 원자로와 원자폭탄 … 연쇄반응

**Answer**　6.② 7.② 8.③

**9** 다음 중 옳지 않은 것은?

① 원자핵은 양성자와 중성자로 구성되어 있으며, 이를 통틀어 핵자라 한다.
② 원자핵을 구성하고 있는 양성자의 수와 전자의 수의 합을 질량수라 한다.
③ 원자핵 속에 있는 양성자의 수를 그 원소의 원자번호라 한다.
④ 원자 속에 있는 전자의 수를 그 원소의 원자번호라 한다.

> **TIP** 질량수는 양성자의 수와 중성자의 수의 합을 말한다.

**10** 원자에너지에 대한 정의로 옳은 것은?

① 원자 주위에 있는 전자가 궤도를 천이하면서 방출하는 에너지이다.
② 종류가 다른 원자 사이에 작용하는 결합에너지이다.
③ 핵의 붕괴, 융합에 의한 결합에너지이다.
④ 두 원자 사이의 화학적 결합에너지이다.

> **TIP** 원자에너지 … 핵자와 핵자 사이(양성자와 중성자)의 결합에너지이다.

**11** $10^{-5}$kg의 질량이 에너지로 변할 때 이 에너지로 1,000ton의 물체를 들어 올릴 수 있는 높이는? (단, 중력가속도=10m/s$^2$, 빛의 속도 = $3 \times 10^8$m/s이다)

① $6 \times 10^4$m
② $7 \times 10^4$m
③ $8 \times 10^4$m
④ $9 \times 10^4$m

> **TIP** $E = mc^2 = Mhg$
>
> $\therefore h = \dfrac{mc^2}{Mg} = \dfrac{10^{-5} \times (3 \times 10^8)^2}{1,000 \times 10^3 \times 10} = 9 \times 10^4$m

**Answer** 9.② 10.③ 11.④

**12** 반감기 $T$의 2배의 시간이 지나면 소모된 방사선 원자핵의 수는 처음의 몇 %인가?

① 12.5%

② 25%

③ 50%

④ 75%

---

**TIP** $N = N_0 \left( \dfrac{1}{2} \right)^{\frac{t}{T}}$ [$N_0$ : 처음 원자수, $T$ : 반감기, $t$ : 경과시간, $N$ : 나중 원자수]에서

$N = \dfrac{1}{4} N_0$ 이고 나중 원자수는 25%이므로 소모된 원자수는 75%이다.

※ 반감기 ⋯ 방사성 원소의 양이 $\dfrac{1}{2}$ 이 될 때까지의 시간을 말한다.

**13** 어떤 방사성 원소의 반감기가 10년이다. 이 원자의 수가 처음의 $\dfrac{1}{8}$ 이 되는 것은 몇 년 뒤인가?

① 15

② 20

③ 30

④ 40

---

**TIP** $N = N_0 \left( \dfrac{1}{2} \right)^{\frac{t}{T}}$ 이므로 $\left( \dfrac{1}{8} \right) = \left( \dfrac{1}{2} \right)^{\frac{t}{10}} \rightarrow \left( \dfrac{1}{2} \right)^{3} = \left( \dfrac{1}{2} \right)^{\frac{t}{10}}$

$\therefore t = 10 \times 3 = 30$년

**14** 다음 중 원자 안에서 전자가 특정한 에너지 상태에만 존재한다는 것을 증명할 수 있는 것은?

① 전하

② 질량

③ 휘선 스펙트럼

④ 원자량

---

**TIP** 휘선 스펙트럼은 전자의 정상상태의 에너지에 해당된다.

**Answer** 12.④ 13.③ 14.③

**15** 다음 중 동위원소끼리 바르게 짝지어진 것은?

① $^{12}_{6}C$, $^{12}_{5}B$

② $^{12}_{6}C$, $^{12}_{7}N$

③ $^{12}_{6}C$, $^{13}_{6}C$

④ $^{1}_{1}H$, $^{4}_{2}He$

**TIP** 동위원소 ··· 같은 종류의 원소로 원자번호는 같으나 질량수가 다르다.

**16** 다음 중 핵반응의 예로 볼 수 없는 것은?

① 원자폭탄 – 핵분열

② 수소폭탄 – 핵융합

③ 원자력에너지 – 핵융합

④ 태양 복사에너지 – 핵융합

**TIP** 원자력에너지는 핵분열을 이용한 것으로 발전소, 잠수함, 함대 등에 쓰인다.

**17** 다음 중 자연계에 존재하는 4대 힘이 아닌 것은?

① 약력

② 강력

③ 중력

④ 마찰력

**TIP** 자연계를 구성하는 4대 힘
　㉠ **강력** : 원자핵 속의 입자를 묶어주는 힘으로 중간자가 그 역할을 한다.
　㉡ **약력** : 원자핵이 스스로 붕괴하여 방사선을 방출하는 역할을 한다.
　㉢ **전자기력** : 원자핵이 전자를 끌어당기는 힘을 말한다.
　㉣ **중력**(만유인력) : 질량을 가진 두 물체간에 작용하는 인력으로 거리의 제곱에 반비례한다.

**Answer** 15.③ 16.③ 17.④

**18** $^{238}_{92}U$ 원자핵이 한 번의 $\alpha$ 붕괴, 두 번의 $\beta$ 붕괴 후에는 어떤 원자핵으로 변환되는가?

① $^{234}_{90}Th$

② $^{236}_{90}Th$

③ $^{234}_{92}U$

④ $^{236}_{92}U$

---

**TIP** $\alpha$ 입자가 1번, $\beta$ 입자가 2번 붕괴했으므로 원자번호는 불변이고 질량수만 4 감소한다.

**19** $^{226}_{88}Ra \rightarrow {}^{206}_{82}Pb$으로 붕괴될 때 방출되는 $\alpha$ 입자와 $\beta$ 입자의 수는?

① $\alpha$ 입자 5개, $\beta$ 입자 4개

② $\alpha$ 입자 5개, $\beta$ 입자 3개

③ $\alpha$ 입자 5개, $\beta$ 입자 2개

④ $\alpha$ 입자 4개, $\beta$ 입자 5개

---

**TIP** 원자번호가 6 감소, 질량수가 20 감소한다.
$\alpha$ 입자를 $a$개, $\beta$ 입자를 $b$개라 하면 $-2a+b=-6$, $-4a=-20$이므로 $a=5$, $b=4$

**20** 두 핵이 융합되어 하나의 핵이 되었을 때 핵의 질량결손을 계산했더니 $5 \times 10^{-29}$kg이었다면 이 핵의 결합에너지는 얼마인가?

① $4.5 \times 10^{-12}J$

② $45 \times 10^{-12}J$

③ $4.5 \times 10^{-13}J$

④ $45 \times 10^{-10}J$

---

**TIP** 핵반응에너지 $E=\Delta mc^2$(J)이므로 $\Delta m=5 \times 10^{-29}$kg, $c=3 \times 10^8$m/s를 대입하여 계산하면 $E=4.5 \times 10^{-12}J$

**Answer** 18.③ 19.① 20.①

**21** 반감기의 2배의 시간이 지나면 남은 방사선 원자핵의 수는 처음의 몇 %인가?

① 10%

② 15%

③ 20%

④ 25%

> **TIP** $N = N_0 \left(\frac{1}{2}\right)^{\frac{t}{T}}$ 에서 $t = 2T$를 대입하면 $N = N_0 \left(\frac{1}{2}\right)^2 = \frac{1}{4} N_0$ ∴ 처음의 $\frac{1}{4} = 25\%$

**22** 반감기 $T$인 방사성 원소가 있다. 시간 $\frac{T}{2}$가 지나면 이 방사성 원소의 양은 처음의 몇 배가 되는가?

① $\sqrt{2}$

② $\sqrt{\frac{1}{2}}$

③ 2

④ $\frac{1}{2}$

> **TIP** $N = N_0 \left(\frac{1}{2}\right)^{\frac{t}{T}}$ 에서 $t = \frac{T}{2}$를 대입하면 $N = N_0 \left(\frac{1}{2}\right)^{\frac{1}{2}} = \frac{1}{\sqrt{2}} N_0$

**23** $N + {}^{4}_{2}He \rightarrow {}^{17}_{8}O + {}^{1}_{1}H$인 원자핵반응에 대한 설명으로 옳은 것끼리 바르게 짝지어진 것은?

> ㉠ N의 원자번호와 질량수는 각각 14와 7이다.
> ㉡ N의 원자번호와 질량수는 각각 7과 14이다.
> ㉢ 위 반응식의 양쪽의 질량은 같다.
> ㉣ 위 반응식의 핵의 전하는 같다.

① ㉠와 ㉢

② ㉠와 ㉣

③ ㉡와 ㉣

④ ㉡와 ㉢

> **TIP** 핵반응에서 원자번호와 질량수는 보존되나, 질량은 보존되지 않는다.

**Answer** 21.④ 22.② 23.③

**24** $^{238}_{92}$U 의 반감기는 4.5×10$^9$년이다. 1.8×10$^{10}$년 후 $^{238}_{92}$U 의 양은 현재보다 몇 배로 변화되는가?

① $\dfrac{1}{2}$　　　　　　　　　　　② $\dfrac{1}{4}$

③ $\dfrac{1}{16}$　　　　　　　　　　④ $\dfrac{1}{32}$

**TIP**　$N = N_0 \left(\dfrac{1}{2}\right)^{\frac{t}{T}}$ 에서 $T = 4.5 \times 10^9$, $t = 1.8 \times 10^{10}$ 을 대입하여 간단히 하면 $N = N_0 \left(\dfrac{1}{2}\right)^4 = \dfrac{1}{16} N_0$

**25** 다음은 어떤 방사성 원소의 붕괴곡선을 나타낸 것이다. 이 원소의 반감기는?

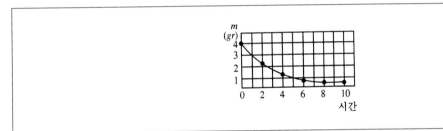

① 약 1.2시간　　　　　　　　② 약 1.9시간

③ 약 2.5시간　　　　　　　　④ 약 3.2시간

**TIP**　질량이 절반이 될 때까지 걸리는 시간을 반감기라 하며, 반감기가 $T$일 때 $N = N_0 \left(\dfrac{1}{2}\right)^{\frac{t}{T}}$ 이다.

그래프에서 4g이 2g으로 반감되는 부분의 시간을 관찰하면 약 2.5시간을 알 수 있다.

**Answer**　24.③　25.③

**26** 방사성 원소가 $\alpha$ 붕괴를 할 경우 나타나는 결과로 옳은 것은?

① 원자번호 1 증가, 질량수 불변

② 원자번호 4 감소, 질량수 4 감소

③ 원자번호 4 증가, 질량수 2 증가

④ 원자번호 2 감소, 질량수 4 감소

---

**TIP** $\alpha$ 입자는 $^4_2\text{He}$(헬륨)이므로 원자번호 2, 질량수 4가 감소한다.

**27** 어떤 방사선 계열이 다음과 같이 붕괴하였을 경우 원소($A$)의 동위원소는 다음 중 어느 것인가? (단, 여기서 $(A)$, $(B)$, $(C)$, $(D)$, $(E)$, $(F)$는 원소를 가리킨다)

$$(A) \xrightarrow{\alpha \, 붕괴} (B) \xrightarrow{\beta \, 붕괴} (C) \xrightarrow{\gamma \, 붕괴} (D) \xrightarrow{\beta \, 붕괴} (E) \xrightarrow{\alpha \, 붕괴} (F)$$

① $B$                         ② $C$

③ $D$                         ④ $E$

---

**TIP** 동위원소란 원자번호가 같으나 질량수가 다른 원소를 나타내므로 위 식을 다음과 같이 나타내면

$$^m_n A \xrightarrow{\alpha \, 붕괴} {}^{m-4}_{n-2} B \xrightarrow{\beta \, 붕괴} {}^{m-4}_{n-1} C \xrightarrow{\gamma \, 붕괴} {}^{m-4}_{n-1} D \xrightarrow{\beta \, 붕괴} {}^{m-4}_{n} E \xrightarrow{\alpha \, 붕괴} {}^{m-8}_{n-2} F$$

그러므로 동위원소는 $A$와 $E$, $B$와 $F$, $C$와 $D$이다.

# 부록 PART

## 최근기출문제분석

**1** 정지해 있던 자동차가 등가속도 운동을 시작한 후 3초와 5초 사이에 32m 이동하였다. 이 자동차의 가속도(m/s²)는?

① 2

② 4

③ 6

④ 8

> **TIP** 등가속도 운동을 하는 물체의 3초와 5초 사이의 이동거리 공식에서 다음을 얻을 수 있다.
>
> $$s = \frac{1}{2}a \times (5^2 - 3^2) = 8a = 32$$
>
> ∴ 가속도 $a = 4\text{m/s}^2$

**2** 200V용 500W의 전열기가 있다. 니크롬선의 길이를 반으로 잘라서 200V의 전원에 연결했을 때, 소비전력(W)은?

① 50

② 500

③ 700

④ 1,000

> **TIP** 200V 용 500W 전열기의 저항 $R = \dfrac{V^2}{P} = \dfrac{200^2}{500} = 80ohm$ 이다. 니크롬선의 길이를 반으로 자르면 저항의 크기는 절반이 되므로, 반으로 자른 니크롬선의 저항 $R' = 40ohm$ 이 된다.
>
> 따라서 이때의 소비전력 $P = \dfrac{V^2}{R'} = \dfrac{200^2}{40} = 1,000\,W$이다.
>
> 〈참고〉 도선의 저항(R)은 길이(L)에 비례하고, 도선의 단면적(S)에 반비례한다. 도선의 길이가 길면 전자가 지나가야 할 길이가 길기 때문에 저항이 커지고, 단면적이 넓으면 전자가 이동하기 쉬우므로 저항이 작아진다. 즉, 도선의 길이, 단면적과 저항의 관계를 식으로 나타내면 $R = \rho\dfrac{L}{S}$와 같다.

**3** 단면적이 $S$인 도선에서 전자들이 평균 $u$의 속력으로 운동할 때 전류의 세기는? (단, 전자의 전하량은 $e$, 단위 체적당 전자의 수는 $n$이다.)

① $\dfrac{enS}{u}$

② $\dfrac{enu}{S}$

③ $enuS$

④ $\dfrac{1}{enuS}$

> **TIP** 전류 단위의 차원을 맞추는 문제이다. 일반적으로 많이 사용되는 전류의 단위는 A(암페어)이며, 1A는 1초당 1C의 전하가 흐르는 것을 뜻한다(= 1C/s). 따라서 주어진 조건에서 전류의 세기를 나타내는 공식은 $I = envS$이다.
>
> $$e\left(\frac{C}{\text{개}}\right) \times n\left(\frac{1}{m^3}\right) \times v\left(\frac{m}{s}\right) \times S(m^2) = I(C/s)$$

**4** 그림 (가)는 수평면에 정지해 있던 질량이 4kg인 물체에 수평방향으로 힘을 작용하여 3m를 이동시키는 것을 나타낸 것이다. 그림 (나)는 이 물체에 작용 하는 힘의 크기와 이동한 거리에 대한 그래프를 나타낸 것이다. 물체가 3m를 지나는 순간에서의 속력(m/s)은?

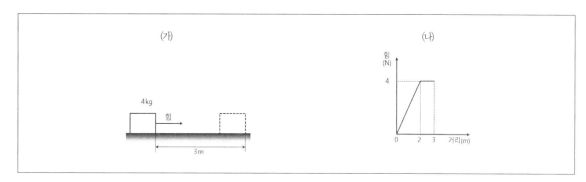

① 2

② 4

③ 6

④ 8

> **TIP** 그림 (나)의 그래프에서 물체에 힘을 작용하여 한 일은 그래프 아래의 면적과 같다. 따라서 물체가 얻은 일의 양
>
> $W = \dfrac{1}{2} \times 2 \times 4 + 1 \times 4 = 8J$이고 이 일은 모두 물체의 운동 에너지로 변환되었으므로,
>
> $E_k = \dfrac{1}{2}mv^2 = \dfrac{1}{2} \times 4 \times v^2 = 8$에서 $v = 2$m/s임을 구한다.

**Answer** 1.② 2.④ 3.③ 4.①

**5** 5m/s로 운동하는 질량 4kg의 물체에 힘이 작용하여 속력이 10m/s로 되었다면 힘이 한 일의 양(J)은?

① 150　　　　　　　　　　　　　　② 200

③ 250　　　　　　　　　　　　　　④ 300

> **TIP** 일-에너지 정리에 따라 물체의 운동 에너지 변화량은 물체에 가해준 일의 양과 같으므로,
>
> $W = \frac{1}{2} \times 4 \times (10^2 - 5^2) = 150J$이다.

**6** 기전력이 24V이고, 내부저항이 1Ω인 전지를 3Ω의 외부저항에 연결하였을 때, 이 전지의 단자전압(V)은?

① 12　　　　　　　　　　　　　　② 14

③ 16　　　　　　　　　　　　　　④ 18

> **TIP** 저항에 흐르는 전류 $I = \frac{V}{R} = \frac{24}{1+3} = 6A$
>
> 단자전압 $V = 6 \times 3 = 18V$

**7** 그림과 같이 단면적이 변하는 수평한 관에 밀도가 $p$인 물이 점 P에서 속력 $v$로 흐를 때, 관 아래에 연결된 유리관 속의 밀도가 각각 $5p$, $9p$인 액체의 최고점 높이가 같은 상태로 유지된다. 점 P와 점 Q에서 단면적은 각각 3S, S이다.

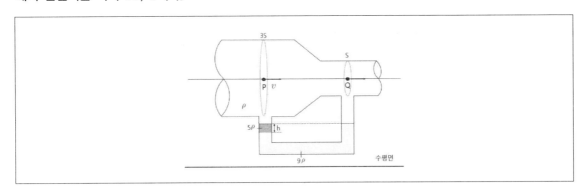

밀도가 $5p$인 액체 기둥의 높이는 h이고, P와 Q에서의 높이가 같을 때 속력 $v$는? (단, 중력 가속도는 $g$이고, 물과 액체는 베르누이 법칙을 만족한다.)

① $\sqrt{\dfrac{2gh}{3}}$　　　　　　　　　　　② $\sqrt{\dfrac{gh}{3}}$

③ $\sqrt{gh}$　　　　　　　　　　　　　④ $\sqrt{3gh}$

**8** 다음 그림과 같이 무게 30N인 물체가 두 실 A와 B에 의해 매달려 있다. 이 때 두 실 A와 B에 작용하는 장력의 크기를 각각 $T_A$, $T_B$라고 할 때, 장력의 비 $T_A$, $T_B$를 바르게 나타낸 것으로 가장 옳은 것은?

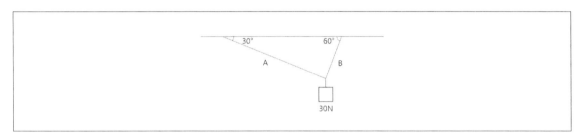

① $\sqrt{3}$ : 1
② 2 : 1
③ 1 : 2
④ 1 : $\sqrt{3}$

**9** 어떤 방사성 물질 80g이 붕괴를 시작해서 10g이 되는데 24초가 걸렸다면 40g이 되는데 걸리는 시간 (초)은?

① 6
② 8
③ 10
④ 12

**Answer** 5.① 6.④ 7.③ 8.④ 9.②

**10** 수면파가 8m/s의 속력으로 진행하고 있다. 어떤 점에서 수면의 높이가 2초에 한 번씩 최대로 된다면 이 수면파의 파장(m)은?

① 20

② 16

③ 14

④ 12

> **TIP** 어떤 점에서 수면의 높이가 2초에 한 번씩 최대로 된다는 의미는 주기 $T = 2$초라는 것이다. 따라서 파장 $\lambda = vT = 8m/s \times 2s = 16m$ 이다.

**11** 다음 그림과 같이 높이 8m인 곳에서 물체를 자유 낙하 시킬 때 높이 3m 지점에서 물체의 자유낙하 속도(m/s)는? (단, 중력가속도 $g = 10m/s^2$이고, 공기의 저항은 무시한다.)

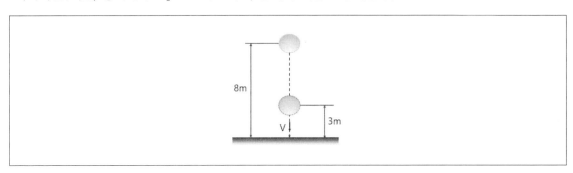

① 5

② $5\sqrt{2}$

③ 10

④ $10\sqrt{2}$

> **TIP** 자유낙하 운동은 가속도 $a = g$인 등가속도 운동이므로 $2as = v^2 - v_0^2$를 사용하여 다음과 같이 구한다.
> $2 \times 10 \times (8-3) = v^2 - 0$
> ∴ 높이 3m 지점에서 물체의 자유낙하 속도(m/s) = 10m/s

**12** 우주비행사가 0.6c의 일정한 속력으로 지구로부터 9광년 떨어진 어떤 별까지 여행을 떠났다. 지구를 출발하여 이 별에 도착할 때까지 우주비행사가 측정한 여행 시간(년)으로 가장 옳은 것은? (단, c는 진공 중에서의 빛의 속력이다.)

① 6

② 8

③ 10

④ 12

> **TIP** 특수 상대성 이론에 따르면 한 관성 좌표계의 관찰자가 상대적으로 빠르게 운동하는 다른 관성 좌표계의 시간을 보면 시간이 천천히 가는 것으로 관찰되는데, 이것을 시간 지연(시간 팽창)이라고 한다. 고유 시간($t_0$)과 다른 관성계의 측정 시간($t$) 사이에 성립하는 관계에 문제의 조건을 대입하면 풀면 다음과 같다.

$$t = \frac{t_0}{\sqrt{1-(\frac{v}{c})^2}} = \frac{9}{\sqrt{1-(\frac{0.6c}{c})^2}} = \frac{9}{\frac{4}{5}} = 11.25[\text{광년}]$$

따라서 보기 중 정답에 가장 가까운 것을 고르면 ④ 12광년이다.

**13** 다음 그림은 광전 효과 실험에서 어떤 금속에 빛을 비추었을 때 방출되는 광전자의 최대 운동 에너지와 빛의 진동수의 관계를 나타낸 그래프이다. 이 그래프로 알 수 없는 것으로 가장 옳은 것은?

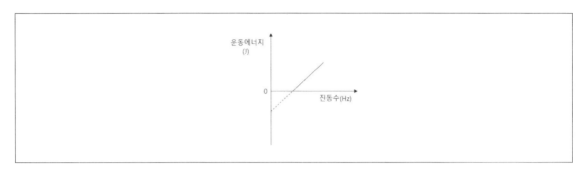

① 금속의 일함수  ② 한계 진동수
③ 빛의 세기  ④ 플랑크 상수

> **TIP** ① 금속의 일함수 : 그래프와 y축(운동에너지)이 만나는 부분(y절편)의 절댓값
> ② 한계 진동수 : 그래프와 x축(진동수)이 만나는 부분(x절편)
> ④ 플랑크 상수 : 금속의 일함수를 한계 진동수로 나눈 값

**14** 자체유도계수(인덕턴스) $20 \times 10^{-5} H$의 코일과 전기 용량 $5 \times 10^{-7} F$의 축전기가 직렬로 연결된 회로에서 코일에 의한 유도리액턴스의 값과 축전기에 의한 용량리액턴스의 값이 같아지려면 주파수가 몇 Hz인 교류전류를 흘려야 하는가?

① $\dfrac{5}{2\pi}$  ② $\dfrac{25}{2\pi}$

③ $\dfrac{10}{2\pi}$  ④ $\dfrac{10^5}{2\pi}$

> **TIP** 문제에서 요구한대로 코일에 의한 유도리액턴스의 값과 축전기에 의한 용량리액턴스의 값이 같아지려면
> $2\pi f L = \dfrac{1}{2\pi f C}$의 관계식이 성립하여야 한다. 따라서 이때의 주파수는 다음과 같이 구할 수 있다.
> $$f = \frac{1}{2\pi\sqrt{LC}} = \frac{1}{2\pi\sqrt{20 \times 10^{-5} \times 5 \times 10^{-7}}} = \frac{10^5}{2\pi}\text{Hz}$$

**Answer** 10.② 11.③ 12.④ 13.③ 14.④

**15** 다음 〈보기〉 중 마이크에 대한 설명으로 옳은 것을 모두 고른 것은?

> ㉠ 마이크는 전기 신호를 소리 신호로 바꾸어 주는 장치이다.
> ㉡ 마이크에서 만들어지는 전기 신호는 유도 전류에 의해 만들어지는 교류 전류이다.
> ㉢ 마이크의 동작 과정에서는 전류가 흐르는 원형 코일 주위에 자기장이 생기는 앙페르 법칙이 적용된다.

① ㉢                                    ② ㉡, ㉢

③ ㉡                                    ④ ㉠, ㉡

> **TIP** ㉠ 마이크는 소리 신호를 전기 신호로 바꾸어 주는 장치이다.
> ㉡ 마이크에서 만들어지는 전기 신호는 유도 전류에 의해 만들어지는 교류 전류이다.
> ㉢ 마이크의 동작 과정에서는 코일을 지나는 자기선속의 변화에 의해 유도 전류가 생기는 패러데이 법칙이 적용된다.

**16** 전하량이 Q인 두 전하 $q_1$, $q_2$가 r만큼 떨어져 있을 때 작용하는 전기력이 F였다. 만일 두 전하의 거리를 3r만큼 떼어 놓았을 때 전기력으로 가장 옳은 것은?

① $\dfrac{1}{3}$F                        ② 3F

③ $\dfrac{1}{9}$F                        ④ 9F

> **TIP** 쿨롱 힘 공식에 따라 $F = k\dfrac{q_1 q_2}{r^2} = k\dfrac{Q^2}{r^2}$ 이다.
>
> 두 전하의 거리를 3r만큼 떼어놓았을 때의 전기력은 $k\dfrac{Q^2}{(3r)^2} = k\dfrac{Q^2}{9r^2} = \dfrac{1}{9}F$이다.

**17** 콘덴서에 걸어준 교류전압의 주파수가 감소하면 이 콘덴서의 리액턴스($X_c$)는?

① 증가한다.                              ② 감소한다.

③ 변함없다.                              ④ 전압 감소할 때 증가한다.

> **TIP** 리액턴스는 교류 회로에서 코일과 축전기에 의해 발생하는 전기 저항과 유사한 역할을 하는 물리량이며, 온저항의 허수 성분이다. 리액턴스 $X_C = \dfrac{1}{2\pi f C}$이므로 주파수가 감소하면 리액턴스는 증가한다.

**18** 같은 종류의 두 물체 A, B가 있다. A의 온도가 27℃이고, B의 온도가 127℃일 때, A, B에서 방출되는 복사에너지의 비로 가장 옳은 것은?

① $3:4$

② $3^4:4^4$

③ $27:127$

④ $27^2:127^2$

> **TIP** 슈테판–볼츠만의 법칙에 따르면 흑체의 단위 면적당 방출하는 복사 에너지는 절대온도의 4제곱에 비례한다($E=\sigma T^4$). 따라서 A, B에서 방출하는 복사 에너지의 비는 $(27+273)^4:(127+273)^4 = 300^4:400^4 = 3^4:4^4$ 이다.

**19** 지구의 반지름을 R, 질량을 M, 만유인력 상수를 G라고 할 때, 지표면에서 높이가 3R이 되는 지점에서의 중력 가속도로 가장 옳은 것은?

① $\dfrac{1}{3}g$

② $\dfrac{1}{9}g$

③ $\dfrac{1}{15}g$

④ $\dfrac{1}{16}g$

> **TIP** 물체에 작용하는 만유인력(중력) 공식 $mg = G\dfrac{mM}{R^2}$ 에서, 중력 가속도 $g=\dfrac{GM}{R^2}$ 이다. 따라서 지표면에서 높이가 3R이 되는 지점에서의 중력 가속도는 $\dfrac{GM}{(R+3R)^2} = \dfrac{GM}{16R^2} = \dfrac{1}{16}g$ 이다.

**20** 온도가 각각 527℃와 327℃인 두 열원 사이에서 작동하는 열기관(카르노 기관)의 최대효율(%)로 가장 옳은 것은?

① 25

② 50

③ 75

④ 100

> **TIP** 카르노 기관의 열효율 $e=\dfrac{T_H-T_L}{T_H} = 1-\dfrac{T_L}{T_H} = 1-\dfrac{327+273}{527+273} = \dfrac{1}{4} = 25\%$
>
> 〈참고〉 카르노 기관은 이상기체를 사용하는 가상의 이상적인 기관이다. 그러므로 외부로 손실되는 열이 없기 때문에 실제로 존재하는 열기관들에 비해서 열효율이 높다. 카르노 기관의 열효율이 100%가 되기 위해서는 고온부의 온도 $T_H$가 무한대로 상승하거나 저온부의 온도 $T_L$이 0에 가까워져야 한다. 그러나 그렇게 될 수 없으므로 카르노 기관의 열효율은 1이 될 수 없다. 이를 바탕으로 실존하는 열기관은 모두 카르노 기관보다 열효율이 좋지 않고, 카르노 기관은 열효율이 1보다 낮다는 것을 알 수 있으며, 이는 "열효율이 1인 기관은 존재하지 않는다"는 것을 증명하는 방법이 될 수 있다.

**Answer** 15.③ 16.③ 17.① 18.② 19.④ 20.①

## 02 2022. 6. 18. 제2회 서울특별시 시행

**1** 〈보기〉는 일직선 상에서, 0초일 때 1m/s의 속력으로 운동하는 물체의 가속도를 시간에 따라 나타낸 것이다. 이 물체의 운동에 대한 설명으로 가장 옳은 것은? (단, 0초일 때 물체의 운동방향을 (+)로 한다.)

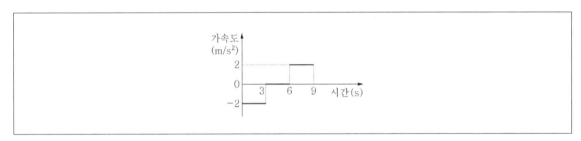

① 0 ~ 9초 동안 운동 방향은 바뀌지 않았다.

❷ 4초일 때의 속력은 5m/s이다.

③ 0 ~ 9초 사이에 0초일 때의 위치로부터 변위의 크기는 9초일 때가 가장 크다.

④ 0초부터 3초까지 처음과 같은 방향으로 6m 이동한다.

> **TIP** ① 0 ~ 3초 동안 0초일 때의 운동 방향과 반대 방향으로 등가속도 운동을 하였다. 따라서 3초일 때의 속도는 $v = v_0 + at = 1 + (-2)3 = -5m/s$이며, 이는 0초일 때의 운동 방향과 반대 방향이다. 같은 방식으로 계산하면 6~9초 사이에 운동 방향이 다시 한번 바뀐다.
>
> ② 0 ~ 3초 동안 가속도 $-2m/s^2$의 등가속도 운동을 하였고, 4 ~ 6초 동안은 가속도가 0이므로 등속 운동을 한다. 따라서 3초일 때의 속도는 $v = v_0 + at = 1 + (-2)3 = -5m/s$이며, 이 속도는 6초까지 변하지 않는다. 그러므로 4초일 때의 속력은 5m/s이다.
>
> ③ 0 ~ 9초 사이에 0초일 때 위치로부터 변위의 크기는 속력이 가장 크면서 가속도의 방향이 바뀌기 직전인 6초일 때가 가장 크다.
>
> ④ 0초부터 3초까지 처음과 같은 방향으로 이동한 시간은 $1 - 2t = 0$에서 0초부터 $\frac{1}{2}$초까지이다. 그동안 이동한 거리는 $s = 1 \times \frac{1}{2} - \frac{1}{2}(-2)(\frac{1}{2})^2 = \frac{3}{4}m$ 이다.

**2** 두 위성 A, B가 행성을 중심으로 등속원운동을 하고 있다. 행성 중심으로부터 A, B 중심까지의 거리는 각각 $2r$, $3r$이다. A와 B의 가속도 크기를 각각 $a_A$, $a_B$라 하고, 공전주기를 각각 $T_A$, $T_B$라고 할 때, $a_A : a_B$와 $T_A : T_B$를 옳게 짝지은 것은? (단, A와 B에는 행성에 의한 만유 인력만 작용한다.)

| | $a_A : a_B$ | $T_A : T_B$ |
|---|---|---|
| ① | $2 : 3$ | $\sqrt{2} : \sqrt{3}$ |
| ② | $4 : 9$ | $\sqrt{2} : \sqrt{3}$ |
| ③ | $4 : 9$ | $2\sqrt{2} : 3\sqrt{3}$ |
| ④ | $9 : 4$ | $2\sqrt{2} : 3\sqrt{3}$ |

**TIP** 위성에 작용하는 구심력 = 만유인력이므로, $ma = G\dfrac{Mm}{r^2}$에서 $a = \dfrac{GM}{r^2}$이다. 위 관계에서 가속도는 행성으로부터 위성까지 거리의 제곱에 반비례하고, 주어진 자료에서 $r_A : r_B = 2 : 3$이므로 $a_A : a_B = \dfrac{1}{2^2} : \dfrac{1}{3^2} = 9 : 4$이다.

또한 구심력 = 만유인력이므로 $m\dfrac{v^2}{r} = G\dfrac{Mm}{r^2}$에서 $v^2 = \dfrac{GM}{r}$이고,

공전주기 $T = \dfrac{2\pi r}{v}$에서 $T^2 = \dfrac{4\pi^2 r^2}{v^2} = \dfrac{4\pi^2 r^2}{\dfrac{GM}{r}} = \dfrac{4\pi^2 r^3}{GM}$이므로 공전주기의 제곱은 행성으로부터 위성까지 거리의 세제곱에 비례하므로 $T_A^2 : T_B^2 = 2^3 : 3^3 = 8 : 27$이다. 따라서 $T_A : T_B = \sqrt{8} : \sqrt{27} = 2\sqrt{2} : 3\sqrt{3}$ 임을 얻을 수 있다.

**3** 주파수가 5GHz인 파동이 $2\mu$초 동안 발생하였다. 이 파동의 총 진동 횟수는?

① 10회  
② 100회  
③ 1,000회  
④ 10,000회  

**TIP** $5GHz \times 2\mu s = 5 \times 10^9 (Hz) \times 2 \times 10^{-6}(s) = 10^4 = 10,000$회

**Answer** 1.② 2.④ 3.④

**4** 〈보기〉는 수은 기둥 기압계와 지점 A, B, C, D를 나타낸 것이다. 이에 대한 설명으로 가장 옳은 것은? (단, B의 높이는 수은면 표면이고, C의 높이는 B의 높이와 같다. 또한 수은 기둥의 위쪽 공간은 진공으로 가정한다.)

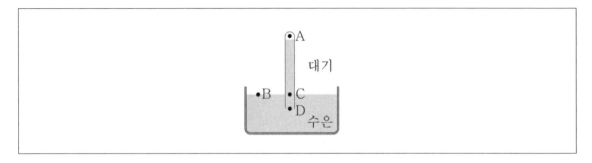

① A의 절대압력은 대기압의 크기에 따라 바뀐다.

② B의 절대압력은 A보다 크고 C보다 작다.

③ C의 절대압력은 대기압과 같다.

④ D의 절대압력은 C와 같다.

> **TIP** ① 수은 기둥의 위쪽 공간인 A는 진공이므로 그 절대압력은 대기압의 크기에 따라 바뀌지 않는다.
> ② B의 절대압력은 A보다 크나, B와 C는 같은 높이이므로 C와 동일하다.
> ③ B와 C는 같은 높이이므로 C의 절대압력은 대기압과 같다.
> ④ D의 절대압력은 C보다 크다.

**5** 반지름이 $R$인 내부가 꽉찬 도체 구가 양의 전하량 $Q$로 대전되어 있다. 이에 대한 설명으로 가장 옳은 것은?

① 도체 구 표면의 전위의 크기는 구의 반지름에 반비례 한다.

② 도체 구 중심의 전위는 0이다.

③ 전하는 도체 구 전체에 균일하게 분포한다.

④ 도체 구 겉표면의 전기장은 0이다.

> **TIP** ① 도체 구 표면의 전위의 크기는 구의 반지름에 반비례한다.
> ② 도체 구 중심의 전기장은 0이나, 전위는 0이 아니다.
> ③ 과잉 전하는 도체 구 표면에만 존재하므로 전하는 도체 구 전체에 균일하게 분포한다고 할 수 없다.
> ④ 도체 구 중심의 전기장은 0이나, 겉표면의 전기장은 0이 아니다.

**6** ⟨보기⟩와 같이 직육면체 금속의 세 변의 길이의 비가 $a:b:c=1:2:3$이다. 10V의 전원을 A와 B 단자(양 옆면)에 걸었을 때, 소비전력을 $P_{AB}$라 하고, 같은 전원을 C와 D 단자(위, 아래면)에 걸었을 때 소비전력을 $P_{CD}$라 할 때, $P_{AB}:P_{CD}$값은? (단, 두 단자는 금속 내에 균일한 전류를 형성하게 한다.)

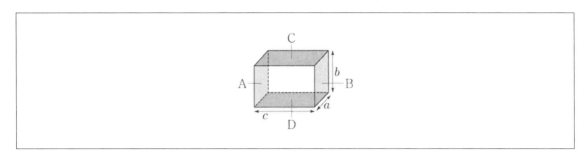

① $2:3$

② $4:9$

③ $4:9$

④ $9:4$

> **TIP** 전원을 A와 B 단자(양 옆면)에 걸었을 때의 저항을 $R_{AB}$라 하고, 같은 전원을 C와 D 단자(위, 아래면)에 걸었을 때의 저항을 $R_{CD}$라 하면 $R_{AB}:R_{CD}=\dfrac{c}{ab}:\dfrac{b}{ac}=\dfrac{3}{2}:\dfrac{2}{3}=9:4$이다. 같은 전압을 걸었을 때 소비전력의 비는 저항의 비에 반비례하므로 $P_{AB}:P_{CB}=4:9$이다.

**7** ⟨보기⟩의 빈칸에 들어갈 숫자는?

> 일직선대로변의 멀리 떨어진 두 지점에 두 사람이 각각 서있다. 이때 구급차가 사이렌을 울리며 대로를 지나갔다. 두 사람이 들은 사이렌 음 중 주파수가 높은 것이 낮은 것 보 다 10% 더 높았다면, 구급차는 음속의 약 _____%의 속력으로 질주한 것이다.

① 1

② 2

③ 5

④ 10

> **TIP** 구급차의 속도 v, 음속 u 사이의 관계식 $f(\dfrac{u}{u-v})=1.1\times f(\dfrac{u}{u+v})$이므로 $u=21v$이다.
>
> 따라서 $v=\dfrac{1}{21}u=0.0476u\simeq0.05u$이고, 이를 통해 구급차는 음속의 약 5% 속력으로 질주한 것이다.

**8** 〈보기 1〉과 같이 경사각이 $\theta$인 빗면에 수직 방향으로 균일한 자기장이 형성되어 있다. 이 빗면에 저항 $R$이 연결된 도선을 놓고 그 위에 도체 막대를 가만히 올려놓아 미끄러져 내려가게 한 후, 시간에 따른 도체 막대의 속력 그래프를 얻었다. 도체 막대의 길이는 $l$이고 질량은 m이며, 자기장의 세기는 $B$이다. $t_1$초 이후에 도체 막대가 등속운동을 한다고 할 때, 〈보기 2〉에서 옳은 설명을 모두 고른 것은? (단, 모든 마찰은 무시하고, 도선과 도체 막대의 전기 저항도 저항 $R$에 비해 매우 작다고 가정하여 무시한다. 또한 중력가속도는 $g$라 한다.)

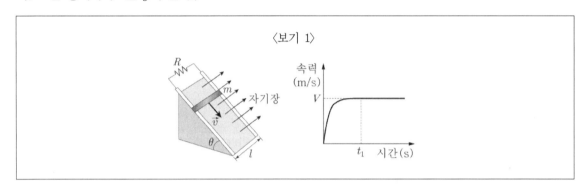

〈보기 1〉

〈보기 2〉

㉠ 0초부터 $t_1$초까지 도체 막대에 흐르는 전류는 감소한다.

㉡ $t_1$초 이후에 도체 막대에 작용하는 중력과 자기력은 평형을 이룬다.

㉢ $t_1$초 이후에 속력은 $V = \dfrac{mgR\sin0}{B^2l^2}$이다.

① ㉠

② ㉡

③ ㉢

④ ㉠, ㉡, ㉢

**TIP** ㉠ 유도기전력 $V = -Blv$이고 전류 $I = \dfrac{Blv}{R}$이므로 속력이 증가하는 0초부터 $t_1$초까지 도체 막대에 흐르는 전류는 증가한다.

㉡ $t_1$초 이후 속력이 일정하므로 중력의 빗면방향 분력과 자기력은 평형을 이룬다.

㉢ $t_1$초 이후 중력의 빗면방향 분력과 자기력은 평형을 이루므로 $mg\sin\theta = B \times \dfrac{BlV}{R} \times l$이고 이를 정리하면 속력 $V = \dfrac{mgR\sin\theta}{B^2l^2}$를 구할 수 있다.

**9** 〈보기〉는 밀도가 균일한 줄에 질량이 4kg인 추를 매달아 벽과 도르래 사이에 걸쳐둔 모습을 나타낸 것이다. 줄의 총 질량은 1kg이고 총 길이는 10m이다. 벽과 도르래를 연결하는 줄에서 파동의 속력[m/s]이은? (단, 중력가속도는 10m/s²이며, 도르래의 마찰과 질량은 무시한다.)

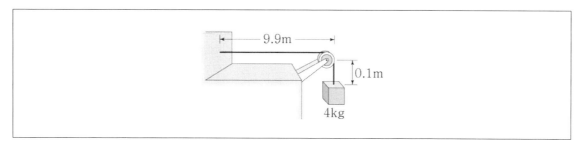

① 5

② 10

③ 15

④ 20

**TIP** $v = \sqrt{\dfrac{T(\text{줄에 걸리는 장력})}{\mu(\text{줄의 선밀도})}} = \sqrt{\dfrac{4 \times 10}{\frac{1}{10}}} = 20m/s$

**10** 공기 중에서 운동하는 물체에 작용하는 끌림힘(drag force)은 물체의 운동 방향의 단면적에 비례하고 또한 속력의 제곱에 비례한다. 질량이 M인 물체를 낙하산에 매달아 공중에서 수직으로 떨어뜨렸더니 종단속력 $v$로 지면에 떨어졌다. 같은 낙하산에 질량이 2M인 물체를 매달아 떨어뜨렸을 때 이 물체의 종단속력은? (단, 두 물체는 충분히 높은 지점에서 떨어졌다고 가정하고 질량을 가진 물체의 크기는 무시한다.)

① $4v$

② $2v$

③ $\sqrt{2}v$

④ $v$

**TIP** 종단속력에서 중력과 끌림힘이 평형을 이루므로 $Mg = kv^2$에서 종단속력 $v = \sqrt{\dfrac{Mg}{k}}$ 이다. 문제에서 낙하산에 매단 물체의 질량이 2배가 되었으므로($M \rightarrow 2M$), 이때 물체의 종단속력은 $\sqrt{2}$ 배가 된다.

**Answer** 8.③ 9.④ 10.③

**11** 〈보기〉는 어떤 용수철에 매달린 물체의 단진동운동의 운동에너지 $K(t)$와 위치에너지 $U(t)$를 시간에 따라 나타낸 것이다. 이에 대한 설명으로 가장 옳지 않은 것은?

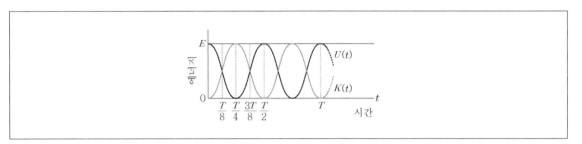

① 시간 $\dfrac{T}{8}$일 때와 $\dfrac{3T}{8}$일 때 물체의 운동 방향은 반대이다.

② 매시간 운동에너지와 위치에너지의 합은 같다.

③ 시간 $\dfrac{T}{4}$일 때 물체는 평형 위치에 있다.

④ 시간 $T$동안 물체는 평형 위치를 2번 지났다.

**TIP** ① 시간 $\dfrac{T}{8}$일 때와 $\dfrac{3T}{8}$일 때 물체의 운동 방향은 같다.

② 에너지 보존 법칙에 따라 매시간 운동에너지와 위치에너지의 합은 같다.

③ 시간 $\dfrac{T}{4}$일 때 물체의 위치에너지는 최소, 운동에너지는 최대이므로 물체는 평형 위치에 있다.

④ 시간 T 동안 물체의 위치에너지는 최소, 운동에너지는 최대인 평형 위치를 2번(시간 $\dfrac{T}{4}$와 $\dfrac{3T}{4}$일 때) 지난다.


**12** 밀도가 $\rho = 2\text{g/cm}^3$인 비압축성 유체가 수평관을 통해 정상류를 이루며 흐르고 있다. 이 관에서 높이가 같은 두 지점 A와 B를 생각하자. A 지점에서 유체의 속력은 $v = 10\text{cm/s}$이고 두 지점의 압력 차이는 $\triangle p = 150\text{Pa}$이다. 이때 두 지점에서 수평관의 지름의 비 $(d_A/d_B)$는? (단, 수평관의 단면은 원형이고, B 지점의 지름이 더 작다고 가정하며 수평관 내 유체는 베르누이 법칙을 만족한다.)

① 1            ② 2

③ 4            ④ 16

**TIP** 베르누이 법칙 $p_A + \dfrac{1}{2}\rho v_A^2 = p_B + \dfrac{1}{2}\rho v_B^2$ 에서,

$\Delta p = p_A - p_B = 150 Pa$, $\rho = 2g/cm^3 = 2 \times 10^3 kg/m^3$, $v_A = 0.1\text{m/s}$이므로

$150 + \dfrac{1}{2} \times (2 \times 10^3) \times 0.1^2 = \dfrac{1}{2} \times (2 \times 10^3) \times v_B^2$에서 $v_B = 0.4\text{m/s}$임을 얻는다.

$v_A : v_B = 1 : 4$이므로 $d_A : d_B = \dfrac{1}{1} : \dfrac{1}{\sqrt{4}} = 2 : 1$이고, $\dfrac{d_A}{d_B} = 2$이다.

**13** 용수철 상수 K = 20N/m이고 고유 길이가 1m인 용수철을 질량 2kg인 물체와 연결한 후 마찰이 없는 평면에 놓았다. 〈보기〉와 같이 평면에서 물체가 용수철에 매달려 등속 원운동하고 있을 때 용수철의 길이는 1.5m였다. 이때, 용수철에 저장된 탄성에너지와 물체의 운동에너지의 비는? (단, 용수철의 무게는 무시한다.)

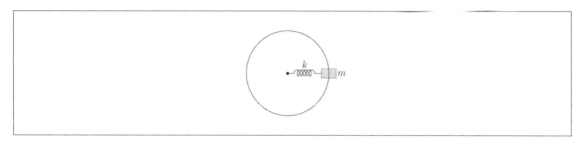

① 1 : 1

② 1 : 1.5

③ 1 : 2

④ 1 : 3

> **TIP** 용수철에 저장된 탄성에너지 $E_p = \dfrac{1}{2}kx^2$, 물체의 운동에너지 $E_k = \dfrac{1}{2}mv^2$이다. 물체가 등속 원운동을 하고 있으므로 물체에 작용하는 구심력은 탄성력과 같다. 즉, $\dfrac{mv^2}{r} = kx$이므로 이를 변형하면 운동에너지 $E_k = \dfrac{1}{2}mv^2 = \dfrac{1}{2}krx$임을 얻는다.
>
> $E_p : E_k = \dfrac{1}{2}kx^2 : \dfrac{1}{2}krx = x : r$이고, $x = 1.5 - 1 = 0.5m$, $r = 1.5m$이므로 $E_p : E_k = 1 : 3$이다.

---

**Answer**    11.①  12.②  13.④

**14** 〈보기 1〉은 어떤 균일한 금속판에 빛을 비추었을 때 측정되는 정지 전압을 빛의 진동수에 따라 나타낸 것 이다. 〈보기 2〉에서 옳은 설명을 모두 고른 것은? (단, 전자의 전하량은 $-|e|$이고, 플랑크 상수는 $h$이다.

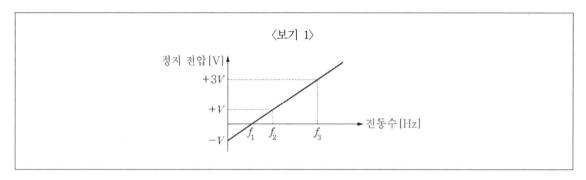

〈보기 1〉

〈보기 2〉

ⓐ 금속의 일함수는 $-|e|V$이다.

ⓑ $f_2 : f_3 = 1 : 3$이다.

ⓒ $h = \dfrac{|e|V}{f_1}$이다.

① ⓒ

② ⓐ, ⓑ

③ ⓐ, ⓒ

④ ⓑ, ⓒ

**TIP** ⓐ 금속의 일함수는 $hf_1 = |e|V$이다.

ⓑ $|e|V = hf_2 - |e|V$, $hf_2 = 2|e|V$

$3|e|V = hf_3 - |e|V$, $hf_3 = 4|e|V$ 이므로, $f_2 : f_3 = 2 : 4 = 1 : 2$이다.

ⓒ $hf_1 = |e|V$이므로 $h = \dfrac{|e|V}{f_1}$이다.

**15** 〈보기〉와 같이 마찰이 없는 수평면 위에 질량이 990g인 물체가 용수철 상수 k = 100N/m인 용수철에 연결된 후 정지해 있다. 질량이 10g이고 속력이 5m/s인 총알이 날아와 정지해있던 물체에 박혀 단조화 운동을 한다. 이때 단조화운동의 진폭[mm]은? (단, 총알이 박혔을 때 물체의 모양변화나 기울어짐, 용수철의 무게는 무시한다.)

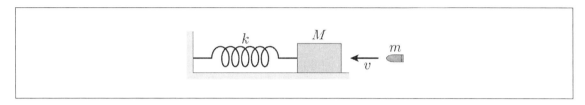

① 1　　　　　　　　　　　　　　　　② 2

③ 5　　　　　　　　　　　　　　　　④ 10

**TIP** 운동량 보존 법칙에 따라 (총알의 운동량) = (물체의 운동량)이며, $0.01 \times 5 = (0.99 + 0.01) \times v_{물체}$ 의 관계에서 $v_{물체} = 0.05 \, m/s$ 이다. 또한 (물체의 운동 에너지) = (물체의 탄성 퍼텐셜 에너지)의 관계에서 $\frac{1}{2}mv_{물체}^2 = \frac{1}{2}kx^2$ 이고, 따라서 단조화 운동의 진폭 $x = v\sqrt{\frac{m}{k}} = 0.05\sqrt{\frac{1}{100}} = 0.005m = 5\,mm$ 이다.

**16** 일차원 무한 퍼텐셜우물에 갇힌 전자의 바닥상태 에너지를 $E$라 하자. 이 퍼텐셜우물에 갇힌 전자가 방출하는 광자가 가질 수 있는 에너지 값은?

① $E$　　　　　　　　　　　　　　　② $2E$

③ $4E$　　　　　　　　　　　　　　④ $8E$

**TIP** 정상파의 파장 $\lambda = \frac{2L}{n}$ 이므로, 일차원 무한 퍼텐셜우물의 에너지는

$$E_n = \frac{p^2}{2m} = \frac{(\frac{h}{\lambda})^2}{2m} = \frac{h^2}{2m\lambda^2} = \frac{h^2}{2m(\frac{2L}{n})^2} = \frac{n^2h^2}{8mL^2}$$ 이다. $E_n \propto n^2$ 이고 문제에서 $E_1 = E$ 라고 하였으므로, 일차원 무한

퍼텐셜우물에 갇힌 전자의 에너지는 E, 4E, 9E, 16E, … 와 같이 나타난다. 따라서 주어진 보기 중 퍼텐셜우물에 갇힌 전자가 방출하는 광자가 가질 수 있는 에너지 값은 ④번 8E = 9E − E이다.

**Answer** 14.① 15.③ 16.④

**17** 〈보기〉는 마찰이 있는 수평면 위에서 정지한, 질량이 1kg인 물체에 각도 45°로 가해진 힘을 나타낸 것이다. 힘의 크기가 5N일 때 물체는 등가속도 운동을 하였다. 이때 물체의 가속도 크기[m/s²]는? 단, 물체와 수평면 사이의 운동마찰계수는 0.2이고, 중력가속도는 10m/s²이다. 또한 질량 1kg 물체의 크기는 무시한다.)

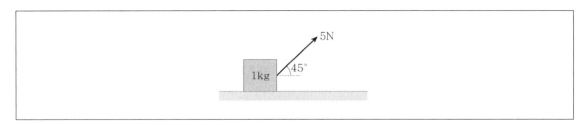

① $3\sqrt{2}-1$

② $3\sqrt{2}-2$

③ $4\sqrt{2}-2$

④ $4\sqrt{2}-1$

**TIP** 물체에 작용하는 알짜 힘 $F=ma=N\cos\theta-\mu(mg-N\sin\theta)$에서,

$1\times a=5\cos45°-0.2(1\times10-5\sin45°)$  $a=\dfrac{5}{\sqrt{2}}-0.2(10-\dfrac{5}{\sqrt{2}})=3\sqrt{2}-2\,m/s^2$

**18** 〈보기〉와 같이 반지름이 각각 $r_a$, $r_b$인 원형 도선 a, b에 각각 세기가 일정한 전류가 흐르고 있다. 점 $O_a$, $O_b$ 다는 a와 b의 중심이며 a와 b에 흐르는 전류에 의한 자기 모멘트의 크기가 같다. $B_a$, $B_b$ 다에서 전류에 의한 자기장의 세기를 각각 $B_a$, $B_b$라고 할 때, $\dfrac{B_b}{B_a}$는?

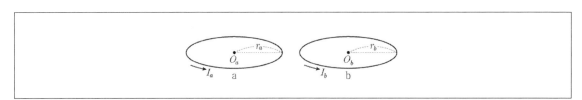

① $\dfrac{r_b^{\,2}}{r_a^{\,2}}$

② $\dfrac{r_b^{\,3}}{r_a^{\,3}}$

③ $\dfrac{r_a^{\,2}}{r_b^{\,2}}$

④ $\dfrac{r_a^{\,3}}{r_b^{\,3}}$

**TIP** a와 b에 흐르는 전류에 의한 자기 모멘트의 크기가 같으므로 $\mu=I_a\times\pi r_a^2=I_b\times\pi r_b^2$

$B_a=\dfrac{\mu_0}{2}\dfrac{I_a}{r_a}$, $B_b=\dfrac{\mu_0}{2}\dfrac{I_b}{r_b}$ 이므로, $\dfrac{B_b}{B_a}=\dfrac{\dfrac{I_b}{r_b}}{\dfrac{I_a}{r_a}}=\dfrac{r_a}{r_b}\times\dfrac{I_b}{I_a}=\dfrac{r_a}{r_b}\times\dfrac{r_a^2}{r_b^2}=\dfrac{r_a^3}{r_b^3}$ 이다.

**19** 〈보기〉는 굴절률이 4.0인 기판에 무반사 박막을 코팅한 모습을 나타낸 것이다. 박막의 굴절률이 1.5일 때, 파장 600nm인 빛의 반사를 최소화하기 위한 박막의 최소두께[nm]는?

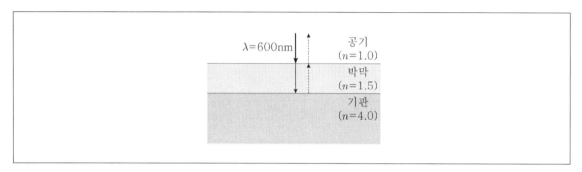

① 100

② 150

③ 200

④ 250

> **TIP** 매질 배치가 공기 - 박막 - 기판으로 갈수록 밀한 배치이다. 따라서 빛의 반사를 최소화하기 위해서는 박막의 윗면에서 반사하는 빛과 아랫면에서 반사하는 빛이 상쇄간섭을 하도록 하면 된다. 이때의 최소 두께는 $2nd = \dfrac{\lambda}{2}$ 를 만족하는 d 값이고 다음과 같이 구할 수 있다. $d = \dfrac{\lambda}{4n} = \dfrac{600}{4 \times 1.5} = 100(\mathrm{nm})$

**Answer** 17.④ 18.④ 19.①

**20** 〈보기〉는 어떤 일정량의 이상기체의 상태변화를 나타낸 것이다. 이에 대한 설명으로 가장 옳은 것은?

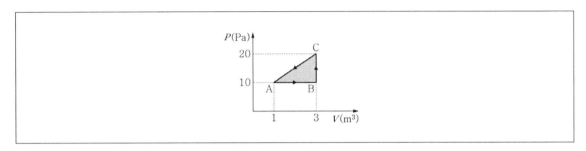

① 과정 A→B 동안 기체의 내부에너지는 감소한다.

② 과정 B→C 동안 기체의 엔트로피는 증가한다.

③ 과정 C→A 동안 기체의 온도는 증가한다.

④ 순환과정 A→B→C→A에서 기체가 한 일의 합은 10J이다.

> **TIP** ① 과정 A → B 동안 압력이 일정한 상태에서 부피가 증가하므로 기체의 온도는 증가하며, 따라서 기체의 내부에너지는 증가한다.
>
> ② 엔트로피 변화 공식 $dS = \dfrac{\delta Q}{T}$ 이고 과정 B→C 동안 부피가 일정한 상태에서 압력이 증가하므로 기체의 온도는 증가하고, 한 일 $\delta W = 0$이다. 따라서 $dU = \delta Q > 0$이므로 엔트로피 변화 $dS = \dfrac{\delta Q}{T} > 0$이며, 기체의 엔트로피는 증가한다.
>
> ③ 과정 C → A 동안 기체의 압력과 부피가 모두 감소하므로 기체의 온도는 감소한다.
>
> ④ 순환 과정 A→B→C→A에서 기체가 한 일의 합은 A → B 과정에서 그래프와 x축 사이의 넓이와 같으므로 $10 \times (3-1) = 20J$이다.

**Answer** 20.②

상식
용어사전
시리즈

합격GO!

**1 금융상식 2주 만에 완성하기**

금융은행권, 단기간 공략으로 끝장낸다! 필기 걱정은 이제 NO! <금융상식 2주 만에 완성하기> 한 권으로 시간은 아끼고 학습효율은 높이자!

**2 중요한 용어만 한눈에 보는 시사용어사전 1130**

매일 접하는 각종 기사와 정보 속에서 현대인이 놓치기 쉬운, 그러나 꼭 알아야 할 최신 시사상식을 쏙쏙 뽑아 이해하기 쉽도록 정리했다!

**3 중요한 용어만 한눈에 보는 경제용어사전 961**

주요 경제용어는 거의 다 실었다! 경제가 쉬워지는 책, 경제용어사전!

**4 중요한 용어만 한눈에 보는 부동산용어사전 1273**

부동산에 대한 이해를 높이고 부동산의 개발과 활용, 투자 및 부동산 용어 학습에도 적극적으로 이용할 수 있는 부동산용어사전!

# 자격증 기출문제 총집합!

자격증 별로 정리된
기출문제로 깔끔하게 합격하자!

기출문제로 자격증 시험 준비하자!

건강운동관리사, 스포츠지도사, 손해사정사, 손해평가사,
농산물품질관리사, 수산물품질관리사, 관광통역안내사, 국내여행안내사, 보세사, 사회조사분석사